# DIE UNGARISCHE SPRACHE.

K T

WIE DU KANNST
SO WOLLE
1872

DIE LEICHENREDE, ältestes ungarisches Sprachdenkmal.

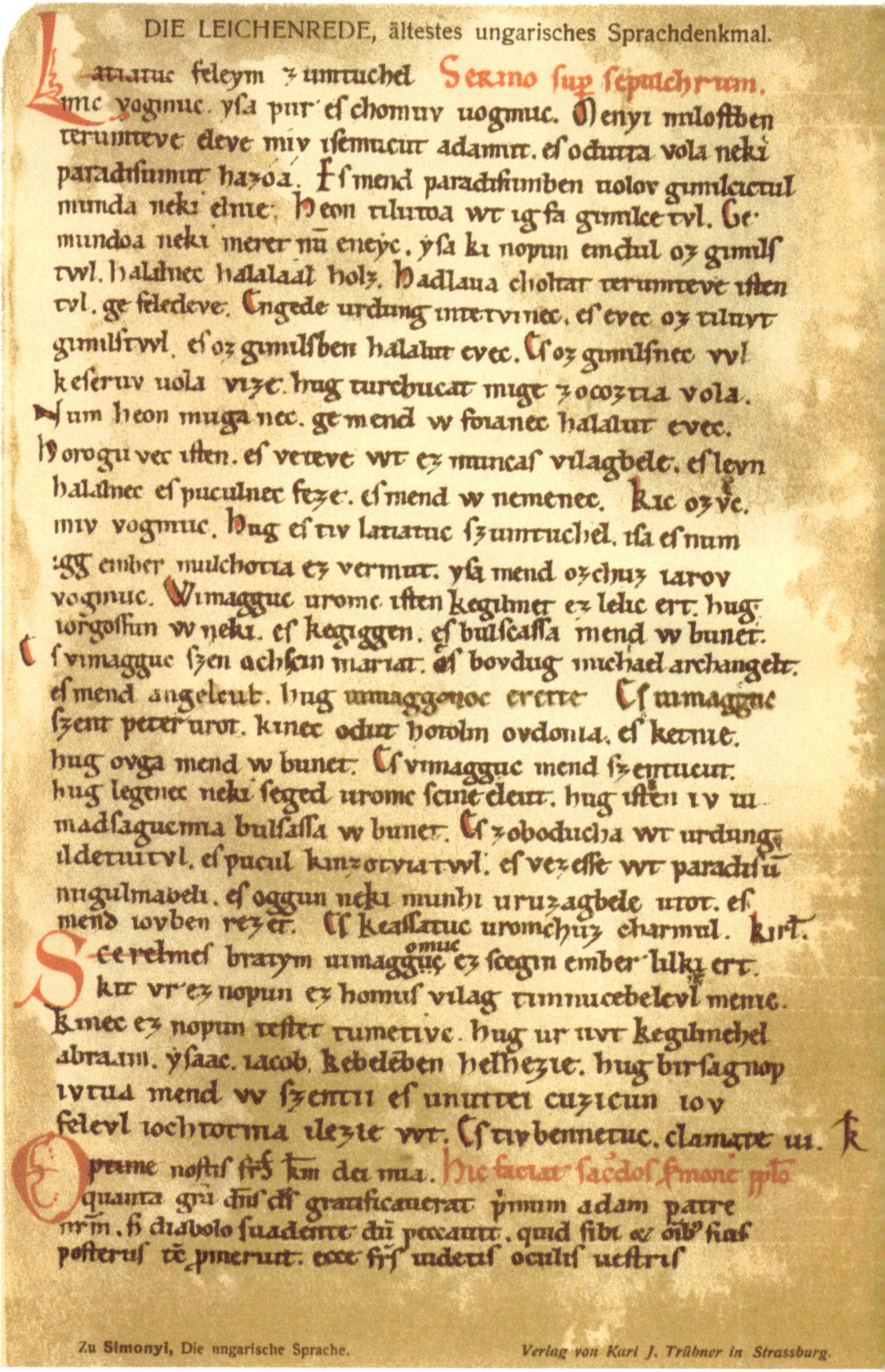
Latiatuc feleym zumtuchel. Sermo sup sepulchrum.
mic vogmuc. yſa pur eſ chomuv uogmuc. Menyi miloſtben
terumteve eleve miv iſemucut adamut. eſ odutta vola neki
paradiſumut hazoa. Eſ mend paradiſumben uolov gimilcictul
munda neki elnie. Heon tiluta wt ig fa gimilce tvl. Ge
mundoa neki meret nu eneyc. yſa ki nopun emdul oz gimilſ
twl. halalnec halalaal holz. Hadlaua choltat terumteve iſten
tvl. ge feledeve. Engede urdung intetvinec. eſ evec oz tiluvt
gimilſtwl. eſ oz gimilſben halalut evec. Eſ oz gimilſnec vvl
keſeruv uola vize. hug turchucat migé zocoztia vola.
Num heon muganec. ge mend w foianec halalut evec.
Horogu vec iſten. eſ veteve wt ez muncaſ vilagbele. eſ levn
halalnec eſ puculnec feze. eſ mend w nemenec. Kic oz ve.
miv vogmuc. Hug eſ tiv latiatuc ſzumtuchel. iſa eſ num
igg ember mulchotia ez vermut. yſa mend ozchuz iarov
vogmuc. Wimagguc uromc iſten kegilmet ez lelic ert. hug
iorgoſſun w neki. eſ kegiggen. eſ bulſcaſſa mend w bunet.
Eſ vimagguc ſzen achſcin mariat. eſ bovdug michael archangelt.
eſ mend angelcut. hug uimagguonoc erette. Eſ uimagguc
ſzent peter urot. kinec odut hotolm ovdonia. eſ ketnie.
hug ovga mend w bunet. Eſ vimagguc mend ſzentucut.
hug legenec neki ſeged uromc ſcine eleut. hug iſten iv ui
madſaguctmia bulſaſſa w bunet. Eſ zobodochia wt urdung
ildetuitvl. eſ pucul kinzotviatwl. eſ vezeſſe wt paradiſu
nugulmabeli. eſ oggun neki munhi uruzagbele utot. eſ
mend iovben rezet. Eſ keaſſatuc uromchuz charmul. Kirl.
Scerelmeſ bratym uimagguc (omuc) ez ſcegin ember lilkeert.
kit vr ez nopun ez homuſ vilag timnucebelevl mente.
kinec ez nopun teſtet tumetivc. hug ur uvt kegilmehel
abraam. yſaac. iacob. kebeleben helhezie. hug birſagnop
ivtua mend w ſzentii eſ unuttei cuzicun iov
felevl iochtotua ilezie wt. Eſ tiv bennetuc. clamate iii. K.
Oremus noſtris fr̄s k̄m dei mīa. Hic faciat ſacerdoſ ſmonē pplo
Quanta gr̄a dn̄ſ dſ gratificauerat primum adam patre
nr̄m. ſi diabolo ſuadente dū peccauit. quid ſibi et oīb' ſuiſ
poſteriſ tē pmeruit. ecce frs̄ uidetiſ oculiſ ueſtriſ

Zu Simonyi, Die ungarische Sprache. — *Verlag von Karl J. Trübner in Strassburg.*

# DIE
# UNGARISCHE SPRACHE.

## GESCHICHTE UND CHARAKTERISTIK.

VON

DR. SIEGMUND SIMONYI,

O. Ö. PROFESSOR DER UNGARISCHEN SPRACHWISSENSCHAFT
AN DER UNIVERSITÄT BUDAPEST.

STRASSBURG
VERLAG VON KARL J. TRÜBNER.
1907.

HERRN HOFRAT

# HUGO SCHUCHARDT

AUSWÄRTIGEM MITGLIED DER UNGARISCHEN AKADEMIE
DER WISSENSCHAFTEN usw. usw.

IN DANKBARKEIT UND VEREHRUNG

ZUGEEIGNET.

# Vorwort.

Dem Ungarischen als weit vorgeschobenem Gliede eines nicht-indogermanischen Sprachstammes hat die europäische Sprachforschung von jeher eine vorzügliche Beachtung zuteil werden lassen[1]). Leider ist man diesem Interesse von ungarischer Seite nicht mit genügenden Hilfsmitteln entgegengekommen. Es genügen weder die praktischen, noch die theoretischen Hilfsmittel, um dem des Ungarischen Unkundigen erwünschte Belehrung über Grammatik und Wortschatz zu bieten. Im XIX. Jahrhundert sind bloss drei in allgemein verständlichen Sprachen abgefasste wissenschaftliche Grammatiken erschienen: vor hundert Jahren Nikolaus Révais Elaboratior Grammatica Hungarica und Franz Verseghys Analytica Institutionum Linguae Hungaricae, und um ein halbes Jahrhundert später Mansuet Riedls Magyarische Grammatik. Von lexikalischen Arbeiten ist das sprachhistorische Wörterbuch der Ungarischen Akademie der Wissenschaften zu erwähnen, das jedoch bloss über die älteren Elemente des Wortschatzes Aufschluss gibt. Die übrigen zweisprachigen Wörterbücher sind meistenteils unkritisch und stehen im Dienste einer übertriebenen Sprachneuerung. Unter solchen Umständen konnten sich auswärtige Sprachforscher bloss durch eigene mühevolle Spracherlernung genauere Kunde von unserer Sprache verschaffen. In den letzteren Jahrzehnten haben — ausser unseren finnischen und skandinavischen Fachgenossen, denen wir so manche Be-

---

1) „Unless the Aryan scholar is acquainted with a Semitic language, his theory of flection is likely to be one-sided and faulty, and unless he have a further knowledge of some agglutinative dialect, his views on the relation between flection and agglutination must be received with a certain amount of distrust". — Sayce, Introduction to the Science of Language 1880. 1, 159. Vgl. ebd. 162.

lehrung verdanken — besonders drei deutsche Gelehrte das Ungarische erlernt, seine Eigenheiten in ihren hervorragenden wissenschaftlichen Werken beachtet und erläutert und dadurch auch unserer Sprachwissenschaft eine Menge dankenswerter Anregungen zukommen lassen. Es waren dies Franz Misteli in Basel, Hugo Schuchardt in Graz, Heinrich Winkler in Breslau.

Der wohlwollenden und oft wiederholten Aneiferung Hugo Schuchardts leiste ich nun Folge, indem ich eine deutsche Bearbeitung meines Werkes *A magyar nyelv* (Budapest [1] 1899, [2] 1906) erscheinen lasse. Das ungarische Werk hatte einen didaktischen Zweck: es wollte vor allem eine für ungarische Jünger der Sprachwissenschaft bestimmte Einleitung in die Methode und Ergebnisse der ungarischen Sprachforschung sein, in zweiter Linie ein Handbuch für Gebildete, die an sprachlichen Fragen Anteil nehmen. Jenem didaktischen Zwecke möge man es zu gute halten, wenn auch in dieser neuen, deutschen Bearbeitung mitunter überflüssige elementare Erörterungen stehen geblieben sind. Mein Zweck war jedoch diesmal, in knappen Umrissen die Eigenheiten des ungarischen Sprachbaus und die wichtigsten Momente der ungarischen Sprachgeschichte vorzuführen, mit besonderer Rücksicht auf die allgemeine und indogermanische Sprachforschung. Ich beabsichtige also keineswegs eine vollständige Sprachlehre zu geben, sondern bloss — in möglichst objektiver Darstellung — die wichtigsten Tatsachen zusammenzustellen, die für den Sprachbau bezeichnend und zu Vergleichen mit anderen Sprachfamilien geeignet sind. Ich hoffe, die Sprachwissenschaft der führenden Kulturvölker, die sich gegenwärtig so gern mit allgemeinen Fragen beschäftigt, wird die Hilfe, die ihr hiermit geboten wird, freundlich und nachsichtig aufnehmen.

Budapest, 30. August 1907.

S. S.

## Einleitung.

# GESCHICHTE

# DER UNGARISCHEN SPRACHWISSENSCHAFT.

Das erste grammatische Werk, in dem auch die Eigentümlichkeiten der ungarischen Sprache behandelt werden, ist des protestantischen Bibelübersetzers Johann Sylvester *Grammatica Hungaro-Latina* 1539, eigentlich eine lateinische Schulgrammatik für ungarische Zöglinge. Interessant sind darin die ersten Versuche grammatische Kunstausdrücke zu schaffen, ferner die Vergleichung der objektiven Konjugation und der possessiven Ausdrücke mit dem Hebräischen (Sylvester wirkte 1540 als Professor des Hebr. in Wien) und die Erklärung ihrer Endungen als *pronomina affixa*.

Die erste eigentlich ungarische Sprachlehre schrieb Albert Molnár: *Novae grammaticae Ungaricae libri duo* (Hanau in Hessen, 1610), in der die Form- und Satzlehre schon ziemlich ausführlich behandelt wird, mit manchen trefflichen Bemerkungen, zwar durchgängig im Prokrustesbette der lateinischen Kategorien. Noch wichtiger wurde sein Wörterbuch: *Dictionarium Latino-Ungaricum* und *Ungarico-Latinum* (Nürnberg 1604 und dann in mehreren Auflagen), das erste alphabetische Wörterbuch der ungarischen Sprache; vorher hatte es bloss sachlich geordnete Wörterverzeichnisse gegeben. Da Molnárs Wörterbuch in Nürnberg erschien, wurde es bald in ganz Deutschland und auch im Norden bekannt. Unter den Gelehrten, deren Interesse es dort erweckte, fanden sich auch des Finnischen Kundige. Natürlich bemerkten sie die auffallende Übereinstimmung der beiden Sprachen in manchen wichtigen Ausdrücken. Der Hamburger Arzt Martin Fogel (1669) und andere Gelehrte, die im XVII. und XVIII. Jahrhundert das Ungarische mit den finnischen Sprachen verglichen, entnahmen das Zeug zu ihren Wortvergleichungen dem ungarisch-lateinischen Wörterbuch. Martin Fogel las auch die Sprachlehre Molnárs und verzeichnete bereits die wichtigeren grammatischen Übereinstimmungen des Ungarischen und Finnischen. — Spätere, sehr verbreitete Bearbeitungen und Erweiterungen des Molnárschen Wörterbuchs sind die von Pápai Páriz Ferenc (Franz Páriz von Pápa, 1708) und Peter Bod (1767).

Wertvolle grammatische Arbeiten des XVII. Jahrhunderts sind noch die von Geleji Katona István (Stefan Katona von Gelej) und Pereszlényi Pál. Stefan Katonas ganz originelle „Kleine ung. Grammatik“ (*Magyar Grammatikacska* 1645) ist keine systematische Sprachlehre, sondern eine Sammlung praktischer und kritischer „Anmerkungen über echte ungarische Schreib- und Sprechweise“. Katona war auch der erste Sprachneuerer: er empfahl seinen Landsleuten die Übersetzung der lateinischen wissenschaftlichen, besonders der theologischen Kunstausdrücke und ging selbst mit dem Beispiele voran. — Sehr schätzbar ist die Sprachlehre des Jesuiten Paul Pereszlényi (Gramm. Linguae Ung. 1682), die sehr viel des Neuen enthält (z. B. das Muster der Konjugation auf *-ik*) und mit richtiger philologischer Methode, Belegen usw. bearbeitet ist.

Sylvester und auch die Grammatiker des XVIII. Jahrhunderts bis Révai gingen von der sehr verbreiteten Anschauung aus, das Ungarische sei eine Tochter des Hebräischen. Unterdessen verbreitete sich unter Sprach- und Geschichtsforschern des Auslandes die Idee der finnisch-ungarischen Sprachverwandtschaft, dadurch war schon in der zweiten Hälfte des XVIII. Jahrhunderts der Boden für eine neue fruchtbare Forschung vorbereitet, und es bedurfte bloss eines günstigen Anlasses, damit sich ein Ungar mit diesem vielverheissenden Problem beschäftige. Im Jahre 1769 wurde der Astronom Max Hell — Jesuit und Professor in Wien, aber ungarischer Abstammung — nach Norwegen berufen, um bei Vardöhus den erwarteten Venusdurchgang zu beobachten. Hell interessierte sich auch für ethnographische und sprachliche Fragen und hoffte sich bei den norwegischen Lappen Aufschluss über die Frage der Sprachverwandtschaft zu verschaffen. Um diesen Zweck leichter zu erreichen, lud er seinen Ordensgenossen Johann Sajnovics ein, ihn zu begleiten und sich mit dem wichtigen Problem zu befassen. Die Expedition wurde von Erfolg begleitet, und Sajnovics veröffentlichte schon 1770 sein Werk: *Demonstratio idioma Ungarorum et Lapponum idem esse* (in Kopenhagen, dann auch zu Hause in Nagyszombat). Unter *idem esse* versteht er bloss die einstige Identität, den gemeinsamen Ursprung beider Sprachen. Mit überraschender Klarheit spricht er über die Verwandtschaft und Verzweigung der Sprachen und weiss überzeugend darzutun, dass sich mit der Zeit jede Sprache verändert, besonders wenn sich Teile einer Sprachgemeinschaft voneinander trennen: in der Sprache des einen Teiles gehen andere Veränderungen der Laute vor sich, als in der des anderen, so dass mit der Zeit grosse Unterschiede entstehen können. Als Beweis dessen, dass sich die ungarische Sprache in der Tat verändert habe, führt er die alte Leichenrede an, und hier (in der Nagyszombater Ausgabe) veröffentlicht Sajnovics zuerst den vollständigen Text der Leichenrede und gibt auch die Lesart des Textes an, wie sie ihm sein Ordensgenosse Franz Faludi mitgeteilt hatte. Sajnovics begnügte sich nicht mit der Vergleichung von Wörtern; er versuchte auch einzelne Übereinstimmungen in der Grammatik der beiden Sprachen festzustellen. Er erwähnt, dass die Pluralendung im Lappischen sowohl als im Ungarischen *-k* sei, dass zur Bildung des Komparativs auch im Lappischen das Suffix *-b* diene; ferner hebt er die Übereinstimmung des Kausativsuffixes, der Diminutiv- und Personalsuffixe hervor. Das ungarische Publikum brachte der „nach Fischtran riechenden“ Verwandtschaft mit den Lappen wenig Sympathie entgegen; doch die Tatsache liess sich nicht wegleugnen; Georg Pray sah die überzeugende Kraft der angeführten Beweise ein (1774). Er führt auch aus dem Mongolischen Wortentsprechungen an, hebt die grosse Ähnlichkeit in der Anlage der ungarischen und türkischen Sprache hervor und meint, dass auch die türkischen und mongolischen Sprachen und Völker als Verwandte des finnisch-ugrischen Stammes zu betrachten seien. Doch eine eingehende Untersuchung wurde der Frage der Sprachverwandtschaft erst zu Ende des Jahrhunderts zuteil. Samuel Gyarmathi behandelte diese Frage auf einer breitern Grundlage als Sajnovics; er verglich das Ungarische nicht bloss mit dem Lappischen, sondern auch mit den übrigen finnisch-ugrischen Sprachen und behandelte die Übereinstimmungen der Grammatik noch ausführlicher als Sajnovics; hierauf deutet schon der Titel seines Werkes hin: *Affinitas linguae Hungaricae cum linguis Fennicae originis grammatice demonstrata* (Göttingen 1799). Er zieht auch das häufige Entlehnen von Wörtern in Betracht, infolgedessen der Wortschatz auch unverwandter Sprachen so viele Übereinstimmungen aufweisen kann, und erklärt geradeaus, dass nach seiner Ansicht die Wortentsprechungen, die von anderen für so wichtig gehalten werden, unter den Beweisen der Sprachverwandtschaft an letzter Stelle stehen müssen. Gyarmathis Hauptverdienst liegt nun tatsächlich darin, dass er zahlreiche Übereinstimmungen in der Formenlehre festgestellt hat: er hat in den finnisch-ugrischen Sprachen die Entsprechungen des Adjektivsuffixes *-s*, des Suffixes *-d* der Ordnungszahlen, der Endung *-ni* des Infinitivs, des Formans der passiven Zeitwörter usw. festgestellt. Von seinen Wortgleichungen haben sich verhältnismässig wenige als richtig erwiesen. Die mit dem Türkischen übereinstimmenden Wörter erklärt er aus der Berührung des ungarischen Volkes mit den Türken, meint also, dieselben seien dem Türkischen entlehnt. Ausserdem stellt er eine grosse Anzahl eingebürgerter slavischer Wörter zusammen und bemerkt sehr richtig, dass die Übereinstimmung dieser mit den entsprechenden slavischen Wörtern sofort ins Auge falle, da sie erst vor nicht langer Zeit ins Ungarische eingedrungen sind; die finnisch-ugrischen Wörter jedoch verraten ihren Ursprung nicht so leicht, denn sie sind verändert, verstümmelt und abgeschliffen, wie alte Münzen, die unter Ruinen hervorgegraben werden.

Sajnovics und Gyarmathi sind Franz Bopp in der eingehenden Sprachvergleichung um Jahrzehnte zuvorgekommen, und Georg von der Gabelentz schreibt: „Das patriotisch-wissenschaftliche Streben, in der Ferne nach sprachverwandten Völkern zu suchen, ist bekanntlich bei den Ungern viele Jahrhunderte alt, und Sajnovics und Gyarmathi sind die Ahnen unserer vergleichenden Sprachwissenschaft geworden." (Lit. Zentralblatt 1886, S. 96.)

Inzwischen wurde es auf dem Gebiete der speziell ungarischen Sprachforschung sehr rege. Zu dieser Zeit nämlich, in der bewegten Epoche der „Wiedergeburt" der Literatur und des Beginns der Sprachneuerung, betonten viele die Notwendigkeit eines grossen ungarischen Wörterbuches und einer ausführlichen Grammatik; ersteres sollte zur Erweiterung und Regelung der Schriftsprache dienen, letztere den massgebenden Sprachgebrauch feststellen. Die ungarische Akademie, deren Errichtung sehnsüchtigst erwartet und verlangt wurde, dachte man sich als ein Schiedsgericht in sprachlichen Angelegenheiten und erwartete von ihr in erster Reihe die Befriedigung dieses dringenden Bedürfnisses. Wörterbücher entstanden tatsächlich in grösserer Anzahl. Die Wörterbücher von Baróti Szabó (1784, 1792), Sándor (1808), Márton (1799—1823) usw. trugen viel zur bessern Kenntnis des Sprachschatzes bei. Jedoch auch zur Herausgabe einiger grosser, wissenschaftlicher, kritischer Wörterbücher wurden Anstalten getroffen. Der gelehrte Georg Kalmár — der mehrere seiner Arbeiten im Auslande herausgegeben und im Prodromus das Ungarische mit dem Hebräischen und Türkischen zusammengestellt hatte — erliess 1781 Subskriptionsbogen für ein grosses etymologisches Wörterbuch. Der Plan wurde jedoch nicht ausgeführt. Das grössere Wörterbuch von Christoph Simai ist zwar zum grossen Teil fertig geworden, aber nicht erschienen. Auch Franz Kresznerics entwarf schon zu dieser Zeit den Plan zu seinem vorzüglichen kritischen Wörterbuch und sammelte den Stoff dazu; das Werk selbst konnte jedoch erst 1831 erscheinen.

Auf eine wissenschaftliche Grammatik setzten die Herausgeber der Zeitung „Hadi Történetek" (Kriegsereignisse) und der Grosspropst Nunkovits einen Preis von fünfzig Dukaten. Fünf Arbeiten liefen ein; darunter das inhaltreiche Werk „Magyar Nyelvmester" (Ungarischer Sprachmeister) von Gyarmathi (das dann 1794 erschien), ferner die Grammatik des scharfsinnigen Földi usw. Die Preisrichter hatten den originellen Einfall, die verschiedenen Grammatiken zu vereinigen und aus ihnen eine Grammatik zusammenzustellen. So entstand die sogenannte „Debrecener Grammatik“, die im Jahre 1795 zum Teil auf Kosten des Grafen Franz Széchényi erschien, und die besser als ihr Ruf war. Das Werk hatte natürlich manche Fehler und besonders Inkonsequenzen, die in der Art seiner Entstehung ihre Erklärung finden; auch behandelte es die Satzlehre sehr stiefmütterlich. Nichtsdestoweniger ist die Grammatik sehr inhaltreich und weist eine grosse Anzahl guter Beobachtungen und Erklärungen auf.

Ganz unabhängig von dieser Preisaufgabe schrieb Anton Böjthi sein Werk: „*A' nemes magyar nyelv irásának, és szóllásának tudománya, mely irattatott* 1790[1].“ (Marosvásárhely, 1794.) Böjthi war der erste, der die strenge Beobachtung der besondern Konjugation auf *-ik* forderte; mit Fanatismus wendet er sich gegen den entarteten Sprachgebrauch, der die in der ersten Person auf *-m* endigenden Verba der „wahren, reinen, edelsprechenden Ungarn“ d. h. der Szekler (*eszem* 'ich esse', *merevedem* 'ich erstarre') vernachlässigt und beruft sich dabei auch auf das Zeugnis der Sprachdenkmäler. Der Feuereifer, mit dem er seine Ansicht verfocht, ging auf den empfänglichen Révai über, der dann diesen Kampf unermüdlich fortsetzte.

Nikolaus Révai hatte sich zu dieser Zeit schon sehr viel mit den Sprachdenkmälern beschäftigt. Das Werk von Sajnovics und die in demselben mitgeteilte alte Leichenrede hatte er wahrscheinlich schon sehr früh in der Wiener Bibliothek gelesen. Während seines zweiten Wiener Aufenthaltes hatte ihm der gelehrte Daniel Cornides den alten Gesang von der Besitznahme Pannoniens („Pannóniai ének“) mitgeteilt. Als er zum drittenmal, Ende 1782 nach Wien ging, hielt er sich unterwegs in Pozsony auf, wo er die Leichenrede nach der Originalhandschrift kopierte. Später beschäftigte er sich immer mehr mit den alten Sprachdenkmälern. Es ärgerte ihn, dass viele

1) Die Wissenschaft von Schrift und Rede der edlen ungarischen Sprache, verfasst 1790.

„Unwissende Grammatiken schrieben", und er war überzeugt, dass die einzig sichere Grundlage zum Verständnis und zur Pflege der Sprache die Kenntnis der Sprachgeschichte sei. Im Jahre 1796 studierte er schon den Wiener Kodex (XV. Jahrhundert) und bald darauf nahm er eine vollständige Abschrift davon. Gleichzeitig fasste er den Plan, in mehreren Bänden die ältesten Sprachdenkmäler zu veröffentlichen und zu erklären. Im Jahre 1803 konnte schon der erste (einzige) Band der *Antiquitates* erscheinen. Noch in demselben Jahre gab er den ersten Band seiner grossen Grammatik (Elaboratior Grammatica Hungarica) heraus, der zweite Band erschien 1805. Inzwischen hatte Verseghy Révais Auffassung von der Konjugation auf *-ik* heftig angegriffen, weshalb Révai dem zweiten Bande eine ganze Streitschrift beilegte. (Zur selben Zeit gab er pseudonym zwei geharnischte Streitschriften in ungarischer Sprache heraus.)

Franz Verseghy veröffentlichte im Jahre 1805 zwei Werke: eine in deutscher Sprache „Neuverfasste Ungarische Sprachlehre" und ein anderes Werk mit dem Titel *Tiszta Magyarság* (Reines Ungarisch), das gegen Révai und gleichzeitig gegen die Sprachneuerer gerichtet war. Nach Révais Ansicht müssen die Schriftsteller die alten Regeln und Formen der Sprache möglichst unverändert beobachten und beibehalten; Verseghy jedoch tritt als Anhänger Herders für die Rechte der Entwickelung in der Sprache ein. Er meint, „es wäre lächerlich, zu verlangen, dass wir heute das Ungarische so sprechen und schreiben sollten, wie es die Alten gesprochen und geschrieben haben". Die Sprache der lebenden Generation sei massgebend, und in dieser herrsche das Gesetz der Analogie, nach welcher „ähnliche Wörter in ähnlichen Fällen auf gleiche Weise behandelt werden". Er behauptete, die Analogie von Wörtern, wie *teszek* 'ich tue', *hozok* 'ich bringe' bedinge die Formen *eszek* 'ich esse', *iszok* 'ich trinke', denn *eszem*, *iszom* seien Formen der objektiven Konjugation wie *teszem* 'ich tue es', *hozom* 'ich bringe es'. Der Gebrauch der Formen *eszem*, *iszom* in der Bedeutung 'ich esse (etwas), ich trinke (etwas)' sei dem Einfluss des Slowakischen zuzuschreiben. Révai hingegen schrieb es fremden Einflüssen zu, dass die Konjugation der Verba auf *-ik* nicht mehr in ihrer Reinheit fortbestehe.

Heute wissen wir, dass sowohl Révai als auch Verseghy teilweise recht hatten. Révai insofern, als die Unterscheidung der Konjugation der Verba auf *-ik* eine alte und ursprüngliche Eigenheit des Ungarischen ist, die in der älteren Literatur noch in schönster Regelmässigkeit angetroffen wird. Verseghy hingegen hatte insofern recht, als er behauptete, dass die heutige Sprache nicht nach der ältern geregelt werden könne, und dass die Veränderung der Sprache nicht als Verfall zu betrachten sei; dieselbe stelle gleichzeitig eine Entwickelung dar, die an Stelle der alten Regelmässigkeit eine neue Regelmässigkeit setze. Obwohl Verseghy seine Ansicht auch in Lehrbüchern zur Geltung brachte, trug in der Frage der Konjugation auf *-ik* dennoch Révai den Sieg davon. Kazinczy nämlich begrüsste die Konjugation der Verba auf *-ik* als etwas Neues, was zur Verfeinerung der Schriftsprache beitragen und eine neue Scheidewand zwischen die Sprache der Literatur und des Volkes schieben könne. So hatte Révai den Sieg Kazinczy zu verdanken. —

Auf die Entwickelung und die Methode der ural-altaischen Sprachwissenschaft war nachher das Aufblühen der indogermanischen Sprachwissenschaft von grossem Einflusse; und dieser Einfluss führte gleich anfangs zur Annahme der Verwandtschaft der fünf ural-altaischen Sprachzweige. Nach mehreren Vorarbeiten nahmen im zweiten Viertel des 19. Jahrhunderts der deutsche Gelehrte Wilhelm Schott und Alexander Castrén, der berühmte finnische Forscher, die Zusammengehörigkeit dieses grossen Sprachstammes an. Damals war jedoch die vergleichende Bearbeitung der einzelnen ural-altaischen Sprachzweige noch nicht so weit fortgeschritten, dass man Schotts und Castréns Feststellungen für endgültig hätte halten können, und im Jahre 1851 betonte Böhtlingk in seinem wertvollen Werke über die Sprache der Jakuten nachdrücklich, wie notwendig es sei, zuerst die einzelnen Zweige (z. B. die türkischen Sprachen) eingehend untereinander zu vergleichen, um dann die Verwandtschaftsverhältnisse des ganzen grossen Sprachstammes klarer zu sehen.

In Ungarn war in der ersten Hälfte des Jahrhunderts das Vorurteil der nationalen Eitelkeit der finnisch-ugrischen Sprachvergleichung ungünstig. Die Aufmerksamkeit der Sprachforscher richtete sich — nach dem von Révai gegebenen Beispiele — auf die alten Sprachdenkmäler; die Notwendigkeit der Bereicherung der Schriftsprache führte zu nützlichen Sammlungen auf dem Gebiete der Volkssprache. Die ungarische Akademie gab schon zu Ende der dreissiger Jahre das Dialektwörterbuch (*Magyar Tájszótár*) heraus und begann die ansehnliche Sammlung der alten ungarischen Sprachdenkmäler (*Régi Magyar Nyelvemlékek*) zu veröffentlichen.

Zur selben Zeit jedoch erwachte wieder das Interesse für die finnisch-ugrischen Sprachen in einem begeisterten und sehr begabten ungarischen Jüngling, der während einer Reise im Ausland in Schweden mit einem finnischen Gelehrten zusammenkam. Dieser Jüngling war Anton Reguly. In den vierziger Jahren widmete er sich ausschliesslich sprachwissenschaftlichen Forschungsreisen und suchte fast alle finnisch-ugrischen Völker auf. Doch leider kam er krank ins Vaterland zurück und konnte infolge seiner Krankheit die heimgebrachten Schätze bis zu seinem Tode (im Jahre 1858) nicht verwerten. Seine Sammlungen wurden erst nach seinem Tode verwertet (von Hunfalvy und Budenz, und erst in jüngster Zeit seine wertvollen wogulischen und ostjakischen Sammlungen von Munkácsi und Josef Pápay). Durch die Forschungsreisen und Briefe Regulys wurde die Aufmerksamkeit auch anderer von neuem auf die Frage der Sprachverwandtschaft gelenkt. Nach 1848 widmete sich — besonders von Schotts Studien und der begeisterten Besprechung der Kalevala durch Jakob Grimm angeregt — Paul Hunfalvy mit grossem Eifer dem Studium der verwandten Sprachen.

Im Jahre 1860 begann die epochemachende Wirksamkeit von Josef Budenz. Ein Schüler Benfeys, hatte er seine Studien auf dem Gebiete der schon mit methodischer Genauigkeit arbeitenden indogermanischen Sprachwissenschaft gemacht; durch diese Methode gab er den Bestrebungen der ural-altaischen Sprachwissenschaft neuen Schwung. Anfangs zählte er das

Ungarische zu den türkischen Sprachen. Später jedoch, als er während der Bearbeitung von Regulys Nachlass die einzelnen Sprachen immer eingehender prüfte, sah er klar, dass die grammatischen Formen und die ältesten Wörter das Ungarische ausdrücklich als finnisch-ugrische Sprache erweisen. Von dieser Zeit an widmete er sich mit vollem Eifer der finnisch-ugrischen Sprachvergleichung; er schrieb einige mustergültige grammatische Abhandlungen (die grösstenteils in der Zeitschrift: *Nyelvtudományi Közlemények* erschienen sind), stellte die Wortentsprechungen des Ungarischen und der finnisch-ugrischen Sprachen zusammen (in seinem vergleichenden Wörterbuch: *Magyar-ugor összehasonlító szótár*); an dieses Werk schliesst sich würdig die vergleichende Formenlehre der finnisch-ugrischen Sprachen (*Az ugor nyelvek összehasonlító alaktana*) an. — Von der sprachwissenschaftlichen Tätigkeit der finnischen Gelehrten sind neben den Arbeiten von Ahlqvist und Genetz, die sich meist auf die finnische Sprache und ihre Dialekte beziehen, besonders die ausgezeichneten Arbeiten von Emil Setälä und H. Paasonen zu erwähnen, die die Fragen der vergleichenden Formenlehre und der Lautgeschichte behandeln. Auf dem Gebiete der finnisch-ugrischen Sprachwissenschaft haben sich ausserdem noch hervorragende Verdienste erworben: in Russland Wiedemann, in Finnland Donner, Wichmann, Karjalainen, in den skandinavischen Ländern Thomsen, Wiklund, Quigstad, — und in Ungarn Budenz' Schule: Halász, Munkácsi, Szilasi, Szinnyei, neuestens auch Gombocz.

Von nicht geringem Erfolg waren in neuerer Zeit auch jene Bestrebungen begleitet, die auf das eingehende Studium des Ungarischen selbst gerichtet waren.

Die ungarische Schriftsprache hatte seit hundert Jahren — neben unleugbarer Entwicklung und Bereicherung — auch schädliche Veränderungen erlitten. Diese lassen sich auf zwei Ursachen zurückführen: einesteils auf die Übertreibungen der Sprachneuerer und die gewerbsmässige Erzeugung von Kunstausdrücken, andernteils auf den germanisierenden Einfluss der deutschen Literatur und der Regierung nach 1848. Gegen diese Sprachverderbnis machte sich in den fünfziger, sechziger

Jahren eine Gegenströmung geltend. Samuel Brassai, Franz Gyergyai, Johann Arany erhoben ihre warnende Stimme. Einem allgemein gefühlten Bedürfnis entsprach Gabriel Szarvas, als er 1872 den ungarischen Sprachwart, *Magyar Nyelvőr*, begründete. Diese Zeitschrift befasst sich mit sämtlichen Richtungen der ungarischen Sprachwissenschaft; ihr Hauptverdienst besteht aber darin, dass sie die in Mode gekommene gekünstelte und blutarme Sprache der Literatur und der Schule zurücklenkte zu den unversiegbaren Quellen der Volkssprache. *Magyar Nyelvőr* ist eine unerschöpfliche Schatzkammer der Volkssprache; seine Mitarbeiter und die der neuern Sammlung *Nyelvészeti Füzetek* (Sprachwissenschaftliche Hefte) haben zahlreiche Dialekte in wertvollen Monographien behandelt. Den meisten von ihnen dient Josef Balassas Werk über die ungarischen Mundarten als Grundlage und Richtschnur. Neuestens hat sich eine sprachwissenschaftliche Gesellschaft gebildet, deren Hauptaufgabe die planmässige Erforschung der Mundarten ist, die es sich aber im allgemeinen angelegen sein lässt, das Interesse des gebildeten Publikums für Sprachwissenschaft und Sprachpflege zu erwecken.

Besondere Sorgfalt liess man in neuerer Zeit ausser der Volkssprache wieder den Sprachdenkmälern angedeihen. Im Jahre 1874 begann die Ungarische Akademie der Wissenschaft die Herausgabe der Sammlung der Sprachdenkmäler unter der gewissenhaften Fürsorge von Georg Volf (*Nyelvemléktár*) und im Jahre 1877 die Herausgabe der alten ungarischen Dichter (*Régi magyar költök tára*) mit den wertvollen Studien und Anmerkungen von *Aron Szilády*. Im Jahre 1888 wurde die Herausgabe des sprachgeschichtlichen Wörterbuchs (*Nyelvtörténeti Szótár*) Gabriel Szarvas und Siegmund Simonyi übertragen; dieses Wörterbuch stellt in drei starken Bänden den Wortschatz der ungarischen Literatur vor der Sprachneuerung zusammen. Ergänzt wird dieses Werk durch das ungarische Urkundenwörterbuch (*Magyar Oklevélszótár*), dessen Stoff von Stephan Szamota gesammelt und von Julius Zolnai redigiert wurde. Abhandlungen im *Nyelvőr* und in den *Nyelvtudományi Közlemények* beschäftigen sich mit der

Sprache alter Handschriften oder älterer Schriftsteller. Von Josef Szinnyei ist das neue Dialektwörterbuch, von Koloman Szily das Wörterbuch der ungarischen Sprachneuerung erschienen. Das berühmte Epos „Toldi“ von Johann Arany hat Albert Lehr mit lehrreichen Erläuterungen versehen.

Die ungarische Etymologie hat ausser dem Wörterbuche von Budenz grosse Fortschritte zu verzeichnen, indem die Lehnwörter ausführlich behandelt worden sind. Franz Miklosich, der berühmte Wiener Slavist, hat — nach älteren Versuchen, die sich dasselbe Ziel vorgesteckt hatten — die slavischen Elemente des Ungarischen zusammengestellt; auf demselben Gebiete haben sich durch ihre erfolgreichen Forschungen Oskar Asbóth und Johann Melich Verdienste erworben. Ausserdem ist eine ganze Literatur entstanden, die sich mit dem Nachweis der türkischen, slavischen, deutschen, italienischen und rumänischen Lehnwörter beschäftigt (s. die Bibliographie des II. Abschnittes).

Mit der ungarischen Lautlehre befassen sich erfolgreich Josef Balassas phonetische, Johann Melichs lautgeschichtliche Arbeiten. Die ungarische Formenlehre ist auf sprachhistorischer Grundlage von Siegmund Simonyi in der ausführlichen ungarischen Sprachlehre (*Tüzetes magyar nyelvtan*) behandelt. Auch auf dem Gebiete der Bedeutungslehre haben wir einige Abhandlungen aufzuweisen. Gleich wichtig sowohl für die Bedeutungslehre als auch für die Satzlehre ist die Frage des Gebrauchs der Zeitformen, sie ist, was die ältere Sprache betrifft, von Paul Hunfalvy und Gabriel Szarvas gelöst worden.

Auf dem Gebiete der ungarischen Syntax ist das „Über den ungarischen Satz“ handelnde Werk von Samuel Brassai nennenswert, das allerdings den grossen Fehler hat, den nämlich, dass die Sprachgeschichte fast ganz ausser acht gelassen ist. Brassai hat sich auch um die Feststellung von Regeln der Wortfolge Verdienste erworben. Mit dieser Frage hatte sich früher auch Johann Fogarasi mit Erfolg beschäftigt, neuerdings aber viele verdiente Forscher, namentlich Georg Joannovics, Emil Kicska, Béla Molecz. Auch die Frage der objektiven Konjugation hat wiederholt zu interessanten Ausführungen und Abhandlungen Anlass gegeben. Auf sprachhistorischer Grundlage stehende syntaktische Werke sind zwei Preisarbeiten des Verfassers dieses Werkes: „Die ungarischen Bindewörter" und „Die Umstandsbestimmungen des ungarischen Satzes", und ausserdem von demselben Verfasser „Die Wortfolge im Ungarischen" (s. die Bibl. des letzten Abschnittes).

## Bibliographie. — Allgemeines.

### a) Grammatiken und Wörterbücher.

Nicolaus Révai: *Elaboratior Grammatica Hungarica.* Ad genuinam patrii sermonis indolem fideliter exacta, affiniumque linguarum adminiculis locupletius illustrata. Tribus voluminibus comprehensa. Pest, 1803—1805 (II. Titelauflage 1806). Nur zwei Bände sind erschienen, der dritte, die Syntax enthaltende, ist zum Teil in Manuskripten vorhanden, in der Handschriftensammlung des National-Museums. — Besonders wertvoll sind die sprachgeschichtlichen Erläuterungen.

Franciscus Verseghy: *Analyticae Institutionum Linguae Hungaricae* pars I. Etymologia. II. Syntaxis. III. Usus aestheticus l. H. Budae 1816—1817. — Im Gegensatz zu Révai grundsätzlich auf die lebende Gemeinsprache beschränkt. Enthält viel Wertvolles, sowohl an Material als auch an Erklärungen.

Mansvet Riedl: *Magyarische Grammatik.* Wien 1858. — Einzige wissenschaftliche Grammatik in deutscher Sprache.

Simonyi Zsigmond (im Verein mit Josef Balassa): *Tüzetes magyar nyelvtan történeti alapon* (ausführliche ungarische Grammatik auf geschichtlicher Grundlage). I. *Magyar hangtan és alaktan* (ungarische Laut- und Formenlehre, erstere von J. Balassa; — akademische Preisarbeit). Budapest 1895.

Über *Syntax* vergl. die Bibliographie des letzten Abschnittes.

Czuczor Gergely és Fogarasi János: *A magyar nyelv szótára.* Sechs Quartbände. 1862—1874. — Ausführlichstes (akademisches) Wörterbuch. Enthält viel Wertvolles aus der lebenden Sprache, darunter aber viel Unkritisches; abenteuerliche Etymologien.

Ballagi Mór: *A magyar nyelv teljes szótára.* Zwei enggedruckte Oktavbände. 1867—1873. — Umfassendstes Handwörterbuch, aber unkritisch und stark abhängig vom obigen.

*Magyar Nyelvtörténeti Szótár*, *M. Oklevél-szótár*, *Magyar Tájszótár*, *A m. nyelvújítás szótára*, s. die Bibliographie des dritten, vierten und fünften Kapitels.

S. Simonyi und J. Balassa: *Deutsches und ungarisches Wörterbuch* 1899, 1902. (Von denselben: *Német és magyar iskolai szótár* D. u. u. Schulwörterbuch 1900. 1902.)

S. Simonyi: *Deutsche und ungarische Redensarten.* Von der ungarischen Akademie der Wiss. preisgekrönte Arbeit. Ein Hilfsbuch zum Übersetzen aus dem Deutschen und zur Ergänzung der deutsch-ungarischen Wörterbücher 1896.

## b) Zeitschriften.

*Nyelvtudományi Közlemények* (Sprachwissenschaftliche Mitteilungen). Seit 1862; erscheint jetzt vierteljährlich (37. Band 1907). Geleitet von Paul Hunfalvy, Josef Budenz, Siegmund Simonyi, Josef Szinnyei. — Enthält meist Abhandlungen, grammatische Skizzen und Materialien zur ungarischen und vergleichenden uralaltaischen Sprachforschung.

*Magyar Nyelvör* (Ungarischer Sprachwart). Erscheint monatlich. Geleitet von Gabriel Szarvas 1872—1895, seitdem von Siegmund Simonyi. — Befasst sich vorzüglich mit Fragen der Sprachrichtigkeit, mit ungarischer Dialektforschung und Sprachgeschichte.

*Nyelvészeti Füzetek*, herausgegeben von S. Simonyi, seit 1903 vierzig Hefte. Monographien, zur Hälfte Mundartenstudien (s. die Bibliographie des IV. Abschnitts), zur andern Hälfte Abhandlungen über grammatische Fragen, Sprachpflege, Orthographie, Sprachgeschichte, auch Neudrucke älterer Abhandlungen.

*Magyar Nyelv*, seit 1905. Monatsschrift für die Mitglieder der Ung. Sprachwiss. Gesellschaft, *Magyar Nyelvtudományi Társaság.* Befasst sich meist mit Wortgeschichte und Phraseologie.

*Finnisch-ugrische Forschungen*, seit 1901 (Helsingfors und Leipzig). Herausgegeben von E. N. Setälä und K. Krohn.

*Keleti Szemle — Revue Orientale pour les études ouralo-altaïques.* Rédigée par Kúnos I., Munkácsi B. (Budapest, seit 1900).

## c) Zur Geschichte der ungarischen Sprachwissenschaft.

*Corpus Grammaticorum Lingvae Hungaricae Veterum. A régi magyar nyelvészek Erdősitől Tsétsiig.* Edidit Fr. Toldy, Pest 1866. Die grammatischen Werke des XVI. u. XVII. Jahrhunderts.

Munkácsi Bernát: *Az ugor összehasonlító nyelvészet és Budenz szótára* (Magyar Nyelvőr 1882). Geschichte der finnisch-ugrischen Sprachforschung bis Budenz.

Bánóczi József: *Révai Miklós élete és munkái* (Leben und Werke Nik. Révais, 1879). — Szinnyei József: *Révai magyar-ugor nyelvhasonlítása* (Révais ungarisch-finnische Sprachvergleichung, Nyelvtud. Közl. XV.). — Rubinyi Mózes: *Grimm és Révai* (Vergleichung der sprachgeschichtlichen Methode Grimms und Révais, M. Nyelvőr 1903. Sonderabdruck Nyelvészeti Füzetek Nr. 6).

Munkácsi Bernát: *Budenz József* (Akademische Gedenkrede, Budapesti Szemle, Budapester Rundschau 1896).

Simonyi Zsigmond: *Szarvas Gábor emlékezete* (Akademische Gedenkrede, M. Nyelvőr 1897).

Melich János: *A magyar szótárirodalom* (Literatur der ungar. Wörterbücher). Nyelvtudományi Közlemények 1905—1906. Sonderabdruck in den Nyelvészeti Füzetek.

---

Dr I. Kont: *Geschichte der ungarischen Literatur.* (Die Literaturen des Ostens in Einzeldarstellungen, 3. Bd. — Leipzig, Amelang, 1906.)

Frederick Riedl: *A history of Hungarian Literature.* (London, Heinemann, 1906.)

# Erster Teil.

# GESCHICHTE DER UNGARISCHEN SPRACHE.

## Erster Abschnitt.

## URSPRUNG UND VERWANDTSCHAFTSVERHÄLTNISSE.

**Die finnisch-ugrischen Sprachen** sind die nächsten Verwandten des Ungarischen, sie sind die unmittelbaren Fortsetzungen jener gemeinsamen Ursprache, deren neuere Form unter anderen auch die ungarische ist. Die finnisch-ugrischen Sprachen sind die folgenden: Ungarisch, Wogulisch und Ostjakisch, Syrjänisch und Wotjakisch, Lappisch, Finnisch und Ehstnisch, Mordwinisch, Tscheremissisch. Mit ziemlicher Wahrscheinlichkeit können wir auch behaupten, — wenn es auch methodisch noch nicht bewiesen ist, — dass diese finnisch-ugrische Sprachfamilie in weiterer Verwandtschaft mit vier anderen Familien steht, nämlich mit dem Samojedischen, dem Türkischen, dem Mongolischen und dem Tungusischen (Mandschu). Die erwähnten einander verwandten fünf Sprachfamilien zusammen bilden jenen grossen Kreis, den man als den ural-altaischen Sprachstamm zu bezeichnen pflegt.

Die Verwandtschaftsverhältnisse der einzelnen Gruppen wurden konstatiert, indem man in allen diesen Sprachen die Wörter und Formen verglich, von denen man voraussetzen konnte, dass sie uralte Begriffe und Begriffskategorien bezeichnen. Es gibt besonders zwei Wortgruppen, welche augenscheinliche Beweise der Sprachverwandtschaft zu bieten pflegen: die Namen der Körperteile und die Zahlwörter. Diese gehören nämlich — mit den Verben der ältesten Tätigkeiten zusammen — als Namen primitiver Begriffe gewöhnlich zu dem ursprünglichen Wortschatze der Sprache, und sind nicht wie die Wörter der entwickelteren Kultur aus anderen Sprachen entlehnt[1]).

Darum wollen wir vor allem zwei Namen von Körperteilen und ein Zahlwort in allen fünf ural-altaischen Sprachfamilien vorführen.

Die Namen des Auges (ung. *szem*)[2]):

1) Dennoch finden wir vereinzelte Lehnwörter auch in den gewöhnlich ursprünglichen Begriffskreisen. So ist z. B. der finnische Name des Zahnes *hammas* (Genitiv: *hampahan*) gleich dem litauischen *žambas*. Ein ungarischer Name der Eingeweide *zsiger* = dem Osmanli-Türkischen *džiger* 'Leber'; in das Osmanische kam es aus dem Persischen und ist identisch mit dem lateinischen *jecur*. Das ung. *térd* 'Knie' = dem tschuwaschischen **tir*, *čire*. Auch das ung. *szakál* 'Bart' ist türkischen Ursprungs. *Nyak* 'Hals' ist vielleicht das italienische *gnucca, nucca*. — Unter den Zahlwörtern sind alle höheren entlehnt; so *millió*, *milliárd*, *billió*: *száz* 'hundert' und *ezer* 'tausend' haben zwar auch in den finnisch-ugrischen Sprachen ihre Entsprechungen, nichtsdestoweniger sind sie mit diesen zusammen alte Lehnwörter aus einer indogermanischen Sprache; ebenso das finnische Zahlwort für tausend: *tuhat*. Das ung. *iker* 'Zwilling' ist dem Türkischen entnommen, wo es einfach 'zwei' bedeutet. (Die istrischen Rumänen haben die Zahlen acht und neun ebenfalls von den Slaven übernommen: *ósên*, *dévet*.) — Auch die Namen der Körperteile sind nicht in allen verwandten Sprachen dieselben. Von den synonymen Körperteilnamen behält — mit natürlicher Auswahl — die eine Sprache die einen, die andere Sprache die anderen, oder aber schafft die Sprache durch Umschreibung, mittelst einer Metapher einen neuen Namen. So bedeutet das dem ungarischen Worte *fő* 'Haupt' und dem finnischen *pää* entsprechende *paije* im Lappischen heute nur das O b e r e, während der Kopf *ojve* heisst, was ursprünglich Schädel bedeutet (finnisch *aivo* 'cerebrum', aber samojedisch *aivua* 'caput'). Der Syrjäne und Wotjake nennt die Schulter jetzt Ohr-Ende (*pel'pom, pel'pum*), der Tschuwasche hingegen Arm-Kopf (*χol-poš*). So müssen wir es uns erklären, dass im Süd-Ostjakischen die Hand *köt* und im Nord-Ostjakischen *još* heisst, sowie in den verschiedenen indogermanischen Sprachen: *hand*, *ruka*, *manus*, χείρ.

2) Die von der deutschen und ungarischen Schrift abweichenden Buchstaben sind: *š* = sch, *ž* = franz. *j*, *ś* = palatales (mouilliertes) s, *ć* = tš; *χ* = (a)ch; *t'*, *d'*, *l'*, *ń* = palatales (mouilliertes) t, d, l, n: *η* gutturaler Nasal; *ä* = offenes e, (finnisch) *y* = ü, *q* = labiales a.

In den finnisch-ugrischen Sprachen: *szem, sėm, šäm, śin, ćalm, silmä, sinža, śel'mä.*

In den samojedischen Sprachen: *śajme, haem* (**saem*), *sima, sej, saiji.*

In den türkischen Sprachen: *köz, göz, küz, koś*; — *karak, χarak.*

In den mongolischen Sprachen: *nidun, nidün, ńideŋ.*

In den tungusischen Sprachen: *īsa, ēsa*; *jasa.*

Die Namen des Herzens (ung. *sziv*):

Finnisch-ugrisch: *sziv, sim, šim, śulem, sydän, śed'i, šüm.*

Samojedisch: *seaj, siej, seijo, sī, soa, sa.*

Türkisch: *d'üräk, jüräk, čirä, süräχ.*

Mongolisch: *džirüken, dzürüken, zürχen, zurkuŋ.*

Tungusisch-Mandschu: *mīvan, mēvan, nijaman.*

Die Zahl vier (ung. *négy*):

Finnisch-ugrisch: *négy, ńilä, ńel, ńil', ńelj, neljä, ńil'ä, nil.*

Samojedisch: *tiet, t'ata, tēt, teto, thē'de.*

Türkisch: *tört, dört, tüört, tuvatta.*

Mongolisch: *dörben, dörbün, durbön.*

Tungusisch: *digin, dügün, ningun.*

Wenn wir die Wörter der einzelnen Reihen untereinander vergleichen, bemerken wir sofort, wie die fünf einzelnen Sprachgruppen bestimmte Einheiten bilden. Wenn wir dann die Reihen untereinander vergleichen, dann vermuten wir auch, was auch sonstige Umstände rechtfertigen, nämlich: dass die finnisch-ugrischen Sprachen in engerer Verwandtschaft mit dem samojedischen Sprachzweige stehen, die türkischen Sprachen hingegen mit dem Mongolischen. —

Obwohl es hier weder unsere Aufgabe ist, noch der Raum es gestattet, die so oft bewiesene finnisch-ugrische Verwandtschaft neuerdings zu beweisen, teilen wir doch zur Probe einige

---

*i̤* (*ī*) = hinteres i. In demselben Verhältnisse, wie *i* zu *i̤*, steht auch *e* zu *e̤*. Übrigens begnügen wir uns mit der sog. gröbern Umschrift. — Über den Lautwert der ungarischen Buchstaben s. den I. Abschnitt des II. Teiles.

wichtigere Wortübereinstimmungen mit, aus welchen auch hervorgeht, dass unter den finnisch-ugrischen Sprachen der wogulisch-ostjakische Sprachzweig der ungarischen Sprache am nächsten steht.

*Három* 'drei': wog. *χūrem*; ostj. *χōlom*; syrj. *kujim*, mordw. *kolmo*; lapp. *kolm*; finn. *kolme*.

*Harmad* 'drittel': wog. *χūrmit*; lapp. *kolmat*; finn. *kolmas*.

*Hat* 'sechs': wog. *χǫt*; ostj. *χōt*; mordw. *kotta*; tscher. *kut*.

*Nyolc* 'acht': wog. *ńǫl-lǫu*.

*Húsz* 'zwanzig': wog., ostj. *χūs*.

*Harminc* 'dreissig': syrj. *komis*.

*Negyven* 'vierzig', *ötven* 'fünfzig', *hatvan* 'sechzig': wog. *nälmen, ätpen, χǫtpen*.

*Kéz* 'Hand': wog. *kät*; ostj. *ket*; finn. *käsi*; tscher. *kit*.

*Ujj* 'Finger': wog. *tul'*; ostj. *tuj*.

*Vér* 'Blut': ostj. *wer*; syrj., wotj. *vir*; mord. *ver*; finn. *veri*.

*Fül* 'Ohr': wog. *pil'*; ostj. *pel*; syrj., wotj., lapp. *pel'*; mordw. *pil'ä*.

*Szarv* 'Horn': finn. *sarvi*.

*Fi* 'Sohn': wog. *piγ*; ostj. *poχ*; syrj., wotj. *pi*; finn. *poi(ka)*.

*Férj, férfi* 'Gatte, Mann': tscher. *püerγe* 'Mann'.

*Nő* 'Frau', *-né* -in (*király-né* 'König-in'): wog. *nī*; ostj. *nē*; mordw. *ńi*.

*Meny* 'Schwiegertochter': wog., ostj. *mäń*; lapp. *mańńē*; finn. *miniä*; syrj. *moń*.

*Vő* 'Eidam': finn. *vävy*; ostj. *veŋ*; lapp. *vivva*; tscher. *veŋe*.

*Holló* 'Rabe': wog. *χulaχ*; ostj. *χōlaχ*.

*Ló, lú* 'Pferd': wog. *lū, lo*; ostj. *lau*.

*Tél* 'Winter': wog. *tāl*; ostj. *tal*; syrj. *tel*; wotj. *tol*; finn. *talvi*; tscher. *tele*; mordw. *t'el'e*.

*Jég* 'Eis': wog. *jäŋk*; ostj. *jeŋk*; finn. *jää*; lapp. *jeēgŋa*; mordw. *jäj*.

*Hab* 'Welle, Schaum': wog. *χump*; ostj. *χump, χomp*.

*Víz* 'Wasser': wog. *vit*; tscher. *wüt*; mordw. *ved'*; finn. *vesi*; syrj. *va*; wotj. *vu*.

*Kő* 'Stein': wog. *käu*; ostj. *keu, kew*; wotj. *kö*; tscher. *kü*; mordw. *kev*; finn. *kivi*.

*Név* 'Name': wog. *näm*; ostj. *nēm, näm*; syrj., wotj. *ńim*; finn. *nimi*.

*Él* 'leben': finn. *elä-*; lapp. *jielle-*; tscher. *el-*; syrj. *ol-*; wotj. *ul-*.

*Hal* 'sterben': wog. *χǫl-*; ostj. *χal-*; syrj., wotj., mordw. *kul-*; tscher. *kol-*; finn. *kuole-*.

*Nyel* 'schlucken': wog., ostj. *ńel-*; syrj., wotj. *ńịl-*, lapp. *ńīlle-*; finn. *niele-*; tscher. *nel-*.

*Ad* 'geben': finn. *anta-*; syrj., wotj. *ud-*; mordw. *and(a)-*.

*Kel* 'aufstehen, gehen': wog. *käl-*; ostj. *kil-*; lapp. *kalle-* 'übersetzen'; mordw. *k'äl'e-* 'waten'.

*Men-ni* 'gehen': wog. *mən-, min-*; ostj. *men-*; lapp. *manna-*; finn. *mene-*; syrj. *mun-*; wotj. *mịn-*.

*Jö-ni, jöv-* 'kommen': wog. *jiv-, jiu-*; ostj. *jöv-*.

*Fed* 'decken': wog. *pänt-* (*päntil*, ung. *fedél* 'Deckel'); syrj. *pẹd-*.

*Tud* 'wissen': syrj. *tẹd-*; wotj. *tod-*; estn. *tund-*; finn. *tunte-*.

*Al* (*alatt* usw.) 'unterer Teil' ('unter' usw.): finn. *ala*; mordw. *al, ala*; syrj., wotj. *ul*.

*Felé* 'gegen, versus': wog. *poqli, pälä*; ostj. *pēla*; finn. *puolle* usw. usw.

Aus der grossen Anzahl der Wortübereinstimmungen könnten wir noch manche primitive Begriffsgruppe anführen, deren Übereinstimmung die Sprachverwandtschaft ausser allen Zweifel setzt. Nur einige von ihnen erwähnen wir. Es stimmen im Ungarischen und in den finnisch-ugrischen Sprachen die Ausdrücke von uralten Beschäftigungen überein; namentlich a) die Ausdrücke der Fischerei: *Hal* 'Fisch': wog., ostj. *χul*; finn. *kala*; mordw. *kal*; tscher. *kol*. *Háló* 'Netz': wog. *χūlp, χulep*; ostj. *χālew, χōlep* (wog. *χulep-sam*, ung. *háló-szem* 'Netzmasche, wörtl. Netzauge'). — b) Die Ausdrücke der Jagd: *Nyíl*, Pfeil: wog. *ńāl*; ostj. *ńal*; syrj. *ńịl*; wotj. *ńil*; lapp. *ńuŏlla, ńill*; finn. *nuoli*; mordw. *nal*. *Íj, ív* 'Bogen': wog. *jǫut*; ostj. *jŏγot, jŏγol*; lp. *juŏksa, jiks, jūχs*; finn. *jousi*. *Lő-ni* 'schiessen': wog. *läj-(ent-* usw.); syrj. *lịj-*; finn. *lyö-* 'schlagen, hauen, stossen'; tscher. *lü-*. *Les* 'lauern': wog. *läš-*. *Eb* 'Hund': wog.

*ămp, ămp, ăpp*; ostj. *ămp, amp*. *Nyúl*, 'Hase' : mordw. *numol*; lapp. *ńŏmmĕl*. *Nyuszt* 'Marder' : wog. *ńoχs*; ostj. *ńowes* (Zobel); estn. *nugis* 'Baummarder'. *Lúd* 'Gans' : wog. *lunt*; ostj. *lont*; tscher. *luδo*; lapp. *loddē* und finn. *lintu* 'Vogel'. — **c)** Primitive gewerbliche Beschäftigungen: *Fon* 'spinnen' : syrj. *pan-* (wickeln); wotj. tscher. *pun-*; mordw. *pona-*; finn. *puno-*; lapp. *ponna-*. *Sző, szöv-* 'weben' : wog. *säu-, säγ-*; ostj. *sĕw-, säw-* 'spinnen'. *Varr* 'nähen': syrj. *vur-*, tscher. *urg-, org-*.

Wichtiger noch, als die Wortübereinstimmungen, sind die morphologischen, die das Ungarische entschieden als eine finnisch-ugrische Sprache charakterisieren. Vor allem sei eine eigentümliche Art der Zusammensetzung erwähnt, deren erstes Glied ein Hauptwort mit oder ohne Besitzendung, das zweite aber ein Mittelwort oder Beiwort ist: *esze-veszett* (wörtl. 'sein Verstand verloren') 'wahnsinnig', *keze-aszott ember* ('ein Mensch seine Hand verdorrt', Ev. Markus 3 : 3) 'der Mensch mit der verdorrten Hand', *fele-más cipő* (seine Hälfte anders Schuh) 'ungleiche Schuhe'; — wog. *turä-sujp kum* (wörtl. 'seine Kehle laut Mann') 'ein Mann mit lauter Stimme'; — ostj. *sĕm-pĕlek*, finn. *silmä-puoli* (wörtl. 'augehalb') 'einäugig'; — wotj. *ki-köšektem murt* ('handverdorrter Mensch') usw. — Die Stammbildung und Abwandlung zeigen nicht nur in der ganzen Anlage, sondern auch in der Lautgestalt der wichtigsten Wortbildungs- und Flexionssuffixe eine genaue Übereinstimmung.

**a)** Im Gebiete der Verbalbildung stimmen die einfachsten und wichtigsten Frequentativsuffixe überein: 1. Das *-l* in Verben wie: *sujtol* 'wiederholt schlagen', *hatol* 'eindringen', *vonszol* 'zerren', *öldököl* 'metzeln'. Vergl. wotj. *min-* 'gehen, *minil-* 'langsam gehen': finn. *elä-* 'leben', *elele-* 'verleben, zubringen'. — 2. Das *-d* in unseren Verben *lököd* 'öfter stossen', *bököd* 'wiederholt stechen', *nyomod* 'oft drücken', *mend(egél)* 'langsam gehen', *nyeld(ekel)* 'öfter schlucken', ursprünglich *-nd*. Vergl. mordw. *ńil'e-* 'schlucken', *ńil'eńd'e-* 'oft schlucken'; wog. *χǫl-* 'sterben', *χǫlent-* 'in den letzten Zügen liegen'; tscher. *leweδ-* 'decken', vgl. *lewäš* 'Decke', wog. *läp-* 'hüllen, decken' (auch in unseren Sprachdenkmälern finden wir noch eine Ableitung von *lep* 'bedecken': *leped, lepedez* 'bedecken, einhüllen', woher das noch jetzt gebräuchliche *lepedő* 'Leintuch', eigentl. 'Decke, Hülle'; wog. *läptä*, 'Leintuch'). — 3. Dem Suffixe *-s*, *-sz* in unseren Verben *futos-* 'herumlaufen', *visz*, *vis(el)* 'tragen' (vom Stamme *viv-*), *vonsz(ol)* 'zerren' (*von* 'ziehen') entspricht in den verwandten Sprachen *-sk*, *-ś*, *-š*. Vergl. finn. *vie-* 'tragen', *vieskele-* 'dauernd tragen'; *ui-* 'schwimmen', *uiskele-* 'herumschwimmen; syrj. *kor-* 'bitten', *korś-* 'bitten, suchen'; lapp. *guödde-* 'tragen', *guōdaše-* 'herumtragen'.

Suffixe der Verba momentanea übereinstimmend *-m*, *-n*, *-p*, *-ll* und ihre Verbindungen: 1. *Folyam-ik* und *futam-ik* 'laufen, die Flucht ergreifen' usw. (in den Sprachdenkmälern), heute *folyamodik*, *futamlik*. Vergl. syrj. *tęd-* 'kennen', *tędm-* 'erkennen' (vgl. ung. *tud*); wog. **päs-* 'sich trennen', *päseml-* 'sich auflösen' (vgl. ung. *fesl-ik*). — 2. *Csökken* 'abnehmen', *döbben* 'erschrecken' usw. Vergl. lapp. *čokkāt* 'sitzen', *čokkānet* 'sich setzen'; finn. *pakene-* 'die Flucht ergreifen' (estn. *page-* 'fliehen'). — 3. *Állap-ik* 'inne halten, stehen bleiben' (*állapat*, *állapot* 'Zustand') jetzt *állapod-ik*; *ülepedik* 'sich setzen, niederschlagen' usw. Vergl. wog. *äl-* 'töten' (ung. *öl*), *älep-* 'plötzlich töten'; *kwāl-* 'sich erheben, aufstehen', *kwālep-* 'auf einmal aufstehen'. — 4. *Fuvall* 'wehen, blasen', *lövell* 'schiessen, hervorströmen', *szökell* 'hüpfen, springen', *rikol-t* 'heftig schreien' usw. Vergl. tscher. *nul-* 'lecken' (ung. *nyal*), *nulal-* 'eins lecken'; *pu-* 'blasen, wehen' (ung. *fúj*), *pual-* 'einmal blasen, wehen'.

Die Kausativa werden in allen finnisch-ugrischen Sprachen durch *-t* gebildet. Vergl. wog. *kwāl-*, ostj. *kil-*, ung. *kel* 'aufstehen': wog. *kwālt-*, ostj. *kilt-*, ung. *kelt* 'aufwecken'; syrj. *voš-*, ung. *vesz* 'verloren gehen' : syrj. *vošt-*, ung. *veszt* 'verlieren'; finn. *ime-*, ung. *em-* 'saugen': finn. *ime-ttä-*, ung. *emtet* 'säugen'.

Ein gewöhnliches Mittel der denominalen Verbalbildung ist das Suffix *-l*, welches auch in den dem Ungarischen näherstehenden verwandten Sprachen vorhanden ist, z. B. wog. *tolmoχ*, ung. *tolvaj* 'Dieb' : wog. *tolmoχl-*, ung. *tolvajol* 'stehlen'; ostj. *kāt*, ung. *kéz* 'Hand': ostj. *katl-* 'fassen, greifen'; syrj. *kįč* 'Kreis', *kįčlal-* 'kreisen, sich drehen'.

b) Aus dem Kreise der Nominalbildung betrachten wir vorerst die Deverbalnomina. Das Partizipialsuffix *-ó -ő* war ursprünglich eine Silbe mit *v*, wie es neben den Wörtern *eleven* 'lebendig', *mereven* 'steif' auch die Formen des Halotti Beszéd (der Leichenrede) *volov, iarov* (zu jener Zeit wahrscheinlich *valou, járou* gesprochen, heute *való* 'seiend', *járó* 'gehend') zeigen, und im Finnischen ist dies auch heute die übliche Form: *mata-va* 'kriechend', *niele-vä* 'schluckend'. — Das *l* der Substantiva *lepel* 'Decke', *fedél* 'Dach' ist in dieser Form nur im Wogulischen und Ostjakischen vorhanden, z. B. wog. *läp-*, ung. *lep* 'hüllen, decken': *läpil*, ung. *lepel* 'Hülle, Decke'; wog. *pänt-*, ung. *fed* 'decken': *päntil*, ung. *fedél* 'Dach'. — Das Bildungssuffix *-m* der Substantiva *álom* 'Schlaf', *félelem* 'Furcht' findet sich in derselben Bedeutung überall in den finnisch-ugrischen Sprachen. Vgl. wog. *ūlem*, ostj. *ōlem*, mordw. *udomo*, ung. *álom* 'Schlaf' (ung. *al-sz-ik*, wog. *ūl-*, ostj. *ol-*, mordw. *udo-* 'schlafen'). — Das Infinitivsuffix lautet im Syrjänischen und Wotjakischen ähnlich wie im Ungarischen: syrj. *kor-nį*, ung. *kér-ni* 'bitten'; syrj. *voš-nį*, ung. *vesz-ni* 'umkommen', *voštį nį*, ung. *veszte-ni* 'verlieren'; wotj. *todį-nį*, ung. *tud-ni* 'wissen'; wotj. *mįn-nį*, ung. *men-ni* 'gehen'.

Unter den Bildungssilben der Adjektiva erweist sich vor allem das Komparativ-Suffix als der Grundsprache angehörig; vergl. ung. *jó* 'gut': *jobb* 'besser', *kevés* 'wenig': *kevesebb*; lapp. *keivves* und *kieppes* 'leicht': *keivvesep* oder *keivvesebbō* und *kiepsamp* 'leichter'; finn. *kalvea* (ung. *halvány*) 'blass', *kalveampi* (ung. *halványabb*) 'blasser'. (Nach dem Zeugnis der finnischen Mundarten lautete das Steigerungssuffix ursprünglich *-mba*.) — Dem Adjektivsuffix *-s* entspricht in den verwandten Sprachen *-š, -ś, -s*: finn. *veri*, syrj. wotj. *vir*, ung. *vér* 'Blut': finn. *veres*, *vereś* (Stamm *verekse-*, *verekše-*), syrj. *vireś*, wotj. *vireś*, ung. *véres* 'blutig'; tscher. *i*, ung. *év* 'Jahr': *iäš*, ung. *éves* 'jährig'. — Das mit dem obigen gleichwertige Suffix *-ú, -ü* (*piros-vérü* 'rotblutig, mit rotem Blut', *nagy-fülü* 'grossohrig, mit grossen Ohren') lautete, wie die Sprachdenkmäler beweisen — ehemals *-ó, -ő*, beziehungsweise *-ov, -öv* (z. B. *kis-hitő* 'kleinmütig', im Plural *kis-hitövek*) und ähnlich finden wir es in der ganzen Verwandtschaft. Beispiele: mordw. *pil'ev* 'langohrig', *kävev* (ung. *kövü*) 'steinig'; finn. *verevä* (ung. *vérü*) 'rotwangig' eigentl. 'blutig'. Dieses *v* geht wieder auf ursprünglicheres *b* zurück; vgl. wog. *sam*, ostj. *sĕm* (ung. *szem*) 'Auge' : wog. *sampä*, *samp*, ostj. *sĕmep* (ung. *szemü*) 'äugig'; im Livischen (einem Dialekte des Finnischen) *tjerā'* 'Schärfe, Spitze': *tjerā'b* 'flink, munter', eigentl. 'scharf' usw. — Das Karitivsuffix hat im Wogulischen seinesgleichen in der Form *-tal* *-täl* *-tel*, z. B. wog. *nī*, ung. *nő* 'Frau': wog. *nītel*, ung. *nőtelen* 'unverheiratet' (vom Manne; eig. 'ohne Frau'); wog. *īs* (ung. *ész*) 'Verstand', *īstäl* (ung. *esztelen*) 'unvernünftig, töricht'. — Wichtig ist das Ordinalsuffix *-d*, ursprünglich *-nd* (ebenso wie das frequentative *-d*): *negyed* 'der vierte', wog. *ńilit*, ostj. *ńelmet*, syrj. *ńol'ęd*, wotj. *ńil'eti*, lapp. *nāljāt*, finn. *neljänte-*; *hatod* 'der sechste', wog. *χatit*, syrj. *kvajtęd*, lapp. *kutāt* usw.

Anderes beiseite lassend erwähnen wir noch das **Pluralsuffix**, welches in der ungarischen und lappischen Sprache *-k* lautet, in einzelnen lappischen Mundarten und anderen verwandten Sprachen aber *-t*; z. B. ung. *szemek* 'Augen', lapp. *čalmek*, *čalmet*, finn. *silmät*, wog., ostj. *sämet*; *kövek* 'Steine', wog., ostj. *kävet*, finn. *kivet*.

Auch die **possessiven Personalsuffixe** der Substantiva finden sich so sehr übereinstimmend auf dem ganzen finnisch-ugrischen Gebiete, dass sie einst unbedingt identisch gewesen sein müssen. Z. B.

| | | | | |
|---|---|---|---|---|
| ung. *szemem* | 'mein Auge' | wog. *sämem* | lapp. *čalmem* | finn. *silmäni* |
| *szemed* | 'dein Auge' | *sämen* | *čalme-d, -t* | *silmäsi* (*-*ti*) |
| *szeme* | 'sein Auge' | *sämä* | *čalmeš* | *silmänsä*. |

Die Abweichungen erklären sich aus der Lautgeschichte. Die Form der zweiten Person z. B. musste nach dem Zeugnis der ungarischen und lappischen Lautentwickelung ursprünglich **śelmende* lauten; aus dieser Form lässt sich auch das wogulische *sämen* erklären, während nach der regelrechten finnischen Lautentwickelung aus **silmänte* einerseits **silmänti*, *silmänsi* und andererseits *silmäti*, *silmäsi* wurde. (Vergl. ung. *harmad* 'drittel', finn. **kolmante* > *kolmas*; ung. *kéz* 'Hand', finn. **kăte* > **kăti* und heute *käsi*.) — Die erste Person des Plurals wird im Ungarischen heute durch *-nk* gebildet und ähnliches findet sich im Mordwinischen: *keveńkä, keveńek*, ung. *kövünk* unser Stein (im ingrischen Dialekte des Finnischen: *-nnek* und *-mmek*, welche zwei Formen auf ursprüngl. *-nmek* zurückgehen). Im Lappischen nimmt diese Endung die Form *-mek*, im Finnischen die Form *-mme* an; wir dürfen jedoch auch die ung. Formen *isemök, uromk* aus der Leichenrede nicht ausser acht lassen, aus denen sich das heutige *ösünk* (unser Ahne), *urunk* (unser Herr) entwickelt hat; vgl. lapp. *aččamäk* 'unser Vater' (*aččađäk* 'euer Vater'= ung. *ösötök*); finn. *isä-mme* 'unser Vater'.

c) In der Konjugation gingen die Personalsuffixe im Laufe der Entwicklung noch weiter auseinander; nichtsdestoweniger gibt es so viele Übereinstimmungen, dass man die ursprüngliche Identität auch hier nicht bezweifeln kann. Die grossen Unterschiede erklären sich dadurch, dass sich ein zweifaches, ja dreifaches System der Konjugation entwickelte (einerseits die objektive und subjektive, anderseits die ungarische Konjugation auf *-ik* und die finnische reflexive Konjugation); die parallelen Formen öffneten den verschiedensten Wirkungen der Analogie ein weites Feld. Die erste Person des Plurals weist auch hier nur im Mordwinischen beide Konsonanten auf, denn da entspricht *-nok*, *-ńek* dem ungarischen *-unk, -ünk* : *peľińek* (ung. *félénk*) 'wir fürchteten uns'. Aber aus der Leichenrede wissen wir, dass auch dieses *-nk* einst *-mok, -mök* lautete, denn da lautet das heutige ungarische *imádjunk* 'beten wir', *vagyunk* 'wir sind' : *vimádjomok, vagymok* (statt **vagyomok*; geschrieben: *uimaggomuc, vogmuc*), und zu diesen stimmt vollkommen das lapp. *mą̄naj-mek* und das finn. *meni-mme* = ung. *mené-nk* 'wir gingen'. Die zweite Person lautet lapp. *mą̄naj-đäk*, finn. *meni-tte* = ung. *mené tek* 'ihr ginget'. — Das Suffix der ersten Person war in der Einzahl nach dem Zeugnis der verwandten Sprachen *-m*, und dieses Suffix ist im Perfektum der ungarischen Verba ebenso wie in der objektiven Konjugation und der der Verba auf *-ik* erhalten: *mentem* 'ich bin gegangen', *eszem* 'ich esse', *kérem* 'ich bitte ihn', *látom* 'ich sehe es'. Vergl. wog. *minäm*, lapp. *manam*, tscher. *miem*, finn. *menen*, 'ich gehe'. (Im Finnischen wird auslautendes *m* immer zu *n*). Die objektive Konjugation hat sich am vollständigsten im Mordwinischen entwickelt, ausserdem ist sie auch im Ungarischen, Wogulischen und Ostjakischen vorhanden (und findet sich auch im Samojedischen vor).

Auch in den Zeit- und Modus-Formen fällt die Identität sofort ins Auge. Dem *é* im Präteritum der Verba, wie *menék* 'ich ging', *valék* 'ich war' entspricht im Finnischen, wo die entsprechenden Formen *men-i-n*, *ol-i-n* lauten, ein *i*, welches auf eine ähnliche Grundform zurückgeht wie das ung. *é*. Dasselbe Suffix sehen wir auch in den schon erwähnten lappischen Formen: *mǫnä-j-mäk*, ung. *men-é-nk* 'wir gingen'; *mǫnä-j-đäk*, ung. *men-é-tek* 'ihr ginget'. So auch im Mordwinischen, Syrjänischen und Wotjakischen. — Das *-né* des Konditionalis ist auch im Wogulischen, Ostjakischen, Tscheremissischen und Finnischen bewahrt: wog. *kǫl-näm*, *χǫl-nü-m*, ung. *hal-né-k* 'ich würde sterben'; finn. *elä-ne-n* 'ich mag leben', ung. *él-né-k* 'ich würde leben'.

**d)** Die einfachsten Kasussuffixe finden wir ebenfalls in sämtlichen finnisch-ugrischen Sprachen. Es gibt ein allgemein verbreitetes *-n*, nämlich das Lokativsuffix, das ursprünglich die Form *-na* hatte und in ungarischen Ortsbestimmungen, wie *kézen* 'auf der Hand', *kézben* 'in der Hand', aber auch in Bestimmungen der Zeit und der Art und Weise häufig angewendet wird. Es gibt Ort- und Zeit-Adverbien mit dem Suffix *-n*, welche Glied für Glied in den verschiedenen finnisch-ugrischen Sprachen mit einander übereinstimmen. Z. B. *honn* 'zu Hause', finn. *koto-na*, aber im Livischen ebenso zusammengezogen wie im Ungarischen: *kuonn*. *Tövön* 'am Stamme' (*fültövön* 'hinter den Ohren' usw. Nominativ: *tő*) finnisch *tüvenä* usw. 'bei'. *Künn*, *künt* 'draussen', wog. *kwän*, *kwänt*. *Télen* 'im Winter', syrj. *tel̮in*, finn. *talve-na* usw. Das sind also lauter uralte suffigierte Wortformen. — Das ungarische Lokativsuffix *-t*, *-tt* findet sich nur im Wogulischen: *mä-t* 'auf der Erde', *päl-t*, ung. *fél-t* 'auf der Seite' (ung. *oldalt* 'seitwärts'), und im Ostjakischen in einigen Adverbien: *tot*, wog. *tot* (ung. *ott*) 'dort', ostj. *χot*, wog. *χot* 'wo'? — Ebenfalls im Wogulischen erhielt sich das Lativsuffiv *-ni* der Székler und Palozen (*papni megyek* 'ich gehe zum Pfaffen', *biróni megyek* 'ich gehe zum Richter'): *kwol-ne* 'in das Haus', *Vifleem-ne* 'nach Bethlehem', *Egipet-ne* 'nach Ägypten'. — Unser ung. Akkusativsuffix *-t* hat sich in mehreren Sprachen, am reinsten im Mordwinischen erhalten, und da sehen wir, dass das Suffix *-t* ursprünglich das bestimmte Objekt vom unbestimmten unterscheidet, z. B. mordw. *ava-t* 'die Frau', hingegen bedeutet *ava-ń* nur unbestimmt 'eine Frau'. Dieses Suffix *-ń* des unbestimmten Objektes lautet ursprünglich *m* (vergl. wog. *-m*, *-ma*, tscher. *-m*, lapp. *-m*, *-b* usw.), im Ungarischen ist es jedoch spurlos verschwunden und an seine Stelle ist jenes bestimmte *-t* getreten.

Unsere beleibteren Nominalsuffixe, welche auch noch als Adverbien fungieren — z. B. *-ben* 'in' (wo?): *benn* 'drinnen'; *-be* 'in' (wohin?): *belé* 'hinein'; *-nek* (Dativ): *neki* 'ihm'; *-hoz* 'zu': *hozzá* 'zu ihm' — wurden erst um das XII. Jahrhundert zu Suffixen, während sie früher Postpositionen waren. Als Postpositionen oder selbständige Adverbien erhielten sie sich z. T. auch in den verwandten Sprachen. Z. B. *-be*, *belé* 'hinein' = wotj. *pöl̦i̦* (*pöl* 'das Innere'. *Nek*, *neki* Dativ, eigentlich 'darauf los' = lapp. *nädika* (*nädika manna-*, ung. *neki menni* 'auf etwas losgehen'). *Hoz*, *hozzá*, in den alten Handschriften auch *hozjá* 'zu, zu ihm' = ostj. *χoźa*, z. B. *lu χoźa*, ung. *ő hozzá* 'zu ihm' (im Ostjakischen hat dieses Verhältniswort eine ganze Sippe: *χoziŋ-na* 'bei, neben', *χoziŋ el'ta* 'von neben .... her'). — Entsprechende Formen von anderen ungarischen Postpositionen z. B. ostj. *pĕla*: ung. *felé* 'gegen, gegen .... hin', finn. *alle*: ung. *alá* 'unter' (wohin?) usw.

Ausser dem übereinstimmenden Wortschatze und den übereinstimmenden grammatischen Formen zeigt die Vergleichung der verwandten Sprachen auch die erforderliche **Regelmässigkeit der Lautentsprechungen**. Von diesen seien nur die wichtigsten hier erwähnt:

1. Dem ung. *ny* entspricht regelmässig in denselben Wörtern *ń* im Wogulisch-Ostjakischen, im Syrjänisch-Wotjakischen

und Lappischen, während das Finnische, Mordwinische und Tscheremissische ein *n* an seiner Stelle aufweisen. Die hierher gehörenden Wörter hatten in der finnisch-ugrischen Grundsprache ein *ń* gehabt, woraus dann in einem Teile der finnisch-ugrischen Sprachen *n* wurde. Vergl. die S. 19—21 angeführten *nyolc, meny, nyel, nyil, nyúl, nyuszt* mit ihren Entsprechungen.

2. Vor Konsonanten verschwindet im Ungarischen der Nasal (ebenso im Lappischen, Syrjänisch-Wotjakischen und Wogulischen, in den letzteren jedoch nicht so allgemein), so dass z. B. aus den Lautgruppen *mb, nd, ng, ns* einfaches *b, d, g, sz* wurde. Beispiele: *eb* 'Hund' anstatt **emb*; *ad* 'geben' anstatt **ando-*; *jég* 'Eis' anstatt **jenge*; *fosz-l-ik* 'sich schleissen' anstatt **ponso-*. Vergl. noch die Wortentsprechungen S. 19—21.

3. Zwischen zwei Vokalen entspricht den meisten dentalen Verschlusslauten der finnisch-ugrischen Sprachen (*d, t*) teils ein ung. *l*, teils ein ung. *z*, z. B. *álom* 'Schlaf' = mordw. *udomo*; *velő* 'Mark' = finn. *ydin*, lapp. *ađam*; *elő* 'vorderer Teil' = finn. *ede-*, *ete-*; *víz* 'Wasser' = finn. *vede-*, *vete-*; *kéz* 'Hand' = finn. *käde-*, *käte-*. Der letztere Lautwandel ist eine charakteristische Eigentümlichkeit des Ungarischen, während wir den erstern im Wogulisch-Ostjakischen und Syrjänisch-Wotjakischen wiederfinden (vergl. wog. *ōlem*, ostj. *ālem* = ung. *álom* 'Schlaf'; wog. *valem*, ostj. *vēlem* = ung. *velő* 'Mark').

4. Aus der grundsprachlichen Konsonantengruppe *lm* ist im Ungarischen das *l* geschwunden, z. B. *szem* 'Auge' anstatt **śelme*, *csomó* 'Knoten' anstatt **čolmo*, *emel* 'heben' anstatt **elmel*. — Hingegen verwandelte sich das einfache *m* in vielen Fällen zu *v*; z. B. *név* 'Name' aus **ńéme* (ostj. *ńēm*, wog. *ńām*, syrj.-wotj. *ńim*, finn. *nimi*, lapp. *nāmma*), *nyelv* 'Zunge, Sprache' aus **ńeleme* (wog. *ńālm*, ostj. *ńālem*, tscher. *ńalme*). — Die hier erwähnten beiden Fälle des Lautwandels sind für das Ungarische charakteristisch, obwohl der erstere Lautwandel sich auch im Wogulischen und Ostjakischen vorfindet (z. B. wog. *sām*, *šām*, ostj. *sēm* = ung. *szem* 'Auge').

5. Ebenfalls nur im Ungarischen entspricht *f* dem anlautenden *p* sämtlicher finnisch-ugrischer Sprachen. Beispiele: *fog* 'Zahn' (**piŋg*, **piŋ*) = wog. *päŋk*, ostj. *peŋk*; *féreg* 'Wurm' =

wog. *pärik*; *fél* 'halb' anstatt **pēle* (tscher. *pēle*, wog. *päl*, lapp. *pellē*); *fél-ni* 'fürchten' anstatt **pēle-ni* (mordw. *pel'e-*, wog. *pil-*) usw. — Wo ein *p* im Anlaute sich erhielt, war der Grund dafür häufig ein onomatopoetischer; z. B. neben *fakad* 'quellen': *pukkad* 'platzen', ferner *puffad* 'aufschwellen', *pattan* 'platzen', *pisszeg* 'zischen'. Die meisten mit *p* anlautenden Wörter sind fremden Ursprungs: *patak* 'Bach', *pálca* 'Stab', *pince* 'Keller', *penész* 'Schimmel', *pálya* 'Bahn' usw.

6. Im Anlaute tieflautiger Wörter gab es in der finnisch-ugrischen Ursprache wahrscheinlich zweierlei *k*-Laute: 1. ein postpalatales *k*, welches im Ungarischen, Wogulischen und Ostjakischen zu *χ* wurde; das ungarische *χ* hat sich dann weiter zu *h* entwickelt. Z B. *hág* 'steigen': wog. *χāŋγ-*, ostj. *χăŋ-*; *hall* 'hören': wog. ostj. *χōl*, syrj.-wolj. *kịl*, *kal-*, lapp. *kulle-*, tscher. *kol-* usw. (S. auch oben unter den Wortentsprechungen: *hattyú* 'Schwan', *holló* 'Rabe', *hal-ni* 'sterben' usw.) — 2. ein mediopalatales *k*, welches auch im Ungarischen *k* blieb, z. B. *karcsú* 'schlank', *kacsint* 'blinzeln', *kullog* 'schleichen'. — Ausser diesen zwei *k*-Lauten gab es auch noch ein präpalatales *k*, z. B. in *kettő* 'zwei', *kér* 'bitten' usw.

7. Im Anlaute finnisch-ugrischer Wörter gab es — wie es das Syrjänisch-Wotjakische und das Mordwinische gemeinsam bezeugen — zweierlei *s*-Laute: den gewöhnlichen Dental-Laut *s* und das dentipalatale *ś*. Aus diesem letzteren entwickelte sich das ungarische und wogulisch-ostjakische *sz*, während das ursprüngliche dentale *sz* im Ungarischen verschwand und im Wogulischen zu *t* wurde. Im Finnischen fallen sowohl das *s* als auch das *ś* im heutigen *s*-Laut zusammen.

a) Ursprünglich dentipalates *ś*:

| ung. | wog. | finn. | mordw. | syrj.-wotj. |
| --- | --- | --- | --- | --- |
| *szëm* 'Auge' | *säm, sam* | *silmä* | *śel'me* | *śin* (*śinm-*) |
| *szív* 'Herz' | *sim* | *sydän* | *śed'eŋ* | *śẹlẹm, śulem* |
| *szomor-(kodik)* 'trauern' | | | *śumor(do-)* | |
| *száz* 'hundert' | *sāt* | *sata* | *śado* | *śo, śu*[1]). |

1) Für den ursprünglich palatalen Laut spricht auch das altindische *ś'ata* (*çata*), das als Lehnwort ins Finnisch-ugrische zur Bezeichnung der Zahl hundert übernommen wurde.

b) Ursprünglich dentales *s*:

| ung. | | wog. | finn. | mordw. | syrj.-wotj. |
|---|---|---|---|---|---|
| *epe* | 'Galle' | *tēp* | *sappi* | *seppä* | *sep, sep* |
| *öl* | 'Schoss, Klafter' | *täl, tal* | *syli* | *säl'* | *sil, sul* |
| *in* | 'Sehne' | *tān* | *suoni* | *san* | *sen.* |

8. Die ungarische Sprache hat, wie die meisten Verwandten, die kurzen Auslautvokale, welche nur in einzelnen finnischen, mordwinischen und lappischen Mundarten erhalten sind, verloren. Beispiele: *hal* 'Fisch', wog. und ostj. *χul*, mordw. *kal*, finn. *kala*, lapp. *kuöllē*; — *ház* 'Haus', ostj. *χōt*, lapp. *ko'it*, *kōεtē*, finn. *kota*, tscher. *kuδo*, mordw. *kudo*, in einer anderen mordw. Mundart *kud* (vgl. altind. *kuta*, avest. *kata*); — *név* 'Name', ostj. *nēm*, wog. *nām*, syrj.-wotj. *ńim*, lapp. *namma* und *nim*, finn. *nimi* (vergl. altind. *nāma*) usw. — Die ungarische Sprache hat diesen Lautwandel vielleicht erst in historischer Zeit in allen Mundarten durchgeführt, denn in Denkmälern aus dem XI.—XIII. Jahrhundert ist der Auslautvokal noch oft bezeichnet.

Ausser den eben angeführten lautlichen Unterschieden haben sich im Ungarischen wichtige Neubildungen vollzogen. So z. B. haben wir viele Wortbildungssilben, welche aus der Verbindung von zwei oder drei älteren, einfachen Formanten entstanden sind, so *-gat*, *-gál*, *-dogál*, *-kál*, *-doz* und viele andere Frequentativsuffixe; *-alom*, *-dalom*, *-dal*, *-tal*, *-ék*, *-ték*, *-dék*, *-ékony*, *-ánk*, *-mány*, *-vány* und andere Nominalsuffixe. Ferner haben wir einige Bildungssilben, die im Sonderleben unserer Sprache aus Wortzusammensetzungen entstanden sind: so z. B. *-hat -het* und *-ság -ség*.

In der Konjugation hat sich eine neue Form mit *-tt* zur Bezeichnung der vollendeten Handlung und eine mit dem Suffix *-and* (dieses nunmehr veraltet) zur Bezeichnung der eintretenden Handlung entwickelt. Für die dauernde Handlung hat eine Gruppe unserer Zeitwörter ebenfalls eine neue Form mit dem Suffix *-sz*: *ve-sz* 'er nimmt', *te-sz* 'er tut', *alu-sz-ik* 'er schläft' usw., und es ist nicht ausgeschlossen, dass ehemals ein grosser Teil der anderen Verba ebenso abgewandelt wurde. — Ausserdem sind zahlreiche zusammengesetzte Zeitformen entstanden: *ír vala* 'scribebat', *írt vala* 'er hatte geschrieben', *írt volna* 'er hätte geschrieben' usw. Möglich, dass diese Bildungen schon in der Ursprache vorhanden waren; denn ähnliche Zusammensetzungen finden wir in mehreren verwandten Sprachen. — Endlich hat unsere Sprache eine ganz eigentümliche, neue Konjugation entwickelt, wenigstens in dem Singular des Präsens und Perfektum: die sogenannte Konjugation auf *-ik* (*veretik* 'geschlagen werden', *eszik* 'essen'), die eigentlich die Konjugation der passiven und reflexiven Verba war.

Die Deklination des Nennwortes bereicherte sich mit zahlreichen neuen Suffixen spezieller Bedeutung, die ebenso wie z. B. im Finnischen eigentlich Postpositionen waren, dann gekürzt und den Regeln der Vokalharmonie unterworfen wurden.

Auch die Syntax unterscheidet sich in vielen Beziehungen von der der verwandten Sprachen. Diese Abweichungen gingen teilweise Hand in Hand mit der Entwicklung der neuen Zeitformen und Kasussuffixe, zum Teil aber hängen sie mit der Entstehung neuer Wortklassen (Redeteile) zusammen. So haben sich einzelne Adverbien zu Verbalpräfixen (Präverbien) von mannigfacher Bedeutung entwickelt, derengleichen sich bloss im Wogulischen, Ostjakischen und im livischen Dialekt des Finnischen, jedoch in viel beschränkterem Gebrauche finden. Hierher gehört auch die Erscheinung, dass das Demonstrativum (*az* 'das, jenes') sich wie in indogermanischen Sprachen zum Artikel abschwächte, während ehemals — wie im Mordwinischen noch heute (auch z. B. im Rumänischen, Dänischen) — die bestimmte Form der Nomina durch Demonstrativsuffixe gekennzeichnet war. Weiter gibt es auch syntaktische Veränderungen, die durch das Verschwinden grammatischer Formen veranlasst werden, wie z. B. in den romanischen Sprachen zum Ersatz des lateinischen Genitivs und Dativs die Präpositionen *de* und *ad* verwendet wurden. Ein ähnlicher Fall ist im Ungarischen möglicherweise infolge des Verlustes des finnisch-ugrischen Genitivsuffixes *-n* eingetreten. Eine Zeitlang gebrauchte man wahrscheinlich bloss den suffixlosen Genitiv: *ház'födél* 'Hausdach, das Dach des Hauses', wie es meistens heute noch die nächstverwandten finnisch-ugrischen Sprachen tun (wog. *kwol päntil* usw.); später aber setzte sich die Konstruktion mit dem Personalsuffix fest und man sagte: *a ház födele* 'Haus Dachsein', des Hauses Dach, so wie man schon früher durchgehends gesagt hatte: *az ő födele* 'sein Dach', *az én födelem* 'mein Dach' usw. Zuletzt fand man sogar zur Bezeichnung des Besitzers eine entsprechende, neue suffigierte Form, indem man den Gebrauch des Dativs nach dieser Richtung ausdehnte: *a háznak födele* 'dem Haus sein Dach' (vgl. den ähnlichen Gebrauch des Dativs im Bayrisch-österreichischen und besonders in den slavischen Sprachen). — Endlich sind auch, wie wir sehen werden, unter fremder Einwirkung Veränderungen im Satzbau eingetreten.

Neben den syntaktischen Unterschieden gibt es aber auffallende syntaktische Übereinstimmungen, deren Vorhandensein in sämtlichen finnisch-ugrischen Sprachen durch ihre uralte Einheit zu erklären ist. So z. B. antworten die Verba *halni* 'sterben' *maradni* 'bleiben', *hagyni* 'lassen', *férni* 'Platz haben' in sämtlichen finnisch-ugrischen Sprachen auf die Frage wohin, und nicht auf die Frage wo: *a víz-be halni, veszni, fúlni* 'ins Wasser sterben' (und nicht 'im Wasser'), *a víz-be ölni* 'ins Wasser töten' (und nicht 'im Wasser ertränken'), *valamely betegség-be belehalni* 'in irgend eine Krankheit sterben', *oda maradni* 'dahin bleiben' (fortbleiben), *oda hagyni* 'verlassen', *bele férni* 'hineingehen, Platz haben darin'. — Eine eigentümliche Konstruktion ist: *valakitől küldeni* oder *izenni valamit* 'von jemandem etwas schicken oder sagen lassen' anstatt 'durch jemanden'. Ebenso heisst es aber auch in verwandten Sprachen, z. B. im Ostjakischen, Gott habe das Neue Testament 'von Christus' geschickt (*Xristos el'ta*), oder im Estnischen 'ich habe schon Nachricht geschickt von zwei Leuten' (*kahe-lta*; ähnlich noch im Tschuwaschischen, NyK. 2, 16). — Desgleichen heisst es im Ungarischen *a fejemben van a kalap* 'der Hut ist in meinem Kopfe' statt 'auf meinem Kopfe' und ebenso sagt auch das Finnische: *lakki on pää-ssä-ni* usw.

**Die ural-altaische Sprachverwandtschaft.** Die finnisch-ugrischen Sprachen sind nun weiterhin den übrigen Familien des ural-altaischen Sprachstammes in verwandt. So mancher Sprachforscher hat den methodischen Fehler begangen, das Ungarische, also ein Glied der einen Sprachfamilie, mit irgend einem Gliede der übrigen Sprachfamilien oder mit irgend einer ganzen Sprachfamilie unmittelbar zu vergleichen. Es ist wissenschaftlich erwiesen, dass das Ungarische eine Fortentwicklung der finnisch-ugrischen Grundsprache ist. Diese hatte einst eine Schwester zur Seite: die samojedische Grundsprache. Beide Sprachfamilien vereinigen sich in der uralischen Sprachgruppe, welcher die drei Familien der altaischen Sprachgruppe gegenüberstehen: die türkische, mongolische und mandschu-tungusische, ausserdem nach Ansicht einiger das Japanische. Die ural-altaischen Sprachen gruppieren sich also nach dem heutigen Stande unserer Forschungen folgendermassen[1]):

Ural-altaische Sprachen

- Uralische Sprachen
  - Samojed. Gruppe
  - Finnisch-ugrische Gr.
    - Westl. (finnische) Zweige: Lappisch, Finnisch (und Estnisch), Tscheremiss., Mordwin.
    - Permischer Zweig: Syrjänisch, Wotjakisch.
    - Östl. (ugrische) Zweige: Ungarisch, Wogulisch, Ostjakisch
- Altaische Sprachen
  - Türk. Gruppe, Mongol. Gr., Mandschu-tung. Gr.
- Japanisch?

Die positiven Ergebnisse der Vergleichung aller dieser Sprachen — die zum Teil noch mangelhaft erforscht sind — müssen noch als sehr ungenügend bezeichnet werden. Soviel steht jedenfalls fest, dass zwischen der finnisch-ugrischen Gruppe und den übrigen ural-altaischen Sprachen eine so erhebliche Anzahl von Übereinstimmungen, sowohl lexikalischen, als auch

1) Auch das Sumerische ist diesen Sprachen beigesellt worden, jedoch mit Unrecht, es scheint bloss Spuren (allerdings wichtige) uralter Völkerberührungen zu enthalten. — Hingegen spricht manches für die Urverwandtschaft des Finnisch-ugrischen mit dem Indogermanischen; vgl. neuestens K. B. Wiklund *Le monde oriental I.* und Josef Schmidt *Nyelvt. Közl. XXXVI.*

grammatischen, beobachtet worden ist, dass sie füglich die Annahme eines gemeinsamen Ursprungs gestatten.

Was vor allem die Wortübereinstimmungen betrifft, begegnen wir sogleich einzelnen auffallenden Beispielen im Samojedischen. Vgl. ung. *szem*, finn. *silmä* 'Auge': in den samojedischen Sprachen *śajme*, *sima*, *sej* (die sich ebenfalls aus älterem **śelme* entwickeln konnten); ung. *szív* 'Herz', finn.-ugr. **śiδeme*: sam. *seijo*, *siej*, *si* (die gemeinsame Grundform etwa: **śiδe*; die finn.-ugr. Endung *-me* wäre hier dasselbe Suffix, wie in einigen anderen finn.-ugr. Namen von Körperteilen: **veδime*, ung. *velő* 'Mark', **ńeleme*, ung. *nyelv* 'Zunge'; die ung. Form *szív* durch Vermittelung von **szileve*). Solcher Entsprechungen gibt es noch eine stattliche Anzahl in den samojedischen Sprachen; z. B. *nād*, ung. *nyál* 'Speichel', finn.-ugr. **ńōlo*, **ńōlgo*; *tu*, ung. *tó* 'Teich', finn.-ugr. **tōl*; *tu*, ung. *toll* 'Feder', finn.-ugr. **tolgo*; *kuele*, ung. *hal* 'Fisch', finn.-ugr. **kolo*; *hamba*, ung. *hab* 'Schaum', finn.-ugr. **kombo* u. a.

Ähnliche Gleichungen finden wir weiters in den türkischen Sprachen. Z. B. *tul̦i*, *dolu* usw. 'voll', ung. *tele*, wog. *tajl*, ostj. *tēl*; *jalin*, ung. *nyál* 'Speichel', finn.-ugr. **ńōlo*, **ńōlgo*; *jala-*, ung. *nyal*, **ńolo* 'lecken'; *jom-*, *jum-*, ung. *nyom* 'drücken', finn.-ugr. **ńolmo*; *tut-*, *tuj-* 'fühlen, verstehen': finn.-ugr. und samojed. **tumdo-* 'fühlen, wissen' (ung. *tud* 'wissen'); *ol-*, *bol-* 'sein': finn.-ugr. **volo-* (ung. *volt* 'gewesen', *vala* 'war'); *al-*: ung. *al* 'das Untere', finn.-ugr. **ala*; *em-*, *im-*: ung. *em-* 'saugen', finn.-ugr. **ime-*; *kel-*, *kil* 'kommen': finn.-ugr. **kele-* (ung. *kel* 'gehen, aufstehen'); *unut-*, *onot-* 'vergessen': finn. *unhotta-*, wotj. *vunät-* (türkisches Lehnwort? das anlautende *v* deutet aufs Tschuwaschische) usw.

Wir wollen noch einiges aus dem Mongolischen anführen: *bol-* 'sein', türk. *bol-*, finn.-ugr. **volo-*; *γaba* 'Grube', türk. *koba* 'Höhle', wotj. *gop*, finn. *kuoppa* 'Grube'; *kele* 'Zunge', finn.-ugr. **kēle* (finn. *kieli*, lapp. *kiella*); *nidü-* 'schauen', finn.-ugr. **nege-* (finn. *näke-*, ung. *néz*); *eme* 'Weibchen': mandsch. *eme* 'Mutter', türk. (tschuw.) *ama* 'Weibchen, Mutter', sam. *ema* 'Weib', *ämä* 'Mutter', finn. *emä* 'Mutter, Weibchen', ostj. *imi*, ung. *eme*; *baraγon*, *barūn* 'besser': syrj. *bur*, tscher. *puro*, mordw. *paro* usw. 'gut', finn. *parempi* 'besser' usw. — Vgl. noch ung. *nyíl* 'Pfeil' (Entsprechungen in allen finnischen Sprachzweigen): samoj. *ńi*, mandsch. *niru*, tung. *nura*, *nur* usw.[1]).

Noch wichtiger sind die zahlreichen Übereinstimmungen der Laut- und Formenlehre, die sich in sämtlichen ural-altaischen Sprachen finden, und diese von anderen Sprachfamilien trennen. Solche sind:

1. Im Anlaut steht regelmässig ein Vokal oder ein einzelner Konsonant, keine Konsonantengruppe, wie so oft im Indogermanischen. Die Wörter, die heutzutage mit einer Konsonantengruppe anlauten, sind entweder lautnachahmend, wie *prüsszent* 'niesen', oder durch Abfall eines unbetonten Anlautes gekürzt; so häufig im Mordwinischen: *fkä*, *ftal* (in der anderen mordw. Mundart *ifkä*, *udalo*); oder endlich ist die anlautende Konsonantengruppe fremden Ursprungs, wie ung. *próba* 'Probe', *krajcár* 'Kreuzer', *trombita* 'Trompete'[2]).

2. Eine noch wichtigere lautliche Eigentümlichkeit, die den ganzen Formenbau beherrscht, ist die Vokalharmonie. Obgleich sie in manchen Sprachen ganz verschwunden und auch im Ungarischen in einigen Fällen getrübt ist, beweist dennoch die Vergleichung der verschiedenen ural-altaischen Zweige, besonders aber die der finnisch-ugrischen und der türkischen,

---

1) Ein äusserst interessanter Fall ist der folgende: Der Ringfinger heisst in sämtlichen ural-altaischen Sprachen 'der namenlose Finger': finn. *nimetön sormi*, ung. *nevetlen ujj* usw. — samoj. *nimd'eda t'ea*, *nipketil mün*; — türk. (tat.) *atsyz parmak*, (tschuw.) *atsyrporne*, (jak.) *atasuoχ*; — mong. *nere ügei χoroγon*; — mandsch. *gebu-akô*. — Nun findet sich aber merkwürdigerweise derselbe Ausdruck im Chinesischen und Tibetischen, ausserdem in einigen indogermanischen Sprachen: skr. *anâman*, pers. *binâme*, russ. *bezjimjännoj palec!* (S. die genaueren Angaben: Pott, Die quinäre und vigesimale Zählmethode bei Völkern aller Weltteile 184. Böhtlingk, Über die Sprache der Jakuten, Wörterb. 3. Castréns Grundzüge der Tung. Sprachlehre XIV. Hunfalvy, A vogul föld és nép 321. Magyar Nyelvőr 26, 34.)

2) Sonst geht im Ungarischen die Scheu vor Konsonantengruppen nicht so weit, wie z. B. im Japanischen oder Chinesischen; vgl. grammatische Formen wie *partra* 'aufs Ufer', *rontva* 'verdorben', *oszthat* 'er kann teilen' usw.

dass die Vokalharmonie schon in der ursprünglichen Anlage des ganzen grossen Sprachstammes vorhanden war[1]). Das einfache ural-altaische Wort hatte entweder lauter vordere oder lauter hintere Vokale enthalten. Dies hatte zur Folge, dass die wortbildenden Elemente, sobald sie mit dem Nennwort oder mit dem Zeitwort zu einem einheitlichen Wort verbanden, sich dem Lautsystem des Stammwortes anpassen mussten. Diese Anpassung ist am folgerichtigsten im Ungarischen, Finnischen und in den türkischen Sprachen durchgeführt, war aber unzweifelhaft auch in den samojedischen Sprachen vorhanden und ist im Kamassinschen noch heute erhalten.

3. Sehr verbreitet, namentlich in den finnisch-ugrischen und türkischen Sprachen allgemein, ist der Gebrauch der possessiven Personalendungen. Dies hat einigen Sprachforschern Anlass zu der Behauptung gegeben, dass in den ural-altaischen Sprachen das Nomen vom Verbum nicht genau geschieden werde. Daraus, dass die Formen *napom* 'mein Tag, meine Sonne' und *kapom* 'ich bekomme es', *házunk* 'unser Haus' und *fázunk* 'wir frieren', ganz übereinstimmen, folgerte man, dass die ural-altaischen Sprachen gar keinen Unterschied zwischen Deklination und Konjugation machen[2]). Es wird jedoch gewiss keinen einzigen Ungarn geben und gegeben haben, der jemals die Form *napom* für ein Verbum oder die Form *kapom* für ein Nomen gehalten und so gebraucht hätte. Die Verwechslung ist auch ganz ausgeschlossen, denn die mit den Personalsuffixen versehenen Formen des Nomens und des Verbums bilden für das Sprachgefühl vollständig abgesonderte, von einander unabhängige Paradigmen, Reihen, welche auch vielfach von einander abweichen. Vergl.

| | | | |
|---|---|---|---|
| 1. | *kapok* | *kapsz* | *kap* |
| | 'ich bekomme' | 'du bekommst' | 'er bekommt' |
| | *kapunk* | *kaptok* | *kapnak* |
| | 'wir bekommen' | 'ihr bekommet' | 'sie bekommen'; |

1) Was gegen diese Annahme von Radloff, Wiklund, Mikkola vorgebracht worden, ist nicht überzeugend.

2) So z. B. Fr. Müller: Grundriss der Sprachwissenschaft 1, 125, ebenso Steinthal, ähnlich auch Fr. Misteli und H. Winkler.

| | | | |
|---|---|---|---|
| 2. | *kapom* 'ich bekomme es' | *kapod* 'du bek. es' | *kapja* 'er bek. es' |
| | *kapjuk* 'wir bekommen es' | *kapjátok* 'ihr bek. es' | *kapják* 'sie bek. es'; |
| 3. | *napom* 'mein Tag' | *napod* 'dein Tag' | *napja* 'sein Tag' |
| | *napunk* 'unser Tag' | *napotok* 'euer Tag' | *napjuk* 'ihr Tag'; |
| 4. | *napjaim* 'meine Tage' | *napjaid* 'deine Tage' | *napjai* 'seine Tage' |
| | *napjaink* 'unsere Tage' | *napjaitok* 'euere Tage' | *napjaik* 'ihre Tage'. |

Von den Formen *kapjuk* und *napjuk*, die sich doch so ähnlich sehen, wird jene nie auf die dritte, diese nie auf die erste Person bezogen. Übrigens ist es ja ganz natürlich, dass diese Formen einander in vielem ähnlich sind; sind doch sowohl an das Nomen als auch an das Verbum die Zeichen der einzelnen Personen angefügt. Dass nun auch das Nomen Personalendungen erhält, kommt auch in „vollkommeneren“ Sprachen vor [1]).

Auch sonst wird in unserer Sprachfamilie das Verbum

1) Namentlich in den semitischen und im Altägyptischen, ausserdem in vielen anderen Sprachen (vgl. Fr. Müller 1, 124 usw.), mitunter aber auch im Indogermanischen. Mundartlich sagt man z. B. im Italienischen statt *fratello mio*: *fratelmo* 'mein Bruder', statt *fratello tuo*: *fratelto* 'dein Bruder', *maritoto* 'dein Mann', *mammata* 'deine Mama'. Im Persischen sind solche Possessivformen allgemein gebräuchlich: *daram, darat, daraš* 'meine, deine, seine Tür' (vgl. lappl. *vaimom, vaimot, vaimoš* 'meine, deine, seine Seele'; auffallend genug ist die Übereinstimmung der Endungen in beiden Sprachen). In den keltischen Sprachen schmilzt auch die Präposition mit dem persönlichen Fürwort zusammen und die so entstandenen Formen sind zufällig den mit Personalsuffixen versehenen Verhältniswörtern des Ungarischen ganz ähnlich; z. B. gaelisch *fo(dh)* 'unter': *fodham* 'unter mir', *fodhad* 'unter dir', *fodha* 'unter ihm' (vergl. ung. *alatt* 'unter': *alattam, alattad, alatta*); *ann* 'in': *annam* 'in mir', *annad* 'in dir', *anna* 'in ihm' (vergl. ung. *-ben* 'in': *bennem* 'in mir', *benned* 'in dir', *benne* 'in ihm'); im Irischen *do* (engl. *to*): *dom* (engl. *to me*); vergl. ung. *-nek* Dativ: *nekem* 'mir'. Im Lateinischen umgekehrt: *mecum, tecum, secum*.

scharf genug vom Nomen unterschieden; das Verbum kann in der Regel nur durch Anfügung bestimmter Suffixe in ein Nomen verwandelt werden, ebenso auch umgekehrt, z. B. *jár* 'gehen': *járó* 'der Gehende', *járás* 'das Gehen'; *vas* 'Eisen': *vasal* 'mit Eisen beschlagen, plätten' (vgl. dagegen im heutigen Englisch *iron* : *to iron* usw.). Wo Verbum und Nomen scheinbar gleich sind, hat sich die suffigierte Form erst mit der Zeit verkürzt, wie auch in den indogermanischen Sprachen sehr oft (z. B. engl. *flat* 'platt': *to flat* 'plätten', während altindische Bildungen wie *dharma-vid* 'Gesetzkenner' neuestens als ungeformte Basen angesehen werden, vgl. Hirt, IF. Bd. 17 [1]). — Dass Verbalnomina zur Bildung einzelner Zeitformen verwendet werden (wie z. B. ung. *irt* 'geschrieben': *irtam* 'ich schrieb, ich habe geschrieben', und ähnliche Formen auch im Türkischen), findet ebenfalls im Indogermanischen seinesgleichen: der Präsensstamm *bhero-* ist ein durch *o* gebildetes Nomen; das altind. *datāsmi* 'ich werde geben' = *datā asmi*, **datar asmi* = lat. *dator sum*; das lat. *ferimini* ist der Plural eines Partizips: φερόμενοι oder mit dem Inf. auf -μεναι identisch usw. (Hirt erklärt neuestens sämtliche Formen der idg. Verbalflexion aus Nominalformen, IF. Bd. 17) [2]). Auch das ung. *futottam* 'ich bin gelaufen' bedeutet so viel als '*futott vagyok*' = ich bin gelaufen; und nicht 'mein Laufen', wie es einige ohne jeden Grund erklären wollen, indem sie behaupten, das Verhältnis des Subjekts zum Prädikat sei in den ural-altaischen Sprachen ein adnominales, attributives: also *az eb futott* 'der Hund ist gelaufen' heisse eigentlich 'die Flucht des Hundes'.

1) Pott (zu Humboldt, Über die Verschiedenheit . . . 2, 467) hatte diese „Verbalableitungen, welche eines besonderen Ableitungssuffixes an sich entraten" damit entschuldigt: „Sie können dies um so leichter, als sie ja, obwohl mit dem Wurzelkörper eins, doch vom starken, unabgeleiteten Verbum sich durch ihre nominalen Flexionssuffixe zur Genüge unterscheiden."

2) Sayce (Introduction 2, 177, Principles 191) sagt von einem flektierenden Sprachstamm: „The Semit has never developed a true verb." — Über diese Frage der nominalen Verbalformen vergleiche jetzt auch Wiklunds Auseinandersetzungen, *Le Monde Oriental* 1906. 53—54.

Bemerkenswert in den ural-altaischen Sprachen ist die possessive Form der fragenden und unbestimmten Fürwörter, z. B. ung. *mid van* (*neked*)? 'was hast du'? wörtlich dein-was oder was-dein ist (dir)? *amid van* 'was du hast'; *semmim sincs* 'ich habe nichts'; *ha volna valamim* 'wenn ich etwas hätte'. Im Wogulischen: *manärem täräte'im?* 'was (eigentlich was von mir: ung. *mi-m-et*) soll ich hinunterlassen'? Im Wotjakischen: *maid vań?* ung. *mid van?* 'was hast du'? *kudmį kužmo?* ung. *melyikünk erősebb?* 'wer von uns ist stärker'? Im Osmanli: *nen var?* 'was hast du? was fehlt dir?' *kimimiz* 'einige von uns'.

4. Auch einige andere grammatische Formen weisen auf den gemeinsamen Ursprung der ural-altaischen Sprachen hin. So z. B. sind gleichlautende Pluralbildungen erwiesen[1]: der Pluralendung *-t* der finnisch-ugrischen Grundsprache entspricht auch im Mongolischen und Mandschu-Tungusischen ein *-t*. — Es sei hier bloss noch eine auffallende Übereinstimmung erwähnt, die sich durch Annahme einer Entlehnung kaum erklären liesse, aber auch nicht zufällig entstanden sein kann. In steigernd verdoppelten Ausdrücken (ähnlich den ung. mit *s*-Suffix, wie *telides-teli* 'übervoll', *körödös-körül* 'rundherum') finden wir in den finnisch-ugrischen Sprachen ebenso wie in den türkisch-tatarischen und mongolischen ein besonderes Suffix *-p*. Z. B. finn.: *täpö-täysi* 'ganz voll', *ypö-yksin* 'ganz allein', *typö tyhjä* 'ganz leer', *sepposen-selällään* 'ganz offen'; osmanlitürk. *jalįnįz* 'allein', *jap-jalįnįz* 'ganz allein'; *kara* 'schwarz', *kap-kara* 'ganz schwarz'; *uzun* 'lang', *up-uzun* 'sehr lang'; *dop dolu* = tatarisch (um Kasan) *tup-tulį* 'ganz voll';

1) Dies sind zugleich die einzigen grammatischen Formen, hinsichtlich welcher die ural-altaischen Sprachen eingehend verglichen sind. S. Bernhard Munkácsis Abhandlung im Budenz-Album. — Das mongolische Passivformans *-ta te* lautet dem finnisch-ugr. *-tta ttä* gleich; dieses wird jedoch von der Kausativendung hergeleitet (ebenfalls *-tta -ttä*), während es im Mongolischen keine ähnliche Kausativendung gibt. Sowohl im Mongolischen als auch im Finnischen dient *-la, le, l* zur Bildung frequentativer und denominaler Zeitwörter.

burjät. *sap-sayan* 'sehr weiss', *χab χara* 'ganz schwarz'. In diesen Ausdrücken hat sich offenbar eine uralte Art der Wortverdoppelung bis auf den heutigen Tag erhalten[1]).

5. In den ural-altaischen Sprachen wird im allgemeinen die Beifügung ohne jedes Suffix vor das Hauptwort gesetzt: ung. *jó ember* 'ein guter Mensch', *jó embereket* 'gute Menschen' (Akkusativ). Dies erwähnen manche Sprachforscher als etwas in den indogermanischen Sprachen „Unerhörtes". Sie vergessen, dass es eine indogermanische Sprache gibt, in welcher die Beifügung gegenwärtig ebenfalls unverändert bleibt, nämlich das Englische, wo es gleichmässig heisst: *a good man* (ung. *jó ember*) und *good men* (ung *jó emberek, jó embereket*). Und zweitens vergessen sie, dass die Beifügung auch in den indogermanischen Sprachen nicht von Anfang an suffigiert wurde; dies beweisen Zusammensetzungen wie ἀκρό-πολις, welche das Adjektiv in seiner reinen Stammform zeigen, ferner z. B. der Genitiv auf *-sja* (griech. -ιο), den die Indogermanisten selbst für einen Adjektivstamm mit dem Suffixe *-sja* halten (δημοῖο φῆμις anstatt δημοσίη φῆμις). In einer finnisch-ugrischen Sprache, im Finnischen, stimmt das Attribut grösstenteils mit dem Substantiv überein: *hyvä-t herra-t* 'gute Herren', *muutama-ssa kylä-ssä* 'in einem gewissen Dorfe', *muutam-i-ssa kiel-i-ssä* 'in gewissen Sprachen' usw. Diese Konstruktion, die mit der indogermanischen übereinstimmt (möglicherweise auch unter indogermanischem Einfluss entstanden ist), fügt das Adjektiv nur lose, gleichsam als Apposition zum Substantiv, während z. B. im Ungarischen und Englischen die beiden zusammengehörigen Wörter zusammengefasst werden, indem sie unter einem Akzent vereinigt und als einheitliches Wort abgewandelt werden (vergl. ἀκρόπολις gegen ἄκρα πόλις). Diese Konstruktion ist also vollkommener, als jene. Mit mehr Recht könnte ja das Verfahren der deutschen Sprache getadelt werden, nach welchem heutzutage das prädikative Adjektiv unverändert bleibt: *der Mensch ist gut, die Menschen sind gut.*

1) J. Szinnyei (NyK. 35, 435) hält diese Übereinstimmung für ein Spiel des Zufalls.

6. Ein negativer Charakterzug der ural-altaischen Sprachen den indogermanischen und semitischen gegenüber ist, dass in ersteren die Unterscheidung des **grammatischen Geschlechtes** unbekannt ist. (Die semitischen Sprachen unterscheiden bloss zwei, die indogermanischen Sprachen drei grammatische Geschlechter, die romanischen beschränken sich wieder auf zwei. Englisch und Persisch gehen noch weiter und lassen die Unterscheidung der Geschlechter fast ohne Spur schwinden.) Viele Indogermanisten haben auch die Unterscheidung der Geschlechter als Zeichen der Überlegenheit der indogermanischen Sprachen über die ural-altaischen angesehen. Doch bald musste man einsehen, dass die Bestimmung des Geschlechtes bei leblosen Dingen nicht viel mehr als ein phantastisches Spiel ist, bei welchem die Phantasie mit der grössten Willkür schaltet. Wenn ein Ungar deutsch lernen will, kommt es ihm recht eigentümlich vor, dass z. B. unter den Einrichtungsstücken des Zimmers eines als Mann, ein anderes als Frau betrachtet und ein Drittes endlich als lebloses Ding belassen wird: *der Tisch, die Türe, das Fenster*[1]).

Hiermit hätten wir die gemeinsamen Charakterzüge der ural-altaischen Sprachen angegeben. Diesen Übereinstimmungen gegenüber können wir jedoch einzelne Eigentümlichkeiten bezeichnen, hinsichtlich derer das Finnischugrische — und mit diesem das Ungarische — sich von den übrigen ural-altaischen Sprachen, namentlich vom **Türkischen** unterscheidet. Solche Unterschiede sind:

1. Wir finden unzweifelhafte Entsprechungen zahlreicher wichtiger Wörter in den finnisch-ugrischen Sprachen, zu welchen

1) Der Franzose denkt sich alle drei weiblich: *la table, la porte, la fenêtre.* — Wir wollen mit dem oben Gesagten keineswegs leugnen, dass die Unterscheidung der Dinge nach Geschlechtern in der Mythologie und Poesie der indog. Völker von weitreichenden Folgen war. — Vgl. jedoch Budenz' interessante Erörterungen über den Wert des grammatischen Genus, Nyelvt. Közl. 16, 322. — Nach **Brugmann** haben die weiblichen Endungen ursprünglich nicht das Genus bezeichnet, sondern nur infolge gewisser analogischer Wirkungen diese Funktion angenommen.

die türkischen Sprachen keinerlei entsprechende Wortform bieten. Hierher gehören die Zahlwörter, die Namen der meisten Körperteile (*szem* 'Auge', *szdj* 'Mund', *áll* 'Kinn', *torok* 'Kehle', *tüdő* 'Lunge', *mell* 'Brust', *könyök* 'Ellbogen', *öl* 'Schoss', *far* 'Steiss', *szarv* 'Horn', *agyar* 'Hauer'), die Verwandtschaftsnamen (*fiú* 'Sohn', *vő* 'Eidam', *meny* 'Schwiegertochter', *napa* 'Schwiegermutter'), viele Tiernamen (*hal* 'Fisch', — *lúd* 'Gans', *holló* 'Rabe', — *nyúl* 'Hase', *nyuszt* 'Marder', *eb* 'Hund', *légy* 'Fliege'; — *fészek* 'Nest') und noch sehr viel anderes (z. B. *víz* 'Wasser', *jég* 'Eis'; — *hegy* 'Berg', *vas* 'Eisen', *ón* 'Zinn'; — *fa* 'Baum', *levél* 'Blatt'; — *nyél* 'Griff, Stiel'; — *nap* 'Tag, Sonne', *éj* 'Nacht', *est* 'Abend', *hó* 'Monat', *év* 'Jahr'; — *sötét* 'finster', *világos* 'hell', *meleg* 'warm', *kemény* 'hart', *karcsú* 'schlank', *könnyü* 'leicht', *savanyú* 'sauer', *új* 'neu'; — *él* 'leben', *fél* 'fürchten', *lő* 'schiessen', *fog* 'greifen', *von* 'ziehen', *rág* 'kauen', *halad* 'schreiten', *mos* 'waschen', *feslik* 'sich trennen', *reped* 'bersten'[1]).

2. Ein wichtiger lautlicher Unterschied ist es, dass es nach dem Zeugnisse der türkischen Sprachen in der türkischen Grundsprache kein anlautendes *l*, *r*, *v* gegeben hat und, wie es scheint, auch kein *n*[2]).

3. Unter den Kategorien der Wortbildung ist im Finnisch-ugrischen die Bildung der frequentativen und momentanen Zeitwörter stark entwickelt, so dass Budenz fünf einfache frequentative und vier einfache momentane Suffixe für die Grundsprache erschliessen konnte. Dagegen ist auf dem Gebiete der türkischen Sprachen bloss ein Frequentativsuffix allgemein verbreitet (*-kala* oder *-gala*).

4. Einen wesentlichen Unterschied der beiden uralischen

1) Hier haben wir absichtlich eine Auswahl jener Beispiele angeführt, die Vámbéry in seinem Werke *A magyarok eredete* (Ursprung der Ungarn S. 559—582, also 23 Seiten) als Wortübereinstimmungen aufzählt, „welche infolge der speziellen finnisch-ugrischen Lautgestalt im Türkischen gar nicht, oder sehr selten zu finden sind".

2) S. Vámbéry 225. Ebenda und S. 256 erwähnt er ung. *f* und *h* als solche unterscheidende Anlaute; von diesen müssen wir jedoch absehen, denn sie waren auch in der finnisch-ugrischen Ursprache nicht vorhanden und entwickelten sich erst nachträglich, das erstere aus *p*, das letztere aus *k*. Vgl. oben S. 29—30.

(finnischugrischen und samojedischen) gegenüber den drei altaischen Sprachfamilien bildet die **objektive Konjugation**, welche weder im Türkischen noch in den übrigen altaischen Sprachfamilien nachgewiesen werden kann, während sie in vielen anderen, nichtverwandten Sprachen vorhanden ist (z. B. in den semitischen, im Baskischen, Eskimo, Algonkin usw.).

5. Aus dem Ungarischen verschwunden, aber nach dem Zeugnisse der übrigen finnisch-ugrischen Sprachen in der Grundsprache vorhanden gewesen (auch das Samojedische besitzt es), ist das **verneinende Verbum**, das die finnisch-ugrischen Sprachen neben das Hauptverbum stellen und anstatt des letzteren mit den Personalendungen versehen; z. B. finn. (Suomi) *ole-n* 'ich bin', *ole-t* 'du bist': *e-n ole* 'ich bin nicht', *e-t ole* 'du bist nicht', *e-mme ole* 'wir sind nicht', *e-tte ole* 'ihr seid nicht'. — In den türkischen Sprachen wird die Verneinung ganz anders ausgedrückt, nämlich durch verneinende Stammbildungssuffixe; z. B. *sev-mek* 'lieb-en': *sev-me-mek* 'nicht lieben'.

6. Der **Dual** ist dem Ungarischen ebenfalls abhanden gekommen. Er ist jedoch im Wogulisch-Ostjakischen und im Lappischen, in einzelnen Spuren auch im Syrjänischen und Mordwinischen, weiter auch im Samojedischen vorhanden, musste daher in der finnisch-ugrischen, beziehungsweise in der uralischen Grundsprache vorhanden gewesen sein, während im Türkischen keine Spur davon zu finden ist.

7. Wir dürfen auch den Unterschied im **Satzbau** nicht vergessen. Die türkischen Sprachen weisen hier eine charakteristische Eigentümlichkeit auf. Wo nämlich im Ungarischen aus kurzen Gliedern bestehende zusammengesetzte Sätze angewendet werden, da finden wir im Türkischen gewöhnlich das Ganze in einem einfachen Satze ausgedrückt, indem die Nebenhandlungen durch lauter Partizipien bezeichnet sind. Z. B. Nach f.-ugr. Art: *„Er sagt: Die Kaufleute dachten, (dass) der Himmel stürzt herab; sie warfen also all ihr Geld weg und liefen fort. Der mittlere Knabe nahm ihren Schatz an sich und kam reich nach Hause.“* Nach Türkenart: *Die Kaufleute „der Himmel stürzt ein“ sagend, all ihr Gut wegwerfend laufend gingen sie, sagt er. Der mittlere Knabe ihren*

*Schatz nehmend sich bereichernd nach Hause kehrend ging*, *sagt er*. — Auch in finnisch-ugrischen Sprachen kann man das hie und da nachahmen; das Türkische wird jedoch durch die allgemeine Beliebtheit dieser Konstruktion gekennzeichnet, besonders in stereotypen Umschreibungen, wie in den angeführten Beispielen: *laufend gingen sie, nach Hause kehrend ging er*.

8. Ein weiter Abstand entsteht zwischen dem Bau der finnisch-ugrischen und dem der türkischen Sprachen, wenn die Hypothese, die Emil Setälä neuestens aufgestellt hat, sich bewähren wird. Setälä hält die finnisch-ugrische Grundsprache für eine flektierende Sprache. — Wandlungen von Stammvokalen, als Beispiele eines grammatischen Wechsels, die einer Flexion nahe kommen, werden in den finnisch-ugrischen Sprachen schon lange erwähnt. Als eine solche Erscheinung müssen wir jenes Vorgehen betrachten, nach welchem Formen mit entgegengesetzten Vokalreihen zur Modifizierung der Begriffe gebraucht werden; z. B. ung. *kever* 'mischen, mengen': *kavar* 'aufrühren', *gyúr* 'kneten': *gyür* 'zerknittern' usw. sind zweierlei Formen eines und desselben Wortes, mit einem geringen und doch bestimmten Unterschied in der Bedeutung. Neuerdings wird in einigen Wörtern durch das an die Stelle des zweiten Stammvokales tretende *i* das Diminutivum bezeichnet, z. B. *madárka* 'Vöglein': *madirka* 'kleines Vöglein', *kapargál* 'scharren': *kapirgál*; *szállong*: *szállingózik* 'umherflattern'; *faragcsál* 'schnitzeln': *faricskál* usw. Hierher gehören die bekannten Fälle von Lautwandel in der Deklination: *nyár* 'Sommer': *nyarat* (Akk.), *kéz* 'Hand': *kezet* (Akk.), *ëlég* 'genug': *ëlëget* (Akk.) etc., und diese regelmässige Vokalkürzung kann mit Recht für uralt gehalten werden. Setälä stellt nun die Hypothese auf, dass sowohl die Vokalkürzung des Ungarischen als auch der konsonantische Wechsel des Finnischen und Lappischen uralt ist und schon der finnisch-ugrischen Ursprache eigen war. Danach hätten in der finn.-ugr. Grundsprache sowohl die Vokale als auch die Konsonanten in der Deklination eines und desselben Stammes je eine starke und eine schwache Stufe besessen, ähnlich, wie in den indo-

germanischen Sprachen. Die starke Stufe der Vokale hätte sich in den Formen *kéz, nyár, levél* (Blatt), die schwache hingegen in den Akkusativformen *kezet, nyarat, levelet* usw. erhalten. Einen regelmässigen Wechsel der Konsonanten hat das Finnische und Lappische bewahrt, einen regelmässigen Wechsel der Vokale weist wieder das Ungarische und das Ostjakische auf [1]). Aus dem Wechsel der starken und schwachen Stufe folgert Setälä, dass derselbe eine Folge des Wechsels von betonten und unbetonten Silben gewesen sei, d. h. der Vokal der Stammsilbe war lang, wenn er betont war, und kurz, wenn der Akzent nicht auf der Stammsilbe ruhte. Aus diesen Ausführungen folgt wiederum, dass in den Formen *kezet* 'die Hand' (Akk.), *kezek* 'Hände', *kezes* 'händig' usw. ursprünglich nicht die erste, sondern die zweite Silbe betont war, und nach Setäläs Theorie war der Akzent in der finnisch-ugrischen Ursprache ein wechselnder und fiel sehr oft auf die zweite Silbe [2]).

Wenn all dies richtig ist, dann ist es gleichzeitig eine wirksame Widerlegung jener Theorien, die in den finnisch-ugrischen Sprachen, bloss weil sie agglutinierend sind, minder-

---

1) Im Ostjakischen gibt es mehrere zwei- und dreigliedrige Ablautsreihen; z. B. *a ~ i* (*amp* 'Hund': *impəm* 'mein Hund'; *part-* 'befehlen': *pirtəm* 'ich habe befohlen'), — *o ~ ə* (*kos-* 'reissen': *kəsa* 'reiss!', — *ă ~ u ~ ị* (*ăγe̦t* 'speien': perf. *uγte̦m*, imper. *ịγta*) usw. Genaueres jetzt bei Karjalainen: Zur ostjakischen Lautgeschichte 1905. 1, 233—267.

2) Dass im Ungarischen der Akzent ursprünglich nicht an die erste Silbe gebunden war, darauf weisen Wortentsprechungen hin, in denen der anlautende Vokal des ungarischen Wortes geschwunden ist. Das ung. *nö* 'wachsen', Stamm *növ-*, *neve-*, hat ursprünglich **eneme-* gelautet = wog. *jänim-*, ostj. *ĕnịm-*, finn. *enene-* 'wachsen', eine Ableitung von **ene-* 'gross' = wog. *jäni*, ostj. *ĕne*, finn. *enä* usw. (Budenz). Andere Beispiele: *mer* 'schöpfen' = wog. *amert-*, ostj. *emert-* usw. — *nap*, *napa* 'Schwiegermutter' = wog.-ostj. *ănəp*, finn. *anoppi*; — *derül* 'sich aufheitern' ~ wog. *atər* 'heiter', ostj. *eder* (von Budenz Szótár 250 ohne genügenden Grund aufgegeben); — vergl. noch *nyereg* 'Sattel', Stamm *nyergĕ-* ~ teleutisch *iŋirgä* 'Satteldecke', jak. *ịŋịr*, tschuw. *əndär*, *jəńer*, (bei Ahlqvist *inér* mit dem Akzent auf der 2. Silbe); auch wotj. *eŋer*, *eńer*, syrj. *e̦nịr* (aus dem Tschuw., s. Wichmann: Tschuw. Lehnwörter in den permischen Sprachen 20, 55).

wertige, untergeordnete, „formlose“ Sprachen erblickten und ihnen ziemlich geringschätzig begegneten. Sehr oft wurde den ural-altaischen Sprachen zum Vorwurf gemacht, ihre Wortbildung sei „ein schlechtes Mosaik“, „ihre Wörter zeigen deutlich jene Einschnitte, wo die Steinchen aneinander gefügt sind“, ihre Endungen und Bildungssuffixe seien nur ganz oberflächlich und roh an den Wortstamm angeleimt, agglutiniert. Wie ganz anders stehe die Sache in den indogermanischen Sprachen! Wie ist doch z. B. gerade die Wurzel verschwunden im französichen Worte *âge*, das aus *eage*, *edage* zusammengezogen ist, in welchen Formen gerade das anlautende *e* die Wurzel des Wortes war (*edage* vom lateinischen *aetaticum*, dieses von *aetas* < *aevum*). Es gibt jedoch keine Sprache, in welcher derartiges nicht geschehen wäre, dass nämlich die Stammsilbe wegfallen konnte, da die Etymologie des betreffenden Wortes nicht mehr klar war. Wenn der Szekler *jába* 'umsonst' anstatt *hijába, hiába* sagt, hat er offenbar die Stammsilbe *hi* (*hív-ság* 'Nichtigkeit', *hiu* 'nichtig, eitel') „vergessen“, ebenso wie der Göcsejer, der den Boden *hászia* (*ház hija* 'Höhlung, Boden des Hauses') nennt. Fühlt man etwa die Grundwörter *es*(*-ik*) 'fallen', *fes*(*-lik*) 'sich auftrennen', *om*(*-lik*) 'sich ergiessen, zusammenstürzen', *bom*(*-lik*) 'zerfallen' — in den Zeitwörtern *ejt* 'fallen lassen', *fejt* 'auftrennen', *ont* 'vergiessen', *bont* 'zerlegen'? Ist sich wohl das Sprachgefühl der Stämme *tëv-* 'tun', *vëv-* 'nehmen', *ëv-* 'essen' in den Wörtern *tesz* 'er tut', *vőn* 'er nahm', *étel* 'Speise' bewusst? Denkt man vielleicht in *ünnep* 'Feiertag' an *id-nap* 'heiliger Tag', in *jámbor* 'fromm' an *jó ember* 'guter Mensch', in *némber* 'Weib' an *nő-ember* 'Weib-Mensch'? Wenn der Csángó in Hétfalu das ung. Wort *ajándék* 'Geschenk' *ivándék*, ja sogar *vándék* nennt (s. M. Nyelvőr 5, 330. 378), fühlt er wohl, dass er eine Ableitung vom Verbum *ajánl* 'empfehlen' angewendet hat? Bei den Szeklern und hier und da im Westen wird statt *ijeszt*, *megijeszt* 'erschrecken' *jeszt* und *megjeszt* gesprochen, in einer andern Gegend heisst es *megédek* 'ich erschrecke' für *meg-ijed*: wissen etwa die Betreffenden, die diese Wörter anwenden, dass sie alle vom Verbum *ije-* stammen, welches selbst zwar längst verschwunden ist, jedoch in den Verben *ijed* 'erschrecken', *ijeszt* 'erschrecken, schrecken machen' noch fortlebt?! Oder sagt uns das Sprachgefühl, wo in den Akkusativformen *kezet* 'die Hand', *tavat* 'den Teich', *lovat* 'das Pferd', *álmot* 'den Schlaf', oder in den Verbalformen *látom* 'ich sehe ihn', *láttam* 'ich habe ihn gesehen', *ivott* 'er hat getrunken', *ittam* 'ich habe getrunken', *vetek* 'ich werfe', *vess* 'wirf', *ütök* 'ich schlage', *üs-d* 'schlage ihn' der Stamm endet und wo das Suffix beginnt? Wissen vielleicht die den wepsischen Dialekt sprechenden Finnen, welches in den Genitiven: *kalhen, armhan, kurdhen, lähtken* der Stamm ist, da diese Wörter im Nominativ *kall'is, armas, kurdiš, lähteh* heissen? Und wenn jemand noch zweifeln sollte, führen wir Formen an, deren ursprüngliches Formans weggefallen ist, ohne dass das Sprachgefühl auch nur das geringste für ihre Erhaltung getan hätte. Substantive, wie *hit* 'Glaube', *élet* 'Leben' lauteten einst **hitv* (vergl. *hitves* 'Gattin, Gatte'), *életv*, und ursprünglich war hier das *v* das Nominalformans und das *t* nur ein eingeschaltetes Verbalformans (vergl. *hi-t-el* 'Vertrauen, Kredit', *mér-t-ék* 'Mass'); obwohl aus zwei besonderen Elementen bestehend, erschien das Suffix *tv* so einheitlich, dass es sich zu *-t* verkürzen konnte, wobei gerade das anfangs wesentlichere Element, nämlich das *v*, verloren ging. Mittelst desselben *v* wurden auch die Partizipien gebildet, z. B. **jdro-v* 'gehend', **valo-v* 'seiend'; aber auch in diesen schwand es und der Sprachsinn übertrug die Funktion dieses Suffixes (durch eine diphthongische Mittelstufe: *jdrou, valou*) auf den gedehnten Stammlaut: *jdró, való*. Ein ähnliches Suffix findet sich in Adjektiven, wie **széles-hdtu-v* 'breitrückig', **hosszu-kezü-v* 'langhändig'; das *v* fiel weg und heute wird der blosse Stamm des Substantivs adjektivisch gebraucht, beziehungsweise das *u, ü* als Suffix betrachtet. Denselben Stamm *hdtu, kezü* haben wir in den Formen *hdtu-nk* 'unser Rücken', *kezü-nk* 'unsere Hand', wenngleich unser Sprachgefühl dieselben als *hdt-unk, kez-ünk* analysiert[1]). Im Estnischen ist die Endung *-n* des Genitivs

1) Vgl. Kruszewski: Absonderung von morphologischen Elementen des Wortes und ihr Charakter, — Techmers Internat. Zeitschrift 1887, S. 174 f.

verloren gegangen; infolgedessen wird dieser Kasus durch den blossen Stamm ausgedrückt, und obwohl auch der Nominativ nichts weiter als den blossen Stamm enthält, unterscheidet sich dennoch der Genitiv vom Nominativ. Z. B. Nom. *katel*: Gen. *katla* (im Suomifinnischen Nom. *kattila*: Gen. *kattila-n*), *kupar* : *kupra*, *vaher* : *vahtra*, *pähel* : *pähkla*. Vgl. noch estnische Formen wie *külä'* 'Dorf', Partitiv *küllä'* (beides mit halblangem *ä*) und Illativ *kül'lä* (der Auslaut der ersten Silbe halblanges *l*); livische wie *läpš* 'Kind', Gen. *laps*, *kiela* 'Glocke', Part. *k'éllo*; wotische wie *äēs* 'Egge', Gen. *ätšē*, *mätši* 'Hügel', Pl. *mäed*. Im Kola-Dialekte des Lappischen gibt es Plurale, wie (*kitt* 'Hand':) *kiδ* 'Hände', (*lont* 'Vogel':) *lond* 'Vögel'. Diese Formen sind demnach ebenso „vollkommen", wie im Deutschen *Vogel* : *Vögel* oder im Englischen *man* : *men*.

Doch wurde nicht bloss die angeblich lose Aneinanderfügung des Stammes und der Suffixe in den ural-altaischen Sprachen getadelt. Auch das oben bei der Vokalharmonie erwähnte so natürliche Verfahren, wonach die Vokale der Endungen sich dem Vokalsystem des Wortstammes anpassen und nicht der Stamm den Endungen, ist den ural-altaischen Sprachen oft als Fehler angerechnet worden. Man sagte, das Verfahren der indogermanischen Sprachen, wonach die Endung sich immer gleich bleibt, der Wortstamm hingegen sich verändert (*vid* : *vēda*, *rot* : *rötlich*), sei vollkommener. Man behauptete, der Indogermane hätte das flektierte Wort als Einheit gefühlt und deshalb schon den Anfang in Übereinstimmung mit dem Ende gebracht. Dagegen spreche der Uralaltaier das Wort aus, ohne sich darum zu kümmern, was darauf folgt, die Notwendigkeit der Zusammenfügung fühle er erst dann, wenn das beziehende Element angefügt werden soll; dieses muss daher nachträglich der Stammsilbe angepasst werden[1]). Darauf könnten wir entgegnen, dass die Angleichung der Endung an den Stamm als den Träger der Wortbedeutung mindestens ebenso berechtigt und zweckmässig ist. Ursprünglich ist sie — ebenso wie der indo-

1) In verdunkelten Zusammensetzungen kommt auch im Ungarischen der rückwirkende (regressive) Umlaut vor, s. die Lautlehre.

germanische Ablaut und Umlaut! — ein mechanisch-lautlicher Vorgang, wird aber später zu einem Mittel der Formung und Worteinheit (Misteli: Charakteristik 351). „Die an den Sprachdenkmälern auch historisch nachweisbare Verdunkelung der ursprünglichen Bedeutung einer Wurzel und das Herabsinken derselben zu einem blossen Beziehungslaute steht mit dem Verluste des Akzentes und Unterordnung ihres Vokals unter das Gesetz der Vokalharmonie in innigstem Zusammenhange. Daraus aber wird die eigentliche Natur der Vokalharmonie klar.“ Sie ist das vorzüglichste Mittel, in dem sich das Streben ausdrückt, „dem aus mehreren ursprünglich selbständigen Elementen in eine Einheit zusammengefassten Worte einen der ihm zu Grunde liegenden Begriffseinheit entsprechenden organischen Bau zu geben, und so die Sprache aus ursprünglicher Zusammensetzung zur eigentlichen Flexion zu erheben.“ (Riedl 42.)

Sehr oft hat man auch missbilligt, dass in den ural-altaischen Sprachen, wo doch so viele speziellere Verhältnisse ihre besonderen Suffixe haben, gerade zur Bezeichnung der wichtigsten Verhältnisse — des Subjekts und des Objekts — besondere Formen fehlen, dass es keinen wirklichen Nominativ und Akkusativ gebe. Wie steht aber die Sache in den indogermanischen Sprachen? In den romanischen Sprachen und im Englischen werden diese zwei wichtigen Kasus ganz und gar nicht unterschieden. (Das französische *mon fils* = *meum filius!*) Meistens werden sie auch im Deutschen nicht auseinandergehalten: unter sechs Fällen wird höchstens einmal der Akkusativ vom Nominativ unterschieden [1]), so dass der ungarisch

1) Wenn wir die Einzahl und die Mehrzahl der drei Geschlechter betrachten, finden wir unter diesen sechs Kategorien in fünfen nie einen Unterschied zwischen Nominativ und Akkusativ, nämlich in der Einzahl und Mehrzahl des Femininums und Neutrums und in der Mehrzahl der Maskulina. Ausserdem lautet in vielen Mundarten das durch *ein*, *kein*, *mein*, *dein*, *sein* bestimmte Substantiv in beiden Fällen gleich, so dass *ein Tisch* Nominativ und Akkusativ sein kann. Das Alemannische und die niederdeutschen Mundarten gehen in der Vereinigung der beiden Kategorien noch weiter (Behaghel: Die deutsche Sprache 32); die Kerenzer Mundart sagt: *ich hab der Has' gesehn.*

lernende Deutsche die beiden Fälle gewöhnlich miteinander verwechselt und hiedurch verrät, wie schwach er den Unterschied der beiden Kategorien fühlt. Jedoch auch in den alten indogermanischen Sprachen wurde zwischen dem Nominativ und Akkusativ der Neutra — sowohl in der Einzahl als in der Mehrzahl — kein Unterschied gemacht. Jenes *-s* des Nominativs aber, auf das die Indogermanisten so stolz sind, war ursprünglich (abgesehen davon, dass es später fast überall geschwunden ist, so dass z. B. im Deutschen und im Italienischen der Nominativ mit dem nackten Stamm zusammenfällt) nicht dazu bestimmt, den Nominativ von den anderen Fällen zu unterscheiden, sondern — wie die Indogermanisten selbst lehren — um das bestimmte Nomen vom unbestimmten zu unterscheiden[1]). Es wurde erst später allgemein, gerade so, wie das *-t* des ungarischen Akkusativs, welches heute das gewöhnliche Zeichen dieses Kasus ist, ursprünglich jedoch nur den bestimmten Akkusativ bezeichnet hat. Die besondere Form für den Nominativ, welche zur Konstruktion des Satzes gar nicht nötig ist, entwickelte sich in der indogermanischen Ursprache nur zufällig. Aber sie entwickelte sich auch im Finnischen für zahlreiche Wörter. So z. B. haben sämtliche Stämme auf *-ise* einen Nominativ auf *-inen* : *kivise-*, Nom. *kivinen* 'steinig', *kalaise-*, Nom. *kalainen* 'fischreich'[2]). Ausserdem ist auch in vielen anderen Wörtern

1) Nach Hirt (IF. 17) gibt es auch im Indogermanischen einen Kasus indefinitus, d. h. einen indifferenten Kasus, indem nämlich der unflektierte Stamm die verschiedensten Satzglieder vertreten kann. Gaedicke sagt (Der Akkusativ im Veda 1880, S. 22) vom vedischen Akkusativ, derselbe drücke an sich keinerlei syntaktische Beziehung aus, *devám* gebe so gut wie *paśu* nichts als den reinen Begriff des Wortes. — Auch kann durch mannigfaltige Abschleifungen usw. die indogermanische Deklination so „stumm" werden, „dass sie dem Sprechenden vollkommen entgeht, wie z. B. in *if you please*, wo der moderne Engländer zweifelt, ob *you* Nominativ oder Dativ ist" (L. Zentralbl. 1899, S. 1230). — Vgl. noch Jespersens *Progress in Language* und Sayces Ansichten über die „unpractical flexion" (Principles 180).

2) Aus dergleichen entstehen dann parallele Formen mit einem gewissen Unterschiede in der Bedeutung, wie im Griechischen ἀκρόπολις und ἄκρα πόλις oder im Deutschen *Neuzeit* und *neue Zeit*,

infolge spezieller Lautgesetze der Nominativ vom Stamme verschieden: *kive-*, Nom. *kivi* 'Stein'; *käte-*, Nom. *käsi* 'Hand'; *kolmante-*, Nom. *kolmas* 'dritter'; *sormukse-*, Nom. *sormus* 'Ring'; ebenso im Ungarischen: *köve-*, *köv-* : *kő* 'Stein', *lova-*, *lov-* : *ló* 'Pferd', *java-*, *jav-* : *jó* 'gut' usw. — Die Behauptung, die ural-altaischen Sprachen hätten keinen wirklichen Akkusativ, geht auf die Beobachtung zurück, dass dieser Fall im Finnischen in der Einzahl mit dem Genitiv, in der Mehrzahl mit dem Nominativ gleichlautend ist[1]); beide Fälle lauten in der Einzahl *kala-n* oder *kive-n* usw. und die ältere finnische Grammatik lehrte auf ganz empirische Weise, dass man den Genitiv auch für den Akkusativ gebrauchen könne. Jetzt aber wissen wir, dass das Suffix des Akkusativs ursprünglich *m* war, das sich nach finnischem Lautgesetze im Auslaute in *n* verwandelte. Die zwei Fälle wurden also nur im Finnischen, und auch da nur zufällig gleichlautend, gerade so, wie im Lateinischen der Akkusativ *pedes* mit dem Nominativ *pedes*, oder der Dativ *horto* mit dem Ablativ *horto*. Als man auf Grund des Finnischen folgerte, dass die ural-altaischen Sprachen keinen Akkusativ haben, beging man denselben Fehler, als würde jemand aus dem Umstande, dass im Französischen der Akkusativ der Form nach vom Nominativ nicht unterschieden wird, die voreilige Schlussfolgerung ziehen, dass sämtliche indogermanische Sprachen das Objekt des Satzes vom Subjekt nicht unterscheiden können.

Auch wird als eine Unvollkommenheit der ural-altaischen Sprachen erwähnt, dass das Nomen vor den Verhältniswörtern, den Postpositionen, kein Kasussuffix erhält (ung. *ház alatt* 'unter

---

z. B. *muinais-aika* 'Altertum', jedoch *muinainen aika* 'die alte Zeit' (Stamm: *muinaise-*).

1) Auch in der Einzahl wird das Objektsverhältnis in gewissen Fällen durch den suffixlosen Stamm, in anderen Fällen (sowohl in der Einzahl, als auch in der Mehrzahl) durch den Partitiv ausgedrückt. Der letztere hat sich aus einem ursprünglichen Ablativ entwickelt, ist also ganz dem französischen Partitiv ähnlich: *syön leipää* = *je mange du pain* (jedoch finden wir im Finnischen nichts, was dem franz. *à du pain* vergleichbar wäre).

dem Hause', *ház-ra* 'auf das Haus'), während in den indogermanischen Sprachen die Präpositionen vor das „fertige" suffigierte Nomen gesetzt werden. Dass in der einen Sprachfamilie diese beziehenden Elemente hinten, in der anderen vorne stehen, ist ein ganz unwesentlicher Unterschied, und in dieser Beziehung finden wir in keiner der beiden Sprachfamilien ein vollständig folgerichtiges Verfahren. Im Finnischen heisst es auch *ilman minua, ilman sinua* = sine me, sine te, 'ohne mich', 'ohne dich'; hingegen im Lateinischen *me-cum, te-cum* 'mit mir', 'mit dir', oder im Deutschen: *seinem Versprechen gemäss, seiner Behauptung zufolge, vorsichtshalber, ich ging ihm nach* (welcher Ausdruck sich kaum von '*ich ging nach ihm*' unterscheidet), oder im Englischen: *there-on, there-of, home-ward, lee-ward* usw.[1]). Es ist aber auch nicht richtig, dass sich in den ural-altaischen Sprachen derlei Verhältniswörter nicht auch an fertige Kasus anschliessen können. Das finnische *ilman minua* besteht ebenso aus einer Präposition und einem fertigen Ablativ, wie das lateinische *sine me*. Das finnische *sen-tähden* 'deshalb' zeigt ebenso einen Genitiv und eine Postposition, wie das deutsche *des-halb* oder das griechische οὕνεκα = οὗ ἕνεκα. Eine ähnliche Fügung finden wir im ungarischen *ennek miatta* 'deswegen', *minek utána* 'nachdem' usw., in denen das erste Glied als wirklicher Genitiv figuriert. Ausdrücke, wie ung. *azon alul* 'dar-unter', *házon belül* 'innerhalb des Hauses' sind ähnliche Verbindungen, obgleich sie das im allgemeinen den Lokativ bezeichnende Suffix *-n* enthalten, denn letzteres hat hier die ursprüngliche Bedeutung gänzlich verloren. Den finnisch-ugrischen Genitiv mit *-n* finden wir noch in einzelnen Formen der ungarischen Sprachdenkmäler, wie *önnön benne* 'in ihm', *tennen töled* 'von dir' usw.[2]).

Andere Vorwürfe, die unserer Sprache gemacht worden

1) Im Umbrisch-oskischen kommen Postpositionen sehr häufig vor. Im Litauischen ist sogar die Postposition *-na* mit dem suffixlosen Kasus indefinitus zu einer Einheit verwachsen, s. Hirt IF. 17, S. 52—53.

2) Ausführlicheres in meinem Werke über die Umstandsbestimmungen des ungarischen Satzes (Magyar Határozók I, 13, 113).

sind, werden wir gelegentlich, in der zweiten Hälfte dieses Buches, besprechen. — Es scheint aber überhaupt ein verfehltes Unternehmen zu sein, die Sprachen abschätzen, „würdern“ zu wollen, sie in gewisse Rangstufen einzuteilen, und aus ihnen auf die geistigen Fähigkeiten der betreffenden Völker gewagte, voreilig verallgemeinernde Schlussfolgerungen zu ziehen, denn bei solchen Werturteilen ist in der Regel zuviel Subjektives, zuviel Unberechnetes — wenn nicht Unberechenbares — mit im Spiel. Man kann wohl den begrifflichen oder den Gefühlswert einzelner Ausdrucksweisen abschätzen, und im einzelnen Falle leuchtet es uns sehr oft ein, dass eine gewisse innere Sprachform in der einen Sprache verständiger oder schöner ist, als in der andern. Es mag z. B. wahr sein, dass der Begriff des Geistes in keiner Sprache so gehaltvoll und geistreich ist, wie im französischen *esprit*; dass die Welt der Gefühle nirgends in einem so vielsagenden Wort zusammengefasst ist, wie im deutschen *Gemüt*; dass in der Wortfolge keine einzige Sprache soviele feine Schattierungen der Situation auszudrücken imstande ist, wie die ungarische. Man kann sogar behaupten, dass geniale Schriftsteller die deutschen, französischen und englischen Wörter und Formen durch die an dieselben geknüpften neuen Vorstellungen edler und inhaltsvoller machten, als es in der ungarischen oder einer andern finnisch-ugrischen Sprache der Fall ist. Nur darf man nicht behaupten, weil man es nie beweisen kann, dass eine Sprache oder Sprachfamilie schon vermöge ihrer ursprünglichen Anlage höher stünde als die andere. Jedwede Vollkommenheit der Sprache entwickelt sich nur allmählich, in Verbindung mit den geschichtlichen und Kulturverhältnissen des Volkes. „Jede Sprache ist ein selbstgeschaffenes Werkzeug des menschlichen Geistes, das er fortwährend handhabt und den Bedürfnissen seiner Entwicklung anpasst“ (Budenz). Jede Sprache besitzt ihre Schönheiten, ihre sinnigen und geistvollen Wendungen, und mit welcher immer wir uns eingehend beschäftigen, in jeder müssen wir die Äusserungen der menschlichen Seele bewundern [1]).

1) Über die Vorurteile indogermanistischer Sprachanschauung hat schon Böhtlingk in seiner allzu spät gewürdigten Arbeit über

## Bibliographie [1]).

Budenz József: *Magyar-ugor összehasonlító szótár* (Ungarisch-ugrisches vergleichendes Wörterbuch). (Budapest, 1873—1881.) Vergleichende Behandlung des finnisch-ugrischen Wortschatzes, der auch im Ungarischen erhalten ist. Durch seine Wortvergleichungen und Erörterungen für die ungarische Wortforschung grundlegend.

Budenz József: *Az ugor nyelvek összehasonlító alaktana* (Vergleichende Formenlehre der ugrischen Sprachen. — Budapest, 1884. Zwei Hefte; das dritte aus dem Nachlasse des Verfassers herausgegeben von Siegmund Simonyi 1894.) Eine systematische Analyse der Wortbildungsformen sämtlicher finnisch-ugrischer Sprachen.

Josef Budenz: *Über die Verzweigung der ugrischen Sprachen.* (Göttingen, 1879.) Eine eingehende Erörterung über die Stellung der lappischen Sprache.

Otto Donner: *Die gegenseitige Verwandtschaft der finnisch-ugrischen Sprachen.* (Helsingfors, 1879). Eine ausführlichere vergleichende grammatische Skizze, mit besonderer Rücksicht auf die engere Zusammengehörigkeit der einzelnen Sprachzweige. — Derselbe: *Die ural-altaischen Sprachen.* (Finnisch-ugrische Forschungen I. 1901.)

Szinnyei József: *Magyar nyelvhasonlítás* (Ungarische Sprachvergleichung.) 3. Auflage. Budapest, 1905. — Präzise Zusammenfassung der Ergebnisse der finnisch-ugrischen Sprachvergleichung.

Josef Budenz: *Ugrische Sprachstudien.* (*I. Nachweis und Erklärung einer ursprünglicheren Gestalt der pluralischen Possessivaffixe in den ugrischen Sprachen.* Pest, 1869. — *II. Determination des Nomens durch affigierten Artikel im Mordwinischen und einigen anderen ugrischen Sprachen.* Pest, 1870.) Mustergültige Behandlung zweier interessanter Fragen der Formenlehre.

E. N. Setälä: *Yhteissuomalainen äännehistoria I.* (Gemeinfinnische Lautgeschichte I. Helsingfors, 1890.) Vergleichende Lautgeschichte der finnischen Dialekte mit Ausblicken auf die allgemeinere finnisch-ugrische Lautgeschichte.

---

die Sprache der Jakuten ein mahnendes Wort gesprochen; sodann Sayce in seiner Introduction to the Science of Language 2, p. 374: „When we begin to contrast the morphology of two classes of speech, there is a tendency to import our prejudices into the question, and to assume that the grammatical forms to which we have been accustomed are necessarily superior to those which are strange to us.“

1) Wir übergehen hier jene Werke, welche ohne Vergleichung nur die Beschreibung einzelner finnisch-ugrischer Sprachen enthalten.

E. N. Setälä: *Zur Geschichte der Tempus- und Modusstammbildung in den finnisch-ugrischen Sprachen.* (Helsingfors, 1887.) Eingehende Bearbeitung des Materials der einzelnen Sprachen (besonders der finnischen Mundarten), mit mustergültiger Anwendung der junggrammatischen Methode.

E. N. Setälä: *Über Quantitätswechsel im Finnisch-ugrischen.* (Journal de la Société Finno-Ougrienne. Band 14. 1896.) — Scharfsinnige Untersuchungen über den Ablaut in den finnisch-ugrischen Sprachen.

H. Paasonen: *Die finnisch-ugrischen s-Laute.* Helsingfors, 1903. Eine sehr wertvolle Arbeit.

Halász Ignác: *Az ugor-szamojéd nyelvrokonság.* (Die ugrisch-samojedische Sprachverwandtschaft.) Nyelvtudományi Közlemények 1894. — Wertvolle Beiträge zum vergleichenden Wörterbuch und zur vergleichenden Grammatik der „uralischen" Sprachfamilie. — Budenz, J., *Übereinstimmungen in der finnisch-ugr. und samoj. Formenlehre* (Hunfalvy-Album 1891).

Munkácsi Bernát: *Az altáji nyelvek számképzése.* (Die Zahlenbildung der altaischen Sprachen. — Budenz Album 1884.) Versuch einer vergleichenden Bearbeitung dieser grammatischen Kategorie in sämtlichen ural-altaischen Sprachgruppen. (Vgl. desselben Bemerkungen über das gemeinsame ural-altaische Genitivsuffix *-n.* Nyelvtudományi Közlemények 17, S. 155.)

Heinrich Winkler: *Das Ural-altaische und seine Gruppen.* (Berlin, 1885.) Vergleichende Beschreibung der ural-altaischen Sprachgruppen.

Heinrich Winkler: *Ural-altaische Völker und Sprachen.* (Berlin, 1884.) Nach einer anthropologischen Einleitung über die ural-altaischen Völker folgt der ausführliche Nachweis, dass die Satzkonstruktion, namentlich die Bestimmung des Ortsverhältnisses in sämtlichen ural-altaischen Sprachen auf einer übereinstimmenden Auffassung beruht.

Heinrich Winkler: *Die ural-altaischen Sprachen.* (Keleti Szemle. Revue Orientale I. 1900.) Kurze Zusammenfassung seiner Ansichten über den ural-altaischen Sprachbau.

Szilasi Móric: *A finn-ugor névszói összetételek.* (Die finnisch-ugrischen nominalen Zusammensetzungen I. Nyelvtudományi Közlemények, Bd. 26.) — Sehr lehrreiche Auseinandersetzungen und Hypothesen.

Szilasi Móric: *Adalék a finn-ugor palatális hangok történetéhez.* (Beitrag zur Geschichte der finnisch-ugrischen palatalen Laute. Budapest, 1904.) Über die anlautenden *k-*, *g-*Laute im Finnisch-ugrischen.

## Zweiter Abschnitt.

## BERÜHRUNGEN MIT FREMDEN SPRACHEN.

**Sprachmischung im allgemeinen.** Die vergleichende Sprachwissenschaft hat lange Zeit die Möglichkeit von Mischsprachen geleugnet. Die neuesten Forschungen bekräftigen immer mehr die Ansicht, dass jede Sprache bis zu einem gewissen Grade eine Mischsprache ist; es gibt kaum einen Grad der Sprachenmengung, der nicht hier oder dort nachzuweisen wäre. Die erste und auffallendste Art dieser Sprachenmischung ist die Entlehnung fremder Wörter. Es gibt keine Kultursprache und keine unkultivierte Sprache, in welcher dergleichen nicht anzutreffen wäre; in der Sprache der menschenfressenden Fidschi-Inselbewohner hat man Wörter fremden Ursprungs gefunden und die allergrösste Menge von Lehnwörtern hat die Sprache der gebildeten und mächtigen englischen Nation aufzuweisen. Es ist eine notwendige Folge des Verkehrs und der gegenseitigen Beeinflussung der Völker, dass fremde Wörter mit fremden Gegenständen und Begriffen entlehnt werden. Und wenn sich Lehnwörter massenhaft in der Sprache der englischen und der deutschen Nation finden: so braucht sich die nationale Eitelkeit nirgends gegen den Nachweis fremder oder „barbarischer" Elemente zu sträuben, wie sie das so oft bei uns getan, und wie es noch immer bei unseren rumänischen Nachbarn der Fall ist.

Die Wörter fremden Ursprungs teilt man bekanntlich in zwei Klassen, die sich aber nicht genau gegeneinander abgrenzen lassen. Als Fremdwörter fühlt man Wörter, wie z. B. *korrigálni* (korrigieren), *korrektor*, *korrektúra*, *delegáció* (Delegation), *deficit* usw.; besonders der Gebildete fühlt sie als solche, vermöge ihres fremden Gehaltes oder ihrer fremden

Form, oder auch bloss, weil er deutsch, französisch oder lateinisch kann und ihm das betreffende Wort auch in diesen Sprachen geläufig ist. Viel mehr geben uns natürlich die Lehnwörter oder eingebürgerten Wörter zu schaffen, da sie durch den hundert-, ja tausendjährigen Gebrauch der Bedeutung und der Form nach oft bis zur Unkenntlichkeit verändert sind. Manche derselben wurden unterdessen durch Volksetymologie an irgend ein anderes, einheimisches Wort angeglichen, so dass sie auf den ersten Blick als uraltes Erbgut der Sprache erscheinen, und oft überzeugt uns nur ein mühevolles Nachforschen von dem Gegenteil. Wer z. B. das Wort *mérföld* ('Meile') nur an sich selbst betrachtet, hält es unbedingt für eine Ableitung des Zeitwortes *mér* 'messen', daher auch manche Schriftsteller eine fehlerhafte Zusammensetzung mit einem Verbalstamm darin fühlten und es unwillkürlich zu *mértföld* ('gemessenes Stück Erde') verbesserten. Die Etymologie hat nun nachgewiesen, dass in der ersten Silbe das deutsche Wort *Meile* steckt, dass das Wort früher *mélyföld* gelautet hat, und diese Aussprache in einigen Gegenden sich bis auf die neueste Zeit erhalten hat. So wurde das lateinische *tuberosa* zu *tubarózsa* 'Taubenrose' verschönert, so wurde aus *coemeterium*: *cinterem* ('Kirchhof', scheinbar 'zinnernes Gemach') usw.

Der Nachweis der Lehnwörter ist aber nicht nur vom Gesichtspunkte der entlehnenden, sondern auch von dem der übergebenden Sprache wichtig. Die tausendjährigen altbulgarischen Lehnwörter des Ungarischen haben z. B. einige für das Slavische sehr wichtige lautgeschichtliche Schlüsse ermöglicht: so, dass die altslovenischen *ą*- und *ę*-Laute zu jener Zeit noch als Nasalvokale gesprochen wurden (*kąs* > ung. *konc* 'Markbein', *goląb* > ung. *galamb* 'Taube', *gręda* > ung. *gerenda* 'Balken' usw.); dass das altslovenische *ê* ein geschlossener *é*-Laut war (*obêd* > ung. *ebéd* 'Mittagmahl', *têsto* > ung. *tészta* 'Teig' usw.); und mit Hilfe ungarischer Wortformen gelang es auch die einstige Existenz gewisser altslovenischer Wörter zu erschliessen (s. Miklosich). Aber auch die slavischen Sprachen haben einzelne ungarische Wörter erhalten, welche sonst entweder nur in alten Sprachdenkmälern, oder selbst in diesen nicht mehr vorkommen: *áldó* 'Opfer', *vágó* 'eine Art Messer', *látó* 'Zollinspektor', *lopó* 'Dieb'. Käme das ung. *valál* 'Besitz, Dorf', nicht in einigen unserer Sprachdenkmäler vor, so wäre es bloss im Slovakischen bis auf den heutigen Tag erhalten (Nyelvőr 3:92, 8:322).

Es ist für unsere Zwecke überflüssig, hier des längeren auseinanderzusetzen, wie wichtige Aufschlüsse auch die Kulturgeschichte aus dem genauen Nachweise der Lehnwörter gewinnt. Paul Hunfalvy sagte: „Die Sprache beweist mehr, als die Chroniken." Von den alltäglichsten und niedrigsten Begriffskreisen bis zu den höchsten und heiligsten begegnen wir auf Schritt und Tritt Gegenständen und Vorstellungen, die schon durch ihren Namen den fremden Ursprung verraten: ebensoviele Beiträge zur Beleuchtung der Kulturgeschichte. Überaus interessant ist es, einzelne Wörter auf ihren Wanderungen von Volk zu Volk zu begleiten.

Der ung. Name des Glases *pohár* stammt aus dem slavischen *pehar*, die Slaven haben es von den Deutschen (*becher*, ahd. *behhar*), diese endlich von den Italienern, deren *bicchiere* schon in der lateinischen Volkssprache in der Form *bicarium* vorhanden war (es wird teils vom lat. *bacar* 'Weinfass', teils vom griech. *bĩkos* 'Krug' hergeleitet; aus dem Slavischen ist anderseits dasselbe Wort auch ins Albanische und ins Rumänische gedrungen). Das sinnverwandte *kehely* (früher *kelyh*, der Akk. auch jetzt *kelyhet*) ist aus dem deutschen *kelch* magyarisiert, das wieder der sehr früh eingebürgerte Vertreter des lateinischen *calix* im Deutschen ist. — *Zsemlye*, Semmel, kommt vom deutschen *semele*, welches früher nicht nur Semmel, sondern auch feines Weizenmehl bedeutete. Die letztere Bedeutung ist die ältere, denn das lateinische Vorbild des Wortes, *simila* und *similago*, bedeutete bloss Weizenmehl, Semmelmehl (> altfranz. *simble*, *simbre* 'Weizenbrot', und daher bask. *semphor* 'grobes Brot'). Die Römer hatten es aber von den Griechen: *semidalis* hiess griechisch 'das feine Weizenmehl', *semidalites* das daraus gebackene Brot. Die Griechen aber hatten das Wort den Phönikiern entlehnt. Dass es ursprünglich den semitischen Völkern eigen ist, beweist auch das arabische *samid*, welches

Semmelmehl und weisses Brot bedeutet. Und dieses Wort gelangte von den Arabern auch nach Indien, denn im Altindischen ist *samida* ein Name des Weizenmehls. Solcher wandernder Kulturwörter könnten wir noch viele erwähnen. Das ung. *szállás* 'Quartier, Lagerplatz der Hirten' gelangte durch die nördlichen und südlichen slavischen Sprachen ins Wotjakische und ins Türkische. Das ungarische Wort *város* 'Stadt' kam durch Vermittelung des Südslavischen und Türkischen nach Kleinasien ins Armenische. Der Name der *Seife*, ung. *szappan*, war schon zu Christus Zeiten von den Germanen ins Lateinische übergegangen, aus dem es ins Griechische, Arabische, Persische und aus diesen Sprachen in die türkischen, finnisch-ugrischen und samojedischen Sprachen kam (osm. *sabun*, tschuw. *sobin*, mordw. *sapoń*, wog. *sōpen*, sam. *sāvan* usw.). Das französische *manière* kam durch das Russische ins Wotjakische (*mańer* 'Gestalt, Form, Art'), das lateinische *commissarius* und *capitaneus* drang auf demselben Wege ins Ostjakische und Wogulische ein (*kamisar* 'Bezirksbeamter', *kāpitan* 'Kreishauptmann'). — Wir nennen nur noch eine kleine Pflanze: *turbolya* 'Kerbel', deren Name durch drei Sprachen ging, bis er vom Griechischen ins Ungarische gelangte: aus dem gr. χαιρέφυλλον wurde lat. *cerefolium* (lies: *kerefolium*), aus diesem das deutsche *kerbel* und daraus das slavische *trebula*, welches die nächste Quelle unseres *turbolya* ist.

Oft kommt ein derartiges Kulturwort aus der entlehnenden Sprache mit veränderter Form und Bedeutung in jene Sprache zurück, deren Eigentum es ursprünglich gewesen. Das Ungarische entlehnte die slavischen Wörter *stol*, *črêda*, gab sie aber in der Form *astal* 'Tisch', *čorda* 'Herde' wieder zurück. Es entlehnte das slavische *brat* 'Bruder', aber der östliche Teil des slovenischen Sprachgebietes bekam es in der Form *barat* und der Bedeutung 'Mönch' aus dem Ungarischen zurück. Es kam das slav. *okov* 'Beschlag' herüber, bei uns nahm es die Form *akó* ('Eimer') an, und wurde der Name eines Gefässes und Masses mit eisernen Reifen; mit solcher Bedeutung kam es hernach in die slavischen Sprachen zurück (kroatisch-serbisch *akov*, rutenisch *aküv*). Aus dem deutschen Worte *zack(e)* wurde der ungarische Ausdruck *cákos* oder *csákos süveg*, *csákós süveg* gebildet, eigentlich 'Zackenhut, Hut mit herabhängender Zacke'; daraus wurde in derselben Bedeutung *csákó* abstrahiert und dieses ins Deutsche zurückentlehnt (*Tschako*, nach polnischer und älterer ung. Orthographie *Czako*) usw.

Die wichtigsten historischen Berührungen aller Völker haben ihre eigenen Vertreter in je einer Gruppe oder ganzer Schichte von Lehnwörtern, die noch heute von jenen Berührungen Zeugnis ablegen. Die Wortforschung belehrt uns, in welcher Reihenfolge die bedeutendsten Phasen unserer Kultur einander gefolgt sind. Schon im vorhergehenden Abschnitt haben wir gesehen, dass die Vorfahren des ungarischen Volkes, als sie sich von ihren finnisch-ugrischen Verwandten schieden, nach dem Zeugnisse der Sprachvergleichung Jägerei und Fischerei trieben; die Wörter *nyíl* 'Pfeil', *íj* 'Bogen', *eb* 'Hund', *nyúl* 'Hase', *nyuszt* 'Marder', *lúd* 'Gans', andererseits *hal* 'Fisch', *háló* 'Netz, Garn' sind lauter Überbleibsel aus jener grauen Vorzeit. Auch kannten sie schon das Nähen, Spinnen und Weben *varr*, *fon*, *sző*) usw.

So manche Erscheinung weist aber darauf hin, dass schon die finnisch-ugrische Grundsprache, bevor noch die ungarische aus ihr schied, mit irgend einer indoiranischen Sprache, oder auch mehreren, in Berührung kam. So z. B. ist das Zahlwort *száz* hundert übereinstimmend in den finnisch-ugrischen Sprachen vorhanden, und doch ist es augenscheinlich ein Lehnwort aus irgend einer indogermanischen Satem-Sprache[1]). Auch *arany* 'Gold' ist in den nächstverwandten Sprachen vorhanden (ostj. *sorńa*, *sorni*, wog. *sureń*, wotj. *zarńi* usw.), und doch kann es nichts anderes sein, als das altpersische *zaranu*, *zaranja*.

**Die Berührungen des Ungarischen mit fremden Sprachen.** Nachdem sich das ungarische Volk und seine Sprache von den übrigen finnisch-ugrischen Stämmen losgelöst und die Ungarn ihre Urheimat verlassen hatten, bewohnten sie ziemlich

1) Höchst wahrscheinlich auch das gemein-finnisch-ugrische Zahlwort für sieben, ferner das ungarische und syrj.-wotj. Zahlwort für zehn, endlich das ungarische und wog.-ostj. Zahlwort für tausend.

lange einen Landstrich, der einerseits den Wohnstätten der Alanen (der heutigen Osseten), andererseits einem türkischen Volksstamm benachbart war. Diese Folgerung ist sowohl in geschichtlichen Überlieferungen, als auch in evidenten Wortübereinstimmungen begründet. Aus dem Alanischen entlehnten sie wahrscheinlich eine ansehnliche Zahl von Wörtern, wie z. B. folgende ungarisch-ossetische Übereinstimmungen beweisen: *asszony* 'Frau' (in der Leichenrede *achscin*) — oss. *aχsin* 'Königin, Herrin'; *ezüst* 'Silber' — *äwzist*; *gazdag* 'reich' — *χazdug*; *híd* 'Brücke' — *χīd*; *kard* 'Schwert' — *kard* 'Messer, Schwert' (persisch *kärd*); *kert* 'Zaun, Garten' — *kärt* 'Zaun, Hof'; *méreg* 'Gift' (finn. *myrkky*) — *marg* (vgl. altpers. *mahrka-*, neupers. *marg, merg* 'Tod'); *ravasz* 'schlau', früher 'Fuchs' — *robas, rūwas* 'Fuchs' (pahl. *rōpas*, neupers. *rōbāh*); *részeg* 'betrunken' — *rasig*; *tölgy* 'Eiche' — *tūldz, toldzä*; *üstök* 'Schopf, Stirnhaar' — *stug* 'Locke, Büschel Haare'; *üveg* 'Glas' — *avgä*; *zöld* 'grün' — *zäldä* 'Gras'.

Die älteren türkischen Lehnwörter haben sehr oft eine Lautform, die auffallend dem lautlichen Charakter des Tschuwaschischen in der Wolgagegend entspricht, diese Berührung musste also unbedingt in die Zeit vor der Landnahme fallen. Besonders zwei grosse Gruppen von Kulturwörtern bewähren sich als diesem Zeitalter angehörig, und zeigen, in welcher Richtung sich die Kultur der in der Wolgagegend sesshaften Ungarn weiter entwickelte: die eine bezieht sich auf den Ackerbau, die andere auf die Viehzucht. Die wichtigeren Lehnwörter des Ackerbaues sind: *búza* 'Weizen', *árpa* 'Gerste', *dara* 'Griess, Graupe', *borsó* 'Erbse'; *szérü* 'Tenne', *tarló* 'Stoppel', *sarló* 'Sichel'; *szór* und *söpör* 'streuen' und 'kehren', *őröl* 'mahlen'; *gyümölcs* 'Obst', *alma* 'Apfel', *körte* 'Birne', *szőlő* 'Weintraube', *komló* 'Hopfen', *bor* 'Wein', *sör* 'Bier', *kender* 'Hanf', *tiló* 'Hanfbreche', *orsó* 'Spule'. Die Lehnwörter der Viehzucht sind unter anderem: *barom* 'Vieh', *tulok* 'Farre', *ökör* 'Ochs', *tinó* 'junger Ochse', *ünő* 'junge Kuh', *borju* 'Kalb', *ürü* 'Hammel', *kos* 'Widder', *csikó* 'Füllen', *disznó* 'Schwein', *tyúk* 'Henne'; *gyapju* 'Wolle' (*gyapot* 'Baumwolle'); *túró* 'Topfen', *sajt* 'Käse', *iró* (*irós vaj*) 'Buttermilch'. Ausser den erwähnten Namen, wie *sarló, tiló*, *orsó*, fallen noch die Namen sonstiger Handwerkzeuge und Hausgeräte, ferner Namen von Schmucksachen und Kleiderstücken auf: *tengely* 'Achse', *karó* 'Pfahl', *teknő* 'Trog', *tömlő* 'Schlauch', *korsó* 'Krug', *tükör* 'Spiegel'; *gyürü* 'Ring', *gyüszü* 'Fingerhut', *gyöngy* 'Perle'; *dolmány* 'Dolman', *saru* 'Schuh'. Wichtig sind noch einige im allgemeinen die Kultur und Religion betreffende Ausdrücke: *ír* 'schreiben', *betü* 'Buchstabe' usw. Ausserdem bewahren noch zahlreiche andere Wörter das Andenken an die älteste Berührung mit dem Türkentum.

Noch zwei spätere Berührungen haben türkische Spuren in unserer Sprache hinterlassen; dadurch erklären sich viele unserer türkischen Wörter, über die uns das Tschuwaschische keine genügende Aufklärung bietet. Die zweite Berührung mit Türken, welche auf unsern Wortschatz unbedingt einwirken musste, erfolgte mit der Niederlassung der Kumanen und Petschenegen zur Zeit der Arpadischen Könige; die dritte endlich ist die mit der Mohácser Katastrophe (1526) beginnende Türkenherrschaft. Interessant ist es, dass aus dieser letztern Zeit die meisten Lehnwörter in Siebenbürgen erhalten blieben, z. B. *defter* 'Geschäftsbuch', *oszpora* 'Pfarrsteuer' usw.

Durch Vermittlung des Türkischen haben wir einige Wörter aus dem Persischen (*kazán* 'Kessel', *csákány* 'Spitzhacke, Streithammer', *nemez* 'Filz' usw.) und aus dem Arabischen erhalten (*hír* 'Kunde, Ruf', *aba* 'grobes weisses Tuch', *sejk* 'Stammoberhaupt' usw.), überdies aber noch aus den mongolischen Sprachen. Es scheint sogar, dass die alten Ungarn eine Zeitlang die Nachbarn irgend eines mongolischen Volkes waren, denn das am genauesten entsprechende Gegenstück mancher Wörter finden wir in der mongolischen Sprache; solche sind: *zerge* 'Gemse', *harang* 'Glocke', *ildom* 'Klugheit', *erkölcs* 'Sitte', *egyéb* 'sonstig, anders geartet'. (Vgl. Budenz und Munkácsi, Nyelvtudományi Közlemények, Jahrg. 20, Simonyi, Finnisch-ugr. Forsch. Jahrg. 1.)

Unmittelbar nach der Landnahme (895 n. Chr.) erfuhr unser Wortschatz eine bedeutende Bereicherung von seiten des Slaventums, vorzüglich aber des Altslovenischen. Die Ungarn hatten, wie die Geschichtsquellen berichten, eine Menge slavischer Leibeigenen, die natürlich im ungarischen Volkstum aufgingen, zugleich aber Elemente ihrer eigenen — bereits christlichen — Kultur und die Benennungen vieler Kulturgegenstände mit sich brachten. Besonders in einigen wichtigen Begriffskreisen bereicherte sich unsere Sprache mit zahlreichen slavischen Wörtern: mit neuen Ausdrücken des Ackerbaues, der häuslichen Einrichtung, der Industrie, des Christentums und des staatlichen Lebens. In der ungarischen Gemeinsprache gibt es ungefähr tausend slavische Lehnwörter[1]). Die wichtigsten davon sind die folgenden:

a) Ackerbau: *puszta* 'Heide, Wüste', *ugar* 'Brachfeld', *barázda* 'Furche', *róna* 'Ebene', *patak* 'Bach'; — *abrak* 'Futter', *széna* 'Heu', *szalma* 'Stroh', *szecska* 'Häckerling'; — *asztag* 'Fehmen', *kazal* 'Schober', *petrence* 'Windhaufen', *garmada* 'Haufe'; — *eplény* 'Lastbalken', *kólya* und *taliga* 'Karren', *targonca* 'Schubkarren'; — *jászol* 'Krippe', *esztena* 'Pferch', *járom* 'Joch', *iga* 'Joch', *zabola* 'Zaum, Gebiss', *patkó* 'Hufeisen'; — *ösztöke* 'Pflugreute', *csoroszlya* 'Pflugeisen', *rúd* 'Stange'; — *kasza* 'Sense', *gereblye* 'Rechen', *csép* 'Dreschflegel'; — *len* 'Flachs'.

b) Hauseinrichtung: *konyha* 'Küche', *kalyiba* 'Lehmhütte', *szoba* 'Stube', *pince* 'Keller', *tornác* 'Hausflur', *pitvar* 'Vorzimmer, Vorhalle', *udvar* 'Hof', *utca* 'Gasse'; — *kémény* 'Rauchfang', *kályha* 'Ofen', *kemence* 'Backofen', *pest* 'Ofen'; — *eszterha* 'Vordach', *oszlop* 'Pfeiler', *gerenda* 'Balken'; — *pad* 'Bank', *lóca* 'Wandbank', *nyoszolya* 'Bettstatt'; — *asztal* 'Tisch', *abrosz* 'Tischdecke', *tányér* 'Teller', *ebéd* 'Mittagmahl', *vacsora* 'Nachtmahl'.

c) Industrie, Handwerke: *gerencsér* 'Töpfer', *kádár* 'Böttcher', *bodnár* 'Binder', *bognár* 'Wagner', *molnár* 'Müller', *mészáros* 'Fleischer', *esztergályos* 'Drechsler', *kovács* 'Schmied', *takács* 'Weber', *mester* 'Meister'; — *korong* 'Scheibe', *abroncs* 'Reif', *donga* 'Daube', *guzsaly* 'Kunkel', *gereben* 'Hechel', *mo-*

---

1) Ausserdem einige Hundert in nördlichen und südwestlichen Mundarten. Eine ungeheure Übertreibung ist es, wenn man behauptet: „Das Magyarische hat wenigstens zu einem Dritteile slavische Elemente“ (Fr. Müller, Grundriss 1, S. 59).

*tólla* 'Haspel', *pemet* 'Ofenwisch', *kulcs* 'Schlüssel', *závár* 'Riegel', *lakat* 'Schloss'.

d) Christentum: *keresztény* 'Christ', *pogány* 'Heide', *pap* 'Pfaffe', *apát* 'Abt', *apáca* 'Nonne', *koma* 'Gevatter'; — *oltár* 'Altar', *kereszt* 'Kreuz', *keresztel* 'taufen', *bérmál* 'firmen'; — *zsolozsma* 'Dienst, Gottesdienst', *veternye* und *vecsernye* 'das Morgen- und Abendgebet'; — *szent* 'heilig', *pokol* 'Hölle'; — *karácsony* 'Weihnachten', *szombat* 'Samstag', *szerda* 'Mittwoch', *csütörtök* 'Donnerstag', *péntek* 'Freitag'.

e) Staatsleben, Verwaltung: *király* 'König', *császár* 'Kaiser', *tárnok* 'Schatzmeister, Tavernicus', *asztalnok* 'Truchsess', *pohárnok* 'Mundschenk', *bán* 'Banus', *kenéz* 'Häuptling'; *poroszló* 'Häscher', *porkoláb* 'Profoss', *tömlöc* 'Kerker', *kaloda* 'Block, Strafklotz'; — *robot* 'Frondienst', *dézsma* 'Zehent', *zálog* 'Pfand', *pénz* 'Geld', *poltura* 'ein halber Groschen' usw.

Dazu kommen noch viele andere Wörter, deren grösster Teil sich auf Naturverhältnisse, auf Tiere und Pflanzen bezieht.

Durch Vermittlung des Slaventums haben wir auch zahlreiche westeuropäische, namentlich deutsche und italienische Wörter erhalten. So z. B. ist das deutsche *pfaff* (ahd. *phafo*) das Original des slavischen *pop* > ung. *pap*; das deutsche *wagner* das des slavischen und ung. *bognár*; das slavische *potkan*, *podgana*, ung. *patkány* 'Ratte' stammt aus dem italienischen (venetianisch) *pantegana*, dieses wieder kommt aus dem Neugriechischen, wo ποντίκι eigentlich eine 'Meerratte' bedeutet. — Viele Wörter kommen auch aus dem Osmanli im Wege der serbischen Sprache, wie z. B. *csizmadia* 'Tschismenmacher', *haramia* 'Strassenräuber', *dalia* 'Held'.

Der slavischen Einwirkung folgte die deutsche und die italienische auf dem Fusse, gleich nach der Landnahme, als die Ungarn sich auf ihren westlichen Heerfahrten eine Menge von Kriegsgefangenen holten, und dann, als sie das Christentum annahmen und mit ihren westlichen Nachbarn friedlich zu verkehren begannen.

Schon in dem Zeitalter der Arpaden begegnen wir nicht nur einzelnen eingewanderten Rittern und Priestern, sondern auch zahlreichen deutschen Ansiedelungen. So kann es uns nicht wundern, dass sich schon zur Zeit der ersten Arpadenfürsten deutsche Taufnamen einbürgern: *Imreh*, heute *Imre* 'Emerich' *Gizella* usw.; ferner dass sich schon in Sprachdenkmälern des XIII.—XV. Jahrhunderts zahlreiche eingebürgerte deutsche Wörter finden (anfänglich, was auffallend ist, mehr Mittelfränkisches, als Bayrisch-österreichisches): *föld* 'Feld, Land, Erde', *rét* 'Ried', *határ* 'Hotter' (wichtige Kulturwörter, deren deutscher Ursprung kaum zu bezweifeln ist), *herceg* 'Herzog', *polgár* 'Bürger', *címer* (< *ziemer*) 'Wappen', *tarsoly* 'Säbeltasche', *frigy* (< *friede*) 'Bündnis', *céh* (< *zeche*) 'Zunft'; *farsang* 'Fasching', *torony* 'Turm', *kehely* 'Kelch', *érc* 'Erz', *zománc* 'Schmelz', *font* 'Pfund', *perém* 'Bräme', *példa* (< *bild*) 'Beispiel' usw. Von bedeutendem Einflusse auf den Vorrat von Kulturwörtern mussten im XIII. Jahrhundert die von der Aachener Rheingegend hereinströmenden deutschen Kaufleute sein. Mit der Herrschaft der Habsburger und mit der Verbreitung der Reformation wurde die deutsche Einwirkung immer stärker, so dass die Zahl der bis zum heutigen Tage entlehnten deutschen Wörter sich mit der der slavischen misst. Nur von den interessantesten erwähnen wir einige: *boglár* (< *buckler*) 'Spange, Agraffe', *mente* 'Mantel, Pelz', *kalap* (*-os-süveg* < *klapphut*) 'Hut', *csö-dör* (< *zelter*) 'Hengst', *rét* (< *ried*) 'Wiese', *csür* 'Scheuer', *bükköny* 'Wicken'; *prés* 'Presse', *kötör*, bei den Szeklern soviel als 'Weinpresse', *kelter*, (dieses lat. *calcatura*), *törköly* (< *torkel*) 'Treber', *lőre* 'Lauer, Nachwein', *salak* 'Schlacke', *zamat* (< *smack*) 'Geschmack, Aroma'; *bitang* (< *beutung*) 'herrenloses Gut', *túz* 'das Ass in der Karte' (im ältern Deutschen *dûs*, *tûs*, heute *daus*); *céh* (< *zeche*) 'Zunft', *málha* (< *malaha*) 'Gepäck', *tucat* 'Dutzend', *borostyán-kő* 'Bernstein', *cikkely* 'Zwickel, Artikel', *slejt*, *sejt* (< *schlecht*) 'Wabe', *selejtes* (< *schlecht*) 'wertlos'. — In den letzten Jahrhunderten vermehrten sich besonders die deutschen Handwerker und mit ihnen die auf die Handwerke, auf deren Werkzeuge und Erzeugnisse bezüglichen Ausdrücke: *suszter*, *kellner*, *pék* 'Bäcker', *kifli* 'Kipfel', *virsli* 'Würstel'; *muff*, *masli* 'Masche', *slepp* usw. Die Handwerker bezeichnen einen grossen Teil ihrer Werkzeuge mit deutschen Kunstwörtern; z. B. im Kreise der Tischlerei: *colstokk*, *rikcsájt*, *sregmósz*, *falc*, *citling* 'Ziehklinge', *szimsz* usw., ja anstatt des Wortes *fűrész* 'Säge' sagen sie *szóg* (österr. *sâg* = *säge*) in Zusammensetzungen wie *kop-szóg*, *sváb-szóg*, *slott-szóg* usw. (Nyelvőr 3, 383; 11, 44; 14, 194.) — Neuestens, besonders seit dem XVIII. Jahrhundert, bekommen wir auch durch Vermittlung des Militärs zahlreiche deutsche Wörter: *kvártély* 'Quartier', *obsit*, *regruta*, *óbester*, *gléda* 'Glied', *panganét* 'Bajonett', *silbak* 'Schildwache', *cakompakk* 'Sack und Pack'; *egrecéroz* 'exerzieren', *masíroz* 'marschieren', *rukkol* 'rücken', *reterál* 'retirieren' usw.

Durch Vermittlung des Deutschen erhalten wir auch eine Menge sonstiger westeuropäischer Kulturwörter, besonders viel Französisches, wie z. B. *parádé* 'Parade', *káplár* 'Korporal', *pallér* 'Polier', *lakáj* 'Lakai', *omlett* 'Omelette', *szósz* 'Sauce' usw.

Der italienische Einfluss begann ebenfalls sehr früh. Schon auf ihren ersten Raubzügen nach Italien belagerten die Ungarn Venedig und entlehnten den Namen des Dogen in der Form *dúzs*, heute *dús*, welches anfangs den Dogen, dann einen Patrizier, und zuletzt einen reichen Herrn und 'reich' bedeutete (S. Nyelvőr Bd. 29). Mit Venedig hatten die Ungarn schon zur Zeit Stefans des Heiligen einen regen Verkehr. Später brachten italienische Ansiedelungen und ein immer regerer Handelsverkehr viele italienische Lehnwörter ins Land. Nach mehreren Richtungen erstarkte der italienische Einfluss im Zeitalter der Könige aus dem Hause Anjou (1308—1395). Karl Robert (1308—1342) veranstaltete ritterliche Turniere nach italienischer Art, in denen er oft selber auf den Kampfplatz trat. Sein Sohn Ludwig der Grosse (1342—1382) schloss wiederholt Handelsverträge mit Venedig, und die reichlichen Erträgnisse des Handels verlockten zahlreiche fleissige italienische Handelsleute zur Ansiedlung in unserem Vaterlande[1]). Das Andenken

---

1) Im XV. Jahrhundert kamen italienische Elemente durch die italienische Gemahlin des Königs Matthias (unter ihrem Einfluss „wollte K. M. aus Ungarn ein Italien machen", sagt Heltai in seiner Chronik) und durch die Humanisten, die er an seinen Hof zog und die seine berühmte Bibliothek, die Corvina, begründeten. In den Türkenkriegen des XVI. Jahrhunderts wurden eine Menge italienischer Söldner in Ungarn verwendet. Umgekehrt fanden im XIX. Jahr-

der Ritterspiele bewahrten die Lehnwörter: *pálya* 'Bahn, Rennbahn' (s. weiter unten), *paizs* : *pavese* 'Schild', *pallos* 'Pallasch, Henkerschwert', *párt* : *parte* 'Partei'. Ausdrücke des Handels: *pósta* 'Post', *árenda* : *arenda* 'Pacht', *somma* 'Summe', *szimpla* 'einfach', *dupla* 'doppelt'. Auf diesem Wege bekamen wir die Namen vieler Stoffe und anderer Luxusartikel u. dgl., z. B. *bakacsin* : *boccacino* 'schwarz oder blau gefärbte Ganzleinwand'; *paszomány* : *passaman* 'Posament, Tresse, Borte'; *velez* : *vales, valessio* 'Barchent'; *paróka* : *parúca* 'Perücke'; *maskara* : *maschera* 'Maske'; *fraska* : *frasca* 'Narrenpossen, Fratzen'; *tréfa* : *trufa* 'Spass'; *skatula* : *scatola* 'Schachtel'; *táca* : *tassa* 'Tasse'; *karafina* 'Karaffe'; *kandalló* : *caldano* 'Kamin' usw.

Die nächste Sprache, aus der wir Wörter in grösserer Zahl entlehnt haben, ist die lateinische, die unsere Sprache durch drei Kanäle bereichert hat: in ihrer Eigenschaft als Kirchensprache, als Sprache der Gesetzgebung und der Rechtspflege und endlich als Sprache der internationalen Wissenschaft. Von diesen Faktoren war besonders der zweite von starkem Einfluss, so dass im XVII.—XVIII. Jahrhundert unser öffentliches Leben von lateinischen Ausdrücken ganz überflutet war, die dann im Zeitalter der Sprachneuerung von den Puristen zum grössten Teil durch einheimische Neubildungen ersetzt wurden. Dennoch erhielten sich zahlreiche lateinische Wörter, teils im allgemeinen Gebrauche, teils in der Volkssprache in einzelnen Mundarten. Beispiele sind: a) Hauptwörter: *evangyéliom* 'Evangelium', *testámentom* 'Testament', *paradicsom* 'Paradies', *káptalan* 'Domkapitel', *almáriom* : *armarium* (auch in deutschen Mundarten *almer*) 'Schrank', *papiros* 'Papier', *fiskalis* 'Fiskal', *lurkó* : *lurco* 'Schalk', *kintorna* : *quinterna* 'Leier', *áer* 'Luft'; b) Zeitwörter: *kommendál* 'empfehlen', *prézsmitál* (kontam. aus *presbyter* + *prosas mittere*) 'plappern', *disipál* : *dissipare* 'verschwenden', *tángál* (anrühren), 'schlagen' usw.

Selbstverständlich haben wir viel weniger aus dem klassischen, als aus dem mittelalterlichen Latein geschöpft, in welchem auch zahlreiche latinisierte italienische und deutsche

hundert die meisten ungarischen Soldaten in den österreichischen Provinzen Norditaliens Verwendung.

Wörter sich eines allgemeinen Gebrauchs erfreuten. Es ist daher natürlich, dass wir viele italienische und deutsche Wörter in lateinischer Form übernommen haben. So sind z. B. das Adjektiv *finom* 'fein', das Substantiv *bandérium* 'berittene Schar, Fähnlein' italienischen Ursprungs (letzteres aus ital. *bandiera* 'Banner'). Wörter wie *flastrom* 'Pflaster', *fölöstököm* 'Frühstück' sind ebenfalls erst im Küchenlatein aus den betreffenden deutschen Wörtern umgestaltet (**flastrum*, **frühstückum*).

Geringer als der der bisherigen Sprachen war, weil er viel später begann, der rumänische Einfluss. Unter den Wörtern der ungarischen Gemeinsprache gibt es wohl keine zwanzig rumänischen Ursprungs, wie z. B. *cimbora* 'Kamerad', *banya* 'altes Weib', *kópé* 'Schalk'; die übrigen sind meist bloss in siebenbürgischen Mundarten gebräuchlich, z. B. *szpurkát* 'schmutzig', *borbát* 'fleissig, arbeitsam', *pakulár* 'Schäfer' etc. Die ältestbelegten rumänischen Lehnwörter haben wir im XV. Jahrhundert: *alakor* 'Dinkel, Spelt' (1440) und *sod* 'Komödiant' (in den Budapester Glossen), die aber heutzutage nicht mehr gebräuchlich sind.

So wie aber vom Osten das Rumänische, beginnt vom Norden das Slowakische auf das Ungarische einzuwirken. Einzelne slowakische Lehnwörter wie *svihák* 'Taugenichts, Schwindler', *verbuvál* 'werben' sind allgemein verbreitet. In nördlicheren Mundarten aber sind dergleichen in bedeutender Anzahl anzutreffen. Da hört man z. B. Wörter, wie *lezsák* 'Taugenichts', *szinák* 'schlechter Sohn'; *varicskó* 'Kochlöffel' (anstatt *főzőkanál*); *szmúdos* 'brenzlich' (anstatt *kozmás*), und von der Suppe sagt man: *megszmúdult* (anstatt *megkozmásodott*) 'sie ist angebrannt' usw.

Es ist einleuchtend, dass derlei Entlehnungen nicht durch ein Bedürfnis der Sprache veranlasst werden, sondern höchstens durch ein Bedürfnis der Sprechenden. Wir haben es hier nicht mehr mit neuen kulturellen Begriffen zu tun, sondern einfach mit den Ausflüssen jener Tatsache, dass die mit unserem Volke verkehrenden oder darin aufgehenden Rumänen und Slowaken auch dann zahlreiche rumänische oder slowakische Wörter gebrauchen, wenn sie ungarisch sprechen, und die ins Ungarische sozusagen eingeschmuggelten Wörter bleiben dann auch an der Rede der Einsprachigen haften. Es ist ja ein solcher Einfluss in noch grösserem Masse von seiten des Deutschen bemerkbar, welches besonders das westliche und nördliche Ungarentum mit so manchen unnötigen Wörtern überflutet, wie auch die Sprache der Siebenbürger Sachsen ihre Einwirkung im Osten fühlen lässt. Die Schürze (ung. *kötény*) heisst bei den Széklern *surc*, und der Sparherd *platten*, *palatten*. Jenseits der Donau heisst das letztere allgemein *spórhert*, das Glas an vielen Orten *klázli* (österreichisch *Glasl*), der *Pinsel* (ung. *ecset*) *pemzli*, der Backenbart (ung. *szakál*) *pakonpart*, der Kartenspieler (*kártyás*) *spiller*, das Sparen (*takarékosság*) *spórolás*, das Abräumen *lerámolás*; ja die Deutsch-Ungarn aus Gyönk (Tolnaer Komitat) fragen einander: *Hun a faterod?* ('wo ist dein Vater?') *Láttam a muterodat* ('ich habe deine Mutter gesehen'). Im Komitat Neograd nennt man den Riegel (*závár*) *rigli*, das Schräge (*rézsútos*) *srég*. In Rozsnyo heisst der Kümmel (*kömény*) *kümöl*, das Schwefelzündholz (*kénes gyujtó*) *svábel*, die Schlagbrücke (*vágóhíd*) *slobrik* usw.

In manchen Gegenden mengen und mischen sich drei Sprachen fortwährend untereinander, so dass z. B. die ungarische Rede durch viele deutsche und slowakische Ausdrücke bunt durchzogen wird, wie in Kassa (Kaschau) und noch einigen oberungarischen Städten. Ein Teil der unnötigen Fremdwörter verschwindet wohl wieder spurlos, ein anderer Teil jedoch bleibt, erhält das Bürgerrecht und verdrängt oft das einheimische Wort aus dem Gebrauche. Dafür finden wir so manches Beispiel in der ungarischen Sprachgeschichte. Das Knie hatte sicherlich einen finnisch-ugrischen Namen gehabt, dennoch verwendete man das tschuwaschische Wort dafür (*térd*). Ohne Zweifel war der Bär den Ungarn schon vor der Landnahme bekannt gewesen, dennoch hat sich der slavische Name dieses Tieres in unsere Sprache eingenistet (*medve* < *medvêdĭ* 'der Honigesser'). Anstatt des slavischen Verbums *csinál* 'machen' gebrauchen die Handschriften des 16. Jahrhunderts gewöhnlich die Verba *tökél*, *szerez*, und jenes war eigentlich überflüssig. Ebenso verhalten sich zueinander das slavische *rend* 'Reihe,

Ordnung', und das ältere *szer, sor*; weiter: *barát* 'Freund': *atyafi, fél* (in der Leichenrede sowohl *feleim*, als auch *brátim*); *malaszt* : *kegyesség* 'Gnade'; *nyavalya* : *kórság, betegség* 'Krankheit'; *puszta* : *kietlen* 'Wüste' usw. Ebenso das deutsche *pár* ('Paar') neben dem finnisch-ugrischen *fél* (*páros* : *feles* 'gepaart, paar', *páratlan* : *feletlen* 'ungerade, unpaar') und neben dem sinnverwandten *bokor* eingebürgert; das deutsche *gyilok* 'Dolch' neben *tőr*; *ostromol* 'stürmen' (*ostrom* 'Sturm'), neben *megszáll, töret, vítat, ví*, das deutsche *rabol* 'raubt' neben *dúl, foszt* usw.

Nirgends in Europa hat sich das mittelalterliche Latein als Verhandlungs- und Umgangssprache so lange und in so ausgebreitetem Gebrauch erhalten, als in Ungarn. Singt doch Blumauer in seiner Äneas-Travestie:

„Hier spräche jedermann Latein,
Drum müssten hier ansässig sein
Lateiner oder Ungarn."

Daher kam auch ein starker Einschlag von lateinischen Elementen in die ungarische Umgangssprache.

In den früheren Jahrhunderten trieb man einen starken Missbrauch mit lateinischen Wörtern, welche teilweise ebenfalls erhalten blieben, wie z. B. *áer, kommendál* (anstatt *levegő* 'Luft', *ajánl* 'empfehlen'), teilweise aber wieder verschwanden; z. B. *karitásság* (anstatt *szeretet*) 'Liebe', *kalomniálkodni* (anstatt *rágalmazni*) 'verleumden', *klerikálni* (anstatt *fölszentelni*) 'einweihen' usw. Die Welt der alten sogenannten Gerichtstafelbeisitzer (táblabírák, bis 1848) bediente sich sowohl in ungarischer, als auch in lateinischer Rede eines bunten ungarisch-lateinischen Wortgemengsels. In Briefen aus dem XVII. Jahrhundert werden oft mehr lateinische als ungarische Wörter gebraucht. Wir begegnen manchmal zweisprachigen Sätzen wie der folgende: „*Akik abrakért szolgálnak, in numerum barmorum mennek*", anstatt: *barom számba mennek* ('Die fürs Futter dienen, werden als Vieh gerechnet'). (Rozsnyai D.: Horologium Turcicum.) Und es konnte sogar ein ungarisch-lateinisches Volkslied entstehen:

*Meghalt feleségem,*
*Debuisset pridem*[1]) usw. (Erdélyi: Népdalok.)

1) Mein Weib ist gestorben, wollte Gott, sie wär es längst!

Vgl. das siebenbürgische ungarisch-rumänische Lied:

| | |
|---|---|
| Kolozsvár nincs bekerítve, | Klausenburg ist nicht umzäunt, |
| *Slobodui drumu,* | Frei ist sein Weg, |
| Ki lehet menni belőle, | Man kann hinausgelangen, |
| *Nu face gondu.* | Das macht mir keine Sorge. |

Auch in anderen Gegenden sind dergleichen Makkaroni-Lieder und Redensarten entstanden. Sehr verbreitete, scherzhafte Redensarten im Westen und Süden sind: *Elment, davong'rennt; alles ans (alles eins), mint a német rókatánc* (wie das deutsche Fuchsprellen); und wenn man jemand mit dem Worte *hamar* 'schnell' aneifert, antwortet er: *hamar a kovácsnál van:* '*Hammer* ist bei dem Schmied'. (Vgl. im Deutschen: In des Waldes tiefsten *Gründibus; Sammelsurium* u. dergl.[1])

**Grammatische Entlehnungen.** Wenn so viele fremde Volkselemente in irgend einem Volke aufgehen, und die fremden Wörter sich so massenhaft in seine Sprache mischen, ist es schon von vornherein wahrscheinlich, dass nicht nur der Wortschatz grosse Veränderungen erleiden wird, sondern — wenn auch nicht in demselben Umfange und nicht in so auffallender Form — auch die Laute, sowie die äussere und innere Sprachform, also auch die Denkart der Sprache sich in mancher Hinsicht ändern werden. Und in der Tat wird dies erwiesen durch die genaue Vergleichung der sich berührenden Sprachen. Fünf verschiedene Erscheinungen ziehen hier der Reihe nach

1) In den letzten beiden Jahrhunderten eiferte so mancher Schriftsteller gegen die masslose Sprachmengerei. Im XVII. Jahrhundert schrieb Johannes Haller z. B. in dem Vorworte zu seinem *Paizs* 'Schild': „Es is eine gerechte Sache, schön und lobenswert, verschiedene Sprachen zu wissen, aber man möge beurteilen, ob es gebührlich ist, zwei Sprachen zu verwirren und so zu sprechen. So weit ist man schon gekommen, dass die in der Nachbarschaft der Slowaken oder Polen leben, vielen Dingen einen slowakischen Namen beilegen, und die den Deutschen näher wohnen, die halten es für eine Höflichkeit, wenn sie manches Ding auf deutsche Art benennen, obwohl unter den wirklichen Ungarn die Namen der betreffenden Dinge fertig und gebräuchlich sind.“ Peter Bod klagt um 1760: „Heut ist die nationale Sprache der Verwirrung und dem daraus folgenden Verderben nahe.“

unsere Aufmerksamkeit auf sich: 1. Übernahme fremder Laute; 2. Entlehnung fremder Adverbien und Verhältniswörter; 3. fremde Wortbildungssuffixe; 4. wörtliche Übersetzung fremder Ausdrücke; 5. sklavische Übersetzung fremder Satzkonstruktionen.

1. Die Annahme fremder Laute ist in einzelnen Wörtern leicht zu beobachten. So wie sich der Deutsche einen neuen Laut aneignet, wenn er französische Wörter wie *Journal*, *genieren*, *Courage* und dergleichen kennen lernt: so hören wir von gebildeten Ungarn die deutschen *ach*- und *ich*-Laute in den Wörtern *monarchia*, *hierarchia*, *technika*, hie und da sogar das illabiale deutsche und slawische kurze *à* in Wörtern wie *làtin* 'lateinisch', *àkàdémia* 'Akademie'. Im Komitate Bács-Bodrog gibt es eine magyarisierte serbische Ortschaft (Bajmok), deren Bewohner ständig dieses *à* sprechen anstatt des ungarischen *a*: *kàlàp* 'Hut', *hàsznos* 'nützlich'. Auch ist es wahrscheinlich, dass das *à* der Palozendialekte infolge slowakischer Einwirkung den labialen *a*-Laut verdrängt hat.

Eine andere fremdartige Lautvertretung findet sich in mehreren Gegenden. In der Aussprache der Rumänen, Serben, Slowaken, Deutschen gibt es keine langen Konsonanten (sogenannte geminierte Konsonanten: *tt*, *kk*, *ll*, usw.). Wenn sie daher ungarisch lernen, sprechen sie alle diese Laute kurz aus: anstatt *akkor* 'dann': *akor*, anstatt *evvel*, 'mit diesem': *evel* usw. Und in der Tat gibt es schon einige Gegenden, wo infolge solcher Einflüsse die Länge unserer Konsonanten teilweise oder gänzlich schwindet. So spricht die rumänisch beeinflusste Mundart von Szolnok-Doboka: *itam* ('ich habe getrunken), *átam* ('ich habe gegeben'), *régel* ('am Morgen'), *béne* ('darin') usw. anstatt: *ittam*, *adtam*, *reggel*, *benne*. In der früher serbischen Umgebung von Kalocsa ist die Aussprache *ata*, *vëte*, *szëte*, *terëmtëte* usw. allgemein verbreitet, anstatt: *adta* 'er hat es gegeben', *vette* 'er hat es genommen', *szedte* 'er hat es geklaubt', *teremtette* 'er hat es geschaffen'.

2. Fremde Adverbien trifft man überall an, wo zwei Sprachen in ununterbrochener Berührung stehen[1]. Die Deut-

1) Ein Bindewort fremden Ursprungs ist in unserer Sprache bisher noch nicht sicher nachgewiesen (obwohl es nicht unwahr-

schen haben das französische *vis-à-vis*, das lateinische *circa* angenommen. Das finnische *jo* 'schon' ist litauischen Ursprungs (lit. *jau*). Von ungarischen Adverbien sind *majd* ('fast') und *bár*, *bátor* ('wohl, allenfalls') in die südslavischen Sprachen übergegangen; das Rumänische hat sich folgende ungarische Adverbien angeeignet: *magán* 'allein', *menten* 'sofort', *sohun* 'nirgends', *által* 'durch', *keresztül* 'durch', *ugyan* 'zwar, doch' usw. Das bejahende *hát* 'wohl, freilich, natürlich', und das verneinende *dehogy* 'ach nein, warum nicht gar' ist nicht bloss im Rumänischen, sondern auch in den deutschen Mundarten Ungarns gebräuchlich. — Hingegen ist im Ungarischen das deutsche *fort-und-fort*, oder wie man es hier spricht *furt-un-furt*, sehr verbreitet und in der ungarischen Volkssprache wurde *furtonfurt* daraus. (Seine Einbürgerung wurde durch das ungarische *folyton-folyvást*, *folytonosan* 'immerfort, immerwährend' erleichtert; dies beweist auch die Mischform: *furtonosan*, *furtumoson*). So hat sich in der Sprache der Städte das deutsch-französische *vizavi* und das deutsche *riktig* (*richtig*) eingebürgert. Türkischen Ursprungs ist das Wörtchen *csak* 'nur'. Eine lateinische Redensart ist *persze* < *per se* 'freilich' (auch in süddeutscher Volkssprache *persche*). Slavischen Ursprungs sind die Adverbien *dosztig* < *dost'* 'genug' und *rédomba* < *rêdom* 'der Reihe nach' (mit den ungarischen Endungen *-ig* 'bis' und *-ba* 'in').

Empfindungswörter deutschen Ursprungs sind *fuj* 'pfui', *ó* 'oh', *jé* 'je' (aus *Jesus*) u. dgl. Das hundevertreibende *kus*, *kusti*, *kus-ki* ist ursprünglich deutsch-französisch *kusch*, *kusch dich*, *couche toi!* (aus dem Ungarischen ins Rumänische gedrungen, in der Form *kuški*; ung. *ki* 'hinaus'). Unsere Rumänen

---

scheinlich ist, dass unser *de* slavischen Ursprungs ist), in anderen Sprachen finden sich auch solche. Im Finnischen ist z. B. das *ja* 'und' und *toki* 'doch' germanischen Ursprungs. Im Wogulischen sind aus dem Russischen entlehnt: *kot'* — *kot'* (wotj. *kot'*) 'ob — ob' 'wenn', *-l'i* 'ob' (russ. *χot'* — *χot'* und *-l'i*, NyK., 23, 388—389). Von den Deutschen im Westen Ungarns hört man oft das ungarische *pedig* 'und doch'; die Rumänen haben ausserdem die Konjunktionen *mégis* 'dennoch', *bátor* 'obgleich', *akár* (das letztere in Verbindungen, wie: *akar-kare*, ung. *akárki*, 'wer immer', *akar-kend*, ung. *akármikor*, 'wann immer'); *bár* 'obgleich', auch bei den Slowaken.

haben mehrere unserer Interjektionen entlehnt: *ejnye* 'ei', *hajsz* 'hott'! *rajta* 'nur zu'!

In adverbiellen Ausdrücken können auch fremde Verhältniswörter von einer Sprache in die andere gelangen, so dass sich neue Redensarten nach dem Muster der entlehnten Ausdrücke gestalten. Der Deutsche z. B. sagt nach Ausdrücken wie *à la Paris*, als ob dieses *à la* eine Präposition der Art und Weise wäre: *à la Wien*, *à la Bismarck*. Die Sprache der deutschen Kaufleute hat das einfache *à* übernommen in Ausdrücken wie: *à 5 Francs*, *à 3 Mark*, ferner das italienische *per: per Mann*, *per Woche*, *per Achse*, *per Schub*, *per du* usw. — Dieses lateinisch-italienische *per* tritt auch in manchen ungarischen Redensarten auf (vgl. das erwähnte *persze*): *per tu* 'per Du', *per maga* 'per Sie', *per sundám-bundám* [1]) 'unter der Hand, durch Lug und Trug' usw. — Interessant ist noch das finnische *kerta* '-mal', welches zweifellos ein litauisches Wort ist: *kartas* 'das Mal', Akk. *kàrtą*, *kart* 'einmal' usw. Ebenso wird im Slowenischen das deutsche *mal* angewendet (s. Miklosich: Vergl. Syntax 157 [2]).

Es sei hier nur noch das slavische Superlativpräfix *naj-* erwähnt, das aus dem Kroatischen in unsere südwestlichen Mundarten der Draugegend eingedrungen ist: *náj-nagyobb* 'am grössten', statt *leg-nagyobb*. (In Körmöcbánya, Kremnitz in Ober-

1) *Sundám-bundám* ist offenbar ein türkischer Ausdruck: *šundan-bundan*, wörtlich: von hier und dort. — Vgl. noch *per buszbász* 'so-so, obenhin' Nyr. 9, 140.

2) Fremde Kasusformen gehen ebenfalls von einer Sprache in die andere über; so sind z. B. lateinische Vokative im Ungarischen angewendet worden: *amice*, *domine* („Megbocsáss *Kollatine!*" Vergib mir Collatinus! Haller: Hármas História 2, 242), im Deutschen auch andere lateinische Kasus: *Jesum*, *Christum*, *Jesu* etc. Auch kommt es vor, dass das Suffix aus solchen fremden Kasusformen sich loslöst, und zu einheimischen Wörtern tritt, wie wir das bei fremden Bildungssuffixen sehen. In der Sprache der ostindischen portugiesischen Kolonien heisst es *hombre's casa* 'des Menschen Haus' anstatt *casa de hombre*, mit der Endung des englischen Genitivs (*the man's house*). Ebenso in der Sprache der englischen Zigeuner: *mi duvel's kēr* 'meines Gottes Haus'. Am gewöhnlichsten ist diese Erscheinung in der Sprache der spanischen Zigeuner.

ungarn, hört man von deutschen Kindern dieselbe slavisierte Superlativbildung: *der najgrösste, der najschönste, der najbeste.* Umgekehrt wird das deutsche *zu* als Steigerungspartikel hie und da im Slovenischen verwendet: *c'völ'* 'zu gross' von *velik* 'gross' usw.; s. Schuchardt, Zeitschr. für die Österr. Gymn. 1886. 342. Das deutsch-österreichische und ungarländische *je näher* usw. im Sinne von 'möglichst nahe' mag eine Nachahmung des ung. *minél közelebb* sein, s. ebd. und vgl. *minél közelebb, annál jobb* 'je näher, desto besser'.)

3. Zur Entlehnung von Bildungssuffixen bietet sich sehr häufig Gelegenheit. Dazu bedarf es weiter nichts als dass eine Gruppe ähnlich gebildeter Wörter mit den betreffenden Grundwörtern zugleich entlehnt werde, dann bilden sich nach ihrer Analogie leicht neue Wörter auch aus einheimischen Stämmen mit denselben fremden Bildungssuffixen. Im Ungarischen wurden z. B. Wortpaare gebräuchlich, wie *evangéliom* : *evangelista*, *Kálvin* : *kálvinista*, *Luther* : *lutherista* usw. Diese dienten dann zahlreichen neuen Wörtern zum Muster, so dass dieses *-ista* als eingebürgertes Suffix fungierte. Peter Pázmány schreibt schon: „Ha az Itinerarius azért nevezi magát Lutheristának vagy Calvinistának . . ., ugyanezen okból *Mohametistának és Ördögistának* híhatja magát." (Kalaúz 1766. S. 1079.) Geleji Katona nennt die Nachfolger Georg Enyedis *Enyedisták* (Titkok titka); Veresmarti spricht von *Királyistúk* 'Königstreuen'. Ehemals war das Wort *patvarista* 'Rechtspraktikant' sehr gebräuchlich, und es gab ein Sprichwort: *Non est bonus patvarista, qui non est bonus vakarista* (von *vakar* 'kratzen'). Sehr gebräuchlich sind *tarokkista*, *sakkista* 'Tarockspieler, Schachspieler'. Kresznerics wollte den Eigennützigen, den Egoisten, *énista* (*én* 'ich') und den Egoismus *énistaság* nennen. (Mehr Beispiele siehe Nyr. 8, 299, wo ich die Entlehnung fremder Bildungssuffixe etwas ausführlicher bespreche.) — Dem griechisch-lateinischen *-ista* stehen die ebenfalls griechisch-lateinischen Suffixe *-izmus* und *-izál* am nächsten, mittelst welcher zahlreiche neue ungarische Wörter gebildet wurden, meistens aus griechischen oder lateinischen, mitunter aber auch aus sonstigen Stammwörtern. Z. B. *germanizmus*, *magyariz-*

*mus, erdélyizmus* (siebenbürgische Redensart), *felföldizmus* (Ausdrucksweise des Hochlandes), *alföldizmus* (des Tieflandes), *betyárizmus* ('rohes Benehmen'); weiters: *analogizál, anomalizál, politizál, parlamentizál, kurizál* ('die Kur, den Hof machen'), *patvarizál* ('als Rechtspraktikant fungieren'), *urizál* ('den Herrn machen'), *komótizál* ('faulenzen'), *hévizál* ('faulenzen'). Den letzteren Verben gleichen auch die auf *-íroz* und *-írol* endenden, die zum grossen Teil Umbildungen französisch-deutscher Zeitwörter auf *-ieren* sind, von denen aber einige schon im Ungarischen entstanden sind, vgl. *hazárdírol, masérol, maséroz, rezoníroz, stellíroz, sandíroz* (anstatt *sandít* 'schielen'), *eldbrándíroz* ('schwärmen').

Die Kosenamen mit ihren Verkleinerungssuffixen sind meist der deutschen und der slowakischen Sprache entlehnt. Vgl. deutsch *Toni*: ung. *Tóni*, *Fritzi*: *Frici*, slowakisch *Andriš*: ung. *Andris*, *Boriška*: *Boriska*, *Julča*: *Julcsa*, *Ferko*: *Ferkó*, bei den Palozen auch *Ferku*, *Misu* (Michael), *Erzsu* (Elisabet) und so fort. (S. Szilasi: Die Kosenamen, Nyr. 12, 244.) Mit einigen slavischen Deminutivsuffixen hat das Ungarische auch Gattungsnamen gebildet, namentlich kommen *-ca -ce*, *-ik* und *-csik* in diesem Gebrauche vor; z. B. *körmice* (anstatt *körömvirág*) 'Ringelblume', *pihöce* (von *pihe*, *pehely*) 'Flaum', *kerepce* (*kerepelő*) 'Ratsche, Klapper'), *dalica* (von *dal*) 'Liedchen'; *pócik* (von *póc*, *polc*) 'Gestell, Pult'; *ülcsik* 'Sitz', *foncsik* 'Haarzopf', *tekercsik* 'geflochtener Kuchen' (im Komitate Heves, vgl. slowak. *stoliček* 'Stühlchen' u. dgl.). Die Kose-Suffixe werden am leichtesten auf Verwandtschaftsnamen und sonstige vertrauliche Anreden, dann auch auf die Namen der Haustiere übertragen; z. B. *atyus* 'Väterchen', *mamuska* 'Mütterchen'; *banyi* (*banya*) 'altes Weib'; *babica* 'Kindchen', *lelkicém* 'mein Seelchen'; *pajti*, *pajtikám* (*pajtás*) Kamerad'; *bari* (*bárány*) 'Lämmchen', *kani* (*kan*), 'Eber', *Bodri* (*bodor*) 'kraushaariger Hund'; *Bodris*, *Budris*, *Tarkis* (Schweinenamen; *Tarkis* von *tarka*, 'bunt').

Eine Gruppe slavischer Wörter auf *-nik* hat sich im Ungarischen eingebürgert: *bajnok* 'Held' (*baj* 'Streit'), *asztalnok* 'Truchsess' (*asztal* 'Tisch'), *udvarnok* 'Hofmeister' (*udvar* 'Hof'), *tárnok* 'Tavernicus' usw. Nach diesen Mustern scheint man schon sehr früh das Wort *fegyvernek* 'Waffenträger, Schildknappe'[1]), dann *tálnok* 'dapifer' (*tál* 'Schüssel') gebildet zu haben; in der Zeit der sogenannten Sprachneuerung nahmen aber die Wörter mit dem Suffix *-nok, -nök* überhand; ebenso nach Muster slavischer Wörter, wie *kádár* 'Küfer', *bodnár* 'Binder', auch solche mit dem Suffix *-ár, -ér*, besonders in der Amtssprache. Wie sehr die Entlehnung der Suffixe mit der Entlehnung der Wörter, sowie auch mit der Zweisprachigkeit der Sprechenden zusammenhängt, beweisen die interessanten Wörter: *hajcsár* (von *hajt* 'treiben') 'Treiber', *gombár* (von *gomb* 'Knopf') 'Schnürmacher', *kondár* (von *konda* 'Schweineherde') 'Schweinehirt'. Diese scheinen durch ungarisch sprechende Slaven mit dem slavischen Suffix *-ár* gebilbet worden zu sein; die Ungarn haben sie dann angenommen, *hajcsár* gelangte sogar in die Schriftsprache. (Vgl. Nyr. 7, 559).

4. Wörtliche Übersetzungen fremder Ausdrücke entstehen ebenfalls überall, wo zwei Sprachen aufeinander einwirken. Der σωτήρ und der μεσίτης des Neuen Testaments hat in der lateinischen Übersetzung die Neubildungen *salvator* und *mediator* erzwungen; *salvator* wurde als *Heiland* ins Deutsche und als *üdvözítő* ins Ungarische übersetzt. Die Slaven bildeten den Namen *srêda*, indem sie den Tag nach dem Muster des deutschen *Mitt-woch* einfach Mitte nannten. Die deutschen Wörter *Zu-kunft*, *Gegen-d* sind bei den romanischen Völkern wortgetreu übersetzt worden: *avvenire, a-venir, contrée.* Im Mittelalter war *bonus homo* bei den westlichen Völkern ein allgemein verbreiteter ehrender Ausdruck; das wurde wahrscheinlich sehr früh ins Ungarische übersetzt, denn dieses *jó ember* tritt schon im XV. Jahrhundert in seiner zusammengezogenen Gestalt (**jómbor*) *jámbor* auf, welches heute 'gut,

1) Es ist möglich, dass das Wort *fegyvernek*, welches zuerst in Albert Molnárs Wörterbuch vorkommt, dort bloss zur Erklärung des Ortsnamens *Fegyvernek* gebildet wurde; dieser Name setzt aber das frühere Dasein eines ähnlichen Gattungsnamens ausser allen Zweifel. — Es mag noch erwähnt werden, dass das Suffix *-nik* aus dem Slavischen auch in das Finnische übergegangen ist (in der Gestalt *-niekka*).

sanft, fromm' bedeutet, in den alten Handschriften aber noch ein Substantiv und ehrendes Wort ist, z. B. anstatt *a pap* 'der Geistliche': *a pap jámbor* usw. Die aus den Substantiven *nem*, *nemzet* 'Geschlecht' gebildeten *nemes* 'edel', *nemzetes* 'edelgeboren' wurden wahrscheinlich ebenfalls westlichen Mustern nachgebildet, vgl. ital. *gente* : *gentiluomo*, franz. *gentilhomme*, deutsch *adel*, eigentlich 'Geschlecht': *edelmann* (ebenso slovenisch *žlahtni* usw.). Dass das Hauptwort *világ*, welches ursprünglich nur Licht bedeutet hat, nun auch die Welt bezeichnet, darin könnte man einen Slavismus sehen, so wie auch das rumänische *lumja* aus *lumen* unter slavischem Einfluss die Bedeutung 'Welt' angenommen hat. Der Ausdruck *háztüz-nézés* 'Brautschau' scheint eine Übersetzung aus dem Slavischen zu sein und beruht auf einer slavischen Sitte, vgl. slow. *obzeranie ohniska* und mährischtschechisch *ohľedat ohnišce*. — Ebenso ist *kenyeres-pajtás* ('Genosse, Kamerad, wörtlich Brotgenosse') vielleicht Übersetzung des italienischen *compagnone*; das italienische Wort wiederum ist aus einem uralten germanischen Ausdruck übersetzt: got. *ga-hleiba*, 'Mitjünger, Amtsgenosse', ahd. *gileibo* 'sodalis'. Der Ausdruck: *míg a világ világ lesz*, wörtlich: 'so lange die Welt Welt bleibt', d. h. ewig (wie wir schon anfangs des 16. Jahrhunderts im Érsekujvárer Kodex lesen: „*mig világ világúl lészen*", 'so lange die Welt als Welt bestehen wird') ist möglicherweise italienischen Ursprungs (*dopo che mondo è mondo*, les' ich bei Amicis: Costantinopoli 5, 8)[1]. — Im XVI.—XVII. Jahrhundert bürgerten sich auch einige türkische Ausdrücke im Ungarischen ein. Z. B. *nyelvet fogni* (wörtlich: 'eine Zunge fangen') bedeutete: 'sich einen Kundschafter, einen Boten verschaffen'. Bis heute hat sich in der siebenbürgischen Konversation anstatt

1) Auch sonst finden sich einzelne auffallende Übereinstimmungen mit dem Italienischen. Vgl. *magam-szőrű* 'meinesgleichen', wörtlich 'meines Haares' (*szőr* 'Haar, Fell'), *egy-szőrű(ek)* von einer und derselben Art, eines Standes, und ital. *esser d'un pelo e d'una buccia* (wörtlich 'eines Haars und eines Fells sein') einander ähnlich sein. *Két annyi* 'doppelt soviel', *három annyi* 'dreimal soviel' usw. (statt *kétszer annyi*, *háromszor annyi*) und ital. *due tanti*, *tre cotanti* (ebenso im Altfranzösischen und Spanischen, Meyer-Lübke, Vergl. Syntax 65).

des sonstigen *tessék* die türkische Höflichkeitsformel erhalten: *parancsoljon* 'befehlen' (*parancsoljon besétálni* 'bitte hereinzuspazieren', im Neugriechischen ebenfalls wörtlich so: ὁρίστε). — Auch in neuerer Zeit hat sich so manche fremde, namentlich deutsche Redensart, auch in der Sprache des Volkes, eingebürgert; z. B. *jól néz ki* 'er sieht gut aus', *hogy néz ki?* 'wie sieht er aus?' (dies ist vom Deutschen auch in die slavischen Sprachen eingedrungen; siehe Schuchardt: Slavo-Deutsches und Slavo-Italienisches 38); *kijön vele* 'er kommt aus damit'. So sagt man nach kroatischer Art in Slavonien: *féléjjel* anstatt *éjfél* 'Mitternacht'. — Das palozische *enyém házam*, *emménk házunk* (= *a miénk házunk*) usw. anstatt *az én házam* 'mein Haus', *a mi házunk* 'unser Haus' ist offenbar unter Einwirkung des entsprechenden slowakischen Ausdruckes entstanden[1]).

5. Endlich ist es gar nichts Seltenes, dass die Syntax einer Sprache fremde Einwirkungen erleidet. Beim Erlernen einer fremden Sprache ist es eine alltägliche Erfahrung, dass man anfangs, und oft auch längere Zeit, die Konstruktionen der Muttersprache in die neue Sprache mengt. Wenn nun ganze Volksmassen sich allmählich assimilieren, so ist es ausgeschlossen, dass dieser von zahlreichen Individuen kommende und gleichmässig wirkende Einfluss in den Formen des Satzes keine Spuren zurücklasse. In der Tat erweisen sich auch im Ungarischen einzelne Konstruktionen als wörtliche Übersetzungen. So z. B. sagt man besonders in Siebenbürgen anstatt *újra* 'von neuem' *újból*, wörtlich 'aus neuem', und dies ist offenbar das slavische *iz nova*, denn im Slavischen ist die Präposition *iz* in mehreren solcher Zeitbestimmungen gebräuchlich. Zu ung. *ezúttal* 'dies-mal' (wörtlich 'mit diesem Weg'; *út* 'Weg'), *öt úttal* 'fünf-mal' vgl. slov. *ta pot*, *pet potov* (*pot* 'Weg'); *semmi úttal* auf keine Weise (bei Faludi und andern): slov. *po nobenem potu* usw. Der Ausdruck *feliből* 'zur Hälfte', *feliből-harmadából* 'halb und halb', ist wahrscheinlich die Übersetzung des slavischen *is-polu*. *Hiában* 'umsonst, vergeblich' von *hiú* 'leer, eitel, vergeblich' entspricht dem altbulgarischen *vŭ-pustošŭ* (vgl.

1) Ausführlicher habe ich diese Übersetzungen fremder Redensarten im 28. Jahrgange des Nyelvőr behandelt.

franz. *en vain*). Konstruktionen wie *ész-ben gazdag* 'reich an Verstand' können auf das ähnlich gebrauchte slavische *vŭ* zurückgeführt werden. Es ist ferner höchst wahrscheinlich, dass die slavische Präposition *na* mit Akkusativ von grossem Einfluss auf den Gebrauch des ungarischen Suffixes *-ra* war, denn im Südslavischen und grösstenteils schon im Altslavischen finden wir das Vorbild der folgenden ung. Redensarten: *valamire változtat* 'in etwas verwandeln', *részekre oszt* 'in Teile teilen', *valamire törekszik* 'sich um etwas bestreben, bemühen'; *hasznára, javára van* 'es gereicht ihm zum Vorteil'; *két kézre vív* 'er ficht mit beiden Händen'. (Siehe die betreffenden Stellen in meinem Werke: „*A magyar határozók*".) In der Draugegend sagt man mit dem Akkusativ: *el van adva a búzát* (wörtlich: 'es ist verkauft den Weizen'), und diese Wendung ist wahrscheinlich eine Nachahmung der im Slavischen sehr verbreiteten Konstruktion [1]).

Die Bibel- und Kanzelsprache war Jahrhunderte hindurch so voll von Latinismen, besonders im Gebrauche der Modi, dass einzelnes auch in die Volkssprache überging; so z. B. hörte man noch in der nächsten Vergangenheit hie und da: *Ki légyen az úr?* 'Wer sind Sie, mein Herr?' (die lateinische Form der abhängigen Frage mit dem Konjunktiv anstatt *ki az úr?*) und in den Zeitsätzen der Szekler Volksmärchen: *amint kiment volna* 'als er hinausgegangen war', anstatt *amint kiment volt.*

In neuerer Zeit finden wir in der Volkssprache auch aus dem Deutschen übersetzte Konstruktionen. So z. B. ist die Redensart: *ki vele!* 'hinaus mit ihm!' *le vele!* 'herunter mit ihm!' erst seit dem 18. Jahrhundert und zuerst jenseits der Donau nachweisbar (in Siebenbürgen heute noch ungebräuchlich). Ebenfalls erst seit dem 18. Jahrhundert kommen Fügungen vor, wie *ha mindjárt* = *wenn-gleich* (z. B. *ha mindjárt megszakad is* 'wenn er gleich zerplatzt') und seit dem 19. Jahrhundert *ha még úgy szeretné is . . .*: *wenn er* es *auch noch so* gern hätte

1) Auch im Finnischen und in den keltischen Sprachen kommt sie vor. Vgl. Winkler: Ural-altaische Völker 183. — Freilich ist in diesen Fällen auch Kontamination möglich; dies die Auffassung von M. Kertész: Analógia a mondatszerkesztésben 21.

(anstatt: *ha akárhogy* 'wenn er wie immer . . .') *ha még annyit beszél is* . . .: *wenn* er *auch noch soviel* redet (anstatt: *ha akármennyit* 'wenn er wieviel immer . . .). Erst zu Anfang des 19. Jahrhunderts taucht der heute allgemein gebräuchliche Ausdruck auf: *valamit kiállani = etwas ausstehen*; früher sagte man nur: *valamit állani, elállani, megállani.* Jenseits der Donau hören wir auf Schritt und Tritt den in der Schriftsprache so oft getadelten Germanismus: *akkor lett épitve* 'wurde damals gebaut', *meg lett csinálva* 'wurde gemacht'; er tritt da tatsächlich als neue passive Form auf. Noch weiter verbreitet sind — fast durch das ganze Land — die Ausdrücke nach deutscher Art: *valamivel kijönni* 'mit etwas auskommen', anstatt *beérni*; *jól vagy rosszul nézni ki* 'gut oder schlecht aussehen'. Noch mehr Germanismen mischen sich natürlich in der Budapester Umgangssprache und über kurz oder lang wird auch die Gemeinsprache die Wirkung der bunt gemischten Sprache der Hauptstadt verspüren.

**Kriterien der Entlehnungen.** Natürlich haben wir auch für das Ungarische, wie für andere Sprachgebiete, unsere verlässlichen Mittel, um den Ursprung der Entlehnungen festzustellen. Auch hier ist vor allem der kulturhistorische Gesichtspunkt von grösster Bedeutung. Wörter werden gewöhnlich nicht einzeln, sondern gruppenweise mit gewissen Kulturgegenständen zugleich entlehnt. Wir haben gesehen, dass z. B. die auf den Ackerbau und auf die Viehzucht bezüglichen Wörter in grösserer Menge dem Türkischen entlehnt sind; daher rühren solche in engem Zusammenhang stehende Wortgruppen, wie: *ökör* 'Ochs', *tulok* 'Farre', *tinó* 'junger Ochs', *ünő* 'junge Kuh', *borju* 'Kalb', oder *gyümölcs* 'Obst', *alma* 'Apfel', *búza* 'Weizen', *árpa* 'Gerste' usw. Der Zusammenhang derartiger Gruppen gibt uns häufig die Richtschnur dafür, in welcher von mehreren Sprachen wir den Ursprung irgend eines Ausdruckes zu suchen haben.

Ein zweites Kriterium ist die Etymologie. Wenn wir darüber im Zweifel sind, welche von zwei Sprachen der übergebende, welche der übernehmende Teil ist, müssen wir vor allem untersuchen, in welcher Sprache das betreffende Wort eine Familie, Verwandte, ein Grundwort hat, aus welchem es zu erklären ist. Wenn man z. B. die Wörter: *tilos* 'verboten', *nódít* 'anregen, antreiben', *szálka* 'Splitter', *hurka* 'Wurst', für slavisch gehalten hat, so wird dies durch die Tatsache widerlegt, dass diese Wörter im Ungarischen ihre Verwandten und teilweise auch ihr Grundwort haben: *tilalom* 'Verbot', *tilt* 'verbieten', *nógat* 'antreiben', *szál* 'Stengel, Faden', *húr* 'Saite'[1]. Freilich hat die Volksetymologie so manchmal den Ursprung des Wortes verdunkelt, wie wir z. B. gesehen, dass *mél-föld* 'Meile' zu *mérföld*, *mértföld* geworden. So hat das ung. *zománc*, *zsománc* 'Schmelz' im Kroatischen sich in der Form *žumanac* eingebürgert; man nahm das Wortende für ein Suffix, so dass später mit einem sinnverwandten Suffix die Nebenform *žumanak* entstand. Nachdem das Slovenische die ungarischen Wörter *óriás* 'Riese' und *haszon* 'Nutzen' entlehnt hatte, begnügte es sich nicht mit den Formen *orjaš* und *hasen*, sondern bildete auch die Nebenformen *orjak* und *hasek*.

In zweifelhaften Fällen sind sodann die Lautgesetze unsere sichersten Führer. So machte Stefan Katona schon im 17. Jahrhundert die treffliche Bemerkung, dass „Wörter, die mit zwei Mitlautern anlauten, meistenteils fremden Ursprungs sind, wie *spék* 'Speck', *spitz* 'Spitze', *préda* 'Raub, Beute', *próba* 'Probe'". (Corpus Grammaticorum 308). Wenn daher der Zweifel auftaucht, ob *zománc* dem Kroatischen oder das kroat. *žumanac* dem Ungarischen entlehnt ist: so ist der Umstand entscheidend, dass nur die ungarische Sprache Grund hatte, sich das deutsche Wort **smalz*, *Schmelz* mit einem eingeschalteten Selbstlauter mundgerecht zu machen, so wie sie das deutsche *smack* (*Geschmack*) in *szamat* (jetzt *zamat* 'Aroma') und *szimat*, *Schnur* in *zsinór*, *schlecht* in *selejt*(*es*) umwandelt.

---

1) Dass *húr* ursprünglich nicht Saite, sondern Darm, Gedärm bedeutet hat, das ist nicht bloss Budenz' Annahme (die von Vámbéry bekrittelt wurde, A magyarok eredete 653), sondern eine aus den Sprachdenkmälern zu rechtfertigende Tatsache; vgl. Érdy-Kodex 277 usw. *Meghúrolni* heisst mundartlich noch heute so viel als den Darm des Schweines reinigen. Nyelvőr 9, 479.

Wenn wir hingegen bezüglich des Zeitwortes *bérmál* dieselbe Frage aufwerfen, so ist ausser dem kulturgeschichtlichen Zusammenhang die lautgeschichtliche Erwägung entscheidend, dass das Ungarische den Anlaut des deutschen *firmen* (lat. *confirmare*), wenn es das Wort unmittelbar entlehnt hätte, nicht verändern musste, das Slavische hingegen, das kein *f* hatte, Ursache hatte, dieses mit dem gebräulichern *b* zu vertauschen: *bêrmati*; vgl. *faba* : slav. *bob* : ung. *bab* 'Bohne'. Es kann jedoch ein und dasselbe Lehnwort in verschiedenen Formen vorkommen: es kann nämlich dasselbe Wort in verschiedenen Zeitaltern oder aus verschiedenen Sprachen entlehnt worden sein, endlich können sich durch Analogiewirkungen und Volksetymologie abweichende Formen entwickelt haben. So entspricht *zsámoly* der ältern deutschen Aussprache: *schamel* 'Schemel', *sámli* aber der neuern österreichischen Aussprache *schaml̥*; *paszuly*, *fuszujka*, *vázsa* rühren aus verschiedenen Sprachen, aber alle gehen auf das lateinisch-griechische *phaseolus* (deutsch *Fisole*) zurück; *denevér*, *lidérc*, *vampir*, *pup-denevér*, *puppere*, *pupalevél* ('Fledermaus, Vampir') sind stark veränderte Formen eines und desselben Wortes (s. Nyelvör 5, 151).

Im Bereiche der Analogiewirkungen treffen wir hier vor allem die merkwürdige Ausgleichung an, die sich von der Mehrheit gewisser entlehnter Wortklassen auf deren Minderheit erstreckt. So ist z. B. unter Einwirkung von *kommendál*, *emendál*, *vekszál* (*commendāre*, *emendāre*, *vexāre*, mit dem ungarischen Suffix *l*; Inf. *kommendál-ni*) dann auch *konfundál*, *repetál*, *korrigál*, *revideál*, *promoveál* (aus *confundĕre*, *repetĕre*, *corrigĕre*, *revidēre*, *promovēre*) usw. gebildet worden mit der neuen Suffixform *-ál*. Viel häufiger jedoch ist die Angleichung des fremden Wortes an einheimische Kategorieen. So wurde z. B. aus dem Akk. *circulum* 'Zirkel', anstatt **cirkolom* : *cirkalom* und der Akkusativ *cirkalmat* nach dem häufig vorkommenden Muster *hatalom* 'Macht': Akk. *hatalmat* usw. Aus *capitulum* 'Domkapitel' wurde sogar statt **káptolom káptalan* nach der rein lautlichen Analogie von privativen Beiwörtern wie *világtalan* 'ohne Licht, blind', obwohl sie hinsichtlich ihrer Bedeutung gar nichts mit einander gemein haben. — Manchmal wird das Wort mittels eines hinzugefügten Bildungssuffixes in eine Gruppe sinnverwandter heimischer Wörter eingereiht; so wurden die slavischen *mêsar*, *čaplar*, *strugar* in den Formen *mészár-os* 'Fleischer', *csaplár-os* 'Wirt', *esztergár-os*, *esztergály-os* 'Drechsler', die Genossen ungarischer Handwerker, wie *asztalos* 'Tischler', *kalapos* 'Hutmacher', *fazekas* 'Töpfer'.

Hinsichtlich der Lautform müssen wir noch bemerken, dass die Lehnwörter oft nicht in der Form des Nominativs der Einzahl eingebürgert werden, sondern in jener, die in der Rede am häufigsten vorkommt. Z. B. das lateinische Wort *actum* gebrauchte die Rechtssprache gewöhnlich in der Mehrzahl: *acta*, daher hat sich in dieser Bedeutung die Form *akta* festgesetzt. Das ungarische Wort *hajdu* hingegen, der Name ungarischer Fusssoldaten, wurde in der Form der Mehrzahl *hajduk* von der deutschen, polnischen, rumänischen, serbischen, kroatischen, slovenischen und türkischen Sprache übernommen (in der letzteren Sprache *hajdut*). Der Akkusativ ist in Entlehnungen gar nicht selten, was sich ebenfalls aus dem häufigen Gebrauche dieses Falls erklärt (vgl. auch im Deutschen *Turm* aus *turrem* und ähnliches). So wurde aus dem lateinischen *circulus*, *paradisus* : *cirkalom*, *paradicsom*, und ebenso wurde aus dem ung. *kapu* 'Tor', *tereh* 'Bürde, Last', oder vielmehr aus den Akkusativen *kaput*, *terhet*, das rumänische *kăput*, *tărhat* und das serbische *teret*.

Ein wichtiges Kriterium ist endlich die Vergleichung der Bedeutung. Der gewöhnliche Gang des Bedeutungswandels ist die Einschränkung, die Verengerung, Spezialisierung der Bedeutung. Wenn daher das Wort in einer Sprache eine weitere, in einer andern eine engere Bedeutung hat, so ist gewöhnlich die letztere der entlehnende Teil. Ung. *gyermek* bedeutet im allgemeinen 'Kind, Knabe', im Polnischen (*giermek*) hat es die Bedeutung 'Page, Knappe', da das Wort bloss in diesem engern Sinn entlehnt wurde (vgl. im Deutschen das Wort *Knappe* = *Knabe*, oder das ung. *apród* 'Page', das früher allgemein 'Kind, Knabe' bedeutet hat). Das deutsche *Schulter*, *Scholder*, das im Ungarischen in der Form *sódar* (*soldor*, *sódér*) entlehnt wurde, bedeutet hier nur eine geräucherte Schulter, obzwar es die Örséger Mundart (im Westen) auch noch in seiner allgemeinern Bedeutung gebraucht. Das d. *Friede* beschränkte sich in der ungarischen Lehnform *frigy* auf die Bedeutung eines provisorischen Friedens, Waffenstillstandes; es ist wahr, dass diese Bedeutung dann wieder in anderer Richtung erweitert wurde, so dass es heute ein (dauerndes) Bündnis und den darauf bezüglichen Vertrag bedeutet.

Manchmal begegnen wir eigentümlichen Einschränkungen, die nur von dem jeweiligen gelegentlichen („okkasionellen") Gebrauche eines Wortes ausgehen konnten: wenn z. B. das deutsche *Vogel* in seiner ungarischen Form *fogoly* 'Rebhuhn' bedeutet. Manchmal haben wir es geradezu mit Missverständnissen zu tun, aber auch in solchen lässt sich gewöhnlich die Ideenassoziation nachweisen, so dass wir in ihnen eine Metonymie sehen können: wenn man z. B. in einer Gegend Filzstiefel *strumpándli* (*Strumpfbandl*) nennt. Ein solches Missverständnis ist es, dass das Südslavische, indem es unsere Wörter *dob* 'Trommel', *dobos* 'Trommelschläger' übernahm, das letztere auch im Sinne des ersteren gebraucht.

Mitunter erklären gewisse Redensarten den Bedeutungswandel, in denen man nämlich das betr. Wort am häufigsten anwendet, da sich der Sinn des Wortes der betreffenden Redensart nach und nach angleicht[1]). Das merkwürdigste Beispiel hierfür ist die Geschichte des Wortes *pálya* 'Bahn'. Mit dem italienischen Worte *palio* nämlich, welches nichts anderes als das lateinische *pallium* ist, bezeichnete man bei den ritterlichen Turnieren jenen kostbaren Mantel oder jenes wertvolle Stück Stoff, das dem sieghaften Wettläufer als Preis zufiel[2]). Die Bedeutung des ungarischen Wortes *pálya* erklären jene Verbindungen, in welchen man das italienische Wort schon im Mittelalter gebrauchte. *Correre il palio* = 'zur Wette laufen', wörtlich: '(um) das Pallium laufen'; und ganz sprichwörtlich wurde: *è fatta la festa, è corso il palio* = 'alles ist zu Ende,

1) Adäquation, vgl. Stöcklin: Bedeutungswandel der Wörter, seine Entstehung und Entwicklung. München 1898.

2) In Gabriel Pesti's Nomenclatura (1538—1568) heisst es im 22. Abschnitt: „pallium, il pallio, le pris, palást".

das Ganze ist aus', eigentlich aber: 'Das Fest ist zu Ende, der *palio* ist abgelaufen'. Das italienische *corso del palio* 'hat sich daher im Ungarischen in der Form *pályafutás* 'Wettrennen' eingebürgert. Dann hat das ungarische Sprachgefühl in den Ausdrücken *pálya-futni* [1]), *pályafutás, pályafutó* das erste Glied in der Weise gedeutet, als ob es den belaufenen Weg, den Wettrennplatz bezeichnete, und so ist das ung. *pálya* zu seiner heutigen Bedeutung gekommen [2]).

**Ungarisches in fremden Zungen.** „Viel entlehnt, viel gelernt!" lautet ein geflügeltes Wort der kulturgeschichtlichen Forschung. Das ungarische Volk hat von den fremden Völkern, mit denen es durch das Schicksal im Laufe der Geschichte zusammengeführt wurde, eine Menge Kulturelemente mit den betreffenden Kulturwörtern entlehnt. Indessen ist unter Völkern, die sich dauernd berühren, die Beeinflussung gewöhnlich eine wechselseitige (wenn nicht das eine Volkstum gänzlich im andern aufgeht). Zwar kann das Soll und Haben der ungarischen Sprache vorläufig kaum mit irgendwelcher Genauigkeit festgestellt werden; es scheinen sich jedoch nach dem, was wir bisher wissen, die beiden Seiten der Bilanz so ziemlich die Wage zu halten. Störend wirkt die Ungleichmässigkeit und Unzulänglichkeit der Quellen, aus denen die bisherigen Abhandlungen über die Lehnwörter schöpfen mussten. Die im Siebenbürgisch-Sächsischen, Rumänischen und Rutenischen eingebürgerten ungarischen Wör-

1) *„Lovamat magyar paripákkal pálya-futni bocsátám"* (Thaly, Vitézi Énekek 1, 124) 'ich liess mein Pferd mit ungarischen Rossen um die Wette laufen'.

2) Die ursprüngliche Bedeutung schimmert noch in der ältern ungarischen Redensart durch: *elnyerni a pályát* 'den Preis gewinnen'. *„A nap nyeré az pállyát"* 'die Sonne gewann den Preis' (im Wettstreit mit dem Winde; G. Pesti's Fabeln 45). *„A lélek állapotjában csak az nyeri el a pályát, aki végig viaskodik"* 'in Sachen der Seele gewinnt nur der den Preis, der den Kampf zu Ende kämpft' (Faludi 546). Hie und da noch bei Neueren, z. B. *„Egy percre néha tán el-eltapossák, de pálya-nyerve tör megint elő"* (L. Arany, Délibábok Hőse 1 61) 'einen Augenblick mag er hie und da niedergetreten werden, doch bricht er wieder siegreich (wörtl. preis-gewinnend) hervor'. — Kazinczy leitete *pálya* vom griech. πάλη 'Ringkampf' her.

ter sind mit Rücksicht auf die betreffenden lebenden Volkssprachen — daher ziemlich vollständig — nachgewiesen. Die ungarischen Elemente der übrigen nordslavischen und sämtlicher südslavischen Sprachen sind bloss auf Grund literarischer, besonders lexikalischer Quellen behandelt, in denen die Volkssprache zum Teil mangelhaft berücksichtigt ist. Aus den bisherigen Untersuchungen ergibt sich, dass das Altslovenische in Pannonien den stärksten, das Rumänische den geringsten Einfluss auf das Ungarische ausgeübt hat. Das Ungarische hat dagegen am stärksten das Rumänische und die südslavischen Sprachen (das Slovenische, Kroatische und Serbische) und von den nordslavischen das Slowakische und Rutenische beeinflusst; einen nennenswerten Einfluss hat sie noch auf die Mundarten der einheimischen Deutschen, eine geringere auf das Polnische ausgeübt.

Man hat viele hundert ungarische Ausdrücke in den eben erwähnten Sprachen nachgewiesen. Wörter, wie *város* ('Stadt'), *biró* ('Richter') und andere sind sogar weit in die Sprache der Balkanslaven eingedrungen und auch in der türkischen Sprache finden sich ungarische Lehnwörter. Einige dieser Wörter sind von grosser kulturhistorischer Bedeutung. Es ist z. B. bemerkenswert, dass das ungarische Wort *Rákos*, welches den Schauplatz der berühmtesten Versammlungen, der ungarischen Landtage, bezeichnete, in den benachbarten Sprachen weit und breit sich verbreitete, und zwar in der Bedeutung 'stürmische Versammlung, Lärmen, Aufruhr', tschechisch *rákoš*, poln. *rokosz*, ruten. u. russ. *rokoš*. (Früher hat man diese Wörter aus dem ung. *rakás* 'Haufen' erklärt. Die Richtigkeit unserer Erklärung wird durch den Umstand bewiesen, dass noch vor fünfzig Jahren in den Arbeiten Schröers über die Mundarten der nordungarischen Deutschen[1]) das Wort *Râkosch* oder *Raguscb* mit der Bedeutung 'Landtag' erwähnt wird.) — Ins Russische haben natürlich nur sehr wenige ungarische Wörter einen Weg gefunden; nichtsdestoweniger finden wir ausser dem eben erwähnten *Rákos* und den noch zu erwähnenden militärischen Ausdrücken auch

1) In den Sitzungsberichten der Wiener Akademie d. Wiss. 1857—1859.

das Wort *szállás* 'Quartier, Herberge, Baracke', das ebenfalls durch halb Europa seinen Weg gefunden; es ist ins Rumänische [1]), Bulgarische, Serbische, Kroatische, Slovenische und in die Sprache der ungarländischen Deutschen, dann aus dem Rumänischen oder dem Serbischen ins Türkische, ferner ins Slowakische, Böhmische, Rutenische und Polnische, aus dem Polnischen ins Russische, und endlich aus dem Russischen auch in das dem Ungarischen verwandte Wotjakische eingedrungen.

Wenn wir nun genauer zusehen, was denn eigentlich die übrigen Sprachen dem Ungarischen entlehnt haben, so finden wir, dass diese Lehnwörter Hand in Hand gehen mit gewissen kulturgeschichtlichen Einflüssen, die das Ungartum teils auf die einheimischen, teils auch auf entferntere Völker ausgeübt hat. Vor allem machte die Kriegstüchtigkeit und der Kriegsruhm des Ungarn einen gewaltigen Eindruck auf alle europäischen Nationen. Besonders unsere leichte Reiterei fand überall Nachahmung [2]), und mit dem Namen *huszár* erlangte eine ganze Gruppe ungarischer Ausdrücke das Bürgerrecht in den meisten Sprachen Europas. Ein Deutscher, Siegmund Apini, erwähnt schon im Jahre 1728 in seinem Glossarium Novum (Nürnberg) folgende ungarische Lehnwörter [3]): „*Ballasch* (*Pallasch*): machaera, ensis hungaricus" = ung. *pallos*. „*Heiducken*: d. i. ungarisch Fussvolk; Ungaricus peditatus, famuli Hungarorum, quibus originem debent vestitu ornati" d. i. 'Diener in Uniform' = *hajdu*. „*Hussaren*: hussarones, qui sunt Hungarorum levis armaturae equites, item equites Pannonici, equitatus hungaricus. *Tolpatschen*: pedites militiae Hungaricae" (in Schmellers Bayrischem Wörterbuch wird *Tolbatzen* schon aus dem 17. Jahrhundert angeführt) = ung. *talpas* 'Fusssoldat'. Vgl. auch *Pandur*, früher ebenfalls eine Art Fusssoldat; *Pan-*

1) In die übrigen Sprachen grossenteils durch wandernde Walachenhirten.

2) Das erste französische Husarenregiment wurde 1637 aus ungarischen Husarenflüchtlingen gebildet, das erste russische wurde unter Peter dem Grossen 1707 ebenfalls aus Ungarn angeworben.

3) Mitgeteilt im Magyar Nyelvőr 1895. In den Jahrgängen 1894 und 1895 befinden sich mehrere ähnliche Mitteilungen.

*durenklinge* Kaltschmidt; *Pandurenmesser* Scheffel, Trompeter 9. Stück.) „*Tschaicken* oder *Tschinackl*: cymbae Hungarorum“ = *csajka* und *csónak* (die *Tschaiken* waren auch kriegführende Schiffe der *Tschaikisten* auf der unteren Donau). Ausserdem finden wir im Deutschen so manches ungarische Lehnwort, das sich auf die militärische Ausrüstung bezieht; so den Attila (*atilla*), den Dolman (Husarenpelz, *dolmány*), die Pekesche (*bekes*, *bekecs*), den Tschako (mit polnischer Orthographie Czako = *csákó*) und den Kalpak (*kalpag*), die Tschismen (Stiefel, *csizma*), den Tornister (auch ins Dänische eingedrungen; *tarisznya*, früher *tanisztra*, s. über dieses Wort G. Meyer, IF.) und die Kantare (Zaum, *kantár*); möglicherweise liegt auch dem Säbel oder Sabel das ung. *szablya* zugrunde. — Das Französische hat neben *hussard* (früher auch *houssard*), *pandour*, *talpache*, *dolman*, *schako* oder *shako*, *colbac* (*colbak*, *colback*) und *soutache* (*sujtás*, „ung. Schoitasch, platte, feine Schnüre, besonders am Husarentschako“, sagt Sachs-Villatte), daher auch *soutacher* 'mit Soutache besetzen, soutachieren'. *Hongroise* heisst die eng anschliessende Reithose, Husarenhose. — Im Russischen finden wir neben *gusar* d. h. 'Husar': *dolman* oder *dolma*, *mentik* ('Pelzrock', *mente*), *viťazket* ('Verschnürung', *vitézkötés*), *čako* (jetzt veraltet), *sarsam* ('Pferdegeschirr', *szerszám*, ebenfalls veraltet), *sabla* 'Säbel'; der Husarenmantel hat *vengerka* d. h. 'ungarischer Mantel' geheissen. — Eine reichliche Ausbeute bietet das polnische Wörterbuch: *husarz* und *huzar*, *szereg* 'Reihe, Glied' (*sereg*), *dolman*, *bekiesza* (*sz* = sch), *kuczma* 'hohe Mütze mit Pelzverbrämung' (*cz* = tsch; *kucsma*), *forga* 'Federbusch' (*forgó*), *deresz* 'Grauschimmel' (*deres*), *kopia* 'Lanze' (*kopja*), *dobosz* 'Tambur' (*dobos*); die ungarische Mütze heisst auch *magierka*. — Im Südslavischen haben sich ebenfalls zahlreiche hierhergehörige ungarische Ausdrücke eingebürgert, unter anderen: *huszár*, *baka* 'Infanterist', *hadnagy* 'Hauptmann', *sereg*, *harc* 'Kampf', *csata* 'Schlacht', *vár* 'Burg', *sipos* 'Trompeter', *sip* 'Trompete', *dob* 'Trommel'; *csákó*, *bakkancs* 'Infanteristenschuh'; *kard* 'Schwert', *pallos*. — Das Englische hat *hussar*, *pandoor*, *dolman*, das Italienische *ussaro*, *pandurro*, *sciacco* oder *giacco* usw. — Von den Husaren haben unsere Nachbarn auch manchen derben Fluch entlehnt; in Hauffs Erzählungen kommt der sonderbar umgestaltete ungarische Fluch *Bassa Manelka* vor, und in einem Schweizer Büchlein[1]) ruft Rudolf der Harras voller Wut: *Bazom a terem tete!*

In aller Welt bekannt ist der Name der *Kutsche*: franz. *coche* (daher *cocher*), engl. *coach*, span. *coche*, ital. *cocchio*, fläm. *goetse*, schwed. *kusk*, poln. *kocz*, südslav. *kočija* und (bulg.) *kočij*, türk. *koči* usw. Das Vorbild aller dieser Ausdrücke ist unzweifelhaft das ung. *kocsi*[2]). In den westlichen Sprachen kommt das Wort nicht vor dem 16. Jahrhundert vor, dagegen war es im Ungarischen schon im vorhergehenden Jahrhundert in allgemeinen Gebrauch. Die ältesten deutschen Formen des Wortes lauten in der Tat *Gotschi*, *Gotschi Wagen*, was der ursprünglichen ungarischen Form *kocsi szekér* entspricht, d. h. ein Wagen aus *Kocs*, einem Ort im Komorner Komitat, dessen Fuhrleute im 15. und 16. Jahrhundert den Verkehr zwischen Wien und Ofen vermittelten. Fremde Gesandte, die anfangs des 16. Jahrhunderts in Ungarn reisten, rühmen die bequeme Fahrt auf den Kocs-er Wagen. So schreibt der russische Gesandte Herberstein 1518:

„Am zwainzigsten Aprilis, fuern also ab gen Wien, . . . fueren auf *Kolzschi Wägnen* [lies *Kotzschi*], die man also nent nach ainen Dorff bey zehen meillen dishalb Ofen, die mit dreyen Pferden neben ajnannder lauffenndt gefurt werden, . . . und laffen in tag und nacht von Ofen gen Wien sein wol gemesner zwo und dreissig meillen, und fuettern doch alle mall nach sechs oder funff meilen, und zu Rab am mittl des wegs namen sie anndere Pfärdt, und ist ein gar bequeme fuer“ . . .

In den Rechnungsbüchern des königlich ungarischen Hofes aus den Jahren 1494—1495 wird auch der Fuhrmann *currifer de Koch* d. h. Kocs-er Fuhrmann, dann auch einfach *kochy* d. h. Kocs-er genannt, was die Herkunft der *Kutsche* ausser allen Zweifel setzt. —

In einem andern Ideenkreis hat das Ungarische ebenfalls sehr stark auf die umgebenden Sprachen eingewirkt: in den

1) Der travestierte Tell 1805. Neue Freie Presse 1887. 27. Aug.

2) Ausführlicheres darüber im Magyar Nyelvőr 1882 (Friedrich Riedl), 1895 (Stefan Szamota) und 1898 (M. Prikkel).

Ausdrücken für die Erscheinungen des staatlichen Lebens. Im letzten Jahrhundert und besonders seit dem Ausgleichsjahr 1867 wurden die einheimischen Volkssprachen förmlich überschwemmt von ungarischen Kunstausdrücken für politische, administrative und gerichtliche Einrichtungen, Personen und Gegenstände. Wörter wie *kormánypárt* 'Regierungspartei', *negyvennyolcas* 'Achtundvierziger', *szavazat* 'Stimme, Abstimmung', *hivatal* 'Amt', *vármegye* 'Komitat', *alispán* 'Vizegespan', *törvényszék* 'Gericht', *járásbíró* 'Bezirksrichter', *ügyvéd* 'Advokat', *végrehajtó* 'Gerichtsvollstrecker', *váltó* 'Wechsel', *adóhivatal* 'Steueramt' usw. sind — natürlich mit etwas veränderter Aussprache — in aller Leute Munde, die mit dem Staate in Berührung kommen und seine Segnungen zu fühlen bekommen.

Es gibt aber auch eine viel ältere Schicht solcher Ausdrücke, die gleich in den ersten Jahrhunderten nach der Landnahme in die benachbarten Sprachen eingedrungen sind und in ihnen, besonders in den südslavischen, die Erinnerung an die ungarische Oberherrschaft erhalten haben. Es seien nur die wichtigsten dieser alten Entlehnungen erwähnt: *ország* 'Land, Staat' : kroat. *rusag*, *orsag*; *város* 'Stadt' : slovenisch, kroatisch, serbisch und sogar bulgarisch *varoš* (im Süden von Steiermark gibt es eine Ortschaft *Varoš*, und die Eszéker Ober- und Unterstadt hat vor hundert Jahren noch *Oberwarosch*, *Unterwarosch* geheissen), auch rum. *oraš*; *bíró* 'Richter' : slov., kroat., serb. *birov* (auch türkisch und rumänisch); *látó* 'Aufseher' (im Ungarischen veraltet) : kroat., serb. *latov* 'Mautaufseher'; *tanács*, früher *tanálcs* 'Rat' : slov., kroat. *tanač*, *tolnač* 'Rat, Landtag'; *bér* 'Bezahlung, Lohn, Zins' : slov., kroat., serb. und auch bulg. und rumän. *bir* 'Abgabe, Steuer'; *harmincad* 'Zoll' : slov., kroat. *harmica*, bulg. *harmicija* usw. Das ung. *törvény* 'Gesetz' bedeutet im Türkischen den ungarischen Landtag (*türvin*). Sowohl die Südslaven, als auch die Rumänen und Türken haben den ungarischen Namen Wiens entlehnt: *Bécs*. (*A Bécs*: so heisst in mehreren ungarischen Gegenden der äusserste Teil einer Ortschaft; Wien scheint man so benannt zu haben, weil es einst die westliche Grenzstadt war, auch sagte man *Bécsország* d. h. Bécs-Land für Österreich.)

Wir wollen bloss noch eine ungarische Beschäftigung erwähnen, deren Wortvorrat für die benachbarten Volksstämme vorbildlich war: die Viehzucht. Wir haben schon gesehen, wie fast sämtliche Sprachen Ost-Europas unser *szállás* entlehnten und damit die Hirtenhütte bezeichneten. *Bojtár* 'Hirtenjunge' (das übrigens romanischer Herkunft ist) findet sich im Rumänischen, Slowakischen und Böhmischen, *tolvaj* 'Dieb, Räuber' im Rumänischen, bei den Südslaven und auch im Türkischen. Hierher können wir die ungarische Benennung des Kerbholzes *rovás*, *ravás* rechnen, das besonders bei den Hirten eine grosse Rolle spielte. Wir finden es allgemein verbreitet in sämtlichen ungarländischen Sprachen, teilweise über die Landesgrenzen hinaus, so auch im Deutschen in zweierlei Lautformen: 1) *Röbisch*, *Rabisch* (früher auch im kursächsischen Bergbau gebräuchlich, dazu die Zusammensetzungen: Rabischaufseher, Rabischmeister, s. Adelung und Schmeller; im Westen Ungarns sagt man *Räwisch* und *Räbisch*) und 2) *Rosch* und *Rasch* in Steiermark; so ist bei Rosegger zu lesen:

„Und im Eisenhammer sprüht die blaue Flamme — Pflug oder Schwert, die Kohlen glühen für beides, sind sie doch am Ziele, und die Hauptsache ist nun, dass der Bauer hingeht zum Werksherrn, sein Werkbrett, den *Rosch*, zeigt und sagt: Euer Gnaden, so viel Wägen voll hab ich gebracht.“ (Ausgewählte Werke 4, 258, Das Stiftbüchel.) — „*Rosch*: ein Werkbrettchen, in welches durch kleine Einschnitte Aufzeichnungen gemacht werden [das ung. *rovás* heisst wörtlich 'Einschnitt, Einkerben']. Bei Kohlenbauern in Anwendung, um die abgelieferten Kohlenfuhren anzumerken.“ (Roseggers Heimgarten 4, 796).

Beim ungarischen Volke ist es allgemeiner Gebrauch, den grösseren Haustieren, besonders Hunden, Pferden, Ochsen und Kühen Eigennamen beizulegen. Diese ungarischen Tiernamen haben sich nun in allen einheimischen Volkssprachen eingebürgert, sowohl bei Slaven und Rumänen, als auch bei den ungarländischen Deutschen. Die Zipser Deutschen (in Nordungarn) gebrauchen lauter ungarische Tiernamen (meistens auch die ungarischen Formen der Taufnamen). So nennen z. B. die Göllnitztaler Deutschen ihre Hunde *Vigyázz* 'Pass auf!' *Tisza* 'Theiss', *Duna* 'Donau'[1]), *Bundás* 'Pelzträger', ihre Pferde

1) In Ungarn (wie auch in Deutschland seit alten Zeiten) ist

*Csillag* 'Stern', *Fakó* 'Falb', *Sárga* 'Gelb', ihre Ochsen *Virág* 'Blume', *Bimbó* 'Knospe', *Bodza* 'Hollunder' usw. Ungarische Hundenamen sind sogar — wahrscheinlich durch Vermittlung wandernder Walachenhirten — nach Mähren gelangt: *Kut'a* 'Hund', *Cifra* 'Bunt', *Rajta* 'Drauf los!' *Fodmek* (ung. *Fogdmeg*) 'Fass an!' —

Ausserdem findet sich noch sehr viel Ungarisches in den benachbarten Sprachen. So — um bloss bei dem Deutschen zu bleiben — ist es gar nicht unmöglich, dass das Deutsche *hurra*, für das man bisher keine zufriedenstellende Erklärung gefunden, aus dem alten ungarischen Kriegsruf *huj-reá* (*huj-rá*), *haj-red*, wörtlich 'hui-drauf!' entstanden ist. Einzelne Ausdrücke der ausgezeichneten ungarischen Küche sind im Deutschen ganz heimisch geworden, so der *Paprika*, das *Gulyás*, gewöhnlich *Gollasch*, auch französisch *gollache* geschrieben, der berühmte Plattenseefisch *Fogasch*; die *Solokrebse* der Wiener Speisekarten sind nach Gabriel Szarvas' Ansicht (M. Nyelvőr 23, 280) eigentlich *Szala-Krebse*, das heisst Krebse aus dem Flusse Szala oder Zala im Westen unseres Landes. In neuester Zeit haben durch die zahlreichen in Wien ansässigen Ungarn viele ungarische Namensformen bei den Deutsch-Österreichern Aufnahme gefunden: Béla, Géza, Ilona, Irma usw. In Kissingen gibt es eine Rákóczi-Quelle und eine Pandur-Quelle, die im 18. Jahrhundert nach dem Fürsten Rákóczi und seinem Rosse Pandur, das er in der unglücklichen Trencséner Schlacht geritten hatte, benannt wurden. Bei Halle a. d. Saale gibt es ein Bad Neu-Rákóczi, und in den Vereinigten Staaten Nordamerikas gibt es mehrere Städte mit ungarischen Namen: Kossuth, New Buda usw. Auch haben einzelne unserer Fachausdrücke in der internationalen Wissenschaft Aufnahme gefunden, so der Namen des ungarischen Blättererzes *Nagyágit* usw. — Natürlich begegnen wir bei deutschen Schriftstellern sehr häufig ungarischen Ausdrücken, wenn von ungarischen Verhältnissen die Rede ist. Im vergangenen Jahrhundert hat man

es Sitte, den Hunden Flussnamen beizulegen; es beruht dies auf dem alten Aberglauben, sie wären dadurch vor der Wasserscheu bewahrt.

in feindlich gesinnten österreichischen Blättern sehr oft von Jogassen und Kanassen (*jogász* 'Jurist', *kanász* 'Schweinehirt'), von Komitats- und Pandurenwirtschaft u. dgl. gelesen, und auch heutzutage werden oft, wenn von ungarischen Wahlen die Rede ist, unsere Kortesche und unser Korteschkedieren erwähnt (*kortes* 'Stimmenwerber', *korteskedni* 'Stimmen werben'). Allbekannt ist die *Puszta* als Namen der ungarischen Steppen.

Nach dem Gesagten kann man füglich behaupten, dass das tausendjährige Leben der ungarischen Sprache im Herzen Europas nicht spurlos an den europäischen Sprachen vorübergegangen ist.

## Bibliographie.

Szarvas Gábor: *Tisztázzuk a nézeteket!* Klären wir die Ansichten! (Nyelvőr, 6. Bd.) *Hazafiaskodás a tudományban.* Chauvinismus in der Wissenschaft. (Nyelvőr 24. Bd.) und *Az idegen szók.* Die Fremdwörter. (Nyelvőr 1. Bd.) — Mit interessanten Beispielen belegte Erörterungen über die kulturgeschichtliche und sprachwissenschaftliche Wichtigkeit des Nachweises der fremden Elemente, und über die Unklugheit der nationalen Eitelkeit, die diesen Nachweis missbilligt.

Szarvas Gábor: *A magyar nyelvbeli idegen szók.* Die Fremdwörter in der ungarischen Sprache. (Nyelvőr 2. Bd.) — *A német kölcsönszók.* Die deutschen Lehnwörter. (Nyelvőr 14. Bd.) — Übersicht des aus dem Deutschen entlehnten Wortschatzes. — Vgl. in demselben Bande Szarvas' Besprechung über die Zusammenstellung der *Germán elemek a magyarban* (Germanische Elemente im Ungarischen) von Vizolyi.

Szarvas Gábor hat ausserdem im *Nyelvőr* zahlreiche eingehende und fesselnde Studien über einzelne Lehnwörter mitgeteilt; der grössere Teil dieser Studien beschäftigt sich mit deutschen Lehnwörtern, so z. B. die folgenden: *selejtes* 'schlecht' (VI., vgl. Nagyszigethy Kálmán's Artikel über *sejt* 'Zelle, Wabe' 15, 268), *kacér* 'kokett', *márvány* 'Marmor', *bitang* 'herrenlos', *cinkos* 'Bösewicht, Mitschuldiger' (XI.), *csákó* 'Tschako', *viheder* 'Wetter', *rét* 'Wiese' (XII.), *torzsa* 'Strunk' (XIV.), *senkel* 'schenken', *bitság* 'Beute' (XVI.; vgl. Zolnais Artikel über *léság* 'Leibschaden'). *„Mit beszél a göncölcsillag?“* Was erzählt uns der grosse Bär? (XVII.)

Gombocz Zoltán und Ásbóth Oszkár: *Az igeszók átvételéről.* Entlehnung von Zeitwörtern. (Nyelvőr 1901.)

Munkácsi Bernát: *Árja és kaukázusi elemek a finnmagyar nyel-*

*vekben.* Arische und kaukasische Elemente in den finnisch-ungarischen Sprachen. I. Band. Ungarisches Wörterverzeichnis und als Einleitung die Geschichte der Frage. (Budapest, 1901.) Behandlung der ältesten Lehnwörter, mit vielen gewagten Annahmen. — Vgl. hierzu die Rezensionen von Simonyi (Nyelvőr, Bd. 31) und Ásbóth (Nyelvtudományi Közlemények, Bd. 33).

Munkácsi Bernát: *Alán nyelvemlékek szókincsünkben.* Alanische Sprachdenkmäler in unserem Wortschatze. (Ethnographia, 1904.)

Budenz József: *Jelentés Vámbéry A. magyar-török szóegyezéseiről.* Kritischer Bericht über H. Vámbérys ungarisch-türkische Wortübereinstimmungen. (Nyelvtud. Közlemények, Bd. 10.)

Munkácsi Bernát: *Török kölcsönszók.* Türkische Lehnwörter. Nyelvőr, Bd. 11.) *Adalékok* und *Újabb adalékok a magyar nyelv török elemeihez.* Beiträge und neuere Beiträge zu den türkischen Elementen der ungarischen Sprache. (Nyelvőr Bd. 13 und Nyelvtud. Közlem. Bd. 20, 21, 32.) — *Hunnische Sprachdenkmäler.* (Keleti Szemle — Revue Orientale.) — Methodische und wertvolle Untersuchungen. — Zahlreiche Wörter türkischen Ursprungs sind berührt in H. Vámbérys „Ursprung der Magyaren“ und in Budenz' Entgegnung auf dieses Werk in den Nyelvtud. Közlemények.

Ignaz Kúnos: *Spuren der Türkenherrschaft im ungarischen Wortschatz.* (Keleti Szemle — Revue Orientale Bd. 2. 1901.)

Franz Miklosich: *Die slavischen, magyarischen und rumänischen Elemente im türkischen Sprachschatze.* Wien, 1889. (Sitzungsberichte d. kais. Akad. d. W., Bd. 118; auch als Sonderabdruck erschienen.)

Melich János: *Szláv jövevényszavaink.* Unsere slavischen Lehnwörter. (1903—05. — Nyelvtud. Közl., auch als Sonderabdruck.) — Methodische und eingehendste Behandlung dieses Gegenstandes mit zahlreichen sicheren und wertvollen Feststellungen.

Franz Miklosich: *Die slavischen Elemente im Magyarischen.* Wien und Teschen, 1884. 2. Auflage; in ungarischer Übersetzung erschienen im 11. Bande des Nyelvőr). — Bisher die vollständigste Zusammenfassung der slavischen Lehnwörter. Dazu zahlreiche Berichtigungen in *M. Nyelvőr, Ny. Közl.* und *Egyetemes Philologiai Közlöny.*

Ásbóth Oszkár: *A szláv szók a magyar nyelvben.* Die slavischen Wörter im Ungarischen (Akad. Abhandlung). Behandlung der methodischen Prinzipien und besonders der phonetischen Kriterien. — *Szlávság a magyar keresztény terminologiában.* Slavisches in der ungarisch-christlichen Terminologie. Nyelvt. Közl. Bd. 18.) — Valló Albert: *Tót jövevényszók.* (Slowakische Lehnwörter.) Nyelvészeti Füzetek. Nr. 19. 1905.

Munkácsi Bernát: *Magyar elemek a déli szláv nyelvekben.* Ungarische Elemente in den südslavischen Sprachen. (Nyelvt. Közl. 17). — Halász Ignác: *Magyar elemek a déli szláv nyelvekben.* (Ny. Közl. 18. Ergänzungen zum vorigen.) — Csopey L.: *Magyar szók a rutén nyelvben.* Ungarische Wörter im Ruthenischen. (Ny. Közl. 16.) — Halász Ignác: *Magyar elemek az északi szláv nyelvekben.* Ungarische Elemente in den nordslavischen Sprachen. (Nyelvőr, Bd. 17.)

Melich János: *Adatok a szlávság magyar elemeihez.* Beiträge zu den ungarischen Elementen des Slavischen. (Nyelvt. Közl., 1895; ungarische Wörter in der Sprache der Szarvaser Slowaken.)

V. Lumtzer und J. Melich: *Deutsche Ortsnamen und Lehnwörter des ungarischen Sprachschatzes.* (Innsbruck, 1900.) — Vollständigste Zusammenstellung der deutschen Lehnwörter, mit ausführlichen und lehrreichen Erörterungen. In der Einleitung die Geschichte der deutschen Niederlassungen und der deutschen Ortsnamen in Ungarn. — J. Melich: *Melyik nyelvjárásból valók a magyar nyelv régi német jövevényszavai?* (Aus welcher Mundart rühren die alten deutschen Lehnwörter der ungarischen Sprache her? Akad. Abhandlung.) Budapest 1900.

Giesswein S. und Simonyi Zs.: *Adalékok német jövevényszavainkhoz.* Beiträge zu den deutschen Lehnwörtern. (Nyelvőr, 1901.) Borovszky Samu: *Német kölcsönszók.* Deutsche Lehnwörter. (Nyelvt. Közl., 1894.) — Simonyi Zsigmond: *Német szóvégek magyarítása.* Magyarisierung deutscher Wortendungen. (Nyelvőr, 1878.) Über die ungarischen Formen der deutschen Lehnwörter auf *-er*, *-el*, *-en*.

Über die lateinischen Elemente s. Kalmár Nyelvt. Közl. Bd. 22; Kőrösi Nyelvőr Bd. 21 und Balassa: *Egyetemes Philologiai Közlöny* Bd. 16. — Vgl. Anton Bartal: *Glossarium mediae et infimae Latinitatis Regni Hungariae.* Budapest, 1901.

Jacoby: *Magyarische Lehnwörter im Sächsischen.* (Im Programm des Segesvárer Gymnasiums vom Jahre 1894/95.) — Eine methodische und vollständige Arbeit. – Über Ungarisches in nord- und westungarischen deutschen Mundarten vgl. Balassa, *Egyetemes Philologiai Közlöny* 1885, S. 387 und 1894, S. 349; ferner Julius Gréb über die Mundart des Zipser Oberlandes und Martin Hajnal über die Isztimérer Mundart (beide in der Sammlung: *Magyarországi német nyelvjárások,* deutsche Dialekte in Ungarn, geleitet von Gedeon Petz; Ung. Akad. d. Wiss. 1906).

Kőrösi Sándor: *Olasz kölcsönszók.* Italienische Lehnwörter. (Nyelvőr, Bd. 13—16.) — Viele interessante Zusammenstellungen, aber in einzelnen Fällen nicht vorsichtig genug. — Besser gesichtet neuerdings im Programm des Fiumaner Gymnasiums 1891/92.

Schuchardt Hugó: *A magyar nyelv román elemeihez.* Zu den romanischen Elementen des Ungarischen. (Nyelvőr, Bd. 18.)

Szinnyei József: *A magyar nyelv oláh elemei.* Die rumänischen Elemente des Ungarischen. (Nyelvőr, Bd. 22—24.) Eine gründliche und erschöpfende Arbeit.

Alexics György: *Magyar elemek az oláh nyelvben.* Ungarische Elemente im Rumänischen. (Nyelvőr, Bd. 16, 17.) — Ásbóth Oszkár: *Az oláh nyelvbe átment magyar szók.* Die ins Rumänische übergegangenen ungarischen Wörter. (Nyelvt. Közl., Bd. 27.) — Stan Vazul: *Magyar elemek a mócok nyelvében.* (Ungarische Elemente in der Sprache der Motzen im Süden Siebenbürgens. Nyelvészeti Füzetek Nr. 19. 1905.)

Markovics Sándor: *Cigány szók a magyarban.* Zigeuner-Wörter im Ungarischen. (Nyelvőr, Bd. 15. Vgl. noch Bd. 36.)

Balassa József: *Francia szók a magyarban.* Französische Wörter im Ungarischen. (Nyelvőr, 1897.)

Korányi György, Mazuch Ede, Ratzenberger Ferenc, Rechnitz Ignác: *Magyar elemek a nemzetiségek nyelvében.* Ungarische Elemente in den Sprachen der einheimischen Volksstämme. (Nyelvőr 1896.)

Dritter Abschnitt.

## SPRACHDENKMÄLER.

**Die ältesten Denkmäler.** Die Sprache verändert sich fortwährend. In dieser Veränderung und Entwicklung, in diesem ununterbrochenen Vergehen und Wiedererstehen besteht das Leben der Sprache. Die anziehendste Beschäftigung des Sprachforschers ist es nun, jene psychologischen Momente zu beobachten, welche die Bedeutung eines Wortes oder einer Konstruktion erweitert oder beschränkt oder in ein Bild verwandelt haben; so wird eine der lehrreichsten Biographieen rekonstruiert: die der Sprache, und mit ihr die des menschlichen Denkens und der nationalen Denkweise. Wir verfügen über Quellen, in denen einzelne Stufen, Erscheinungsformen der Wörter und Fügungen aufbewahrt sind, und zwar entweder in ihrem historischen Nacheinander: das sind die Sprachdenkmäler; oder das Ältere und Neuere neben einander: das sind die Mundarten und verwandten Sprachen.

Verstehen wir unter Sprachgeschichte in engerm Sinne die durch Denkmäler belegbare Geschichte, und denken wir an das mehrtausendjährige Schrifttum des Indogermanischen, so müssen wir bekennen, dass die finnisch-ugrischen Sprachen keine alte Geschichte haben. Sie sind zum grössten Teil erst seit dem XVIII. Jahrhundert bekannt, und nur von der finnischen, estnischen und ungarischen Sprache kann man eigentlich sagen, dass sie eine Geschichte haben. Aber in den ältesten finnischen (1542) und estnischen (1630) Schriftwerken finden wir eine von der heutigen nicht sehr abweichende Sprache [1]); bloss die unga-

1) Freilich werden fürs Finnische die ungarischen Sprachdenkmäler in mancher Hinsicht noch überboten durch die alter-

rische Sprache hat Denkmäler, die eine von der heutigen beträchtlich verschiedene Sprachform aufweisen.

Aus den ersten zwei Jahrhunderten des ungarischen Christentums hat sich kein zusammenhängendes Sprachdenkmal erhalten. Erst aus dem XIII. Jahrhundert besitzen wir die auf eine geschriebene Seite sich erstreckende Leichenrede (*Halotti Beszéd*), und aus dem beginnenden XIV. Jahrhundert das noch kürzere Gyulafehérvárer und das ebenfalls kurze Königsberger Fragment, also aus dem ganzen Zeitalter der Árpádschen Dynastie kaum drei zusammenhängende Texte. Wir haben aber schon seit Mitte des XI. Jahrhunderts zahlreiche lateinische Urkunden, in denen eine Menge ungarischer Eigen- und Gattungsnamen zerstreut erhalten blieben, unter ihnen die erste authentische Urkunde, deren Urschrift erhalten ist: die Stiftungsurkunde der Tihanyer Abtei aus dem Jahre 1055, mit 58 ungarischen Ausdrücken. In den Urkunden kommen besonders viele Personen- und Ortsnamen vor, aber auch diese sind teils Ableitungen, teils leicht verständliche Anwendungen einzelner Gattungsnamen [1]). In grenzbeschreibenden Urkunden begegnen wir unzählige Male Namen von Strassen, Gewässern, Bäumen und dergleichen, welche entweder für sich allein, oder mit ihrer lateinischen Übersetzung in den Text des lateinischen Satzes eingeflochten sind; z. B.

Locus *kert hel* nomine [eingezäunter Platz] ad fenum utilis . . . In quadam via vulgariter *Arkusuth* [*árkos út*, 'Graben-weg'] vocata . . . Fluvius *zuchugo* [*zuhogó* 'rauschend, Sturzbach'] . . . Ad quan-

tümlichen Formen der stark abweichenden Dialekte. — Die türkischen Sprachen besitzen viel ältere Denkmäler in den Inschriften von Orkhon, aus dem VII. Jahrhundert, die vor noch nicht langer Zeit von Wilhelm Thomsen entziffert wurden. S. Ny. Közl. 24, 1 (*Esemény az urál-altaji nyelvészet terén*, ein Ereignis auf dem Gebiete der ural-altaischen Sprachforschung) und Thurys Abhandlung: *Török nyelvemlékek a XIV. század végéig* (Türkische Sprachdenkmäler bis zum Ende des XIV. Jahrhunderts. — Ung. Akademie d. W. 1903).

1) Interessant sind die heidnisch-ungarischen Personennamen. Bis zum Anfang des XIV. Jahrhunderts begegnen wir hübschen Frauennamen, wie *Gyöngy* 'Perle', *Bíbor* 'Purpur', *Havadi* (noch heute ein Blumenname, die 'Schlüsselblume'), *Játék* 'Spiel', *Ajándék* 'Geschenk'. Das letztere kommt auch als Männername vor, ferner *Erös* 'stark' usw.

dam venam *Vizer* [*víz-ér* 'Wasser-ader'] nuncupatam, quae exit de *Fequetetow* [*fekete tó* 'schwarzer Teich'] . . . Piscatura quae vulgo *tonya* [*tanya* 'Weiler'] dicitur . . . Ascendendo quemdam montem *faashalom* [*fáshalom* 'Baumhügel'] vocatum . . . Meta vadit ad lapidem *jegyku* [*jegykö* 'Merkstein'] dictum, qui pro signo metae divisisset . . . Ad salicem metam antiquam *Hatarfuz* [*határfüz* 'Grenzweide'] vocatam . . . Ubi est arbor *Hars* [*hársfa* 'Lindenbaum] . . . Dumus quae *Rakatyahbukur* [*rakottyabokor* 'Ginsterstrauch'] dicitur . . . Introitus fagorum *bik zadu* [*bükk-száď* 'Buchenöffnung'].

In Testamenten, Inventarien, Verrechnungen finden wir wieder andere Wörter, meistens Ausdrücke der Landwirtschaft und des Haushaltes, z. B.

Porcus triennis, qui vulgo *artan* [*ártány* 'verschnittener Eber'] dicitur . . . Farina quod vulgo *podlyst* [*padliszt* 'eine Art Mehl'] dicitur . . . Debent dare tres carratas lignorum, quas vocent *tyzfa* [*tüz-fa* 'Brennholz'] usw.

Zahlreiche wertvolle Belege finden sich auch in den lateinisch geschriebenen Chroniken, besonders bei Anonymus, dem Notar des Königs Béla (aus dem XIII. Jahrhundert, in dem Várader Register, dem Protokoll Grosswardeiner Gottesurteile, XIII. Jahrhundert (z. B. *Tanalchu* das heutige *tanács* 'Rat' usw.), endlich in den erhaltenen Gesetzen und Edikten der Könige aus dem Hause der Árpádschen Dynastie.

Schon in diesen zerstreuten, kleinen Überresten finden wir nicht nur die ältesten Beiträge zum ungarischen Wortschatze, sondern auch zur Laut- und Formenlehre. Wir wollen der Reihe nach die wichtigsten Erscheinungen betrachten.

Die Bezeichnung der Vokale weist bis zum Anfang des XIV. Jahrhunderts besondere Eigenheiten auf: so bezeichnet der Buchstabe *u* nicht nur den Laut *u*, sondern auch das kurze *o*, ebenso finden wir das Zeichen *o* auch für den Laut *ą*, und *i* auch für das geschlossene *ë*. Beispiele:

*u* für das heutige *o*: *Bulgar* (*Bolgár* Bulgare 1138)[1]), *Uloz* (*Olasz* Dorfname, eigentl. Italiener, 1181), *Kulus* (*Kolozs* Klausenburger Komitat 1201), *Boynuc* (*bajnok* 'Held' 1216), *Angyolus* (lies *Angyalos* 1216), *Zumbot* (*Szombat* 'Samstag', Personenname 1216), *Oruz* (*Orosz* 1219), *humuk* (*homok* 'Sand' 1269), *Rakus* (*Rákos* 1286).

*o* an Stelle des heutigen labialen *a* (*ą*): *Bobzem* (*Babszem* 'Bohne',

1) Jahreszahl der betreffenden Urkunde.

Personenname 1211), *Orod* (*Arad* 1214), *porlog* (*parlag* 'Rottacker' 1265), *rouos-luk* (*ravasz-lyuk* 'Fuchsloch' 1268), *potok* (*patak* 'Bach' 1285), *Bezefolua* (*Beszefalva* Ortsname 1287), *Eliasfolua* (*Éliásfalva* Eliasdorf 1290).

*i* für das heutige geschlossene *ë*: *Vlozyghaz* (*Olaszëgyház* 'Wallenkirchen' 1217), *Tymis* (*Tëmës* 1235), *Timis* (1238), *Lyndua* (*Lëndva* 1239), monticulus *kuhig* (*kühëgy* 'Steinberg' 1250), mons *mezechtelen-hig* (*meztelen hëgy* 'nackter Berg' 1278), *Gyrthanfa* (*gyërtyánfa* 'Weissbuche' 1279).

Diese rein orthographische Eigentümlichkeit erweckt den Anschein, als wären die kurzen Vokale des Altungarischen überhaupt um eine Stufe geschlossener gewesen, als heutzutage. Das ist jedoch bloss scheinbar so; denn z. B. die entsprechenden tieflautigen Formen der Endungen *-nek* (Dativ) und *-vel* (mit): *-noc* und *-vol* (im Königsberger Fragment) können unmöglich anders, als mit labialem *ạ* gelesen werden: *angolucnoc* = *angyaloknak* 'den Engeln', *scovol* = *szóval* 'mit dem Worte'; ebenso kann das 1332 vorkommende *moyụr* nicht anders ausgesprochen worden sein, als *major* (Meierhof).

Sehr auffallend sind in einzelnen Urkunden dieser Zeit und in der Chronik des Anonymus die erhaltenen Endvokale vieler Wörter (zu jener Zeit jedenfalls schon unvollkommen, reduziert oder murmelnd gesprochen und zwar bloss in einzelnen Mundarten); z. B. *hodu utu* (heute *hadút* 'Heerstrasse' 1055. Tihanyer Stiftungsurkunde), *Vendegu* (*vendég* 'Gast' 1217), *Mogos Mortu* (*magas mart* 'hohe Küste' 1235); bei Anonymus: *almu* (*álom* 'Schlaf, Traum'), *zerelmu* (*szerelem* 'Liebe'), *Zobolsu* (*Szabolcs*), *Zenuholmu* (*Szénhalom* 'Kohlenhügel') usw.

Wichtig ist es, dass nach dem Zeugnis der Urkunden die Diphthonge zu jener Zeit sehr verbreitet waren. Im grössten Teile des Landes wurden die drei langen Laute: *é*, *ő*, *ó* als Diphthonge, und zwar ungefähr wie *ëi*, *ëü* und *ou* ausgesprochen.

Beispiele für *ëi*: *keykus* (lies: *këikös*, heute *kékës* 'bläulich' 1231), *keyk-holm* (heute *kék-halom* 'Blau-hügel' 1270), *keyk-mal* (*kékmál* 'Blau-leite' 1275); *Thapey* (*Tápé* Ortschaft 1249), *Orek eych* (*Öreg-Écs*, d. h. 'Gross-Écs' Ortschaft 1211, heute *Nagy-Écs*). — Beispiele für *ou*: *gyzno-owl* (*disznó-ól* 'Schweinestall' 1228), *farkashalowhely* (*farkas-hálóhely* 'Wolfsnachtlager' 1214), *aldoucuth* (*áldókút* 'Opferbrunnen' 1214), *tou* (*tó* 'Teich' 1288), *Homustohu* (heute *hamis-tó* 'falscher Teich' 1225), *Chowka, Cauka* (*csóka* 'Dohle' 1214, 1138), *Mouruez, Mauruch* (*Móric* 'Moritz' 1281, 1251).

Wenn das *ó* ein Diphthong war, wurde das heutige *ő* wahrscheinlich ebenfalls als Diphthong gesprochen; dies wird dadurch bewiesen, dass an Stelle des langen *ő* beinahe ausnahmslos der Doppelbuchstabe *eu* zu lesen ist. Z. B. *duleufeld* (*dűlő-föld* 'Rain' 1276), *kutfeu* (*kút-fő*, wörtl. 'Quellkopf', 'Quelle' 1268), *Satur-eleu* (*Sátor-elő*, wörtl. 'Hütte-Vorderes', Ortsnamen 1261) usw. Auch später galt dieses *eu* lange Zeit als Zeichen des einfachen *ő*-Lautes und wurde dann sogar zur Bezeichnung des kurzen *ö* verwendet.

Wir finden aber in den Urkunden auch Belege aus dem Gebiete der Wortbildung und sogar der Flexion. Von Wortbildungssuffixen kommt das Adjektivsuffix *-s* in Ortsnamen vor:

*kues kut, cues humuc* (1055, *köves kút* 'steiniger Brunnen', *köves homok* 'steiniger Sand'), silva *hygus, keykus* (1231, *hegyes* 'spitz', *kékes* 'bläulich'), *sebus ag* (1252, *sebes ág* 'schneller Arm — eines Flusses'), *kukenus* (1261, *kökényes* 'Schlehen-, schlehig'), *wyzes* (*vizes* 'wässerig' 1270), *agagus uth* (*agyagos út* 'lehmiger Weg' 1273), *Almus* „quia somnium lingva hungarica *almu* dicitur" (Anonymus) etc.

Auch das Partizip auf *-ó*, *-ő* kommt vor:

*farkashalouhely, aldoucuth, duleufeld* (s. oben); *cuhurdov ut* (*köhordó út* 'Strasse zum Steinetragen' 1300), *zuchugo* (*zuhogó* 'rauschend' 1302), *zalasadov, zalasodov* (1251, *szállásadó* 'Quartiergeber').

Um Beginn und Mitte des XIII. Jahrhunderts begegnen wir Ausdrücken, wie *aldamas*[1]) 'Opfermahl, Kauftrunk', *yles, yvles* (heute *ülés* 'Sitz, Siedlung'), *zallas* (lies *szállás* 'Niederlassung'), das sind die ältesten Belege für das Suffix *-ás*, denn dieses kommt in der Leichenrede nicht vor. — Andere Suffixe z. B. 1055 in der Tihanyer Urkunde: *-at* in *zakadat* (*szakadat* 'Riss, Schlucht'), *-ász* in *luaz* (*lovász* 'Reitknecht') usw.

Sehr häufig ist in den Ortsnamen die possessive Personalendung der 3. Person: *aruk tue* (*árok töve* 'unteres Ende des Grabens'), *bagat mezee* (1055), *Chuma mezey* 1216, *wermekalia* 1233, *Kiralrewi* (1242, an der Save), *Tobias lesy* 1243, *Kyralyutya* 1256, *war erdey* 1265, *Myhalhazatetey* 1296, flu-

1) Dederunt mercipotum et *aldamas*ium ad bibendum secundum consuetudinem illius loci approbatum 1310; heute *áldomás*.

vius *lufeu sara* 1276, *Komakuta* (1293, in Veszprém, heute *Komakút*), *Vrkuta* 1297 usw. — Auch die Form der ersten Person finden wir schon in einer Quelle aus dem XI. Jahrhundert, und zwar dort, wo wir am wenigsten eine ungarische grammatische Form vermuteten, bei dem griechischen Geschichtschreiber Kinnamos. Indem nämlich dieser erzählt, dass man nach dem Tode von Gesa II. von seinen zwei Brüdern (Ladislaus und Stefan) Ladislaus zum König wählte, setzt er hinzu: τῷ Στεφάνῳ τὴν Οὐροὺμ ἀπεκλήρωσαν τύχην, d. h. „Stefan liess man die Würde des *Urum* zukommen; denn (so fährt er fort) dieser Name gebührt dem Thronerben bei den Ungarn“. Dieses *urum* ist aber ohne Zweifel die Form der 1. Person des Wortes *úr* 'Herr', das heutige *uram* 'mein Herr'.

Auch für einige der Flexionsendungen können wir die ersten Belege aus den lateinischen Quellen anführen. Da es schwierig war die ungarischen Namen mit lateinischen Kasusendungen zu versehen, gebrauchten die Verfasser der Urkunden und Chroniken diese Namen in dem Text des lateinischen Satzes mit ungarischen Suffixen. So finden wir in ihnen

1. die ältesten ungarischen Akkusative[1]); z. B.

„Zugna impetiit *Zemert* de furto .... Praedictus fur Zemer Varadini combustus est“ (d. h. Zugna zieh *den Zemer* des Diebstahls .... Der genannte Dieb, Zemer, wurde in Várad verbrannt; aus dem Jahre 1209, im 12 Abschnitt des Várader Protokolls). „Jordan et Keiguez de villa Shol impetierunt *Ugudut*, *Obudut*, *Scecam* [aus *Sceca* war es leichter einen lateinischen Akkusativ zu bilden], et *Scemhegit* servos ..., et *Dudork* [lies *Dudort*] et *Benczium* libertinos de furto ... Praenominatorum furum quatuor, scilicet *Ugud*, *Bunczii*, *Obud* et *Sceca* portato ferro combusti sunt et suspensi. *Dodor* [lies: *Dudor*] prae nimia infirmitate ferrum portare non potuit. *Szemhegyi* non conparuit“ (76). *Nemel* (ebd. 70): *Nemelt* (79).

2. Das Suffix *-ra*, *-re* kommt wiederholt in der Tihanyer Urkunde aus dem Jahre 1055 vor, und zwar in seiner vollständigen Form *red*, sowohl nach tief-, als auch nach hochlautigen Wörtern:

„Alius locus, qui Gisnav dicitur, talibus terminabatur confiniis: juxta fizeg munorau kereku, inde vluues megaia, post

1) Ebensolche Akkusative finden sich noch in den Abschnitten 241, 347 und 363.

monarau bukurea [lies: *monyorau bokor-red*, d. h. *mogyoró bokorra* 'auf den Haselbusch'], hinc ad fizeg azaa deinde ultra fizeg *ad brokina rea* ... Adhuc autem est locus Mortis dictus, cujus incipit terminus a sar feu eri iturea, hinc ohut *cutarea*, inde ad *holmodi rea*, postea *gniruuege holmodia rea*, exinde *Mortis uasara kuta rea*, ac postea *nogu azah fehe rea*, inde ad Castelic, et *feheruuaru rea meneh hodu vtu rea* (auf die nach Weissenburg führende Heerstrasse).. *Inde* vero *ad Oluphobrea*" (Fejér: Codex Diplomaticus 1, 390, 391, 392, und Szamota Ny. Közl. Bd. 25.).

3. In einer Urkunde von 1236 lesen wir den Dativ: *pertinet Jeneunec*; und im Anonymus an vier Stellen: Dux locum illum dedit *Oundunec* patri Ete. Dux dedit terram magnam *Tosunec* patri Lelu, etc.

Die Handschriften, die zusammenhängende Texte enthalten, sind mit wenigen Ausnahmen religiösen Inhalts. So vor allem die Leichenrede, *Halotti Beszéd*, aus dem XIII. Jahrhundert, welche eine Seite des im Nationalmuseum befindlichen Pray-Kodex (eines lateinischen Messbuches) bildet, und enthält ungefähr dritthalbhundert Wörter. Ihre Sprache gleicht in vielen Beziehungen der Sprache in den erwähnten Urkunden, nur mit dem wesentlichen Unterschiede, dass die Auslautvokale schon verschwunden sind: *hotolm* 'Macht', *vilag* 'Welt', *isten* 'Gott' usw. Die orthographische Eigentümlichkeit, die den Anschein geschlossenerer Vokale erweckt, findet sich durchgängig in der Leichenrede.

Z. B. *u* für das heutige *o*: *pur*: lies *por* 'Staub', *pukul*: lies *pokol* 'Hölle', *uruzag* = *oroszág*, heute *ország* 'Land', *nopun* = *napon* 'am Tage', *oggun* = *adjon* 'er gebe', *ozuk* = *azok* 'jene'; — *o* an Stelle des heutigen labialen *a*: *hotolm* = *hatalm*, heute *hatalom* 'Macht', *nop* = *nap* 'Tag', *urot* = *urat* '(den) Herrn', *utot* = *utat* 'den Weg', *uimaggonoc* = *vimádjanak*, heute *imádjanak* 'sie mögen beten'; — *i* für das geschlossene *ĕ*: *igg* = *ĕggy* 'eins', *miye*: *mĕgé*, heute *mĕg* (Perfektivpräfix).

Wir finden hier auch den Diphthong *ou*: *bovdog*, *ovdonia*, lies: *boudog*, *oudania*, in den späteren Handschriften *bódog*, *ódani* (heute *boldog* 'selig, glücklich', *oldani* 'lösen'); ferner *volov*, *iarov*, *iovben*, d. h. *valou*, *járou*, *jouben* (dieses sogar wahrscheinlich *jauben* oder *jaoben*), heute *való* 'seiend', *járó* 'gehend', *jóban* 'im Guten'. Es ist nicht ganz ausgeschlossen, dass man in diesen den Konsonanten *v* noch aussprach:

*valov, járov, jovben*; denn HB. wendet noch zwei Nominalstämme mit dem Auslaute *v* im Nominativ an: *chomuv* heute *hamu* 'Asche', *keseruv*, d. i. *keserüv*, heute *keserű* 'bitter'. Das Verbum *imád* 'anbeten' steht in HB. mit anlautendem *v* : *vimád*. Noch wichtiger ist der *v*-Laut im Auslaute der Nomina mit dem heutigen Suffix *-at*, *-et* : *Engede urdung intetvinec* (heute könnte man sagen: *engede ördög intetinek*, man sagt aber *intésének*, er gab den Lockungen des Teufels nach). *Zoboducha wt urdung ildetuitvl es pucul kinzotviatwl* (heute *szabadítsa őt ördög üldözésétől, és pokol kínzásaitól* 'er befreie ihn von der Verfolgung des Teufels und von den Qualen der Hölle'). In den Gyulafehérvárer Glossen finden wir ebenfalls *ielenetuiben*, *nemzetui* (heute *jelenetiben* 'in seiner Erscheinung', *nemzeti* 'seine Nation'), und in den Königsberger Fragmenten findet sich ebenfalls die Form: *kezdetuitul*, heute *kezdetétől* 'von dessen Anfang'. Vgl. das noch heute erhaltene *v* des Substantivs *hit* Glaube' in der isolierten Ableitung: *hitves* 'Gattin, Ehefrau'.

Das sind also auch für die Stammbildung wichtige Belege, aber ebenso wichtige bietet HB. zur Flexion. Diese machen es z. B. unzweifelhaft, dass, ebenso wie das Suffix der 2. Person Pl. *-tok tök* war (*látjátok feleim szömtökkel* 'ihr sehet, meine Freunde, mit euren Augen'), das der 1. Person Pl. *-mok mök* war, und daraus erst *-mk* und später *-nk* wurde. Vgl. *vimaggomuc* (lies *vimádjamok*, heute *imádjunk* 'beten wir'); *isemuc* (lies *isemök*, heute *ösünk* 'unser Vorfahr'); *vogmuc* (d. h. *vagymok* anstatt **vagyomok*, heute *vagyunk* 'wir sind'); *uromc* (d. h. *uramk*, heute *urunk* 'unser Herr'). — Die heutigen Suffixe *-ból böl* 'aus' und *-ba be* 'in' sind hier noch zweisilbig und haben nur hochlautige Formen: *timnucebelevl*, d. h. *tëmnöcébelől*, heute *tömlöcéből* 'aus seinem Kerker'; *vilagbele*, d. h. *világbelé*, heute *világba* 'in die Welt'; *nugulmabeli*, d. h. *nyugolmábelé*, heute *nyugalmába* 'in seine Ruhe'); *uruzagbele*, d. h. *oroszágbelé*, heute *országba* 'in das Reich'. Auch die Suffixe *-ben* 'in' (mit dem Dativ) und *-nek* haben noch keine tieflautigen Formen, z. B. *iovben*, d. h. *jauben*, heute *jóban* 'im Guten'; *muganec*, d. h. *mogánek*, heute *magának* 'sich' (Dativ); *foianec*, d. h. *fajánek*, heute *fajának* 'seiner Gattung, seinem Geschlechte'.

— In der Konjugation ist die 3. Person des Präteritums in der objektiven Form um eine Silbe länger als heute: *terumteve, feledeve, veteve, hadlaua*, d. h. *terömtévë, feledévë, vetévë, hádlává*, heute *teremté* 'er schuf ihn', *feledé* 'er vergass es', *veté* 'er warf, versetzte ihn', *hallá* 'er hörte es'. Die letzte Silbe enthält offenbar die Personalendung, die sonst in der Form *-ja* erscheint (*zocoztia*, d. h. *szakasztja* 'reisst es' usw.) und in der entsprechenden Form des Konditionalis sich bis zum XVII. Jahrhundert erhalten hat: *teremtenéje, hallandja* (heute: *teremtené* 'er würde ihn erschaffen', *hallaná* 'er würde es hören'). Von den übrigen suffigierten Formen ist die interessanteste: *eneyc*, d. h. *enné-ik* oder *enné-ék*, während in der heutigen Form *ennék* 'er würde essen' der Vokal des Suffixes *-ik* oder *-ék* schon geschwunden ist (in späteren Denkmälern *enneik, ennéjék, ennéjek*, in der westlichen Mundart Göcsej noch heute *ënneik, ënnejik*).

Auch hinsichtlich der Bedeutungslehre und der Satzlehre weist HB. viele interessante Altertümlichkeiten auf. So die ursprünglichere Lautform und Wortfolge des negativen Bindewortes *sem* 'neque': *és nöm ëggy embër múlhatja ez vermöt* (heute: *egy ember sem múlhatja, kerülheti el e vermet* 'kein Mensch kann dieser Grube entgehen'). — *Hádlává holtát terömtöë istentül* (d. h. *hallá holtát teremtőjétől istentől* anstatt: *hallá, hogy meghal*) 'er hörte, dass er sterben werde'. Der Akkusativ des abstrakten Verbalnomens mit dem Suffix *-t* vertritt hier den Objektsatz, und es scheint, dass diese Fügung früher sehr beliebt war. Vgl. *Koldóltomat átallom* (Münchner Kod.), heute: *átallom, hogy koldúljak* 'ich schäme mich zu betteln'. *Ígyen akarom ő neki maradtát* (ebd.), heute: *azt akarom, hogy ő így maradjon* 'ich will, dass er so bleibe'. *A szénán fektét szenvedé* (Apor-Kod. 130) 'er litt, dass er auf dem Heu liege'. *Hogy ne szégyellené étét* (Ehrenf. Kod. 92), 'dass er sich seines Essens nicht schäme'. — *Vimádjamok ez szëgény embër lëlkéért*, d. h. *imádjunk e szegény ember lelkéért* 'beten wir für die Seele dieses armen Menschen'. *Imádni* 'anbeten', *csodálni* 'bewundern' und mehrere andere solcher Zeitwörter, die heutzutage transitiv sind, kommen noch in den späteren Handschriften ohne Objekt vor im Sinne des intransitiven *imádkozni* 'beten', *csodálkozni* 'sich wundern'. Z. B. *Imádjatok az ellentök patvarkodókért* (Guary-Kod. 41) 'betet für die gegen euch Hadernden'. — *Ki napon ëéndöl az gyimëlcstül, halálnek haláldál halsz* (heute *amely napon eendel ama gyümölcsből*) 'an welchem Tage du von jener Frucht essen wirst'. Das Relativfürwort *ki* wird mitunter auch in späteren Handschriften, so wie hier, adjektivisch gebraucht; z. B. *Ki mondék mikor mendenének kellett volna* (Münchner Kod.): quod dictum cum placuisset omnibus. *Magát adván Krisztusnak, ki isten áldott légyen örökké* (Ehrenf. Kod.) 'indem er sich Christus ergab, welcher Gott ewig gesegnet sei'.

**Die Leichenrede, Halotti Beszéd.**

Text:

Latiatuc feleym zumtuchel mic vogmuc. Ysa pur es chomuv uogmuc. Menyi milostben terumteve eleve miv isemucut adamut. es odutta vola neki paradisumut hazoa. Es mend paradisumben uolov gimilcictul muuda neki elnie. Heon tilutoa wt ig fa gimilce tvl. Ge mundoa neki meret nū eneyc. ysa ki nopun emdul oz gimils twl. halalnec halalaal holz. Hadlaua choltat terumteve isten tvl. ge feledeve. Engede urdung intetvinec. es evec oz tiluvt gimilstwl. es oz gimilsben halalut evec. Es oz gimilsnec wl keseruv uola vize. hug turchucat mige zocoztia vola. Num heon muga nec. ge mend w foianec halalut evec. Horoguvec isten. es veteve wt ez muncas vilagbele. es levn halalnec es puculnec feze. es mend w nemenec. Kic ozvc. miv vogmuc. Hug es tiv latiatuc szumtuchel. isa es num igg ember

Wahrscheinliche Lesart[1]):

Látjátok, felëim, szömtökkel, mik vagymok! Isá por és hamuv vagymok! Mënyé milasztben terömtévë elëvé mü ësemököt Ádámot és adottá valá nêkí párádicsomot házâvá. És mënd párádicsomben valou gyimëlcsëktűl mondá nêkí élniё, héón tilotâvá űt ëgy fá gyimëlcsétűl; gye mondâvá nêkí, mérëtt nöm ennéék: Isá, ki napon ëéndöl az gyimëlcstűl, hálálnek hálálááI holsz. Hádlává holtát terömtëvë Istentűl, gye feledévë. Engedë ördöng intetvínek és ëvék az tilvott gyimëlcstűl és az gyimëlcsben hálálot ëvék. És az gyimëlcsnek oly keserüv valá vizë, hogy torkokat [torkát] mëgészakasztjá valá. Nöm héón mogánek, gye mënd ü fajánek hálálot ëvék. Haragovék Isten és vetévë üt ez munkás világbelé, és lőn hálálnek és pokolnek fészë és mënd ü nëmének. Kik azok? Mü vagymok, hogy

1) Vgl. Szinnyeis Abhandlungen Nyelvőr Jahrg. 24 und Nyelvt. Közl. Bd. 27.

mulchotia ez vermut. ysa mend ozchuz iarov vogmuc. Wimagguc uromc isten kegilmet ez lelic ert. hug iorgossun w neki. es kegiggen es bulscassa mend w bunet. Es vimagguc szen achscin mariat. es bovdug michael archangelt es mend angelcut. hug uimaggonoc erette. Es uimagguc szent peter urot, kinec odut hotolm ovdonia. es ketnie. hug ovga mend w bunet. Es vimagguc mend szentucut. hug legenec neki seged uromc scine eleut. hug isten iv uimadsagucmia bulsassa w bunet. Es zoboducha wt urdung ildetuitvl. es pucul kinzotviatwl. es vezesse wt paradisū nugulmabeli. es oggun neki munhi uruzagbele utot. es mend iovben rezet. Es keassatuc uromchuz charmul. Kirl.

és tü látjátok szömtökkel. Isá, és nöm ëggy embër múlhatjá ez vermöt; isá, mënd azhoz járou vagymok. Vimádjok uramk Isten këgyëlmét ez lélëkért, hogy jargasson ü nêkí és këgyëdjën és bolcsássá mënd ü bűnét. És vimádjok szent áchszin Máriát és boudog Mihàël árkángyelt és mënd ángyelkot, hogy vimádjanak érëttë. És vimádjok szent Pétër urat, kinek adott hatalm oudaniá és këtnië, hogy oudjá mënd ü bűnét. És vimádjok mënd szentököt, hogy légyenek nêkí segéd uramk szinë előtt, hogy Isten ü vimádságok miá bolcsássá ü bűnét és szabadohá üt ördöng ildetvitül és pokol kinzatviátül és vezessë üt páradicsom nyugolmábelé és adjon nêkí mönnyoroszágbelé utat és mënd jauben részët. És këáltsátok Uramkhoz hármúl: Kyrie eleison!

Scerelmes bratym uimaggomuc ez scegin ember lilki ert. kit vr ez nopun ez homus vilag timnucebelevl mente. kinec ez nopun testet tumetivc. Hug ur uvt kegilmehel abraam. ysaac. iacob. kebeleben helhezie. hug birsagnop ivtua mend w szentii es unuttei cuzicun iov felevl iochtotnia ilezie wt. Es tiv bennetuc. Clamate III. K.

Szerelmes brátim vimádjamok ez szëgény embër lëlkéért, kit Úr ez napon ez hamos világ tëmnöcébelől mentë, kinek ez napon testét tömetjök, hogy Úr üt këgyëlméel Ábráám, Ízsák, Jákob kebelében helyhëzjë, hogy birságnap jutvá mënd ü szentëi és önöttëi közikön jau felől jaktatniá éleszjë üt. És tü bennetök! Clamate ter: Kyrie eleison!

Wörtliche lateinische Übersetzung (nach Révai, mit einigen Änderungen): Videtis fratres-mei (cum) oculo-vestro, quid sumus. Certe pulvis et cinis sumus. In quanta gratia procreavit [Deus] patrem nostrum Adamum! et dederat ei paradisum (in) domum-eius. Et ex omnibus in paradiso existentibus fructibus dixit ei vivendum. Tantum prohibuit eum ab unius arboris fructu. Sed dixit ei, quare non comederet: certe quo die comederis de illo fructu, mortis morte morieris. Audivit mortem-suam a creatore-suo Deo;

sed oblitus est. Cessit daemonis monito et comedit de illo probibito fructu, et in illo fructu mortem comedit. Et illius fructus tam amarus erat sapor, ut guttur-eorum [eius] ruperit. Non tantum sibi, sed omni genimini-suo, mortem comedit. Iratus est Deus, et proiecit eum in hunc laboriosum mundum; et factus est mortis et inferni nidus, et omni generi-suo. Qui illi, nos sumus. Ut et vos videtis (cum) oculo-vestro. Certe et non unus [neque unus = nullus] homo praeterire-potest hanc scrobem; certe omnes ad illam accedentes sumus. Oremus Domini-nostri Dei clementiam pro hac anima; ut misereatur ei et gratiam faciat, et indulgeat omne peccatum-eius. Et oremus Sanctam Dominam Mariam, et Beatum Michaelem Archangelum, et omnes Angelos: ut orent pro eo. Et oremus Sanctum Petrum Dominum, cui data est potestas solvendi et ligandi: ut solvat omne peccatum-eius. Et oremus omnes Sanctos; ut sint ei iuvamen ante Domini-nostri faciem: ut Deus per orationem-eorum indulgeat peccatum-eius. Et liberet eum a daemonis persecutione et inferni cruciatu; et ducat eum in paradisi requiem; et det ei in caeleste regnum viam, et in omni bono partem. Et clamate ad Dominum-nostrum ter: Kyrie eleison!

Amabiles fratres-mei! oremus pro huius pauperis hominis anima, quem Dominus hoc die ex huius iniqui mundi carcere liberavit, cuius hoc die corpus sepelimus: ut Dominus eum (cum) clementia-sua in Abrahami, Isaci, Jacobi sinum collocet; ut iudicii-die adveniente inter omnes Sanctos-suos, et Electos-suos, in parte dextra versus illocandum reviviscere-faciat eum. Et vos ipsos. Clamate ter: Kyrie eleison!

Von der Leichenrede bis zur Mitte des XV. Jahrhunderts haben wir wieder kein zusammenhängendes Sprachdenkmal von ähnlichem Umfange. Aus diesem mehr als zweihundertjährigen Zeitraume (also aus der Zeit der Könige fremder Abstammung bis Matthias Corvinus) besitzen wir nur einige kleinere Texte: die Gyulafehérvárer Glossen aus dem Anfang des XIV. Jahrhunderts und die Königsberger Fragmente aus der ersten Hälfte desselben Jahrhunderts, mit einer von der Leichenrede nicht sehr abweichenden Sprache; eine Eidesformel aus der Zeit Ludwigs des Grossen; und den Regenteneid Johann Hunyadys aus dem Jahre 1446[1]). Von diesen Sprachdenkmälern mögen die folgenden als Proben dienen:

1) Die Eidesformeln sind nur in späteren Abschriften erhalten.

## Die Gyulafehérvárer Glossen.

| Ungarischer Text: | Urtext: | In die heutige Sprache übertragen: |
|---|---|---|
| I. | I. | I. |
| Habrosagben ualacnok kegussege | Jocunditas m[a]erencium. | Háborúságban valóknak kegyessége, |
| Eleeknek vruksege | Eternitas vivencium. | Élőknek öröksége, |
| Koorsagbon walaknok egessege | Sanitas lang[u]encium. | Kórságban valóknak egészsége, |
| Sciuksegben walaknok beusege | Ubertas egencium. | Szükségben valóknak bősége, |
| Ehezeu nepeknek . . . | (Sacietas) esuriencium. | Éhező népeknek . . . |
| II. | II. | II. |
| Chudalatus miuinec ielenetuiben | In mirifica operis indicio, | Csodálatos műveinek jelenetiben, |
| Vnū zaiaual mūdut igenec tonosagaban | In verbi oris sui testimonio, | Önnön szájával mondott igének tanuságában, |
| Scent oltarū kuner kepeben | In sacri altaris misterio, | Szent oltáron kenyér képében, |
| Oz kerezt fan figeu kepeben[1]. | In sui imaginis vestigio. | A keresztfán függő Képében. |
| III. | III. | III. |
| Vnun tonohtuananac arulatia | (Primum) quia a proprio discipulo ejus vendicio fuit. | Önnön tanitványának árulatja (árulása) |
| Nemzetui nepnech vadulatia | (Secundum) quia a proprio [populo] est accusatus. | Nemzeti (nemzete) népnek vádolatja, |
| Irlm uarasanac tistes fugadatia | (Tercium est) quia a Jerosolimis honorifice fuerat susceptus. | Jeruzsálem városának tisztes fogadatja, |
| Isten fianoch artotlonsaga | (Quartum) innocencia salvatoris. | Isten fiának ártatlansága, |
| Halalanoch scidalmos quina | (Quintum) mortis infamia. | Halálának szidalmas kína (kínja), |
| Bodug ascunnak scemehel latatia. | (Sextum) Marie presencia. | Boldog asszonynak szemével látatja (látása). |

1) Wörtlich: auf dem heiligen Altar in Brotesgestalt, in des Gekreuzigten [dessen, der auf dem Kreuze hängt] Gestalt.

**Aus den Königsberger Fragmenten.**

Ug scolanoc: Vylagnoc kezdetuitul fugua rohtonc ez nem levt wala, hug scuz lean fiot sciulhessen, scuzsegnec tukere tistan maradhassun, es nekunc hyrunc benne ne leyessen. Tudyuk latiuc evt scuz leannac, qui vleben tart chudaltus fiot, furiscte musia, etety ymleti, ug hug ana sciluttet; de qui legen neky atia azut nem tudhotiuc. Ez oz ysten, mynt evt esmeriuc, quit sceplev nem illethet; mert ha ysten ev num uolna, ev benne bynut lelhetneync. Amen.

Úgy szólának: Világnak kezdetűl fogva rajtunk ez nem lett vala, hogy szűz leány fiút szülhessen, szűzeségnek tűköre tisztán maradhasson, és nekünk hírünk benne ne lehessen. Tudjuk, látjuk őt szűz leánynak, ki ölében tart csodálatos fiút, füröszti, mossa, eteti, szoptatja, úgy ahogy anya szülöttét; de ki (legyen) neki atyja, azt nem tudhatjuk. Ez az Isten, mint őt ismerjük, kit szeplő nem illethet; mert ha Isten ő nem volna, ő benne bűnt lelhetnénk. Ámen.

Zu deutsch: So sprachen sie: Von Anfang der Welt geschah es uns nie, dass eine Jungfrau einen Sohn gebären könne, der Spiegel der Jungfräulichkeit rein bleiben könne, und wir keine Kunde davon haben sollten. Wir wissen, wir sehen sie als Jungfrau, die in ihrem Schosse einen wunderbaren Knaben hält, sie badet ihn, sie wäscht ihn, sie gibt ihm zu essen, sie säugt ihn, so wie eine Mutter ihr Kind; aber wer dessen Vater sei, das können wir nicht wissen. Das ist Gott, wie wir ihn kennen, den kein Makel treffen kann; denn wenn er nicht Gott wäre, könnten wir eine Sünde in ihm finden.

**Eidesformel aus der Zeit Ludwigs des Grossen (um 1350).**

Isten teged vgy segellyen, Szůz Maria melleted te veg napodon szent fiánac eloͦtte vgy tamadgyon. Istennec mind szenti, te erted vgy imadgyanac, Isten teste te vég napodon meltan neked vgy meltoztatassêc, szoͦrnyů halallal vgy ne vesz el, foͦld, tetemedet vgy fogadgya halua, harmad napon vgy ki ne vesse, Isten szenięt te vég napodon vgy lathassad, oͦroͦc pokolban vgy ne temetessel, es magul magod vgy ne szakadgyon, hogy Vrunknac Laios királynac es szent Koronaia-

Isten téged úgy segéljen, Szűz Mária melletted te vég napodon szent fiának előtte úgy támadjon, Istennek mind szenti te érted úgy imádjanak, Isten teste te végnapodon méltán neked úgy méltóztassék, szörnyű halállal úgy ne vessz el, föld tetemedet úgy fogadja halva, harmad napon úgy ki ne vesse, Isten színét te vég napodon úgy láthassad, örök pokolban úgy ne temettessél és magul magod úgy ne szakadjon, hogy Urunknak Lajos királynak és szent koronánac valo hiuseg tartasodra, minden oruot, toluait, gyilkost, kaczert, ember étetȍket, buȍsoket, baiosokat, hâz égetȍket, szentegyhaz tȍrőket, fél hiten valot, es ki Orszag veszedelmére, poganoknac segetseggel, auagy tanachal volt, ál leuel kȍltȍket, al pechet likaztokat, es kic ezekcel élnęnec, es mindeneket azokat, kic vrunc Laios kiralnac es Orszaganac es szent Koronaianac ellene es veszedelmére tȍrekedőc volnanac, igazan meg mondod, meg neuezed es ki adod es meg nem tagadod: es irigységben auagy gyůlȍségben, senkit el nem vesztesz, es igazat nem hamissitasz, es hamissat nem igazitasz. Ezeket meg nem hagyod sem keduért, sem adomanért, sem gyůlȍlségért, sem félelemért, sem baratsagért, semmiertis. Es à mi beszed kȍzȍttetec lenne, ezt titkon tartod, es oknelkůl senkinec meg nem ielented, meg sem mondod. Isten téged vgy segéchen, es ez szent kereszt.

jának való hívségtartásodra, minden orvot, tolvajt, gyilkost, kacért, emberétetőket, bűvösöketbájosokat, házégetőket, szentegyháztörőket, félhiten valót, is ki ország veszedelmére, pogányoknak segitséggel, avagy tanácscsal volt, állevélköltőket, álpecsétlikasztókat, és kik ezekkel élnének, és mindeneket azokat, kik urunk Lajos királynak és Országának és szent Koronájának ellene és veszedelmére törekedők volnának, igazán megmondod, megnevezed és kiadod és meg nem tagadod: és irigységben avagy gyűlölségben, senkit el nem vesztesz, és igazat nem hamisitasz és hamisat nem igazitasz. Ezeket meg nem hagyod sem kedvért, sem adományért, sem gyűlölségért, sem félelemért, sem barátságért, semmiért is. Es ami beszéd közöttetek lenne, ezt titkon tartod, és ok nélkül senkinek sem jelented, meg sem mondod. Isten téged úgy segitsen, és ez szent kereszt!

Zu deutsch: So möge dir Gott helfen, die Jungfrau Maria an deinem Todestage vor ihrem heiligen Sohne so beistehn, Gottes Heiligen alle für dich so beten, Gottes Leib möge dir so zum Heile sein, so mögest du mit fürchterlichem Tode nicht umkommen, die Erde möge deine Gebeine so aufnehmen, und am dritten Tage nicht herauswerfen, so mögest du an deinem Todestage Gottes Angesicht schauen können, in die ewige Hölle nicht begraben werden und dein Samen nicht aussterben, als du zur Bewahrung deiner Treue gegen unsern Herrn König Ludwig und seine heilige Krone alle Diebe, Räuber, Mörder, Sodomiten, Giftmischer, Zauberer, Brandstifter, Kirchenschänder, Ketzer und wer zum Verderben des Landes den Heiden mit Hilfe und Rat beigestanden, Urkundenfälscher, Siegelfälscher, und die sich ihrer bedienten, und alle diejenigen, welche unserm Herrn König Ludwig und seinem Lande und seiner heiligen Krone entgegen wären und auf sein Verderben hinstrebten, wahrhaftig anzeigst, nennest und herausgibst und nicht verleugnest:

und aus Neid oder Hass niemand ums Leben bringst, und Wahres nicht fälschest und Falsches nicht wahr machst. All dieses nicht lässest, weder aus Gunst, noch für ein Geschenk, noch aus Hass, noch aus Furcht, noch aus Freundschaft, um gar nichts. Und was für Rede immer unter euch wäre, das hältst du geheim, und meldest es ohne Ursache niemandem, und sagst es nicht. So helfe dir Gott und dieses heilige Kreuz!

**Eid Johann Hunyadis[1].**

Isten Theged wgy segellyen. Bodogh Azzoń Neked Irgalmath wgy nyeryen, Istennek mynd Zenthy eretted wgy thamagyanak, Istennek zenth Testhe the wegh Napodon, Idwossegedre wgy meltholyek, fewld Thethemedeth wgy fogadya, onath harmadnapon wgy ky ne wesse, magol magod wgy ne zakadyon, Iteleth napyan Istennek ew zenth Zyneth wgy lathassad, Ewrewk Pokolba wgyne Themetthessel, hogy az Zerzesth ez Registromba kith ez orzagh Zerzesere megh Irtanak wolna, azth Ewressen es Thewkelletessegel mynd megh Tartod, semmyth ellene nem Theez sem Thethetz.

Deus te ita adjuvet, Beata virgo Maria tibi ita misericordiam impetret, omnes sancti sic pro te intercedant, Dei sanctissimum corpus in extremo tuo die ita saluti tuae conducat, terra ossa tua ita suscipiat, et sic die tertio non ejiciat; in universum semen tuum sic non deficiat, in die judicii sanctum Dei vultum ita conspicere valeas, in aeterno inferno ita non sepeliaris, sicut universa hoc Regesto contenta in profectum et utilitatem Regni conscripta, toto conatu determinate retinebis, nihil in contrarium eorum facies, neque fieri procurabis.

Aus dem Anfang des XV. Jahrhunderts besitzen wir zwei eigentümliche Sprachdenkmäler: das 15 geschriebene Seiten

1) In das Corpus Juris wurde dieser Eid lateinisch eingeschaltet, aber mit der Bemerkung, dass *„ex vulgari in latinum translatum“*, man ihn aus der Volkssprache ins Lateinische übertragen habe. Gewiss ist auch der folgende Eid aus dem Ungarischen übersetzt, mit welchem man die deutschen Städte zur Treue gegen König Matthias beeidete: »Das uns Gott helffe, unsere Liebe Frau, und alle Gottes Heiligen, das wir von der Stadt N. wegen keinen anderen König haben wellen, nach [noch] erwelen werden, den [denn] den Herrn Wavdafia Matyasch, und wellen im [ihm] gehorsam seyn, und dienen mit Recht und worer trew [wahrer Treu], als unsern gnädigen Herrn, und dergleichen dem Grossmächtigen Herrn Zilágyi Mihál an seiner stat dieweil und er Gubernator ist.« Sieh R. M. Nyelvemlékek II. b. 358.)

füllende Beszterceer Glossar, welches erst im Jahre 1891 im Beszterceer (Bistritzer) Komitatsarchiv entdeckt wurde, und das 14 Seiten starke Schlägler Glossar, welches man fast zur selben Zeit in der Bibliothek des Prämonstratenser-Ordenshauses in Schlägl (Ober-Österreich) entdeckte. Das sind um 1410 entstandene lateinisch-ungarische Glossarien, wie man sie in den Schulen jener Zeit zu diktieren pflegte (ein kürzeres ist aus der Zeit um 1484 in einer handschriftlichen Sammlung des Thomas Nyirkállai, des Hofkanzlers Königs Matthias' erhalten, herausgegeben in Kovachichs Werk 1790). Ein solches Glossar wurde *Nominal* oder *Nomenclatura* genannt, denn der Lehrer diktierte nur die Nomina, und zwar in sachlich geordneten Gruppen. Aus diesen von Geschlecht zu Geschlecht überkommenen Verzeichnissen entwickelten sich auch unsere ältesten Wörterbücher: Murmellius' (1533), Gabriel Pestis (1538) und Fabricius von Szikszó's Nomenklatur (1590).

In dem Beszterceer Glossar sind ungefähr 1300, in dem Schlägler rund 2300 Wörter, — die Hälfte der letzteren ist identisch mit dem Inhalte des erstern. Unter den Wörtern finden sich sehr viele Seltenheiten, sehr viele heute unbekannte Kulturwörter, ausserdem interessante grammatische Formen. Hier eine kleine Auswahl:

*Egyveng* bedeutet 'Bruder, Schwester, rechte Geschwister' (kommt nur noch bei Nyirkállai einmal vor; heute *testvér*, *egytestvér*). *Fial* 'Stiefsohn' (heute *mostoha fiú*) und *atyal* 'Stiefvater' (*mostoha atya*). *Ŕér* 'Schwager'. Die Wörter *kamasz* (heute 'Lümmel, Flegel') und *cenk* (heute 'Kerl, Bube, Spitzbube' usw.) bezeichneten damals noch Hundearten (auch nach anderen Quellen). *Hort* heisst 'Windspiel' (sonst *agár*); dieses Wort ist ein Unikum, es kommt sonst nirgends vor (= slov. *hrt*). *Ravasz* 'Fuchs' (heute 'schlau'). *Sztrak* soviel als das spätere *eszterag* 'Storch' (altslav. *strŭkŭ*). — *Hagymán* 'eine Decke, die unter den Sattel zu legen ist'. *Ere* und *emlé* 'Zügel, Zaum'. — *Fen* 'Schleifstein' (heute *fenkö*, *köszörükö*). *Verö*, der ursprüngliche ungarische Name des 'Hammers', die heutige Benennung *kalapács* ist slavischen Ursprungs. *Ágas* und *köláb* 'Säule' (heute *oszlop*, das ebenfalls dem Slavischen entlehnt ist). *Álltetem* 'Kinnbacke' (heute *állkapca*). *Kép* 'Spiess, Pike' (auch bei Heltai; heute *kopja*). — *Higy* 'Ohrgehänge' (auch im Wiener Kod.; sonst *fülönfüggö*). *Venerék* 'Getränk' (auch in den Kodizes). *Morvány* 'Kuchen' (die Palotzen nennen den geflochtenen Kuchen noch heute so). — *Érény* 'Abgrund' (auch in anderen Quellen *örény, örém*: heute *örvény*). *Kisa* 'Zanken, Zwietracht' (auch in den Kodizes *késa, kisálkodás*). — Die Wörter *tarka* 'bunt' und *szürke* 'grau', kommen noch ohne das Diminutivsuffix vor: *tar posztou* pannus virgulatus und *szir* griseus. — Für die Wortbildungslehre interessant ist noch, dass das Suffix *-tyú, -tyü* (im Schlägler Gl.) in der Form *-té* vorkommt: *pattanté* 'Geschütz', *sarkanté* 'Sporn'. — An die Orthographie des frühern Zeitalters erinnern noch Schreibungen wie *bwlch, vruk* (*bölcs* 'weise', *örök* 'ewig'), ferner Formen wie *low, poztow, tarthow* (*ló* 'Pferd', *posztó* 'Tuch', *tartó* 'Hälter'), die sich in den Kodizes nicht mehr finden.

Aus dem XV. Jahrhundert besitzen wir noch drei Sprachdenkmäler, die keinen zusammenhängenden Text, sondern nur Wörter enthalten, diese aber in grosser Zahl, nämlich: die sogenannten Németújvárer, die Budapester und die Römer Glossen, Anmerkungen, die den lateinischen Text mit ungarischen Wörtern und Redensarten erklären. An solchen Glossarien ist unsere Sprachgeschichte nicht so reich, wie z. B. die der germanischen und romanischen Sprachen, und was wir besitzen, ist zum Teil noch nicht herausgegeben. Die Németújvárer Glossen stammen aus dem Jahre 1470, wenigstens jener Teil, der in den Text eingeschaltet ist, wie z. B.: „Deinde visus est plus quam quingentis fratribus, *tebnec hog nem ıcthzaznak*, novissimo autem tanquam abortivo, *erethlen germeknek* [wörtlich 'einem unreifen Kinde'], visus est mihi.“ Es finden sich viele seltene und veraltete Wörter und Formen unter diesen Anmerkungen; z. B. *gerla* corus ('Getreidemass'); *hejt* stolidus; *jug-szél* 'Südwind'; *koltag, koltog* 'pochen, klopfen'; *lewsag* opprobrium 'Schmach'; *meraz* 'schlecht'; *néző* 'quacksalbernde Frau'; *vanalat* 'Erfolg'; *yene* (d. h. *ijené, ijenő*) 'furchtbar, erschreckend'.

**Das Zeitalter der Kodizes**, der grösseren Handschriften, beginnt in der ersten Hälfte des XV. Jahrhunderts und dauert bis nach 1530, d. h. bis zum Beginn des Buchdrucks in Ungarn.

Der erste vollständige ungarische Kodex, also das älteste ungarische Buch ist der Ehrenfeld-Kodex, der nach seinem Eigentümer, dem Wiener Dr. Adolf Ehrenfeld so benannt wurde, und die Legende des heiligen Franz von Assisi enthält. Den

Wert dieser Handschrift, die spätestens um die Mitte des XV. Jahrhunderts geschrieben wurde, wird noch durch den Umstand erhöht, dass ihre Sprache noch viel altertümlicher ist, sie ist also die Abschrift eines viel älteren Originals. Der Ehrenfeld-Kodex ist in Nyitra ans Tageslicht gekommen und auch seine Sprache zeigt die Eigentümlichkeiten der Palotzer Mundart um Nyitra; vgl. *magamot* 'mich selbst', *őköt* (*ewkewt*) 'sie' (3. Pers. Pl. Akk.), *fordól* 'sich wenden', *indól* 'abgehen' usw. — Anderes übergehend, wollen wir bloss einige Eigenheiten der Flexion erwähnen, welche anderwärts entweder selten oder überhaupt nicht vorkommen.

Im Präteritum und im Konditionalis der Verba auf *-ik* endigt die 3. Person nur in hochlautigen Zeitwörtern auf *-ék* (z. B. *evék* 'er ass', *ennék* 'er ässe, würde essen'), nach Tieflautern jedoch auf *-ák* : *haraguvák* 'er zürnte', *vimádkoznák* 'er würde beten' usw., während es sonst überall *haraguvék*, *imádkoznék* heisst. — Eine eigentümliche Verbalform, welche sonst sehr selten ist, finden wir hier: *jutandana* 'er würde (einst) gelangen' (kommt einigemal vor). — Das Suffix *-bólből* 'aus' ist auch hier noch zweisilbig, wie in der Leichenrede, hat jedoch den Gesetzen der Vokalharmonie gemäss auch schon eine tieflautige Form: *helybelewl* d. h. *helybelől* 'aus dem Orte' *vewlgybelewl* d. h. *völgybelől* 'aus dem Tale', *tarsimbalol* d. h. *tdrsimbalól* 'aus (von) meinen Genossen', *szdmdbalól* 'aus seiner Zahl', „*halottaybalol feltamad*“, d. h. *halottaibalól feltámad* 'er ersteht auf von den Toten'. Ähnliche Formen finden sich noch in einigen anderen Handschriften, aber nirgends so folgerichtig angewendet, wie hier.

Aus derselben Zeit haben wir die Franziskaner-Bibel. Wie mit grosser Wahrscheinlichkeit nachgewiesen wurde, stammt diese Bibelübersetzung von zwei Franziskanermönchen namens Thomas von Pécs und Valentin von Ujlak, die in der ersten Hälfte des XV. Jahrhunderts (1436—39) vor der päpstlichen Inquisition von Slavonien nach der Moldau flüchteten. Die Fragmente dieser Bibel sind im Wiener-, Münchener- und Apor-Kodex erhalten. Die beiden ersten wurden bald nach der Mitte des XV. Jahrhunderts abgeschrieben, an den Schluss des

Münchener-Kodex setzte der Abschreiber auch die Anmerkung „beendigt von Georg Németi in der Moldau, in der Stadt Tatros 1466", dagegen wurde die Kopie des Apor-Kodex erst später, gegen Ende des Jahrhunderts verfertigt. Die Handschrift des Wiener-Kodex befindet sich in der Wiener Hofbibliothek und enthält die kleineren Bücher des Alten Testaments (Ruth, Esther, Judith, Makkabäer, Daniel und die kleineren Propheten). Der Münchener-Kodex befindet sich in der Münchener königl. Staatsbibliothek; seinen Inhalt bilden die vier Evangelisten. Der Apor-Kodex ist Eigentum des Székler National-Museums; er enthält den grössten Teil der Psalmen und als Anhang Gebete usw. Die Zusammengehörigkeit der drei Handschriften wird dadurch ausser Zweifel gesetzt, dass ihre Sprache sowohl im Wortschatz, als auch in den grammatischen Formen fast vollständig übereinstimmt. Die geringen Abweichungen sind sozusagen alle auf Rechnung der verschiedenen Abschreiber zu setzen. Sehr erhöht wird der Wert dieser Denkmäler durch die folgerichtige, einfache, zweckmässige Orthographie, eine Nachahmung der Hussischen Orthographie für das Tschechische. Jeder Laut wird mit einem einfachen Zeichen geschrieben, auch das *cs*, welches mit ι (verstümmelte Form des deutschen c) bezeichnet wird; das *sz* wird im Münchener-Kodex mit oben punktiertem *z* (*ż*) geschrieben. Das geschlossene *ë* wird vom offenen *e* unterschieden; ersteres wird mit *ė*, letzteres mit *è* bezeichnet, z. B. *èmbėr* 'Mensch'. Diese Zeichen unterscheiden jedoch nicht den langen Vokal vom kurzen, so dass das Zeichen *ė* nicht nur das kurze, geschlossene *ë*, sondern auch das lange, geschlossene *é* bezeichnet, z. B. *żėp*, *nėp*, *gimǫlčėt*[1]) (*szép* 'schön', *nép* 'Volk', *gyümölcsét* 'seine Frucht'). Ebenso kommt aber auch das *è* in kurzen und langen Silben vor; dieser Umstand ist von grosser Wichtigkeit für die ungarische Lautgeschichte. Aus der alten Bibelübersetzung sehen wir nämlich, dass in gewissen Wörtern und Wortformen, die heute mit geschlossenem *é* gesprochen werden, ursprünglich ein offener, langer *ê*-Laut stand; die alte Bibel bezeichnet diese Laute mit *è*, d. h. dem Zeichen des

1) Das einfache Zeichen für *cs* (in der alten Bibelübersetzung) wird gewöhnlich mit *č* transkribiert.

offenen *e*. Diese Schreibweise finden wir in zahlreichen Wortstämmen: *kèz, żèn, nèhèz, egèb* (lies *kêz* 'Hand', *szên* 'Kohle', *nehêz* 'schwer', *ëgyêb* 'anderer'); dass in diesen tatsächlich ein offener Laut gesprochen wurde, beweist noch heute das offene *e* der vokalverkürzenden Formen: *kezem* 'meine Hand, *szenet* 'die Kohle' (Akkus.), *nehezen* 'schwer' (Adverb), *ëgyebek* 'andere' (während Wörter mit urspr. geschlossenem *é*, wie *lélëk* 'Seele', *ëlég* 'genug' ihren Vokal zu einem geschlossenen *ë* verkürzen: *lëlkëm* 'meine Seele', Akkus. *ëlëget* 'genug'). Ebenso *kèčkèk, fiġèc, kèmencèt* (*kecskêk* 'Ziegen', *figêk* 'Feigen', *kemëncêt* 'den Ofen'); vgl. mit offenem, kurzen *e*: *kecske* 'Ziege', *füge* 'Feige', *kemënce* 'Ofen'. So sind auch einige Endungen geschrieben: die Personalendung *-él* im Perfekt und Imperativ: *zerzettèl, èmlèkèzièl, ègèl* (lies: *szërzëttêl* 'du hast gemacht, bereitet', *emlêkëzjêl* 'erinnere dich', *ëgyêl* 'iss'); und die Gömörer Mundart, die den Vokal verkürzt, weist in diesen Formen tatsächlich ein offenes *e* auf: *szëréztel, ëgyel*. Die zweierlei *é*-Laute des Wiener- und Münchener-Kodex werden ein halbes Jahrhundert später durch den Jordánszky- und Érdy-Kodex bestätigt, die die beiden geschlossenen Laute mit doppeltem *ee*, die beiden offenen hingegen mit einfachem *e* schreiben (*eegyel, neepek*, lies *egyêl* 'iss', *népek* 'Völker'), und noch später durch Kaspar Heltai, der auch zwei lange *é*-Laute unterscheidet und den offenen Laut in denselben Wörtern und grammatischen Formen anwendet, wie die alte Bibelübersetzung (nur bezeichnet er ihn mit *ę*). Den Unterschied haben noch einzelne Mundarten bewahrt. — Der auffallendste Lautwandel dieser Bibelübersetzung ist, dass das auslautende *ë* (heute *e*) immer in *ö* verändert wird, so oft die vorhergehende Silbe einen vorderen Labialvokal enthält; also *földö* 'seine Erde', *elöttö* 'vor ihm', *bünö* 'seine Sünde', *mögöttö* 'hinter ihm', *öszvö* 'zusammen'. Diese Eigentümlichkeit kann, da sie noch heute in den Mundarten der Draugegend vorhanden ist, ebenfalls als Beweis des slavonischen Ursprungs der Übersetzer dienen. — In der Franziskaner-Bibel kommen noch folgende Eigentümlichkeiten vor: Das Suffix *-ség* '-heit' hat hier schon zwei Formen, *-ség* und *-ság*, aber die daraus gebildete Adjektivendung *-ségő* (*-ségü*) ist immer unverändert:

*magasségő* 'hoch, erhaben', *kazdagségő* 'sehr reich'[1]). Die Beiwörter auf *-ó, ő* haben noch eine Stammform mit dem *v*-Laut, z. B. *dicső* 'herrlich': *dicsövek*, *eggyügyő* 'einfältig': *eggyügyövek* 'einfältige', wie *kő* 'Stein': *kövek*. — Hinsichtlich der Verbalbildung ist im Münchener-Kodex die anstatt des Verbums mit dem Suffix *-hat* '*posse*' gebrauchte Verbindung am interessantesten: *nem hatsz egy fürtöt fejérré tenned* 'du kannst keine Locke weiss machen' anstatt des sonst üblichen *nem tehetsz* (in der Leichenrede finden wir schon *múlchotja*, d. h. *múlhatja* 'er kann nicht entgehen', im Ehrenfeld-Kodex aber: „*Mit hathatnék adnia?*" = *mit adhatnék* 'was könnte ich geben'). — Es gibt zwei eigentümliche Partizipialfügungen, denen man in anderen Sprachdenkmälern sehr selten begegnet. Die eine besteht aus dem Verbalnomen (Gerundium) auf *-va ve* mit Personalendungen: *Kit én megesmervém elfuték* 'den ich erkennend fortlief'. *Tévelygetek nem tudvdtok irást* 'ihr irret, da ihr die Schrift nicht kennet'. Die andere ist ein eigentümliches Verbalnomen mit dem Formans *-tt*, und den Personalendungen: *Láttonk tégedet éhezetted és étettönk tégedet, szomjaztad és veneréket adtonk te néked* (heute *láttunk téged éhezve és etettünk tégedet, szomjazva és italt adtunk teneked*) 'wir sahen dich hungernd, und wir gaben dir zu essen, dürstend, und wir gaben dir Trank'. *Látám a szelletet leszállatta mennyből*, 'ich sah den Geist heruntersteigend vom Himmel'. Einige den letzteren ähnliche Ausdrücke leben noch heute bei den Széklern, z. B. *álmottam*, *álmottad* 'im Traume' (anstatt *álmodtam*, *álmodtad* 'als ich schlief, als du schliefst'; dann mit falscher Analogie von Hauptwörtern: *leányta* 'in ihrer Mädchenzeit, als sie noch ein Mädchen war' usw.).

Aus der Zeit des Königs Matthias stammt der kleine Birk-Kodex (1474) und das Lied Szabács-viadala: Der Kampf bei Schabaz (1476), das im ganzen 150 Zeilen umfasst: beide Sprachdenkmäler sind dadurch merkwürdig, dass sie nicht in einer Kopie, sondern in der Originalhandschrift, ja sogar

1) Diese Ausdrücke wurden also zu jener Zeit noch als Zusammensetzungen gefühlt, nicht als einfache Wörter; vgl. heute noch: *másszor* 'ein andermal', aber *más-szërü* 'anders geartet'.

im ursprünglichen Konzept erhalten sind. — Ausser anderen kleineren Handschriften hat sich noch ein Kodex aus dem XV. Jahrhundert erhalten: der Festetics-Kodex in der Festetics-Bibliothek zu Keszthely, der um 1494 geschrieben wurde, und dessen Hauptteil die Horen der heiligen Jungfrau Mariä bilden.

Die meisten unserer handschriftlichen Denkmäler stammen aus den ersten Jahrzehnten des XVI. Jahrhunderts, obzwar ein gut Teil davon die Abschrift älterer, verlorener Kodizes mit veränderter Orthographie und Sprache ist, so dass man die Zeit der Urschrift, also das Alter des Textes nicht genau feststellen kann. An erster Stelle stehen zwei kleinere Sprachdenkmäler: aus dem Jahre 1503 die Satzungen von Sajószentpéter über den Verkauf der Weine, und das bekannte Lied von der Einnahme Pannoniens, das wir heute nur in einer Kopie aus dem XVIII. Jahrhundert besitzen. Ihnen folgt eine lange Reihe von Kodizes, unter denen wir in dieser Zeit schon gewisse grössere Gruppen unterscheiden können. Diese Gruppen werden teils durch die Gemeinsamkeit der Quellen, teils durch die der Abschreiber, zum Teil auch durch den gemeinsamen Inhalt vereinigt. Die Quellen finden wir fast ausnahmslos in dem Breviarium, in der Goldenen Legende und in den Werken Pelbarts von Temesvár. Die erste lieferte die Gebete und Gesänge, die zweite die Legenden der auswärtigen Heiligen, die dritte hauptsächlich die Legenden der ungarischen Heiligen und überdies die Kanzelreden.

Am nächsten interessieren uns, als heimische Quellen, die Werke des berühmten Franziskanerredners, Pelbarts von Temesvár. Von seinem Leben wissen wir sehr wenig: dass er zwischen 1430 und 1440 in Temesvár geboren wurde, 1458 bis 1463 an der Krakauer Universität studierte, dann in den Franziskanerorden eintrat und 1483 im Ofner Hause seines Ordens die Theologie lehrte, und schliesslich, dass er 1504 starb. Seine im Druck erschienenen Werke, alle in lateinischer Sprache, erschienen in zahlreichen Auflagen (vom Ende des XV. Jahrhunderts bis zum Ende des XVI. Jahrhunderts, die meisten Auflagen zwischen 1491 und 1521) und verbreiteten sich über ganz Europa. Einen Teil seiner Predigten hat er ohne Zweifel ungarisch vorgetragen. Er erwähnt mehrmals, dass seine Predigten „für das einfältige Volk verfertigt wurden“, dass er sie „angemessen der Auffassung des Volkes von diesem Lande verfassen will“, dass er sich „auf sonstige Dinge, die nicht in den Kreis der volkstümlichen Rede gehören, nicht weitläufig auslässt“. An einer Stelle flicht er eine sinnige Tierfabel in seine Rede ein und bemerkt, dass er „dergleichen Beispiele darum in seine Rede menge, damit er durch dergleichen das während der Nachmittagspredigt oft schlummernde Volk wach halte“[1]). Die meisten Handschriften dieses Zeitalters sind Übersetzungen von Pelbarts Werken. Der Érdy-Kodex ist fast ganz aus den Reden und Legenden der Sermones de Sanctis und der Sermones de Tempore zusammengestellt, und unter den letzteren sind die Legenden der ungarischen Heiligen (Stefan, Emerich, Ladislaus) die interessantesten und wertvollsten. Aus denselben zwei Werken und aus seinem Stellarium finden wir einzelne Teile im Érsekujvárer- und Kazinczy-Kodex, im Tihanyer-, Weszprémy- und Horvát-Kodex.

Unter den Abschreibern der Kodizes finden wir zwei Nonnen: Lea Ráskai und Martha Sövényházi. Die erstere schrieb auf der Margareteninsel 1510 die auch inhaltlich hervorragende Margaretenlegende, das Leben der ungarischen Prinzessin Margarete, ferner die erste Hälfte vom Buch der Beispiele (Példák könyve), den umfangreichen Cornides-Kodex, das Leben des heiligen Dominik, und endlich 1522 den Horvát-Kodex. Martha Sövényházi schrieb den grössern Teil des Érsekujvárer-Kodex und arbeitete auch am Thewrewk-Kodex.

Ausser den erwähnten haben sich noch mehrere andere wertvolle Handschriften aus diesem Zeitalter erhalten. So der Winkler-Kodex aus dem Jahre 1506 und der Nádor-Kodex (Palatin-Kodex) aus dem Jahre 1508, zum grossen Teil Kopien eines und desselben Textes: Passionsgeschichte, Legenden, Gebete.

---

1) Die Titel seiner Werke sind: Stellarium Coronae Mariae Virginis (1. Ausg. 1498), Sermones Pomerii Pelbarti de Themeswar . . . . de Sanctis (1499), Sermones Pomerii . . . . de Tempore (1498), Sermones Quadragesimales (1499), Expositio . . . . Sensus . . . Libri Psalmorum Complectens (1504), Aureum Rosarium Theologiae (1503).

So der Döbrentei-Kodex 1508, der Keszthelyer-Kodex 1522 und der Kulcsár-Kodex 1539, lauter Psalmenübersetzungen, die letzteren zwei sind Abschriften einer und derselben Übersetzung. Zwischen 1516 und 1519 wurde der Jordánszky-Kodex geschrieben, der wieder die Bruchstücke einer anderen Bibelübersetzung bewahrte und der hinsichtlich seiner Sprache und der folgerichtigen Rechtschreibung mit dem bereits erwähnten Érdy-Kodex übereinstimmt. Wertvoll sind noch: der Lobkovitz-Kodex (1514), der Vitkovics-Kodex (1525), der Teleki-Kodex (1525—1531), der Kriza-Kodex (1532), der undatierte Peer-Kodex, der ausser dem Leben des heiligen Alexius und des heiligen Paulus die satirische „Cantilena“ Franz Apátis und das auch im Thewrewk-Kodex befindliche schöne Marienlied des Andreas Vásárhelyi enthält.

Einen hervorragenden Platz unter den geschriebenen Denkmälern nehmen die Briefe ein, weil sie mehr oder weniger die alte Umgangssprache widerspiegeln. Von den Briefen aus dem XVI. Jahrhundert sind einige Hundert im sogen. Magyar Levelestár (Ungarische Briefsammlung) zusammengetragen.

**Allgemeines über die Sprache der Kodizes.** — Ihr lautlicher Charakter stimmt schon im grossen ganzen mit der heutigen Sprache überein, oder mit andern Worten: die ungarische Aussprache hat sich während dieser vierhundert Jahre wenig verändert. Die Abweichungen, die wir in den einzelnen Kodizes finden, sind meist mundartliche Eigentümlichkeiten, welche in der Heimat des betreffenden Kodex noch heute vorhanden sind. Zu jener Zeit, vor Verbreitung der Buchdruckerei, gab es natürlich noch keine literarische Gemeinsprache, sondern jedermann schrieb die Sprache seiner Gegend. Und dieser Umstand erhöht in sprachgeschichtlicher Hinsicht den Wert der Kodizes in grossem Masse, denn sie bieten uns oft ein treues Bild von dem Zustande der heutigen Mundarten vor vierhundert Jahren, der natürlich mit dem heutigen nicht in allem übereinstimmt.

Die Lautform einzelner Bildungssilben und Endungen in den Kodizes weicht von der heutigen ab, da die meisten damals offener lauteten, als heute. So z. B. lautete die heutige Endung *-úl ül* meist noch *-ól ől* (*fordól* 'sich drehen, wenden', *repől* 'fliegen' usw.), das heutige *-it* lautete *-ojt ëjt öjt* (*fordojt* oder *fordëjt* 'wenden', *dücsövöjt* 'lobpreisen' usw.), das heutige *-unk ünk* und *-juk jük* weist noch die Formen *-onk ënk önk* und *-jok jëk jök* auf (*házonk* 'unser Haus', *kertënk* 'unser Garten', *ökrönk* 'unser Ochse', *adonk* 'wir geben', *keresënk* 'wir suchen', *győztönk* 'wir haben gesiegt'; *adjok* 'wir geben es', *keressëk* 'wir suchen es', *győztök* 'wir haben ihn besiegt') usw. Interessant sind die Endungen auf die Frage woher. Unter diesen zeigen die Suffixe *-ból -ből* und *-ról -ről* auch in den Kodizes die heutige literarische Form (obwohl das letztere schwankt und häufig schon *-rúl -rül* geschrieben wird); aber statt des heutigen *-tól -től* 'von' schreiben dieselben Kodizes, welche *-ból -ből* gebrauchen, grossenteils *-túl -tül*. Seither wurde infolge der verwandten Funktion das Ende dieser drei Suffixe ausgeglichen: alle drei werden entweder mit *ó ő* oder mit *ú ű* gesprochen. — Die Endung *-nként* (*naponként* 'täglich', *háromanként* 'zu dreien') lautet in den Denkmälern gewöhnlich noch *-nkéd*, war also ursprünglich nicht mit dem Modalsuffix *-ként* identisch.

Was die Vokalharmonie anbelangt, finden wir keine grosse Abweichung. Jedoch behält das Suffix *-szër* '-mal' in den meisten Kodizes beständig den Hochlaut: *hányszer* 'wievielmal', *másadszer* 'zum zweiten Mal', *utólszeren* 'zuletzt, zum letzten Mal'. — Merkwürdig ist die ursprüngliche Form der heutigen Postposition *nélkül* 'ohne'; sie besteht nämlich aus zwei noch deutlich unterschiedenen Elementen: aus dem Suffix *-nál -nél* 'bei' und aus dem Adverb *kül, kült* 'ausserhalb, ausser' oder *külön* 'besonders'. Sehr oft begegnen wir in unseren Kodizes Ausdrücken, wie: *aldásnál-kül* (heute *alvás nélkül* 'ohne Schlaf'), *atyátoknál kil* 'ohne euren Vater'; *mind igénél, mind beszédnél kil*, 'sowohl ohne Wort, als auch ohne Rede'; *ő gyaldzásoknál, itéleteknél és kárhozatjoknál kül* 'ohne ihre Schmähungen, Urteile und Verdammnisse'; *törnél-külön* 'ohne Dolch'; *nyomdoknál-külön* 'ohne Spur'; *királynálkült* 'ohne König' (heute *nyomdok nélkül, király nélkül* usw.).

Die sogenannten synkopierenden Wortstämme, wie *lakodalom* (*lakodalm-unk* 'unsere Hochzeit'), *érdemel* (*érdemli* 'er verdient es') bleiben in den älteren Kodizes grossenteils in allen Flexionsformen ohne Vokal, z. B. *lakodalm*, *lakodalmnak* 'der Hochzeit', *érdeml* 'er verdient', *országlván* 'regierend' usw.

In der Konjugation zeigen viele Kodizes noch die ursprünglichen Lautgruppen *szj*, *zj*, *sj*: *vaddszja* 'er jagt es', *mosja* 'er wäscht es', *emlékezjél* 'gedenke' (in denselben lautet auch das heutige *hozzám* 'zu mir', *hosszu* 'lang', *asszu* 'trocken', noch: *hozjám*, *hoszjú*, *aszjú*).

Auffallend ist der Imperativ der Verba auf *-jt* (unter diesen auch die heutigen mit dem Suffix *-ít*); denn in vielen Kodizes hat er *h* als charakteristischen Laut: *gyüh*, heute *gyüjts* 'sammle', *nyohad*, heute *nyújtsad* 'strecke', *ehed*, heute *ejtsed* 'lass fallen'; *szabadoch*, *szabadech* oder *szabadoh*, *szabadeh*, *szabadih* so viel als *szabadíts* 'befreie', *meréhe*, heute *merítse*, 'er schöpfe es', *bövöhük*, heute *bövítsük* 'erweitern wir es' usw. Aus diesen entwickelten sich mundartliche Formen, wie *szabadíj* 'befreie', *fordíja* 'er wende es', *takaríjjon* 'er räume', *fordídd* 'wende es'. — Von den zusammengesetzten Verbalformen gibt es einige eigentümliche, in denen die älteren Kodizes beide Bestandteile mit den Personalendungen versehen: *fizetem valék*, *tudom valék*, heute *fizetem vala* 'ich bezahlte es', *tudom vala* 'ich wusste es'.

Unter den syntaktischen Altertümlichkeiten ist der suffixlose Gebrauch des Objekts neben den verschiedenen Verbalnomina zu erwähnen. Einzelne Überbleibsel dieses Sprachgebrauches kennen wir noch heute (*háztüz-nézni jöttek* 'sie kamen auf die Brautschau', *kalap-levéve jött be* 'er trat herein den Hut in der Hand'), in der älteren Zeit sind aber solche Formen viel häufiger; z. B. *Jöve egy némber viz merejteni* 'es kam ein Weib, Wasser zu schöpfen'. *Ne fordóljon meg ő köntöse felvenni* 'er wende sich nicht, um seinen Mantel anzulegen'. *Tanálcs tartván* 'Rat haltend'. *Ő keze kinyújtván* 'indem er seine Hand ausstreckte'. *Még ő e beszélvén* 'während er noch dies sprach'. (In der heutigen Gemeinsprache *vizet meríteni*, *köntösét felvenni*, *tanácsot tartván*, *kezét kinyujtván*, *ezt beszélvén*.

Wir könnten noch viel Charakteristisches im Wortschatze, in den Redensarten und Wendungen erwähnen; sehr vielen Ausdrücken, die nun veraltet sind, begegnen wir in unseren Kodizes auf Schritt und Tritt. Nur einige Beispiele mögen hier stehen: *apol* (heute *csókol*) 'küssen', *emni, emtetni* (heute *szopni, szoptatni*) 'saugen, säugen', *gyoponik, gyopont* (heute *gyúlad, gyújt*) 'es entzündet sich, er zündet', *jószág* (heute *erény*) 'Tugend', *köláb* (heute *oszlop*) 'Säule', *kölyuk* (heute *barlang*) 'Höhle', *rivölés* oder *réülés*, auch *rütet* oder *elrejtés* (heute *elragadtatás*) 'Entzückung', daher das noch heute volkstümliche *elrejtőzés* 'Scheintod', *szerkezés* (heute *szövetkezés*) 'Verbindung', *holval* (heute *reggel*) 'Morgen', *olymely* oder *olymint* (heute *mintegy, mintha*) 'gleichsam, als wenn' („*megdöglött és oly mely elveszett világ*" 'eine verpestete und gleichsam verlorene Welt'), *várunk lelkünk szakadva* 'wir warten bangen Herzens', wörtlich 'unsere Seele zerrissen', *édeskedvén isteni gondolatokban* 'schwelgend in göttlichen Gedanken, „*ha akarsz jegyösödnek öleletivel gyönyörködni és ü véle édesködni*" 'wenn du dich an den Umarmungen deines Bräutigams ergötzen willst und mit ihm liebkosen', „*ó szízlé [szüzlő] szép szemek, ó rózsálló piros tündeklő szép orcák, ó édeslő szép ajkak*" .... 'o ihr jungfräulichen, schönen Augen, o ihr rosig roten, glänzenden schönen Wangen, o ihr süssen, schönen Lippen'. —

Ebenfalls sehr wichtig für die Sprachgeschichte sind unsere ältesten Drucke: die Werke von Komjáthi, Ozorai, Pesti, Sylvester, Stefan Székely, Heltai, ferner unsere ältesten Lexikographen: Murmellius, Gabriel Pesti, Fabricius von Szikszó, Calepinus, Verancsics (alle noch aus dem XVI. Jahrhundert) und Albert Molnár (1604). Sie geben uns mit ihrer genaueren Orthographie Aufschluss über viele Einzelheiten, die aus den Kodizes nicht mit Sicherheit festgestellt werden können. Sie enthalten aber auch überdies, besonders was den Gebrauch der Wörter und Redensarten betrifft, vieles, wofür in den Handschriften, infolge des religiösen Inhalts, weder die Notwendigkeit noch die Gelegenheit vorhanden war. Wir besitzen übrigens viele Wörter und grammatische Formen, die wir aus inneren Gründen für uralt halten müssen, obgleich sie aus der ältern Literatur nicht belegt werden können. In solchen Fällen befriedigt uns die Untersuchung der alten Denkmäler nicht, und wir fühlen lebhaft, wie notwendig für die Sprachgeschichte die Erforschung der lebenden Volkssprache ist.

## Bibliographie.

Zolnai Gyula: *Nyelvemlékeink a könyvnyomtatás koráig.* (Unsere Sprachdenkmäler bis zur Zeit der Buchdruckerei. — Budapest, 1895.) — Gibt eine ausführliche und genaue Orientierung über alle handschriftlichen Denkmäler, sowie über die einschlägige Literatur (mit 26 Faksimiles).

*Magyar Oklevélszótár* (Ungarisches Urkundenwörterbuch). Sammlung von ungarischen Wörtern, die in alten Urkunden und anderen Schriften vorkommen. Das Material grösstenteils von Stefan Szamota gesammelt; das Wörterbuch redigiert von Julius Zolnai. Ergänzung des Magyar Nyelvtörténeti Szótár. (1902—04.) — Wertvolle Sammlung der ältesten sprachgeschichtlichen Daten.

Szarvas Gábor és Simonyi Zsigmond: *Magyar Nyelvtörténeti Szótár a legrégibb nyelvemlékektől a nyelvújításig.* (Ungarisches sprachgeschichtliches Wörterbuch von den ältesten Sprachdenkmälern bis zur Sprachneuerung. Budapest, 1889—1893.) — Enthält den Wortschatz der Literatur vor der Sprachneuerung, führt die Formen, Bedeutungen, syntaktischen Konstruktionen der Wörter an, erwähnt ausserdem auch die stehenden Redensarten und Sprichwörter, und zwar all dies in Belegen, die die Geschichte der einzelnen Wörter von der Zeit der handschriftlichen Denkmäler bis zur Schwelle der Sprachneuerung verfolgen. — Nachträge in mehreren Jahrgängen des *Magyar Nyelvőr.* Vgl. noch *A Nyelvtörténeti Szótárról* (Über das Sprachgesch. Wörterb.) Nyelvészeti Füzetek Nr. 15, eine Entgegnung auf die tendentiöse und anmassende Kritik Aladár Ballagis.

Nicolaus Révai: *Antiquitates Literaturae Hungaricae* (Pest, 1803). — Nur der erste Band ist erschienen, dieser enthält den umfangreichen und sehr lehrreichen Kommentar zur Leichenrede. Durch dieses Werk wurde die sprachgeschichtliche Methode begründet, die dann schon in Révais zweibändiger *Elaboratior Grammatica Hungarica* so reiche Früchte trug.

Szinnyei József: *Hogy hangzott a magyar nyelv az Árpádok korában?* (Wie wurde das Ungarische zur Zeit der Árpáden ausgesprochen? Nyelvőr Bd. 24.) *Középkori nyelvemlékeink olvasása.* (Lesung unserer Sprachdenkmäler aus dem Mittelalter. Nyelvtud. Közlemények Bd. 27.) — Balassa József: *Hogy hangzott nyelvünk az Árpádok korában?* (Wie lautete unsere Sprache zur Zeit der Árpáden? Magyar Nyelvőr Bd. 25.) — — Szinnyei József: *A tővégi rövid magánhangzók kérdéséhez.* (Zur Frage der stammauslautenden kurzen Vokale. Nyelvtud. Közlem. Bd. 33, 34.) — Suhajda L.: *Az Érdy- és a Jordánszky-kódex kétbetűs magánhangzói.* (Die durch Doppelung bezeichneten Vokale im Érdy- und im Jordánszky-Kodex. Nyelvtud. Közlem. Bd. 31.) — Szinnyei József und Melich József: *A Halotti Beszéd olvasása.* (Die Lesung der Leichenrede. Nyelvőr Bd. 32.)

Szamota István: *A tihanyi apátság alapító oklevele mint magyar nyelvemlék.* (Die Stiftungsurkunde der Abtei Tihany als ungarisches Sprachdenkmal. Nyelvtud. Közlem. Bd. 25.) — Die zahlreichen ungarischen Ausdrücke der lateinischen Urkunde aus dem Jahre 1055 werden auf sehr lehrreiche Weise, besonders mittelst ähnlicher Ausdrücke anderer Urkunden erklärt.

Varju Elemér: *A gyulafehérvári kódex.* (Der Gyulafehérvárer Kodex. — Akadémiai Értesítő 1898.) — Simonyi Zsigmond: *A gyulafehérvári versek.* (Die Gyulafehérvárer Verse. — Nyelvőr 1899.) — Szinnyei József: *A gyulafehérvári glosszák.* (Die Gyulafehérvárer Glossen. — Nyelvtudom. Közlem. 1899.) — Zolnai Gyula: *A Königsbergi Töredékek.* (Die Königsberger Fragmente. — Nyelvőr, 1895.) Über dieselben Nagy Gyula Akadémiai Értesítő 1895.

Szamota István: *A Schlägli magyar szójegyzék, bevezetéssel és magyarázatokkal s a szójegyzék fényképével.* (Das Schlägler ungarische Wörterverzeichnis, mit Einleitung und Erläuterungen und mit dem Faksimile des Wörterverzeichnisses. Budapest, 1894.) — Über den Wortschatz dieses Sprachdenkmals s. Tagányis wertvolle Abhandlung im 1895er Jahrgange der Zeitschrift Századok (Jahrhunderte).

Finály Henrik: *A Besztercei szószedet, értelmező jegyzetekkel s a nyelvemlék hasonmásával.* (Das Beszterceer Wörterverzeichnis, mit erläuternden Anmerkungen und dem Faksimile des Sprachdenkmals. Budapest, 1892.) Ein grosser Teil der Fehler berichtigt von Szamota in der eben erwähnten Ausgabe. — Melich József: *A Besztercei szójegyzék.* (Das Beszterceer Wörterverzeichnis. Nyelvőr Bd. 22.)

*Régi Magyar Nyelvemlékek. Kiadta a Magyar Tudós Társaság. Döbrentei Gábor felügyelése alatt.* (Alte ungarische Sprachdenkmäler. Herausgegeben von der Ungarischen Akademie, unter der Aufsicht von Gabriel Döbrentei. Pest, 1838—1846.) — In den ersten vier Bänden historische Einleitungen, Besprechung der Sprache und Wörterverzeichnisse, von Döbrentei und anderen.

— I. Bd.: Die Leichenrede und der Wiener Kodex. II. Bd.: Der Czech-Kodex und Verschiedenes. III. Bd.: Der Münchner-Kodex und Verschiedenes. IV. Bd.: Der Guary-Kodex und der Winkler-Kodex.

Szarvas Gábor: *Ferenc-legenda.* (Die Franz-Legende. Nyelvőr Bd. 1.) Bespricht die Sprache des Ehrenfeld-Kodex, besonders den Wortschatz. — Fischer Izidor: *Az Ehrenfeld-kódex nyelvjárása.* (Der Dialekt des Ehrenfeld-Kodex. Budapest, 1902.) — Katona Lajos: *Az Ehrenfeld-kódex hibás fordításai.* (Die fehlerhaften Übersetzungen des Ehrenfeld-Kodex. Nyelvőr, 1902.)

Dingfelder Ede: *Legrégibb bibliánk nyelvéről.* (Über die Sprache unserer ältesten Bibel. Doktor-Dissertation. Budapest, 1901.)

Zolnai Gyula: *A Németujvári glosszák.* (Die Németujvárer Glossen. Nyelvőr, 1885.) — Eine methodische Sprachdenkmal-Studie.

Horger Antal: *Ráskai Lea nyelvjárása.* (Die Mundart Lea Ráskais, Nyelvőr, 1897.)

Veinstein-Hevess Kornél: *A Jordánszky-és Érdy-kódex.* (Der Jordánszky- und Érdy-Kodex. Nyelvőr 1894—95 und Sonderabdruck.) — Suhajda Lajos: *Az Érdy- és a Jordánszky-kódex kétbetűs magánhangzói.* (Die mit Doppelbuchstaben bezeichneten Vokale im Érdy- und im Jordánszky-Kodex. Nyelvt. Közl. 1901.)

Kausch Mihály: *A Tihanyi-kódex nyelvezete.* (Die Sprache des Tihanyer-Kodex. Budapest, 1901.)

Mátyás Flórián: *Régi magyar családi és időnevezetek* (Alte ung. Familien- und Zeitbenennungen. Nyelvtud. Közlem. Bd. 3) und *Magyar nyelvritkaságok* (Ung. Sprachseltenheiten, ebd. Bd. 4.).

*A Murmelius-féle latin-magyar szójegyzék, bevezetéssel és magyarázatokkal ellátta Szamota István.* (Das Murmeliussche lateinisch-ungarische Wörterverzeichnis, mit Einleitung und Erläuterungen versehen von Stephan Szamota. Mit einem Faksimile. Budapest, 1896.) — *A gyöngyösi latin-magyar szótártöredék* . . . Bevez. és jegyzetekkel ellátta Melich János. (Das Gyöngyöser lat.-ung. Wörterbuchfragment. Mit Einleitung und Anmerkungen von Johann Melich. Budapest, 1898.) — *A brassói latin-magyar szótártöredék.* Melich Jánostól. (Brassóer Wörterbuchfr. Von J. M. Budapest, 1905.) — *Szikszai Fabricius Balázs latin-magyar szójegyzéke 1590-ből . . Bevezetéssel és magyarázatokkal ellátta* Melich János. (Das lat.-ung. Wörterverzeichnis des Blasius Fabricius von Sziksző 1590. Mit Einleitung und Erläuterungen von J. M. Budapest, 1906.) Alle vier im Verlag der Ung. Akad. d. Wiss. — *Kolozsvári Glosszák* (Klausenburger Glossen, herausgegeben von Martin Pálfi 1907, im Magyar Nyelvőr und im 45. Heft der Nyelvészeti Füzetek).

Szilády Áron: *Régi Magyar Költők Tára.* (Sammlung alter ungarischer Dichter. Budapest, 1877—1896.) — Am Ende jedes Bandes finden sich ausführliche Erläuterungen, die auch zahlreiche wertvolle sprachgeschichtliche Zusammenstellungen und Erklärungen enthalten. (Besonders der erste Band: Poetische Überreste aus dem Mittelalter; grösstenteils Gedichte, die in den Handschriften erhalten sind, darunter die Katharinen-Legende, ausserdem das Lied von der Eroberung Pannoniens und der Einnahme von Szabács.)

## Textausgaben.

Ausser den Sammlungen *Régi Magyar Nyelvemlékek* und *Régi Magyar Költök Tára* sind noch die folgenden Ausgaben wichtig:

*Nyelvemléktár. Régi magyar kódexek. Kiadja a Magyar Tudományos Akadémia Nyelvtudományi Bizottsága.* (Archiv der Sprachdenkmäler. Alte ung. Kodizes Herausgegeben von der Sprachwissenschaftlichen Kommission der ung. Akademie der Wissenschaften. Budapest, 1874—1890. Vierzehn Bände. — Bisher die beste Ausgabe der ung. Sprachdenkmäler. Mit Ausnahme des III. (und XV.) Bandes von Georg Volf besorgt; die Einleitungen handeln über die Geschichte und Orthographie der einzelnen Kodizes. Inhalt der einzelnen Bände: I. Wiener- und Münchener-Kodex. II. Weszprémi-, Peer-, Winkler-, Sándor-, Gyöngyöser-, Thewrewk-, Kriza- und Bod-Kodex. III. Nagyszombater- (Tyrnauer) Kodex, Leben des hl. Dominikus, Virginia-Kodex. IV. und V. Érdy-Kodex. VI. Tihanyer, Kazinczy- und Horvát-Kodex. VII. Ehrenfeld-, Simor- und Cornides-Kodex, Leben der hl. Christine, Vitkovics- und Lányi-Kodex. VIII. Leben der hl. Margarete, Buch der Beispiele, Büchlein von der Würde der Apostel, Apor- und Kulcsár-Kodex. IX. u. X. Érsekujvárer-Kodex. XI. Debrecener- und Gömöry-Kodex. XII. Döbrentei- und Teleki-Kodex. XIII. Festetics-, Pozsonyer- und Keszthelyer-Kodex, Miskolcer Fragment. XIV. Lobkovitz-Kodex. — Im XV. Bande erscheint der Guary-, der Palatin- und der Birk-Kodex, ausserdem der Székelyudvarhelyer und der Lázár-Kodex.

*Régi Magyar Nyelvemlékek. V. kötet. A Jordánszky-kódex bibliafordítása. Sajtó alá rendezte Toldy Ferenc, az eredetivel összevetette, kiegészitette Volf György.* (Alte ung. Sprachdenkmäler. V. Band. Die Bibelübersetzung des Jordánszky-Kodex. Zum Drucke vorbereitet von Franz Toldy, mit dem Original verglichen und ergänzt von Georg Volf. Budapest, 1888.) — Die ersten 4 Bände wurden 1838—46 von Gabriel Döbrentei herausgegeben.

Komjáthi Benedek: *Epistolae Pauli Lingva Hungarica Donatae. Az Zenth Paal Leueley Magyar Nyeluen.* (Krakau, 1533.) — Pesti Gábor: *Novum Testamentum.* (Wien, 1536.) — Vollständig getreue, auch die äussere Form nachahmende Ausgaben, besorgt von Aron Szilády. Budapest, 1883 und 1895.

Vierter Abschnitt.

## DIE VOLKSSPRACHE UND IHRE MUNDARTEN.

**Allgemeines über die Volkssprache.** Die Erforschung der Volkssprache ist doppelt wichtig für die Entwicklungsgeschichte von Sprachen, denen keine uralten Denkmäler zu Gebote stehen. Je jünger und spärlicher die literarischen Denkmäler sind, desto notwendiger ist es, diesen Mangel mit dem eingehenden, in die kleinste Einzelheit dringenden Studium der Mundarten zu ersetzen. Die Mundarten dienen so zugleich als Sprachdenkmäler, indem sie gegenüber der Gemeinsprache zahlreiche Altertümlichkeiten bewahren, auch solche, welche im Schrifttum nur hie und da oder überhaupt nicht vorkommen. Besonders pflegen die isolierteren Mundarten, die mit der Masse der Nation weniger verkehrenden Gegenden uralte Wörter und Formen zu bewahren. Die bereits in der Halotti Beszéd doppelförmige Kasusendung *-vel* (*hälálááł* 'mit seinem Tode') wird in der Göcsejer Mundart noch heute nicht den Tieflauten angepasst (*haláldjê*, d. h. *halåldáel*). Ebenda begegnen wir auch den nicht assimilierten Endungen *-szër* 'mal', *-nek* (dat.), *-hoz* 'zu', ebenso der Endung *-szër* auch bei den Palozen. Die Csángó-Magyaren der Moldau bewahrten eine vollständigere Form des Wortes *róla* 'von ihm', die wir in unseren älteren Denkmälern vergebens suchen: *rióla*; dieses verhält sich zu jenem, wie *ria*, *reá* 'auf ihn' zum verkürzten *rá*. Bloss bei den Csángó-Magyaren blieb der ursprünglichere Anlaut des Zeitwortes *nevet* 'lachen' erhalten, derselbe, den es im XV. Jahrhundert gehabt hatte: *mevet*, ferner *magát beleátani* entgegen dem allgemeinen *-ártani* 'sich hineinmengen'. Die Hétfaluer Csángó-Magyaren sprechen: *kedvezsz* 'du begünstigst', *vissz* 'du trägst', *léssz* 'du wirst sein', *ás-sz* 'du gräbst', obwohl fast überall sonst die *l*-Form in der

2. Person solcher Zeitwörter allgemein geworden ist: *kedvezel* usw. Bei den Szeklern und in der Göcsej, also am östlichen und westlichen Rande des Sprachgebiets ist die (urspr. reflexive) Abwandlung auf *-ik* verhältnismässig am besten bewahrt. Ebenfalls in diesen beiden Grenzdialekten blieb der nominativische Gebrauch der Form mit dem Suffix *-kor* erhalten: *vacsorakor van* 'es ist Nachtmahlszeit', *öt órakor van már* 'es ist schon fünf Uhr(-zeit)' usw. In der Mundart von Háromszék begegnen wir der ehemaligen zweisilbigen Form der Endung *-bööl* 'aus' in dem Umstandswort: *közbelöl* (oder *közböl* 'in der Mitte'). Nirgends, weder in der ältern, noch in der neuern Literatur finden wir die Kasusendung *-ni* (mit seinen Genossen *-nól nöl* und *-nott nött nitt*), obzwar sie durch die verwandten Sprachen als uralt bewiesen wird und auf dem ganzen Sprachgebiete der Palozen und Szekler gang und gäbe ist.

Aber nicht bloss in den äusseren, sondern auch in den mittleren Mundarten finden wir — hier gewöhnlich nur sporadisch in einzelnen Ortschaften — eine grosse Anzahl von Altertümlichkeiten. Es gibt viele Wörter, welche wir in der alten Literatur nur in den Kodizes, bestenfalls bei ein oder zwei späteren Schriftstellern lesen, und sieh da: die neuesten Dialektsammlungen beweisen, dass sie an einzelnen Orten noch heutzutage leben. Solche Ausdrücke sind z. B. die folgenden: *évad* 'Saison, Zeitabschnitt', *gyaponik* 'sich entzünden', *kisálkodik* 'zanken', *koltog* 'pochen', *jugszél* 'Südwind', *top* und *lolu* oder *lolja* 'Schinken', *gyújtovány hideg* 'Fieber', *kagymában* 'vorschnell, unüberlegt', *ollott* 'kahl', *örmény* (gemeinspr. *örvény*) 'Abgrund', *áj* 'enges Tal', *eny* 'geschützter Ort, Schutz', *meg-ét* 'vergiften', *elbámol* 'überfluten', *kabolgyás* 'rappelig, närrisch', *képutálás* (gemeinspr. *képmutatás*) 'Heuchelei', *csajva* 'Maikäfer', *megmetni* (gemeinspr. *megmetszeni*) 'beschneiden', *ere* 'Lenkseil', *pup-denevér* 'Fledermaus' (gemeinspr. *denevér*).

Die Mundarten bewahren auch Formen und Fügungen, die in der Literatur schon längst veraltet sind. So z. B. lebt das Suffix *-ént int*, welches schon im XVII. Jahrhundert nur in einigen Redensarten vorkommt, noch jetzt in verschiedenen Ausdrücken: *képesént* 'massvoll' (Paloz.), *jóformásint* 'so ziemlich' (Tolna), *jó módin'* 'ziemlich' (Sopron; mit allen dreien sinnverwandt war eigentlich das gemeinsprachliche *alkalmasint*, das aber nun 'wahrscheinlich' bedeutet). Bei den Csiker Szeklern und im Südwesten, in der Draugegend, ist die uralte Form der Personalendung *-ok ök* (*-uk ük*), nämlich *-ik*, erhalten (*lovik* 'ihr Pferd'), die selbst in den ältesten Denkmälern der Literatur nicht mehr zu finden ist. Die Form *-onk önk*, die einst für das heutige *-unk ünk* gebräuchlich war, findet sich bei den Palozen und den Ungarn in Slavonien. *Nagyobb valaki-től* anstatt *valaki-nél* 'grösser als jemand' kommt seit dem Zeitalter der Kodizes kaum mehr in der Schriftsprache vor, obgleich es in der Volkssprache an verschiedenen Orten noch heute vorhanden ist. Die Bestimmung des Grundes mit dem Suffix *-ből* 'aus' kommt altertümlicherweise auch in Wendungen vor, wo die heutige Gemeinsprache *-ben* 'in' oder *-ért* 'für' anwendet:

*Az én rózsám jó kedvéből almát adott a zsebéből* 'meine Liebste gab mir in ihrer guten Laune Äpfel aus ihrer Tasche'. *Amit adott jó kedvéből, vegye vissza haragjából* 'was sie gab in guter Laune, nehme sie im Zorn zurück!' *Nem kell abbu busulni* 'man muss darum nicht traurig sein' (Göcsej). *Nyilallott a lábom s abból feküdtem* 'ich hatte Stechen im Fuss und darum lag ich' (Csángó; abermals die beiden äussersten Mundarten, s. des Verfassers Magyar Határozók 1, 103).

Aus den erwähnten Beispielen ist zu ersehen, wie Altes und Neues in den Mundarten gleichzeitig besteht, und wie sie uns die Dienste von Sprachdenkmälern leisten können [1]). Dennoch weichen die Mundarten natürlich nicht darin am meisten von der Gemeinsprache ab, was sie vom Alten erhalten, sondern eher darin, was sie neu entwickelt haben. In der Aussprache und in der Bedeutung, in der Formenlehre und im Satzbau, überall beobachten wir auch in den Mundarten Veränderungen und Neubildungen. Unter diesen Neubildungen finden sich hie und da auch in räumlich getrennten Dialekten Übereinstimmungen, die aber in solchen Fällen wohl dem Zufalle zuzuschreiben sind.

1) Manche Übereinstimmungen weisen auf ältere Zusammenhänge. So z. B. wanderten im XVIII. Jahrhundert viele Palozen in die durch Türkenkriege entvölkerten Städte der Tiefebene und haben ihren ursprünglichen Dialekt zum Teil bis auf den heutigen Tag bewahrt.

So z. B. ist es kaum anzunehmen, dass Szekler und Palozen solche Lautwandlungen wie *bossó, kossó* für *borsó, korsó* 'Erbse, Krug' gemeinsam vollzogen hätten; und jedenfalls ist es ein zufälliges Zusammentreffen, dass das Suffix *-ért* 'für' sowohl von den Csángós und östlichen Szeklern als auch in zwei westlichen Dialekten wie *-étt* gesprochen wird. In einigen Szeklergegenden, in der Theissgegend und in Göcsej entwickelt sich der Laut *é* zum Diphthong *ié,ië*: *iédes* 'süss', *sziép* 'schön', *iëdës, sziëp*. Dies sind aber so natürliche Lautwandlungen, dass wir uns über das Zusammentreffen gar nicht zu wundern brauchen. Ebenso natürlich und leichtverständlich ist der Systemzwang, nach welchem Nennwörter wie *madár* 'Vogel', *kevés* 'wenig' in verschiedenen Gegenden aus grammatischen Formen wie *madarak* 'Vögel', *kevesen* 'wenige' den kurzen Vokal verallgemeinern und *madar, keves* usw. lauten (nordöstl. Szekler, obere Theissgegend, Palozen usw.).

In der Entwickelung der Mundarten werden die grössten Wandlungen durch fremde Einwirkungen, durch Völkermischungen verursacht. In neuerer Zeit sind auch an den ungarischen Mundarten im Osten die Spuren der rumänischen, im Norden die der slowakischen, im Westen die der deutschen Einflüsse deutlich wahrzunehmen. Jenseits des Königsteigs sagt man anstatt: *el kell mennem* 'ich muss fortgehen' *el kell hogy menjek* und *el kell menjek*; diese Fügung ist rumänischen Ursprungs (vgl. auch lat. *oportet* (*ut*) *eam*). Ein Teil der Palozen sagt anstatt *az én házam* 'mein Haus' *enyémház*, offenbar unter slowakischem Einfluss. Im Westen, im Soproner Komitat sagt man: *el kellek menni*, und das ist zweifellos die Nachahmung des deutschen: *ich muss gehen.* — Auch manche ältere Dialekt-Unterschiede mögen Ergebnisse älterer türkischer, slavischer u. a. Einflüsse sein.

**Die Einteilung der Mundarten.** Sobald wir uns dieser Aufgabe zuwenden, gewahren wir sofort, dass die Mundarten nicht genau voneinander abgegrenzt werden können. Fast überall finden wir Übergänge zwischen den einzelnen Mundarten. Wenn wir der Reihe nach drei Mundarten untersuchen, finden wir gewöhnlich, dass die mittlere Eigentümlichkeiten aufweist, die sie teils mit ihrem rechten, teils mit ihrem linken Nachbar verknüpfen. So z. B. vereinigen gewisse Charakterzüge fast den ganzen östlichen und nördlichen Rand des ungarischen Sprachgebietes (Siebenbürgen, die obere Theissgegend, die Palozen), in erster Reihe der Gebrauch der Kasusendungen *-ni nól nott* und die Anwendung des Suffixes *-ndl* 'bei' anstatt *-hoz* 'zu', wenn vom Menschen die Rede ist (*a papni megyek* 'ich gehe zum Priester', *gyere ndlam* 'komm zu mir', wörtl. 'komm bei mir'). Es gibt aber auch Eigentümlichkeiten, die einzelne Teile dieser Gegend voneinander trennen und mit anderen Gegenden verbinden. Ein Teil der Szekler spricht *ö* anstatt *ë*, schliesst sich daher in dieser Hinsicht der Aussprache der südlichen Tiefebene (Szeged-Kecskemét) an. Während das nördliche und westliche Siebenbürgen mit seinem offenen *e* anstatt *ë* die Fortsetzung der nördlichen Theissgegend ist, hängt es hinsichtlich anderer auffallender Eigentümlichkeiten mit den Szeklerdialekten zusammen (z. B. die Fügung *kell hogy*, viele Dialektwörter). Und so könnten wir unsere Mundarten weiter nach Norden und Westen und dann gegen Süden zurück bis Siebenbürgen und bis zur Moldau begleiten: fast überall finden wir Berührungspunkte und Übergänge. Es ist dies sehr leicht aus dem ununterbrochenen Verkehr benachbarter Gegenden zu erklären; daraus folgt zugleich, dass sich zwischen den Mundarten keine sicheren Grenzlinien ziehen lassen, sondern bloss im grossen und ganzen einzelne Gebiete mit gewissen gemeinsamen Spracheigentümlichkeiten angegeben werden können.

Als zweckmässigster Einteilungsgrund bietet sich jene Art und Weise dar, nach welcher unsere Mundarten mit dem *ë*-Laute verfahren, einerseits weil wir das ganze Sprachgebiet bloss auf dieser Grundlage in deutlich umgrenzte Einzelgebiete einteilen können, andererseits weil diese Erscheinung für Lautgeschichte und Formenlehre sehr wichtig ist. Der grösste Teil unserer Mundarten spricht in zahlreichen sicher zu bestimmenden Wörtern und Formen den geschlossenen *ë*-Laut und hält ihn parallel mit dem *ö* der hochlautigen und mit dem *o* der tieflautigen Wörter, z. B. *vizën* 'auf dem Wasser', *tüzön* 'auf dem Feuer', *házon* 'auf dem Hause'; *vizhëz* 'zu dem Wasser', *tűzhöz* 'zum Feuer', *házhoz* 'zum Hause'; *vësztëk* 'ihr nehmt', *tűrtök* 'ihr leidet', *fáztok* 'ihr friert' usw. Hieher gehört fast die ganze nordwestliche und westliche Hälfte des Landes, ferner ausgedehnte Teile im Süden und Osten der Tiefebene, und endlich noch das ganze östliche Szeklerland. Die Übereinstimmung dieser nicht zusammenhängenden grossen Sprachgebiete beweist, wenn es nicht durch die grammatischen Gesichtspunkte an und für sich zur Genüge bewiesen würde, dass die Mundarten mit *ë* im Gegensatz zu den übrigen den ursprünglichen Zustand bewahren, von dem sich die Mundarten mit *ö* und *e* entfernt haben. Die Mundarten mit *ö* werden auf zwei grösseren, nicht zusammenhängenden Gebieten gesprochen: einerseits in der Mitte des Alföld und in der Draugegend, andererseits in der südwestlichen Hälfte des Udvarhelyer Komitates in Siebenbürgen; ausserdem auf einem kleinern Gebiet im Nordosten (Abaujer Komitat). Die erwähnten Formen lauten z. B. in Szeged: *vizön tűzön házon*; *vizhön tűzhön házhon*; *vösztök tűrtök fáztok* usw. Die drei Formen sind also zu zwei herabgeschmolzen, aber an Stelle des *ë* trat der vordere Vokal, der dem *o* phonetisch genauer entspricht, so dass die Mundarten mit *ö* das Lautsystem konsequenter gestalteten, zugleich aber auch eintöniger. Ebenso eintönig, aber zugleich weniger folgerichtig, gestalteten es die Mundarten mit *e*: der westliche Teil Siebenbürgens und im Nordosten besonders die obere Theissgegend. Diese Mundarten befinden sich auf einem ununterbrochen zusammenhängenden Gebiete, und auch dies beweist — neben dem phonetischen und morphologischen Gesichtspunkte — dass sie diesen Lautwandel in neuerer Zeit gemeinsam vollzogen haben. In Debrecen spricht man daher: *vizen tűzön házon, vizhe tűzhö házho, vesztek tűrtök fáztok* usw. Das sind zwar drei Formen, aber die Eintönigkeit in diesen Mundarten besteht darin, dass sie auch hier (gleichwie in den Stammwörtern mit *ë*: *szem* 'Auge', *hegy* 'Berg', *tesz* 'tut', *megy* 'geht' usw.) dasselbe offene *e* gebrauchen, welches sonst in der Vokalharmonie sämtlicher Mundarten nur dem offenen labialen *a* entspricht (*-an en, -val vel, -hat het* usw.), so dass die *e*-sprechenden Gegenden z. B. die vier Formen *mëntëk* 'ihr gebet', *mëntek* 'sie sind gegangen', *mentëk* 'ich rette', *mentek* 'die befreiten' ohne Unterschied mit offenen *e*-Lauten aussprechen: *mentek!*

Suchen wir nun innerhalb der erwähnten weit ausgedehnten Gebiete die weiteren Unterschiede! Einer der allgemeinsten und konsequentesten unter diesen ist der Wechsel in der Aussprache des gemeinsprachlichen *é*-Lautes. Wir sahen schon aus den Sprachdenkmälern, dass der heutige stark geschlossene *é*-Laut in manchen Wortformen schon vor Zeiten *é* war, in anderen hingegen lautete er ursprünglich als offenes *ê*, und wurde erst seit dem XVI. Jahrhundert ebenfalls zum geschlosseneren *é*. Doch nicht in allen Mundarten fielen beide Laute so zusammen, in vielen Gegenden unterscheidet man sie noch heute, teils so, wie vor Zeiten, teils aber so, dass sie beide verändert wurden. Ganz in ihrer alten Beschaffenheit sind sie bloss bei den mittleren Palozen bewahrt (die Palozen im Borsoder Komitate und am Karancsgebirge):

*ê*: *kêz* 'Hand', *ên* 'ich', *szên* 'Kohle', *dêlig* 'bis Mittag', *fêlig* 'zur Hälfte';

*é*: *él* 'er lebt', *szép* 'schön', *méz* 'Honig', *égés* 'Brand', *félni* 'fürchten'.

Anders verfährt die Mundart der oberen Theissgegend oder die nordöstliche Hälfte des Alföld, der grossen Tiefebene, und auch der nördliche Teil des Gebietes jenseits der Donau mit diesen zwei Lauten. Da spricht man an Stelle des alten offenen *ê* heute ein geschlossenes *é*, und an Stelle des alten geschlossenen *é* spricht man ein *í*:

*é*: *kéz*, *én*, *szén*, *délig*, *félig*;

*í*: *íl*, *szíp*, *míz*, *ígís*, *fílni*.

Andere Mundarten machen wieder andere Unterschiede, aber der grösste Teil jenseits der Donau und das Gebiet zwischen der Donau und Theiss spricht beide Laute gleichmässig *é*, stimmt also mit der Schriftsprache überein:

*é*: *kéz*, *én*, *szén*, *délig*, *félig*;

*é*: *él*, *szép*, *méz*, *égés*, *félni*.

Einige Mundarten werden durch eine Menge von Diphthongen charakterisiert, besonders die Palozen-Mundarten, Debrecen und ein Teil des „westlichen“ Gebietes. Diese Diphthonge entwickelten sich gewöhnlich aus den halbgeschlossenen Vokalen, aus *ó*, *ő*, *é*. Das erste Element der Palozer und Debrecener Diphthonge ist offener, das der westlichen geschlossener, als der Grundvokal:

| | Palozen | Göcsejer |
|---|---|---|
| *ó*, z. B. *jó* | *ao* (*aó*, *au*, *ou*): *jao* usw. | *uo* (*uó*): *juo*, *juó*; |
| *ő*, z. B. *vő* | *eö* (*eő*, *eü*, *öü*): *veö* usw. | *üö* (*üő*): *vüö*, *vüő*; |
| *é*, z. B. *szép*, | *eë* (*eé*, *ei*, *ëi*): *szeëp* usw. | *ië* (*ié*): *sziëp*, *sziép*. |

Charakteristisch ist ferner der Gebrauch der langen Vokale, besonders der geschlossenen: *ú*, *ű*, *í*. Diese werden besonders in den „westlichen“ und „jenseits der Donau“ befindlichen Mundarten gekürzt: *kut* 'Brunnen', *tüz* 'Feuer', *viz* 'Wasser', (ja sogar in Formen wie *rosszu*, *kívü* anstatt *rosszúl* 'schlecht', *kívül* 'draussen, ausser' usw.) Im Osten der Donau bewahren diese Laute im allgemeinen ihre Länge, und je mehr wir nach Osten gehen, desto mehr solcher Längen finden wir, z. B. jenseits der Theiss: *nyúlak* 'die Hasen', *útat* 'den Weg', in Siebenbürgen sogar *mútat* 'er weist', *tűkör* 'der Spiegel', *vídék* 'die Gegend' usw.

Infolge der innern Analogie (des Systemzwanges) verbreitete sich in manchen Mundarten die kurzlautige Form in der Abwandlung der zweisilbigen „lautkürzenden“ Wörter (bloss in den hochlautigen), z. B. anstatt „*tehén* 'Kuh' : *tehenet*“ — „*tehen* : *tehenet*“; anstatt „*kevés* 'wenig' : *kevesen* 'wenige' — „*keves* : *kevesen*“. Eine solche Ausgleichung beobachten wir in einem grossen Teile der Palozer, Szekler und der westlichen Mundarten.

Zum Schlusse sei noch eins erwähnt: Die ursprüngliche Aussprache des *ly*-Lautes (= palatales *l'*) bewahren bloss die Palozen und die Hétfaluer Csángó-Magyaren. In den übrigen Mundarten östlich von der Donau wird immer ein *j*, im Westen gewöhnlich ein *l* dafür gesprochen.

Auf Grund dieser und anderer Unterschiede teilen wir (nach Josef Balassa) das ganze ungarische Sprachgebiet in acht Dialektgebiete: 1. das westliche, 2. das jenseits der Donau,

3. das Alfölder, 4. das Donau-Theissgebiet, 5. das nordwestliche, 6. das nordöstliche, 7. das jenseits des Königsteigs und 8. das Szeklergebiet.

**Beschreibung der acht Dialektgruppen.** 1. Das westliche Dialektgebiet (die Komitate Sopron, Vas, Zala) spricht die Wörter wie *szëm* 'Auge', *tëszëm* 'ich tu's', *embër* 'Mensch' mit dem geschlossenen *ë*, ersetzt es aber in gewissen Wörtern durch *ö*: *csöpp* 'Tropfen', *föl* 'auf', *vörös* 'rot', *mögött* 'hinter'. Auch im Auslaut spricht es sehr oft anstatt *a e* die geschlosseneren Laute *o ë ö*: *lábo* 'sein Fuss', *kezë* 'seine Hand', *ökrö* 'sein Ochs'. Die halbgeschlossenen Laute werden im grössern Teile des Gebietes zu Diphthongen: *ié, üö, uó*. Sehr beliebt sind die kurzen Vokale, besonders spricht man statt *í ű ú* fast immer *i ü u* (die Örséger, Hetéser und Zalaer Mundart spricht ausserdem: *tehen* 'Kuh', *level* 'Brief', *keves* 'wenig', *nehez* 'schwer' usw.). Statt *ly* und *lj* ist *l* und *ll* gebräuchlich (*millen* 'was für ein', *üllön lë* 'setzen sie sich nieder'). Das auslautende *l* fällt immer weg, sowohl im Wortauslaut, wie auch sonst im Silbenauslaut (oft mit Ersatzdehnung). — Hierher gehören die Dialekte der Göcsej, der Raabgegend, der Örség, dann die sogen. Hetéser und die Mundart an der Zala.

2. „Jenseits der Donau" (wohin die übrigen Teile des rechtufrigen Donaugebietes gehören, mit Ausnahme des südlichen Teiles) spricht man ebenfalls *szëm, tëszëm, embër* und anderseits *csöpp, föl, vörös* usw., im Auslaut jedoch liebt man weder das *ë*, noch die Laute *ö o*. Auch hier ist die Verkürzung der Vokale *í ú ű* allgemein. Für *ly* spricht man meist *l*, für *lj* jedoch spricht man *j* (*hel* 'Ort, Platz', *üjön lë*). Das auslautende *l* bleibt in gewissen Fällen stehen, im Silbenauslaut fällt es aber regelmässig weg, wo dann der vorausgehende Vokal gedehnt wird: *mënny fö* statt *menj föl*, *fökêtem* für *fölkeltem* usw. In den nördlichen Teilen spricht man anstatt des auch ursprünglich geschlossenen *é* : *i*, z. B. *vin* 'alt', *nip* 'Volk', *termis* 'die Fechsung' für *vén, nép, termés* (hingegen *kéz, félig* usw. mit *é*).

3. Das Dialektgebiet des Alföld (die mittleren Teile des grossen Tieflandes samt den westlichen Ausläufern in der Drau-

gegend) hat die charakteristische Eigentümlichkeit, dass es mit Ausnahme einiger einsilbiger Wörter für jedes *ë* ein *ö* setzt: *szöm, töszöm, embör.* Das auslautende *l* fällt bloss in Kasusendungen weg: *abbú, arrú, ettű* für *abból, arról, ettől*, bleibt aber immer stehen, wenn es der Auslaut des Wortstammes ist: *gondol, gondoltam, fölkeltem.* — Hierher gehören die Dialekte Kleinkumaniens, der Gegend von Szeged, und die Mundarten zwischen der Donau und Drau (die Sárközer, die der unteren Drau, die slavonische und die der oberen Drau).

4. Das Donau-Theiss-Gebiet (zwischen der Donau und Theiss zerstreut und zu beiden Seiten der Körös-Flüsse) spricht wieder *ë*: *szëm, tëszëm, embër*, bewahrt die langen Vokale *í ű ú*, und spricht für *ly* immer *j* (*mijen, Károj* 'Karl', *gója* 'Storch'). — Hierher gehört die Mundart des Pester-Komitats, des Bácser-Komitats und die „jenseits der Theiss“.

5. Das nordwestliche Gebiet enthält den Palozer-Dialekt und die ihm verwandten Dialekte. Sie sind die getreuesten Bewahrer der Laute *ly* und *ë*: sie sprechen weder *l* noch *j* für *ly*, und sprechen den *ë*-Laut auch in Wörtern, wie *csëpp, fël, mëgëtt, vërës.* Die zweisilbigen hochlautigen, lautkürzenden Wortstämme haben durchgehends kurzen Vokal: *level, tehen, keves.* Für labiales *a* verwenden sie meist das illabiale *ȧ* nach slowakischer Art, für langes illabiales *á* hingegen einen langen labialen *â*-Laut (*ą̊*): *kȧbâtom* 'mein Rock'. Im Akkusativ des Plurals und nach Personalendungen bewahren sie den ursprünglichen geschlossenern Bindevokal: *házakot* 'Häuser', *embërëkët* 'Menschen', *gyűrüköt* 'Ringe' (gemeinspr. *házakat, embëreket, gyűrüket*), *házamot, embërëdët, gyűrünköt* (gemeinspr. *házamat* 'mein Haus', *embërëdet* 'deinen Mann', *gyűrünket* 'unsern Ring'). In einigen Gegenden ist das ursprünglichere offene lange *ê* an Stelle des gemeinspr. *é* bewahrt: *têlën* 'im Winter', *fêlig* 'zur Hälfte'. Auch die häufigen Diphthonge charakterisieren noch die Palozer Mundarten.

6. Das nordöstliche Gebiet (ein grosser Teil von jenseits der Theiss, und diesseits d. h. nördlich der Theiss die Komitate Zemplén und Abauj) hat an Stelle des geschlossenen *ë* allgemein das offene *e*: *szemem, ember, csepp, felett, veres* usw.

Hier nimmt *i* die Stelle des ursprünglich geschlossenen *é* ein: *vin, nip, termis, cil* 'Zweck, Ziel', *szipsig* 'Schönheit' usw. (hingegen *é* für ursprünglich offenes *ê*: *kéz, félig, hét* 'Woche', *név* 'Name', *levél* 'Brief', *szekér* 'Wagen' u. a.). Die Länge der Vokale wird bewahrt, und der *l*-Laut fällt seltener weg, als anderwärts. — Zwei Haupt-Mundarten gibt es hier: die der obern Theiss und die Zemplén-Abaujer.

7. Das Gebiet jenseits des Königssteigs (worunter hier Siebenbürgen mit Ausnahme des Szeklerlandes zu verstehen ist) entbehrt ebenfalls den geschlossenen *ë*-Laut; hier wird aber auch für *o* das offenere *a* gesprochen: *azak* 'jene', *vagyak* 'ich bin', (statt *azok, vagyok*), ja sogar (im Kükülllöer Dialekt) *akas* 'klug', *baland* 'Narr' für *okos, bolond*). — Hierher gehört der Kükülllöer Dialekt, der Dialekt zwischen Maros und Szamos, und die Mundart von Kalotaszeg.

8. Schliesslich die Szekler, die jahrhundertelang meist bloss untereinander verkehrten, sprechen Dialekte, die zum Teil uralte Verschiedenheiten, anderseits aber seit ihrem Beisammenleben entstandene Übereinstimmungen aufweisen (hieher gehören auch die eigentümlichen Mundarten der Csángó-s, der Ungarn in der Moldau). Sie sprechen, wie die Palozen, im Akkusativ des Plurals usw. immer einen geschlossenern Vokal, als die Gemeinsprache (*házakot, embërëkët, gyürünköt* . . .). In einigen Dialekten geht die Verkürzung der zweisilbigen Wortstämme durch die ganze Flexion: *tehen, levelbe* 'in den Brief', *szekerrel* 'mit dem Wagen'. Anstatt *i* sprechen sie in gewissen Stammsilben *ü* (*küs* 'klein', *hüt* 'Glaube', *mü* 'wir' etc.). In der Frage haben sie einen eigentümlichen Tonfall, die alten Zeitformen der Verba haben sie am treuesten bewahrt, usw. — Allein hier wiederholt sich im kleinen die Verzweigung der übrigen Mundarten insofern, als die Sprache der östlichen Szekler *ë*, die der westlichen *ö* gebraucht. Weiter verkürzen die östlichen Szekler die Vokale *í, ü, ú* zum Teil ebenso wie die Dialekte jenseits der Donau (*viz, tüz, ur*); dagegen finden wir im westlichen, Udvarhelyer Dialekt die meisten langen Laute (*múlat* 'sich unterhalten', *mútat* 'zeigen' usw., in der Gemeinsprache *mulat, mutat*).

Im allgemeinen können wir behaupten, dass die ungarischen Mundarten weder in der Aussprache, noch im Wortschatz so stark voneinander abweichen, wie z. B. die deutschen oder französischen Dialekte. Daher kommt es, dass die meisten unserer Mundarten auch der Schriftsprache verhältnismässig sehr nahe stehen.

---

**Mundartliche Sprachproben.** Zum Schlusse teilen wir einige kleinere mundartliche Texte zur Probe mit:

**Palozen-Anekdote.**

Die erste Zigarre.

S mënëk Egerbe s lüttem ott a rutlyia baód elyibe ën nagy keőre. Arra gyön ët tekeéntetës úr, hát úgy mëppipázik a pipája szárábaó, hoj jobban së këll. Hojjim eén më mindënt szeretëk mëttunnyi, oda köszönök hozzá s aszondom hogy: Stesseck a Jeézus Kirisztus, stên jaô napot kiennek, tekeéntetës uram; ugyan mëkkövetëm, hosz szíhattya kied azt a fafüstyit? Eő mëg aszongya nekëm arra nan nevetve, hogy az is a! Eén mëg aszondom neki arra, hogy hát mija? Eő mëg aszongya mëmmëg arra, hogy dohánbó van a. Eén mëg aszondom arra neki, hogy abbó ja! Eő mëg aszongya hogy: Debij abbaó.

— Hát oszteég hún árúlják aszt?

Eő mëg aszongya arra nekëm, hogy a baódba, s oszteég úgy híjják azt hogy cigárka, a minyeőt a tekeéntetës urak ísz színak ë (mutató újját szájába dugva mutatja).

Eőmënëk mingyá a baódosho s beköszönök hozzá s aszondom

S megyek Egerbe s leültem ott a lutri bolt elibe egy nagy kőre. Arra jön egy tekintetes úr, hát úgy megpipázik a pipája szárából, hogy jobban se kell. Hogy én meg mindent szeretek megtudni, oda köszönök hozzá s azt mondom hogy: Dicsértessék a Jézus Krisztus, Isten jó napot kendnek, tekintetes uram; ugyan megkövetem, hogy szíhatja kend azt a fafüstjét? Ő meg azt mondja nekem arra nagy nevetve, hogy az is a! Én meg azt mondom neki arra, hogy hát mi a? Ő meg azt mondja megmeg arra, hogy dohányból van a. Én meg azt mondom arra neki, hogy abból a! Ő meg azt mondja hogy: De biz abból.

— Hát aztán, hol árulják azt? Ő meg azt mondja arra nekem, hogy a boltban s aztán úgy híják azt hogy cigárka, a minőt a tekintetes urak így szinak e (mutató újját a szájába dugva mutatja).

Elmegyek mindjárt a boltoshoz s beköszönök hozzá s azt mondom hogy: Dicsértessék a Jé-

hogy: Stesseék a Jeézus Kirisztus, stên jaó napot kiennek, baódos uram! Fogaggya s aszongya arra nekëm, hogy haát miveő szaógáhatok kiennek? Eén mëg aszondom arra neki, hogy haát hozzeék-szi kied nekëm idë dohánt ë! Eő mëg aszongya mëmmë rá nekëm, hogy haát minyeőt, vágottat-ë vagy pegyítetlen vágatlant? Eén mëg aszondom arra neki, hogy bijon sëmminyeőt. Eő mëg aszongya arra nekëm, hogy haát minyeőt. Eén mëg aszondom mëmmë rá, hogy haát ollyat, aminyeőtt a tekeéntetës urak isz szinak ë (mutató ujját szájába dugva mutatja).

Eleőmbe teszi s s neézëglëm s aszondom neki: Haát oszteég, minyit ad maág kied ebbeő ëgy garajcáreé? Eő mëg aszongya arra nekëm, hogy bijon sëmënnyit. Eén mëg aszondom arra neki, hogy bij a së sok.

De meégis aggyít-aggyít, hogy mëgaukottónk s adott ëgy garaseé kettőt; ëggyiket mingyá mëszszíttam, a másikot më vëttem a csuhújjamba, s ahogy haza mëntem, haát vasárnap deélután leűtem az ablak alá a tiszpaóra. S úgy gyönnek a leétányijáraó. Haát aszongya Bëra bá nagy messzíreő rëám nevetve, hogy: Öcseém! Eén mëg aszondom arra neki hogy: hê!

— Tán mëbbolondaótá most të öcsém, hogy im a pipád szaárát gyujtottad mëg?

Eén mëg aszondom rá neki, hogy hász nem a pipám szárábaó van a, hanëm dohaánbo van ë, aminyeőt a tekeéntetës urak ísz

zus Krisztus, Isten jó napot kendnek boltos uram! Fogadja ës azt mondja arra nekem, hogy hát mivel szolgálhatok kendnek? Én meg azt mondom arra neki, hogy hát hozzon kend nekem ide dohányt e! Ő meg azt mondja megmeg rá nekem, hogy hát minőt, vágottat-e vagy pedig vágatlant? Én meg azt mondom arra neki, hogy bizony semilyent. Ő meg azt mondja arra nekem, hogy hát minőt. Én meg azt mondom megmeg rá, hogy hát olyant, aminőt a tekintetes urak igy szinak e (mutató ujját szájába dugva mutatja).

Elémbe teszi s nézdegélem s azt mondom neki: Hát aztán, mennyit ád már kend ebből egy krajcárért? Ő meg azt mondja arra nekem, hogy bizony semenynyit. Én meg azt mondom arra neki, hogy biz az se sok.

De mégis addig-addig, hogy megalkudtunk s adott egy garasért kettőt; egyiket mindjárt megszíttam, a másikat meg vettem a csuha ujjamba, s a hogy haza mentem, hát vasárnap délután leültem az ablak alá a padkára. S igy jönnek a létániáról. Hát azt mondja Bërci bá nagy messziről reám nevetve, hogy: Öcsém! Én meg azt mondom erre neki hogy: hee!

— Tán megbolondultál most te öcsém, hogy im a pipád szárát gyujtottad meg?

Én meg azt mondom rá neki, hogy hát hiszen nem a pipám szárából van az, hanem dohányból van e, aminőt a tekintetes urak így szinak e (újját szájába

| | |
|---|---|
| szinak ë (ujját szájába dugva mutatja). S erreő tutta mëg eő is a cigárka sorát.“ | dugva mutatja). S erről tudta meg ő is a cigárka sorát. |

Übersetzung. Und ich gehe nach Eger (Erlau) und setze mich dort vor ein Lotterie-Gewölbe auf einen grossen Stein. Da kommt ein gnädiger Herr des Weges, und der raucht aus seinem Pfeifenrohr, dass es nur so seine Art hat. Da ich alles gern erfahren will, grüsse ich ihn und sage: Gelobt sei Jesus Christus, Gott (gebe) Euch einen guten Tag, gnädiger Herr, aber ich bitte um Verzeihung, wie könnt ihr das Holz da rauchen? Und er sagt mir darauf mit grossem Gelächter: freilich ist es das! Ich aber sage ihm darauf, was denn das sei? Und er sagt wieder darauf, dass es aus Tabak sei. Und ich sage ihm darauf, freilich daraus. Und er sagt: Doch! es ist wirklich daraus.

— Nun denn, wo ist das zu haben?

Er aber sagt mir darauf, im Gewölbe, und man nennt es Zigarre, was die gnädigen Herren rauchen, so (indem er den Zeigefinger in den Mund steckt, zeigt er es).

Ich gehe sogleich zum Krämer, trete ein zu ihm und sage: Gelobt sei Jesus Christus, Gott [gebe] Euch einen guten Tag, Herr Krämer. Er dankt und sagt mir dann darauf: Womit kann ich euch dienen? Ich aber sage ihm darauf: Bringen sie mir Tabak her! Und er sagt mir wieder darauf: Was für einen, geschnittenen oder ungeschnittenen? Ich aber sage ihm darauf: keinen von beiden. Er aber sagt mir hierauf: Also was für einen? Und ich sage wieder darauf: Einen solchen, wie ihn die gnädigen Herren rauchen, so (indem er den Zeigefinger in den Mund steckt, zeigt er es).

Er legt mir's vor, und ich besehe es und sage zu ihm: Also wieviel gebt ihr von dem für einen Kreuzer? Er sagt mir hierauf: wahrlich gar keine. Und ich sage ihm hierauf: Nun das ist aber auch nicht viel.

Aber endlich sind wir handelseins geworden, und er gab mir für einen Groschen zwei; eine rauchte ich gleich, die andere gab ich in meinen Pelzärmel, und als ich nach Hause ging, da setzte ich mich Sonntags unter das Fenster auf die kleine Bank. Nun da kommen sie von der Litanei. Da sagt mir Vetter Bera [Albert], von weitem mir zulachend: Vetter! Und ich sage ihm hierauf: he!

— Bist du vielleicht jetzt närrisch geworden, Vetter, dass du dir das Pfeifenrohr angezündet hast?

Und ich sage ihm darauf: Das ist doch nicht aus meinem Pfeifenrohr, sondern aus Tabak, wie ihn die gnädigen Herren rauchen, so (indem er seinen Finger in den Mund steckt und es zeigt). Und daraus erfuhr auch er, wie es sich mit der Zigarre verhält.

## Göcsejer Weihnachtslied[1]).

1. „Mëggyüttek szëginy szent István szolgái hideg havas országbu, efagyott kinek fülö, kinek lábo; a kentek adományábu akargyuk mëggyuógyittanyi."

2. „Mongyuk-ë vaj nyomgyuk?"
„Mongyuk!"
„Kell föl, gazda, kell föl,
Szállott Isten házodra
Sokável, seregivel,
Szárnyos angyalável,
Vetëtt asztalável,
Teli poharável.
Riétöki régi törviny
Hej regüő rejtëm!" (Refrain.)

3. Amott keletkëzik
Ëgy kis kerek pázsit,
Azon legeliészik
Csuda fiu szarvas,
Csuda fiu szarvasnak
Ezer ága boga,
Ezër mise gyërtya,
Gyojtatlan gyulladjék,
Ojtatlan alugyék. (Refr.)

4. Azt is mëgengedtë nekünk az nagy ur Isten,
Hogy szent oltár mi asztalunk lëhessën
Misemonduó ruha mi abroszunk lëhessën,
A szent kelhë mi poharunk lëhessën,
A szent ostya mi kënyerünk lëhessën. (Refr.)

5. Aggyon ez ur Isten ennek e gazdának
Kiét kis ökröt, ëkkis birest;

1. Megjöttek szegény szent István szolgái hideg havas országból, elfagyott kinek füle, kinek lába; a kentek adományából akarjuk meggyógyitani.

2. „Mondjuk-e vagy nyomjuk?"
„Mondjuk!"
„Kelj föl, gazda, kelj föl,
Szállott Isten házadra
Sokával, seregivel,
Szárnyas angyalával,
Vetett asztalával,
Teli poharával.
Riétöki régi törvény
Hej regüő rejtem!"

3. Amott keletkezik
Egy kis kerek pázsit,
Azon legelészik
Csuda fiu szarvas,
Csuda fiu szarvasnak
Ezer ága-boga,
Ezer mise-gyertya,
Gyujtatlan gyulladjon,
Oltatlan aludjék. (Refr.)

4. Azt is megengedte nekünk a nagy úr Isten,
Hogy szent oltár mi asztalunk lehessen,
Mise-mondó ruha mi abroszunk lehessen,
A szent kehely mi poharunk lehessen,
A szent ostya mi kenyerünk lehessen. (Refr.)

5. Adjon az úr Isten ennek a gazdának
Két kis ökröt, egy kis bérest;

1) Vgl. *Sebestyén, Gy. Regös énekek* und *A regösök* (in der Volksliedersammlung der Kisfaludy-Gesellschaft Bd. IV und V, 1902). *Vikár B. A regös ének* (*Nyelvészeti Füzetek* Nr. 39, 1907).

Annak e kezibe arany ekë szarvat,
Az ökör hajtuónak arany szál sudarat. (Refr.)

6. Adgyon ez ur Isten ennek e gazdának
Egy huód füődön ezër kërëszt buzát,
Csöngüős csilinküős aranyozott szekeret,
Bele arany kereket. (Refr.)

7. Aggyon az ur Isten ennek ez asszonynak
Ëgy tik alatt száz csibe fiat,
Ëgy puóka alatt száz puóka fiat,
Ëgy lud alatt száz zsiba fiat,
Ëgy disznuó alatt kilenc sima malacot,
Ëgy tehién alatt száz vindüő vajat. (Refr.)

8. Itt is vagyon ëgy szíp leginy,
Kinek nevë Pësta;
Amott is van ëgy szíp lëány,
Kinek nevë Naca,
Isten mëg së mentsë,
Kebelibe ejtsë;
Belë pöndörgessë,
Mint e cica farkát,
Miég anná is jobban,
Mint e ruóka farkát. (Ref.)

9. Ágybo fekszik e mi gazdánk,
Csatos erszíny a dërëkán,
Abba vagyon kiét száz forint,
Felë szëgíny regüősökié,
Fele e gazdájié.
Hajdinaszár köntösünk,
Cserfa kérëg bocskorunk.
Ha kiereszt kentëk,
Kicsuszunk a fagyon.
Dicsírtessik!“

Annak a kezibe arany eke szarvat
Az ökör hajtónak arany szál sudarat. (Refr.)

6. Adjon az úr Isten ennek a gazdának
Egy hold földön ezer kereszt búzát,
Csöngős csilingős aranyozott szekeret,
Bele arany kereket. (Refr.)

7. Adjon az úr Isten ennek az asszonynak
Egy tyúk alatt száz csibe-fiat,
Egy pulyka alatt száz pulyka fiat,
Egy lúd alatt száz zsiba-fiat,
Egy disznó alatt kilenc sima malacot,
Egy tehén alatt száz véndel vajat. (Refr.)

8. Itt is vagyon egy szép legény,
Kinek neve Pista;
Amott is van egy szép leány,
Kinek neve Naca,
Isten meg se mentse,
Kebelibe ejtse;
Bele pöndörgesse,
Mint a cica farkát,
Még annál is jobban,
Mint a róka farkát. (Ref.)

9. Ágyba fekszik a mi gazdánk,
Csatos erszény a derekán,
Abban vagyon kétszáz forint,
Fele szegény regősöké,
Fele a gazdáé.
Hajdinaszár köntösünk,
Cserfa kéreg bocskorunk.
Ha kiereszt kentek,
Kicsúszunk a fagyon.
Dicsértessék!“

Übersetzung. 1. Die armen Diener des heiligen Stephan sind angelangt aus dem kalten schneeigen Lande, dem sind die Ohren abgefroren, jenem die Füsse; mit eurer Gabe wollen wir sie heilen.

2. „Sollen wir's sagen oder unterdrücken [?]?"
„Sagen wir's!"
„Steh auf, Hauswirt, steh auf,
Gott hat sich niedergelassen auf dein Haus,
Mit seinen vielen, mit seinen Scharen,
Mit seinem geflügelten Engel,
Mit seinem gedeckten Tisch,
Mit seinem vollen Becher". (Refr.)

3. Dort entsteht
Ein kleiner, runder Rasen,
Darauf grast
Ein junger Wunderhirsch,
Der junge Wunderhirsch hat
Tausend Äste und Zweige,
Tausend Messkerzen,
Unangezündet mögen sie sich entzünden,
Unausgelöscht mögen sie verlöschen.

4. Auch das gewährte uns der grosse Herrgott,
Dass der heilige Altar unser Tisch sei,
Das Messkleid unser Tischtuch sei,
Der heilige Kelch unser Becher sei,
Die heilige Hostie unser Brot sei.

5. Der Herrgott gebe diesem Hauswirt
Zwei kleine Ochsen, einen kleinen Knecht;
Und in dessen Hand einen goldenen Pflugsterz,
Dem Ochsentreiber eine goldene Peitsche.

6. Der Herrgott gebe diesem Hauswirt
Auf einem Joch Feld tausend Mandel Weizen,
Einen vergoldeten Wagen mit Klingeln und Glöckeln,
Dazu ein goldenes Rad.

7. Der Herrgott gebe dieser Frau
Unter einem Huhn hundert junge Hühnchen,
Unter einem Truthahn hundert junge Truthähnchen.
Unter einer Gans hundert junge Gänschen,
Unter einem Schwein neun glatte Ferkel,
Unter einer Kuh hundert Wänndel Butter.

8. Hier ist auch ein schöner Bursche,
Steffel ist sein Name;
Dort ist auch ein schönes Mädchen,
Naza ist ihr Name [Anastasia];
Gott befreie sie nicht,
Lasse sie fallen in seinen Schoss;
Er drehe sie hinein,
Wie das Kätzchen seinen Schweif,
Aber noch mehr als dies,
Wie der Fuchs seinen Schweif. (Refr.)

9. Unser Hauswirt legt sich ins Bett,
Den Beutel mit der Schnalle um den Leib,
Darinnen sind zweihundert Gulden,
Die Hälfte gehört den armen Sängern,
Die Hälfte dem Hauswirte.
Aus Heidekornhalmen ist unser Rock,

Aus Eichbaum-Rinde ist unser
Riemenschuh.
Wenn Ihr uns herauslasst,
Schleichen wir hinaus auf dem
Eis.
Gelobt sei [ ]!"

**Anfang eines Székler Märchens.**

(Udvarhelyer Mundart.)

Lakott ëgy országnak két szögeletibe mesze ëgymástó két gazdag embör. Ëggyiknek fija lött, s a másiknak lëjánya. Mind a ketten mekhítták ëgymást komának, s a körösztölőbe âra ëgygyesztek, hogy a gyermökeiköt ësszeházasiccsák.

Nőtek a gyermëkök, de munka nékű, s mind kényös böcék. Hogy megnőttek, őköt ësszө is házasították.

Csakhamâ mekhót mind a kettőnek apja, annya; ȫk ahajt magokra marattak, a világhoz nem értöttek, a gazdasághoz sömmit se tuttak. A jobbágyok, zsöllérök vélök asz csinátak, amit akartak, főggyök mind megburjányosodott, a búzáskas mind megürűt, s ahajt mekkesztek szëgënyödni.

Ëccör a gázdának eszibe jut, hogy a vásárba kéne mönni, met az ápjától is úgy látta vót. Elindút vásárba, s ëhajtotta a még meglövő fiatal pár szëp ökrit is. Úttyába tálákozott ëggy lakadalommâ, s annak úgy köszönt: Isten őrözze kijetököt ijen szomorú vátozástó, s a mekszomorodottaknak aggyon vígásztálást! ō eszt az ápjától ëccō a halottas háznál így hallotta vót. Mekharagusznak ezē rëja a lakadalmasok, met ëggy kicsitt jó vërökbe vótak, s ahajt jó mekcibáják; asz mongyák neki: Máccō ha ijen dógot lácc, tâzsd föl a

(Háromszéker Mundart.)

Lakott ëgy országnak két szögeletibe messze ëgymástól két gazdag ember. Ëggyiknek fia lëtt, s a másiknak lëánya. Mind a ketten mëkhitták ëgymást komának, s a kërësztëlőbe arra ëgygyesztek, hogy a gyermëkeikët ësszeházasiccsák.

Nőttek a gyermëkëk, de munka nékült s mind kënyös bëcék. Hogy mëgnőttek köt ëssze ës házasitották.

Csakhamar mëkhót mind a kettőnek apja, annya; ȫk magikra marattak, a világhoz nem értëttek, a gazdasághoz sëmmit sem tuttak. A jobbágyok, zsëllérëk véllik aszt csinálták, amit akartak, főggyik mind megburjányosodott, a búzáskas mind mëgürült, s mëkkesztek szëgënyëdni.

Ëccër a gazdának eszibe jut, hogy a vásárba kéne mënni, met az apjától ës úgy látta vót. Elindult vásárba, s elhajtotta a még mëglëvő fiatal pár szëp ökrit ës. Uttyába találkozott ëggy lakodalommal, s annak úgy köszönt: Isten őrözze kijetëkët ijen szomorú változástól, a mekszomorodottaknak aggyon vigasztalást! Ō eszt az apjától ëccër a halottas háznál így hallotta vót. Mëkharagusznak ezëtt rëa a lakadalmasok, met ëkkicsitt jó vërikbe vótak s jól mëkcibájják; aszt mongyák neki: Máccor ha ijen dógot lácc, tarcsd fël a kalapo-

kalapodot a botod vēgibe, s örömödbe rikótozz!

dot a botod vēgibe, s örömödbe rikótozz!

Übersetzung. An zwei Enden eines Landes fern voneinander wohnten zwei reiche Leute. Dem einen wurde ein Sohn, dem andern eine Tochter geboren. Beide baten einander zu Gevatter, und bei der Taufe kamen sie überein, dass sie ihre Kinder mit einander verheiraten.

Die Kinder wuchsen heran, aber ohne Arbeit und wie verwöhnte Mutterkinder. Als sie herangewachsen waren, verheiratete man sie auch mit einander.

Bald darauf starb beider Vater und Mutter; sie blieben daher allein, auf die Welt verstanden sie sich nicht, von der Wirtschaft wussten sie nichts. Die Fronbauern und Kleinhäusler machten mit ihnen was sie wollten, ihre Felder alle wurden voll Unkraut, die Weizenkörbe wurden leer, und sie begannen zu verarmen.

Einmal fiel es dem Mann ein, dass er auf den Markt gehen müsste, weil er es auch von seinem Vater so gesehen hatte. Er ging auf den Markt und trieb auch die noch vorhandenen paar schönen Ochsen dahin. Unterwegs begegnet er einer Hochzeit, und er grüsst also: Gott bewahre euch vor einem solch traurigen Wechsel, den Betrübten gebe er Trost! Er hatte dies einmal von seinem Vater in dem Sterbehause gehört. Die Hochzeiter wurden darob zornig auf ihn, weil sie etwas angeheitert waren, und zogen ihn ordentlich bei den Haaren; sie sagen zu ihm: Ein andermal, wenn du eine solche Sache siehst, halte deinen Hut an dem Ende deines Stockes empor, und jauchze vor Freude!

### Aus der Mundart der Moldauer Csángós.

A hamis katonák. (Die schlauen Soldaten.)

Kotonák indultak verekedészbe, menőleg zuton békérőztek gazdára, hodzs meghályanak. Házigazdának ólt ëdzs luggya megszütve e kemencébe. Éen [éjen] kotonák felkeltek, s kivették ludat, s bétettek rossz bocskort csërpenyőbe, hol volt a lud. Más elvettin kakaszt. Reggelig míg últ edzs óra, kettü, felkelnek e kotonák, monygyák e gazdának: „Elmenünk gazdaúr!" E gazda monygyán kotonáknak, ályanak, had szóljon meg e kakasz. Kotona montán: „Megszól zután

A katonák verekedésbe [csatába] mentek, út közben bekéretőztek egy gazdához, hogy megháljanak. A házigazdának volt egy lúdja megsütve a kemencében. Éjjel fölkeltek a katonák, kivették a ludat s betettek egy rossz bocskort a serpenyőbe, ahol a lúd volt. Másik elvette a kakast. Reggel felé mire egy vagy két óra volt, felkelnek a katonák, mondják a gazdának: „Elmegyünk, gazd'urunk!" A gazda azt mondja a katonáknak, várjanak, míg megszólal a kakas.

is. Nekünk nagy hírünk jött, mert e Bocskorom király kiverte Ludibenci császárt Cserpenyő várasbul."

Az egyik katona azt mondta: „Majd megszólal azután is. Nekünk nagy hírünk jött: Bocskorom király kiverte Ludibenci császárt Serpenyő városból."

Übersetzung. Soldaten zogen in den Krieg, unterwegs verlangten sie Einlass bei einem Wirte, um da zu übernachten. Der Hausvater hatte eine gebratene Gans im Herd. Nachts standen die Soldaten auf, nahmen die Gans heraus und legten einen schlechten Bundschuh in die Pfanne, darin die Gans gewesen. Der andere nahm den Hahn mit sich. Früh morgens, als es ein Uhr war oder zwei, standen die Soldaten auf und sprachen zum Wirte: „Jetzt gehen wir, Vater!" Der Wirt sagt den Soldaten, sie möchten doch warten, bis der Hahn kräht. Der eine Soldat sprach: „Der wird schon später krähen. Wir haben eine wichtige Nachricht erhalten: König Bundschuh hat den Kaiser Gänserich aus Pfannstadt vertrieben."

## Bibliographie.

Balassa József: *A magyar nyelvjárások osztályozása és jellemzése.* (Klassifikation und Charakteristik der ungarischen Dialekte.) Beilage: Geographische Karte der ungarischen Dialekte. (Budapest, Akademie, 1891.) — Ein grundlegendes Werk, das eine treffende Charakteristik der meisten der ung. Mundarten gibt. — Vgl. von demselben Verfasser: *A magyar nyelvjárások keletkezése.* (Entstehung der ung. Mundarten. Ethnographia, Jahrgang 1898.)

*Tréfás népmesék és adomák.* (Scherzhafte Volksmärchen und Anekdoten.) Lesebuch der ung. Dialekte. Verfasst von Simonyi Zsigmond 1903. (Nyelvészeti Füzetek 4. Mit der Bibliographie der Dialektstudien.)

*Magyar Tájszótár.* (Wörterbuch der ung. Dialekte.) Redigiert von Szinnyei József. Zwei Bände. (1893—1901.) — Enthält ausser dem bis 1901 im Nyelvőr und in den Sammlungen der ung. Volkspoesie mitgeteilten Material auch das einiger handschriftlicher Sammlungen und zeigt den ausserordentlichen Reichtum des volkstümlichen Wortschatzes.

Erdélyi Lajos: *Nyelvjárásaink tanulmányozásához.* (Zum Studium unserer Dialekte. — Nyelvészeti Füzetek 13, 1904.) — Geschichte, Bibliographie der Dialektstudien und Anleitung für Sammler.

Über Klassensprachen: Dobos Károly: *A magyar diáknyelv és szótára.* (Die ungarische Studentensprache und ihr Wortschatz. 1898.) — Jenő Sándor und Vető Imre: *A magyar tolvajnyelv és szótára.* (Die ung. Diebssprache und ihr Wortschatz. 1900.) — Béldy Mihály: *A tolvajnyelvről.* (Über die Diebssprache. — Nyelvőr 1897.)

Die die einzelnen Dialekte behandelnden Studien sind grösstenteils im Magyar Nyelvőr und der Sammlung „Nyelvészeti Füzetek" erschienen.

### Sammlungen von Volksdichtungen.

Kriza János: *Vadrózsák.* (Heckenrosen.) 1863. (Sammlungen aus dem Széklerlande.)

Arany László: *Népmesék.* (Volksmärchen.) 2. Auflage in der Sammlung „Olcsó Könyvtár", 1904.

*Magyar Népköltési Gyűjtemény. Népdalok és Mondák.* (Sammlung ungarischer Volksdichtungen, Volkslieder und Sagen.) Im Auftrage der Kisfaludy-Gesellschaft, redigiert von Erdélyi János. (Pest, 1846—1848. Drei Bände.)

*Magyar Népköltési Gyűjtemény. Uj folyam.* (Sammlung ungar. Volksdichtungen. Neue Folge.) Im Auftrage der Kisfaludy-Gesellschaft, redigiert von Arany László und Gyulai Pál. (Budapest, 1872, 1882, drei Bände, — redigiert von Vargha Gyula, 1902—06, Bd. 4—8.)

Dugonics András: *Magyar példabeszédek és jeles mondások.* (Ungarische Sprichwörter und geflügelte Worte. Szeged, 1820. Zwei Bände.) — Redensarten und Sprichwörter.

Erdélyi János: *Magyar közmondások könyve.* (Buch der ungar. Sprichwörter. Pest, 1851.)

Volkssprachliche Texte und sonstige Sammlungen sind im *Magyar Nyelvőr* aus den verschiedensten Dialekten zu finden. (Gute Dienste leistet in dieser Beziehung der *Geographische Index,* der aus den ersten fünfundzwanzig Jahrgängen des Nyelvőr in dem besonderen Hefte *Nyelvőrkalauz* (Sprachwart-Führer) zusammengestellt ist.) — Ausserdem sind auch in der Zeitschrift *Ethnographia* gute Sprachproben mitgeteilt.

## Fünfter Abschnitt.

# SCHRIFTSPRACHE. SPRACHNEUERUNG. SPRACHRICHTIGKEIT.

**Die Schriftsprache im allgemeinen.** Die Literatur ist die Bewahrerin und Mehrerin der Kultur, des geistigen Lebens. Was der Geist der Zeiten reift, das wird durch den Schriftsteller verzeichnet und verwertet. Der Dichter „erschafft aus nichts eine Welt. Diese Welt aber besteht aus lauter Wörtern, die Sprache ist das Werkzeug Shakespeares, und seiner Sprache, diesem vollendetsten Werkzeuge seiner dichterisch schöpferischen Kraft, ist es zuzuschreiben, dass seine Wesen gleichsam mit allen Erfordernissen des Lebens ausgestattet, als wirklich Lebende vor uns erscheinen“[1]). Es ist eine der anziehendsten Studien, diese künstliche Seite der Sprache zu untersuchen, und die Sprache ist auch als die Sprache der Schriftsteller, Dichter und Redner ein würdiger Gegenstand der wissenschaftlichen Forschung. Es hat Philologen gegeben, die im Gegensatz zur allein „natürlichen“ Volkssprache die Schriftsprache als entartet bezeichneten. Dies war aber ein übereiltes Urteil, welches sich auf Äusserlichkeiten, und hauptsächlich auf die Form der Wörter gründete. Der wertvollste Teil der Sprache, ihr Ideengehalt, die Bedeutung der Wörter und Redensarten entwickelt sich um so höher, um so feiner, je höher sich das in der Schriftsprache ausgedrückte geistige Leben eines Volkes entwickelt.

Es ist wahr, dass die Wortform, die Wortbildung, in der Schriftsprache sehr oft die Schöpfung individueller Willkür ist, doch machen solche willkürliche und fehlerhaft gebildete

---

1) Greguss, Shakspere pályája (Shakespeares Leben) 334.

Wörter einen verhältnismässig unbedeutenden Teil des literarischen Wortschatzes aus. Wohl gibt es noch einen Vorwurf, den wir oft gegen die Schriftsprache erheben, dass sie nämlich leicht fremden Einwirkungen folgt, und es ist wahr, dass sie in dieser Beziehung oft allzuweit geht. Hier begegnen wir jedoch noch seltener der Willkür und der Absichtlichkeit, als in der Wortschöpfung. Meist gibt der Schriftsteller ebenso unbewusst und auf ebenso natürlichem Wege den fremden Einflüssen nach, wie das Volk, welches bei Berührung mit einem fremden Volke, besonders aber bei Völkermischungen, ebenfalls zahlreiche fremde Elemente in seine Sprache aufnimmt. Sonst ist die Schriftsprache im allgemeinen eine ebenso natürlich entwickelte Mundart, wie die übrigen, nur dass sie sich in anderer Richtung entwickelt, da sie andere Bedürfnisse hat. Dieses besondere Bedürfnis zeigt sich aber hauptsächlich in dem Wortschatze, also in dem besonderen Begriffskreise, welcher die Sprache des Schriftstellers ebenso von der des Volkes unterscheidet, wie z. B. im Kreise des Volkes den Gebirgsbewohner vom Bewohner der Ebene, oder den Ackerbauer vom Handwerker, oder z. B. unter den Schriftstellern den Dichter vom Gelehrten.

Wenn wir aber auch den verschiedenen Begriffskreis und Wortschatz nicht in Betracht ziehen: gibt es nirgends eine Schriftsprache, welche mit der Mundart irgend einer Gegend oder einer Stadt vollkommen übereinstimmte. *Die Schriftsprache ist überall das Resultat des Aufeinanderwirkens der Mundarten.* Und dies hat einen sehr einfachen Grund. Die Schriftsteller entstammen den verschiedenen Gegenden des Landes, und jeder bringt etwas aus der Sprache seiner Gegend in die Schriftsprache mit. Es ist aber natürlich, dass nicht jede Gegend an den geistigen Bewegungen, an der literarischen Arbeit gleichen Teil nimmt, einzelne abseits liegende Gegenden tragen weniger dazu bei, andere, deren Entwickelung durch ihre glücklichere Lage begünstigt wird, natürlich mehr. Aber was auch aus den letzteren in die Schriftsprache gelangt, gleicht sich in ihr allmählich aus. In den Anfängen der Literatur schreibt ein jeder nach seiner eigenen Mundart, aber infolge des entwickelteren literarischen Verkehrs stellt eine gewisse natürliche Auswahl ein, die Schriftsteller ahmen einander nach, und von den Wörtern und Konstruktionen siegen diejenigen und setzen sich als literarische fest, welche in den meisten Mundarten oder vielmehr bei den meisten Schriftstellern vorkommen. *Die bedeutendste Schicht der Schriftsprache bilden die Elemente, die in sämtlichen Mundarten gemeinsam sind.*

Es gibt dann noch einen Faktor, der in mancher Hinsicht die Schriftsprache von sämtlichen Mundarten absondern kann, nämlich die literarische Tradition. Die Schriftsprache ist ihrer äusseren Form nach konservativ und bewahrt eine Zeit lang Wortformen, die in den meisten Mundarten, ja sogar in sämtlichen veraltet sind. Lautformen mit *-l* wie *nyolc* 'acht', *holt* 'tot', *tölteni* 'füllen', oder Personalsuffixformen wie *kezét* 'seine Hand', *helyébe* 'an seine Stelle' herrschen fortwährend in der Literatur, obgleich die ersteren in sämtlichen Mundarten ohne *l* gesprochen werden: *nyóc*, *hótt*, *tötteni* usw., die Personalformen hingegen fast in allen Mundarten heutzutage ein *i* anstatt des *é* haben: *keze* : *kezit*, *helye* : *helyibe* usw. Im letztern Falle wird die Form der Schriftsprache durch ganz natürliche Analogien gestützt: einerseits durch die gleiche Flexion der Nomina mit dem Auslaut *-e* (z. B. *eke* : *ekét* 'Pflug', *kefe* : *kefébe* 'Bürste'), andererseits durch das in den tieflautenden Wörtern entsprechende *á*, wie bei andern Suffixen, z. B. *-nál -nél*, *-ás -és* (*kezét* : *lábát*, *helyébe* : *nyomába*).

Noch beharrlicher ist die ältere Form in der Schrift, wenn auch die Bedeutung irgendwie in Mitleidenschaft gezogen wird, besonders wenn der Ausdruck verschiedener Beziehungen und Begriffe in der volkstümlichen Aussprache zusammenfällt oder sich verwischt. So z. B. unterscheidet die Schriftsprache die Formen *-be* 'in' (mit dem Akkusativ) und *-ben* 'in' (mit dem Dativ), *se* 'auch nicht' in verbietenden, *sem* 'auch nicht' in indikativisch verneinenden Sätzen, *kérnénk* 'rogaremus' und *kérnök* 'rogaremus eum', *óra* 'Uhr' und *orra* 'seine Nase', obgleich die zweiten dieser Paare in der lebenden Rede teils vollständig veraltet sind, teils nur noch auf engen Gebieten leben (z. B. die Form *kérnök* bei den Széklern). Ferner begegnen wir in der Literatur, besonders aber im Amtsstil, der passiven Form *iratik* 'es wird geschrieben', *kéretik* 'es wird gebeten', obzwar die Volkssprache sich ihrer längst entschlagen hat und sie ihr Dasein nur mehr in einigen Ausdrücken fristet: *születik* 'wird geboren', *dicsértessék* 'er werde gelobt'.

Noch ein Unterschied sei hier wenigstens erwähnt. Sehr viele literarische Werke bedürfen einer bestimmteren, ernsteren, gehobeneren Ausdrucksweise, als es die Sprache des alltäglichen Umgangs ist. Freilich gibt es auch literarische Gattungen, in denen der unmittelbarere, ja sogar scherzhafte, mit Wörtern spielende Stil am Platze ist; besonders die Sprache der Dichtung nähert sich der Ausdrucksweise des naiven Volkes. — Ein in Anschlag zu bringender Faktor ist gegenwärtig noch die Sprache der Zeitungen. Diese gestatten schon vermöge ihres Inhalts den Worten und Wendungen des täglichen Lebens einen grossen Spielraum, und wirken ihrerseits auch auf die Büchersprache ein, so zwar, dass infolge dieser Einwirkung die Schriftsprache sich viel rascher verändert, als ehemals.

Wir dürfen schliesslich auch jener Wirkung nicht vergessen, welche hervorragende schriftstellerische Individualitäten, die Klassiker, oder wenigstens vielgelesene Schriftsteller, auf die Entwicklung der Schriftsprache ausüben. In dieser Hinsicht war ja die Wirkung grosser Schriftsteller bei manchem Volke entscheidend, wie z. B. die Luthers fürs Deutsche. Von einigermassen gleicher Wirkung war bei uns die beredte, kraftvolle Sprache Peter Pázmánys, diese Wirkung wurde aber durch die grosse Verbreitung der reformierten Károlyischen Bibelübersetzung ergänzt (Ende des XVI. und erste Hälfte des XVII. Jahrhunderts). In der Entwicklung der Dichtersprache begegnet uns der gewandte und volkstümliche Gyöngyösi gegen Ende des XVII. Jahrhunderts, und ein Jahrhundert später Alexander Kisfaludy. Zu Ende des XVIII. und in der ersten Hälfte des XIX. Jahrhunderts bereicherte sich unsere Sprache hauptsächlich mit neuen Wörtern, besonders mit Kunstausdrücken, welche durch Kazinczys Schule, die sogen. Sprachneuerer, verbreitet wurden. Unsere gegenwärtige Literatur verdankt das meiste den vier Schriftstellern: Vörösmarty, Arany, Petőfi und Jókai.

Nach diesen allgemeinen Bemerkungen müssen wir zwei Dinge ausführlicher besprechen, die eine ungewöhnlich grosse Rolle in der Entwicklung unserer Schriftsprache spielten, wie wir ja auch in anderen Schriftsprachen ihresgleichen finden: die bewusste Wortschöpfung und die fremdartigen Ausdrucksweisen (Barbarismen).

**Wortschöpfung der Sprachneuerer.** Der Begriff der bewussten, willkürlichen Wortschöpfung wird gewöhnlich auf die Schriftsprache beschränkt, und doch werden auch die Wörter der Schriftsprache zum grössten Teil unbewusst gebildet, hingegen finden sich in der Volkssprache gar nicht selten Wörter, die den Stempel der Bewusstheit, ja manchmal der Willkür an sich tragen. Auch das Volk belegt z. B. nach seiner Art die modernen Einrichtungen, Erfindungen usw. häufig mit neuen Namen, anstatt sich einfach die fremden Benennungen oder die Schöpfungen der Schriftsprache anzueignen. Die Streichhölzer, die in der Schriftsprache *gyufa* heissen (aus *gyujtó-fa* regelwidrig abgekürzt), erhalten in verschiedenen Gegenden die Namen: *gyujtó* 'Zünder', *gyújtó szálka* 'Zündsplitter', *gyujtó fa* 'Zündholz', *gyujtogató* 'Zünder' freq., *vëllantó* d. h. *villantó* 'Blitzer' (ohne der Lehnwörter *masina*, *këtrán* und *svábel* zu gedenken, von denen das erste, eigentlich 'Maschine', in vielen Gegenden gebräuchlich ist, das andere bei den Csángós in Hétfalu, eigentlich *kátrány* 'Teer', das dritte in Rozsnyó, eigentlich eine slowakische Form des deutschen *Schwefel*). Das Uhrpendel (in der Schriftsprache *inga* d. h. 'Schwengel', von *ing* 'schwanken') nennt man *sétáló* 'Spaziergeher', *járó* 'Geher', *kettyegő* 'Ticker'. Anstatt *kéményseprő* oder *kürtősöprő* 'Schornsteinfeger' (auch *aknasöprő*), welche aus dem Deutschen übersetzt sind, hat unser Volk andere vollkommen entsprechende Wörter gebildet: *kürtőtisztító* 'Schornsteinreiniger', *füstfaragó* 'Rauchschaber', *kotró*, d. h. 'Scharrer, Kratzer', *kormász* d. h. 'Russer'. — Aber auch die Gegenstände der primitiveren Kultur, sogar die Körperteile u. dgl. versieht das Volk mit irgend einem gelungenen neuen Namen. Den Kuhknecht (in der Gemeinsprache *tehenes*) nennt man an manchen Orten *marhalátó* d. h. 'Rinderseher', *marhabánó* d. h. 'Viehbesorger', den Hirten einer Rinderherde (in der Gemeinsprache *gulyás*) nennt man *ökrész* 'Ochsenhirt, das Beil' (gewöhnlich *balta*) *faragó* 'Schnitzer', die Küche (*konyha*) *főző* d. h. 'Koch-(platz)', die Schlange (*kigyó*) *csúszó* 'kriechend' usw.

Besonders zahlreich sind die scherzhaften Wortbildungen in der ungarischen Volkssprache. Der Volkshumor ist unerschöpflich in immer neuen und neueren Benennungen der alltäglichen Dinge. In einer Mundart nennt man den Hausrock der alten Frauen *köhögő* d. h. 'Hustjacke', in einer andern den Rücken des Menschen *ropogtató* d. h. 'Kracher', den Plaid *ebenlógó* = 'an einem Hunde hängend', das Auge an manchen Orten *látóka* d. h. 'Gucker' („*mach deine Gucken auf*" in der Ödenburger deutschen Mundart, und *Guckela* im Fränkischen, Frommanns D. Mundarten Bd. 1, S. 285; ebenso im Finnischen dial. *näkiimet* von *näke-*, für *silmät*, Porkka, Ingerm. Dial. 119; vgl. noch Seher in der deutschen Jägersprache, und die ähnliche Etymologie von ὄμμα, *oculus* 'Auge'), den Fuss (*láb*) *járóka* 'Geher', den Kopf (*fej*) *kobak*, *töksi* 'Kürbis', *gomb* 'Knopf' (wie franz. *boule*, vgl. noch *tête*, ital. *testa* u. dgl., s. Kluge, s. v. Kopf). Den Handelsreisenden nennt man *boltvizsgáló* 'Ladenrevisor', den Ingenieur *ködvágó* 'Nebelschneider', den Katastral-Kommissär *földkóstoló* 'Erdkoster', den Finanzbeamten *bélyegkóstoló* 'Stempelkoster', *dohánycsősz* 'Tabakhüter', *spenótbakter* 'Spinatwächter', *spenótvadász* 'Spinatjäger', den Barbier (*borbély*) *koszvájó* 'Grindschaber'. Bei solchen Anlässen pflegt man sich wohl auch fremden Wörtern zuzuwenden: die von Budapest kommenden Marktbesucher nennt man *vigéc* (< *wie geht's?*), den Finanzbeamten *vartapiszli* (< *wart' a bissl*, 'wart' ein wenig'), die Exkremente *kukherda* (< *guck' her da!*) usw. Hierher reihen sich noch die Spottnamen, Spitznamen, in denen die Phantasie des Volkes unerschöpflich ist.

In solchen Ausdrücken begegnen wir nicht selten scherzhaften Entstellungen, ja sogar unregelmässigen, bewusst fremdartigen Bildungen. So z. B. wenn man (anstatt *bátorság*, *mersz*) den 'Mut' *mernám*, oder *mérikó*, *mernyász*, *mernyák* nennt. Häufig kommen dergleichen in Rätseln und in anderen Sprüchlein vor; z. B. „Szögön *szityó*, lóca alatt *motyó*, kertbe *kampella*“ (anstatt: szögön *szita* 'auf dem Nagel das Sieb', lóca alatt *mozsár* 'unter der Bank ein Mörser', kertben *káposzta* 'im Garten Kraut', Pap: Palócz Népköltés, Palozer Volksdichtung 135). Hosszabb a *péntek*, mint a *szombat* 'länger der Freitag als der Samstag' (anstatt: hosszabb a *pendely*, mint a *szoknya* 'länger der Unterrock als das Kleid'). — Eine solche willkürliche Umwandlung ist in den sogen. Euphemismen häufig, mit welchen das Volk sein Schwören und Fluchen mildert. Z. B. *biz Istók* d. h. 'bei Steffel' anstatt *bizony Isten* 'bei Gott'; *a jégen kopogóját!* d. h. 'den auf dem Eise Klopfenden' anstatt: *a Jézusát* (Jesus); *terengettét, a teremburádat* 'Potztausend', anstatt: *a teremtőjét, a teremtésedet* d. h. 'seinen Schöpfer, dass du erschaffen wurdest'[1]). Aus alledem ist aber zu ersehen, dass die Regellosigkeit und Willkür der Volkssprache sich in sehr engen Grenzen bewegt. Übergehen wir nun zur literarischen Wortmacherei.

Schon in einem unserer ältesten Sprachdenkmäler, in der ersten ungarischen Bibel (XV. Jahrhdt., Wiener-, Münchener-, Apor-Kodex) begegnen wir Neubildungen, wie: *címerlet* 'titulus', *könyöklet* 'cubitus', *császárlat* 'imperium', *kopaszlat* 'calvaria', *sósolat* 'salsugo', ferner *ezerlő* 'tribunus', *negyedlő* 'tetrarcha', *bölcsejteni* 'weise machen', *lángasejtani* 'entflammen' usw. — Im XVI. Jahrhundert empfahl Sylvester ungarische Wörter zur Benennung der Monate: *télelő* 'Winteranfang' für Dezember, *télmás* 'Winters zweiter', Januar, *télharmadhó* d. h. 'der dritte Wintermonat' usw. (diese Benennungen wurden im XIX. Jahrhundert nachgeahmt: *télelő*, *télhó*, *télutó* usw.

Im XVII. Jahrhundert bildete der Lexikograph und Grammatiker Albert Molnár einzelne Wörter zur Wiedergabe lateinischer Ausdrücke, zum Teil mit augenscheinlicher Willkür, so die Stoff-Adjektiva mit dem Bildungs-suffix *-i*: *leni* 'flachsen',

1) Bekanntlich auch in anderen Sprachen; vgl. ital. *diascolo* anstatt *diabolo* 'Teufel', deutsch *Teixel* anstatt *Teufel*, *potz sapperment*, sogar *potz schlapperment* anstatt *Gotts sakrament*, franz. *parbleu* anstatt *par dieu*, engl. *by Jingo* anstatt *by Jesus*.

*ezüsti* 'silbern', *rézi* 'kupfern' usw. anstatt *len-*, *ezüst-*, *réz-*, oder *lenből készült* u. dgl.

Wir haben jedoch im XVII. Jahrhundert einen echten Sprachneuerer, Stephan Geleji-Katona, der seinen Schriftstellergenossen zahlreiche neue, zum Teil mit ungewöhnlicher Freiheit gebildete Wörter empfiehlt. Es ist dies um so auffallender, weil er einer unserer pedantesten Philologen ist, der die Sprache seiner Zeitgenossen immer nach allgemeinen Prinzipien massregeln möchte (am bekanntesten ist sein Bestreben, das Passiv-Suffix auch in den Nominalableitungen der Verba einzubürgern: *az Istennek imádtatása és segítségül hivattatása* usw. 'Gottes Anbetung und Zur-Hilfe-Rufung', *kibeszéltethetetlen* 'unaussprechlich' usw.). Übrigens wendet Katona in der Praxis verhältnismässig wenig neue Wörter an. Bloss in seiner *Magyar Grammatikácska* (Kleine Ungarische Grammatik) bietet er sie gruppenweise, bei der Behandlung der Etymologie und der Kunstausdrücke:

„Manche Komposita, oder zusammengesetzte verneinende Wörter hönnen mit einem Wort ausgedrückt werden, obwohl das gemeine Volk sie nicht gebraucht. So *hasonlotlan* (*hasonlótlan*?) 'ungleich, unähnlich', *egyenlötlen* 'ungleich'; *szent-telen* 'unheilig' (da man sagen darf: *szemtelen* 'frech'); *kegyességtelen* oder *kegyestelen* 'ungnädig' (da man sagen darf: *kegyetlen* 'grausam'): *egésztelen* 'unganz', *tellyestelen* oder *tellyetlen* 'unvollständig'; *szülēketlen* 'unfruchtbar', *élēketlen* 'leblos', *tulajdontalan* 'uneigentlich' usw."

„Es ist schwierig, die technischen Ausdrücke ungarisch mit einem Worte wiederzugeben, von denen ich den Jüngern zuliebe einige hierher setze: accidens, *magán-létlen* oder *másban-lévö*; essentia, *magán-létel* oder *vagyonság*; exordium, *kezdeték*; sectio, *vágaték*; phantasia, *képzemény*; fictum, *költemény*; absentia, *jelenlétlenség*; praesentia, *jelenlévöség* usw.

Wir sehen, wie er seine Wörter zu rechtfertigen und sie als Ausfluss der gemeinsprachlichen Analogien hinzustellen trachtet. Sein seltsamstes Wort ist: „immediate, *közbötlenül*, közbe-vetetlenül", aber auch dafür hat er eine Begründung, obwohl sie verfehlt ist. Nach der Etymologie Katonas gibt es auch in der Gemeinsprache ähnliche Zusammenziehungen, wie *közbe-vetetlen* : *közbötlen*: „*káposzta* 'Kraut' pro *kapa-hozta* (d. h. von der Hacke-gebracht) *tar-varju* pro *tarka varju* [bunte Krähe], *háló* 'Netz' pro *halászó* oder *halfogó* [Fischfänger!]".

Stephan Gyöngyösi, der beliebteste Dichter der ältern Zeit, beherrschte die Sprache vollständig und schuf so manches neue Wort, obgleich eingestandenermassen nur, wenn er durch der Verse Not dazu gezwungen wurde. Von ihm rühren z. B. folgende heute noch gebräuchlichen Ausdrücke her: *fürtözet* 'Gelock', *tollazat* 'Gefieder', *hangzat* 'Klang, Akkord', *győzelem* 'Sieg', *bizalom* 'Vertrauen' (früher bloss *győzedelem, bizodalom*), *fuvalom* 'Lüftchen', *tanulmány* 'Studium', *ragyogvány* 'Glanz', *balsors* 'Missgeschick', *balszerencse* 'Unglück', *búfelejtő* 'sorgenscheuchend'.

Die bisher erwähnten waren gewissermassen Vorläufer der spätern Sprachreform, doch standen sie weder mit einander, noch mit den eigentlichen Sprachneuerern in geschichtlichem Zusammenhang. Die neuere Wortschöpfung erstreckt sich von der Mitte des XVIII. Jahrhunderts bis ungefähr zur Mitte des XIX. Jahrh., und ihr eigentlicher Anfänger war Franz Faludi.

Franz Faludi gehört zu unseren vorzüglichsten Prosaisten. In seinen aus den westlichen Sprachen bearbeiteten Werken trachtete er, da er die Steifheit und Armut unserer Schriftsprache fühlte, diesen Mängeln mit verschiedenen Mitteln abzuhelfen. Einerseits bediente er sich häufig volkstümlicher Redensarten und Sprichwörter und ahmte diese zielbewusst nach; andererseits studierte er sorgfältig die Sprache der besseren älteren Schriftsteller, besonders Pázmánys; schliesslich schuf er auch selbständig zahlreiche neue Wörter und Wendungen.

Von seinen Ausdrücken sind manche nur insofern neu, als er ihnen eine neue Bedeutung beilegte. Besonders wichtig sind die Metaphern, die Faludi sehr liebte, da er im allgemeinen ein Freund der anschaulichen, poetischen Ausdrucksweise war. Von diesen hat er viele in unserer Literatur eingebürgert, welche seither eine bleibende Zierde des gewählten Stils sind: *fennkölt méltóság* 'edle Würde' (wörtlich 'erhaben'), *mély tisztelet* 'tiefe Ehrfurcht', *csipős beszéd* 'bissige Rede', *ominek kulcsa* 'der Schlüssel zu etwas', *beszédet tartani* 'eine Rede halten' usw.

Was die wirklich neu gebildeten Wörter anbelangt, wurde der grösste Teil mit den gewohnten Mitteln der ungarischen Wortbildung geschaffen, und nur selten begegnen wir einer oder der andern auffallenden Zusammensetzung (*ellen fél* 'Gegenpartei', *zseb-óra* 'Taschenuhr', *nap-óra* 'Sonnenuhr') oder selteneren Wortbildungen (wie *otthonos* 'zu Hause lebend, zurückgezogen', *egyedülség* 'Einsamkeit' (beide von Adverbien), *meghiszeltet* 'überreden, einreden', der Stamm von *hisz* heisst eigentlich *hiv-, hi-*). Faludi stand der gewalttätigen Neuerung und Wortkürzung so fern, dass wir auf jeder Seite weitschweifige Ausdrücke, silbenreiche Wörter lesen, welche wohl unserem heutigen Geschmacke nicht zusagen, aber allenfalls beweisen, dass unser Schriftsteller mit dem Herkommen nicht in Widerspruch geraten wollte. Hier die wichtigeren der Wörter, die wir wahrscheinlich Faludi verdanken, da sie unseres Wissens bei älteren Schriftstellern und grösstenteils auch in der Volkssprache nicht vorkommen, oder sonst irgendwie ihre Neuheit verraten: *búcsuszó* 'das Lebewohl', *előszoba* 'Vorzimmer', *eltávolit* 'entfernen', *hajpor* 'Haarpuder', *halmoz* 'häufen', *hálóköntös* 'Schlafrock', *javasol* 'vorschlagen, anraten' (von *jó* 'gut' nach der Analogie von *helyesel* 'billigen'), *kidolgoz* 'ausarbeiten', *látszat* 'der Schein', *lealjasit* 'erniedrigen', *lemond* 'entsagen', *mesteri* 'meisterhaft', *mulandóság* 'Vergänglichkeit', *napirend* 'Tagesordnung', *sajnos* 'bedauerlich', *útvesztő(-kert)* 'Labyrinth, Irrgarten', *vélemény* 'Meinung', *zsebóra* 'Taschenuhr'.

Besonders zu erwähnen ist eine Richtung der Wortbildung Faludis, die später in der Sprachneuerung eine bedeutende, ja verhängnisvolle Rolle spielte: die Abstraktion oder Rückbildung, d. h. die Weglassung der Endung gangbarer Wörter und Selbständigmachung, gleichsam Belebung der in ihnen verborgenen Grundwörter. Zahlreiche Wörter waren in der Literatur des XVII. und XVIII. Jahrhunderts durch Anhäufung von Suffixen überaus weitschweifig geworden. Dies fühlte Faludi, und darum versuchte er in manchen Fällen die Verkürzung der langen Wörter. So schreibt er z. B. *csenddel* für *csendességgel* 'in Stille', *finnyal* für *finnyássággal* 'mit Zimperlichkeit'. Bei ihm findet sich zuerst das von *mohon, mohón* abstrahierte *mohó* 'gierig' und das aus *korán* erschlossene *kora* 'frühzeitig' (*korán* war ursprünglich eine Besitzform des Hauptwortes *kor* 'Zeit' : *kor-á-n*; vgl. *ide-jé-n* 'zu seiner Zeit' von *idő* 'Zeit'). In der Wagnerschen Phraseologie finden wir noch mehr dergleichen Ausdrücke, und auch diese mögen zum Teil von Faludi herrühren: *Arány*, scopus, aus dem Verbum *arányoz* 'zielen'. *Heveny*, aestus, aus dem Adverbium *hevenyében* 'in der Hitze, in der Eile'. *Illa*, refugium, wahrscheinlich aus der Redensart *illa berek* 'über alle Berge'. *Rom* fragmentum, ruina, von dem Verb *romlik* 'es verdirbt'. *Szak* regio, aus *éj-szak* 'Norden' (später bildete man auch *délszak* 'Südseite') usw.

Die Empfänglichkeit für derlei Rückbildungen wurde noch gesteigert durch Michael Adámi, der zehn Jahre nach der Phraseologie (1760) seine für Deutsche geschriebene ungarische Grammatik herausgab (Ungarische Sprachkunst); als Anhang gab er ein „Wörterbuch der Stammwörter der Ungarischen Sprache". In diesem Anhange stellte er auch die wichtigsten Regeln der Wortbildung zusammen. Daraus und aus dem Titel seines Wörterbuchs ist es klar, welchen praktischen Zweck er verfolgte: er wollte, dass der Lernende jedes ungarische Stammwort im Verzeichnis aufsuchen, die übrigen Wörter mit Hilfe der Regeln des Anhanges verstehen und bilden könne. Im Wörterbuche z. B. ist nur zu lesen: „*vén*: alt", aber die im Anhange behandelten Suffixe *-ség, -ül, -ít* erklären auch die Wörter *vénség* 'Alter', *vénül* 'alt werden', *vénít* 'alt machen'. So stellt er neben den gebräuchlichen Stammwörtern auch solche auf, die nicht gebräuchlich waren: „*fold, fód*: Fleck" (vgl. *foldoz, foldozgat* 'flicken'), „*abaj*: Haufen, Menge" (vgl. *abajdoc* 'Mischkorn', *abajgat* 'treiben') usw. Von seinen Abstraktionen kamen einige später — teils unverändert, teils einigermassen abgeändert — tatsächlich in Gebrauch: *alkony* 'Abenddämmerung', *dics* 'Ruhm', *fohász* 'Seufzer', *parány* 'Atom', *reg* 'Frühe, Morgen' (war wohl in älterer Zeit vorhanden, aber im XVIII. Jahrhundert wieder vergessen), *réme* 'das Erstaunen' (*rém* 'Schreck, Gespenst'), *telep* 'Niederlassung', *űr* 'Leere, Raum', *versen* 'der Wettstreit' (< *versent futni* 'um die Wette laufen'; die Wörter *verseny, versenyes* kommen im XVII. Jahrhundert vor, aber wie es scheint, waren sie im XVIII. Jahrhundert vergessen), *vörhön, vörhönyes*: 'braun, rötlich'.

Da er aber diese Abstraktionen ohne jede Bemerkung in die Reihe der wirklich lebenden Wörter aufnahm, beabsichtigte er wahrscheinlich mit diesen kurzen Wörtern die Schriftsprache zu bereichern. Darauf deutet einerseits, dass wir in seinem Wörterbuche auch andere Wörter finden, die er offenbar absichtlich schuf, z. B. *fuvacs*: 'Blasebalg', *cserlö*: 'Schelle' (von dem Zeitwort *csereg* 'klirren'). Andererseits wird es durch seine Erklärung im Vorworte bestätigt, aus welcher auch zu ersehen ist, dass Adámi mit dem Kreise Faludis verkehrte: „Gründen sich meine Lehren selbst, wo selbige etwa hin und wieder von hergebrachten ältern Meinungen abweichen, dennoch auf die Übereinstimmung wahrer Sprachkenner, mit denen ich mich fleissig beratschlaget habe, und auf die Beyspiele der besten ungarischen Schriftsteller: so glaube ich wider alle Vorwürfe eines Eigensinnes, oder einer thörichten Liebe zu Neuerungen vollkommen sicher zu seyn.“ *Qui s'excuse, s'accuse.* — So viel ist unzweifelhaft, dass gleichwie Faludis Kreis auf Adámi wirkte, Adámis Beispiel wieder andere aneiferte. Teils nehmen einzelne Schriftsteller seine Rückbildungen in Gebrauch, teils kürzen sie, ermuntert von seinem Beispiele, auch andere Wörter in derselben Weise. So abstrahiert Kalmár im Prodromus (1770) die Wörter *mez, ür, bék* aus *meztelen* (*mezítelen*), *üres, békesség*. So finden wir im *Kisded Szótár* (Wörterbüchlein) des Baróti Szabó Dávid neben Entlehnungen aus der Phraseologie und aus Adámi einzelne neue Rückbildungen, z. B. *inger* 'Reiz', *órainger* 'Uhrfeder' (< *ingerel* 'reizen'), *heveny* 'hitzig, heftig' (also eine andere Bedeutung, als in der Phraseologie; < *hevenyében*, wie auch *melegében*, 'in der Eile', eigentl. 'in der Hitze', vgl. roman. *tosto, tôt*), *hamm* 'Asche' (aus dem Adjektiv *hammas, hamvas*). Noch mehr solcher Bildungen finden sich in Stephan Sándors *Toldalék . . szókönyv* und in seinem *Sokféle* (Ergänzungswörterbuch und Vielerlei); z. B. *figyel* aufmerken (< *figyelmez* 'aufmerken'), *futam* 'Lauf' (< *futamodik* 'entlaufen'), *ind*: motivum (< *indúl* 'sich bewegen', vgl. das spätere *ind-ok* 'Beweggrund'), *rajz* 'Zeichnung' (ehemals nur *rajzolat*, von *rajzol*, welches = dem deutschen *reissen*), *séta* 'Spaziergang' (< *sétal* 'spazieren'), *taps* 'Händeklatschen' (< *tapsol*), *tév* 'irrig, Irrtum' (< *téved* 'irren'), *üdv* 'Heil' (< *üdvösség* 'Heil') usw. — Auch Verseghy unterstützte die Belebung der „ruhenden Wurzeln", und empfahl z. B. folgende Rückbildungen: *dombor* 'Relief', (< *domború* 'erhaben'), *gyönyör* 'Vergnügen' (< *gyönyörü* 'wunderschön, ergötzlich'), *téboly* 'Irrsinn', (< *tébolyog* 'umherirren'), *mosoly* 'Lächeln' (< *mosolyog* 'lächeln'), *szender* 'Schlummer', (< *szendereg* 'schlummern'), *könyör* 'Erbarmen' (< *könyörül* 'sich erbarmen'), *szomj* 'Durst' (*szomjas* 'durstig'), *szörny* 'Ungeheuer' (< *szörnyü* 'ungeheuer'), *magány* 'Einsamkeit' (< *magányos* 'einsam'), *viszony* 'Verhältnis' (< *viszont* 'gegenseitig'), *gúny* 'Spott' (< *gúnyol* 'spotten'), *pazar* 'verschwenderisch' (< *pazarol* 'verschwenden'), *varázs* 'Zauber' (< *varázsol* 'zaubern'), *zúr* 'Chaos' (aus dem zusammengesetzten *zúr-zavar* 'Durcheinander' abstrahiert, heute *zürzavar* und *zür*) usw. — Später waren unsere Neuerer in dieser Hinsicht noch viel kühner und schnitten jedes Wortende ab, wo es ihnen beliebte; am ärgsten trieben es Helmeczy und der Arzt Bugát in der ersten Hälfte des XIX. Jahrhunderts.

Zehn Jahre nach Adámi tritt wieder ein Wörtermacher auf, der „Wachtmeister Johann Kónyi", der eine Anzahl kleiner Unterhaltungsschriften herausgab und vermöge seiner Volkstümlichkeit von nicht geringem Einfluss auf die zunehmende Empfänglichkeit für Neuerungen sein mochte. Kónyi, obwohl ein Halbgebildeter, führt eine gewandte Feder, verblüfft uns aber nicht selten durch äusserst gekünstelte und kühne Neubildungen (z. B. *hullánk* 'Welle' für *hullám*, nach *fulánk* 'Stachel'? *vidámatos* 'froh, fröhlich' für *vidám*, nach *örvendetes* 'erfreulich'? *felleng* 'hoch empor').

Um dieselbe Zeit sehen wir auch bei den deutschen Schriftstellern (bei Campe und andern) eine starke Bewegung, eine richtige Sprachneuerung; dadurch wurden die ungarischen Schriftsteller in ihrem Vorhaben bestärkt und erwiesenermassen[1]) beeinflusst.

1) M. Rubinyi in Heft 6 der Nyelvészeti Füzetek.

Um 1780 lehrte Bernhard Benyák, ein Ordensgeistlicher in Pest, die Philosophie in ungarischer Sprache und erzielte damit einen grossen Erfolg. Zugleich kämpfte er mutig für die Bereicherung des Wortschatzes und bildete eine Menge neuer Kunstausdrücke, von denen sich folgende erhalten haben: *szótag* ('Wortglied') 'Silbe', *név szó* 'Nennwort', *névmássa* 'Fürwort', *kötszó* (heute richtiger *kötőszó*) 'Bindewort', *körülmény* 'Umstand' (früher *körül-állás*, *környül-állás* 'Um-stand, circumstantia').

Gleichzeitig mit Benyák tritt einer der fruchtbarsten Neuerer auf den Plan, der Székler Baróti Szabó Dávid. Gleich in seinen ersten Arbeiten (1777—1784) begegnen wir zahlreichen neuen Ausdrücken, darunter neubelebten Archaismen (*ara* 'Braut', *hős* 'Held', *csarnok* 'Halle', *hon* 'Heimat', *év* 'Jahr') und mundartlichen Wörtern[1]) (*bókol* 'sich verneigen, ein Kompliment machen', *lázít* 'aufwiegeln', *rémlik* 'es däucht', *illan* 'entfliehen', *kirándul* 'einen Ausflug machen', *poggyász* 'Gepäck', *kandalló* 'Kamin', *szürkület* 'Dämmerung', *csalit* 'Hain', *nyiretytyű* 'der Fiedelbogen'), — aber auch zahlreichen Neubildungen, wie *földabrosz* 'Landkarte', *délszaki* 'südlich', *önkény* 'Willkür', *visszhang* 'Widerhall' (statt *vissza-hang* wörtl. 'Zurückhall'), *szorítkozik* 'sich beschränken', *természetes* 'natürlich', *ügyész* 'Anwalt', *diadal* 'Triumph' (verkürzt aus dem ältern *diadalom* nach dem Vorbild von *viadal* 'Gefecht'), *balga* 'töricht' (aus *balgatag*) usw.

Nach solchen Prämissen ist die Kühnheit Barcafalvi Szabó Dávids leichter zu verstehen, der in den folgenden achtziger Jahren in seinem *Magyar Hirmondó* (Ungarischer Bote, dessen Leitung er 1786 in seinem 24. Jahre übernahm) und in seinem aus dem Deutschen übersetzten Roman „Siegwart" die Wortmacherei wahrhaft fabriksmässig betrieb. Etwa ein

1) Unsere Neuerer gingen im grossen ganzen dieselben Wege, wie die Deutschen jener Zeit: „Es ist das Verdienst der grossen Dichter und Denker des XVIII. Jahrhunderts, der Sprache dadurch kräftigere Schwingen verliehen zu haben, dass sie neue Wörter und Wendungen ausprägten oder alte aus dem Schrifttum der Vergangenheit und der Mundarten zu neuem Leben erweckten." (Zeitschrift des Allgem. Deutschen Sprachvereins, Bd. 11, S. 99.)

halbes Hundert Wörter besitzt unsere Schriftsprache als Barcafalvis Vermächtnis. Einige sind ganz natürlich, in einer auch der Volkssprache geläufigen Weise, gebildet. So z. B. der grösste Teil seiner Zusammensetzungen: *éjszaki-fény* 'Nordlicht', *szempont* 'Gesichtspunkt' (eigentl. 'Augenpunkt'), *naptár* 'Kalender' (Tag-magazin), *csontváz* 'Skelett' (Knochen-gestalt), *belváros* 'innere Stadt', *külváros* 'Vorstadt', *esernyő* 'Regenschirm' (für *eső* 'Regen' das kürzere *es*, das eben in Barcafalvis Heimat, in Siebenbürgen, gebräuchlich ist). Regelmässige Neubildungen sind ferner die mit den Suffixen *-mány mény*, *-vány vény*, *-at et* aus Zeitwörtern gebildeten Hauptwörter: *tünemény* 'Erscheinung', *előzmény* 'Prämisse', *következmény* 'Folge', *olvasmány* 'Lesestück, Lektüre', *iromány* 'Schriftstück'; *növevény* 'Pflanze', *cselekvény* 'Handlung'; *tudat* 'Bewusstsein', *mondat* 'Satz', *szerkezet* 'Fügung, Konstruktion', *lét* 'das Sein'. Und noch einige seiner Wörter: *művész* 'Künstler', *meneszt* 'expedieren'. In anderen seiner Neubildungen erlaubte er sich schon viel grössere Freiheiten und verfuhr nach einzelnen scheinbaren Analogien; so bildete er das Wort *fölület* 'Oberfläche' (vom Adv. *fölül* 'oben'), wie er selbst bemerkt, nach dem Vorbild von *körület* 'Umfang, Umkreis' (das eigentlich = *kerület* ist, vom Zeitwort *kerül* 'kreisen' und nicht vom Adverb *körül* 'umher, rings'); nach dem Muster von *sokadalom* 'Versammlung, Jahrmarkt', *lakadalom* 'Hochzeit' bildete er die Kollektiva *uradalom* 'Herrschaft, Dominium' (*úr* 'Herr'), *társadalom* collegium, 'Gesellschaft' (*társ* 'Gefährte') und viele andere [1]).

Ein durchaus nicht zu entschuldigendes Verfahren ist es, wenn er ganz dunkle, bedeutungslose Wortendungen abschneidet, wenn er z. B. *címer* 'Wappen' (< mhd. *zimier*) zu *cím* 'Titel', *imád* 'anbeten' zu *ima* 'Gebet', *szakmány* 'Geding' zu *szakma* 'Fach' verstümmelt. Ebenso fehlte er, indem er nach deutscher Art Verbalstämme als Vorderglieder in Zusammensetzungen verwendete und z. B. anstatt *látóhatár* 'Gesichtskreis' *láthatár*, anstatt *úszószárny* 'Schwimmflügel' *úszszárny* bildete.

---

1) *Sokadalom* selbst (aus *sok* 'viel') ist schon eine Analogiebildung nach *lakadalom* (aus *lak-ik* 'sich sättigen'); das Formans *-dalom* ist deverbal.

Sodann als er mit dem fremden (slavischen) Bildungssuffixe von *pohárnok* 'Mundschenk', *udvarnok* 'Höfling' Wörter wie *tábornok* 'General', *személynök* 'Personalis' bildete. Endlich als er nach dem Muster von *csárda* 'Schenke', *kaloda* 'Ganten', *brigáda* 'Brigade', *ármáda* 'Armee' neue Wörter fabrizierte wie *tanoda* ('kleinere Schule, in welchen man nur bis zur Logik lehrt', von *tanít* 'lehren'), *serde* 'Schwadron' (von *sereg* 'Heer'), *csoporda* 'Brigade', und hiemit ein Wortbildungsmuster schuf, das später leider äusserst fruchtbar wurde. — So wie ihn die Wörter *ármáda*, *brigáda* zur Bildung der Wörter *csoporda*, *serde* veranlassten, fügte er auch in anderen Fällen die Endung der entsprechenden fremden Wörter zu ungarischen Wortstämmen. So wird ihm das lat. *quietantia* 'Quittung' zu *mentence* (*ment* 'befreien'), *credentionalis* 'Beglaubigungsschreiben' zu *hitelence* (*hitel* 'Kredit'), *diploma* zu *erime* (*erő* 'Kraft') und sogar das griech.-lat. *diadema* zu *diad-éma* von *diad*(*al*) 'Triumph' so dass es völlig seinem Vorbilde gleichlautet. Unsere Wortmacher waren auch später bestrebt, das fremde Wort durch ein ähnlich lautendes aus dem Gebrauche zu verdrängen: *contrôleur* durch *ellenör* (*ellen* 'gegen', *ör* 'Aufseher'[1]), *cigarre* durch *szivar* (*szív* 'saugen'), *crayon* durch *rajzón* und *irón* (*rajz* 'Zeichnung', *ír* 'schreiben', *ón* 'Blei'), *Sirup* durch *szörp* (< *szörpöl* 'schlürfen'), *Inventar* durch *leltár*. Ebenso entstand für den Ausdruck *Wahl-verwandtschaft* das ungarische *vál-rokonság* (anstatt *választó rokonság*) und mehr dergleichen.

Interessant ist noch die Geschichte des Wortes *minta* 'Muster', welches durch Sajnovics geraden Weges vom Lande der Lappen heimgebracht wurde! In seinem Werke Demonstratio (Seite 80, 83 der Nagyszombater, Tyrnauer Ausgabe) behandelt er den Wortreichtum der lappischen Sprache, und erwähnt, es wäre seinem Ordensgefährten, dem Schriftsteller Faludi, als er ihm sein Manuskript zeigte, aufgefallen, dass während unsere Sprache den Begriff von 'forma, exemplar, modulus' nur mit dem lateinischen Lehnworte *forma* auszudrücken vermag, die lappische Sprache dafür ihr eigenes Wort hat. Die

1) Interessant ist, dass franz. *contrôle* gar nicht von *contre* herkommt, sondern eine verdunkelte Zusammensetzung ist: *conte-rôle*.

Lappen drücken nämlich diesen Begriff — „ungarischer, als wir“ („magis certe ungarice, quam nos“) — mit dem Worte *minta* aus, d. h. ung. *mint a*, sicut illud! „Haec et similia“ sagt Sajnovics „in augmentum linguae patriae insigniter servient“. Noch interessanter wird die Sache, wenn wir wissen, dass das lappische *mynta* oder *münt* gar nicht Muster bedeutet, sondern Münze (aus schwed. *mynt*) und die Übersetzung 'Muster' im alten lappischen Wörterbuch, das Sajnovics benutzte, bloss durch ein Versehen zum Worte *mynta* geriet, eigentlich jedoch zum vorhergehenden *minstar* gehörte. So verdanken wir unser ung. *minta* dem Druckfehler eines lappischen Wörterbuchs[1]). Aber auch den Druckfehlern ungarischer Wörterbücher entsprangen einige Wörter, die durch unsere Neuerer in Gebrauch kamen: *nemtő* (im Calepinus statt *nemző*: genius, eigentl. 'Erzeuger'), *föveg* (ebd. statt *söveg* 'Kopfbedeckung', vgl. *fő* 'Kopf'). Durch irrige Lesung entstanden: *vezekel* 'Busse tun' (lies: *veszékel* 'wehklagen'), *sirám* 'Wehklage' (lies *siram*, eine Nebenform von *siralm*, *siralom*). —

Es ist natürlich, dass die Wortfabrikation Barcafalvis bei einem grossen Teile des Publikums Missfallen erregte, und selbst der grosse Sprachneuerer Kazinczy verurteilte sein Unternehmen mit harten Worten: „Einen Roman übersetzen und die zur Kurzweil dienenden Sachen mit ungereimten Namen zu verunreinigen, ist eine unentschuldbare Verwegenheit.“ Anderen aber gefiel dieser revolutionäre Geist, und der Romandichter Andreas Dugonics überhäufte ihn mit Lob: „Des Herrn Barcafalvi neuerlich gemachte Wörter . . . und ihre Holperigkeit habe ich herzlich gern entschuldigt. Ich eifere ihn sogar an: er setze die Arbeit fort und bereichere den ungarischen Wortschatz auch fernerhin mit ähnlichen Perlen.“ Barcafalvi setzte wohl die Arbeit nicht fort, aber von seinen Wörtern wendete Dugonics mehr als eines an und trug dadurch nicht wenig zu ihrer Verbreitung bei. Er folgte sogar dem Beispiele und bildete selber eine Unmasse neuer Ausdrücke, besonders in seinen volkstümlichen Romanen.

Zahlreiche neue Wörter nahm Stephan Sándor auf in seiner „Vielerlei“ benannten Sammlung (*Sokféle*, 1791—1808) und in

1) Szinnyei, NyK. Bd. 28. S. 184.

seinem „Anhang zum ungarisch-lateinischen Wörterbuche" (*Toldalék*, 1808). Richtig gebildet waren unter den Wörtern Sándors — durch Zusammensetzung oder mit den gewohnten lebenden Suffixen — u. a. *jelkép* 'Symbol', *villámhárító* 'Blitzableiter', *egyházmegye* (Kirchen-bezirk) 'Bistum', *köztársaság* (Gemeingesellschaft) 'Republik', *kormányszék* 'Regierungsstelle, Gubernium', *várnagy* 'Burggraf, Festungskommandant', *őrmester* 'Wachtmeister', *testőr* 'Leibgardist', *szélsőség* 'Extrem', *állvány* 'Gestell', *szabvány* 'demensum, pensum', jetzt 'Norm', *csillagász* 'Astronom', *csillagászat* 'Astronomie', *művészet* 'Kunst', (*művész* 'Künstler' schon bei Barcafalvi) usw. In ungewohnter Art und Weise bildete er die folgenden: *rajz, séta, taps, üdv, figyel* (s. oben), *mellső* 'das vordere' (*mell* 'Brust'), *előd* 'Vorfahr' usw. Fehlerhafte Zusammensetzungen sind: *bérkocsi* 'Lohnwagen', *fegyház* 'Zuchthaus' (*fegyelem* 'Zucht'), *nyúghely* 'Ruheplatz' (statt *nyugvóhely*) u. a.

Bald schloss sich auch Franz Kazinczy den Wortführern der Neuerer an und seine in neun Bänden herausgegebenen Werke (Übersetzungen, 1814—1816) wimmeln nicht bloss von fremdartigen Ausdrücken, sondern auch von neuen Wörtern. In ihrer Bildung schrak Kazinczy gar nicht mehr vor der früher verurteilten Barcafalvischen Verwegenheit zurück. Da ihm *levegő-ég* 'Luft' zu lang war, zog er es in *lég* zusammen! Baróti schuf das Wort *erény* 'Tugend' aus *erő* 'Kraft' (= *virtus* : *vir*). Darin bemängelte Kazinczy zwei Fehler: erstens, dass das *v* fehlt, welches angeblich in dem *ő* des *erő* verborgen ist (das Wort hätte also *ervény* zu lauten); sodann, dass *erény* einen darüber in Zweifel lässt, ob es nicht eine Ableitung von *ér* 'Ader' (Pl. *erek*) ist. Und wie wollte Kazinczy diesen Fehlern abhelfen? wie wollte er das Wort verständlicher machen? Dadurch, dass er das Wort *erény* in *rény* verkürzte! — Von ihm rühren unter andern noch folgende Wörter her: *könnyelmű* 'leichtsinnig' (*könnyű elme* 'leichter Sinn'), *külvilág* 'Aussenwelt', *külszín* 'Schein', *árny* 'Schatten' (von *árnyék*), *kecs* 'Reiz, Liebreiz' (*kecsegtet* 'reizen, locken'), *ömlik* 'strömen, sich ergiessen' (nach Analogie von *omlik* 'zusammenstürzen', wie *önt* 'giessen': *ont* 'schütten, vergiessen'), *szellem* 'Geist' (ehemals *szellet* 'spiritus'), *ömlengés* 'Herzenserguss', *őrjöngés* 'Wüten, Toben', *fogat* 'Gespann', *füzet* 'Heft', *szenvedelem* 'Leidenschaft'.

Seine glänzende schriftstellerische Tätigkeit sicherte Kazinczy auch auf diesem Gebiete den Erfolg, so dass er immer mehr Nachfolger fand, und seine Schüler ahmten ihm nicht nur in dem Bestreben nach einem gewählten und wendungsreichen Stil, sondern auch in der Anwendung unerhörter Wortbildungen nach. Die fruchtbarsten Wortfabrikanten unter ihnen waren: Paul Szemere, Michael Helmeczy, Franz Toldy. Aber auch andere versuchten sich hie und da mit einem neuen Worte; es ist z. B. interessant, dass wir das Wort *honvéd* 'Landwehrmann' Karl Kisfaludy, das Wort *tekintély* 'Autorität' Ludwig Kossuth zu verdanken haben; vom grossen Széchenyi rühren die Ausdrücke her: *közvélemény* 'öffentliche Meinung', *világpolgár* 'Weltbürger', *részvény* 'Aktie', *osztalék* 'Dividende'.

Sie alle wurden aber durch Paul Bugát übertroffen, der der Sprache eine unerhörte Gewalt antat, um an Stelle jedes unbedeutendsten naturwissenschaftlichen Ausdrucks einen entsprechenden ungarischen zu setzen. Von ihm (teilweise von Prof. Schuster) stammen die Namen der chemischen Elemente *higany* 'Quecksilber' (*híg* 'flüssig'), *széneny* 'Kohlenstoff' (*szén* 'Kohle'), *iblany* 'Jod' (*ibolya* 'Veilchen', ἴον), *szikeny* 'Natrium' (*szik* 'Soda') usw., alle nach dem Muster des unzerlegbaren *arany* 'Gold'; dann die Namen der chemischen Mischungen *arag* 'Goldoxyd', *higag* 'Quecksilberoxyd', *szikeg* 'Natrum', wie es scheint mit der Endsilbe des ebenfalls neugebildeten *anyag* 'Stoff', *materia* (< *anya* mater); die Instrumentennamen *csipesz* 'Pinzette' (*csip* 'zwicken'), *kutasz* 'Sonde' (*kutat* 'forschen'), *kedesz* 'Thymus' (*-esz* aus dem ersten Teile des Wortes *eszköz* 'Werkzeug, Gerät'), ferner *aszkór* 'Abzehrung', *tetszhalál* 'Scheintod', *ütér* 'Pulsader', *bonctan* 'Anatomie', *gyógyszer* 'Heilmittel' und viele andere Zusammensetzungen nach deutscher Art. Bugát brachte Wörter wie *kedély* 'Gemüt', *hajlam* 'Neigung', *roham* 'Sturm', *tudor* 'Doktor', *kóroda* 'Krankenhaus', *adag* 'Dosis', *fehérnye* 'Eiweiss' und a. dergl. in Gebrauch. Die Bachstelze, ungar. *barázdabillegető*, nannte er *billcsirta*, d. h. *bill*(*egető pa*)*csirta*, wörtlich: die schwanzbewegende Lerche; die Ohreule, ungar. *fülesbagoly*, verstümmelte er ohne Umstände in *fül-beg*!

Durch Kazinczy und seine Nachfolger wurde die Schriftsprache auch auf anderen, natürlicheren Wegen bereichert, vorzüglich durch Aufnahme vieler Dialektwörter und durch Belebung so manchen veralteten Ausdrucks. In den meisten Fällen jedoch hielten sie die Schöpfung neuer Wörter für viel bequemer, als die mühsame Forschung, und setzten sich lieber der Gefahr aus, dass der Leser sie nicht verstehe und ihre Gedichte und wissenschaftlichen Schriften wirkungslos verhallen, zum grossen Schaden der nationalen Bildung. Das kühne Vorgehen der Sprachneuerer rief eine ganze Flut von gegnerischen Schriften hervor, und volle drei Jahrzehnte nach Révai drehte sich fast unsere ganze Sprachforschung um die Fragen der Sprachpflege und Sprachneuerung. Es gab auch unter denen, die Kazinczy nahe standen, Wortführer des gemässigtern und nüchternern Fortschrittes: ein solcher war unter den Dichtern Csokonai Vitéz Mihály, unter den theoretischen Schriftstellern in erster Reihe Graf Josef Teleki. — Den endgültigen Sieg hatten die Sprachneuerer der Parteinahme des grossen politischen Reformators Gr. Stephan Széchenyi und der durch ihn begründeten Ungarischen Akademie der Wissenschaften zu verdanken.

In neuerer Zeit entstand, hauptsächlich unter dem Einflusse der Zeitschrift Gabriel Szarvas', *Magyar Nyelvőr* (Ung. Sprachwart), eine starke Reaktion gegen die gewalttätige Wortmacherei, so dass die Bugátschen Kunstwörter aus Schule und Wissenschaft grösstenteils wieder verbannt wurden.

**Latinismen und Germanismen.** Neben der Wortmacherei war auch die „Ausländerei" von grossem Einflusse auf unsere Schriftsprache. Besonders zwei Schriftsprachen lassen ihren mächtigen Einfluss verspüren, die lateinische und die deutsche. In früheren Jahrhunderten begegnen wir dem lateinischen Einfluss, der mit der Übersetzung der religiösen Schriften Hand in Hand ging. Jede Übersetzung stellt das Sprachgefühl und die Sachkenntnis des Übersetzers auf eine harte Probe, nur ein starkes Sprachgefühl, und überdies das vollkommene

Verständnis des zu übersetzenden Textes kann den Übersetzer vor der mechanischen Nachahmung des Originals bewahren. Bei der Bibelübersetzung tritt noch das Bestreben der „treuen Übersetzung" hinzu, welches dem geheiligten Buchstaben anhängt und sich vor der geringsten Abweichung hütet. Und gerade das macht die Übersetzung sklavisch und oft unverständlich. Daher kommt es, dass es in unseren ältesten Sprachdenkmälern so viele Latinismen und unverständliche Stellen gibt. Und die Gelegenheit für einzelne dieser Latinismen war so häufig, dass sie sich allmählich in der Sprache einnisteten und noch jetzt hie und da auftauchen, obwohl unser intimes Verhältnis mit der lateinischen Sprache stark gelockert ist.

Unsere Kodizes sind fast lauter Übersetzungen lateinischer Texte und wimmeln von Latinismen. Am häufigsten kommen die syntaktischen Latinismen vor, die sich übrigens mehr oder weniger in sämtlichen europäischen Sprachen verbreiteten. In den älteren Übersetzungen werden den Zeitwörtern sehr häufig Ergänzungen nach lateinischer Art beigefügt, oft findet sich auch der Akkusativ mit dem Infinitiv, der prädikative Nominativ und Akkusativ usw. — Auch die zahlreichen passiven Verba in unseren Kodizes verraten den lateinischen Ursprung. Selbst die passive Form der Verba deponentia ahmte man in einzelnen Ausdrücken nach. Z. B. anstatt *él valamivel* oder *visszaél valamivel*, 'etwas gebrauchen' oder 'missbrauchen', schrieb man: *éltetik vmivel*, *visszaéltetik vmivel* : *Éltettessél mü szolgálatonkkal* : utere servitio nostro. *Fejedelmek viszhaéltettek kevélységben* : abusi sunt. Daher hat sich das Verbum *méltóztatik* erhalten, die buchstäbliche Übersetzung des mittelalterlichen lateinischen *dignatur*, 'Sie belieben oder geruhen, belieben Sie!'

Am meisten verbreitet war jedoch der Gebrauch des lateinischen Modus. Die alten Übersetzer konnten selten der Versuchung des lateinischen Konjunktivs widerstehen. Da dem Präsens und Präteritum des Konjunktivs, wenn diese für sich stehn, die Formen *írjon* 'scribat' und *írna* 'scriberet' entsprechen, übersetzten sie ihn mechanisch in allen Fällen auf dieselbe Weise, also auch in allen möglichen Nebensätzen.

Dieser Gebrauch war so allgemein, dass er allmählich gleichsam zur Regel unserer Schriftsprache wurde, so dass unsere vorzüglichsten Stilisten — ein Pázmány, ein Faludi — sich dieser Fremdartigkeit nicht erwehren konnten. Hier einige Beispiele:

*Minekelötte efféle dolgoknak eleit mondjam meg* (anstatt *mondanám meg*), *valami keveset szólok elöször némely dolgokról* : priusquam . . . initium expediam, pauca supra repetam (1596, Decsi: Sall. Iug. 4). *Lássuk meg, mi légyen ennek oka* ('sehen wir, was die Ursache hievon sei', Magyari: Ország Romlása 3). *Niceforus, mikor ágyában alunnék, megölték* ('als Niceforus in seinem Bette schlief, tötete man ihn', XVII. Jahrhundert. Pázmány Pred. 74). *Nem is tudjuk, melyik lélekzetünk légyen az utolsó* ('wir wissen gar nicht, welcher Atemzug unser letzter sei', XVIII. Jahrhundert, Faludi 530). *Szinlelte légyen-e ezt, nem igen tudhatni* ('Ob er dies bloss heuchelte, kann man nicht recht wissen', XIX. Jahrhundert, Kazinczy, Sallust 163).

Eine zweite Klasse fremdartiger Ausdrücke können wir semasiologische Barbarismen nennen. Die Wörter zweier Sprachen decken sich nie vollständig und werden durch den Übersetzer trotzdem immer einander gleichgesetzt. Weil das lateinische *verum* ungarisch *való, bizony* bedeutet, übersetzt unsere älteste Bibel das Bindewort *verumtamen, verum* meistens mit *való-bizony* (in den alten deutschen Bibeln ebenfalls oft nach lat. Art: *wahrlich, gewiss*). Da *videtur* gewöhnlich *látszik, láttatik* bedeutet, übersetze man es auch dann so, wenn es soviel wie *tetszik* 'gefallen, belieben' bedeutet, z. B. *Ha azért láttatik, izenjük ezt a fejedelemnek* (Wenn es dir also beliebt, melden wir dies dem Fürsten, Érdy Kod. 548). Hierher gehört die sklavische Übersetzung lateinischer Kunstausdrücke, z. B. im XVII. Jahrhundert bei Valentin Lépes: *aranyoska* = *aureola* (*aranyos* aureus), bei Geleji Katona: *rekeszték* = *conclusio*, 'Schluss' (*rekeszt* concludere), *adalék* oder *adaték* = *traditio*, *kinyomottúl* = *expresse*, 'ausdrücklich', *egyszivüség* = *concordia* (*szív* cor).

Von den semasiologischen Latinismen sind einzelne in die lebende Sprache und in allgemeinen Gebrauch übergangen. So z. B. *elöír* = *praescribere*, 'vorschreiben', *hadat visel, háborút visel* = *bellum gerere*, 'Krieg führen', *iv papiros* = *arcus*, 'Bogen Papier', *földabrosz* 'Landkarte' (*abrosz* 'Tischtuch'; durch letztere zwei Ausdrücke sind zu Kazinczys Zeit die Lehnwörter *árkus* und *mappa* ersetzt worden), *előitélet* = *praeiudicium*, 'Vorurteil'.

Viel stärker noch als der Einfluss der lateinischen ist der der deutschen Sprache, besonders seit Anfang des XVIII. Jahrhunderts, seitdem deutsches Militär, deutsche Verwaltung, deutsche und französische Mode und deutsche Literatur das Land überflutete. Doch auch im ältern Schrifttum begegnen wir einzelnen Germanismen, am häufigsten bei Heltai, dessen Muttersprache die siebenbürgisch-sächsische war:

Tizezer lépésnére *messze* vagyon a Dunához (Krónika 12; — 10000 *Schritte weit* ist es zur Donau; *messze* ist überflüssig, da in *-né-re* = *-nyi-re* alles Nötige ausgedrückt ist). *Nem üdő még* nékik bocsátani a királyt (59. *es ist noch nicht Zeit*, ihnen den König zu senden; statt *nincs még ideje*). *Nem üze utánok*, mert szinte estve vala (91; *er jagte ihnen nicht nach*, denn es war fast Nacht; *űz* ist sonst immer transitiv, also: *nem űzte őket*). Erősen kiált vala a keresztyéneknek *visszatérni* (107; er befahl den Christen umzukehren; *hogy térjenek vissza*). Hol sem bánat, sem háborúság, sem nyavalya *vagyon* (Vig. K. 68; wo weder Kummer, noch Zwietracht, noch Krankheit *ist*; statt *nincsen*) usw.

Auch im XVII. Jahrhundert finden wir einzelne solche Beispiele:

*Az idő nem engedi, hogy itt magunkat messze kieresszük* (die Zeit erlaubt es uns nicht, dass wir uns weit auslassen — in der Erzählung des Gegenstandes, Molnár, Scult. 1075). „*Köppölyet ültetni*: Köpfel setzen". (Nomenclatura 1629, 75). „Másnak *beszédében ne essél*: falle nicht in die Rede des andern" (Comenius, Vest. 103). „Ich falle in die Rede: *beszédébe esem*" (ebd. 133). „Igen *kiereszkedett*, *örvendező*, *felette víg*: er ist sehr ausgelassen, fröhlich, überaus lustig" (Com. Jan. 203).

Die immer zunehmende Zahl der Germanismen des XVIII. Jahrhunderts ist vor allem in den zahlreichen Werken von Franz Faludi auffallend. Faludi ist in mancher Hinsicht ein musterhafter Übersetzer. „Es ist eine schwierige, harte Arbeit" — sagt er selbst — „den Sprachgebrauch und die Eigenheit einer fremden Nation dem Original ganz ähnlich ungarisch wiederzugeben" (361). Er aber bewältigt diese schwere Aufgabe mit grosser Meisterschaft, übersetzt nicht sklavisch, bietet vielmehr immer eine mehr oder minder freie Bearbeitung. Er wusste auch seinen Stil von einzelnen Barbarismen zu bewahren, welche die Schriften seiner Vorgänger vollständig überfluteten, so z. B. von dem öftern Gebrauche der passiven Form, obwohl der lateinische Modusgebrauch auch bei ihm vorherrscht, wofür die eingewurzelte Tradition ihm zur Entschuldigung dienen kann. Auch ein Teil der Germanismen kann eigentlich nicht ihm auf das Kerbholz gesetzt werden, diejenigen nämlich, die nicht auf literarischem Wege, sondern durch mündlichen Verkehr in die Volkssprache seiner Heimat (westlich von der Donau) eingedrungen waren. Ein solcher Germanismus ist die passive Form *írva lesz* 'es wird geschrieben': „*Egyszer valamikor ugyancsak meg lesz mondva az istenhozzád*" (einmal wird ja doch das Lebewohl gesprochen werden, 165). *Ha kötelességét nem tölti, meg lesz néki mondva, mint Hadrianusnak: tedd le tisztségedet vagy vidd végbe* (wenn er seine Pflicht nicht erfüllt, wird es ihm gesagt werden, wie Hadrian: lege dein Amt nieder oder führe es aus, 491, im Original: „*on lui dira*"). — Ebenso der Gebrauch des Adverbiums in Begleitung eines Nennworts mit der Endung *-vel*: *félre a tréfával! ide szemeddel!* (wörtlich: weg mit dem Scherz, her mit den Augen!). Endlich kann auch die häufige Zusammensetzung der Beiwörter, die einen Vergleich ausdrücken, hierher gerechnet werden, für die wir bis Faludi sehr wenig Beispiele finden: *gyapot-lágy* 'weich wie Baumwolle', *pihe-könnyű* 'federleicht'.

Wir finden jedoch bei ihm eine Anzahl von Germanismen, die er nicht dem Volke entlehnen konnte, sondern sich entweder aus seiner deutschen Lektüre oder während des Übersetzens aus dem Deutschen aneignete. Einen sehr geringen Teil davon bilden die syntaktischen Germanismen. Solche finden wir in dem Gebrauche von einigen Postpositionen. „*Valami alatt érteni valamit*" anstatt *valamin érteni valamit*, wahrscheinlich durch den deutschen Ausdruck (darunter verstehen) veranlasst. Dies war zugleich eine leicht verständliche Metapher, so dass sie sich alsbald in unserer Literatur einbürgerte und den alten Ausdruck fast ganz verdrängte. Die Postposition *mellett* 'neben, bei' gebraucht er nach dem Vorbild des deutschen *dabei* bei den Zeitwörtern *nyer* 'gewinnen', *veszt* 'verlieren': *Nyersz is mellette, tartozol is véle, hogy jó légy* (du gewinnst dabei und bist auch verpflichtet gut zu sein, 12). *Ha megnyertük is ügyünket, sokat vesztünk mellette* (wenn wir unsere Sache auch gewonnen haben, verlieren wir viel dabei, 782).

Zahlreicher sind seine semasiologischen Germanismen. So finden wir z. B. für den deutschähnlichen Gebrauch des Zeitworts *fekszik* schon bei ihm Beispiele: *Költés a formája, de teljes valóság fekszik alatta* (Poesie ist bloss die Form, aber vollständige Wirklichkeit *liegt* dahinter = darunter, 347). Am auffallendsten ist der fremdartige Gebrauch der Zeitwörter *hord* 'tragen', *keres* 'suchen': *Miért hordjuk le a városokat?* (278, warum tragen wir die Städte ab, statt *miért bontjuk* oder *rontjuk le*). *Ezeket a példákat látták eleink, könyvekbe hordották* (285, diese Beispiele sahen unsere Vorfahren, trugen sie in Bücher ein, statt *irták, iktatták*). *Lágy könyörülő szókkal kereste lecsillapítani* (148, mit weichen erbarmenden Worten suchte er ihn zu besänftigen, statt *törekedett, iparkodott, próbálta*). — Einen auffallenden Germanismus hat er auch im Gebrauch der Fürwörter, dass er nämlich zum Relativpronomen oft das Fürwort der 1. oder 2. Person setzt (der ich, der du): *Ki én sokakat vendéglettem, idegen asztalnál nyalakodom* (287, ich, der ich viele bewirtet habe, nasche nun an fremden Tischen). *Irgalmas gondviselöm, ki te árvaságomban el nem hagytál, aki te érdemetlen voltomat a szent papságra felemelted* (742, barmherzige Vorsehung, die du mich in meinem Waisenstande nicht verlassen, die du mich Unwürdigen zum heiligen Priestertum erhoben hast). Vgl. das Vaterunser: *Mi atyánk, ki vagy a mennyekben.*

Was wir bei Faludi bloss hie und da gewahren, die Verpflanzung fremder Stilblüten in den heimischen Boden, war später beim Sprachneuerer Kazinczy ein zielbewusstes, planmässiges Vorgehen, das er sich selber als grosses Verdienst zuschrieb. Er war überzeugt, dass „unsere Augen sich nach und nach an das Anschauen der fremden Reize gewöhnen werden, so dass wir sie für ungarische Reize ansehen werden“; „die Sprachverderbung ist überall notwendig, wo man die Sprache verbessern will". Im Interesse des letzteren Paradoxons kämpfte Kazinczy Jahrzehnte lang mit unermüdlichem Eifer und gewann zahlreiche Schüler, die seine Lehren mit ebensolchem Eifer verbreiteten. Und Kazinczy trachtete auch seine Lehre in die Tat umzusetzen, indem er seine Schriften mit zahlreichen fremdartigen, besonders deutschen Ausdrücken bunt durchwirkte. In seiner Jugend empörte er sich darüber, wenn er in einem aus dem Deutschen übersetzten Buche den Satz fand: *a villám kocsikázott elő a fellegekből* (wörtlich aus dem Deutschen: '*der Blitz fuhr aus den Wolken*'; statt *előrontott, kipattant* usw.; *kocsikáz* heisst 'auf einem Wagen fahren'). Später aber finden wir in seinem eigenen, sonst so geschmackvollen und zierlichen Stil mehr als einen solcher fremder Flecken, die ebenso unnötig als anstössig waren. Ein Beispiel dafür ist in seinem Hamlet das berühmte „*hány a harang?*" dessen deutsches Original (*was ist die Glocke?*) schon beim deutschen Übersetzer eine überaus kühne Übertragung von *what is the clock* war. Oder im Egmont das deutsche Hochrufen: „*Éljen a király! fenn! fenn!*" (Es lebe der König! *hoch! hoch!*) Oder wenn er einen alten Helden *vén fegyver* (= *alter Degen*, eigentl. 'alte Waffe') nennt.

Es ist ein grosses Verdienst Kazinczys, dass er die verschiedenen Stilarten unterscheiden lehrte, die prosaische und die poetische, die ernste und die scherzhafte usw. Sein Verdienst wäre aber noch weit grösser gewesen, wenn sich nicht jenes eitle Streben dazu gesellt hätte, selbst die Sprache jenes Volkes nachzuahmen, dessen Schriftsteller er eben zu übersetzen hatte. — Von seinen Germanismen wollen wir nur diejenigen aufzählen, welche seither Nachahmung und in der Schriftsprache Verbreitung gefunden haben.

Bei Kazinczy finden wir auch schon syntaktische Germanismen in grösserer Menge. Das bereits erwähnte *alatta érteni* (darunter verstehen) kommt auch bei ihm vor (Sara Sampson S. 68, 103). Er bürgerte aber auch schon den deutschen Gebrauch von *fölött* (über) ein, der in der neuern Literatur stark überhand nimmt; z. B. *Elbúsulra elsőszülött-jének durva elméje felett* („Eva trauerte über ihren Erstgebornen" Werke Bd. 2, S. 15). *Lyányszeméllyel bizonyos pont felett soha sem kell tréfálni*: „dass man (mit einem Mädchen) über einen gewissen Punkt nie scherzen muss" (Minna v. Barnhelm 87) usw. — Die perfektivierende Partikel *meg*, *el* lässt er oft weg, er hält sie, dem blossen Zeitworte des Deutschen gegenüber, für überflüssig; z. B. „*Hal*" (er stirbt! Werke Bd. 5, S. 198), anstatt *meghal! Ellenségem ölve van* („dass meine Feindin getötet ist", Märchen 112). *S osont* (und floh, Werke Bd. 2, S. 130), statt *elosont*.

Im Gebrauche des Infinitivs sind all jene Germanismen, die neuerdings so oft getadelt worden sind, schon bei Kazinczy vorhanden. So der Gebrauch des Infinitivs bei *elég* 'genug': *Aki eléggé gyáva, magát asszony által öletni meg, nem érdemli hogy éljen* (Märchen 229; „wer genug feige ist, sich durch eine Frau töten zu lassen, verdient nicht zu leben") usw. — Deutsche Art ist der Gebrauch des Infinitivs statt eines Objektsatzes, besonders bei Zeitwörtern, die einen Wunsch bedeuten: *Ismerjen hát ez a Sara Sampson bennem Marwoodra, kivel egy sorba ne állittatni térdelve kéri önmagát Marwoodot* (mit der Sie nicht verglichen zu werden bitten, Sara S. 116). *Fehér vitarlákat hagytam feszíteni a szélnek* (anstatt *meghagytam, hogy feszitsenek*, oder: *feszíttettem*, Werke Bd. 7, S. 258: „weisse Segel zu spannen dem Wind gebot ich"). — Die Nennform als Apposition neben dem Hauptwort ist in der ungarischen Volkssprache nicht gebräuchlich, während im Deutschen dieser Gebrauch sehr gewöhnlich ist, auch in der ungarischen Schriftsprache seit Kazinczy häufig vorkommt.

Z. B. *Hát az olthatatlan szomj tanulni, hallani, látni, előhaladni?* (Und jener unerlöschliche Durst zu lernen, zu hören, zu sehen, fortzuschreiten? An Sipos 92.) *Megszállott a szesz* [*szeszély*] *borral ölni el bánatomat* (ich hatte Lust, mich zu betrinken, Werke Bd. 9. S. 154 in den Briefen Bácsmegyeys; in der ersten Ausgabe lautet die Stelle noch: *feltettem magamban, hogy részegségig iszom*).

Unter seinen Verstössen gegen die Wortfolge ist der auffallendste, dass er das Zeitwort des Nebensatzes nach deutscher Art immer ans Ende zu setzen pflegt. Dieser Fehler fällt besonders in Sätzen auf, in welchen ein zusammengesetzter Infinitiv vorkommt. Dieser bildet nämlich im Deutschen eine untrennbare Einheit, und unsere Übersetzer ahmen auch darin die deutsche Satzbildung nach. Kazinczy bürgerte diesen Germanismus nicht vorsätzlich ein, sondern folgte unbewusst dem deutschen Vorbild, denn in seinen früheren Übersetzungen beging er diesen Fehler ebenso häufig, wenn nicht häufiger, als in den späteren.

Z. B. *A víg nép mindent megtesz, amit néki megtenni kell* (anstatt *amit meg kell tennie*, Diogenes 177: „ein fröhliches Volk tut alles, was es zu tun hat"). *Aki a természet vendégségét megemészteni akarja* (anstatt *meg akarja emészteni*, 97: „der das ganze Gastmahl der Natur verschlingen will"). *Ki elmerülve van* (anstatt *ki el van merülve*: „welche in Gedanken steht" = versunken ist, Sara S. 74).

Eine andere Fremdartigkeit der Wortfolge, die in jener Zeit sehr verbreitet war (und sich teilweise — bei den Ausdrücken 'Graf, Baron, Dr.' — auch eingebürgert hat) besteht darin, dass er das Wort, das den Rang, den Beruf bezeichnet, vor den Namen der Person setzt: *A gróf Oliva levelét* („des Grafen Oliva Brief" Werke Bd. 8, S. 167). *Csak egy tisztet tudunk, aki ember volt, hadnagy Molnár úr* (nur einen Offizier kennen wir, der ein Mensch war, Herr Lieutenant Molnár, Briefe Bd. 1, S. 304).

Aber auch bei Kazinczy sind die im Gebrauch einzelner Wörter begangenen semasiologischen Fehler häufiger, besonders die Übertragung und Ausdehnung der Bedeutung einzelner Zeitwörter nach deutschem Vorbild. Auch von diesen wollen wir bloss diejenigen erwähnen, welche auch in der neuern Literatur eine Rolle spielen.

*Adni*: 'geben'. *Sarkantyút adni a lónak* ('dem Pferde die Sporen geben', Märchen 73, S. 277, anstatt *megsarkantyúzni a lovat*). *Játékosnak adja ki magát* ('er gibt sich für einen Spieler aus', Minna v. Barnhelm 98). — *Csinálni*: 'machen'. *Szerencsét csinálni* ('ein Glück machen', Werke Bd. 5, S. 120, Bd. 1, S. 141). *Valakinek ismeretségét csinálni* ('jemandes Bekanntschaft machen', Bd. 5, S. 206). *Valami képet csinálni magának valakiről* ('sich ein Bild von einem machen', Bd. 8, S. 143). — *Fekszik*: 'liegen' (wie schon bei Faludi). *A napon fekvő mező* ('das in der Sonne liegende Feld'). *Amott fekszik árnyában a halom* ('dort liegt im Schatten der Hügel', Bd. 3, S. 18). *E képzeletben egész pokol fekszik* ('in dieser Vorstellung liegt eine ganze Hölle', Bd. 9, S. 43). Sogar *fekvés* = Lage, statt *helyzet, állapot* (Diog. 142). — *Igér*: 'versprechen'. *Valaki felől minden jót igér magának* ('er verspricht sich von jemand das beste', Werke Bd. 8, S. 127, Bd. 5, S. 201 usw. anstatt *remél* 'hoffen'). — *Jön*: 'kommen'. *Valamihez jönni* anstatt *jutni* ('zu etwas kommen', Minna v. Barnhelm 44). *Ha arra jön a dolog*, anstatt *kerül* ('wenn es dazu kommt', Diog. 168). — *Leereszkedés* 'Herablassung', kommt zuerst bei Kazinczy in übertragenem Sinne vor: *Szeretetre méltó leereszkedéssel bátoritja a félénk falusiakat* ('mit einer liebenswürdigen Herablassung ermutigt er die schüchternen Dorfbewohner', Werke Bd. 9, S. 82). — *Szédelgés* 'Schwindelgeist', anstatt *szemfényvesztés, ámitás, szélhámosság*: *Az idegen tanitók a szédelgés szellemét hozták közikbe*: 'Die fremden Lehrer bannten den Schwindelgeist unter sie' (Bd. 8, S. 121, Egmont). — Die Ausdrücke *szórakozik* 'sich zerstreuen', *szórakoztat* 'zerstreuen, lassen sich ebenfalls auf Kazinczy zurückführen, nur schreibt er: *elszórni magát, elszórni valakit* 'sich zerstreuen, jemanden zerstreuen' (Bd. 8, S. 120, Bd. 9, S. 35, 38, 64). Es ist interessant, dass der deutsche Ausdruck selbst erst im XVIII. Jahrhundert nach dem Vorbild des französischen *distraction* entstand.

Im Gebrauche der Fürwörter begegnet uns oft schon bei Kazinczy der auch später sehr verbreitete Germanismus, das unbetonte *es* (und auch andere persönliche Fürwörter) ganz unnötiger Weise mit dem hinweisenden *az* zu übersetzen: *A kisasszonynak rossz éje volt? azt neki megjövendöltem este* ('Das Fräulein hatte eine schlechte Nacht? ich sagt's ihr gestern abend', Bd. 5, S. 103). *Én téged bizonyos időre kénytelen vagyok elhagyni*; *az most lesz először és utolszor* ('ich bin gezwungen dich auf eine gewisse Zeit zu verlassen, es ist zum ersten und letzten mal', Märchen 231). — Den unbestimmten Artikel gebraucht er oft nach deutscher Art in den qualitativen Sätzen (die das Subjekt in eine gewisse Kategorie einreihen), ferner bei den Hauptwörtern vor Relativsätzen anstatt des Fürwortes *olyan* ('solcher'). Beispiele:

*Ö egy tökéletesen becsületes ember* ('er ist ein vollkommen ehrlicher Mann', Diogenes 33). *Ez egy korhely* ('das ist ein Schlingel'. Minna v. Barnhelm 51). *Vedd hasznát, hogy előbb mehetsz egy úton, hol pénz nélkül a legérdemesb is hátul maradhat* ('mache Gebrauch davon, dich auf einer Bahn weiter zu bringen, auf der ohne Geld selbst der verdienstvollste zurückbleiben kann' . . . 82). *Ne gyötörjön egy köszönettel, melyet érdemleni nem igyekeztem* ('martern Sie mich nicht mit einem Danke, den ich niemals habe verdienen wollen', Sara S. 96).

Die deutsche Umschreibung des kausativen Zeitwortes

kommt ebenfalls erst bei Kazinczy häufiger vor; z. B. *Hagyd hallani a hadi kürtöt* ('lass ertönen das Schlachthorn', Werke Bd. 6, S. 104 statt *hallasd*). *Képét kicsinyben hagydm festeni* ('ich habe Sophiens Bild klein kopieren lassen' Bd. 9; statt *festetém*).

Dies sind jene Germanismen von Kazinczy, die in unserer neueren Literatur öfter wiederkehren und in ihr grossenteils — samt vielen anderen — trotz aller Verwahrung Wurzel fassen. Kazinczy hatte Nachfolger, die seine Grundsätze weiter verkündeten. Aber ausser seinen unmittelbaren Schülern gab es keinen nennenswerten Schriftsteller mehr, der fremdartige Ausdrücke vorsätzlich angewendet hätte. Es ist wohl wahr, dass sich die Germanismen fortwährend wiederholen und verbreiten, nicht nur in der Tagespresse, sondern auch in der Büchersprache, und selbst bei so beliebten, volkstümlichen Schriftstellern, wie z. B. Jókai und Mikszáth, vorkommen. Man wendet jedoch jene Ausdrücke heutzutage nicht bewusst, sondern unbewusst an. Die Übersetzer verpflanzen sie gedankenlos aus den Wiener Zeitungen oder aus deutschen Büchern in den ungarischen Boden, hier verbreiten sie sich dann und bewirken, dass sich die Schriftsprache immer weiter von der Volkssprache entfernt.

Wir müssen noch eines fremden Elements unserer Schriftsprache Erwähnung tun, nämlich der Fremdwörter. Es gibt zahlreiche Fremdwörter, die sich nicht durch die lebende Sprache, infolge der Berührungen der betreffenden Völker einbürgern, sondern durch die Schriftsprache der fremden Literatur entlehnt werden. Es ist nicht zu leugnen, dass die Literatur, besonders die wissenschaftliche und technische, vieler Fremdwörter bedarf, die in der Sprache des alltäglichen Lebens überflüssig sind; der Fachmann muss zahlreiche fremde Kunstausdrücke gebrauchen, wenn er die betreffenden Gegenstände genau, ohne Zweideutigkeit und Umschreibung ausdrücken will. Andererseits ist es aber unzweifelhaft, dass die Literatur oft die Grenzen des wahren Bedürfnisses überschreitet und auch da Fremdwörter anwendet, wo uns ein vollkommen entsprechendes einheimisches Wort zu Gebote steht. Es ist bekannt, wie sehr das Ungarische der „Táblabiró-Welt“ [1]) besonders zu Ende des XVII. und während des ganzen XVIII. Jahrhunderts durch die vielen lateinischen Wörter überflutet wurde, und wieviel Sorge der „Purismus“, die Ausmusterung der Fremdwörter und ihr Ersatz durch einheimische Ausdrücke, unsern Sprachneuerern bereitete, wieviel unregelmässige Neubildungen er ihnen eingab. Noch jetzt gibt es besonders Journalisten und Fachgelehrte genug, die ihre Sprache ununterbrochen mit Fremdwörtern mengen: sie schreiben *nisus* anstatt *törekvés* 'Bestreben', *momentum* anstatt *mozzanat*, sogar auch *momentuosus* anstatt *jelentékeny* 'bedeutend', *nagyjelentöségü* 'bedeutsam', *nagyfontosságu* 'hochwichtig' oder *messzevágó* 'weittragend' usw. Die Ursache hievon liegt teils in der Denkfaulheit und Bequemlichkeit, teils aber in dem eitlen Bestreben, dem, was sie schreiben, einen gelehrtern Anstrich zu geben. Es ist wahr, dass der häufige Gebrauch der Fremdwörter noch durchaus kein so grosses Übel ist, wie die fehlerhafte Wortbildung oder gar die fremdartige Syntax. Und indem die Puristen gegen den Missbrauch mit Fremdwörtern kämpfen, gelangen sie gewöhnlich aus dem Regen in die Traufe, denn sie pflegen nicht nur gegen die überflüssigen und ungewohnten Fremdwörter zu kämpfen, sondern verfolgen auch die längst eingebürgerten Lehnwörter und drechseln und künsteln, um für den Fremdling ein geeignetes ungarisches Ersatzwort zu schaffen. Ein solcher Purismus, der für *pásztor* 'Hirte' *nyájőr* (wörtl.: 'Herdenwächter'), für *iskola* 'Schule' *tanoda* u. dgl. in Mode gebracht, hat sich durch seine Unnatürlichkeit und Abgeschmacktheit selber lächerlich gemacht.

Seit dem Auftreten der volkstümlichen Dichter Petőfi, Arany und Jókai ist die ungarische Schriftsprache — wenigstens teilweise — wieder zur urwüchsigen Volkssprache zurückgekehrt, dahin also, woher sich eine jede Schriftsprache immer wieder die verjüngende Lebenskraft holen muss. —

**Streitfragen der Sprachrichtigkeit.** Nichts hat in der Philologie so viel erbitterten Streit verursacht, als die Fragen der Sprachrichtigkeit, und dennoch gilt von vielen solchen

1) *Táblabiró*, Gerichtstafelbeisitzer.

Fragen jener alte Hexameter: *Grammatici certant, sed adhuc sub iudice lis est.* Nirgends begegnen wir einer grössern Kühnheit von seiten der Dilettanten, aber auch einer grössern Befangenheit von Seite der Fachgelehrten, als in der Beurteilung der Sprachrichtigkeit. Es gibt Leute, die durch irgend eine fehlerhafte Schlussfolgerung, durch ihre individuelle Logik oder ihren individuellen Sprachgebrauch auch Wendungen gegenüber befangen werden, die sowohl durch das ältere und neuere Schrifttum, als auch durch sämtliche Dialekte der Volkssprache gerechtfertigt werden. Wir hatten einen Székler Gelehrten, den niemand davon überzeugen konnte, dass es ungarisch richtig heisst: *megebédeltünk* 'wir haben zu Mittag gespeist', *megreggeliztünk* 'wir haben gefrühstückt', *megvacsoráltunk* 'wir haben genachtmahlt'; nach ihm musste es ausschliesslich heissen: *ebédeltünk, reggeliztünk, vacsoráltunk.* Demnach könnten wir die folgenden zwei Gedanken gar nicht unterscheiden: *Éppen ebédeltünk, mikor édesatyám megérkezett* 'wir speisten eben, als mein Vater ankam', und: *Éppen megebédeltünk, mikor édesatyám megérkezett* 'eben hatten wir gespeist, als mein Vater ankam'; sondern müssten die längst veralteten Zeitformen anwenden: *Éppen ebédelünk vala, mikor megérkezett,* und: *Éppen ebédeltünk vala, mikor megérkezett.* Und doch ist die getadelte Konstruktion in allen authentischen Quellen unserer Sprache nachzuweisen.

Ein anderer Siebenbürger behauptete steif und fest, der sei des Ungarischen ganz und gar unkundig, der da spricht oder schreibt: *Három ökrömet elloptak* statt *elloptták* (drei meiner Ochsen hat man mir gestohlen). *Az eső élet forrását fakasztott a földnek* statt *fakasztotta* (der Regen machte einen Born des Lebens, einen Lebensborn, für die dürstende Erde entquellen). Wie auf ein unwandelbares Naturgesetz berief er sich auf die Regel, nach welcher das Objekt mit der Personalendung ohne objektive Konjugation nicht bestehen kann, obwohl des öftern nachgewiesen wurde, dass das Objekt mit dem Personalsuffix versehen und doch unbestimmt sein kann (wenn es nämlich im partitiven Sinne gebraucht wird) und in solchen Fällen auch die subjektive Konjugation zulässig ist.

Wir hatten Philologen, die nur die Formen *minket*, *titeket* 'uns, euch' für erlaubt hielten und die Fürwörter *bennünket*, *benneteket* verfehmten, weil sie ihrer Ansicht nach ebenso unverständlich sind, wie es die Formen *velünket* 'mit uns', *nálunkat* 'bei uns' wären, da *bennünk*, *bennetek* so viel als 'in uns, in euch' heisst. Und doch enthält z. B. *nálunk-nál jobb* 'besser als wir' die Weiterflexion eines ähnlichen Adverbiums, und ehemals sagte man auch: *tőlünk-től jobb* 'besser von uns', *tőlé-től megválva* 'von ihm abgesehen, ausser ihm', *nálam-nál kül* (heute *nálam nélkül* 'ohne mich'), *véletek-vel öszve* 'mit euch zusammen', und in einigen Gegenden sagt das Volk noch heute: *velemmel együtt* 'mit mir zusammen' statt *velem együtt*. Alle diese Fügungen erklären sich auf ganz natürliche Weise, sie entpuppen sich meist als von sinnverwandten Ausdrücken induzierte Analogiewirkungen (nach *annál jobb*, *attól jobb*, *avval együtt* usw.), und unter allen ist die Geschichte von *bennünket* am interessantesten. Im XVI. Jahrhundert noch lautete es *bennünk* (ohne Akkusativendung) und bezeichnete ein partitives Objekt: *láttál bennünk* (heute *láttál közülünk néhányat*) 'du hast einige von uns gesehen'.

Ferner hat es in Ungarn, wie auch anderswo, Sprachforscher gegeben, die in der ältern Sprache das Muster der Vollkommenheit sehen und ihr die Entscheidung in allen Zweifelfällen zuerkennen. Der berühmteste von diesen Fällen ist der Streit, der die Konjugation auf *-ik* betrifft. Die Zeitwörter mit dem Personalzeichen *-ik* — ursprünglich ein Reflexivsuffix — hatten bis zum XVII. Jahrhundert eine besondere Abwandlung, seit der zweiten Hälfte des XVII. Jahrhunderts fiel aber diese mit der andern, gewöhnlichen Konjugation zusammen, der Unterschied blieb bloss in den östlichsten und westlichsten Mundarten erhalten. Gegen Ende des XVIII. Jahrhunderts ereiferten sich zwei Grammatiker für die Herstellung der alten Regeln: der Székler Böjthi, der sie in seiner eigenen Mundart erhalten sah, und Nikolaus Révai, der, mit den alten Sprachdenkmälern vertraut, in ihnen Böjthis Lehre bestätigt fand. Vergebens erhob Verseghy Einsprache im Namen des lebendigen Sprachgebrauchs, Kazinczy und den übrigen Sprachneuerern gefiel auch diese Neuerung und Vervollkommnung der Schriftsprache, und nun herrscht seit hundert Jahren die Konjugation auf *-ik* (*ikes ragozás*) in Schule und Literatur, in auffallendem Gegensatz zur lebenden Volkssprache. — Ähnliche Bestrebungen hat es auch später gegeben, nur nicht mit demselben Erfolg. Hunfalvy und Szarvas wollten die alte Regelmässigkeit im Gebrauche verschiedener Verbalzeitformen wieder auferstehen lassen, die jedoch in den meisten Mundarten längst völlig veraltet und bloss in Széklerdialekten teilweise erhalten sind. — Besonders kurzsichtig und engherzig erweisen sich unsere Fachleute oft Sprachformen und Wendungen gegenüber, die sich erst in neuester Zeit entwickelt haben. Häufig wird als fremdartig gebrandmarkt, was sich in den reinsten ungarischen Mundarten nachweisen und aus natürlichen Analogien erklären lässt (z. B. die neuere konzessive Wortfolge *ha nem is tanítja* 'wenn er ihn auch nicht lehrt', statt des ältern und ebenfalls noch sehr verbreiteten *ha nem tanítja is*; *kész van* 'es ist fertig', aus *kész* × *készen van*; *el van utazva* 'er ist verreist'[1]) u. ä.), — und wer da dem Rechte der Entwicklung und des lebendigen Sprachgebrauchs das Wort redet, wird von patentierten Patrioten und privilegierten Nationalisten als Vaterlandsverräter verschrien und verleumdet. —

So mancher Grammatiker hat auch hierzulande die Logik als ausschlaggebende Norm in Sachen der Sprachrichtigkeit hingestellt. Und doch gibt es nirgends deutlichere Beispiele, die dem widersprechen, als im Ungarischen. Wir setzen bei Zahlwörtern immer die Einzahl und sagen: *két szem*, *száz esztendő*, wörtlich 'zwei Auge, hundert Jahr'. Überhaupt sind wir sparsam im Gebrauche der Pluralformen und vermeiden sie häufig, wenn sich die Mehrzahl aus dem Zusammenhang ergibt. Wenn wir hingegen anstatt *a hegyek tetejei* (wörtl. der Berge ihre Spitzen) oder *a hegyek tetejök* (der Berge ihre

1) *El van utazva* drückt den eingetretenen und noch dauernden Zustand aus, während *elutazott* die vollendete Handlung bezeichnet (er ist abgereist); ebenso *el van szakadva* 'es ist (noch immer) zerrissen', und *elszakadt* 'es ist zerrissen (worden), es zerriss', und tausend ähnliche Beispiele.

Spitze): *a hegyek teteje* (der Berge seine Spitze) sagen, gebrauchen wir wieder den Singular anstatt des Plurals, drücken also weder die Mehrzahl des Besitzers, noch die des Besitzes im Personalsuffix aus. Einst war diese Konstruktion ein Gegenstand heftigen Streites, aber auch seither wurde die Fügung *a hegyek teteje* immer allgemeiner, in der Schriftsprache begegnen wir der andern gar nicht mehr; der Sprachgebrauch hat sich also nicht für die logische ältere Ausdrucksweise (*a hegyek tetejök*) und nicht für Révai erklärt, der hier ebenfalls das veraltete gegen Verseghy verteidigte. — Ebenso unlogisch ist der Singular in Sätzen wie: *Rabul a börtönbe vetették őket* (anstatt *rabokul*): Man warf sie als Gefangene in den Kerker. *Tedd őket részessé az örök nyugodalomban* (anstatt *részesekké*): Mache sie der ewigen Ruhe teilhaftig. Diese Konstruktion finden wir von unseren alten Denkmälern angefangen bis zur heutigen Tagespresse, sowohl in der Literatur als auch in der Volkssprache, und finden sie überdies noch in vielen anderen Sprachen (vgl. darüber meine ausführliche Abhandlung *Szóegyeztetés az állapothatározásban*: Kongruenz in der Zustandsbestimmung Nyr. XIII). Die Sprache kümmert sich also auch hier nicht um diejenigen Philologen, die um jeden Preis beweisen wollen, dass mehrere Menschen nicht e i n Gefangener oder e i n Teilhaber sein können. Wir haben es hier mit derselben Logik zu tun, die schon vor längerer Zeit auch ausklügelte, dass *a világ teremtése* 'die Schöpfung der Welt' eine fehlerhafte Redeweise ist, weil die Welt nicht erschafft (*teremt*), sondern erschaffen wird (*teremtetik*), also: *a világ teremtetése*: die Erschaffung der Welt (Geleji Katona, XVII. Jh.).

Oft hat man seit K a z i n c z y den S c h ö n h e i t s s i n n in der Sprache für ausschlaggebend erachtet. Auch hierin ist natürlich etwas Wahres enthalten, ja sogar viel Wahres, wenn wir die Forderung auf den Stil beschränken. Der Ausdruck soll stilgerecht, soll der Situation, der Stimmung angemessen sein: das dichterische Bild soll durch kein prosaisches Element gestört, die gehobene Stimmung durch kein pöbelhaftes oder scherzhaftes Wort beleidigt werden. Aber innerhalb dieser Grenzen, dies lehrt uns die Erfahrung, wird die Sprache durchaus nicht von dem Sinn für das Schöne, noch weniger vom Bestreben nach dem Schönen geleitet. In anderen Sprachen sowohl als in der ungarischen finden wir zahlreiche Ausdrücke, welche vermöge ihrer Monotonie oder aus andern Ursachen geradezu unschön klingen, und dennoch vollkommen richtig sind. *Legtelhetetlenebbek* 'die unersättlichsten', *tehetetlenek* 'unvermögend', *halhatatlannak* 'dem Unsterblichen', *tétethetett* 'konnte getan werden', *tettetett* 'verstellt', *okoknak* 'den Gründen', *kakukoknak* 'den Kuckucken', sind lauter ungesuchte Beispiele zur Rechtfertigung unseres Satzes. Umsonst klagte man so oft, dass wir in unserer Sprache so viele *k* haben, wir können anstatt *kakukoknak* doch nicht *kakukokna* sagen. In der Laut- und Formenlehre können wir uns auf Schritt und Tritt überzeugen, dass der Lautwandel kein Erzeugnis des Verschönerungstriebes ist, wie man früher allgemein geglaubt hat.

Die vorhergegangenen Erörterungen und Beispiele machen es unzweifelhaft, was in der Sprache mächtiger als die Logik und mächtiger als das Schönheitsgefühl ist. Die Frage muss offenbar so beantwortet werden, wie sie von Horatius schon im Altertum beantwortet worden ist: *Usus, quem penes arbitrium est et jus et norma loquendi.* In erster Reihe muss der Sprachgebrauch entscheiden, was richtig und was unrichtig ist. Daraus folgt aber auch, dass niemand das richtige Ungarisch aus Regeln und Grammatiken so gründlich erlernen kann, wie er es aus den unverfälschten Quellen der Sprache sich aneignen kann. Wer die Volkssprache belauscht, wer die poetischen und prosaischen Werke eines Arany, eines Jókai, eines Mikszáth mit Fleiss und Verständnis liest: der kann die Entscheidung in zweifelhaften Fällen getrost seinem Sprachgefühl anvertrauen.

## Bibliographie.

Csűrös Ferenc: *A magyar irodalmi és köznyelv.* (Die ungarische Literatur- und Gemeinsprache. — Ungvár 1899.) Vergleichung der Sprache der Literatur und des Umgangs.

Kulcsár Endre: *Magyar nyelvművészek.* (Ungarische Sprachkünstler. — Pázmány, Mikes Nyelvőr 1899, Faludi 1901, Kármán 1904.) — Kiss Ernő: *Vörösmarty mint nyelvművész.* (Vörösmarty als Sprachkünstler. — Nyelvőr 1900.)

Gácser J.: *Telegdi Miklós nyelve*, különös tekintettel a mondattanra. (Nikolaus Telegdis Sprache, mit besonderer Berücksichtigung der Syntax. — Nyelvészeti Füzetek 18.)

Kiss Ignác: *Pázmány nyelve*. (Pázmánys Sprache. — Nyelvtud. Közlemények 15.) — *Káldi György nyelve*. (Die Sprache Georg Káldis.) (Budapest, 1883. Akademische Abhandlung.) — *Faludi Ferenc nyelve*. (Franz Faludis Sprache. — Nyelvőr Bd. 24.) Ausführliche Zusammenstellung der Spracheigenheiten Faludis.

Vass Bertalan: *A Zrinyiász mondattana*. (Syntax der Zrinyiade.) (Nyelvőr Bd. 12.)

Volf György: *Arany János prózai dolgozatai*. (Aranys prosaische Schriften. — Nyelvőr 1879.) — Bespricht Aranys Ansichten über die Sprachpflege und besonders über die Entwickelung der neueren ungarischen Schriftsprache. — Arany János: *Toldi. Nyelvi és tárgyi bő magyarázatokkal ellátta Lehr Albert*. (Toldi. Mit ausführlichen sprachlichen und sachlichen Erläuterungen versehen von Albert Lehr. — Budapest 1882.) — *Toldi estéje. Magyarázta Lehr Albert*. (Toldis Abend. Erläutert von Albert Lehr. 1905.) — Vgl. noch Simonyi Zs.: *Toldi szerelme*. (Toldis Liebe. — Nyelvőr 1879.) — Riedl Frigyes: *Arany János*. (Budapest, 1887.) — Pollák Miksa: *Arany J. és a biblia*. (Arany und die Bibel. 1904.) — Balassa József: *Arany J. mint nyelvész*. (Johann Arany als Sprachforscher, in der Zeitschrift Egyetemes Philologiai Közlöny, Bd. 17.)

Über *Jókais* Sprache Komáromy L. Nyelvőr Bd. 2, Melczer K. ebd. Bd. 5, Simonyi Zs. Bd. 33.

### Geschichte und Kritik der Sprachneuerung.

Frederick Riedl: *A History of Hungarian Literature*. (London 1906.) IX. Abschn. The language reform.

Szily Kálmán: *A Magyar Nyelvujitás Szótára a kedveltebb képzők és képzésmódok jegyzékével*. (Wörterbuch der ungarischen Sprachneuerung nebst einem Verzeichnisse der beliebteren Suffixe und Bildungsarten. – Budapest 1902.) — Sehr reichhaltige und wertvolle Sammlung; am ausführlichsten sind die naturwissenschaftlichen Werke und die Wörterbücher ausgebeutet, — von den letzteren jedoch sind die Wörterbücher von Márton József, und ausserdem die Werke von Baróti Szabó Dávid, Dugonics und Kazinczy sehr mangelhaft bearbeitet.

Imre Sándor: *A nyelvujitás története*. (Geschichte der Sprachneuerung. — Im 2. Bande der illustrierten Literaturgeschichte von Beöthy und Badics.)

Simonyi Zsigmond: *A nyelvujitás történetéhez*. (Zur Geschichte der Sprachneuerung. — Budapest, 1888.) — Faludi, Adámi und Kónyi, als die Beginner der Sprachneuerung.

Szily Kálmán: *Adalékok a magyar nyelv és irodalom történetéhez.* (Beiträge zur Geschichte der ungarischen Sprache und Literatur. — Budapest, 1897.) Enthält interessante Einzelheiten aus der Geschichte der Sprachneuerung.

Simai Ödön: *Dugonics mint nyelvújító.* (Dugonics als Sprachneuerer. — Budapest, 1904. — Nyelvészeti Füzetek 14.)

Lukács Lőrinc: *Barcafalvi életben maradt új szavai.* (Die am Leben gebliebenen neuen Wörter Barcafalvis. — M. Nyelvőr 1882.)

*Mondolat* 1813. — *Felelet a mondolatra* (Antwort auf das *Mondolat*) 1815. — Kazinczy F.: *Tövisek és Virágok.* (Dornen und Blumen.) 1811. — Alle drei mit Einleitungen und den zeitgenössischen Kritiken der *Tövisek és Virágok* neu herausgegeben von Balassa József (1898—1902. 10., 11. und 20. Heft der Sammlung Régi Magyar Könyvtár).

Rubinyi Mózes: *Két tanulmány a nyelvészet s a nyelvművelés történetéből. Grimm és Révai. A mondolat.* (Zwei Studien aus der Geschichte der Sprachforschung und Sprachpflege. Grimm und Révai. Das *Mondolat.* — Budapest, 1903. — Nyelvészeti Füzetek 6.)

Simai Ödön: *Márton József mint szótáriró.* (Márton József als Lexikograph. — Budapest, 1902. — Nyelvészeti Füzetek 2.)

Teleki József gróf: *A magyar nyelvnek tökéletesítése új szavak és új szólásmódok által. 1815.* (*Jutalomfeleletek a magyar nyelvről, kiadta Horvát István 1821.*) (Die Vervollkommnung der ungarischen Sprache mittelst neuer Wörter und neuer Redensarten 1815. Preisantworten über die ungarische Sprache, herausgegeben von Horvát István 1821.) — Tiefgehende und lehrreiche Erörterungen, die die Neologie zwar verteidigen, jedoch Bildungen, die die gewöhnlichen Analogien überschreiten, nur ausnahmsweise billigen.

Lovász Imre: *Értekezés a magyar nyelvújításról és annak némely nevezetesebb hibáiról.* (Abhandlung über die ung. Sprachneuerung und über einige ihrer namhafteren Fehler. — Pest, 1835.) — Vidovics: *A magyar neologia rostálgattatása.* (Kritik der ung. Neologie. — Veszprém, 1826.) — Die interessantesten und massvollsten unter den gegen die Neologie gerichteten Schriften.

Bugát Pál: *Természettudományi Szóhalmaz.* (Naturwissenschaftliche Wortsammlung. — Buda 1843.) — In diesem Werke kommen die vielen Tausende von Wörtern vor, von denen Toldys Literaturgeschichte noch behaupten konnte, dass sie weit und breit gebraucht werden, ohne dass dabei dankbar ihres Schöpfers gedacht werde, die aber in den letzten Jahrzehnten zum grössten

Teile wieder verschwunden sind. — Lukács Lőrinc: *Bugát életben maradt szavai.* (Die am Leben gebliebenen Wörter Bugáts. — Nyelvőr Bd. 13.)

*Értekezések a Nyelv- és Széptudományok köréből, kiadja a M. Tud. Akadémia.* (Abhandlungen aus dem Gebiete der Sprach- und Schönwissenschaften, herausgegeben von der ung. Akademie der Wissenschaften); in Band 4.—11. finden sich viele polemische Schriften über die Berechtigung der Sprachneuerung; ebenso in den ersten 11 Bänden des *Nyelvör.* Vgl. noch Szarvas G.: *A pótolhatatlanok* (Die Unersetzlichen) und *A nyelvgazdagodás* (Die Bereicherung der Sprache. — Nyelvőr 1889).

## Über die Fachsprache.

Alexander Bernát: *Műszavainkról* (Unsere Fachausdrücke, Nyelvőr 1878) und *Fordítóink* (Unsere Übersetzer, ebd. 1879). — Allgemeine Erörterungen über die Eigenschaften der Kunstausdrücke, von seiten der Bedeutung.

Szily Kálmán: *A természettudományi műnyelvről a magyar irodalomban, történeti vázlat és javaslat.* (Über die naturwissenschaftliche Terminologie in der ung. Literatur, historische Skizze und Vorschlag. In der Zeitschrift *Természettudományi Közlöny* 1879 und Szilys oben erwähntes Werk *Adalékok* 1898.) — Bedeutsam für die neue Richtung, die die Reinigung und die grössere Verständlichkeit der naturwissenschaftlichen Terminologie bezweckt. Vgl. hierzu die wirkungsvollen Aufsätze von Herman Ottó: *A műnyelv kérdéséhez* (Zur Frage der Terminologie) und *Természetrajz, nemzeti szellem* (Naturgeschichte, nationaler Geist). (Besprochen Nyelvőr 6, 209, 453.) — Fialowski Lajos: *A természetrajz műnyelve.* (Die Terminologie der Naturgeschichte. — Nyelvőr 1877—1881. Hierzu einige interessante Bemerkungen von Arany János ebd. 1878.)

Volf György: *Az orvosi műnyelv.* (Die ärztliche Terminologie.) (Nyelvőr 1877.) — Barts József: *Orvos-gyógyszerészeti Műszótár* (Medizinisch-pharmazeutisches Fachwörterbuch), besprochen von Csapodi István. (Nyelvőr 1885.) — Csapodi István: *Az első magyar szemorvosi könyv magyarsága* (Die ung. Sprache der ersten ung. Augenheilkunde, ebd. 1883) und *Pápai Páriz orvosi nyelve* (Die medizinischen Ausdrücke bei Pápai Páriz). (Ebd. 1883—84.)

Frecskay János: *A mesterségek szótára.* (Wörterbuch der Handwerke, bis 1906 34 Hefte.)

Révész Samu: *Vasuti Szótár.* (Eisenbahnwörterbuch, ungarisch-deutsch-französisch.) 1885—86.

*Középiskolai Müszótár.* (Wörterbuch, die Terminologie der Lehrfächer der Mittelschule enthaltend.) Im Auftrage des Landesvereins der Mittelschullehrer redigiert von Simonyi Zs. 1906.

## Sprachrichtigkeit im allgemeinen und Barbarismen.

Simonyi Zs.: *Helyes Magyarság. A hibás kifejezések, a kerülendö idegen szók s a helyesirás szótárával.* (Richtiges Ungarisch. Mit einem Verzeichnis der fehlerhaften Ausdrücke, der zu meidenden Fremdwörter und der Rechtschreibung. — Budapest, 1903, 2. Ausg. 1906.) — *Elévült hibák és látszólagos hibák.* (Verjährte Fehler und scheinbare Fehler. — Nyelvőr 1899.)

Finály Henrik: *Hogy is mondják ezt magyarul?* (Wie sag' ich das gut ungarisch?) (Budapest, 1888.) — Enthält manches Gute, schenkt jedoch der Sprachgeschichte zu wenig Beachtung.

Szarvas Gábor: *Latinosságok* (Latinismen). (Nyelvtud. Közlemények Bd. 10.) — Simonyi Zsigmond: *Latinosságok az igemódok használatában.* (Latinismen im Gebrauche des Modus.) (Nyelvőr 1877.)

Halász Ignác: *Kazinczy mint fordító.* (Kazinczy als Übersetzer.) (Nyelvőr Bd. 12.) — Objektive Besprechung von Kazinczys Prinzipien in bezug auf die Übersetzung und die Einbürgerung fremder Redensarten, indem überall Kazinczys eigene Äusserungen angeführt werden.

Simonyi Zs.: *A nyelvujitás és az idegenszerüségek.* (Die Sprachneuerung und die Barbarismen. — Budapest, 1891. Akademische Abhandlung.) — Nachweis der von Kazinczy Ferenc eingebürgerten Barbarismen. — Derselbe: *Még egy leszámolás a nyelvujitással.* (Noch eine Abrechnung mit der Sprachneuerung.) (Nyelvőr 1901.)

Tolnai Vilmos: *Magyarító szótár a szükségtelen idegen szavak elkerülésére.* (Wörterbuch zur Vermeidung entbehrlicher Fremdwörter. Im Auftrage und unter Mitwirkung der sprachwissenschaftl. Kommission der Akademie der Wissenschaften. Budapest, 1900.)

Szarvas Gábor: *A nyelvigazítók.* (Die Sprachverbesserer. — Nyelvőr Bd. 12.) — Eine lehrreiche Kritik des Schulmeisters, der wie Geleji Katona István, die Sprache nach logischen Gesetzen massregeln will.

## Zweiter Teil.

# GESCHICHTE DER SPRACHLICHEN ERSCHEINUNGEN.

## ERSTER ABSCHNITT.

## LAUTGESCHICHTE UND ORTHOGRAPHIE.

**Das Lautsystem** des Ungarischen [1]) ist ziemlich reichhaltig, der Bestand an Vokalen dem Deutschen, an Konsonanten — besonders an Palatalen — mehr den slavischen Sprachen nahekommend. Die Umgangssprache der Gebildeten richtet sich im allgemeinen nach der Aussprache der mittleren Dialekte des Sprachgebietes, wird aber hie und da auch durch die Schrift beeinflusst. Die Laute der Umgangssprache werden — von einigen Ausnahmen abgesehen — durch ebenso viele besondere Schriftzeichen ausgedrückt, ein Konsonantenzeichen (*ly*) hat seinen Lautwert in den meisten Mundarten eingebüsst und wird heutzutage fast ausschliesslich von den Palozen als dentipalatales *ly* gesprochen.

Die Vokale teilen sich nach der Artikulation und Lautdauer in je zwei Klassen: in hintere (gutturale, tiefe) und vordere (palatale, hohe), kurze (weit gebildet) und lange (eng gebildet). Die erstere Einteilung ist für das ganze grammatische Formensystem von ausserordentlicher Wichtigkeit. Die hinteren Vokale werden mit Ausnahme des langen *á* bloss labialisiert (mit Lippenrundung) gebraucht. Es gibt also folgende Vokale:

1) Wir geben bloss eine kurze Übersicht. Näheres über die ung. Aussprache gibt Balassa, s. unsere Bibliographie.

| | | Vordere | | Hintere | |
|---|---|---|---|---|---|
| | | ungerundet | gerundet | ungerundet | gerundet |
| Obere Zungenstellung (geschlossene Vokale) | weit, kurz | *i* | *ü* | | *u* |
| | eng, lang | *í* | *ű* | | *ú* |
| Mittl. Zungenstellung (halbgeschlossene Vokale) | weit, kurz | *ë* | *ö* | | *o* |
| | eng, lang | *é* | *ő* | | *ó* |
| Nied. Zungenstellung (offene Vokale) | weit, kurz | *e* | | | *a* |
| | eng, lang | | | *á* | |

Dies sind die Vokale der Gemeinsprache. Das geschlossene *ë* ist jedoch in zweien von den acht Dialektgebieten mit dem offenen *e* zusammengefallen und wird heute von diesem in der Schrift nicht unterschieden. Ebenfalls unbezeichnet in der Schrift, jedoch in der Umgangssprache weit verbreitet sind die langen und trotzdem weit gebildeten offenen Vokale *ê* und gerundetes *â* und in mehreren Mundarten ebenfalls so gebildet *ô* und *ő*, alle vier teils vor Liquida, teils als Ersatzdehnung für ausgefallenes *l* und *r*: *êre, âra* 'in dieser, in jener Richtung' für schriftsprachliches *erre, arra*; *akkô* und *akkôr* für schr. *akkor* 'damals'; *mëkhât* und *mekhâlt* = *meghalt* 'er ist gestorben'. Im Palozerdialekt wird anstatt des labialen *a* ein illabiales *à* (= deutsch, ital. *a*) und umgekehrt statt des langen illabialen *á* ein labiales *â* gebraucht: *àpâm* = *apám* 'mein Vater'. — In manchen, besonders westlichen und nordwestlichen, aber auch einzelnen östlichen Dialekten sind auch Diphthonge sehr beliebt, z. B. *uo, üö, ie* und *ou, öü, ëi* usw. In der Gemeinsprache gibt es bloss Diphthonge auf *i̯*, geschrieben: *aj, ej, oj, áj* usw., z. B. *haj* 'Haar', *fej* 'Kopf', *rojt* 'Franse', *vájt* 'ausgehölt'.

Die einfachen Vokale der Gemeinsprache mit Beispielen und in der Lautschrift des Maître phonétique und der Finnisch-ugrischen Forschungen:

| | | | |
|---|---|---|---|
| *i — kis* | klein | *kiʃ* | *kiš* |
| *í — víz* | Wasser | *vi:z* | *vīz* |

| | | | |
|---|---|---|---|
| *e — reszek* | ich nehme | *vesek* | *resek* |
| *é — kéz* | Hand | *ke:z* | *kēz* |
| *e — hely* | Platz | *hɛj* | *häj* |
| *e — erre* | in dieser Richtung | *ɛ:re* | *ărä* |
| *ü — süt* | es scheint | *ʃyt* | *šüt* |
| *ű — szűk* | eng | *sy:k* | *sűk* |
| *ö — öt* | fünf | *øt* | *öt* |
| *ő — tőr* | Dolch | *tø:r* | *tőr* |
| *u — tud* | er weiss | *tud* | *tud* |
| *ú — húsz* | zwanzig | *hu:s* | *hūs* |
| *o — hoz* | er bringt | *hoz* | *hoz* |
| *ó — szól* | er spricht | *so:l* | *sōl* |
| *a — ad* | er gibt | *ɔd* | *åd* |
| *a — arra* | in jener Richtung | *ɔ:ra* | *ărå* |
| *á — ház* | Haus | *ha:z* | *hāz* |

Es gibt im Ungarischen — von Fällen des Affekts und individuellen Abweichungen abgesehen — bloss zwei Stufen der Lautdauer: Kürze und Länge. Auch gibt es keine unvollkommen gebildete Vokale.

Die Konsonanten. Im allgemeinen ist zu bemerken, dass die stimmhaften Konsonanten von den stimmlosen folgerichtig unterschieden werden (die stimmlosen Verschlusslaute ohne Aspiration). Ganz gewöhnlich ist die im Deutschen unbekannte Palatalreihe (*gy*, *ty*, *ny*; das *ly* jedoch in den meisten Mundarten heute wie *j* gesprochen). Das gutturale *ŋ* kommt bloss vor Gutturalen vor und wird in der Schrift nicht vom *n* unterschieden. Es gibt auch vier Konsonantendiphthonge, die jedoch in der Lautdauer den einfachen Konsonanten gleichwertig sind: davon werden häufiger gebraucht *cs* und *c*, viel seltener *dzs* und *dz* (letzteres bloss doppelt zwischen Vokalen). Die Gutturale (oder Lundells Palatale) bilden eigentlich zwei Reihen, je nachdem sie vor vorderen oder hinteren Vokalen vorkommen („Konsonantenharmonie", Techmer, Intern. Zeitschr. 4, 128). Die *ich*- und *ach*-Laute sind in der heutigen Aussprache nicht vorhanden.

**Übersicht des ungarischen Konsonantensystems:**

| | Verschlusslaute | | Reibelaute | | Nasenlaute | *l*, *r*-Laute |
|---|---|---|---|---|---|---|
| | Stimmhaft | Stimmlos | Stimmhaft | Stimmlos | Stimmhaft | Stimmhaft |
| Lippenlaute | *b* | *p* | *v* | *f* | *m* | |
| Interdentale | *d* | *t* | | | *n* | |
| Alveolare | (*dz*) | (*c*) | *z* | *sz* | | |
| Postalveolare | (*dzs*) | (*cs*) | *zs* | *s* | | *l*, *r* |
| Dentipalatale | *gy* | *ty* | | | *ny* | *ly* |
| Gutturale | *g* | *k* | | | *n*[*g*] | |
| Kehlkopflaut | | | | *h* | | |

Die Mundarten zeigen kaum irgendwelche erwähnenswerte Abweichung in der Aussprache der Konsonanten. Der *ly*-Laut ist in den nordwestlichen Mundarten erhalten. In der Moldau und in Slavonien werden die einfachen Sibilanten zum Teil dentipalatal gesprochen (*ź*, *ś*).

Die Konsonanten der Gemeinsprache mit Beispielen und in der Lautschrift des Maître phonétique und der Finnisch-ugrischen Forschungen:

| | | | | |
|---|---|---|---|---|
| *b* | — *bab* | Bohne | *bɔb* | *bȧb* |
| *p* | — *pad* | Bank | *pɔd* | *pȧd* |
| *d* | — *dél* | Mittag | *de:l* | *dēl* |
| *t* | — *tél* | Winter | *te:l* | *tēl* |
| *gy* | — *gyors* | schnell | *ɟorʃ* | *d'orš* |
| *ty* | — *atya* | Vater | *ɔcɔ* | *ȧt'ȧ* |
| *g* | — *ég* | Himmel | *e:g* | *ēg* |
| *k* | — *ék* | Keil | *e:k* | *ēk* |
| *v* | — *vér* | Blut | *ve:r* | *vēr* |
| *f* | — *fal* | Mauer | *fɔl* | *fȧl* |
| *z* | — *zöld* | grün | *zøld* | *zöld̕* |
| *sz* | — *szél* | Wind | *se:l* | *sēl* |
| *zs* | — *zsír* | Fette | *ʒi:r* | *žīr* |

| | | | | |
|---|---|---|---|---|
| *s* | — *sír* | Grab | *ʃi:r* | *šīr* |
| *j* | — *jó* | gut | *jo:* | *jō* |
| *h* | — *hoz* | er bringt | *hoz* | *hoz* |
| *m* | — *ma* | heute | *mɔ* | *må* |
| *n* | — *nap* | Tag | *nɔp* | *nåp* |
| *ny* | — *nyár* | Sommer | *ńa:r* [1]) | *ńār* |
| *n* | — *hang* | Laut | *hɔŋg* | *håŋg* |
| *l* | — *ló* | Pferd | *lo:* | *lō* |
| *ly* | — *lyuk* | Loch | *λuk, juk* | *l'uk, juk* |
| *r* | — *rózsa* | Rose | *ro:ʒɔ* | *rōžå* |
| *dz* | — *bodza* | Hollunder | *boddzɔ* | *boddzå* |
| *c, cz* | — *cél* | Ziel | *tse:l* | *tsēl* |
| *dzs* | — *findzsa* | Schale | *findʒɔ* | *findžå* |
| *cs* | — *császár* | Kaiser | *tʃa:sa:r* | *tšāsār* |

Die langen und geminierten Konsonanten werden in der Regel genau von den kurzen und einfachen unterschieden und durch die Doppelsetzung des Buchstaben bezeichnet (von zusammengesetzten Buchstaben wird gewöhnlich bloss das erste Element doppelt geschrieben: *ssz, nny* anstatt *szsz, nyny* usw.): *rossz* 'schlecht', lies *ros*: *rosszabbat* 'einen schlechtern'; *kell* 'es ist nötig'; *akkor* 'dann'; *tette* 'er hat's getan'. — In einigen Fällen, so besonders in den Abwandlungsformen der Beiwörter auf *-s* und in den Demonstrativfürwörtern mit *-ly*, ist die Aussprache nach Dialekten verschieden; z. B. *pirosat* 'einen roten' (in der Aussprache auch *pirossat*), *melyik* 'welcher' (in der Aussprache *mëjik* und *mëjjik*). In anderen Fällen hat die Gemeinsprache den Laut vereinfacht, wo in der Schrift die ältere Aussprache bewahrt wird: *állok* 'ich stehe', *szállok* 'ich lasse mich nieder'; in der Aussprache meist *álok*, *szálok*. In einigen wieder ist die Schrift im Gegensatz zur Aussprache vereinfacht worden: *egy, egyet* 'einer, einen', spr. *ëggy, ëggyet*.

Die Silbe hat im Ungarischen immer einen Vokal; silbenbildende Sonanten wie *l̥*, *n̥* gibt es nicht (ausnahmsweise haben wir einige Interjektionen wie *hm*, *pszt*). Die Silbe beginnt

1) Wir waren genötigt, abweichend vom M. Ph., das Zeichen *ń* anzuwenden.

meistens mit einem Konsonanten, mit einem Vokal bloss im Wortanlaut oder nach einem silbenschliessenden Vokal; z. B. *á-lom* 'Schlaf', *ál-do-zat* 'Opfer', *ka-la-úz* 'Führer'. Eine Konsonantengruppe im Silbenanlaut haben wir bloss im Anlaut einiger lautnachahmender Wörter wie ***trüsszent*** oder ***prüsszköl*** 'niesen', und solcher Lehnwörter wie *gróf* 'Graf', ***krajcár*** 'Kreuzer', ***spékelni*** 'spicken', ***struc*** 'Strauss' (vgl. jedoch zur Vermeidung solcher Anlaute Formen wie ***barát*** für ***brát*** 'Freund', ***istálló*** für ***stálló*** 'Stall', ***sógor*** für 'Schwager'). Wenn mehrere Konsonanten zwischen zwei Vokalen stehen, wird bloss der letzte zur zweiten Silbe gezogen: *kop-lal* 'hungern', *temp-lom* 'Tempel', ***Auszt-ria*** 'Österreich', *oszt-va* 'geteilt', *ront-va* 'verdorben'. Im Silbenauslaut können, wie wir sehen, mehrere Konsonanten stehen; es gibt sogar Imperative wie *tartsd* 'halt es!', *öntsd* 'schütt es!' (für *tartsad, öntsed*).

Der Akzent ruht im einzelnen Wort — es sei ein einfaches oder ein zusammengesetztes — immer auf der ersten Silbe (in längeren Wörtern gibt es oft einen Nebenakzent, meist auf der dritten Silbe). Er ist immer ein exspiratorischer; einen musikalischen hört man bloss als Ausdruck des Affektes und in Fragesätzen (s. die Satzlehre).

Das phonetische Wort oder der Sprechtakt zerfällt ganz auf dieselbe Art in Silben, wie das einzelne Wort: *vágd-el-ezt!* sprich: *vág-de-leszt* 'zerschneide das!'. Der Sprechtakt beginnt immer mit einer betonten Silbe und enthält natürlich meist dem Sinne nach zusammengehörige Wörter. In den ausnahmsweise vorkommenden Fällen jedoch, in denen ein Beiwort schwächer betont ist als das Hauptwort, zu dem es gehört, wird diese Wortgruppe phonetisch zerschnitten: *adj-egy-kis* | *kenyeret!* 'gib [mir] ein wenig Brot!' Das geschieht am häufigsten mit dem schwach betonten Artikel und Bindewort; z. B. *Isten,* | *áldd meg a* | *magyart!* 'Gott, segne den Ungar!' *Tudom hogy* | *itt van* 'ich weiss, dass er hier ist'. Im Satzanfang bildet der Artikel und das Bindewort einen Auftakt.

Hier geben wir eine Textprobe mit phonetischer Umschrift (den Anfang des mundartlichen Textes auf S. 148):

*Lakott egy országnak két szögletében, messze egymástól két gazdag ember. Egyiknek fia született, a másiknak leánya. Meghitták egymást komának s a keresztelőn abban egyeztek meg, hogy a gyermekeiket összeházasítják.*

*Nöttek a gyermekek, de munka nélkül, kényesen. Hogy megnöttek, össze is házasították őket.*

*Csakhamar meghalt mind a kettőnek apja, anyja; magukra maradtak, a világhoz nem értettek, gazdálkodni se tudtak.*

*A jobbágyok, zsellérek azt tették velük, amit akartak; földjük egészen felburjánzott, a buzáskas kiürült, elkezdtek szegényedni.*

*lɔkott eɟ orsa:gnɔk ke:t soglɛte:ben, mɛssɛ eɟma:ʃto:l ke:t gɔzdɔg ɛmber. eɟɟiknɛk fijɔ sylɛtet:, ɔ ma:ʃiknɔk lea:ńɔ. mekhi:tta:k eɟma:ʃt koma:nɔk s ɔ kerestelø:n ɔbbɔn eɟɟɛstɛk meg, hoɟ ɔ ɟɛrmekɛjikɛt øssɛha:zɔʃi:cca:k.*

*nø:ttɛk ɔ ɟɛrmekek, dɛ muŋkɔ ne:lkyl, ke:ńeʃɛn. hoɟ megnø:ttɛk, øssɛ iʃ ha:zaʃi:totta:k ø:kɛt.*

*tʃɔkhɔmɔr mekhɔlt mind ɔ kɛttø:nɛk ɔpjɔ ɔńńɔ; mɔgukrɔ mɔrɔttɔk, ɔ vila:khoz nɛm e:rtettɛk, gɔzda:lkodni ʃe tuttɔk.*

*ɔ jobba:ɟok, ʒelle:rek ɔst tette:k vɛlyk, ɔmit ɔkɔrtɔk; følɟyk ɛge:sɛn felburja:nzot:, ɔ bu:za:ʃkɔʃ kiyrylt, ɛlkɛstɛk sege:ńedni.*

*lȧkott ed' orsāgnȧk kēt söglätēbän, mässä ed'māštōl kēt gȃzdȧg ämber. ed'd'iknäk fijȧ sülätett, ȧ māšiknȃk leāńȧ. mekhīftȧk ed'māšt komānȧk s ȧ kerestelȫn ȧbbȧn ed'd'ästäk meg, hod' ȧ d'ärmekäjikät össähāzȧšīt't'āk.*

*nȫttäk ȧ d'ärmekek, dä muŋkȧ nēlkül, kēńešän. hod' megnȫttäk, össä iš hāzȧšītottāk ȫkät.*

*tšȧkhȧmȧr mekhȧlt mind ȧ kättȫnek ȧpjȧ ȧńńȧ; mȧgukrȧ mȧrȧttȧk, ȧ vilākhoz näm ērtettäk, gȧzdālkodni še tuttȧk.*

*ȧ jobbād'ok, żellērek ȧst tettēk vällük, ȧmit ȧkȧrtȧk; föld'ük ägēsän felburjānzott, ȧ būzāškȧš kiürült, älkästäk segēńedni.*

**Die Vokalharmonie und die Labialisierung.** Von besonderer Wichtigkeit ist im uralaltaischen Sprachenbau die gegenseitige Anpassung der hinteren und vorderen Vokale, die sogenannte Vokalharmonie. Die Vokale eines und desselben Wortes sind in diesen Sprachen regelmässig entweder alle tieflautig, oder alle hochlautig; d. h. während der Aussprache eines Wortes behält die Zunge von Anfang bis zum Ende entweder ihre hintere oder ihre vordere Stellung bei; z. B. *keserű* 'bitter', *keserűségében, elkeseredettségében* 'in seiner Erbitterung'.

Die Vokalharmonie erleidet jedoch gewisse Störungen infolge bestimmter Umstände. Hieher gehört vor allem die Aufnahme von Lehnwörtern aus Sprachen, denen die Vokalharmonie fremd ist; z. B. *templom* 'Tempel', *pipa* 'Tabakpfeife', *iga* 'Joch', *szërda* 'Mittwoch', *ësztërha* 'Traufe'. Eine zweite Veranlassung bietet die Zusammensetzung, in der natürlich auch Wörter mit verschiedenen Vokalen verbunden werden: *gaz-ember* 'Schurke', *fő-pap* 'Oberpriester', *be-jár* 'bereisen', *ëgy-koron* 'einst'. Endlich trübt sich auch in einfachen ungarischen Wörtern die Vokalfolge, jedoch nur in einer bestimmten Richtung, indem innerhalb tieflautiger Wörter die hochlautigen Vokale *ë, i* oder die langen *é, í* auftreten. In einer Reihe von Wörtern sind diese Vokale offenbar aus tiefen Lauten entstanden, z. B. *szilaj* 'unbändig', verwandt mit *szalad* 'laufen', *szilánk* 'Splitter' (vgl. *szalú* 'Zwerchaxt'), *csillog* 'funkeln' (*salyog* 'schimmern'), *irt* 'rotten' (*ort* dasselbe), *világ* 'Licht' (vgl. wog. *vol'g*), *hirvad* und *hërvad* 'welken' (finn. *korventa-*) usw. Vermutlich wurde in den meisten dieser Wörter ursprünglich ein hinterer *į*-Laut gesprochen, derselbe, der in manchen uralaltaischen Sprachen heute noch vorkommt. In einzelnen türkischen Lehnwörtern des Ungarischen steht dieser Ursprung des *i* ausser allem Zweifel, z. B. *disznó* 'Sau', vgl. tschuw. *sįsna* usw. In den ältesten Urkunden scheint der Buchstabe *i* hie und da diesen hintern Vokal anzudeuten, in den Wörtern nämlich, die bis zum XIII. Jahrhundert oft mit *i*, später aber mit *u*, d. h. *o* geschrieben werden: *achscin* (lies *aχsįn*) : *ohsun, ozzun* (lies *ạχson, ạssoń*) 'Frau', *Mortin* : *Mortun*, *Bolotin* : *Bolotun* usw.

In zahlreichen Fällen liegt die Ursache des Lautwandels

klar zutage: der Tieflauter ändert sich unter Einfluss eines benachbarten *j* in einen Hochlauter, assimiliert sich also dem *j*-Laute, wodurch regelmässig ein *ë*, *é* oder *i*, *í* entsteht. Die bekanntesten Beispiele sind: *paraj* : *paréj* 'Spinat', *taraj* : *taréj* 'Hahnenkamm', *ganaj* : *ganéj* 'Mist, Unrat'. Der Diphtong *-aj* wird zu *-éj*, d. h. *éį*: *paréį*, *ganéį*, und sodann zu einfachem *-é*: *paré*, *gané* (vgl. franz. *ai* und neugr. *αι*). So wurde das alte Verbalbildungssuffix *-ojt* zu *-ëįt*, *-iįt* und schliesslich zu *-ét*, *-ít* (vgl. neugr. *οι*). Z. B. *szabadojt* 'befreien' : *szabadëjt* und *szabadijt* : *szabadét* und *szabadít*. Ebenso wurde das alte *jonkább* zu *inkább* 'vielmehr, eher', *juhar* zu *ihar* 'Ahorn', *juhász* mundartlich zu *ihász* 'Schäfer' [1]).

Diese Störung der Vokalharmonie wird in manchen Fällen in der Aussprache wieder ausgeglichen. Solche Vokal-Assimilationen finden sich in vielen Lehnwörtern. Hier einige von den zahlreichen Beispielen: *pëlyva* > *polyva* 'Spreu', *rësta* > *rosta* 'Sieb', *bërëna* : *borona* 'Egge', *kintërna* : *kintorna* 'Leierkasten', *nevolja* : *nyavalya* 'Fallsucht', *miloszt* : *malaszt* 'göttliche Gnade', *ocet* : *ecet* 'Essig', *vogel* : *fogoly* 'Rebhuhn', *sódër* 'Schulter' : *sódor*, *sódar* 'Schinken', *hammer* : *hámor* 'Eisenhammer', *zucker* : *cukor*, *szërëncsa* : *szerencse* 'Glück', *lëvënta* : *levente* 'Held', *herzog* : *herceg*, *Gregor* : *Gergely*, *nosilo* : *nyoszolya* 'Bettstelle', *užina* : *uzsonna* 'Jause', *rakit'a* : *rakottya* und *rekëttye* 'Ginster' usw. In einigen Dialekten, besonders den den Slaven benachbarten, sind die ersteren Formen in vielen Fällen entweder beibehalten oder neuerdings entlehnt worden; z. B. *pëlyva*, *rësta*, *bërëna*, *këntërndl* (leiern, schlecht singen, spielen), *sódër*.

Zusammensetzungen mit gemischten Vokalen sind zur Ausgleichung geneigt, sobald die Bedeutung eines der Glieder

1) Diese geschichtliche Erklärung der Indifferenz der *i*- und *e*-Laute habe ich schon seit 1879 in meinen Schulgrammatiken und Vorlesungen gegeben. Ähnlich wird die Indifferenz des langen *ī* im Türkischen von Radloff als Ergebnis der geschichtlichen Entwickelung aufgefasst (Phon. d. nördl. Türkspr. 1883. 22), und Techmer bemerkt hiezu: „Dieses historische Moment wird vom Verf. mit Recht zur Erklärung von Ausnahmen eingeführt, und dies ist ein besonderes Verdienst“ (Intern. Zeitschr. 1, 483).

sich verdunkelt. Das erste Glied z. B. hat sich verdunkelt und demzufolge assimiliert in folgenden Wörtern: **sem-ha* : *somha, soha* 'nie', *sëhol* : mundartlich *sohol* 'nirgends', *nap estig* : mundartlich *nepestig* 'den ganzen Tag', *borstörő* : mundartlich *böstörő* 'Pfeffermühle', *dologtévő nap* : mundartlich *dölögtivüő nap* 'Werktag'. — Beispiele für die Assimilation des zweiten Gliedes: **jó-embër* : *jámbor* 'fromm', *id-nap* : *innep, ünnep* 'Festtag', *fej-al* : mundartlich *fejel* 'Polster', *isten úgy se(gitsen)* : *isten-uccsa, isten-üccse* 'so wahr Gott helfe', *a-helyt* : *ahajt* 'dort, auf der Stelle' (Székler Mundart).

Noch häufiger ist diese Erscheinung, wenn das zweite Glied der Zusammensetzung zum Wortbildungs- oder Beziehungs-Suffixe wird; in diesem Falle ist die Angleichung in der Gemeinsprache allgemein gültige Regel. Das Wort *belől* 'von innen heraus' war im Zeitalter der Leichenrede eine Postposition, im Ehrenfeld-Kodex ist es schon zum Suffixe geworden und passt sich dem Stammworte an: *-belől balól*, heute *-ból ből*. So wurden die Postpositionen *belé* 'hinein', *reá* 'hinauf, darauf' usw. zu den Endungen *-ba be* 'in' (Akk.), *-ra re* 'auf' (Akk.) und die Wörter *hat* und *ség* zu den Wortbildungssuffixen *-hat het* und *-ság -ség*. Die Endung *-szër* '-mal' behält in manchen Gegenden noch heutzutage ihre ursprüngliche Gestalt: *háromszër, sokszër*, in der Gemeinsprache *háromszor, sokszor* 'dreimal, vielmal'.

In der Göcsejer Mundart (im Westen) gibt es auch andere solche Endungen: *-vel, -nál, -hoz, -nek*, in der Gemeinsprache *-val vel* 'mit', *-hoz hez höz* 'zu', *-nak nek* (Dat.) 'auf etwas zu' usw. Das Zeitsuffix *-kor* ist selbst in der Gemeinsprache unverändert, so dass es noch als Postposition betrachtet werden kann. Ebensowenig sind diejenigen Suffixe der Anpassung unterworfen, die den Vokal *é* oder *i* enthalten, da diese Vokale, wie wir gesehen, auch sonst häufig in tieflautigen Wörtern vorkommen, also nur *-ért* 'wegen, um', *-ként* 'wie . . ., gleich . . .', *-ig* 'bis', *-ni* (Infinitivsuffix) mit unverändertem Hochlaute. Jedoch wird *-ség* in tieflautigen Wörtern zu *-ság*; zur Zeit, als dieses Wort zum Suffixe wurde, mag es noch keine *é*-Laute in tieflautigen Wörtern gegeben haben.

Mehrfache Schwankungen können wir in der Flexion mischlautiger Wörter, d. h. solcher Wörter beobachten, indenen neben tiefen Vokalen zugleich auch hohe Vokale: *ë*, *é*, *i*, *í* vorkommen. Sind es einfache ungarische Wörter, so müssen sie als tieflautig betrachtet werden, da die doppelformigen Endungen und Suffixe ausnahmslos in ihrer tieflautigen Form an dieselben angefügt werden: *fiú-nak* 'dem Knaben', *fiú-tól* 'vom Knaben', *fazék-ban* 'im Topfe', *fazëkasság* 'Töpferhandwerk', *igaz-gathatna* 'er könnte lenken' usw.

Die zusammengesetzten Wörter werden nur dann in der eben erwähnten Weise behandelt, wenn die Zusammensetzung verdunkelt ist und der ganze Ausdruck als ein einfaches Wort erscheint, denn im entgegengesetzten Falle passen sich die Suffixe immer dem letzten Gliede des zusammengesetzten Wortes an. So wurde z. B. das Wort *husvét* 'Ostern' hochlautig abgewandelt, solange es tatsächlich als zusammengesetztes Wort gefühlt wurde: *husvétnek*, *husvétben*; sobald jedoch das zweite Glied verdunkelt war, hiess es schon: *husvétnak*, *husvétban*. Das Volk ist sich der beiden Glieder des Wortes *honvéd* 'Land-wehrmann' nicht bewusst, weshalb es dieses Wort tieflautig abwandelt: *honvédnak* (Dat.), *honvédok* (Plur.), *honvédság* 'die Landwehr'. In den Wörtern wie *mosóné* 'Wäscherin' zeigt sich das Wesen der Silbe *-né* als einer Wortbildungssilbe gerade darin, dass die Endungen sich nicht der Silbe *-né* anpassen, sondern das ganze Wort als einfach betrachtet wird, also *mosónénak* 'der Wäscherin' (Dat.) und nicht *mosónének*.

Die mischlautigen Fremdwörter werden nur dann konsequent tieflautig abgewandelt, wenn die letzte Silbe tieflautig ist; so heisst es z. B. immer *templomnak* 'der Kirche', *templomban* 'in der Kirche', *fërtályra* 'auf ein Viertel', *rëktorhoz* 'zum Rektor', *Theseusnak* (Dat.) usw. Sehr schwankend ist jedoch die Deklination von Fremdwörtern, deren letzter Vokal ein hoher ist; es heisst also *fráterhoz* und *fráterhez*, *mozlimok* und *mozlimek*, *Ágnesra* und *Ágnësre*, *mágnësnak* 'dem Magnet' und *mágnësnek* (in der heutigen Literatursprache grösstenteils hochlautig).

Jene tieflautigen Wörter, in deren erster Silbe ursprünglich *i* oder *é* stand, behielten, als der kurze Endvokal schwand, in der suffixlosen Form nur den Vokal *i* oder *é*, z. B. **nyílu* : *nyíl* 'Pfeil'. Die Tradition jedoch bewahrte die tieflautige Abwandlung derselben: *nyilat* 'den Pfeil', *nyilra* 'auf den Pfeil', *nyilaz* 'mit Pfeilen schiessen'; *írok* 'ich schreibe', *írnak* sie schreiben', *írás* 'Schrift'. Dennoch hatte später bei einzelnen Wörtern der hohe Stammvokal die Wirkung, dass die Flexion des Wortes hochlautig wurde. So z. B. wird das Hauptwort *szirt* 'Klippe', welches früher tieflautig war (*szirtra, szirtot, szirtok*), heute schon so flektiert: *szirtre* 'auf die Klippe', *szirtet* 'die Klippe' (Akk.), *szirtek* 'Klippen'. Bei den Palozen heisst es noch heute: *csípnak* 'sie zwicken', *csipkodnak* (Frequentativum, 'sie sticheln'), indes die Gemeinsprache nur hochlautige Formen, wie *csípés* 'Kniff', *csipkedés* 'Sticheln' kennt. Das Zeitwort *nyír* 'scheren' wird ebenfalls auf zweierlei Art suffigiert: *nyírnak* und *nyírnek* 'sie scheren'[1]).

Eine besondere Reihe der Hochlauter bilden die labialen oder gerundeten Vokale: *ö ő, ü ű*. Diese nehmen auch in Hinsicht auf die Vokalharmonie eine besondere Stellung ein (Labialassimilation): in der unmittelbar folgenden Silbe nämlich wird der geschlossene *ë* Laut nicht geduldet und überlässt seinen Platz immer dem gerundeten *ö*-Laute; daher werden diejenigen Endungen, deren Vokal nach tieflautigen Stämmen ein *o* ist, nach hochlautigen Stämmen teils mit *ë*, teils mit *ö* gesprochen, je nachdem die vorhergehende Silbe einen illabialen oder labialen vordern Vokal enthält. Z. B. *lábhoz* 'zum

1) Das tieflautige Wort *derék* bekommt als Hauptwort tieflautige Endungen; da es jedoch als Adjektiv selten mit Suffixen vorkommt, wird es in letzterer Bedeutung hochlautig: *dëréknek* 'dem Tüchtigen' (aber *dëréknak* 'dem Leibe'), *dërékség* 'Tüchtigkeit'. — Das Hauptwort *sír* 'Grab' ist in unseren alten Sprachdenkmälern immer hochlautig und nimmt erst seit dem XVII. Jahrhundert trotz seines hochlautigen Stammvokals tieflautige Endungen an; früher hiess es: *sírek* 'Gräber', *sírbe* 'ins Grab', *sírje* 'sein Grab', heute jedoch *sírok, sírba, sírja*. Wir können annehmen, dass die Analogie des tieflautigen Zeitwortes *sír* 'weinen' auf das Hauptwort *sír* einwirkte, da sie im Sprachgebrauch oft nebeneinander erscheinen: *sír* 'Grab' und *síralom* 'das Klagen, Jammern', *a sírnál sírnak* 'man weint am Grabe'.

Fusse', *kézhëz* 'zur Hand', *köhöz* 'zum Steine'; *ágon* 'auf dem Aste', *égën* 'auf dem Himmel', *földön* 'auf der Erde'; *háromszor* 'dreimal', *négyszër* 'viermal', *ötször* 'fünfmal'; *házatok* 'euer Haus', *szëmëtëk* 'euer Auge', *gyűrűtök* 'euer Ring'; *jártok* 'ihr gehet', *kértëk* 'ihr bittet', *tűrtök* 'ihr duldet'; *járok* 'ich gebe', *kérek* 'ich bitte', *tűrök* 'ich dulde'; *járjon* 'dass er gehe', *kérjën* 'dass er bitte', *tűrjön* 'dass er dulde'; *aggódol* 'du bist besorgt', *fekszël* oder *feküszöl* 'du liegst'; *zárkozik* 'sich einschliessen', *vétkëzik* 'sich vergehen, sündigen', *ütközik* 'zusammenstossen'[1]).

In einigen grammatischen Formen wurde mit der Zeit auch das illabiale *ë* durch das labiale *ö* ersetzt, so dass nun bloss zwei Formen einander entsprechen: eine mit *o* und eine mit *ö*. So besass das Possessivsuffix der dritten Person, welches einen Besitz und mehrere Besitzer anzeigt, früher eine dreifache Gestalt: *-jok -jëk -jök* (*kardjok* 'ihr Schwert', *kertjëk* 'ihr Garten', *kürtjök* 'ihr Horn'); mundartlich lautet das Suffix auch heute noch so, jedoch in der Gemeinsprache ist es heutzutage bloss doppelförmig *-jok -jök* oder *-juk -jük* (*kertjök* oder *kertjük*, ebenso wie *kürtjök* oder *kürtjük*). Ferner sind die drei Formen der ersten Person in der Mehrzahl sowohl bei den Nomina als auch bei den Zeitwörtern in zwei zusammengezogen worden; früher hatte das Suffix die Formen: *-onk -ënk -önk* (*házonk* 'unser Haus', *kezënk* 'unsere Hand', *földönk* 'unsere Erde'; *járonk* 'wir gehen', *kérënk* 'wir bitten', *tűrönk* 'wir dulden'), später bloss *-onk -önk* und endlich *-unk -ünk* (*házonk*, *kezönk*; *házunk*, *kezünk*).

1) Eine ähnliche Labialassimilation gibt es in den türkischen Sprachen und in einem samojedischen Dialekte, nur werden da nicht bloss die hochlautenden, sondern auch die tieflautenden Endungen durch die Lippenartikulation in zwei Reihen geteilt; demzufolge entstehen vier Reihen von Suffixen. So finden wir im Jakutischen viererlei Pluralsuffixe: *aga-lar* 'Väter', *ogo-lor* 'Kinder', *äsä-lär* 'Bären', *dörö-lör* 'Nasenriemen'. Im Ostjakisch-Samojedischen gibt es ein *n*-Suffix, das in vier Formen erscheint: *marg-an* — *tob-on* — *polb-on* — *tib-ën säb-ën* — *üg-ön ög-ön*. Im Ungarischen ist die dreifache Vokalharmonie ein Ergebnis neuerer Entwickelung; früher, noch im XVI. Jahrhundert sagte man auch: *föld-hëz* 'zur Erde', *többször* 'öfter', *ökër* 'Ochs', *ördëg* 'Teufel' usw.

Das *ö* hat aber auch in vielen anderen Fällen den *ë*-Laut verdrängt. Es gibt Wörter, die einst mit *ë* gesprochen wurden, in alten Sprachdenkmälern auch so geschrieben vorkommen, jetzt aber auf dem ganzen Sprachgebiete mit *ö* gesprochen werden; z. B. *szërnyű, zërget* (das letztere im Csiker Komitate auch heute so), in der heutigen Gemeinsprache *szörnyű* 'fürchterlich', *zörget* 'klopfen'. Manche Wörter, z. B. *csömör* 'Ekel', *csötörtök* oder *csütörtök* 'Donnerstag', *tönköly* 'Dinkel', *csődör* 'Hengst' sind dem Slavischen und Deutschen unzweifelhaft mit einem *ë*-Laute entlehnt worden (slov. *čemer, četrtek*, deutsch *dinkel, zelter*), der erst nachträglich vom *ö* verdrängt werden konnte. Häufig beweist die Etymologie, die Vergleichung mit verwandten Sprachen die Ursprünglichkeit des *ë*-Lautes; so ist *vörös, vërës* 'rot' augenscheinlich eine Weiterbildung von *vér* 'Blut', *föl, fël* 'aufwärts' von *fej* 'Kopf', *költ* 'wecken', *tölt* 'füllen' sind Kausative von *kel* 'aufstehen' und *tel -ik* 'voll werden, sich füllen' usw. Hingegen wird in anderen Wörtern der *ö*-Laut durch die verwandten Sprachen als uralt erwiesen, obwohl er eben in den nächstverwandten sich nachträglich verändert hat; z. B. *öl* 'Klafter' = finn. *syli* (*y* = ü; wog. *täl*), *mög* 'Hintergegend' = tscher. *möŋge-* (lapp. *maŋŋa* usw.), *ősz* 'Herbst' = finn. *syksy* (wog. *tukes*), *lő* 'schiessen' = finn. *lyö-*, tscher. *lü-* usw.

Die grosse Tiefebene (Alföld) sowie ein grosser Teil des Udvarhelyer Székler-Dialektes hat an Stelle des alten *ë* fast überall, in sämtlichen Stammwörtern und Endungen, *ö* gesetzt (*szöm* 'Auge', *högy* 'Berg', *szödögetöm* 'ich sammle es', *vereködött* 'er schlug sich' usw.) — mit Ausnahme einiger einsilbiger und einiger tieflautiger Wörter (*të* 'du', *lë* 'abwärts', *në* 'nicht', *ëgy* 'eins', *lëány* 'Mädchen, Tochter', *bëtyár* 'Räuber', *fazëkas* 'Hafner'). Schon in den ältesten Sprachdenkmälern begegnen wir dieser zweifachen Entwickelung, und doch ist es unzweifelhaft, dass die *ö*-Mundarten die neuere Entwickelung darstellen; es entspricht dem gewöhnlichen Gange des Lautwandels, dass diese Mundarten allgemein und folgerichtig *ö* anstatt *ë* sprechen; hingegen wäre es unerklärlich, dass die übrigen Mundarten den *ö*-Laut, wenn er der ursprünglichere wäre, bloss in einem Teile der Wörter und Endungen mit *ë* vertauscht und in den übrigen das *ö* beibehalten hätten (z. B. *ötödik* 'der fünfte', *megölöm* 'ich töte ihn', *közös* 'gemeinsam' usw., welche Formen in allen Mundarten vorkommen). Und noch weniger erklärlich wäre die Tatsache, dass die westlichen und nördlichen Mundarten und der östliche Székler Dialekt in der Wahl der beiden Laute vollkommen übereinstimmen. Sie alle sprechen: *ötödik, megölöm, közlekëdik* 'er verkehrt' usw., dagegen *embër* 'Mensch', *mëgtëszëm* 'ich tue es', *szëmtelenkëdik* 'er ist unverschämt' usw. Es ist klar, dass dies unmöglich vom Zufalle herrühren kann, dagegen ist es möglich, dass die *ö*-Mundarten den *ë*-Laut ausnahmslos labialisieren.

In einzelnen Fällen sind ausser *ë* auch die Laute *é, i, í* labialisiert, also zu *ő, ü, ű* geworden, ohne dass die Ursache überall anzugeben wäre. Meistens wurde dieser Wandel durch ein benachbartes *v* (**w*?) oder *l* veranlasst[1]; z. B. *hév* : *hő* 'Wärme', *csév* : *cső* 'Röhre', früher *béven*: jetzt *bőven* 'reichlich', *szélé* jetzt *szőlő* 'Weintraube', *hívës* : *hűvös* 'kühl' (während im verwandten *hideg* 'kalt', wo es kein *v* gibt, dass *i* unverändert ist), *hively* : *hüvely* 'Scheide', *iveg* : *üveg* 'Glas', *fil* : *fül* 'Ohr' (das verwandte *figyel* 'aufmerken', hat sein *i* bewahrt), *szil, szilé* : heute *szül* 'gebären', *szülő* 'Mutter', *ildez* : heute *üldöz* 'verfolgen', *mivel, müvel* 'arbeiten, ausbilden', *fiv, füv*, Nom. *fű* 'Gras', *hiv* : *hű* 'treu' usw. Auch mag es eine Nachwirkung des stammhaften *v* sein, dass während einzelne Mundarten die erzählende Form von den Stämmen *lëv-*, *tëv-*, *hiv-* in der Form *lén* 'er wurde', *tén* 'er tat', *hín* 'er glaubte' bildeten, die übrigen *lőn, tőn, hűn* sprechen. Die Ablativendungen auf *-ől* erhielten ihr *ő* für das ursprünglichere *é* unter Einwirkung des folgenden *l*; früher sprach man *régiekrél, belél*, später *régiekről* 'von den

1) *v* (oder **w*) als Lippenlaut kann ohne weiters als solch ein Anlass angenommen werden. Das *l* aber wirkt eben auch in unserer Nachbarschaft, in der österreichischen Mundart, labialisierend auf jedes vorhergehende *e* und *i*; z. B. *feld* : *föld*, *stellen* : *stöllen*, *billig* : *büllig*, *viel* : *vüll*. Ein merkwürdiges, und vielleicht gar nicht zufälliges Zusammentreffen, da dieser Lautwandel besonders in den zunächstliegenden westungarischen Dialekten vorherrscht, wo die Lautgruppe *ël* ausnahmslos zu *öl* wird!

Alten, über die Alten', *belől* 'von innen heraus, innerhalb'. Einzelne Ableitungen weisen noch heute das alte *é* anstatt des sonst herrschenden *ő* auf: *szüleim* 'meine Eltern', *szüle* 'Mutter' = *szülőim, szülő*; *teteje* 'sein Dach', *tetéz* 'häufen', von *tető* 'Dach'.

**Wechsel von geschlosseneren und offeneren Vokalen.** Der Grad der Offenheit erleidet bei den Vokalen ebenfalls mannigfache Veränderungen. Wir finden Spuren eines regelmässigen grammatischen Wechsels von offenern und geschlossenern Vokalen besonders vor der Lautgruppe *lt*. Man spricht *vala* 'es war', *halál* 'Tod', *halott* 'der Tote', dagegen *volt* 'gewesen', *holt* 'tot', *holtomig* 'bis zu meinem Tode' (das verbal gebrauchte *holt* ist neuerdings in die Analogie der übrigen Formen übergegangen: *meghalt* 'er ist gestorben', *meghaltak* 'sie sind gestorben'); ferner *olt* 'auslöschen' von *aluszik* 'schlafen, erlöschen', *költ* 'wecken' von *kel* 'aufstehen', *tölt* 'füllen' von *telik* 'sich füllen'.

Der auslautende Vokal der Wortstämme setzte sich, als er zum Bindevokale wurde, in gewissen Fällen in geschlossener, bez. offener Form fest. So wurde vor dem Lokativsuffix *n* der geschlossene Vokal zur Regel: *házon* 'auf dem Hause', *kézën* 'auf der Hand', *tűzön* 'auf dem Feuer', dagegen wird in der Adverbialform der Adjektiva mit wenigen Ausnahmen der offene Vokal angewendet: *szárazan* 'trocken', *erősen* 'stark' (in ältern Sprachdenkmälern und auch noch in einigen Dialekten mit ursprünglicherem geschlossenen Vokal: *szárazon, erősön*). Hiermit steht wieder in Zusammenhang, dass diese Adjektiva die Mehrzahl und den Akkusativ gewöhnlich mit dem offenen Vokale bilden, während ganz ähnlich lautende Hauptwörter den geschlossenen Bindevokal haben (bezw. ohne Bindevokal bleiben); z. B. *magasak* 'hoch' (Mehrzahl), *erősek* 'stark' (Mehrzahl), *magasat* (Akk.), *erőset* (Akk.), dagegen *farkasok* 'die Wölfe', *ősök* 'die Ahnen', *farkast* 'den Wolf', *őst* 'den Stammvater'. Mit offenem Bindevokal wird auch die 3. Person Mehrzahl der dauernden Handlung, dann der Konditional und der Infinitiv gesprochen: *mondanak* 'sie sagen', *küldenek* 'sie schicken', *mondana* 'er würde sagen', *küldene* 'er würde schicken', *mon-*

*dani* 'sagen', *küldeni* 'schicken'. Dagegen hat sich der geschlossene Vokal festgesetzt in der 1. Person der dauernden Handlung im Indikativ: *irok* 'ich schreibe', *kérëk* 'ich bitte', *küldök* 'ich schicke', *irom* 'ich schreibe es', *kérëm* 'ich bitte ihn', *küldöm* 'ich schicke es'; im Konjunktiv jedoch und im Perfektum ist der Vokal wieder offen: *irjak* 'dass ich schreibe', *győzzek* 'dass ich siege', *irjam* 'dass ich es schreibe', *győzzem* 'dass ich es besiege', *irtam* 'ich habe geschrieben', *győztem* 'ich habe gesiegt', usw.

In einigen neueren Fällen werden die kurzen Vokale um einen Grad geschlossener. So ist das Possessivsuffix *-jok jök* im grössten Teile des Sprachgebietes zu *-juk jük* geworden (*kardjuk* 'ihr Schwert', *kertjük* 'ihr Garten') vielleicht infolge gemeinsamen Einwirkens der Suffixe *-unk ünk* (*kardunk* 'unser Schwert', *kertünk* 'unser Garten') und *-juk jük* (*tartjuk* 'wir halten es', *ejtjük* 'wir fällen es').

Ein grosser Teil der langen Vokale wurde seit dem XV. Jahrhundert um einen Grad geschlossener. So der alte offene Laut *ê*, der in der älteren Aussprache und Schrift deutlich vom geschlossenen *é* unterschieden wurde, während die beiden Vokale in der heutigen Gemeinsprache ohne jeden Unterschied als geschlossenes *é* gesprochen werden. Einzelne Dialekte aber waren konsequenter, indem sie auch das alte geschlossene *é* um einen Grad geschlossener sprechen, es also durch *í* ersetzten: *lílëk, ídës, szíp* für *lélek* 'Seele', *édes* 'süss', *szép* 'schön'. Dieser Wandel findet sich in der Gemeinsprache bloss in gewissen Wortformen. So sind heute statt der älteren Formen *kévan, kénoz, késér* die Formen *kíván* 'er wünscht', *kínoz* 'er peinigt', *kísér* 'er begleitet' gebräuchlich. Die Endung *-ént*, soweit sie in Adverbien erhalten ist, hat ein kurzes *i*: *szërint* 'zufolge', *részint* 'teils', *alkalmasint* 'wahrscheinlich'. Ebenso wurde aus dem alten Formans *-nyé*: *nyi* und aus der Kasusendung *-ég*: *ig*. Sehr verbreitet in der Umgangssprache ist das kurze *i* für geschlossenes *é* im Possessivsuffix der 3. Person, besonders vor Kasusendungen: *kezit* 'seine Hand', *kezire* 'auf seine Hand', *közepibe* 'in dessen Mitte', *kedviért* 'ihm zu Gefallen' usw.; mundartlich lautet auch der Nominativ ähnlich: *a kezi, a kö-*

*zepi* für *keze* 'seine Hand', *közepe* 'dessen Mitte'. — Geschlossener wurde in bestimmten Fällen das *ó* und *ő* seit dem XV. Jahrhunderte. Das Adjektivsuffix *-ó ő* lautet heute *-ú ű*, z. B. *jó illató* > *jó illatú* 'wohlriechend', *kis-hitő* > *kis-hitű* 'kleinmütig', *aszjó* > *aszú* 'trocken', *keserő* > *keserű* 'bitter' usw. Auch gibt es dergleichen Substantiva: *tanó* > *tanú* 'Zeuge', *koszoró* > *koszorú* 'Kranz', *kesselő* > *keselyű* 'Geier', *kösöntyő* > *kösöntyű* 'Spange'. Das Verbalformans *-ól -ől* und die Kasusendung *-ól -ől* wird heute ebenfalls mit *-ú -ű* gesprochen, *-úl -űl* oder gekürzt *-ul -ül*, z. B. *fordól* > *fordul* 'er wendet sich', *készől* > *készül* 'er bereitet sich', *példdól* > *példdul* 'zum Beispiel', *kivől* > *kivül* 'ausserhalb'.

Im allgemeinen kann man also sagen, dass die langen Vokale *é ő ó* um einen Grad geschlossener wurden. Die Inkonsequenzen, die in der Geschichte dieser Laute zutage treten, sind wahrscheinlich so zu erklären, dass, wo die erwähnten Vokale unverändert blieben, früher Diphthonge gesprochen wurden. Wir wissen z. B., dass das heutige *jó* 'gut', *való* 'seiend', *elő* 'vorderer Teil', *kék* 'blau' im XII. und XIII. Jahrhundert *jau, valou, elëü, këik* gelautet haben. Was zu jener Zeit schon wie *ó ő é* lautete, daraus wurde durchgehends *ú ű i*, aus dem ältern offenen *ê* aber (sowie aus dem Diphthonge *ëi*) entstand ein geschlossenes *é*. Unverändert blieb bloss das alte *ú, ű, í* (*kút* 'Brunnen', *víz* 'Wasser' u. dergl.), da diese Laute nicht mehr geschlossener werden konnten, ferner das *á*, welches — wie es scheint — ursprünglich in vielen Fällen ein labiales *å* (*ā̊*) war.

**Sonstiger Wandel von Vokalen.** Eine gewöhnliche Ursache der Vokaldehnung ist in anderen Sprachen der Akzent, doch lassen sich im Ungarischen kaum sichere Beispiele dafür finden [1]). Dagegen werden viele Dehnungen durch den Konsonanten *l* verursacht. Die Dehnung der Vokale vor unmit-

1) In der Aussprache der westlicheren Székler kommt es allerdings ziemlich häufig vor, dass Stammsilben verlängert werden: *mútat* 'zeigen', *kútat* 'forschen', *rókon* 'verwandt', *fütyöl* 'pfeifen', *irdék* 'Gegend' usw.

telbar folgendem *l* hat vor ungefähr vier Jahrhunderten begonnen. Schon zu Anfang des XVI. Jahrhunderts finden sich in einzelnen Denkmälern Schreibungen wie *vot*, *vona*, die unzweifelhaft *vót*, *vóna* zu lesen sind (für *volt* 'gewesen', *volna* 'wäre'). Das *l* schwand nicht in allen Dialekten plötzlich; in einigen gab es vermittelnde Formen: *vólt*, *vólna*, *bólt* 'Gewölbe', *gondólni* 'denken', *ülni* 'sitzen' usw., wie es die Schreibweise Pázmánys und anderer Schriftsteller beweist, in Debrecen und in Siebenbürgen sind sie zum Teil noch heute gebräuchlich. In den letzteren Dialekten übt auch der Konsonant *r* diese Wirkung auf den vorhergehenden Vokal aus: z. B. *sôrba* 'der Reihe nach', *pôrba* 'in den Staub', *akkôr* 'damals', *gőrbe* 'krumm', *Êrdély* 'Siebenbürgen' usw. (mit weit gesprochenem Vokal). In einigen Mundarten schwindet häufig auch dieses *r*, so wie wir in den erwähnten Fällen das *l* schwinden sahen, nämlich in den Endungen *-kor* und *-szer*: *akkô* 'damals', *hatszô* 'sechsmal' usw.[1]).

Lautliche Analogie bewirkt es, dass im Auslaute von Fremdwörtern das *o* gedehnt wird, da kurzes *o*, *ë*, *ö* im Auslaute in der Gemeinsprache nicht geduldet wird (nur einige einsilbige Wörter sind ausgenommen: die Interjektion *no*; *në* 'nicht', *të* 'du', *lë* 'hinunter', die Fragepartikel *-ë*). Es wird also für *banko* 'Bankozettel' und *baro* 'Baron' : *bankó* 'Banknote' und *báró* gesprochen.

Viel häufiger als die Dehnung kommt die K ü r z u n g   d e r   V o k a l e vor. In einigen Dialekten werden die geschlossenen Vokale *ú*, *ű*, *í* regelmässig gekürzt, sowohl in betonten als auch in unbetonten Silben (die Fälle von Ersatzdehnungen ausgenommen). Man sagt also in den betreffenden Dialekten für *úr*, *út* usw. *ur* 'Herr', *ut* 'Weg', *kut* 'Brunnen', *kutba* 'in den Brunnen', *bün* 'Sünde', *tür* 'dulden', *tüz* 'Feuer', *türtek* 'sie duldeten', *tüznek* 'dem Feuer', *abbul* 'daraus', *ebbül* 'hieraus', *viz* 'Wasser', *tiz* 'zehn', *sir* 'weinen', *sirnak* 'sie weinen' usw., aber *tanú*[*l*]*tam* 'ich habe gelernt', *südő* 'Frischling', *szíva* (*szilva*)

1) In denselben Mundarten wird der Vokal auch vor einem *j* gedehnt: *êjteni* 'fallen lassen', *hájtani* 'treiben', *ehêjt* 'hier', *ahájt* 'dort' usw.

'Pflaume', *hí* 'er ruft', *szí* 'er saugt ein' (*hiv-*, *sziv-*) usw. — Wichtig für der Formlehre ist der regelmässige Wechsel von langen und kurzen Vokalen in den sogenannten vokalkürzenden Nominalstämmen: *madár* 'Vogel': *madarat* 'den Vogel', *levél* 'Blatt, Brief', *levélben* 'im Briefe' : *levelek* 'Blätter, Briefe', *leveles* 'mit Blättern versehen, belaubt'; *víz* 'Wasser', *vízre* 'auf das Wasser', *vizet* 'Wasser' (Akk.), *vizes* 'wässerig' usw. Die Entstehung dieses Wechsels ist noch nicht vollständig erklärt; wahrscheinlich rührt dieser Vokalwechsel als Wechsel der starken und schwachen Stufe noch aus der Zeit der finnisch-ugrischen Sprachgemeinschaft her. — Regelmässige Kürzung hat langes *á é ë* im Auslaute gewisser Formen erlitten, was infolge des auf den Auslaut entfallenden schwachen Akzents leicht erklärlich ist. Lang war ursprünglich der Auslaut jener Nennwörter (Nom.), die heute auf *a e* auslauten, wie *apa* 'Vater', *fejsze* 'Axt'; der lange Vokal ist bloss vor Suffixen erhalten: *apát* 'den Vater', *apám* 'mein Vater', *fejszét* 'die Axt' (Akk.) usw. Dasselbe gilt auch vom Possessivsuffix der 3. Person: *háza* 'sein Haus', *keze* 'seine Hand', vergl. *házá-t* 'sein Haus' (Akk.), *kezé-ben* 'in seiner Hand'. Lang war der Auslaut auch in der 3. Person des Präteritums und des Konditionals: *kére* 'er bat', *jára* 'er ging', *kérne* 'er würde bitten', *járna* 'er ginge'. Die entsprechenden übrigen Formen weisen auch heute noch den langen Vokal auf: *kérék* 'ich bat', *kérnék* 'ich würde bitten', *járál* 'du gingst', *járnál* 'du gingest, würdest gehen', *járnánk* 'wir würden gehen' usw.

Eine weitere Stufe der Kürzung ist der Wegfall von Vokalen, der ebenfalls mit Vorliebe im unbetonten Auslaute erscheint. Geschwunden ist der Auslaut aller jener Nomina, die noch im XII. Jahrhundert — wenigstens mundartlich — auf einen kurzen, reduzierten Vokal auslautete, also *nagyu* : *nagy* 'gross', *váru* : *vár* 'Burg', *cserü* : *cser* 'Zerreiche', *némbëri* : *némber* 'Frau', *kerékü* : *kerék* 'Rad'; die volleren Formen sind in mehreren alten Urkunden und in der Chronik des Anonymus häufig zu lesen. — In Verbalpräfixen und Kasusendungen sind auch lange Endvokale geschwunden; so *fölé* > *föl* 'hinauf', *elé* > *el* 'weg', *belé* > *bel* (heute *be*) 'hinein', *mëgé* : *mëg* (Perfektivpräfix), *hozzá* : *-hoz* 'zu' (jedoch *viszhá* : *vissza* 'zurück', *öszvé : össze 'zusammen'). Der Verlust des Auslautes wird oft durch den Umstand beschleunigt, dass auch das nachfolgende Wort vokalischen Anlaut hat. Dies ist besonders in ständigen Verbindungen, Zusammensetzungen zu bemerken: *gazd*[*a*]*asz-szony* 'Hauswirtin', *gazd*[*a*]*uram* 'Herr Wirt', *ifj*[*u*]*úr* 'junger Herr', *ifj*[*u*]*asszony* 'junge Frau', *od*[*a*]*adta* 'er hat es hingegeben', *kétségb*[*e*]*esés* 'Verzweiflung', *lelk*[*i*]*ismeretes* 'gewissenhaft' usw. Diese Elision kommt auch in einfachen Wörtern vor, jedoch nur wenn der erste Vokal kurz und der zweite lang ist, z. B. *lëány* : *lány* 'Mädchen', *rëám* : *rám* 'auf mich', **rëólam* : *rólam* 'von mir', *miért* : *mért*, *mert* 'weshalb, weil'; wahrscheinlich aus Verbindungen wie *kis-lány*, *én-rám*, *a·mért* verallgemeinert.

Neben dem Wegfall des Auslautes ist im Ungarischen am häufigsten der Verlust des zweiten Vokals zu bemerken, offenbar weil derselbe unmittelbar der stark betonten ersten Silbe folgt. Im XIII. Jahrhundert hiess es noch: *oroszág*, *részët*, *azot*, *ásovány*, *szologa*, *szërëda*, **pálica*, **málina*, *Zsitova*, *Zagyava*, heute lauten diese Formen: *ország* 'Land', *részt* 'den Teil', *azt* 'das, dasjenige' (Akk.), *szolga* 'Diener', *szerda* 'Mittwoch', *pálca* 'Stab', *málna* 'Himbeere', *Zsitva*, *Zagyva* (Flussnamen). In Wörtern, die zu jener Zeit in der zweiten Silbe einen kurzen Vokal zwischen einfachen Konsonanten hatten, ist der Vokal zumeist geschwunden, vorausgesetzt, dass im Auslaut eine sprechbare Konsonantengruppe entstand (*bokor* 'Strauch' z. B. wurde nicht zu *bokr* usw.). Manche Formen haben erst später den zweiten Vokal verloren, z. B. *aloszik* : *alszik* 'er schläft', *látod-ë* : *látd-e* 'siehst du es?', *mit-teszek* : *metszek* 'was tue ich', *mit tegyek* : *meggyek* 'was soll ich tun' usw.

Es kommt auch vor, dass ganze Silben verschwinden. Häufig begegnen wir abgeschliffenen Höflichkeitsformeln, Beteuerungen u. dgl., z. B. *alászolgája* für *alázatos szolgája* 'ergebenster Diener', *kelmed*, *kêmed*, *kend*, *kê* 'Ihr' für *kegyelmed* deine Gnade', *isten uccse* für *isten úgy segéljen* 'so Gott mir helfe' usw. — Wie in anderen Sprachen fällt auch im Ungarischen mitunter von zwei ähnlich lautenden Silben die eine aus, z. B. *asszony-anyám* : *asszonyám* 'meine Mutter', *kántor-uram* : *kántoram* 'mein Herr Kantor', *Gvilelmos* : *Vilmos* 'Wilhelm', *ebbelől* : *ebből* 'hieraus', *abbalól* : *abból* 'daraus', *látotta* : *látta* 'er hat es gesehen', *futottam* : *futtam* 'ich bin gelaufen', *ütötték* : *ütték* 'sie haben ihn geschlagen', *élégédendő* : *élégendő* 'genügend', *minemő* : *minő* 'was für ein', **lévék* **lévél* **léven* : *lék* 'ich wurde', *lél* 'du wurdest', *lén* 'er wurde' und *lők, lől, lőn* usw. Hieher gehört es auch, dass der Imperativ der objektiven Konjugation anstatt **irja-juk*, **ir-ja-játok* **ir-ja-ják*: *irjuk* 'dass wir es schreiben', *irjátok* 'schreibet es', *irják* 'dass sie es schreiben' lautet. Anders ist es zu erklären, dass auch die Form *irjad* 'schreib es' zu *ird* usw. verkürzt wurde; dies hängt jedenfalls mit der allgemeinen Neigung zusammen, dass man die so oft mit Affekt gesprochene zweite Person des Imperativs zu kürzen liebt. Darum bleiben auch in der subjektiven Form die Verba — und in neuerer Zeit sogar die auf *-ik* — ohne Personalsuffix: *irj* 'schreibe', *várj* 'warte', *dolgozz(ál)* 'arbeite', *igazodj* 'richte dich', *takarodj* 'packe dich'! Schwerer ist es, den Grund für den Abfall ganzer Endsilben in Formen, wie **irája* : *irá* 'er schrieb es', *irnája* : *irná* 'er würde es schreiben', **vagyol* : *vagy* 'du bist', *őszkoron* : *őszkor* 'im Herbst, zur Herbstzeit' usw. anzugeben. Auf einige solcher Formen kommen wir noch bei der Behandlung der Flexion zurück.

E i n g e s c h o b e n e  V o k a l e dienen zur Erleichterung von Konsonantengruppen, besonders im Anlaute und im Auslaute. Die ural-altaischen Sprachen dulden in der Regel bloss einen Konsonanten im Anlaute, setzen also in Lehnwörtern, die mit Konsonantengruppen anlauten, entweder vorn oder zwischen den Konsonanten einen Hilfsvokal[1]). Vorn wird ein *i* angesetzt an alte Lehnwörter mit *st, sp, sk*, z. B. in den dem Deutschen entnommenen Lehnwörtern *Stab*: *istáp, Strang*: *istráng, Spital*: *ispitály*; ital. *stallo*: *istálló, schola*: *iskola, scatola*: *iskátulya*. Anstatt *i* wird auch der Vokal der nächstfolgenden Silbe gesetzt; z. B. lat. *schola*: *oskola*, deutsch *sturm*: *ostrom*; so regel-

1) Wie bekannt, kommt dies auch in anderen Sprachen häufig vor, z. B. in den keltischen und romanischen Sprachen, im Baskischen usw., und auch in ural-altaischen Sprachen: im Tatarischen um Kasan heisst es *ešbitäl* 'Spital', ung. *ispitály*; *keräšen* 'Christ', ung. *keresztény* (bask. *guiristinoa*) usw.

mässig vor slavischen Wörtern, die mit *szt* anlauten; z. B. *strêha* : *ësztërha* 'Vordach', *stol* : *asztal* 'Tisch', *stog* : *asztag* 'Schober'. — In sonstigen Konsonantengruppen wird der Hilfsvokal eingeschoben, und zwar gewöhnlich in der Form eines kurzen Vokals, der dem Vokal der nächsten Silbe gleicht. Z. B. slav. *krestjan* : *kërësztyén* 'Christ', *krupa* : **korupa, korpa* 'Kleie'; *greben* : *gereben* 'Hechel', *gramada* : *garmada* 'Getreidehaufen'; *brat* : *barát* 'Freund'; *klas* : *kalász* 'Ähre'; *plêva* : **pëlëva, pëlyva, polyva* 'Spreu'; *sluga* : *szologa, szolga* 'Diener'; *slama* : **szalama, szalma* 'Stroh'; *srêda* : *szërëda, szërda* 'Mittwoch'; *kvas* : *kovász* 'Sauerteig'; deutsch *Brez(e)* : *perec*; *Schlack(e)* : *salak*; *schlecht*: *selejt* 'das Schlechte, Auszuscheidende, der Auswurf' (*selejtes* bei den Palozen *eslejtes*); *Schnur*: *zsinór*; **Smalz* (*Schmelz*) : *zomálc, zománc*; *Kramêr* : *kalamár, kalmár*; *Burger*: *pologár, polgár* usw. Diese Konsonantengruppen sind in den Sprachdenkmälern hie und da noch unverändert anzutreffen, z. B. *brát* in der Leichenrede. — Die auslautenden Gruppen sind noch im XV. Jahrhundert zumeist unverändert, später jedoch wurden gewisse Lautverbindungen (*lm, rm, tk* usw.) im Auslaute nicht geduldet, ihre Aussprache wurde durch einen Hilfsvokal erleichtert (der Vokal ist immer *o ë ö*), z. B. *hatalm* : *hatalom* 'Macht'; *álm* : *álom* 'Schlaf, Traum'; *fejedelm* : *fejedelëm* 'Fürst'; *orm* : *orom* 'Giebel, Zinne'; deutsch *turm, turn* : *torny* : *torony*; *titk* : *titok* 'Geheimnis' usw.

**Konsonantenwandel.** In bezug auf die Konsonanten gilt auch im Ungarischen jener bekannte Vergleich, dass sie den Knochen gleichen, während die Vokale mit den Muskeln zu vergleichen sind, insofern diese das beweglichere und unveränderlichere, jene aber das beständigere Element darstellen. Zwar haben auch die Konsonanten einzelne Veränderungen erlitten, die aber zum grössten Teil in die vorgeschichtliche Zeit fallen. Von diesen älteren Veränderungen ist am wichtigsten der Wandel von Verschlusslauten zu Spiranten. Eigentümlich ist es, dass das ursprüngliche *t* diesem Wandel nicht unterworfen wurde, d. h. nicht zu *sz* wurde. Dagegen wurde *p* im Anlaute ausnahmslos zu *f* verändert; einen solchen Ursprung hat das *f* in *fa* 'Baum, Holz', *fészek* 'Nest', *fél* 'Hälfte', *fél* 'fürchten', *fi* 'Sohn', *fene* 'Raubtier, Krebsgeschwür', *fog* 'Zahn', *fő* 'Haupt' und in zahlreichen anderen Wörtern. Dem anlautenden finnisch-ugrischen *k* entspricht in vielen ungarischen Wörtern ein *h*; z. B. in *hal* 'Fisch', *három* 'drei', *hat* 'sechs', *halad* 'fortschreiten', *hág* 'steigen, schreiten', *ház* 'Haus'. Das *k* wurde zuerst zu *χ*; dieser Wandel trat aber bloss vor hinteren Vokalen ein[1]). In einzelnen tieflautigen Wörtern, wie *kar* 'Arm', *kacsint* 'blinzeln', *kíván* 'wünschen', *kullog* 'schleichen', *kúsz* 'klettern' ist der Anlaut unverändert geblieben; wahrscheinlich wurde in diesen Fällen ursprünglich ein anderes *k* gesprochen, als in den Grundformen der vorerwähnten Wörter[2]). Dem Wandel *k* : *χ* parallel ist der Wandel von inl. *g* zu *j*, der ebenfalls vorgeschichtlich ist, z. B. *buj*(*ni*) 'sich verstecken' für **bug-*; daneben auch *búvik* mit *v*; ebenso wechselt *fuvok* und *fujok* 'ich blase', *óv-* und *ój-* 'hüten', *hív-* und *hij-* 'rufen' usw. Dieser Lautwandel ist noch nicht genügend erklärt, der vermittelnde Laut scheint der dem *χ* entsprechende stimmhafte Laut, also *γ* gewesen zu sein. Dem Wandel im Anlaute *p* : *f* entspricht im Inlaute zwischen Vokalen der Wandel des finn.-ugr. *b* zu *v*; z. B. in *kevés* 'wenig', *levél* 'Blatt', *hüvely* 'Hülse, Scheide'. In ähnlicher Stellung ist eine Abart des finnisch-ugrischen *d*[3]) grösstenteils zu *z* geworden, z. B. in *ház* 'Haus', *kéz* 'Hand', *víz* 'Wasser'. Viel seltener ist der Wandel von Spiranten zu Verschlusslauten. Nur *j* : *gy* kommt häufiger vor, und zwar ohne ersichtlichen Grund. Sehr verbreitet sind die Formen *gyün* 'er kommt', *gyere* 'komm' für

1) Ebenso hat sich im Tschuwaschischen, Jakutischen und Mongolischen *k* bloss vor hinteren Vokalen zu *χ* verändert. Von den finnisch-ugrischen Sprachen haben auch das Konda-wogulische und die meisten ostjakischen Dialekte diesen Lautwandel vollzogen, und zwar ebenfalls bloss in tieflautigen Wörtern, z. B. ung. *hat* K.-wog. *χot*, ostj. *χot*, *χut*; dagegen *két*, *kettö*: K.-wog. *kit*, ostj. *kăt*, *kat*. Das letztere ist hier erst nachträglich tieflautig geworden.)

2) Vgl. Szilasi: *Adalékok a finnugor palatális mássalhangzók történetéhez* (Beiträge z. Gesch. d. fu. Palatalen, Budapest 1904).

3) Nach Setäläs Ansicht ursprüngl. *t*, s. NyK. 26, 416; s. aber Munkácsi ebd. 27, 131—137.

*jön, jer.* Das Wort *gyógyul* 'genesen, geheilt werden', *gyógyít* 'heilen', lautet in den alten Sprachdenkmälern *jógól, jógejt*. Jenseits der Donau ist der Laut *gy* sowohl im Anlaute, als auch in den Endungen *-ja -je* in mehreren Mundarten sehr beliebt; z. B. *gyó* 'gut', *gyár* 'gehen', *gyég* 'Eis', *várgya* 'er wartet ihn', *darabgya* 'sein Stück' (nach stimmlosen Konsonanten tritt ein *ty* ein: *êloptya* für *ellopja* = 'er stiehlt es', *aptyuk* für *apjuk* = 'ihr Vater'[1]).

Nicht besonders häufig ist der Wechsel von Geräuschlauten und Sonoren. Hieher gehört der Wechsel von Geräuschlauten und Nasalen, wo fast ausnahmslos der Nasal der ursprünglichere Laut ist. Dem finnisch-ugrischen gutturalen *ŋ* entspricht inlautend *g* in den Wörtern *fog* 'Zahn', *sugár* 'Strahl', *egér* 'Maus'; hier hat wahrscheinlich die Lautgruppe *ng* vermittelt[2]). In einigen Fällen ist der Nasal zum Spiranten geworden; namentlich ist das finn.-ugr. *m* in einigen Wörtern zwischen Vokalen zu *v* geworden: *név* 'Namen', *szív* 'Herz', *nyelv* 'Zunge', *tolvaj* 'Dieb' usw.

Den Wandel *d* > *l* zwischen Vokalen hat das Ungarische schon mit dem Wog.-Ostjakischen und dem Syrjänisch-Wotjakischen gemeinsam vollzogen. Ein solches *l* haben wir in den Wörtern *elő* 'Vorderteil', *velő* 'Mark', *tele* 'voll', *aludni* 'schlafen', ferner in der Personalendung *l*. Dieses *d* hatte sicherlich eine andere Aussprache, als jenes, welches im Ungarischen zu *z* wurde (*víz* 'Wasser' u. dgl.); nach Setäläs Hypothese war es die interdentale Spirans *δ* (s. NyK. XXVI und Nyr. XXVI).

In neuerer Zeit wird anstatt des dentipalatalen *ly* in den

1) Derselbe Lautwandel kommt im Wotjakischen vor (*ju-* und *d'u-* 'trinken' usw.) und im wepsischen Dialekte des Finnischen (z. B. für *jalgoin* : *d'algoin* 'zu Fuss', vergl. ung. *gyalog*; *d'alga* 'Fuss' = westfinn. *jalka*; vergl. ital. *diacere* und *giacere* aus lat. *jacere* usw.).

2) Der Name des Zahnes war in der finnisch-ugrischen Grundsprache wahrscheinlich **pįŋ*, daher erklärt sich das wog.-ostj. *penk*, wotj. *piń*, finn. *pii* usw. Das Ungarische hat vielleicht noch mit dem Wog.-Ostjakischen gemeinsam die Lautform **pįng* substituiert, und daraus wurde im Ungarischen **pong* : *fog*.

meisten Mundarten ein *j* gesprochen, z. B. *fojó* 'Fluss', *ojjan*, *ijjen* 'solch' usw. (Interessant ist, dass in der neuesten französischen Aussprache von Wörtern, wie *oeuil*, *pareil*, derselbe Wandel eingetreten ist.)

Es kommt auch vor, dass die Sonoren untereinander wechseln. Häufig ist der Wechsel von *l* und *r*, namentlich die Dissimilation, wenn zwei *l* oder zwei *r* in benachbarten Silben von Lehnwörtern vorkommen; z. B. deutsch *erkêr* : *erkély*; *barbier* : *borbély* (auch im Finnischen mit Dissimilation: *palperi*), *mélföld* : *mérföld* 'Meile', *prangêr* : *perengér*, *pelengér* usw. (Vergl. im Lat. und Rom. **caeluleus* : *caeruleus*, **plurαris* : *pluralis* usw.). — Hie und da findet eine Dissimilation von *l* zu *n* oder umgekehrt von *n* zu *l* statt. Z. B. *talál* 'finden' : dial. *tanál*, *szelel* : dial. *szenel*, *légely* 'Fässchen' (deutsch *lägel*) : *négely*, *Anton* : *Antal*, *Venence* : *Velence* 'Venedig' usw. (Vergl. ital. *canonico* : *calonico* u. dgl.) — Das *n* dissimiliert sich auch in der Nachbarschaft von *m* zu *l*, z. B. *hanem* 'sondern, aber' dial. *halom*, *temnöc* (in der Leichenrede) : *tömlöc* 'Kerker', *Schemnitz* : *Selmec* (*omnibusz* 'Omnibus' dial. *omlibuc*) usw.[1]).

Sehr oft wechseln stimmhafte und stimmlose („weiche" und „harte") Konsonanten untereinander. Eine allgemeine Regel ist es in der ungarischen Aussprache, dass stimmhafte Konsonanten vor unmittelbar folgenden stimmlosen ebenfalls stimmlos werden und umgekehrt. Also *régtelen* : *véktelen* 'endlos', *dobta* : *dopta* 'er hat es geworfen', *fogsz* : *foksz* 'du fängst', *imádkozik* : *imátkozik* 'er betet', *rakd el* : *ragd el* 'räum' es weg', *keresgél* : *kerezsgél* 'er sucht herum' (die herrschende Rechtschreibung ist hier die etymologische). Bekanntlich ist derselbe Lautwandel auch in anderen Sprachen ganz gewöhnlich. Die Regel erleidet nur die eine Beschränkung, dass die stimmlosen Konsonanten vor *v* und *j* unverändert bleiben, also *rakva* 'legend, häufend', *ötven* 'fünfzig', *kapja* 'er bekommt es'. Dagegen duldet das *h* bloss stimmlose Konsonanten vor sich: ge-

---

1) Vergl. in der englischen Volkssprache *omlibus*, *chimley* für *omnibus*, *chimney*. Im Spanischen *alma* statt *anima*; im Italienischen wurde aus *Hieronymus*: *Girolamo*, serbo-kroat. wird aus *mnogo*, *mniti*: *mlogo*, *mliti* usw.

schrieben *adhat* : in der Aussprache *athat* 'er kann geben', *dobhat* : *dophat* 'er kann werfen', *dologhoz* : *dolokhoz* 'zur Sache'.

Ein bedeutender Teil der Lautveränderungen wird durch den Wechsel der Artikulationsstelle bewirkt.

In der heutigen ungarischen Aussprache wechseln die Nasale am leichtesten die Artikulationsstelle. Der Nasal assimiliert sich nämlich gewöhnlich dem nachfolgenden Geräuschlaute: die Wörter *lassan-kint* 'allmählich', *mënnykő* 'Donner' werden *lassaŋkint*, *mëŋkő* ausgesprochen; für *azon-ban* 'aber, jedoch', *ellen-ben* 'hingegen' spricht man *azomban, ellemben*; für *mondja* 'er sagt es', *bántja* 'es kränkt ihn', *hantja* 'seine Scholle' u. dgl.: *monygya, bánytya, hanytya*. Ebenso ist aus dem *uromk* der Leichenrede: *urank, urunk* (*uraŋk, uruŋk*) 'unser Herr', aus *sëm-ki* : *senki* (*sëŋki*) 'niemand', aus *imëg* : *ing* (*iŋg*) 'Hemd', aus den alten Zeitwörtern *romt, bomt, imt* : *ront* 'verderben', *bont* 'zerstören, niederreissen', *int* 'winken, warnen' usw. geworden. Diese Regel erleidet bloss insofern eine Ausnahme, als das Gefühl der etymologischen Zusammengehörigkeit den Nasal vor dem Wandel bewahrt. Man sagt zwar *báráŋka, asszoŋka,* aber auch *báránykа* 'Lämmchen', *asszonyka* 'kleine Frau'; schon früher sagte man *szántalan* 'unzählig': doch heutzutage spricht man wieder *számtalan* (*szám* 'Zahl'), und während die Verba *ront* 'verderben', *bont* 'zerstören, niederreissen', *int* 'winken, warnen' u. dgl. ihr ursprüngliches *m* verändert haben, wird das *m* in anderen Wortformen beibehalten: *teremt* 'erschaffen', *nyomtat* 'drucken', *nyomd* 'drücke es', *nyomkod* 'oft drücken' usw. — In einzelnen Fällen dagegen wurde der infolge von Assimilation entstandene Nasal durch Analogie auch auf andere Wortformen übertragen. Das Wort *malom* 'Mühle' z. B. aus dem slovenischen *mlin* entlehnt, hat im Ungarischen anfangs *moln* gelautet, und diese Form findet sich auch in den Sprachdenkmälern vor. Da aber am häufigsten die Form mit den Endungen *-ban ból ba* gebraucht wurde: **molmban*, **molmból*, **molmba* ('in, aus der Mühle, in die Mühle'), ist das *m* auch in die anderen Formen übergegangen; so wurde *moln* zu *molm* und *malom*.

Ein häufiger Lautwandel ist im Ungarischen die sogenannte Mouillierung, d. h. der Wandel von Dentalen zu Dentipalatalen, *l*, *n*, *d*, *t* zu *ly* (und weiter zu *j*), *ny*, *gy*, *ty*. In der Aussprache der Palozen ist dieser Wandel vor *i* ganz regelmässig, ist also eine Assimilation zum nachfolgenden *i*, z. B. *gyidk*, *Danyi*, *Palyi szeretyi Katyit*, für *didk* 'lateinisch, Student', *Dani* 'Daniel', *Pali szereti Katit* 'Paul liebt Käthe' usw. — Derselbe Lautwandel ist in der Gemeinsprache ausnahmslose Regel vor dem Konsonanten *j*, wo er also ebenfalls als Assimilation zu erklären ist. So wird aus den Lautgruppen *lj*, *nj*, *dj*, *tj* : *lyj*, *nyj*, *gyj*, *tyj* oder vielmehr langes *lly* (bzw. *jj*), *nny*, *ggy*, *tty*; z. B. *csalja* : *csallya* 'er betrügt ihn', *fonjuk* : *fonnyuk* 'wir spinnen es', *padja* : *paggya* 'seine Bank', *szeretjük* : *szerettyük* 'wir lieben ihn'.

In den bisherigen Fällen hat sich die Artikulationsstelle folgerecht und meistens aus leicht zu erratenden Gründen verändert; es finden sich jedoch manche Beispiele, in denen ähnliche Veränderungen ohne ersichtlichen Grund vorkommen. Besonders häufig ist dies in Lehnwörtern zu bemerken; z. B. türk. *pamuk* : ung. *pamut* 'Baumwolle'; *japuk* : *gyapot* 'Baumwolle'; slav. *světlice* : *szeklice*, *tlaka* : *kaláka*; *köszméte* : *pöszméte* 'Stachelbeere', *bapka* : *batka* 'Pfennig, Heller' und viele andere. Diese auffallende Erscheinung ist kaum anders als daraus zu erklären, dass das Lehnwort bei der Entlehnung leicht missverstanden, d. h. durch das Ohr irrtümlich aufgefasst und dann die irrtümliche Aussprache beibehalten wird.

Oft schwinden die Konsonanten. Im Anlaute und zwischen Vokalen verschwinden bloss einzelne stimmhafte Spiranten. So im Anlaute *j* und *v* in Beispielen wie *jonkább* : *inkább* 'eher', *vimád* (Leichenrede) : *imád* 'beten'. Zwischen Vokalen schwindet *j* bloss in der Nachbarschaft von *i*, z. B. **kijabál* : *kiabál* 'schreien', *ijeszt* : *ieszt* 'erschrecken'. *V* (**w*?) fehlt in den Formen *lëend*, *tëend*, *viend* (eintretende Handlung) von den Verbalstämmen *lëv-* 'werden', *tëv-* 'tun', *viv-* 'tragen', in einzelnen Denkmälern und Dialekten auch sonst. — Im Auslaute schwindet in der Gemeinsprache bloss *v* z. B. *mű* 'Werk', *bő* 'weit', *ri* 'weinen', anstatt *műv*, *bőv*, *rív* usw. In Mundarten schwindet besonders noch *r* im Auslaut von Adverbien, z. B. *má, mé, azé, ezé* für *már* 'schon', *mér(t)* 'warum', *azér(t)* 'deshalb, aus jenem Grunde', *ezér(t)* 'deshalb, aus diesem Grunde'.

Sehr oft wird die Aussprache von Konsonantengruppen durch Weglassen eines Konsonanten erleichtert. So fällt *v* nach dem Anlautskonsonanten von Lehnwörtern weg; z. B. *quinterna* 'Instrument mit fünf Seiten' : *kintorna* 'Leierkasten', *gvardian* : *gárgyán, schwager* : *sógor, zwickel* : *cikkely, hvala* : *hála* 'Dank', *svobodĭ* : *szabad* 'frei'. In der Wortbildung treffen im Inlaute oft zwei bis drei Konsonanten zusammen; solche Gruppen werden auf ähnliche Weise vereinfacht. Meist fällt in solchen Fällen einer von den Konsonanten *t* und *l* weg, wenn sie zwischen zwei andere Konsonanten geraten. Z. B. *ereszt-këdik* : *ereszkedik* 'sich herablassen', *ragaszt-kodik* : *ragasz-kodik* 'sich an etwas halten', *kacsint-gat* : *kacsingat* 'blinzeln', *károml-kodik* : *káromkodik* 'fluchen', *szégyenl-këdik* : *szégyen-kedik* 'sich schämen' und in der Volkssprache *élesz(t)get* 'beleben', *parasz(t)kocsi* 'Bauernwagen', *asz(t) mondta* 'er sagte' (eigentlich 'das sagte er'), *ker(t)be* 'in den Garten' usw. Von den Gruppen *jtg, sztg, ntg* schwindet *jt, szt, nt,* z. B. *tisztojt-gat* : *tisztogat* 'reinigen', *emlëjt-get* : *emlëget* 'erwähnen', *ha-laszt-gat* : *halogat* 'aufschieben', *illeszt-get* : *illëget* 'anpassen', **bólontgat* : *bólogat* 'oft nicken'. Endlich fällt auch der einfache Auslaut *t* des Verbalstammes vor den Frequentativsuffixen *-gat, -gál, -kál* weg; z. B. *mutat-gat* : *mutogat* 'öfter zeigen', *hitet-get* : *hitëget* 'jemanden hinhalten', **hajít-gál* : *hajigál* 'werfen', **sántít-kál* : *sántikál* 'hinken'.

Die finnisch-ugrischen Konsonantengruppen *mb, nd, ŋg* haben schon in vorgeschichtlicher Zeit ihren Nasal, ebenso die Gruppe *lm* den *l*-Laut verloren (s. S. 29). Nasale sind vor Konsonanten hie und da auch später geschwunden; z. B. *më(n)-het* 'er kann gehen', *Domo(n)kos* 'Dominicus', *so(n)ha* 'nie' (früher *somha*, **sëm-ha*).

Im Auslaute ist nach *r* das *t* in den beiden Zeitsuffixen *-kort* 'zur Zeit . . .' und *-szërt* '-mal' geschwunden, welche heute *-kor* und *-szër* lauten. Auch das Suffix *-ért* 'wegen, um' ist in den meisten Mundarten zu *-ér* (ja sogar zu *-é*) geworden;

einige Mundarten sprechen aber *-étt* ohne *r*, jedoch mit Dehnung des *t*. Einer solchen **Ersatzdehnung** sind im Ungarischen besonders diejenigen Gruppen unterworfen, die vorn oder hinten ein *v* (**w*) haben, z. B. **tëvni* : *tënni* 'tun', **ivdogál* : *iddogál* 'langsam trinken', **vivt* : *vitt* 'getragen', *napval* : *nappal* 'am Tag'. Ferner die Gruppen *szj*, *zj*, *sj*; z. B. *viszjük* : *visszük* 'wir tragen es', *hozjá* : *hozzá* 'zu ihm', *keresjék* : *keressék* 'dass sie es suchen'. Eine ähnliche Ersatzdehnung hat auch der Auslaut *z* des Artikels und des hinweisenden Fürwortes erlitten. Z. B. *az föld* : *afföld*, *az pap* : *appap* (in der heutigen Gemeinsprache *a föld* 'die Erde', *a pap* 'der Pfaff'), *aznak* : *annak* 'ihm, demjenigen', *eztől* : *ettől* 'von diesem'. Die Schwächung des Artikels ist jedenfalls durch die schwächere Betonung veranlasst worden, das demonstrative Pronomen hingegen mag nach Analogie des häufigen Artikels sein *z* verloren haben, da sich sonst die Gruppen *zn*, *zt* u. dgl. nicht verändern; vergl. *háztól* 'vom Hause', *százra* 'auf hundert', *hozni* 'bringen', *győztem* 'ich habe gesiegt'. — In vielen Fällen ist, wie wir gesehen, eine Ersatzdehnung des vorhergehenden Vokals eingetreten.

**Metathese** kommt oft in Lehnwörtern vor und ist auf die Täuschung des Gehörs zurückzuführen, ebenso wie der Wandel der Artikulationsstelle; z. B. slav. *slêdĭnik* : *szelindek* 'Bullenbeisser'; deutsch *äserin* : *erszény* 'Geldbeutel, Börse'; *lekce* : *lecke* 'Lektion'. Manchmal wird auch in ursprünglichen Wörtern eine schwer sprechbare Gruppe durch Metathese erleichtert; z. B. *ehnyít* : *enyhít* 'lindern', *vehmes* : *vemhes* 'trächtig', **tehret* : *terhet* 'die Last' (Akk.). — Viele andere Beispiele gibt es in einzelnen Mundarten. Am interessantesten ist die Metathese in einem Teile des Széklerdialektes, wo die Gruppe *szj*, *zj*, *sj* zu *jsz*, *jz* und *js* wird: *hojza* für *hozja* 'er bringt es', *akajsza* für *akaszja* 'dass er es aufhänge' usw. (in der Gemeinsprache *hozza*, *akassza*).

**Ursachen des Lautwandels.** Der Lautwandel geht auch im Ungarischen, wie in anderen Sprachen, zumeist Hand in Hand mit der **Erschlaffung** der Aussprache und einer **Spar-**

samkeit an Arbeit und Zeit. Es ist z. B. eine gewöhnliche Erscheinung, dass Verschlusslaute zu Spiranten werden; viel seltener ist die entgegengesetzte Erscheinung zu beobachten. So ist aus finnisch-ugrischem anlautenden *p* : *f*, aus *k* zum Teil *h* geworden. Ganz regelmässig ist der Ausfall von unbetonten, kurzen Vokalen; so der Ausfall des mittlern Vokals in dreisilbigen Wörtern, wie *oroszág* : *ország* 'Land', *szologa* : *szolga* 'Diener'. Die Sprachdenkmäler beweisen, dass früher jedes Perfekt den Bindevokal hatte: *jelënëtt*, *emelëtt*, *törött*, und der Vokal erst mit der Zeit nach den Konsonanten *n*, *l*, *r* in Verlust geriet: *jelënt* 'er ist erschienen', *emelt* 'er hat gehoben', *tört* 'er hat gebrochen'.

Sehr häufig sind in den Änderungen der Lautformen Analogiewirkungen zu erkennen. Aus den Sprachdenkmälern geht hervor, dass die Besitzendung der 3. Person *-ja -je* für *-a*, *-e* anfänglich bloss den vokalisch anlautenden Stämmen zukam (*ruhá-j-a* 'sein Kleid', *ide-j-e* 'seine Zeit') und sich von da aus nach und nach auch auf konsonantisch auslautende verbreitete, so dass man für *haba*, *napa* erst im XVI. Jahrhundert *habja* 'sein Schaum, seine Welle' und *napja* 'sein Tag' zu sprechen anfing. Die Endung des mehrfachen Besitzes lautete ursprünglich bloss *-ai -ei* oder *-i*: *habai*, *habi* 'seine Wellen'; nur nachdem sich *habja* für *haba* festgesetzt hatte, hiess es auch in der Mehrzahl: *habjai* für *habai* und danach auch in den übrigen Personen: *habjaim* 'meine Wellen', *habjaid* 'deine Wellen' usw. Hier ist es also die Analogie, durch welche die Wortformen beträchtliche Veränderungen erlitten haben [1]).

Noch andere Gründe für den Lautwandel sind: die Schwächung der Bedeutung, infolge deren Begriffswörter

1) Anderen Beispielen werden wir in der Geschichte der Wortstämme begegnen. — Die Analogie spielt in den finnisch-ugrischen Sprachen dieselbe wichtige Rolle, wie im Indogermanischen; vergl. Simonyi: *Az analogia hatásairól, főleg a szóképzésben* (die Wirkungen der An., besonders in der Wortbildung, Akad. Abh. Budapest 1881); Setälä: Zur Geschichte der Tempus- und Modusstammbildung in den finn.-ugr. Sprachen (Helsingfors, 1887); Misteli in der Zeitschr. f. Völkerpsych. und Sprachwiss. Bd. XI (und Bruchmann: Psychol. Studien zur Sprachgeschichte 186).

zu Verhältniswörtern werden (*belé* > *be* 'hinein, in', *mëgé* 'hinter': *mëg*, Perfektivpräfix) und einzelne häufig vorkommende Wendungen, höfliche Redensarten und Kosenamen abgeschliffen werden, gewissermassen zu Symbolen werden, bei denen eine Andeutung genügt: *alá*[*zatos*]-*szolgája* 'ihr untertäniger Diener', *kend*, *kê* aus *kegyelmed* 'euer Gnaden' (wie span. *Usted* aus *vuestra merced*, poln. *waść* aus *wasza miłość*)[1], — ferner die fehlerhafte Auffassung durch das Ohr, die meist in Lehnwörtern und in der Kindersprache zu beobachten ist. — Nicht selten kommt die psychologisch leicht erklärbare Vorausnahme ähnlicher Lautgruppen vor, die sogen. Haplologie (*belől* > *-ből*, *elegedendő* > *elegendő* usw., s. S. 212) und noch viel häufiger die Kontamination in sinnverwandten, gegensätzlichen, korrespondierenden und zusammengesetzten Wörtern[2], wie z. B. *alant* 'unten' < *alatt* × *lent*; mundartl. *józan* 'nüchtern' < *józan* 'nüchtern' × *részeg* 'trunken', *annyi* — *mennyi* 'tot — quot' < *annyi* — *minyi*; mundartl. *inkább* — *mintsább* 'lieber als' < *inkább* — *mintsem*; *szedett-vedett* < *szedett-vett* 'zusammengerafft, kunterbunt'.

Sehr wichtig sind auch die ethnologischen Gründe des Lautwandels, eigentlich Lautsubstitutionen infolge von Völkerberührung und Völkermischung, wodurch sich fremde Laute einbürgern (s. unsern II. Abschnitt). Dann gibt es wieder einen Lautaustausch in entgegengesetzter Richtung, wenn nämlich in Lehnwörtern die ungewohnten fremden Laute durch die zunächststehenden einheimischen ersetzt werden (s. *Tüzetes Magyar Nyelvtan* 161—182). — Endlich lässt sich oft der Einfluss der Kindersprache wahrnehmen, z. B. in Verdoppelungen, wie *buborka* aus *uborka* (und *ugorka* 'Gurke'), *babér* aus *lorbeer*.

Die Ausnahmslosigkeit der Lautgesetze gilt natürlich auch in der finnisch-ugarischen Sprachforschung als methodischer Grundsatz. Im Ungarischen gibt es viele Fälle, in denen diese Ausnahmslosigkeit ganz deutlich zur Geltung kommt.

---

1) Aber auch sonstige häufig gebrauchte Ausdrücke, z. B. Zeitwörter für 'sein, werden, gehen' u. dgl.

2) Vgl. des Verf. Abhandlungen darüber (über „Wortschöpfung durch Kombination"), s. die Bibliographie des II. Teils II. Abschnitts.

In den Angleichungen, die infolge der Vokalharmonie eintreten, verwandelt sich der vordere oder hintere Vokal gewöhnlich in denjenigen Vokal der andern Klasse, der ihm phonetisch genau entspricht, also z. B. das offene *e* in *a*, dagegen das geschlossene *ë* in *o*, ferner *u* in *ü*, *ó* in *ő* und umgekehrt (wie im deutschen Umlaut: *a* > *ä*, *o* > *ö*, *u* > *ü*). Aus dem Suffix *-ben* 'in' (= *benn* 'drinnen') wird nach tieflautigen Stämmen (nach *a, o, u*) *-ban*, während aus *-tëk* 'ihr, euer' in denselben Fällen *-tok* entsteht und nach labialen Hochlautern (*ö, ü*) *-tök*; umgekehrt entsteht aus *-hoz* 'zu' nach labialen Hochlautern *-höz*, nach illabialen aber *-hëz* mit dem illabialen, aber sonst dem *ö* ganz ähnlich gebildeten *ë*. — In einigen Mundarten werden die Vokale mit Vorliebe gekürzt, jedoch bloss die ganz gleichartigen, mit oberer Zungenstellung gebildeten: *í, ű, ú*, z. B. *víz* : *viz* 'Wasser', *tűz* : *tüz* 'Feuer', *kút* : *kut* 'Brunnen'. — Die Göcsejer Mundart hat Diphthonge entwickelt, jedoch bloss aus den drei gleichartigen, mit mittlerer Zungenstellung gebildeten *é, ő, ó* > *ié, üö, uó*, z. B. *szép* : *sziép* 'schön', *főz* : *füöz* 'sie kocht', *jó* : *juó* 'gut' (zufällig findet sich ganz dieselbe Entwicklung dieser langen Vokale im Suomi).

Es entstehen aber Unebenheiten und Unfolgerichtigkeiten, wenn sich ein „Lautgesetz" zeitlich und räumlich stufenweise ausbreitet. Dafür wollen wir ein lehrreiches Beispiel anführen. Das silbenschliessende *l* schwindet in der ungarischen Aussprache in weitem Umfange, und zwar am häufigsten nach *o ö*, mit gleichzeitiger Dehnung des Vokals. Die Belege der Sprachdenkmäler scheinen darauf zu deuten, dass dieser Lautwandel um das Jahr 1500 im Südwesten des Sprachgebietes begonnen hat, und zwar in Stammsilben, wo nach *-ol öl* noch ein zum Stamm gehöriger Konsonant folgte, z. B. *bolt* > *bót* 'Gewölbe', *folt* > *fót* 'Fleck', *föld* > *főd* 'Erde', *völgy* > *vőgy* 'Tal'. (Es ist ganz gut möglich, hier einen Zusammenhang mit dem ganz ähnlichen Lautwandel des benachbarten Kroatischen zu suchen: *volk* > *vuk* 'Wolf', *dolg* > *dug* 'Schuld'.) Vom Südwesten muss sich dieser Lautwandel nach und nach übers ganze ungarische Sprachgebiet verbreitet haben, da heutzutage die erwähnten Wörter überall ohne *l* gesprochen werden, obwohl in der Schrift noch immer die ursprünglichen Formen mit *l* bewahrt sind. Später erstreckte sich der Wandel in den westlichen Mundarten auf jedes zu einer Silbe gehörende, silbenschliessende *-ol öl*, dann auch auf *-ul ül*, *-al el* usw. (z. B. *gondolt* > *gondót*, *gondolta* > *gondóta* usw.). Dieser Lautwandel ist aber in der nordöstlichen Hälfte der Mundarten nicht zur Geltung gekommen[1]), so dass es da z. B. anstatt *nyolc*, Akk. *nyolcat* 'acht' wohl *nyóc*, *nyócat* heisst, jedoch *gondol* 'er denkt', *gondolt* 'er hat gedacht', *gondolta* 'er hat es gedacht'. — Interessant ist das Schicksal des silbenschliessenden *-al* (mit labialem *å*). Diese Lautgruppe hat sich — wahrscheinlich durch die Mittelstufe *â* (lab.) — in den südwestlichen und westlichen Mundarten zu *ó* entwickelt, und zwar anfangs bloss in denselben Fällen, wie *-ol öl*, z. B. *alma* > *óma* 'Apfel', *szalma* > *szóma* 'Stroh'. Solche Formen sind nämlich bis zur nordöstlichen Plattenseegegend vorgedrungen und durch westliche Ansiedler ums Jahr 1600 nach Halas gekommen (in der Tiefebene)[2]). In den mittleren Mundarten heisst es jedoch im Stammauslaute nicht wie im Westen *asztóra* 'auf den Tisch', *vasónak* 'sie plätten', sondern *asztâra*, *vasânak*, im Nordosten sogar *vasâlnak* (mit Dehnung, ohne dass das *l* verschwindet), und in einzelnen Dialekten *asztalra*, *vasalnak*. Merkwürdig ist im Norden des Plattensees die Differenzierung dieses Lautwandels, derzufolge man die Gruppe *-al* unverändert bewahrt a) durchgängig im Auslaut einsilbiger Nominalstämme, wie *hal* 'Fisch', *fal* 'Wand', *bal* 'link-', und *a halnak* 'dem Fische', *falnak* 'an die Wand', *balra* 'links' (dagegen in ähnlich lautenden Zeitwörtern in der suffixlosen Form zwar *hal*, *meghal* 'er stirbt', *fal* 'er frisst', aber *hânak* 'sie sterben', *fânak* 'sie fressen'); b) *malmot* Akk. 'die Mühle' nach Analogie von Formen wie *malom* Nom., *malomba* 'in die Mühle'. In keiner Mundart erstreckt sich unser Lautwandel auf geminiertes *l*; überall spricht man: *hallom* 'ich höre es', *vallott* 'er gestand' (doch *hâgat*, *hógat*

1) Genaueres über die einzelnen Mundarten s. bei Balassa, *Nyelvjárások* 127–132.

2) Anders jedoch: *talp* > *tâp* 'Sohle', *alkuszik* > *âkuszik* 'er feilscht' (im Westen *tóp*, *ókszik*).

< *halgat* < *hallgat* 'er horcht, er schweigt'). — Von den zahlreichen Einzelheiten aus der Geschichte dieses Lautwandels möge noch eine erwähnt werden. Im XVI. Jahrhundert gab es Doppelformen wie *bolt* und *bót*, *nyolc* und *nyóc*. Die Folge davon war, dass dieser Wechsel analogisch auch mehrere Wörter ergriff, die ursprünglich kein *l*, sondern ein langes *ó* (früher Diphth. *ou*) in der Stammsilbe hatten; so entstanden und setzten sich sogar fest: *boldog* < *bódog* 'selig', *oldani* < *ódani* 'lösen'; alle diese *l*-Formen treten erst im XVI. Jahrhundert auf (die induzierenden Lautformen *bót* usw. im XV. Jahrhundert).

**Die Rechtschreibung** ist ein nicht eben sehr wichtiger Anhang der Grammatik; verzeihen wir doch auch — wie ein ungarischer Dichter sagt — den Frauen nichts so leicht, wie „die vielen reizenden orthographischen Fehler", und auch Fr. Sarcey, der geistreiche französische Kritiker, fordert die alte Freiheit der Orthographie, die Befreiung von den *chinoiseries* der Schulmeister. Hier wollen wir über die Rechtschreibung nur insoferne sprechen, als uns die Bezeichnung der Laute interessiert. Den Ursprung der ungarischen Schrift werden wir bloss berühren, den Gebrauch der Satzzeichen (Interpunktionszeichen) können wir füglich ausser acht lassen.

Es ist bekannt, dass anfänglich jede Schrift eine Bilderschrift war, und dass sich aus dieser einesteils — wie z. B. bei den Chinesen — die Begriffsschrift, anderenteils — wie z. B. in Ägypten und bei den semitischen Völkern — die Lautschrift oder Buchstabenschrift entwickelt hat. Von den Semiten, namentlich aus Phönizien, erhielten die Griechen und von diesen die Römer ihre Schriftzeichen. Die Ungarn übernahmen von ihren Bekehrern mit dem Christentum zugleich auch die Schrift der Kirche, das lateinische Alphabet, und passten diese Schrift allmählich, indem sie die Buchstaben kombinierten und mit einzelnen Zeichen versahen, der Aussprache der ungarischen Laute an. Was den Wert der einzelnen Buchstaben betrifft, werden die Abweichungen zwischen dem Ungarischen und dem Lateinischen, vollkommen durch die Tatsache erklärt, dass die Ungarn die lateinischen Buchstaben von slovenischen, deutschen und italienischen Priestern mit demselben Lautwerte übernahmen, mit dem sie von diesen in den ersten Jahrhunderten des ungarischen Christentums gebraucht wurden.

Die älteste ungarische Verwendung der Latein-Buchstaben stimmt auffallend mit dem Gebrauch der alten Slovenen in Pannonien überein, deren Schrift sich mehr unter deutschem Einflusse entwickelt hatte. Die ältesten ungarischen Sprachdenkmäler bezeichnen sowohl den Laut *š* (und *ž*), als auch *č* durch den Buchstaben *s*; ganz wie die aus derselben Zeit stammenden slovenischen Sprachdenkmäler. Eine ähnliche Übereinstimmung zeigt sich auch in der Bezeichnung der Laute *sz* und *z* durch den Buchstaben *z*. Das erst später gebrauchte Zeichen *sz* ist deutschen Ursprungs, kommt jedoch auch bei den Slovenen vor. Der Laut *c* wird in den ältesten Denkmälern vor *e* und *i* durch *c*, sonst durch *z* bezeichnet (*Marzaly* usw.), ebenso im Slovenischen. Auch das dentipalatale *ń* und *l'* wurde anfangs — mit dem Slovenischen übereinstimmend — durch *n*, *l* und *ni*, *li* bezeichnet.

In den ersten Jahrhunderten war die königliche Kanzlei für die Rechtschreibung massgebend; denn dort wurden die wichtigsten Urkunden ausgefertigt, in denen auch viele ungarische Wörter, besonders Personen- und Ortsnamen vorkamen. Die höchsten Beamten der Kanzlei hatten an ausländischen Hochschulen studiert; der Einfluss der betreffenden Hochschule zeigt sich auch in ihrer Schreibart. So zeigen die um 1200 erscheinenden Buchstaben *sc* und *ch*, deren erster zur Bezeichnung des Lautes *sz* angewendet wurde (besonders vor hohen Vokalen) und deren zweiter lange zur Bezeichnung des Lautes *č*, jedoch auch des Lautes *c*, diente, französischen Einfluss [1]).

Auch der Einfluss der Aussprache des Lateinischen im Mittelalter muss in Betracht gezogen werden. Die katholische

1) Nach Melichs Annahme; vgl. auch Sebestyén, Nyelvtud. Közl. 28, 96. — Das *ch* haben auch die Engländer von den Franzosen übernommen; es ist auch im Spanischen und Ladinischen vorhanden. — Im XV.—XVII. Jahrhundert wurden die beiden Laute *č* und c auch durch *cz* bezeichnet; seit dem XVII. Jahrhundert wurden zur Unterscheidung der beiden Laute die Zeichen *cs*, *ts* und *cz*, *tz* angewendet.

Kirche hatte eine gewisse traditionelle Aussprache für das Lesen der lateinischen Texte. Aus dieser lässt sich die Aussprache des slovenischen und ungarischen Buchstaben *c* als *c* (=deutsch *z*) erklären. Die Silben *ge, gi* wurden im mittelalterlichen Latein allgemein als *j* (als *je, ji*), im ungarischen Latein als *d'* (*gy*) gelesen; vgl. *gyehenna* 'Hölle', *evangyéliom* 'Evangelium', *spongya* 'Schwamm'. Daher wird im Ungarischen das *gy* erst durch *g*, und dann durch *gi, gy* bezeichnet.

Seit dem XIV. Jahrhunderte, da die ungarischen Studenten nach Prag und Krakau gingen, lässt sich auch ein Einfluss der böhmischen und polnischen Schreibart feststellen. Daher stammt das Zeichen *cz*, erst zur Bezeichnung des Lautes *č*, später auch des Lautes *c* angewendet. Die Schreibart der ältesten ungarischen Bibelübersetzung zeigt viele Ähnlichkeiten mit der Husschen böhmischen Schreibweise; so werden die palatalen Laute durch Nebenzeichen unterschieden: *ń*, *l'*, *t'*. (S. noch S. 118.) Diese Bezeichnungen jedoch wurden im XVI. Jahrhundert durch die Zeichen *ny, ly, ty* verdrängt.

Indem sich die neuere Orthographie allmählich ausgestaltete, wurden zur Bezeichnung vieler Konsonanten zusammengesetzte Zeichen angewendet. Es wurden verschiedene Versuche gemacht, diese zu vereinfachen. Schon in der Franziskaner-Bibel und später auch in einigen anderen Handschriften finden wir einen interessanten neuen Buchstaben zur Bezeichnung des *cs* angewendet, nämlich das aus Verstümmelung des deutschen c entstandene Zeichen ι. Der Schreiber des Birk-Kodex schreibt statt *ch* ein griechisches *χ*, und drückt dadurch den *č*-Laut aus. In Verancsics' Wörterbuch (1595 zu Venedig gedruckt) ist der Laut *zs* durch das dort gebräuchliche Zeichen *x* bezeichnet, z. B. *xak* (lies *zsák*) 'Sack'. Adámi wendete (in der 1760 erschienenen „Sprachkunst") nebst einigen anderen Neuerungen statt des Buchstabens *zs* ein in der Mitte durchstrichenes *z* (*ƶ*) an. Dieser Versuch bewog am Ende des XVIII. Jahrhunderts Révai, und Révais Beispiel Kerekes, Vörösmarty und neuestens die Mitarbeiter des Magyar Nyelvőr und andere, für die Vereinfachung der Doppelbuchstaben einzutreten. Bisher ist dies nur bei einem Buchstaben gelungen;

das *cz* nämlich ist nunmehr in den Zeitungen und aus der Schule durch das einfache Zeichen *c* verdrängt worden.

Bei den Vokalen verursachte die Bezeichnung der im Lateinischen fehlenden Laute *ö*, *ü* die meisten Schwierigkeiten. Erst wurden sie notgedrungen durch *u* (oder *v*) bezeichnet, später wendete man verschiedene Nebenzeichen an, um sie vom *o* und *u* zu unterscheiden. Der Wiener und Münchener Kodex bezeichnete das *ü* durch ein oben mit einem Punkte versehenes *u* oder *v* und das *ö* durch ein unten mit einem Häkchen versehenes *o*. Letzteres Zeichen kommt auch in anderen Handschriften vor; einige bezeichnen es noch ausserdem oben mit einem Striche. Das *ö* wurde auch durch zwei Buchstaben bezeichnet, nämlich durch *eu*, *ev*, *ew*, die wahrscheinlich zur Zeit der Árpáden zuerst einen oft gebrauchten Diphthong (*ëü*, s. S. 102) bezeichneten, später jedoch, als dieser Diphthong zu einfachem langen *ő* wurde, da man sich an sie gewöhnt hatte, in der Schrift dennoch beibehalten und auch auf das kurze *ö* übertragen wurden; auf ganz ähnliche Weise ist im Französischen das noch heute gebräuchliche *eu* entstanden. Der Vokal *ü* ist in einigen Handschriften vom *ö* nicht unterschieden (z. B. im Ehrenfeld-Kodex *ew*, in der Margareten-Legende *ev* usw.); oft jedoch wird er durch *iu*, *iv*, *yv*, *yw*, seltener durch *vi* bezeichnet. Diese Verbindungen waren auch in der deutschen Orthographie gebräuchlich; wurden *iu* und *ui* lange Zeit hindurch angewendet. Im XVI. Jahrhundert übernahm die ungarische Orthographie ebenfalls aus Deutschland die Zeichen *ó*, *ú* und noch später die Buchstaben *ö*, *ü*. Das lateinische *e* bezeichnete sowohl das offene *e* als auch das geschlossene *ë*. Die Übersetzer des Wiener und Münchener Kodex unterschieden die beiden *e*-Laute, indem sie den offenen Laut durch *è* und den geschlossenen durch *ė* bezeichneten, z. B. *èmbėrėk* 'Menschen'; der Jordánszky- und Érdy-Kodex wendeten zur Bezeichnung des geschlossenen Lautes ein doppeltes *e* an: *deeak* 'Schreiber', *meentenek* 'sie sind gegangen'. Auch später, besonders seit Ende des XVIII. Jahrhunderts, wurden verschiedene Versuche gemacht, die beiden Laute auch in der Schrift voneinander zu unterscheiden, jedoch immer ohne Erfolg. — Auf die Bezeichnung der Länge der Vokale wurde anfangs gar nicht geachtet; einige Handschriften bezeichneten sie durch Verdoppelung (*keep* 'Bild', *koor* 'krank' usw.), wie im Deutschen. Um die Mitte des XVI. Jahrhunderts begann man die Länge genauer zu bezeichnen, einerseits durch einen wagrechten Strich, anderseits durch Akzentzeichen, also *ā*, *á*, *â*. Heltai bezeichnete sogar die dem heutigen *é* entsprechenden zwei langen Laute mit verschiedenen Zeichen: *szép* 'schön' (mit ursprünglich geschlossenem *é*; mundartlich *szíp*), und *kęz* (= *kêz*, mit ursprünglich offenem *ê*; bei den Palozen noch heute *kêz*) 'Hand'. Die Länge des *ö* und *ü* wurde erst im XVII. Jahrhundert bezeichnet, und zwar indem man zwischen die beiden Punkte das Zeichen des scharfen Akzentes setzte. Diese Buchstaben wurden erst zu Beginn des XIX. Jahrhunderts durch die heutigen Zeichen *ő*, *ű* verdrängt.

Wichtiger als die Frage, was für Zeichen den einzelnen Lauten entsprechen, ist die Feststellung dessen, wie sich die Schreibweise der Wörter und der grammatischen Formen zu ihrer Aussprache verhält. Die Schrift soll in erster Linie die tatsächlich gesprochenen Laute widerspiegeln, also die Elemente der Wörter so darstellen, wie sie während des Sprechens nacheinander entstehen. Bekannterweise weicht jedoch in jedem längere Zeit hindurch gepflegten Schrifttum die Schrift mehr oder minder von der Aussprache ab. Letztere ändert sich allmählich in den einzelnen Teilen, während die Schrift unverändert bleibt, da die Veränderung der Aussprache so allmählich vor sich geht, dass auch die neuen Laute den alten Zeichen assoziiert werden. So entsteht die sogenannte historische Orthographie. So werden im Deutschen die Wörter *Stunde*, *springen* nicht mit *sch* geschrieben, weil sie noch im Mittelhochdeutschen mit *s* gelesen wurden. Das Zeichen *sch* wieder zeigt, dass in Wörtern, wie *schön*, *schinden* im Anlaute ursprünglich zwei Konsonanten gestanden sind: *s-chön*, *s-chinden*. So ist auch im Ungarischen das frühere Zeichen *eu* des Lautes *ő* entstanden. Sonst gibt es in der neueren ungarischen Orthographie wenig Fälle, in denen die Schrift hinter der Aussprache zurückbleibt und letztere sich gar nicht um die Schrift kümmert. Hierher müssen wir das *ly* rechnen: in den meisten Dialekten wird heute an Stelle des alten *ly* einfach *j* gesetzt und Wörter, wie *király* 'König', *kályha* 'Ofen', *gólya* 'Storch' werden meist wie *kiráj, kájha, gója* ausgesprochen und gelesen. — Auch Wörter wie *folt* 'Fleck', *zöld* 'grün', *volna* 'wäre' werden im ganzen Lande wie *fót, zöd, vóna* ausgesprochen; geschrieben werden sie jedoch fast immer mit *l*, und lesen, deklamieren und von der Rednerbühne hören wir sie gewöhnlich mit *l*, wie ja auch im Französischen im Vers und beim Deklamieren das sonst stumme auslautende *e* beibehalten wird. (Vgl. noch *korcsma* 'Wirtshaus' statt der in der Umgangssprache heute gebräuchlichen Form *kocsma, tegnap* 'gestern' statt der fast allgemein gebräuchlichen Form *tennap*; *pünkösd* 'Pfingsten' und manchmal noch heute *lapda* 'Ball' statt *pünközsd* und *labda*, weil diese Wörter ursprünglich *pünköst* und *lapta* lauteten.)

Es gibt jedoch auch gewisse Fälle, in denen die heutige ungarische Orthographie die Etymologie zur Geltung kommen lässt, in denen also die sonst phonetische ungarische Rechtschreibung zur etymologischen Orthographie wird. Diese Fälle sind um so interessanter, als sie die Herrschaft ganz ähnlicher innerer und äusserer Analogiewirkungen zeigen, wie wir sie auch in der Aussprache am Werke sehen. Ebenso wie die Sprache darauf achtet, dass einesteils die Glieder der einzelnen Wortfamilien, anderenteils die parallelen Formen der verschiedenen Wörter einander ähnlich bleiben, ist auch die heutige ungarische Orthographie hierauf bedacht. Schon die Schreiber der alten Sprachdenkmäler, die die Wörter gewöhnlich schreiben, wie sie gesprochen werden, — z. B. *tuć* (= *tudsz* 'du weisst'), *twggya* (= *tudja* 'er weiss es'), *imachag* (= *imádság* 'Gebet') —, folgen oft ihrem etymologischen Gefühl; so finden wir einzelne Formen wie *adyunk* 'geben wir', *modya* 'seine Art', *imadsag* 'Gebet', obwohl auch diese Formen wie *agygyunk, móggya, imáccság* gesprochen wurden. Wie sehr uns dieser etymologische Trieb beeinflusst, sehen wir am besten aus unwillkürlich gemachten Unterschieden, wie z. B. zwischen *fáradság* 'Mühe' und *fáradtság* 'Müdigkeit', die beide wie *fáraccság* ausgesprochen werden. Es heisst z. B. *nagy fárad-*

*sággal jár a hegymászás* 'das Bergsteigen ist mit grosser Mühe verbunden', hingegen *nagyon erőt vett rajtunk a fáradtság* 'die Müdigkeit hat uns übermannt'. Diese Schreibweise, die nach Massgabe des Sprachgefühls die Bestandteile der Wörter unterscheidet, können wir die analysierende Rechtschreibung nennen.

Die innere Analogie bewirkt, dass wir die Zusammengehörigkeit der einzelnen Formen eines Wortes bezeichnen wollen. Deshalb bezeichnen wir in der Schrift nicht die Erweichung und Verhärtung der Konsonanten; so schreibt man z. B. *rakd el* 'räume es fort', *keresd meg* 'suche es', *fogsz* 'du fängst', *húzhat* 'er kann ziehen', *láthat'd* 'du kannst es sehen', während man tatsächlich *ragd el, kerezsd mëg, foksz, húszhat, láthadd* spricht. Dies ist auch die Ursache, weshalb wir die Assimilation der Nasale nicht bezeichnen: *honban* 'im Vaterlande', *azonban* 'indessen', *ellenben* 'hingegen', eigentlich: *homban, azomban, ellemben.* Wenn bei Zusammensetzung zweier Bestandteile die Konsonanten *t, d, gy* mit *s* zusammentreffen, wird der an ihre Stelle tretende Laut *cs* in der Schrift nicht bezeichnet; man schreibt also *mentség* 'Entschuldigung', *bolondság* 'Dummheit', *nagyság* 'Grösse', statt: *mencség, boloncság, naccság*; ebenso wird der Imperativ der Verba auf *-t* nicht durch *cs*, sondern durch *ts* bezeichnet: *tarts* 'halt', *taníts* 'unterrichte'. Auch die Konsonantengruppen *z-s, sz-s* werden beibehalten, obwohl sie in der Aussprache immer zu *ss* (= *šš*) werden: *község* 'Gemeinde', *igazság* 'Wahrheit', *készség* 'Fertigkeit, Bereitwilligkeit', *ravaszság* 'Schlauheit', statt: *kösség, igasság, késség* usw. Nach Analogie der Formen *többet* 'mehr', *jobbat* 'besser', *állani* 'stehen' schreibt man auch *többnyire* 'meistens', *jobbra* 'besser', *állt* 'ist gestanden', obwohl es eigentlich *töbnyire, jobra, ált* heisst.

Der Wirkung der äusseren Analogie ist es zuzuschreiben, dass man *mondd* 'sage es', *hordd* 'trage es', *kezdd* 'beginne es' schreibt, während man *mond, hord, kezd* spricht. Hier folgen wir nämlich der Analogie anderer Imperativformen, wie *add* 'gib es', *vedd* 'nimm es'. Einige schreiben *Kolozsvártt, Vásárhelytt* 'zu Kolozsvár, zu Vásárhely', früher schrieb man sogar häufig: *köztt* 'zwischen', *érttem* 'meinethalben', *azértt* 'deshalb', weil die volleren Formen *Kolozsvárott, között, érettem* mit *tt* geschrieben werden, obwohl die ersteren Formen immer nur *Kolozsvárt, Vásárhelyt, közt, értem* lauten. Unter dem Einflusse der äussern Analogie ist auch die sehr verbreitete Schreibweise *higyjen, higyje* (Imp. von *hisz* 'glauben') entstanden, indem man an die Analogie von *fogyjon* (Imp. von *fogy* 'abnehmen'), *hagyja* (von *hagy* 'lassen') dachte, obwohl es hier keinen Verbalstamm *higy-* gibt und wir keine Ursache haben, von der Aussprache abzuweichen, also richtig: *higgyen.*

Sowohl die äussere als auch die innere Analogie wirken zusammen, wenn Wortstämmen auf *l, n, d, t* eine mit *j* beginnende Endung angefügt wird. In solchen Fällen bezeichnet man in der Schrift den Auslaut des Stammes und das *j* der Endung, obwohl die beiden in der Aussprache zu *lly* (bezw. *jj*), *nny, ggy, tty* verschmelzen. Man schreibt also: *alja* 'sein unterer Teil', *valljon* 'er gestehe', *honja* 'sein Vaterland', *fonjuk* 'wir spinnen es', *évadja* 'seine Saison', *adj* 'gib', *partja* 'sein Ufer', *bontják* 'sie zerlegen es', statt: *allya, vallyon* (*ajja, vajjon*), *honnya, fonnyuk, évaggya, aggy, partya, bonytyák.* Jedoch nach den Verbalstämmen auf *sz, z, s* wird das *j* nicht beibehalten; also nicht *vadászj* 'jage', *húzjuk* 'ziehen wir es', *ásja* 'er grabe es', sondern nach der Aussprache: *vadássz, húzzuk, ássa.*

Manchmal folgen wir scheinbaren Analogien, die dann sozusagen literarische Volksetymologien zur Folge haben. So schreiben wir *utca* 'Gasse', als ob dieses Wort eine Verkleinerung von *út* 'Strasse' wäre; ursprünglich hatte jedoch das Wort *ucca* 'Gasse' nichts mit *út* gemein, da es slavischen Ursprungs ist und einst *ulica* lautete. Das Wort *szabadkozik* 'Ausflüchte suchen, sich sträuben, sich weigern' schreiben wir mit *d*, weil wir an *szabad* 'frei' denken, man will tatsächlich frei werden, etwas los werden; das Wort stammt aber eigentlich vom Verbum *szab* 'zuschneiden, richten, fügen', und *szabatkozik* verhält sich zu *szabódik* 'sich sträuben', wie z. B. *csalatkozik* 'sich täuschen' zum gleichbedeutenden *csalódik* (von *csal* 'täuschen').

Manchmal wird auch ganz unbegründetes subjektives Etymologisieren in die Orthographie hineingetragen. So schreibt man *igtatni* 'einschalten' statt *iktatni* nur deshalb, weil man es von irgend einem angenommenen Wortstamm *ig* abgeleitet hat. Ein Philologe schrieb immer *enber* statt *ember* 'Mensch'; er meinte nämlich, das Wort stamme von *én-bar*(*om*) 'Ich-Vieh, d. h. mit Selbstbewusstsein ausgestattetes Tier'; ebenso schrieb er immer *orozlán* statt *oroszlán* 'Löwe', als ob das Wort vom Verbum *oroz* 'stehlen' herkäme (< türk. *arslan*).

Es gibt auch andere etymologische Spitzfindigkeiten dieser Art, die in der Orthographie ganz überflüssig sind. So wollte man die bei der Verdoppelung der durch zwei Buchstaben bezeichneten Konsonanten allgemein angenommene Abkürzung (d. h. statt *cscs, szsz* usw.: *ccs, ssz* usw.) auf jene Fälle beschränken, in denen der lange Konsonant nicht infolge von „Assimilation" entstanden ist; hingegen die aus **öcs-je, *vadász-j* entstandenen Formen dürften nur *öcscse* ('sein jüngerer Bruder'), *vadászsz* ('jage') geschrieben werden, nicht aber *öccse, vadássz,* wie *loccsan* 'spritzen', *hosszú* 'lang'. Diese Unterscheidung hat keine Berechtigung; sind doch die langen Konsonanten fast alle aus einer ähnlichen „Assimilation" entstanden (z. B. *annyi* 'so viel', *hosszú* 'lang', *asszú* 'dürr, trocken', *asszony* 'Frau', von *aznyi, hoszjú, aszjú, ahszony*). Die neue Schulrechtschreibung (1903) hat diesen überflüssigen Unterschied fallen lassen.

Anlass zu vielen Meinungsverschiedenheiten gibt auch die Schreibweise der Fremdwörter. Die längst eingebürgerten Lehnwörter schreibt natürlich niemand anders als wie es den Regeln für die ungarische Rechtschreibung entspricht, also: *rózsa* 'Rose', *zsold* 'Sold', *paradicsom* 'Paradies' usw. Nur bezüglich der in neuerer Zeit übernommenen Fremdwörter ist man nicht einig, welche schon als eingebürgert, und welche nur als vorläufig aufgenommene Fremdlinge anzusehen sind. Sollen wir also: *filozófia* 'Philosophie', *filológia* 'Philologie', *fizika* 'Physik', *telefon* 'Telephon', *konzervativ* 'konservativ' oder: *philosophia, philologia, physika, telephon, conservativ* schreiben? In der neuen Schulrechtschreibung ist das berechtigte Streben durchgedrungen, dass diejenigen Fremdwörter, auch die wissenschaftlichen Kunstausdrücke nicht ausgeschlossen, die in der Literatur und der gebildeten Umgangssprache allgemein gebräuchlich sind, womöglich nach den Regeln der ungarischen Orthographie geschrieben werden mögen, unter anderem auch deshalb, weil hiedurch die richtige Aussprache dieser Wörter gefördert wird. Die Orthographie der fremden Sprachen hat ohnehin schon genug Verwirrung in dieser Hinsicht verursacht. Man spricht im Ungarischen *Kína*, *Algír*, *Mekszikó*, weil in den fremden Sprachen zufällig *China*, *Algier* und *Mexico* stand, während doch diese Länder *Tschin*, *Aldžir* und *Meχiko* heissen. Es heisst im Ungarischen *algebra* 'Algebra' und *kioszk* 'Kiosk', während die arabische und türkische Aussprache *aldžabr*, *köšk* verlangen würde.

Zu den Fragen der Orthographie rechnet man auch solche Fragen, ob z. B. *keresztény* 'Christ, christlich' richtiger ist als *keresztyén*, *föl* 'hinauf' richtiger als *fel*, *apjuk* richtiger als *apjok*. Hier haben wir es jedoch nicht mit zwei Schreibarten einer und derselben Lautform zu tun, sondern mit zwei Lautformen; hier hängt die Entscheidung davon ab, welche von den beiden Aussprachen verbreiteter ist. Solche Fragen werden gar nicht durch die Grammatik, sondern durch den literarischen Gebrauch entschieden, oft auch durch diesen nicht, wenn nämlich beide Aussprachen stark verbreitet sind, wie z. B. bei *föl* 'hinauf', *fölött* 'über', *mögött* 'hinter' und *fel*, *felett*, *megett*. Nur eines können wir im Gebrauche dieser Formen verlangen: Folgerichtigkeit. Es dürfen namentlich keine künstlichen Unterschiede gemacht werden, wie z. B., dass dem Wohllaut oder der Unterscheidung zuliebe *fölmentett* 'befreit', *fölszentelés* 'Einweihung', hingegen *felöntött* 'aufgegossen', *felöltött* 'angezogen' geschrieben werden müsse, oder z. B. *házok* 'ihr Haus', *hátok* 'ihr Rücken', *kardjok* 'ihr Schwert', aber *okuk* 'ihr Grund', *soruk* 'ihre Reihe', *poruk* 'ihr Staub'. Die ungarische Umgangssprache kennt keine derartigen Unterschiede.

## Bibliographie.

Balassa József: *Magyar fonétika* (2. Aufl. Budapest, 1904). — Das beste Werk über ungarische Phonetik. Nach einer ausführlichen Einleitung über die Voraussetzungen des Sprechens folgt eine genaue Darstellung der ungarischen Lautbildung usw.

Josef Balassa: *Kurze Darstellung des ung. Lautsystems.* (Vietors Phonetische Studien Bd. VI.) — Derselbe: *Phonetik der ung. Sprache* (Techmers Internat. Zeitschrift für allgemeine Sprachwiss. IV.) — Derselbe: *Hangtan* (Lautlehre, Lautgeschichte, in Simonyis *Tüzetes Magyar Nyelvtan* 1895). — Derselbe: *Hangsúly a magyar nyelvben.* (Der Akzent im Ungarischen, Nyelvtudományi Közlemények Bd. XXI.) — Derselbe: *A magyar magánhangzók története.* (Geschichte der ung. Vokale, ebd. XXIV.)

Dunai Ferenc: *Átiró hangrajz — Phonetica transscriptoria* (Budapest 1901). — Eingehende phonetische Analyse mittelst einer neuen phonetischen Schrift nach der Art von Bells Visible speech.

Fogarasi János: *Hangsúly vagyis nyomaték a magyar nyelvben.* (Der Akzent im Ung., Pest 1860 in der Zeitschrift *Magyar Akadémiai Értesitö.*)

Eemil Setälä: *Yhteissuomalaisen Äännehistoria*, s. hier S. 55.

Munkácsi Bernát: *A magyar magánhangzók történetéhez.* (Zur Geschichte der ung. Vokale, auf vergleichender Grundlage, Nyelvtud. Közl. XXV.)

Setälä Emil: *Az eredeti kt megfelelése a magyarban.* (Entsprechung des ursprünglichen *kt* im Ung.) und *A finnugor δ és δ'* (das finnisch-ugr. δ und δ') in Nyelvtud Közl. XXVI).

Szinnyei József: *Hogy hangzott a magyar nyelv az Árpádok korában*, s. S. 127.

Budenz József: *A magyar nyelvben hajdan megvolt kétféle hosszú é, azaz é és ê-rül* (über die im Ung. einst vorhanden gewesenen zweierlei langen e-Laute, im V. Band der Zeitschrift *Magyar Nyelvészet* 1860).

Kräuter Ferenc: *A mássalhangzók hasonulása a magyarban.* Assimilation der Konsonanten im Ungarischen. — Nyelvészeti Füzetek 44.)

Fest Sándor: *Hangátvetés a magyar nyelvben.* (Metathese im Ungarischen. — Nyelvészeti Füzetek 42.)

---

Volf György: *Kiktöl tanult a magyar irni olvasni? A régi magyar orthographia kulcsa.* (Georg Volf: Von wem haben die Ungarn schreiben und lesen gelernt? Der Schlüssel der alten ung. Orthographie. Budapest 1885.) — Eine eingehende Beweisführung für des Verf. Annahme, dass wir das lateinische Alphabet und dessen Anwendung von italienischen Missionären erhalten haben und die lateinischen Buchstaben mit ihren norditalienischen Lautwerten zur Bezeichnung der ung. Laute angewendet worden sind.

Melich János: *Szláv jövevényszavaink* (unsere slavischen Lehnwörter, I. Bd. 1. und 2. Teil, Budapest 1903 und 1905). — Beweist im Gegensatz zu Volfs Annahme, dass sich die ungarische Orthographie anfangs unter dem Einfluss des pannonisch-slovenischen Schrifttums entwickelt hat.

Simonyi Zsigmond: *Az új helyesírás. A vallás- és oktatásügyi minisztérium 1903 ... kiadott magyar iskolai helyesírás szövege és magyarázata, bővített szójegyzékkel.* Budapest 1903. (Die neue Rechtschreibung. Text und Erläuterung der vom Kultus- und Unterrichtsministerium herausgegebenen ung. Schulorthographie, mit einem erweiterten Wörterverzeichnis.) — Vereinfachte Rechtschreibung nach den Vorschlägen des Verfassers. Als Einleitung die Geschichte der Bestrebungen für die Vereinfachung der Rechtschreibung.

Zweiter Abschnitt.

## BEDEUTUNGSLEHRE. DIE REDETEILE.

**Die Bedeutungsgeschichte** ist im grossen und ganzen überall dieselbe, ihre Erscheinungen sind überall durch ähnliche psychische und kulturelle Ursachen bedingt, was natürlich nicht ausschliesst, dass die Entwicklung im einzelnen für eine bestimmte Sprache charakteristisch ist. Im Ungarischen finden sich dieselben Unterschiede der gewöhnlichen (usuellen) und der gelegentlichen (okkasionellen) Bedeutung, dieselben Richtungen der Einschränkung, Erweiterung, Übertragung und Verdunkelung des Sinnes, wie in allen anderen Sprachen. (Die Neigung zur Metapher ist in der ungarischen Volkssprache stärker, als in den meisten indogermanischen Sprachen.)

Wir wollen also hier keine systematische Bedeutungslehre geben, sondern uns auf einzelne interessante Beispiele beschränken. *Hírhedett* ist das zweite Mittelwort von *hírhed-ik* 'bekannt werden' (< *hír* 'Kunde, Ruhm') und hat demgemäss früher die Bedeutung gehabt: 'bekannt geworden, bekannt, berühmt'; heutzutage wird es fast ausschliesslich in üblem Sinn gebraucht, bedeutet also: 'berüchtigt'. In derselben Richtung wird häufig der Sinn von Lehnwörtern beschränkt; wir wählen hier ein kulturgeschichtlich interessantes Beispiel, das sich in mehreren Sprachen übereinstimmend vorfindet: *tringol*, aus dem deutschen *trinken*, bedeutet in einer Mundart 'Wein trinken, saufen', und in einer andern heisst der Trunkenbold *trunkos*, vom deutschen *Trunk*; dieselbe Bedeutung hat das Zeitwort im Französischen und Italienischen angenommen (*trinquer, trincare*). — Aus volkstümlichen Lebensverhältnissen erklärt sich die bildliche Redensart: *ember ő a gáton* 'er stellt seinen Mann', *legény kell a gátra* 'da heisst es seinen Mann stellen, da ist ein tüchtiger Mann vonnöten'; eigentlich: 'er ist ein Mann auf dem

Damme', 'man benötigt einen Burschen auf dem Damme', also dasselbe Bild, das man im Deutschen hat: *er ist wieder auf dem Damme* 'er ist wieder hergestellt, wieder arbeitsfähig'. — *Istápol* 'unterstützen', von *istáp* 'Stütze'; dies bedeutet in der ältern Sprache einfach einen Stab und ist nichts anderes, als das deutsche *Stab*, das im mhd. ebenfalls in übertragenem Sinn für 'Stütze' gebraucht wird (das Lautliche wie in *istráng* < *Strang* u. ä.). — *Gerjeszt* heisst in Sprachdenkmälern so viel wie 'anzünden, entzünden', jetzt heisst es 'erregen' und wird auf Gefühle und Leidenschaften bezogen. — *Lélek* war ursprünglich der 'Atem', jetzt ist es die 'Seele' und wird gar nicht mehr als das Grundwort von *lélek-z-ik* 'atmen' empfunden, so dass man das Zeitwort häufig phonetisch *lélegzik* schreibt. — *Hasonló* heisst 'ähnlich', der ursprüngliche Sinn war 'sich spaltend'; das Spalten geschieht in gerader Linie und ergibt zwei ähnliche Hälften. *Meg-hasonl-ik* heisst 'sich entzweien' (im übertrag. S.), *hasad* 'sich spalten', *hasít* 'spalten'; *hason-fél* heisst in der ältern Sprache 'die gleiche Hälfte'. Vgl. *szakasztott olyan* 'vollkommen gleich, zum Sprechen ähnlich', wörtlich 'gepflückt dasselbe', ursprünglich etwa zwei Blumen von demselben Stengel gepflückt. — *Mulat* war eigentlich ein Kausativ von *múl-ik* 'vergehen', man sagte *időt mulatni* 'die Zeit verbringen, vertreiben' (vergehen machen), 'verweilen', *idő-mulatás* 'Verweilen, Weile, Zeitvertreib, Kurzweil'; später fiel das Objekt weg, das Zeitwort *mulat* saugte die Bedeutung der ganzen Verbindung auf und bedeutete für sich allein 'die Zeit verbringen, verweilen', heute hat es nur mehr die Bedeutung: 'sich unterhalten'. — *Tapasztal* heisst ursprünglich 'betasten', jetzt heisst es 'etwas erfahren' (*tapaszt* heisst heute noch in Széklermundarten, wie *tapint* und *tapogat* in der Gemeinsprache: betasten, greifen; *tapad* 'haften, anhaften, kleben'). — *Meny* (heute 'Schwiegertochter'; *meny-asszony* 'Braut'; *menyecske* 'junge Frau') hat einst 'junge Frau' und übertragen 'Wiesel' bedeutet[1]. In letzterer Bedeutung war damit synonym *hölgy* 'Hermelin' (heute

1) Heute *menyét*, die Endung ohne Zweifel von *evét* 'Eichhörnchen' entlehnt. — Die Metapher 'junge Frau > Wiesel' in vielen Sprachen aus einem alten Märchen, s. Schrader, Reallexikon d. idg. Alt.

*hölgymenyét*), darum wurde es ihm auch in der andern Bedeutung gleichgesetzt und *hölgy* hiess nun so viel als 'junge Frau, schöne Frau, Braut'. — Wie hier durch die Bedeutung eines andern Wortes, so wird manchmal durch die Lautähnlichkeit eines sonst ganz verschiedenen Wortes die Bedeutung beeinflusst. *Ildomos* z. B. bedeutet eigentlich 'klug', da es aber dem Beiwort *illedelmes* 'anständig' ähnlich lautet, wird es ihm nicht selten auch in der Bedeutung gleichgesetzt. Nicht bloss diesen letztern Fall (wie Wundt), sondern auch den erstern können wir füglich als „korrelativen Bedeutungswandel" bezeichnen. —

Ebenso wie in andern Sprachen laufen wir im Ungarischen oft Gefahr, uns durch die Ergebnisse der Volksetymologie irreführen zu lassen. Auch hier haben Lehnwörter und sonstige fürs Sprachgefühl isolierte (von ihrer Wortfamilie getrennte) Wörter reichlich Anlass zu etymologischen Umdeutungen gegeben. *Mérföld* 'Meile' z. B. (das wir schon S. 58 erwähnt haben), scheint ein ganz durchsichtiges Wort zu sein und ein gemessenes Stück Land zu bedeuten (*mérni* 'messen'); vgl. *járó-föld* von *jár* 'begehen, durchwandern', in Ausdrücken wie *két napi járó-föld* 'eine Entfernung von zwei Tagreisen'. Und doch hat es eine ganz andere Bewandtnis damit. Die älteste Form lautet *mélyföld, mílyföld*, und hier ist das erste Wort unzweifelhaft dasselbe, wie ital. *miglia* oder das deutsche *míle, meile*, vielleicht durch slavische Vermittlung entlehnt (ursprüngl. lat. *duo milia passuum* '2000 Schritte' usw.). Das Lehnwort *míly* wurde durch das hinzugefügte *föld* verdeutlicht, wie aus dem slav. *cser* 'Zerreiche' *cserfa* wurde (*fa* 'Baum') oder aus dem slav. (*pepelka*) *pipőke* 'Aschenbrödel' *hamupipőke* (*hamu* 'Asche'). *Mélyföld* : *mérföld* ist eine nicht ungewöhnliche Dissimilation. Aus *mérföld* in der Schriftsprache mit fortgesetzter Volksetymologie seit dem XVII. Jahrh. auch *mértföld*, was schon deutlich 'gemessenes Land' bedeutet. In einzelnen Mundarten hat sich jedoch das ursprüngliche *mélyföld, miföd* erhalten.

Es gibt ein altes Zeitwort *juhász-ik, johász-ik, juhádz-ik* 'sich besänftigen lassen, sich beruhigen' (vielleicht vom veralteten *joh, juh* 'Inneres, Herz, Gemüt'). Das kausative *juhász-*

*tat* 'besänftigen' lautet natürlich *juhásztat*, dies wirkte sodann auf das Grundwort zurück, so dass man anstatt *juházik* ebenfalls *juhászik* sagte. Dies wurde nun auf *juhász* 'Schäfer' bezogen und *juhászik* zu *juhászodik* erweitert, was eigentlich 'ein Schäfer werden' hiesse, wie *pirosodik* 'rot werden' u. ä. — In der Volkssprache gibt es eine Menge solcher Umdeutungen. Das lat. *factum* wird in der Redensart gebraucht: *faktomra került a dolog* 'die Sache kam zur Entscheidung, zur Tat', lautet aber gewöhnlich *foktomra*, denn man versteht darunter *fogtomra kerül*, wörtl. 'es kommt zu meinem Zugreifen' (*fog* 'greifen, fangen'). Aus *hagymáz* 'Typhus' wird mundartlich *hagymás betegség*, wörtl. 'Zwiebelkrankheit' (*hagyma* 'Zwiebel'), aus *kirurgus* 'Chirurgus' *kirorvos* (*orvos* 'Arzt', ein Wort *kir* gibt es gar nicht), aus *sporhert* 'Sparherd' *porhely* (*por* 'Staub', *hely* 'Ort', also 'Aschenstätte'). Der *Feldmarschall* wird vom ungarischen Soldaten zu *fölmarsal* 'Obermarschall' umgedeutet, *kurz-geschlossen* zu *kuruc-vas* 'Kurutzeneisen' usw.

Im Gegensatz zur Volksetymologie, das neue Wortverbände schafft, steht die Verdunkelung des etymologischen Bewusstseins, wo nämlich durch Bedeutungswandel das Wort von seiner Sippe isoliert wird. *Hordó* 'Fass' wird längst nicht mehr als Mittelwort von *hord* 'tragen, führen' gefühlt, und doch muss es ursprünglich ein Mittel zum Tragen bedeutet haben (wie *fúr-ó* 'Bohr-er' usw.). *Szülő* von *szül* 'gebären' bezeichnet eigentlich die Mutter, wird aber seit Jahrhunderten auch auf den Vater bezogen, und die Mehrzahl *szülők* bedeutet 'Eltern' (vgl. lat. *parentes*). Niemand fühlt mehr, dass *hirtelen* 'plötzlich' eigentlich bedeutet 'ohne (vorhergehende) Kunde' (*hír* 'Kunde'), *képtelen* 'absurd' eigtl. 'formlos' (*kép* 'Form, Bild, Art und Weise'), *féktelen* 'unbändig' eigtl. 'ohne Zügel'.

*Testvér* heissen die Geschwister, Bruder und Schwester, und nie denkt man an die beiden Bestandteile des Wortes; einst hat es *egytestvér* geheissen, und so heisst es jetzt noch im Volksmund, und das will besagen: 'ein Körper (und ein) Leib'. Auch Johann Arany schreibt: „Hunor s Magyar, két dalia, *két egytestvér*, Ménrót fia“: H. und M., die beiden Recken, die beiden Brüder, Ménróts Söhne. — *Husvét* 'Ostern' hat wörtlich

'Fleischnahme' (nach Beendigung der Fastenzeit) bedeutet. — *Holmi* 'einiges, einige Sachen, Habe': *hol-mi* wörtl. 'wo — was'. — *Agyonüt* 'erschlagen, totschlagen', eigtl. 'auf den Schädel schlagen' (*agy* 'Schädel'); der ursprüngliche Sinn ist so vollständig verdunkelt, dass man nunmehr sagen kann: *agyondolgozza magát* 'er arbeitet sich zu Tode', *agyonhallgatni* 'totschweigen'. — *Fásult* 'blasiert, unempfindlich' wird nicht mehr auf *fa* 'Holz' oder *fás* 'holzig, hölzern' bezogen (*fás-ul* 'hölzern werden', *fásul-t* eigtl. 'hölzern geworden'). — *Kivált* 'besonders', abgekürzt aus dem ältern *kiváltképpen*, wörtl. 'ausnehmendermassen': *ki-vál-t* = 'was sich losgelöst, hervorgetan hat', von *ki-vál-ni* '(aus)scheiden, hervorragen, sich hervortun'.

Die Lockerung der etymologischen Verbände hat oft die lautliche Isolierung zur Folge. Das erwähnte *hirtelen* (< *hir*) wird mundartlich zu *hërtelen* und *hörtelen*. *Husvét* und *holmi*, die anfänglich nach Massgabe des letzten Bestandteiles Endungen mit vorderen Vokalen gefordert haben (*husvétre megjövök* 'zu Ostern komm ich wieder', *keresi a holmijét* 'er sucht seine Habe'), werden jetzt als einheitliche tieflautende Wörter abgewandelt: *husvétra, holmiját*. *Holmi* ist sogar in manchen Gegenden zu *hummi* geworden. —

**Die Redeteile. Verbum und Nomen. Hauptwörter, Beiwörter, Zahlwörter.** Es gibt eine Menge von Bedeutungsunterschieden, die durch formelle Hilfsmittel auch äusserlich angedeutet werden, z. B. der Unterschied des Abstrakten vom Konkreten: *szép* 'schön', *szép-ség* 'Schönheit'; des Ergebnisses von der Handlung: *költ* 'dichten', *költemény* 'Dichtung'; der Handlung vom Mittel: *dob* 'Trommel', *dobol* 'trommeln'. Alle diese Unterschiede gehören in die Lehre von den Redeteilen.

Der wichtigste Bedeutungsunterschied, der mit bestimmten formellen Unterschieden verbunden ist, ist der des Zeitworts und des Nennworts (des Verbums und des Nomens). Sowohl die Bildung, als auch die Abwandlung dieser beiden Redeteile wird im Ungarischen und auch in den verwandten Sprachen streng auseinandergehalten (s. S. 37). Zwar sind manche Abwandlungsformen des Zeitwortes ursprünglich mit Personalendungen versehene Mittelwörter (Partizipien). Das ung. *ö ment*, *ök mentek* ist wörtlich dem deutschen 'er ist gegangen, sie sind gegangen' gleichwertig (er ist ein gegangener, sie sind gegangene); das finn. *menevät* 'sie gehen' bedeutet eigtl. 'gehende', 'euntes' (*mene-vä-t*), ganz wie das türkische *geč-er-ler*. (Ebenso sind manche indogermanische Verbalformen gebildet; vgl. unsern I. Abschnitt.[1]) Allerdings gibt es in einzelnen Sprachen, z. B. im Wogulischen, auch eine Anzahl Überbleibsel aus älteren Sprachperioden, in denen derselbe Stamm unterschiedlos als Zeitwort und als Nennwort abgewandelt wird. So wird das Formans der karitiven Beiwörter im Wogulischen und auch im Ungarischen sowohl an Nominal- als auch an Verbalstämme angefügt: ung. *páratlan* 'ohnegleichen' : *pár* 'Paar', und ebenso *váratlan* 'unerwartet': *vár* 'er wartet'. (Doch finden sich im Indogermanischen ganz ähnliche Überreste eines ältern Zustandes; vgl. den I. Abschnitt.)

Eine interessante Erscheinung, die auch in anderen Sprachen nicht unbekannt ist, aber nirgends so oft vorkommt, wie im Ungarischen, ist der Gebrauch flektierter Verbalformen mit Nominalbedeutung, wodurch äusserst ausdrucksvolle Wendungen entstehen[2]). Sehr oft werden auf solche Art Tier- und Spottnamen gebildet: ein Pferd heisst *Bujdos* (wörtlich 'es irrt umher'), ein Hund *Fogd-meg* ('fass ihn!') oder *Fogsz* ('du fängst'), ein beweglicher Mensch *Mit-ugrálsz* ('was hüpfst du umher'). Andere Beispiele sind: *A van-bul nem tudott megélni, most a nincsen-bül is muszáj* (vom 'ist', d. h. von dem vielen was er hatte, konnte er nicht leben, jetzt muss er's vom 'nicht-ist', d. h. vom wenigen). *Még elötte áll ki tudja milyen hosszu szánom-bánom idő* (Jókai; es steht ihm noch eine wer weiss wie lange 'ich bereu' es' Zeit bevor, d. h. eine

1) Zu S. 39 wollen wir hier noch das dem ung. *írtam írtál írt* ganz ähnlich aus dem Part. perf. gebildete Perfekt des Persischen erwähnen: *kárdam kárdî kard*; ganz ähnliche Perfektbildungen gibt es in den türkischen Sprachen (vgl. Misteli, Charakteristik S. 64, 65, 69, 544 usw.), H. Winkler, Das Uralalt. u. seine Gruppen 31, 38 usw.).

2) S. meine ausführliche Beispielsammlung Nyr. 7, 434—444. (Vgl. indg. Ausdrücke wie *Springinsfeld*, *Habenichts*, *Shakespeare*, *Boileau*, *Bevilacqua*, *saliscendi* usw.)

Zeit der Reue). *Az erdélyi vér nem az adom-ért szolgál* (Mikes; das Siebenbürger Blut dient nicht um 'ich geb' es' dir, d. h. um Geld oder Geldeswert). *Abban a hiszem-ben volt* (er war in dem 'ich glaub' es', er war der Meinung). *Ehetnék-je volt* (er hatte 'ich möchte essen', er hatte Hunger, Lust zu essen). *Találom-ra, gondolom-ra* (aufs 'ich find' es', aufs 'ich meine es', d. h. aufs *Geratewohl*). *A félsz* (das 'du fürchtest dich' = die Furcht). *A térj-meg utca* (die Kehr-um-Gasse = die Sackgasse). *A hadd-el-hadd* (das 'lass ab, lass' = Schläge). *Ütleg, ütlek* (ich schlage dich = Schläge, oder ein Gegenstand zum Prügeln).

Die verschiedenen Arten von Zeitwörtern werden durch Bildungssilben unterschieden, die wir im folgenden Abschnitt behandeln werden, ebenso wie die verschiedenen Arten von Haupt- und Beiwörtern. —

Hauptwörter und Beiwörter werden, da es kein grammatisches Geschlecht und überhaupt keine Kongruenz der voranstehenden Beifügung gibt, formell ungefähr ebensowenig unterschieden wie z. B. im Englischen. Der einzige durchgehende formelle Unterschied ist die Steigerung, jedoch kommt es im Ungarischen ziemlich häufig vor, — ebenso häufig wie im Griechischen, — dass auch Hauptwörter als Ausdrücke typischer Eigenschaften gesteigert werden: *rókább* 'schlauer' von *róka* 'Fuchs', *kutyább* 'ärger als ein Hund' (= κύντερος), *királyabb* 'königlicher' (= βασιλεύτερος), *gyerekebb* 'kindischer' u. ä. *Rózsánál rózsább, gyönyörűbb valamennyi gyönyörnél* ('rosiger als eine Rose, prächtiger als jegliche Pracht'; Vörösmarty). — Mit dem Präfix des Superlativs und der 3. Personalendung bildet man die partitiv gemeinten Wendungen wie *legközepe* 'die richtige Mitte' (*közép* 'Mitte'), *legeleje* 'der erste Anfang, das Vorderste' (*eleje* 'sein Vorderes, sein Vorderteil') usw.

Auch sonst wird das Hauptwort sehr leicht zum Beiwort, ganz ähnlich wie im Englischen: *ezüst* 'Silber', *ezüst kanál* = engl. *silver spoon*; *arany* 'Gold', *arany bárány* 'goldenes Lamm'; *csoda* 'Wunder', *csoda dolog* 'Wunderding'; *tréfa* 'Scherz', *tréfa beszéd* 'Scherzreden'; *maradék* 'Überbleibsel', *maradék kenyér* 'übergebliebenes Brot'; *cseléd* 'Dienstbote', *cseléd leány* 'Dienstmädchen'; *leány gyerek* (wörtlich 'Mädchen — Kind') 'Tochter, kleines Mädchen'. So manches Beiwort von heute ist vor Zeiten ein Hauptwort gewesen: *ravasz* 'schlau', hatte noch im XV. Jahrhundert die ursprüngliche Bedeutung 'Fuchs'. *Dús* oder *dúzs*, aus dem italienischen *doge*, hat anfänglich den Dogen, dann einen Konsul, Patrizier, einen mächtigen Herrn bezeichnet, endlich kam es zur Bedeutung 'reich, steinreich'. *Jámbor* 'fromm', hatte ursprünglich **jó-ember* gelautet (Übersetzung des mittelalterlichen *bonus homo* s. S. 78). — Umgekehrt werden sehr viele Beiwörter, ohne irgendwie die Form zu ändern, als Hauptwörter gebraucht, wenn sie z. B. gewohnheitsmässig auf einen und denselben Gegenstand bezogen werden: *tokaji* 'Tokaier' (für *tokaji bor* 'Tokaierwein'), *fakó* 'der Falbe' (für *fakó ló* 'fahles Pferd'); ebenso die Mittelwörter, z. B. *pezsgő* 'schäumend und Schaumwein', *fúró* 'bohrend und Bohrer', *ebédlő* 'zu Mittag speisend und Speisezimmer' (nach älterem Sprachgebrauch *ebédlő ház, ebédlő szoba*; *ház* und *szoba* 'Zimmer'), *temető* 'begrabend und Friedhof' (früher ausdrücklich *temető hely* 'Begräbnisstätte' und *temető kert* 'Grabgarten').

Von den Zahlwörtern hat die Zweizahl ausnahmsweise zwei besondere Formen für substantivische und adjektivische Verwendung: die erstere heisst *kettő*, die letztere *két*, z. B. *két ember volt* 'es waren zwei Männer', aber substantivisch *csak kettő volt* 'es waren bloss zwei'. Die ersten zehn Zahlen lauten: *egy, kettő, három, négy, öt, hat, hét, nyolc, kilenc, tíz.* Die Zehner (10—100) heissen: *tíz, húsz, harminc, negyven, ötven, hatvan, hetven, nyolcvan, kilencven, száz.* Von *húsz* bis *kilencven* sind es längst verdunkelte Zusammensetzungen, von *negyven* bis *kilencven* mit einem uralten Synonym für die Zehnerzahl (*-van ven*). *Hét* 'sieben', *tíz* 'zehn', *száz* 'hundert' und *ezer* 'tausend' sind uralte Lehnwörter aus dem Indogermanischen, *hét* und *száz* allen finnisch-ugrischen Sprachen gemeinsam, *tíz* und *ezer* bloss einigen von ihnen. — Die Zahlen 11—19 und 21—29 lauten *tizen-egy, tizen-kettő . . . tizen-kilenc, huszon-egy . . . huszon-kilenc*, eigentlich auf zehn eins, auf zehn zwei, . . . auf zwanzig neun (wie im Rumänischen und Albanesischen.) — Die ersten zwei Ordnungszahlen sind, wie in vielen

Sprachen, Suppletivformen: *első* 'der erste', in den alten Denkmälern *elölsö*, eigentlich 'der vordere' von *elől* 'vorn' (wie *utólsó* 'der letzte', *hátulsó* 'der hintere' von *utól* und *hátul* 'hinten' usw.), *második* von *más* 'ein anderer' (vgl. lat. *alter* u. ä.). *Második* hat schon das gewöhnliche Formans der Ordnungszahlen, wie *harmadik* 'der dritte', *negyedik* 'der vierte' usw. Hier ist das Formans *-d* den finnisch-ugrischen Sprachen gemeinsam (als *d, t, nt*); ursprünglich und oft noch im XV. Jahrhundert hiess es bloss *másod, harmad, negyed*, wie noch heute in gewissen stehenden Verbindungen, z. B. *másod kézből* 'aus zweiter Hand', *harmad nap* 'am dritten Tag', *negyed rész* 'der vierte Teil, ein Viertel'. Die Form auf *-ik* war ursprünglich bloss substantivisch und *-ik* war eigentlich eine Personalendung (= *ok ök*); *másod-ik* hatte die Bedeutung: 'ihr zweiter', 'deren zweiter', *harmadik* 'deren dritter'. Im XV. Jahrhundert heisst es auch noch mit partitivem Genitiv: *a testvéreknek harmadik* 'der dritte der Brüder'. Desselben Ursprungs sind Ausdrücke wie *egyik* 'der eine', *a másik* 'der andere', *a jobbik* 'der bessere', *a szebbik* 'die schönere'.

**Verbalnomina.** Hier ist an erster Stelle die Nennform, der Infinitiv, zu erwähnen, mit dem Formans *-ni* (Ausführlicheres im Abschnitt über den Satzbau). Ursprünglich hatte er Zielbedeutung: *vadászni megyek* 'ich gehe jagen'. *Kenyeret akarok enni* hat eigentlich besagen wollen: Brot will ich 'zu essen', dann verschob es sich zur Objektbedeutung: ich will Brot essen, und schliesslich sagte man *enni akarok* 'ich will essen, und auch *enni kell* 'essen ist nötig'. — Eigentümlich ist der Gebrauch des Infinitivs mit Personalendungen: *ennem kell* 'ich muss essen', eigtl. 'mein Essen ist nötig', *dolgoznod kell* 'du musst arbeiten', *szabad ennie* 'er darf essen', wörtl. 'frei ist sein essen', *be szabad mennünk* 'wir dürfen hinein(gehen)' usw.

Das erste Mittelwort (Partizip) wird gewöhnlich aktiv gebraucht: *író* 'scribens' und 'scriptor', *szerető anya* 'liebende Mutter'. Früher wurde es auch im passiven Sinn verwendet (= griech. -μενος): *szerető fiam* 'mein geliebter Sohn, φιλούμενος'. Überbleibsel davon sind Ausdrücke wie *eladó* 'verkäuflich', *ivó-*

*víz* 'Trinkwasser'. (Von transitiven Möglichkeitsverben ist das Mittelwort gewöhnlich passiv: *látható* 'sichtbar', *hallható* 'hörbar', *mondható* 'was gesagt werden kann'; jedoch auch *Isten a megmondhatója* 'Gott ist dessen Sagen-könner' = Gott weiss.) — Auch bedeutet dieses Partizip das Mittel und Werkzeug der Handlung: *fúró* 'Bohrer', *véső* 'Meissel' (*vés* 'meisseln'), *ásó* 'Spaten' (*ás* 'graben'). Das Werkzeug wird hier gleichsam belebt, personifiziert, als handelnd ausgedrückt (vgl. im deutschen *Bohrer, Seiher*, wie *Schneider, Lehrer*). So auch in Zusammensetzungen: *író-toll* 'Schreibfeder, *főző-kanál* 'Kochlöffel'. Dann auch in Orts- und Zeitbenennungen, wo also Ort und Zeit als Mittel der Handlung aufgefasst werden: *fürdő* 'Bad', *temető* 'Friedhof', *háló hely* 'Schlafstelle', *alvó-idő* 'Schlafzeit'.

Das zweite Mittelwort — das der vollendeten Handlung — ist von intransitiven Zeitwörtern aktiv, von transitiven gewöhnlich passiv, wie im Deutschen, es kommen aber auch Ausnahmen vor: *a tanult lecke* 'die gelernte Lektion', hingegen *tanult ember* 'ein gelernter, studierter Mann'; *sokat tapasztalt ember* 'ein viel-erfahrener Mensch'; *kár-vallott* 'ein Schadengehabter, ein Geschädigter, Verlusttragender'. Der vorwiegend passive Gebrauch von Mittelwörtern transitiver Zeitwörter hat zur Folge, dass sie auch zur Bezeichnung der unvollendeten, dauernden Handlung verwendet werden, wenn das Verhältnis passiv gedacht werden soll (also ganz wie im Deutschen und Lateinischen): *szeretett fiam* 'fili mi dilecte, geliebter Sohn' d. h. 'Sohn, den ich liebe', *tisztelt uram* 'geehrter Herr, den ich ehre'.

Das dritte Mittelwort — das der eintretenden Handlung — hat ebenfalls aktiven oder passiven Sinn, je nachdem ein intransitives oder ein transitives Zeitwort zugrunde liegt, in letzterem Fall hat es die Nebenbedeutung der Notwendigkeit: *jövendő* 'venturus, futurus', *halandó* 'mortalis', eigtl. 'moriturus'; aber *irandó* 'scribendus', *teendő* 'agendus'. Diese Nebenbedeutung hat sich bloss in der Schriftsprache unter dem Einfluss des zufällig ähnlich lautenden lat. *-ndus* entwickelt. In einzelnen Ausdrücken bedeutet dieses Mittelwort eine längere Dauer der Handlung: *állandó* 'beständig' (*áll* 'stehen'), *maradandó* 'bleibend', *illendő* 'schicklich' (*ill-ik* 'passen, sich schicken'), *hajlandó* 'geneigt' (*hajol* 'sich neigen').

Adverbiale Verbalnomina[1]) sind *írva* 'scribendo' und *írván* = franz. 'ayant écrit'. Das letztere lebt bloss noch in der Schriftsprache, in der Umgangssprache ist nur ein Ausdruck gang und gäbe: *nyilván* 'offenbar, augenscheinlich' (*nyil-ni* 'sich öffnen'). *Írva* wird als Bestimmung der Art und Weise und des Zustandes gebraucht: *írva tanulnak olvasni* 'schreibend lernen sie lesen'; *írva van* 'es ist geschrieben'; *tanítva tanulunk* 'docendo discimus'; *be van tanítva* 'er ist eingeübt'; *pénz olvasva jó* (Sprichw., wörtl. 'Geld ist gezählt gut') 'Geld muss gezählt werden'; *el van repedve* 'es ist zersprungen'. — Zeit- und grundbestimmend haben wir Verbalnomina mit Endungen, die in drei Elemente zerlegt werden können: Formans *-t* oder *-tt* + Personalendung + *-ben* 'in'; z. B. *mentében* 'während er ging', eundo; *jártomban-keltemben* ('in meinem Gehen und Kommen') auf meinen Wanderungen; *féltükben* (indem sie sich fürchteten) aus Furcht. Im XV. Jahrhundert sagte man auch ohne *-ben*: *menette* 'während er ging', *jövettünk* 'während wir kamen'. Zwei Ausdrücke haben sich ohne Personalendung erhalten: *menet* 'im Gehen, auf der Hinfahrt', *jövet* 'im Kommen, auf der Herfahrt'.

**Umstandswörter.** Die Umstandswörter (Adverbien) sind zum grössten Teil isolierte und verdunkelte Formen von Hauptwörtern, Beiwörtern und Fürwörtern. *Részint* 'zum Teil', *alkalmasint* 'ziemlich', *szerint* 'secundum' sind mit dem veralteten Suffix *-int* von *rész* 'Teil', *alkalmas* 'geziemend, passend', *szer* 'Reihe, Art und Weise' gebildet. *Jól* wohl < **jóul* = *jó* 'gut' mit Suff. *-ul*, wie *rossz-ul* 'schlecht'. *Holnap* 'morgen', eigtl. 'am morgenden Tag' (*nap* 'Tag'); *hol* ist ein längst veraltetes Hauptwort, das noch im XVI. Jahrhundert den Morgen bezeichnete (mit der Endung *-val* 'mit': *holval, hollal* 'mit dem Morgen, am Morgen'). *Tegnap* 'gestern'; das ebenfalls veraltete *teg-* kommt in älterer Zeit mit derselben Bedeutung in den Formen *tege* und *tegeten* vor. *Minap* 'jüngst, unlängst' be-

---

1) Ausführlicheres im Abschnitt über den Satzbau.

deutet ursprünglich 'welchen Tag' oder 'irgendwelchen Tag'. *Honn* 'zuhause' ist eine uralte Flexionsform (**hod-n*) von *ház* 'Haus' (= finn. *kotona* 'zuhause' von *koto* 'Haus'). *Ide* 'her', *oda* 'hin' sind verdunkelte Lativformen von *ez* 'dieser', *az* 'jener'. Dazugehörige Lokative sind *itt* 'hier', *ott* 'dort'; Ablative *innen* 'von hier, von hinnen', *onnan* 'von dort, von dannen'; Bestimmungen der Art und Weise *így* 'sic, auf diese Art', *úgy* 'ita, auf jene Art'. *Akkor* 'damals' < *az-kor-on* 'zu jener Zeit'. Manches Umstandswort ist aber unzerlegbar oder bloss Gegenstand etymologischer Hypothesen; z. B. *le* 'hinunter', *ma* 'heute', *most* 'jetzt', *már* 'schon', *imént* 'soeben' usw.

Einzelne Adverbien entwickeln sich weiter zu Präverbien oder Verbalpräfixen (Präpositionen). Es sind das, wie in den indogermanischen Sprachen, meist Lativadverbien, die sich enger dem Zeitwort anschliessen, sehr oft eine übertragene, abstraktere Bedeutung annehmen und in ihrer Lautgestalt grösstenteils verkürzt werden. Es gibt auch in einigen anderen finnisch-ugrischen Sprachen Anläufe zu dieser Entwicklung, sie ist aber nirgends so weit fortgeschritten, wie im Ungarischen, und das ist unstreitig indogermanischem, und vorzüglich — wie zu erwarten steht — slovenischem Einfluss zuzuschreiben. Dieser Einfluss zeigt sich besonders augenscheinlich bei den beiden Präverbien, die schon in unseren alten Sprachdenkmälern eine grosse Rolle spielen: bei *meg* und *el*. Beide zeigen in ihrem Gebrauche so viel auffallende Ähnlichkeit mit jenem der slavischen Präpositionen *za* und *pre*, dass dabei ein Spiel des Zufalls völlig ausgeschlossen erscheint. *Mëg* lautet ursprünglich *mëgé* und ist der Lativ des Hauptwortes *mëg* oder *mög* 'rückwärtiger Teil, Hinterteil, pars postica', bedeutet also 'zurück, hinter': *az ajtó mëgé* 'hinter die Tür', *mëg-tér-ni* 'zurück-kehr-en' usw. Nun kommt es aber schon in der alten Leichenrede als Perfektivpräverb vor: *mige zocoztia*, lies *mëgé szakasztjá*, heute *mëg-szakasztja* 'er zerreisst', eigentlich 'anreissen, einreissen', also völlig ähnlich dem slovenischen *za* (*za goro* 'hinter den Berg', *za-húliti* 'zurück-biegen') in *za-tŕgati* 'anreissen, einreissen' (Pleteršnik: *Slovensko-nemški Slovar*[1]). Solche Übereinstim-

1) Budenz erklärt die Bedeutungsentwicklung aus einem

mungen finden wir zu hunderten: *fizetni* = *platiti* 'zahlen': *megfizetni* = *zaplatiti* 'bezahlen'; *bájolni* = *bájati* 'zaubern': *megbájolni* = *zabájati* 'bezaubern, behexen'; *zsirozni* = *béliti* 'fetten': *megzsirozni* = *zabéliti* 'anfetten'; *kapni, fogni* = *grábiti* 'fassen, packen': *megkapni, megfogni* = *zagrábiti* 'erfassen, anpacken' usw. Noch auffallender ist die Übereinstimmung im inchoativen Gebrauch (der eigentlich ebenfalls perfektivisch ist, da die betreffenden Ausdrücke den wirklichen, völligen Eintritt der Handlung bezeichnen): *csillogni* = *blestéti, bleščati* 'glänzen': *megcsillanni* (mom. Vb.) = *zablestéti, zableščati* 'erglänzen'; *megcsendülni, megzendülni, megkondulni* = *zazvoniti, zabrnéti* 'erklingen'; *megpillantani* = *zaglédniti* 'erblicken' (*pillantani* = *glédniti* 'einen Blick tun'); *megállni* = *zastáti* 'stehen bleiben' (*állni* = *státi* pf. 'treten', imperfektiv 'stehen'), und sogar *meglátom* = *za-vidim* 'ich werde sehen' (*látom* = *vidim* 'ich sehe'.) — Das andere alte Präverb, *el*, ist seiner räumlichen Bedeutung nach das Gegenstück zu *meg*: ursprünglich gleich der Lativform *elé* mit der Bedeutung 'vor, vorwärts', entspricht es bei Zeitwörtern der Bewegung gewöhnlich dem deutschen 'fort, weg': *menj el* 'geh weg' (wogulisch *ele menen*)! Der Gebrauch dieses *el-* weist ebenfalls so manches auf, was sich vollständig mit dem Gebrauche des Slovenischen *pre-* und *pro-* deckt. Es wird z. B. zur Bezeichnung der fortdauernden, durativen Handlung verwendet; vgl. *állni* = *státi* 'stehen': *elállni* = *prestáti* 'eine Zeit stehend zubringen, Bestand behalten' (Plet.)[1]; *feküdni, heverni* = *ležati* 'liegen': *elfeküdni, elheverni* = *preléžati* 'eine gewisse Zeit hindurch liegen, liegend zubringen'; *élni* = *živiti se* 'leben, sich ernähren': *elélni* = *preživiti se* 'sein Fortkommen finden, sich durchbringen' usw. Sodann hat *el-* unter Einwirkung des slov. *pre-* die Bedeutung 'über' angenommen: *el-ugrani* (NySz., heute *átugrani*) = *preskóčiti* 'überspringen';

Hinter-sich-kriegen oder Zurücklegen der Handlung und vergleicht auch das deutsche *Zurücklegen* eines Weges, *er hat das 20. Jahr zurückgelegt* usw. Nyelvt. Közl. 2, 181. Vgl. *megfizetni, megadni, zaplatiti* 'bezahlen', eigentl. 'zurückzahlen' u. dergl.

1) Die deutsche Übersetzung der hier angeführten Ausdrücke ist dem slov. Wörterbuch von Pleteršnik entnommen, passt aber ebenso genau auf die ungarischen Ausdrücke.

*el-hágni* (heut *áthágni*) = *prekoráčiti* 'überschreiten' usw. Mit dieser Anwendung mag jene andere zusammenhängen, der zufolge *pre-* und *el-* eine über das gehörige Mass hinausgehende Handlung bezeichnen, z. B. *elérni* = *prezoréti* 'überreif werden' (dagegen *megérni* = *zazoréti* 'zeitig werden'; imperfektiv: *érni* = *zoréti* 'reifen'), *elsózni* = *presoliti* 'versalzen', *elfőzni* = *prekúhati* 'verkochen' usw.[1]). Vgl. noch *eltépni*, *elszakasztani* = *pretŕgati* 'durchreissen, entzweireissen', dagegen *megtépni*, *megszakasztani* = *zatŕgati* 'anreissen, einreissen'. — Von den übrigen Präverbien kommen am häufigsten folgende vor: *föl* oder *fël* 'auf-, hinauf, herauf', *be* 'ein-, hinein', *ki* 'aus-, hinaus', *lë* und *ald-* 'nieder, hinunter', die ursprünglich ebenfalls die volleren Lativformen *fölé*, *belé*, *kivé*, *lëvé* hatten. Diese kommen meist erst in neuerer Zeit in übertragenem Sinne vor (häufig ebenfalls perfektiv, oft auch in Redensarten nach deutschem Muster), die übrigen werden noch heutzutage meist bloss im eigentlichen Sinn, viel seltener anders, auch dann gewöhnlich in lebhafteren Metaphern gebraucht: *félre* 'seitwärts', *hátra* 'rückwärts', *elő* 'vor-, hervor', *át* und *túl* 'über-, hinüber', *keresztül* 'durch', *vissza* 'zurück', *oda* 'hin' usw. —

Sehr oft begegnen wir im Ungarischen selbständig gewordenen Adverbien[2]), d. h. Ausdrücken, wie im Deutschen *zufrieden* aus *zu Frieden*, *ein zues Fenster*, *ein zuwiderer Mensch*, im Englischen *the above passage*, *my sometime friend*, franz. *l'après-midi*, *le pourboire*, und schon nach Priscian (Instit. gramm. XI. 1) im Lateinischen: „Invenimus . . . adverbium loco nominis, ut *mane novum*, *sponte suā*, *euge tuum et belle et cras alterum*.“ In gewissen Fällen lässt es sich aus den Sprachdenkmälern belegen, dass das Umstandswort durch eine Ellipse zum Beiwort geworden ist: *Jelen* 'gegenwärtig', *őszinte* 'aufrichtig', *szakadatlan* 'unablässig' werden heute ganz gewöhnlich als Beifügungen gebraucht, waren aber ursprünglich Umstandswörter ('zugegen' usw.). Man sagte einst: *a jelen*

1) Freilich wird im Slov. das Übermass der Handlung oft auch durch *za-* ausgedrückt: *zasoliti*, *zakúhati* usw.

2) Vgl. Brugmann, Kurze vergleichende Grammatik § 366: Grammatische Transfiguration, Hypostasierung.

*való óra*, wörtlich 'die zugegen seiende Stunde', *őszinte való beszéd* 'aufrichtig(seiend)e Rede', *szakadatlan való eső* 'ein ohne Ende seiender Regen'. Später wurde das inhaltleere *való* weggelassen und das Umstandswort allein als Attribut, also als Adjektiv gebraucht. Die heutigen privativen Beiwörter auf *-talan telen, -atlan etlen* waren ursprünglich Bestimmungen der Art und Weise mit der Kasusendung *-an en*; vgl. *erőtelen* 'ohne Kraft, kraftlos': *erősen* 'mit Kraft, kräftig' usw. Das Formans dieser Beiwörter lautet ursprünglich *-tál têl*, ist aber in dieser suffixlosen Form bloss in einem Wort erhalten: *meztél-láb* 'barfuss', mit der Modalendung: *meztelen, mezitelen* (wie *nehéz* : *nehezen* 'schwer', *kevés* : *kevesen* 'wenig'). Vgl. *mezeytelen* (nude) *magatt aduan cristusnak* 'sich ganz nackt Christus widmend' (Ehrenfeld-Kodex 8); heutzutage gewöhnlich mit einer neuen Modalendung: *meztelenül* oder *meztelenen*, während *meztelen* nunmehr zur suffixlosen Form erstarrt ist. — Viele erstarrte Nominative gibt es von Orts- und Zeitadverbien: *közel hely* 'naher Ort' (früher *közel való hely!*), dann mit Kasus- und Stammbildungsendungen: *közelben* 'in der Nähe', *közelről és távolról* 'von nah und fern', *messziről* 'weit her' (*távol* 'fern', urspr. 'von fern', *messzi* 'weit', eigtl. 'weit weg'), *az éjjel* 'die Nacht' (*éjjel* 'Nachts'), *a nappal* 'der Tag', *éjjeli* 'nächtlich' usw. — Ganz regelmässig treten die Postpositionen *-ig* 'bis' und *felé* 'gegen, -wärts' und die Adjektivformantien *-só ső* und *-i* zu Orts- und Zeitadverbien: *föl-ig* = 'bis hinauf', *oddig* = 'bis dahin' (*oda* 'dahin'), *hazáig* = 'bis nach Hause' (*haza* 'nach Hause'); *ma* 'heute' : *máig* 'bis heute', *mostan* 'jetzt' : *mostanig* 'bis nun', *soká* und *sokáig* 'lange'; *oda felé* 'hinwärts', *haza felé* 'heimwärts'; *hátul* 'hinten' : *hátulsó* 'rückwärtig', *közben* 'im Zwischenraum' : *közbenső* 'dazwischen befindlich'; *közeli* 'nahe (befindlich)', *távoli* 'entfernt', *mai* 'heutig', *mostani* 'jetzig' usw. Ferner das Steigerungsformans: *közelebb* 'näher', *távolabb* 'ferner', *odább* 'weiterhin', *hátrább* 'weiter hinten' (*hátra* 'rückwärts, hinten'), *örömestebb* 'lieber' (*örömest* 'gern'). — Auch Umstandswörter, die aus Hauptwörtern mit Postpositionen entstanden sind, erstarren zu Nominativen und werden auch weitergebildet, wie *a dél-után* 'der Nachmittag', *délutáni* 'nachmittäglich, Nachmittags-', *a Dunántúl* '(die Gegend) jenseits der Donau', *Dunántúlról* 'von jenseits der Donau', *dunántúli* 'jenseits der Donau (befindlich)' (vgl. franz. *d'outre-mer*, im Deutschen neuestens *die Übersee*, eigentlich eine Rückbildung aus *überseeisch* u. dgl.). Hie und da auch von gelegentlichen Verbindungen, wie *a föld fölött* 'über der Erde': *földfölötti* 'überirdisch', *a viz alatt* 'unter dem Wasser': *vizalatti* 'unter dem Wasser befindlich' usw. (Über Zusammensetzungen mit adverbialem Vorderglied s. weiter unten S. 269.)

**Fürwörter und Verhältniswörter.** Von den Fürwörtern lauten die persönlichen wie folgt: *én* 'ich', *te* 'du', *ő* 'er', *mi* oder *mink* 'wir', *ti* (volkstümlich auch *tik*) 'ihr', *ők* 'sie'. — Der Akkusativ lautet *engem* oder *engemet*, *téged* oder *tégedet*, *őt* oder *őtet*, *minket*, *titeket*, *őket*. In *engemet*, *tégedet*, *minket*, *titeket* ist vor der Akkusativendung die betreffende Personalendung des Besitzers deutlich zu erkennen, so dass *engemet* eigentlich besagen will: 'mein ich', *tégedet* 'dein du' usw. Für das unbetonte *minket*, *titeket* hat man auch die verdunkelten Partitivakkusative: *bennünket*, *benneteket*. — Die Genetive des Besitzers lauten *én*, *te*, *ő*, *mi*, *ti*, *ő* (nicht *mink*, *tik*, *ők*!)[1]), in der ältern Sprache auch *en*, *ten*, *ön* oder *enen*, *tenen*, *önön* (*ennen*, *tennen*, *önnön*) usw. — Die besitzanzeigenden Fürwörter lauten *enyém* oder *enyim*, *tiéd* oder *tied*, *övé* (volkstümlich auch *övéje*, von **öv-* = *ő*), *miénk* oder *mienk*, *tiétek* oder *tietek*, *övék* (volkstümlich auch *övéjük*). Darin sind deutlich die folgenden drei Elemente enthalten: pers. Fürwort + Formans des Besitzes *-é* + Personalzeichen des Besitzers. — Die Mehrheit des Besitzes wird durch das noch eingefügte Formans *-i-* ausgedrückt: *enyé-i-m* 'die meinigen', *tié-i-d* 'die deinigen, *övé-i*, *mié-i-nk*, *tié-i-tek övé-i-k*.

Das reflexive Fürwort lautet *magam*, *magad*, *maga*, *magunk*, *magatok*, *maguk*, z. B. *elrejtem magamat* 'ich verstecke mich', *elhárította magá-tól* 'er wehrte es ab (von sich)'.

1) Unmöglich aber ist die Konstruktion, die Misteli Charakteristik S. 362 anführt: „*ő hallottak* 'sie haben gehört', eigentlich 'er haben gehört . . .“ Es heisst immer: *ők hallottak*.

Es wird aber auch im Sinne des deutschen 'selbst' gebraucht: *én magam láttam* 'ich selbst hab es gesehen'. (Eine eigentümliche Fügung: *ötöd-magával*, wörtlich 'mit fünftem selbst', d. h. mit sich selbst als fünften, 'selb-fünft', skr. *ātma-pañca-mas.*) — *Magam, magad* usw. ist eigentlich die mit Besitzendungen versehene Form eines veralteten Hauptwortes *mag-*, das möglicherweise mit *mag* 'Kern' identisch ist, also *magam* 'mein Kern, mein Wesen, meine Person'. Als Besitzer (Genitiv) wird es am Besitzwort heute noch durch die Endung der dritten Person vertreten: *a magam ház-a* 'mein eigenes Haus', wörtlich 'das meiner-Person ihr Haus', ganz wie *az anyám háza* 'das meiner-Mutter ihr Haus'. (Bloss mundartlich ist die Neuerung durchgedrungen: *a magam házam, a magad házad* — mit dem Suffix der entsprechenden Person, d. h. 'das meiner-Person mein Haus'.)

Die hinweisenden Fürwörter haben (wie in den verwandten und auch in unverwandten Sprachen, s. Wundt[1]) 2, 56, 176 usw.) ohne Ausnahme je zwei Formen: eine mit vorderm Vokal für das Nähere, und eine mit hinterm Vokal fürs Entferntere. *Ez* subst., *ezen* adj. 'dieser' *az* subst., *azon* adj. 'jener' (für das adjektivische *ezen, azon* wird in der lebenden Sprache durchgehends ein eigentümlicher Appositionsausdruck verwendet: *ez a ház* 'dieses Haus', eigentlich 'dieses das Haus', *ennek a háznak*, wörtlich 'diesem dem Hause'[1]), *az-t a kocsi-t* 'jenen den Wagen'). *Em-ez* 'dieser hier', *am-az* 'jener dort'. *Ugyan-ez* 'dieser selbe', *ugyan-az* 'derselbe, idem'. *Ennyi* 'so viel (wie dieses)', *annyi* 'so viel (wie jenes)'; für *ez-nyi, az-nyi*. *Ekkora* und *akkora* 'so gross'. *Ilyen, ily* 'huiusmodi', *olyan, oly* 'eiusmodi, *talis*'. *Ide, oda* usw., sieh die Umstandswörter. *Eddig* 'bis hieher', *addig* 'bis dorthin'. *Erre* 'in dieser', *arra* 'in jener Richtung'.

Aus dem hinweisenden *az* hat sich — mit Akzentverlust — der bestimmte Artikel (*az* und *a*) entwickelt, während sich ein unbestimmter aus dem Zahlwort 'eins', *egy*, entwickelt hat.

1) Nie *ennek háznak* usw., wie es bei H. Winkler, Weiteres zur Sprachgeschichte S. 105 angeführt wird. (Ebenso unrichtig ist daselbst *tünek magatok* für *tünen* oder *tinnen magatok.*)

Beide werden mit geringen Abweichungen ungefähr wie im Deutschen gebraucht (die wichtigste Abweichung ist der artikellose Gebrauch des Prädikathauptworts: *a sas madár* 'der Adler ist ein Vogel'). Das ungarische ist die einzige finnisch-ugrische Sprache, die einen voranstehenden Artikel besitzt. Die finnisch-ugrische Grundsprache hatte einen suffigierten Artikel, der sich aber bloss in der bestimmten Deklination des Mordwinischen und im ungarischen Akkusativ erhalten hat.

Das fragende Fürwort lautet für die Person *ki?* 'wer?' für die Sache *mi?* 'was?' auch *kicsoda, micsoda?* wörtlich 'wer Wunder? was Wunder?'. *Mely, melyik* 'welcher?' *Mily, milyen* 'qualis?' (erst im XVIII. Jh. entstanden, eine Kombination von *mely* und dem hinweisenden *ily*). *Mennyi* 'wie viel?' (älter *mi-nyi,* dann umgeformt unter der Einwirkung des hinweisenden *ennyi*). *Mekkora* 'wie gross?' (älter *mikorú, mikora,* dann *mekkora* wegen *ekkora*). *Merre* 'in welcher Richtung?' (nach An von *erre*; früher *melyre*). *Mikor* 'wann?' *míg* (veraltet) und *meddig* 'bis wann?' (*-ig* 'bis'). *Mint* (für *mi-int, mi ént*), *miként, mikép* 'wie?' *Miért* 'warum?' — Eine andere Reihe vom Interrogativstamm *ho-* (= finn. *ku-* usw.) ist: *holyan,* mundartlich = *milyen*; *hány* 'wie viele' (vgl. *mennyi*); *hol* 'wo?' *honnan* 'woher?' *hová, hova* 'wohin?' *hogy, hogyan* 'wie?' (vgl. *így, úgy* 'so').

Die unbestimmten Fürwörter sind Zusammensetzungen mit den fragenden: *vala-ki* 'ali-quis', *vala-mi* 'ali-quid', *vala-hol* 'irgendwo', *vala-hogy* 'irgendwie' usw. (vgl. tscheremissisch *ala-kö* 'aliquis, *ala-mö* 'aliquid', wog. *ǫlą-khan* 'aliquid' usw.)[1]). Mit einem dem Slavischen entlehnten Vorderglied: *né-ki* 'irgendwer' (veraltet), *né-mi* 'einiges', *né-mely* 'mancher', 'manches', *né-hány* 'einige', *né-hol* 'hie und da'. — Einräumende Fürwörter sind: *akár-ki* und *bár-ki* 'wer immer', *akár-mi, bár-mi* 'was immer', *akár-hol, bár-hol* 'wo immer' usw. *Akár* und *bár* sind einräumende Bindewörter mit der Bedeutung ob,

1) Das unzusammengesetzte *ki* und *hol* wird ebenfalls unbestimmt verwendet, aber bloss paarweise: *ki a feleségével, ki a lányával* (= franz. *qui avec sa femme, qui avec sa fille*); *hol ide, hol oda* 'bald hieher, bald dorthin'.

lat. sive. — Negative Fürwörter: *senki* 'niemand' (**sem-ki*), *semmi* 'nichts', *sehol* 'nirgends' (**semhol*), *soha* 'nie' (**semha*) usw. *Sem* ist das negative Bindewort: 'auch — nicht, nec', aus *és-nem*. (Im Wogulischen heisst es einfacher *nēm-χǫtpä* 'n-iemand', *nē-mäter* 'n-ichts' usw.) — *Minden, mind* 'all-, alles', *mindenki* 'jeder', *mind-egyik* 'ein jeder', *mindenhol* 'überall', *mindig* 'immer' (eigentlich *mindíg, mindég*, zusammengezogen aus *mindétig*, älter *mind-élt-ig* 'all sein Leben lang') usw.

Die relativen Fürwörter sind ursprünglich den fragenden gleich (wie im Finnischen, Lateinischen und vielen anderen Sprachen, Wundt[1] 2, 294)[1]): *mi atyánk, ki vagy a mennyekben* 'Vater unser, der du bist im Himmel'. Heutzutage werden aber durchgehends die Zusammensetzungen *aki, ami, amely, ahol* usw. gebraucht. *Aki* lautete ursprünglich *az ki* und besagte 'der, welcher'; *az ki egykor fegyvert fogott* 'der, welcher einst zu den Waffen griff' (dann analogisch übertragen anstatt *azt ki, annak ki* und so fort). — In der ältern Sprache galt auch das unbestimmte *valaki, valami, valahol* usw. ganz gewöhnlich als relatives Fürwort (jedoch bloss ohne ein damit in Beziehung gesetztes Substantiv im Hauptsatz). Ein Überbleibsel davon ist: *valahányat csak láttam* 'soviele ich nur gesehen habe', *valahányszor itt volt* 'sooft er hier war'.

Die Verhältniswörter bezeichnen zum Teil die gegenseitigen Beziehungen von Sätzen. Hieher gehören eigentlich auch die relativen Fürwörter; ihre adverbialen Ableitungen ergeben dann die unterordnenden Bindewörter, wie *mint, amint* 'wie', *mikor* 'wenn, als', *mert* (aus *miért*) 'weil', *ha* 'wenn', *ahol* 'wo', *ahogy* 'wie', *hogy* 'dass' usw. Aus diesen entstehen einige zusammengesetzte Bindewörter: *mintha* 'als ob', *mintsem* 'als dass', *habár, bárha, noha* 'wenn auch, obwohl'. Die beiordnenden Bindewörter sind sehr verschiedener Herkunft, die interessantesten in dieser Hinsicht sind *söt* 'vielmehr', *hanem* 'sondern', *pedig* 'aber, und doch' (s. die Satzlehre[2])). — Die

1) Für die Entstehung des relativen Gebrauchs aus dem fragenden gibt es eine einfachere Erklärung als diejenige Wundts. Die relative Fügung *wer wagt, der gewinnt* kann sich unmittelbar aus der folgenden entwickelt haben: „*Wer wagt? Der gewinnt.*"

2) Vgl. des Verf. Werk *A magyar kötöszók* (die ung. Binde-

übrigen Verhältniswörter dienen der Beziehung der Satzteile, das sind die Postpositionen, die fast ausnahmslos verdunkelte Kasusformen von Hauptwörtern sind. So ist z. B. *alatt* 'unter (wo?)', *alá* 'unter (wohin?)', *alól* 'von unter' (*de dessous*) der Lok., Lativ und Abl. des Hauptwortes *al* (*al-ja*) 'Unterteil, Unteres': *föld alatt* 'unter der Erde'. *Fölött* 'über', *fölé* und *fölül* von *föl, föl-e* 'Oberes'. *Mellett* 'neben', *mellé, mellől* von *mell* 'Brust'. *Után* 'nach' ist eigentlich die dritte Person von *út* 'Weg': *ut-á-n* 'auf seinem Wege'. *Múlva* 'nach (Verlauf von)' und *-től fogva* 'von (.. angefangen)' sind zu Verhältniswörtern herabgesunkene Gerundien, wie das deutsche *während*, das französische *durant, pendant*. Die Postposition *nélkül* 'ohne' ist aus der Endung *-nál nél* 'bei' und dem Adv. *kül* (*kivül, külön*) 'ausserhalb, abgesondert' zusammengewachsen: im XV. Jahrhundert heisst es noch: *íj-nél és kard-nál kül* 'ohne Bogen und Schwert', heute sagt man *íj és kard nélkül.* — Aus Postpositionen haben sich auch die neueren Kasusendungen entwickelt. Die Endungen *-ra re* 'auf' (ad) und *-ba be* 'in' (hinein) waren einst Postpositionen und lauteten *red* und *belé*. Vor siebenhundert Jahren sagte man noch nicht *útra* 'auf den Weg', *világba* 'in die Welt' sondern *út red, világ belé* (*utu rea, vilag bele*, wie wir in den betreffenden Sprachdenkmälern lesen).—

**Gebrauch der Mehrzahl.** Den Dual, der in einigen verwandten Sprachen erhalten ist (im Lapp., Wog., Ostj.), hat das Ungarische schon in vorgeschichtlicher Zeit verloren. Was den Plural anlangt, ist die Tendenz vorherrschend, ihn so sparsam als möglich zu verwenden. Nach Zahlwörtern bleibt das Hauptwort regelmässig in der Einzahl: *négy király* 'vier Könige', *sok virág* 'viel Blumen'. — Die Beifügung bleibt vor Hauptwörtern immer unverändert: *jó emberek* 'gute Menschen' (im Suomi ist die Kongruenz zur Regel geworden: *hyvät ihmiset*). Hingegen stimmt das Prädikatsnomen mit dem Subjekt überein: *a virágaim hervadtak* 'meine Blumen sind welk' (ebenso

wörter, drei Bände, Budapest 1881—83) und dessen Besprechung durch Franz Misteli, Zeitschr. für Völkerpsychologie und Sprachwissenschaft Bd. 17, S. 62—87.

die Apposition in Zahl und Kasus). Doch finden sich hier Ausnahmen in der ältern und in der Volkssprache: *mend ozchuz iarov vogmuc* HB. 'alle dahin wandelnd sind wir' statt *járók*; *üdvöz legyetek* 'seid gegrüsst' statt *üdvözök*. Ausserdem gibt es natürlich mancherlei Abweichungen bei Kollektiven, überhaupt in Fällen, wo sich die Bedeutung eines Wortes im Gegensatz zu seiner Form geltend macht: *Aztán hadaikhoz kiki eloszolnak* (Arany: Buda Halála) = lat. *deinde ad exercitus suos quisque se conferunt*. *Pur es chomuv vogmuc* HB. = 'Staub und Asche sind wir'. Ausserdem ist es aber etwas sehr Gewöhnliches, dass sich prädikative Bestimmungen, Essive und Faktive, der Kongruenz entziehen (so wie in vielen andern, verwandten und unverwandten Sprachen, vgl. des Verf. Abhandlung Nyr. Bd. 14); z. B. *a huszárok vitézül harcolnak* 'die Husaren kämpfen heldenmütig, eigtl. als Helden', statt *vitézekül*; *szüleit szerencsétlenné tette* 'seine Eltern machte er unglücklich, eigtl. zu Unglücklichen', statt *szerencsétlenekké*. — Im Gegensatz zum Lateinischen, Französischen und Deutschen steht in der Volkssprache gewöhnlich und auch in der Schriftsprache häufig nach zwei Subjekten die Einzahl (wie oft in slavischen Sprachen, Miklosich: Vergl. Synt. 47): *Szépség meg fiatalság hamar elmúlik* 'Schönheit und Jugend vergehen bald'. Im Gegensatz hiezu nehmen oft zwei durch *-vel* 'mit' verbundene handelnde Personen das Prädikat in der Mehrzahl zu sich (wie in slavischen und andern Sprachen, vgl. Mikl. 47—48 und Verf. Magyar Határozók 1, 363): *A vezér egynéhány föemberrel fogságba kerülnek* = 'dux cum aliquot principibus capiuntur'. Jedenfalls ist dies eine Vermischung zweier Gesamtvorstellungen: *a vezér egynéhány föemberrel fogságba kerül* × *a vezér és a föemberek fogságba kerülnek*. — Über die Inkongruenz *a magyarok királya* statt *a magyarok királyuk* ('der Ungarn König') sieh die Satzlehre.

Viele Begriffe gelten im Ungarischen im Gegensatz zum Deutschen als Kollektivbegriffe, so z. B. Tier- und Obstnamen, 'Blume, Perle, Haar' u. dgl. *Halat eszik* 'Fische isst er'. *Nyúlra vadásztunk* 'auf Hasen jagten wir'. *Kecskeméten egy almafa, arany alma terem rajta* (Volkslied) 'in Kecskemét ein Apfelbaum, goldne Äpfel wachsen drauf'. *Virág mit ér, mit ér a bérc nekem?* (Eötvös J.) 'Was sind mir Blumen, was die Felsen wert?' *De mit ér a szép aranyhaj?* (Gyulai). 'Was nützen jedoch die schönen goldnen Haare?' (Ganz ähnlich im Slavischen, Mikl. 44. — *Almák, dinnyék* = 'Apfelsorten, Melonensorten', wie *borok* = 'Weinsorten, Weine'.) — Eigentümlich werden die Namen der Körperteile meist in der Einzahl gebraucht': *álmos szemmel* 'mit schläfrigen Augen' statt *szemekkel*, *fáj a lábam* 'die Beine tun mir weh' statt *lábaim*. Und ganz folgerichtig sagt man: *fél szemmel* 'mit einem Auge', *fél lábára sánta* 'auf einem Fusse lahm', wörtl. 'mit halbem Auge = die Hälfte des Augenpaares' usw.

**Gebrauch der Besitzendungen.** Die persönlichen Besitzendungen (possessiven Personalsuffixe) sind so bequeme, leichtbeschwingte Beziehungselemente, dass sie viel häufiger gebraucht werden, als die entsprechenden possessiven Fürwörter in den indogermanischen Sprachen. Sie werden fast immer angewendet, wo irgend ein Verhältnis zweier Substantivbegriffe angedeutet werden soll. So gebraucht man sie in den meisten Anreden, die ein persönliches Verhältnis bezeichnen: *édes fiam, édes leányaim!* (Mehrzahl mit *-i, ai, jai*) 'lieber Sohn, liebe Töchter!' *uram!* 'Herr!' *bátyám uram!* 'Herr Vetter!' *barátom!* 'Freund!' Nie bloss *édes fi, barát* usw. — Ferner werden die Verwandtschaftsnamen und die Namen der Körperteile verhältnismässig selten ohne Personalendungen gebraucht[1]. Daher der grosse Einfluss der Formen wie *fejem fejed feje, szarvam szarvad szarva* auf die übrigen grammatischen Formen, so dass z. B. die alten Nominative *fő* 'Kopf' und *szaru* 'Horn' durch die neueren *fej* und *szarv* ersetzt wurden. — Ebenso die meisten Teilbegriffe, wie *fele* 'die Hälfte' (*fél* 'halb'), *eleje* 'das Vorderteil' (*elő* 'vorder-'), *java, leg-java* 'das Beste von etwas' (*jó* 'gut'); *melyik-ünk* wörtl. 'unser welcher' usw. — Dann gibt es subjektive und objektive Genitive und noch sehr viel anderes, z. B. *Karáját hüvelyébe dugta* 'er steckte das

1) Ebenso in den verwandten und auch in manchen unverwandten Sprachen (vgl. Misteli, Charakteristik S. 80, 385; Sayce, Introduction of the Sc. of L. 1, 121).

Schwert in die Scheide', wörtlich: 'er steckte sein Schwert in dessen Scheide'. *Veszi útját Nagyváradnak* (Arany) 'er nimmt den Weg, seinen Weg, gen Nagyvárad'. Eigentümlich ist der Ausdruck für 'ich habe, habeo, est mihi': *van (nekem) pénzem* 'ich habe Geld', *megvan a pénzem* 'ich habe mein Geld'; *nincsenek könyveid* 'du hast keine Bücher', wörtl. 'deine B. sind nicht' [1]). Ferner gewisse Zeitbestimmungen: *Három hete, hogy a Tiszán halásztam*, 'es sind [dessen] drei Wochen, dass ich in der Theiss fischte'. *Napjában háromszor eszünk* 'wir speisen dreimal täglich, eigtl. in dessen Tag'. *Hamarjában nem vettem észre* 'in der Eile (in dessen Eile) bemerkte ich's gar nicht'. *Nyárára* 'für den Sommer (für dessen Sommer)'. — Im Deutschen entsprechen oft die Dative: *mir, dir, ihm* usw.: *fáj a fejed?* 'tut dir der Kopf weh'? *elloptak két könyvemet* 'man hat mir zwei Bücher gestohlen'.

Das Stammbildungssuffix *-é* bildet Hauptwörter, die den Besitz der im Grundwort genannten Person ausdrücken: *Kié ez a ház?* 'wessen Besitz ist dieses Haus? wem gehört dieses Haus?' *Péteré, atyámé* 'Peters, meines Vaters Eigentum'. Mit Verhältnissuffixen: *a Péteré-t ellicitálták* 'Peters (Haus) hat man versteigert'; *Péteré-ben még sohase voltam* 'in Peters (Hause) war ich nie'. — Die Mehrzahl des Besitzes kann hier durch ein hinzugefügtes *-i* angedeutet werden: *ezek a házak Péteréi, atyáméi* 'diese Häuser sind diejenigen Peters, meines Vaters' [2]). (Ebenso werden die Besitzfürwörter mit *-é*, ihre Mehrzahl mit *-i* gebildet, ausserdem nehmen sie aber die possessiven Personalendungen an, z. B. von *én, te, ő* 'ich, du, er': *eny-é-m* 'mein, der meinige', *enyé-i-m* 'die meinigen', *tiéd, tiéid, övé* statt *övéje, övéi*). — Eine andere Pluralbildung mit ganz anderer Bedeutung ist *Péteré-k* 'diejenigen Peters', aber bloss die Leute, die Angehörigen Peters; *Péterék megjöttek* 'Peters sind angekommen'; *öcséméк* 'meines Bruders Leute, Familie'; *ez a meg-*

1) Vgl. Misteli S. 61 und 73.

2) Welche Kürze durch die Anwendung dieser Formen erzielt wird, möge ein Beispiel zeigen. Bei Meyer-Lübke (Einführung in d. Stud. d. rom. Sprachw. 68) heisst es: „inwieweit die Veränderungen jener nicht bedingt sind durch diejenigen dieser"; ungarisch hiesse es: *mennyiben nem függnek amazoknak változásai ezek-é-i-től.*

*hívó Péteréknek szól* 'die Einladung ist an Peters gerichtet' (*szól* 'spricht'); *Péterék-é* 'der Besitz von Peters'.

Besonders erwähnt sei die Eigenheit, dass die Personalendungen auch an die Verhältniswörter (Kasusendungen und Postpositionen) herantreten, um dieselben Verhältnisse auszudrücken, die im Indogermanischen durch Fürwörter mit Präpositionen ausgedrückt werden, z. B. *velem, veled, vele* oder *én-velem, te-veled, ő-vele* 'mit mir, mit dir, mit ihm' (vgl. lat. *mecum, tecum, secum*), *bennem, benned, benne* 'in mir, in dir, in ihm' (vgl. keltisch *annam, annad, anna* 'in mir' usw.), *közöttünk, közöttetek, közöttük* 'zwischen uns, euch, ihnen' usw.

## Bibliographie.

Simonyi Zs.: *A jelentéstan alapvonalai* (Grundzüge der Bedeutungslehre, akad. Abhandlung 1881). — Eine kritische Übersicht der einschlägigen Literatur und Versuch eines Systems der Bedeutungslehre. (Ein anderer ungarischer Versuch von Ignaz Halász M. Nyelvőr XXVIII. 57.)

Szolár Ferenc: *Jelentés-tanulmányok az asszimilációs jelentésváltozásról* (Bedeutungsstudien über assimilativen Bedeutungswandel). Nyelvészeti Füzetek Nr. 35.

Szeremley Császár L.: *Jelentés-tanulmányok a komplikációs jelentésváltozásról* (Bedeutungsstudien über komplikativen Bedeutungswandel). Nyelvészeti Füzetek Nr. 36.

Szilasi Móric: *Faludi nyelve* (die Sprache Faludis) und *Jelentéstani tanulmányok* (Stud. z. Bedeutungsl.). M. Nyelvőr 1886—87.

Simonyi Zs.: *Névszókul használt igealakok* (Verbalformen als Nomina gebraucht). M. Nyelvőr 1878. — *Önállósított határozók* (selbständig gewordene Adverbien). Budenz-Album 1881.

Szarvas Gábor: *A magyar mutató névmás* (das hinweisende Fürwort im Ungarischen). M. Nyelvőr 1886. — P. Thewrewk Emil: *Az udvariasság nyelve* (die Sprache der Höflichkeit). M. Nyelvőr 1897.

Tolnai V.: *Személynevek mint köznevek* (Personennamen als Appellativa). M. Nyelvőr 1899. — Erklärungen von Redensarten, M. Nyelvőr 1902—03.

Kulcsár E.: *A magyar nyelv képes beszéde* (die Bildersprache im Ungarischen). M. Nyelvőr 1900—01. — Zlinszky A.: *Nemzeti vonások a szálló igékben* (nationale Züge in den geflügelten Worten). M. Nyelvőr 1896.

Simonyi Zs.: *A visszaható igének egy különös használata* (ein eigentümlicher Gebrauch des reflexiven Zeitwortes, nämlich zur Bezeichnung der Intransivität). M. Nyelvőr 1878.

Kúnos Ignác: Studien über Volksetymologie, M. Nyelvőr 1883—84—85. — Nádai Pál: *A magyar népetimológia* (die ung. Volksetymologie). Nyelvészeti Füzetek Nr. 27.

## Dritter Abschnitt.

# ZUSAMMENSETZUNG UND STAMMBILDUNG.

**Die Zusammensetzung**[1]), die bequemste Art der Wortschöpfung, ist im Ungarischen sehr reich entwickelt, wenn auch nicht so reich wie im Griechischen, Deutschen oder Englischen. Den deutschen Adjektiven, die aus Hauptwort und Beiwort zusammengesetzt sind, entsprechen im Ungarischen meistens Stammbildungen mit Adjektivendungen, z. B. geist-reich: *szellemes*, schwung-voll: *lendületes*, stimmungs-voll: *hangulatos* usw. Auch entsprechen den zusammengesetzten Hauptwörtern des Deutschen sehr häufig attributive Wendungen, so z. B. Obstgarten: *gyümölcsöskert*, Wasserglas: *vizespohár*, Wasserpflanze: *vizi növény*, Winterpflanzen: *téli növények*.

Für die richtige Einteilung und Erklärung der Zusammensetzungen ist meines Erachtens der Grundsatz massgebend, dass jeglicher Kompositionstypus aus dem Satze, also aus einer

1) Um nicht der Ausseracbtlassung der neuesten Behandlung der Zusammensetzung (in Wundts Völkerpsychologie) beschuldigt zu werden, will ich nur ganz kurz bemerken, dass mir Wundts Behandlung für unsere Zwecke sehr unbefriedigend erscheint. Seine Einteilung wird sich wohl in keiner einzigen Sprache mit der geschichtlichen und formalen Entwicklung decken, die doch durch die psychologische Analyse erhellt und nicht verdunkelt werden soll. Es bedarf z. B. gar keines Beweises dafür, dass es für eine Zusammensetzung als solche ganz gleichgültig ist, ob eine Wahrnehmungsassoziation oder eine Erinnerungsassoziation dem Ausdruck zugrunde liegt; *Rittersporn* und *Leberfleck* sind einfach Metaphern wie eine jede andere Metapher: als Zusammensetzungen sind sie ebenso zu beurteilen, als wäre von eisernen Rittersporen oder von wirklichen Leberflecken im Tischtuch die Rede. (S. Völkerpsychologie, Die Sprache[1] 1, 607. Vgl. noch die hier folgenden Anmerkungen.) Wie ich nachträglich sehe, erklärt auch Rozwadowski (Wortbildung und Wortbedeutung 1904, S. 56) Wundts Einteilung der Zusammensetzungen für unbrauchbar.

syntaktischen Wortgruppe (durch „syntaktische Isolierung") hervorgegangen sein muss. Die jüngeren Typen gelten bloss vermöge ihrer Bedeutung als Worteinheiten, da sie ihrer Form nach den lebendigen, regelmässigen syntaktischen Fügungen gleichen: *der Hohepriester*, *senatusconsultum*, ung. *úr-napja* 'Fronleichnamstag', wörtl. 'des Herrn Tag'. Die älteren Typen dagegen umfassen auch der Form nach einheitliche Wörter, da diese Form in der lebenden Syntax, für konkret individualisierende Verhältnisse ungebräuchlich ist. Sie muss aber vorzeiten ebenfalls eine gewöhnliche gewesen sein: der Typus *úr-nap* 'Fronleichnamstag' stammt aus jener Urzeit, da zwei Hauptwörter ohne jede Formveränderung sich gegenseitig bestimmen konnten, und ebenso ist der Typus indogermanischer Stammkomposita wie ἱππόδρομος „nur unter der Annahme verständlich, dass Gebilde wie **eḱu̯o* einst in uridg. Zeit im Zusammenhang ebenso verwendbar gewesen sind wie flexivische Kasusformen in jüngeren Perioden" (Brugmann[1])).

Die Zusammensetzungen sind entweder nebenordnend (Kopulativkomposita), wie *adás-vevés* (Geben-Nehmen, Verkaufen-Kaufen) 'Handel', *okos-bolond* (klug-närrisch) 'halbnärrisch', oder aber unterordnend (Determinativkomposita), wie *búcsu-vétel* 'Abschiednehmen', *hit-szegés* 'Treubruch'.

In der Nebenordnung werden meist zwei synonyme Wörter verbunden, und zwar die verschiedensten Redeteile. Hieher gehören Verba wie *jár-kél* 'hin und hergehen', *fúr-farag* (bohren-schnitzen) 'schnitzeln'; Substantive wie *ág-bog* 'Geäste', *szó-beszéd* 'Gerede', *pör-patvar* 'Gezänke'; Adjektiva wie *bús-komoly* 'melancholisch', *fekete-sárga* 'schwarz-gelb'; Zahlwörter: *harminc öt* 'triginta quinque', *száz-húsz* 'hundertzwanzig'[2]) und anderseits *egy-két* 'ein oder zwei', *kettő-három*

1) In sprachgeschichtlicher Hinsicht ungenau ist Wundts Ansicht (1, 605), laut welcher die zweite Klasse Zusammensetzungen umfasst, „deren Teile so wie sie in das neugebildete Wort eingehen [als Beispiel dient *Trinkgeld*], unmöglich als ursprünglich selbstständige Wortgebilde in einem Satze vorgekommen sein können". Über den Typus *Trink-geld* s. Osthoff, Das Verbum in der Nominalkomposition.

2) Hier auch drei- und viergliedrige, wie *ezerszázharmincnyolc*

'zwei-drei'; Adverbien: *keresztül-kasúl* 'kreuz und quer', *szerte-szét* 'nach allen Seiten'. — Es werden aber auch oft gegensätzliche Begriffe verbunden; z. B. Zeitwörter wie *jő-megy* 'hin und hergehen', *ad-vesz* 'handeln'; Substantive wie *ár-apály* 'Flut und Ebbe', *adás-vevés* 'Handel'; Adjektiva: *okos-bolond*, *testi-lelki-barát* 'Busenfreund'; Adv. *éjjel-nappal* = 'νυχθ-ήμερον', *hanyatt-homlok* 'über Hals und Kopf', *körül-belül* 'ungefähr', *fel-alá* 'auf und ab'. — Die Glieder dieser Zusammensetzungen bewahren häufig so viel Selbständigkeit, dass neue Suffixe an beide Teile gleichmässig angefügt werden, z. B. *fúr-farag* : *fúrás-faragás* 'Schnitzeln', *rúg-kapál* 'ausschlagen': *rúgnak-kapálnak* (3. pl.); man sagt aber auch *rúgkapálnak*, *rúgkapálni*. Substantive werden ebenfalls auf zweierlei Art abgeändert. Man sagt *ága-boga*, *ágas-bogas*, *egyet-kettőt*, *ketten-hárman*, aber auch *ágboga*, *ágbogas*, und nur *pörpatvarban*, *szóbeszédre*, nicht aber *pörben-patvarban*, *szóra-beszédre* usw.[1]).

Überaus zahlreich sind im Ungarischen und auch in den verwandten Sprachen die sogenannten Reimwörter (Zwillingswörter, *ikerszók*), deren Glieder nicht bloss der Bedeutung, sondern auch dem Klange nach einander verwandt sind. Diese Reimwörter sind so beliebt, dass die Bedeutung des einen Gliedes oft nicht streng beachtet wird oder vielmehr sich derjenigen des anderen Gliedes angleicht, wie z. B. *nyal-fal* (lecken-schlucken) 'lecken und schlecken', *ken-fen* (streichen-wetzen) 'schmieren, schminken', *dúl-fúl* (wüten-ersticken) 'wüten, schnauben'. Einfacher ist das Verhältnis der Glieder in *szánom-bánom* (es tut mir leid + ich bereue es) 'ich beklage es', *csúsz-mász* 'kriechen', *ija-fija* 'Kind und Kegel' (ohne Possessiv-

---

'1138'; vgl. lat. *su-ove-taurilia* Das sind also keine „De-composita"; Wundt irrt also, wenn er behauptet (Spr.[1] 1, 620), dass sich „drei- oder mehrgliedrige Komposita . . . stets als zweigliedrige Verbindungen höherer Stufe darstellen" und es gebe „schlechthin keine Wortzusammensetzung, die sich diesem formalen Gesetze apperzeptiver Vorstellungsverbindungen entzieht".

1) Vgl. die altind. Götterdvandvas (die anfangs doppelt, später aber bloss am zweiten Glied flektiert wurden, Brugmann, Kurze vgl. Gramm. S. 301) und nhd. *jedermanns* u. dgl. (S. 305).

endung *i-fiú*, *ifjú* 'Jüngling, jung'; beide Glieder bedeuten ursprünglich 'Kind' oder aber 'Mädchen-Knabe'). Die einfachste Bildung von Reimwörtern besteht in der Doppelung (Iterativkomposita): *jobban-jobban* 'immer mehr' (wörtlich 'besser-besser', 'magis-magis'), *lassan-lassan* 'nach und nach' (wörtlich 'sachte sachte' = ital. *piano-piano*), *már-már* = lat. '*iam-iam*', *ottan-ottan* und *néha-néha* 'hie und da, dann und wann' (wörtlich 'da-da' und 'mitunter-mitunter', vgl. kroat. *gje-gje*, russ. *gdě-gdě* 'hie und da', wörtlich 'wo-wo'), *öt-öt* 'je fünf' (=altind. *panča-panča*), *ki-ki*=lat. '*quisquis*' usw.

Die beliebtesten Formen von Reimwörtern werden dadurch gebildet, dass ein Wort mit seiner eigens gebildeten, wenig abgeänderten Nebenform verbunden wird: anstatt *tarka-tarka* sagt man *tarka-barka* oder *tari tarka* 'kunterbunt, bunt, scheckig', anstatt *pirul-pirul*: *irul-pirul* 'schamrot werden', anstatt *irkál-irkál*: *irkál-firkál* 'kritzeln' (dann auch abgekürzt *irka-firkál*). Es gibt besonders dreierlei Typen von solchen Reimwörtern: a) mit Ablaut: *lim-lom*, von *lom* 'Kram', *gyim-gyom* von *gyom* 'Unkraut', *kipkëd-kapkod* von *kapkod* 'haschen'; b) mit abgeändertem Anlautkonsonanten, gewöhnlich *b-* im Anlaut des zweiten Gliedes: *ingó-bingó* von *ingó* 'wankend', *tarka-barka* von *tarka* 'bunt', *csiga-biga* von *csiga* 'Schnecke'; — c) das Vorderglied mit verschiedenen Suffixen weiter gebildet: *ujdonat-új* 'funkelneu' von *új* 'neu', *telides-teli* 'gepfropft voll' von *teli* 'voll', *véges-végig* 'von Anfang bis zu Ende' (*végig* 'zu Ende'). Alle drei Typen finden sich auch in den verwandten Sprachen, z. B. im Finn. a) *killin-kallin* 'mit glotzenden Augen (*killi-llä-nsä* für sich hat ähnliche Bedeutung); b) *sili-vili* 'schmeichelnd' (*sileä* 'glatt'); c) *täpö-täysi* (von *täysi* 'voll', s. S. 40).

Die unterordnenden Zusammensetzungen lassen sich in zwei Klassen einteilen. *Úr-napja* 'Fronleichnamstag': hier wird das Verhältnis der beiden Glieder durch die Besitzendung *-ja* bezeichnet: *úr-nap*: hier ist das Verhältnis der Glieder bloss hinzugedacht. Es mag die erstere die Klasse der bezeichneten, die letztere die der unbezeichneten Zusammensetzungen heissen.

Die Zeitwörter gehören ohne Ausnahme in die erstere Klasse. *Egyet-ért* (wörtlich eins-verstehen) 'einverstanden sein', *észre-vesz* (wörtlich auf die Vernunft nehmen) 'wahrnehmen', *végre-hajt* 'zu Ende führen, ausführen', *félre-beszél* (abseitsreden) 'irrereden', *agyon üt* (auf den Schädel schlagen) 'totschlagen', *hozzá-járúl* 'beitreten', *szám-ki-vet* (ausser Acht werfen) 'ächten, verbannen', hier ist das Zeichen des Verhältnisses, das Suffix oder die Postposition noch deutlich zu sehen (*-t*, *-re*, *-ben*, *-on*, *-á*, *-ki*). In den übrigen treffen wir meist die gewöhnlichen Präverbien (Verbalpräfixe) an: *elö-számlál* 'herzählen', *meg-jö* 'ankommen', *be-fut* 'hineinlaufen' usw.; hier ist das ursprüngliche Richtungsuffix *-é* noch virtuell vorhanden, obwohl es in der Aussprache geschwunden ist (früher: *elé*, *megé*, *belé*). Der Zusammenhang der Glieder ist hier fast ebenso lose, wie in den nebengeordneten Zeitwörtern, so dass sie unter Umständen in ihre lautlichen Bestandteile verfallen, die begriffliche Einheit aber fortbesteht: *nem értek egyet vele* 'ich bin mit ihm nicht einverstanden', *elö fogom számlálni* 'ich werde es herzählen' usw. (ganz wie im Deutschen: *auskommen* — *ich komme aus*, *einwirken* — *er wirkt ein*).

Von Hauptwörtern gehören bloss possessive Zusammensetzungen hieher (ähnlich lat. *plebis-scitum*, *aquae-ductus*, *pater-familias*, deutsch *Gottes-Acker*, *Friedens-Bund*): *isten-nyila* (Gottes-Pfeil) 'Blitzstrahl, Donnerkeil', *liba-mája* 'Gansleber' *város-háza* 'Stadthaus'. Das Vorderglied ist zuweilen ein Plural: *hadak-útja* (Heeresstrasse) 'Milchstrasse', *vakok-intézete* 'Blindenanstalt', ja sogar oft selber possessiv: *atyám-fia* (meines Vaters Sohn: mein Bruder) 'mein Verwandter', *neve-napja* (seines Namens Tag) 'sein Namenstag'.

Zu dem Typus *úr-napja* mögen ursprünglich die Zusammensetzungen wie *isten-adta* 'von Gott gegeben' (*isten-adta ember* 'armer Mensch'), *szél-hordta* 'vom Winde getragen', *víz-hozta* 'vom Wasser gebracht', *moh-lepte gödör* 'moosbewachsene Grube usw. gehört haben. *Isten-adta* hiess ursprünglich wörtlich 'Gottes gegebener'; eben solche Fügungen finden sich im Finnischen: *jumala-n heittämä mies* wörtlich 'Gottes verlassener Mensch = gottverlassener Mensch'; und auch im Türkischen,.

z. B. osm. *elinin verdijini* = ung. *kezed adtát*, wörtlich 'deiner Hand gegebenes' = 'die Gabe deiner Hand'[1]). Vgl. die ähnlichen idg. Zusammensetzungen: altind. *dēva-kṛta* 'gottgemacht', gr. θεό-δμητος 'gottgebaut', und auch den Genitiv des Urhebers bei passivischen Mittelwörtern: Διός-δοτος 'Geschenkter des Zeus', altind. *pátyuḥ krītā́*, wörtlich 'die Gekaufte des Gatten'.) — Eine kürzere Form des Typus *isten-adta* haben wir in *anya-szült meztelen*, wörtlich 'muttergeboren nackt', *hó-takart tető* 'schneebedeckter Gipfel', *guta-ütött ember* 'vom Schlage gerührter Mensch'.

Die unbezeichneten Zusammensetzungen bilden wieder zwei Gruppen: entweder sind sie unbezeichnet, weil das Verhältnis der beiden Glieder dem heutigen Sprachgebrauch nach keines Zeichens bedarf, oder weil das heutzutage gewöhnlich angewendete Zeichen fehlt.

In die erste Gruppe gehört z. B. das Verbum *menny-dörög* 'es donnert' (eigtl. 'der Himmel donnert'), weil das erste Glied das Subjekt des zweiten ist, der Nominativ aber im Ungarischen kein Suffix hat. Die zweite Gruppe besteht aus Wörtern wie *úr-nap* 'Fronleichnamsfest', *ház-tüz-nézni* 'freien' (wörtl. 'Hausfeuer sehen'), in denen ein objektives oder possessives Verhältnis obwaltet. Es fehlt jedoch das Zeichen dieses Verhältnisses, als ob es weggelassen wäre (*úr-napja* oder *úrnak napja*, *ház-tüzet nézni*; daher hat man diese Zusammensetzungen auch elliptische genannt).

Diejenigen, in denen die Bezeichnung des Verhältnisses überhaupt nicht vonnöten ist, sind in der Regel attributive Zusammensetzungen. Sowie sich ein mit einem Attribut versehenes Hauptwort in der Bedeutung spezialisiert, ist die Möglichkeit gegeben, dass die Bedeutung der einzelnen Glieder nach und nach verblasst und das ganze als einheitliches Wort angewendet wird, z. B. *nemes ember* 'edler Mensch' : *nemesember* 'Edelmann', *meleg ágy* 'warmes Bett' : *melegágy* 'Treibebeet'. Die Verschmelzung geht manchmal so weit, dass die Bedeutung

1) Nach einer andern, aber weniger wahrscheinlichen Erklärung war *isten-adta* ursprünglich ein ganzer Satz mit objektiver Verbalform: *isten adta* 'Gott hat ihn oder es gegeben'; s. Nyelvőr 36: 193.

der beiden Glieder oder wenigstens des einen ganz verdunkelt wird: *kis-asszony* 'Fräulein' (wörtl. 'kleine Frau'), *balsors* 'Unglück' (wörtl. 'linkes Schicksal'); s. noch weiter unten. Das Vorderglied solcher Zusammensetzungen ist meistens ein Adjektiv: *drágakö* 'Edelstein', *félhold* 'Halbmond', *földesúr* 'Grundherr', *jótett* 'Wohltat', *nagyanya* 'Grossmutter', *szentirás* 'heilige Schrift', *újév* 'Neujahr'. — Häufig ist es auch ein Partizip: *forgószél* 'Wirbelwind', *szántszándék* 'vorgefasste Absicht'. Das Partizip auf *-ó*, *-ő* ist besonders in Zusammensetzungen gebräuchlich, die das Werkzeug, das Mittel einer Handlung benennen: *főzőkanál* 'Kochlöffel', *irótoll* 'Schreibfeder'; hieher gehören auch den Ort der Handlung bezeichnende Ausdrücke: *lakóhely* 'Wohnort', *hálószoba* 'Schlafzimmer'. (Auch in verwandten Sprachen wird der Ort der Handlung durch Bildungen bezeichnet, die sonst zum Ausdruck des Mittels oder des Werkzeuges dienen; vgl. finn. *olin-sia* 'Wohnort', wie *avain* 'Schlüssel', eigtl. 'Öffner'; mordw. *šečme-ver* 'Sitzplatz', wie *ket-mušme* 'Waschbecken', eigtl. 'Handwäscher'.) — Noch öfter werden adjektivisch gebrauchte Hauptwörter in Zusammensetzungen verwendet: *özvegyasszony* 'Witwe' (wörtl. 'Witwenfrau'), *jegygyürü* 'Verlobungsring, (Zeichenring)', *ezüstpénz* 'Silbergeld', *keresztút* 'Kreuzweg', *födolog* 'Hauptsache', *alföld* 'Niederland' (*al* 'das Untere'). — Das erste Glied ist hie und da ein Umstandswort, z. B. *általút* 'Übergang, Kreuzweg' (*által* 'durch'), *viszon[t]válasz* 'Duplik' (*viszont* 'wieder, zurück'), *fönnszóval fönnhangon* 'mit lauter Stimme' (*fönn* 'oben, hoch'), *ellenpárt* 'Gegenpartei', *ellenfél* 'Gegner' (*ellen* 'gegen'), *magánember* 'Privatmensch' (*magán* 'allein'). Diese sind zum Teil Ergebnisse von Analogiewirkungen. *Általút* hat sich nach dem Vorbilde von *általjárás*, *általkelés* (*általjár-ás*, *általkel-és*) gebildet wie im Deutschen *Ausweg* nach der Analogie von *Ausgang*. Die übrigen sind prägnante Ausdrücke, z. B. *ellenpárt* für *ellen(ünk) való párt* usw. (vgl. hier S. 252 ff).

Die hier behandelten attributiven Zusammensetzungen können auch weiteren Zusammensetzungen oder Weiterbildungen zugrunde liegen. Sogen. Dekomposita sind z. B. *háromhatárhegy* (zu deutsch 'Drei-Hotterberg', Grenzberg dreier Gemeinden, bei Ofen), *boldogasszony-szilva* 'eine Art Pflaumen' (*boldogasszony* heisst die 'Mutter Gottes'). Weiterbildungen aus Zusammensetzungen sind z. B. *álarcos* 'maskiert', *drágaköves* 'mit Edelsteinen besetzt', *földesúri* 'grundherrlich', *ókori* 'antik', *álarcozni* 'maskieren', *megkérdőjelez* 'mit einem Fragezeichen versehen' (*kérdő-jel* 'Fragezeichen'). — Oft behandelt man einen attributiven Ausdruck eigens als Zusammensetzung, um daraus ein neues Wort bilden zu können. Meistens werden Adjektive aus solchen improvisierten Zusammensetzungen gebildet: *szép szem* 'schönes Auge' : *szépszem-ű* 'schönäugig', *hét szín* : *hétszín-ű* 'siebenfarbig', *nagy szakáll* : *nagyszakáll-as* 'einer mit einem grossen Bart', *minden nap* : *mindennap-i* 'alltäglich', *öt óra* 'fünf Stunden' : *ötórá-nyi* 'fünfstündig'.

Zuweilen haben auch Adjektive und Zahlwörter ein Attribut und bilden ebensolche Zusammensetzungen, wie das Substantiv mit seinem Attribut. Z. B. *sötétzöld* 'dunkelgrün', *világoskék* 'hellblau', *vakmerő* (wörtl. 'blindwagend') 'waghalsig, tollkühn'; *kétszáz* 'zweihundert', *tízezer* 'zehntausend'. Hieher gehören auch jene Adjektive, die einen Vergleich ausdrücken: *vérvörös* 'blutrot', *pehelykönnyű* 'federleicht', *nyílsebes* 'pfeilschnell', *méregdrága* (wörtl. 'giftteuer') 'sehr teuer' usw. Davon mögen einzelne im Volksmunde entstanden sein, besonders diejenigen, die eine Steigerung ausdrücken. Es steht jedoch ausser Zweifel, dass sie in der Volkssprache viel seltener als in der Schriftsprache vorkommen, und auch hier sind sie häufiger erst seit dem XVII. Jahrhundert anzutreffen, und zwar bei Schriftstellern, deren Stil sonst manche Germanismen aufweist.

Eigentümliche ungarische Zusammensetzungen sind die nach dem Typus *esze-veszett* (wörtl. 'sein Verstand verloren, wahnsinnig'), wo das zweite Glied ein Mittelwort der vollendeten Handlung ist, dessen Subjekt durch das erste Glied bezeichnet wird. Andere Beispiele sind *ügye fogyott* (seine Angelegenheit ausgegangen) 'unbeholfen', *szárnya szegett* (sein Flügel gebrochen) 'flügellahm', *magva-szakadt* (sein Samen unterbrochen) 'erblos, erloschene Familie'. In der ältern Sprache wird auch das Partizip der unvollendeten Handlung ebenso verwendet: *mája-fájó* (seine Leber schmerzend) 'leberleidend' u. dgl., und noch heutzutage: *szavahihető ember* (sein-Wort-glaublicher Mensch) 'verlässlicher Mensch', *foga-fájós* 'am Zahne leidend'. Auch gibt es einige, deren zweites Glied ein gewöhnliches Adjektiv ist: *felemás* 'ungleich' (wörtl. 'seine Hälfte anders'), *vége-szakadatlan* 'unendlich' (*vége szakad* heisst: 'sein Ende tritt plötzlich ein'; *szakad* 'reissen'). Das erste Glied kommt auch ohne Possessivsuffix vor, z. B. *erőszegett* 'entkräftet', *fog-fájós* usw. — Diese Art der Zusammensetzung scheint in den ural-altaischen Sprachen uralt zu sein; sie findet sich in finnisch-ugrischen ebenso wie in türkischen Sprachen. Den 'Mann mit der vertrockneten Hand' nennt das alte ung. Evangelium: *keze aszott* und *keze-megaszott ember* (*keze meg-aszott* 'seine Hand ist ver-trocknet'), und ebenso finden wir in der wotjakischen Evangelienübersetzung: *ki-köšektem murt*, wörtlich 'hand-verdorrter Mensch'. Der Einäugige heisst finn. *silmä-puoli*, ostjak. *sĕm-pĕlek*, wörtl. 'Auge-halb', im Osmanli sagt man *gözü-kör adam* 'sein Auge blinder Mensch'. — Mit dem Typus *eszeveszett* verwandt sind Zusammensetzungen wie *esze-veszve* ('wahnsinnig', Adv.; mit *-va ve* wird das Gerundium gebildet), in denen das Vorderglied ebenfalls Subjekt zum zweiten Gliede ist. Von dieser Art sind: *lelke-szakadva, szive-szakadva* (wörtl. 'seine Seele zerrissen, sein Herz zerrissen'), *kedve telve, keze-reszketve* u. dgl., die meist nur in der älteren Sprache vorkommen. Ohne Possessivendungen sind sie noch heutzutage öfter anzutreffen: *lélekszakadva, szívszakadva, szívszorongva, kedvetelve, arcpirulva, időtelve, időmulva* usw. Auch diese Art der Zusammensetzung wird durch die verwandten Sprachen als uralt bezeugt; vgl. ostj. *sem-vanman*: (ung. *szem-látván*) 'augenscheinlich' usw.

Die unbezeichnete Zusammensetzung beschränkt sich auf Substantiva und Verbalnomina. Die Schriftsprache hat zwar auch einige Zeitwörter und manche Beiwörter gebildet, die sind aber zumeist dem Deutschen nachgeahmt. Hieher gehören z. B. die Zeitwörter: *képvisel* 'vertreten', *kárpótol* 'entschädigen' (für *képét viseli*, wörtl. 'er trägt sein Gesicht', *kárát pótolja* 'er ersetzt seinen Schaden'), eigentümlich abstrahiert von den regelrechten Zusammensetzungen *képviselő* 'Vertreter', *képviselet*

'Vertretung', *kárpótlás* 'Schadenersatz'. Dem Deutschen nachgeahmt sind zusammengesetzte Hauptwörter mit einem Verbalstamm im ersten Teil: *láttávol* 'Sehweite', *küzdtér* 'Fechtplatz' (richtiger *látás távola, küzdőtér*), ferner Adjektive wie *szellemdús* 'geistreich', *reményteljes* 'hoffnungsvoll', *vérszegény* 'blutarm' (richtiger *szellemes, nagyreményű, kevésvérű*).

Die fruchtbarste Klasse von unbezeichneten Zusammensetzungen ist die der possessiven: *kenyér-héj* 'Brotrinde', *hadvezér* 'Heerführer', *névnap* 'Namenstag', *gyermekkor* 'Kindesalter', *nyílzápor* 'Pfeilregen' und zahlreiche andere Beispiele. Doch gibt es auch hier gewisse Einschränkungen. Die deutschen Zusammensetzungen z. B., in denen ein Verhältnis des Ortes oder der Zeit obwaltet, werden im Ungarischen durch Beiwörter mit dem Formans *-i* umschrieben: *tengeri hal* 'Seefisch', *vízi liliom* 'Wasserlilie', *nyári hőség* 'Sommerhitze', *télizöld* 'Wintergrün'.

Ebenfalls sehr reichhaltig ist die Klasse der objektiven Zusammensetzungen wie *levélírás* 'das Briefschreiben', *levélíró* 'der Briefschreiber', in denen das Bestimmungswort füglich auch im possessiven Sinn, nämlich als objektiver Genitiv aufgefasst werden kann (das Schreiben des Briefes, vgl. im Deutschen *Gottes-lästerung* usw.). Das Grundwort ist hier am häufigsten ein abstraktes Substantiv der Handlung: *istenkáromlás* 'Gotteslästerung', *istentisztelet* 'Gottesdienst' usw. Seltener kommt heutzutage in solchen Verbindungen der Infinitiv (des Zwecks) und das Gerundium vor: *elmentek széna-gyüjteni* 'man ging Heu sammeln', *szem-lesütve* 'mit niedergeschlagenen Augen' (wörtl. 'augenniederschlagend'), *fej-csóválva* 'kopfschüttelnd'. Sehr gewöhnlich dagegen sind die zusammengesetzten Partizipien, besonders der unvollendeten Handlung, z. B. *szívszakasztó* 'herzzerreissend', *vendégszerető* (gastliebend) 'gastfreundlich', *kéményseprő* 'Rauchfangkehrer', *sótartó* 'Salzbehälter, Salzfass'. Mit vollendeter Handlung: *kárvallott ember* (einer der einen Schaden erlitten hat) 'Verlustträger'. Früher war das Bestimmungswort oft mit einem Possessivsuffix verseben: *hiteszegő* und *hite-szegett* 'treubrüchig', *szinehagyó* (wörtl. 'farbenlassend) abfärbend', *fékevesztett* (Zügel-verloren) 'zügellos', *sze-*

*me le-sütve* 'mit niedergeschlagenen Augen' (wörtlich 'sein Auge niederschlagend'). —

Noch seien die Fälle erwähnt, die ausserhalb der Zusammensetzungstypen stehen, die sich unmittelbar so wie sie sind, aus dem Satze loslösen, und in denen meistens Partikeln, Umstandswörter und Bindewörter, die in gewohnheitsmässiger Kontaktstellung gebraucht werden[1]), sich zum Ausdruck komplizierterer Sachverhältnisse vereinigen („Univerbierung", Brugmann). Früher hiess es *csak nem sirt* 'bloss nicht geweint hat sie', heute ist *csaknem sirt* = 'fast hätte sie geweint'. So vereint sich *nem csak* 'nicht bloss' zu *nemcsak*, *mint ha* 'als ob' zu *mintha* (vgl. lat. *quasi*), *ha nem* 'wenn nicht' zu *hanem* 'sondern' (s. dieses in unserm letzten Abschnitt) usw. — Ebenso ist z. B. *egy-más* (= *einander*, ἀλλήλους) aus ständigen Satzfügungen entstanden. — Die adjektivischen Fürwörter *ez-a* 'dieser', *az-a* 'jener' sind heutzutage innig vereint, wenngleich der erste Bestandteil für sich suffigiert wird: *ezt a fát* 'diesen Baum', *azt a hegyet* 'jenen Berg'. Früher konnte man sagen: *ezt is a fát* 'auch diesen Baum', *azt pedig a hegyet* 'jenen Berg aber', heute sagt man: *ezt a fát is, azt a hegyet pedig*.

Sehr wichtig im Leben der Sprache ist das Verblassen der Zusammensetzung, wo nämlich für das Sprachgefühl die Elemente eines Wortes allmählich in Vergessenheit geraten und das Kompositum von seinen Gliedern isoliert wird. Dieser Vorgang wird durch das Veralten oder auch nur den Bedeutungswandel eines oder beider Glieder befördert. In den Wörtern *tegnap* 'gestern', *holnap* 'morgen', *egyház* 'Kirche' sind die Vorderglieder längst veraltete Wörter (in *egyház* z. B. bedeutet *egy*, früher *igy* 'heilig'), demzufolge ist auch die durch das zweite Glied bezeichnete Vorstellung *nap* 'Tag', *ház* 'Haus' in diesen Verbindungen nicht so deutlich, wie z. B. in *névnap* 'Namenstag' oder in *városház* 'Stadthaus'; deshalb wird auch in der Aussprache *tegnap* zu *tennap*, während sonst die Konsonantengruppe *gn* unverändert bleibt (z. B. *fogni* 'fangen', *égnek* 'sie brennen').

---

1) Also auch ohne jene „innere Affinität", die nach Wundt

Nun noch einige interessante Beispiele, in denen das erste oder das zweite Glied oder beide Glieder veraltet oder in Vergessenheit geraten sind. *Id-nap*, **igy-nap* bedeutete ursprünglich 'heiliger Tag'; das erste Glied des Wortes ist mit dem Vorderglied des Wortes *ëgy-ház* 'Kirche' identisch, mit der Zeit jedoch wurde *id-nap* zu *idnep*, *innep*, *ünnep* 'Feiertag'. *I-fiú*, *ifjú* 'jung' = 'Kind-Knabe'. *Kengyel* 'Steigbügel' = **kengy-al* = 'Stiefel-Unteres'. Das erste Glied dieser Zusammensetzungen ist in den verwandten Sprachen in der entsprechenden Bedeutung erhalten. — *Éh-jonhra* 'auf nüchternen Magen', eigtl. 'auf hungrigen Magen' wurde zu *éhomra*. (Ausführlicher s. Nyelvőr 12, 153.) *Ház-hé-ja*, *ház-hí-ja* 'Dachboden' bedeutete eigentlich den leeren (*hiú*) Teil, den Bodenraum des Hauses (der ganz einfach auch *hiú* und *hé* heisst); mit der Zeit geriet die Bedeutung des Wortes *hí* in Vergessenheit, und das Wort wurde in einigen Gegenden *hászija*, *hászia* ausgesprochen. *Husvét* 'Ostern' s. S. 203. — *Mál*, *mály* ist so viel als 'Brust' und *sármály*, *sár-mályú* war der ungarische Name der Goldammer, wörtl. 'Gelbkehlchen' (vgl. *sár-arany* 'gelbes Gold'); die Wörter *sár* und *mály* sind veraltet und aus *sármály* wurde *sármány*. Das Wort *szom-jú* 'durstig' (**szom-johú*) bedeutete ursprünglich 'mit durstigem Magen'. — Manchmal veralten und verändern sich nicht die einzelnen Glieder, sondern die ganze Zusammensetzung verliert im Sprachgefühl — wenn nämlich ihre Bedeutung von der der einzelnen Glieder abweicht — den Zusammenhang mit diesen. *Nép* z. B. < **né-pi*, d. h. 'Frau (und) Mann', heute *nö* und (*fér*)*fi*. *Jámbor* 'fromm' < *jó ember* 'guter Mann', *némber* 'Frau, Weib' < *nö-ember*, wörtl. 'Fraumensch'. *Csalfa* 'betrügerisch' < *csalfaj*, wörtl. 'Truggeschlecht'. Aus *fé-kötő*, *fej-kötő* 'Haube' ('Kopfbinde') wird in einigen Gegenden *fékető*, *fikető*, aus *szénvonó* 'Ofenschaufel' ('Kohlenzieher'): *szévonó*, *szivanó*, ja sogar *szamaló*, *szamalu*, aus *borstörő* 'Pfeffermühle': *böstörő*, *besterő*, *bösztörü* usw. usw. Aus *eszterha-alja*, *eszterha-ajja* 'Traufdach' (wörtl. Trauf-Unteres) wurde *eszterhaj*, *eszterhéj*, *isztorhé*, *esztré* usw.

---

für jede Zusammensetzung ohne Ausnahme erforderlich ist (Völkerpsychologie, Die Sprache[1] 1, 602, 604).

Naturgemäss verblassen am häufigsten Zusammensetzungen, die als Ortsnamen dienen. Statt *Keszt-hely* sagt das Volk heute *Kesztel*, statt *Szent-Gál* (vgl. *Sankt-Gallen*): *Szëngál*. *Erdély* 'Siebenbürgen' heisst noch beim Anonymus und in Kézais Chronik *Erdőelü* („*Erdeuelu*"), d. h. jenseits des Waldes: *Transsilvania*. *Havasalföld* 'die Wallachei' heisst bei den älteren ungarischen Schriftstellern *Havaselföld*, d. h. 'Land jenseits des Schneegebirges'. Die Flüsse *Berettyó*, *Sajó*, *Héjő* heissen in den älteren Urkunden *Berekjó*, *Berökjó*, *Sójó* (*Soujou*) und *Hévjó* (*Heu-jou*). Deutsch heisst der Fluss *Sajó*: *Salzach* und slowakisch *Slana*, was 'salzigen Fluss' bedeutet. Der obere Lauf des Flusses *Héjő* heisst *Tapolca*, was slowakisch (*teplica*) ebenfalls warmes (*hév*) Wasser, warmen Fluss bedeutet. Das Wort *jó* 'Fluss' kommt in dieser Bedeutung auch in anderen Namen und in den Urkunden auch alleinstehend vor (vog. *jā*, finn. *joki* usw.).

**Wortbildung, Kombination, Rückbildung.** Die Wortbildung ist grossenteils ebenfalls nichts anderes, als vergessene, verblasste Zusammensetzung. Die Endungen *-beli* 'in .. befindlich', *-féle* '-artig', *-szërës* '-malig' können heute schon als wirkliche Bildungssuffixe angesehen werden; die zuletzt erwähnte Endung passt sich schon dem Vokalismus des Vorder gliedes an (*sokszoros* 'vielfach, oftmalig', *többszörös* 'mehrfach', wobei auch das damit verwandte Suffix *-szër*, *-ször*, *-szor* von Einfluss war), und in einem Teile der Székler Mundart richtet sich auch der Vokal der Endung *-beli* schon lange nach dem Vorderglied (*mi járásbali ember vagy?* wörtl. 'wessen Ganges Mensch bis du?' 'was hast du vor?' usw.). — Die Wörter *király-né* 'Königin', *mosó-né* 'Wäscherin' sind ursprünglich Zusammensetzungen und bedeuten so viel als 'Frau des Königs, Königsfrau', 'Waschfrau'. Anfänglich wurden sie gewiss stets mit hochlautigen Suffixen versehen (so wie *husvét* 'Ostern'), also *királynének* 'der Königin' (Dativ), *mosónéhez* 'zur Wäscherin' usw. Später schwächte sich das *-né* zu einem Formans (entsprechend dem deutschen *-in* in *Königin*, *Wäscherin*), und da passte sich die Flexion des ganzen Ausdrucks dem Vokalismus des Vordergliedes an: *királynénak, mosónéhoz.* — Die Bildungssilbe *-ség* bedeutete ursprünglich 'Tag, Zeit', und *gyermekségében* 'in seiner Kindheit', *vénségemben* 'in meinem Greisenalter' hiess so viel als 'in seiner Kindeszeit', 'in meiner alten Zeit'. In anderen Ausdrücken wurde *-ség* schon in übertragenem Sinne gebraucht, indem es den mit dem betreffenden Alter verbundenen Zustand bedeutete (vgl. *öreg napjaimra* 'auf meine alten Tage', 'in meinem Alter', oder das deutsche *in seinen besten Jahren*); **bódogség* bedeutete also nicht nur 'glückliche Zeit', sondern auch glücklichen Zustand, glückliche Stimmung. So wurde *-ség* allmählich zu einem den Zustand und die Eigenschaft bezeichnenden Formans, und dann folgte auch der Vokal dem Vokalismus des Vordergliedes: *boldogság* 'Glückseligkeit'. — Infolge von unzähligen Analogiewirkungen vereinigt unser Sprachgefühl die heute gebräuchlichen Hauptwörter auf *-ség* in einer Vorstellungsreihe und verbindet mit dieser Endung eine gemeinsame begriffsmodifizierende Bedeutung. Unser Sprachgefühl kümmert sich gar nicht darum, ob diese Endung einmal ein selbständiges Wort war oder nicht, ob sie ein einfaches oder ein zusammengesetztes Element war; es genügt ihm, dass sie heute die gemeinsame Endung einer gewissen Wortgruppe ist, und dass sich bei allen ein gemeinsames Element der Bedeutung daran knüpft. Dies ist für die Geschichte der Wortbildung sehr wichtig.

Betrachten wir z. B. die Geschichte der Hauptwörter auf *-zat, zet.* Denominale Zeitwörter, wie *ruház* 'bekleiden', *boltoz* 'wölben' gab es schon lange, als das Resultat dieser Tätigkeiten (nach dem Muster von Wörtern, wie *irat* 'Schrift, Schriftstück', *emelet* 'Stockwerk') durch Wörter, wie *ruházat* 'Kleidung', *boltozat* 'Wölbung' bezeichnet wurde. Als dann auch diese Hauptwörter schon lange im Gebrauch waren, kümmerten sich die Sprechenden nicht mehr darum, dass hier zwei Suffixe an die Hauptwörter *ruha* 'Kleid', *bolt* 'Wölbung' angefügt sind, sondern begannen das gemeinsame Element in *ruházat, boltozat, tetözet* 'Dach', *deszkázat* 'Bretterwerk', die Endung *-zat* als Kollektivsuffix zu fühlen und anzuwenden. So entstanden dann ähnliche Kollektiva auch aus Hauptwörtern, von denen es kein durch *-z* gebildetes Zeitwort gab, z. B. *héj* 'Dachboden', *héjazat* 'Hausdach', *oszlop* 'Säule': *oszlopozat*, *oszlopzat* 'Säulenwerk', *orr* 'Nase': *orrozat* 'Vorderteil' (vom Schiff, bei Telegdi und anderen), heute auch *homlok* 'Stirne': *homlokzat* 'Fassade', *kö* 'Stein' : *közet* 'Gestein' (vgl. *kö* : *kövez* 'pflastern' : *kövezet* 'Pflaster') und viele andere.

Interessant ist auch die Geschichte des kausativen Suffixes *-aszt*. Gegen Ende des achtzehnten Jahrhunderts waren Zeitwörter, wie *növeszt* 'wachsen lassen', *mëneszt* 'ergehen lassen, expedieren, abschicken' noch ganz neu und ungebräuchlich, und einzelne Grammatiker brandmarkten sie als unregelmässige Bildungen, da solche kausative Formen nur bei Zeitwörtern auf *-ad*, *-ed* vorkommen, z. B. *éled* 'aufleben': *éleszt* 'beleben', *szakad* 'reissen' (intrans.): *szakaszt* 'reissen' (transitiv). Diejenigen jedoch, die Zeitwörter, wie *növeszt*, *meneszt* zuerst gebrauchten, hatten diese ohne jede Absicht gebildet, und seither sind zahlreiche Zeitwörter auf *-aszt* entstanden, die früher unbekannt waren: *mulaszt* 'versäumen', *fogyaszt* 'verzehren', *ugraszt* 'springen lassen, sprengen', *illeszt* 'anpassen, anfügen' (früher *mulat*, *fogyat*, *ugrat*, *illet*), ferner *ömleszt* 'giessen, schütten', *bomlaszt* 'verwirren, zerrütten', *fejleszt* 'entwickeln' (früher *önt*, *bont*, *fejt*) usw. usw., ohne dass neben diesen auch die entsprechenden Formen **mulad*, **fogyad*, **omlad*, **ömled* gebräuchlich wären. Diese neugebildeten Zeitwörter verdanken ihr Entstehen ausschliesslich der Analogie der schon früher bestandenen zahlreichen Zeitwörter, wie *éleszt*, *szakaszt*, *fáraszt* 'ermüden' (trans.). Die Sprechenden sahen nämlich in diesen alten Zeitwörtern nicht nur das *-t*, sondern das ganze *-aszt* als Kausativsuffix an, da sie nicht mehr wussten, dass diese Wörter ursprünglich aus intransitiven Zeitwörtern, wie **élesz-ni*, **szakasz-ni*, **fárasz-ni* usw. gebildet waren, mit einfachem *-t* als Kausativformans, wie auch z. B. dem Zeitwort *nyugoszt* 'beruhigen, ruhen lassen' als intransitive Form nicht nur *nyugod-ni* 'ruhen', sondern auch *nyogosz-ik* gegenübersteht[1]). Ganz klar wird die Sache durch

1) Vgl. *vesz* 'verloren gehen' : *veszt* 'verlieren', *osz-l-ik* 'sich teilen' : *osz-t* 'teilen' usw.

die neben den Zeitwörtern *választ* 'absondern, wählen', *ereszt* 'lassen', in ziemlicher Anzahl vorkommenden Hauptwörter auf *-asz*, wie *válasz* 'Antwort', *eresz* 'Traufe', *rekesz* 'Abteil, Verschlag', *szakasz* 'Abteilung', *tapasz* 'Pflaster' usw. Von diesen wissen wir ganz bestimmt, dass ihre Endung ursprünglich *-aszt* gelautet hat, also: *választ, ereszt, rekeszt, tapaszt* (z. B. *választot írni* 'eine Antwort schreiben' usw.). Es finden sich sogar Spuren von noch vollständigeren Formen; so kommt bei Gvadányi (im XVIII. Jahrhundert) *áraszat* vor (= *áradat* 'Flut') und neben *eresz* mundartlich auch *ereszet*. Das sind ähnliche Hauptwörter, wie z. B. *vadászat* 'Jagd', *kereset* 'Verdienst, Erwerb'; *áraszat* und *ereszet* sind also Ableitungen von denselben Zeitwörtern **árasz, *eresz*, deren kausative Form *áraszt* und *ereszt* ist. Da das auf *sz* endigende Grundwort nicht erhalten ist, fühlen wir die ganze Endung *-aszt* als Kausativsuffix und gebrauchen sie zur Bildung von Zeitwörtern, wie *fogyaszt* 'vermindern, verbrauchen', *ugraszt* 'springen lassen'.

Es gibt gewisse Umstände, durch die das Übertragen der Wortendungen von einem Worte zum anderen besonders begünstigt wird; von grösster Wichtigkeit ist hier die Wortbildung durch Kombination oder Kontamination, namentlich die Vermengung synonymer Wörter. Sinnverwandte Wörter können sehr leicht einzelne Teile, eventuell die Endungen voneinander übernehmen, ob nun letztere wirkliche Bildungssilben sind, oder nicht. So ist z. B. in einer Mundart aus *zsinat* 'Versammlung, Rummel' *zsinaj* geworden, indem es die Endung des Wortes *zsivaj* 'Lärm, Tumult' übernommen hatte, und ebendort wurde wiederum aus *zsivaj* > *zsivat*, indem ersteres Wort die Endung von *zsinat* annahm. So nahmen in einzelnen Mundarten die Wörter *göcs* und *göb* 'Knoten' die Endlaute der synonymen Wörter *csoport* 'Scholle, Gruppe' und *hoporcs* 'Buckel, Höcker' an und wurden zu *göcsört, göböres*. Auch ist es wahrscheinlich, dass aus dem alten Zeitwort *elmulat* 'versäumen' die Form *elmulaszt* unter dem Einflusse des Verbums *elszalaszt* 'entgehen lassen, versäumen' entstanden ist (*elszalasztja az alkalmat* = *elmulasztja az alkalmat* 'die Gelegenheit versäumen'). Nach Muster der Verba *elszalaszt* 'laufen lassen', *eleresztt* 'loslassen' konnte auch *meneszt*, *megugraszt* entstehen. Das alte Wort *összeillet* 'zusammenfügen' ist vielleicht unter dem Einflusse von *összeforraszt* 'zusammenlöten' oder eines ähnlichen Ausdruckes zu *összeilleszt* geworden, und so verbreitete sich die Endung *-aszt* immer weiter, so dass sie heute als fruchtbare Bildungssilbe lebt und sich vermehrt.

Auch in anderen Fällen kann man die Beobachtung machen, dass die Endungen einzelner Wörter zuerst nur in einige sinnverwandte Wörter, dann unter dem Einflusse der letzteren wieder in andere Wörter übergehen, so dass jene ersten allmählich zum Vorbild einer ganzen Wortbildungsklasse werden. Dies sehen wir z. B. im folgenden Falle: Aus den Zeitwörtern *egyesül* 'sich vereinigen' und *társul* 'sich gesellen' wurden die Kollektiva *egyesület* 'Verein', *társulat* 'Gesellschaft' gebildet, und diese genügten, damit auch *testület* 'Körperschaft' (sogar *testvérület* und *közület* 'Gemeinwesen') entstehen und sich verbreiten konnten, obwohl *testül*, *testvérül* als Verba nicht gebräuchlich sind. *Testület* (von *test* 'Körper') gab auch Veranlassung zur Bildung von *lelkület* 'Gesinnung' (von *lélek* 'Seele') und dieses wieder zur Bildung von *hangulat* 'Stimmung', *érzület* 'Gesinnung', so dass diese Endung *-ulat*, *-ület* in der Schriftsprache nahe daran war, zu einem fruchtbaren Suffix zu werden.

Statt *szökevény* 'Flüchtling' kennt schon die ältere Sprache die unter dem Einflusse des Wortes *gyülevész* 'zusammengelaufen, Gesindel' entstandene Form *szökevész*, und demselben Worte verdankt seine Entstehung das mundartliche *gyüjtevész* ('Kehricht, Mist, der sich bei einer Überschwemmung ansammelt'). Ebenso hängen auch die folgenden synonymen Zeitwörter zusammen: *csenevész*, *sanyavész*, *mecsevész*, *sindevész*, *csökevész* 'verkümmern, verkommen'.

Die Analogie von *gyalogol* 'zu Fuss gehen' erklärt einerseits dessen Gegensatz, das Zeitwort *lovagol* 'reiten', anderseits die neueren Bildungen *kutyagol* 'zu Fuss gehen' (*kutya* 'Hund'), *házagol* 'hausieren' (*ház* 'Haus'); die vier Wörter hängen unstreitig zusammen. — Das Frequentativum *füstölög* (von *füstöl*) 'rauchen' war das Vorbild von *gőzölög* 'dampfen', *párolog* 'dunsten, dampfen', *büzölög* 'stinken'. — Auch kann es kein

Zufall sein, dass neben *folyamodik* und *futamodik* 'zu laufen anfangen' auch die Zeitwörter *csuszamodik* und *iszamodik* 'ausgleiten', *ficamodik* 'sich verrenken' entstanden sind. Im allgemeinen, wenn wir diese selteneren frequentativen und momentanen oder auch andere Bildungen betrachten, finden wir gewöhnlich sinnverwandte Wortgruppen beisammen, in denen eben die verwandte Bedeutung die nachträglich erfolgte Übereinstimmung der Formen erklärt[1]).

In den angeführten Fällen wird ein Teil des Wortes lebendig und verbreitet sich, indem es in andere Wörter übergeht, immer weiter, bis es schliesslich zu einem begriffsmodifizierenden Formans wird. Das Gegenteil dieser Erscheinung, dass nämlich die Bedeutung und Selbständigkeit eines Suffixes in Vergessenheit gerät, ist im Leben der Sprache noch gewöhnlicher. Besonders bei den lautarmen Suffixen kommt dies vor, wenn ihr Gebrauch seltener wird oder wenn das Grundwort aus irgend einem Grunde veraltet und nur die Ableitung am Leben bleibt. Das Wort *fészek* 'Nest' z. B. war eine Verkleinerung von *fész*, das vielleicht zur Zeit der Leichenrede noch gebräuchlich war; heute jedoch lebt dieses Grundwort nicht mehr, an das Wort *fészek* knüpfen wir nicht mehr die Vorstellung des Kleinen und fühlen darin überhaupt kein Suffix. Die Endung der Wörter *fazék* 'Topf', *kemény* 'hart', *sovány* 'mager' hatte ursprünglich ebenfalls eine verkleinernde Bedeutung. In den Zeitwörtern *kérdez* 'fragen', *vonz* 'anziehen', *marasztal* 'zurückhalten, nötigen zu bleiben' fühlen wir nicht mehr die frequentative Bedeutung, und sie unterscheiden sich kaum von den Zeitwörtern *kérd*, *von* ('ziehen'), *maraszt*. Die auslautenden Konsonanten in *hál* 'übernachten', *úsz* 'schwimmen', *mász* 'klettern' sind ebenfalls Suffixe der dauernden Handlung; ihre Grundwörter lassen sich in den verwandten Sprachen nachweisen, dem Ungarischen jedoch sind sie längst abhanden gekommen, so dass wir die Suffixe nicht

1) Vgl. des Verf. Aufsatz über diese Vorgänge in Nyelvt. Közl. 1894, ferner Bloomfield: On the so-called root-determinatives, IdgF. Bd. IV, über idg. Farbennamen, Verwandtschaftsnamen, Tiernamen, Körperteilnamen Brugmann: Kurze Vgl. Gr. § 403, 406—8.

mehr herausfühlen, obwohl alle drei Zeitwörter noch heute eine dauernde Handlung bezeichnen. Das Zeitwort *születik* ist für das Volk kein Passivum mehr, da die Volkssprache diese Art der Bildung von Passiven aufgegeben hat und dies die einzige allgemein gebräuchliche Passivform mit *-et* ist (die Form *dicsértessék* 'laudetur, gelobt sei' ist nur im Imperativ und nur als Grussformel gebräuchlich). — Manchmal verändert sich die Bedeutung des Wortes so sehr, dass der Sprechende das abgeleitete Wort nicht mehr an das ursprüngliche Grundwort anknüpfen kann. Unser Sprachgefühl weiss nichts davon, dass *fék* 'Zaum' und *fark* 'Schweif' Diminutiva von *fej* 'Kopf' und *far* 'der Hintere' sind.

Wieder ein anderes Gegenstück zu diesem Verblassen der Suffixe ist das Lebendigwerden von Wortendungen, die an lebendige Bildungen anklingen. Einzelne endigen zufällig mit Lauten, die in vielen anderen Wörtern als Bildungsendungen vorkommen. Wenn nun das Wort ausser der ähnlichen Endung auch noch durch die Bedeutung den betreffenden Bildungen auf irgend eine Weise näher gebracht wird, so ist der Sprechende geneigt, im Wortende tatsächlich das ähnlich lautende Formans zu sehen und es dementsprechend zu behandeln. Als das deutsche Hauptwort (*die*) *Mangel* ins Ungarische aufgenommen wurde, wurde diese Vorrichtung eine Zeitlang gewiss **mángol* genannt. Dem Namen des Werkzeuges assoziiert sich aber leicht die Vorstellung der durch dasselbe verrichteten Handlung, weshalb man im *l* des Hauptwortes **mángol* das Suffix der Zeitwörter *vasal* 'plätten', *sulykol* 'schlegeln', *kapál* 'hauen' zu fühlen meinte und demzufolge das Wort als Zeitwort zu gebrauchen anfing: *mángol* 'mangeln, plätten' (neben **mángolol*, woraus das heutige *mángorol*). So wurde aus dem deutschen *Hechel* im Ungarischen nicht nur *hehely*, sondern in einigen Dialekten die Partizipform *héhelö*, und das Zeitwort *héhel-ni* 'hecheln'. Ebenso wurde das Hauptwort *gyámol* 'Stütze' in der Volkssprache und bei einigen Schriftstellern zum Zeitwort: *gyámol-ni* (neben *gyámolitani* 'stützen, unterstützen', vgl. *istápol-ni* id.) und als Hauptwort mit dem Partizipformans: *gyámoló*. In der älteren

Sprache war *ábráz* 'Gesicht, Angesicht' ein Substantivum (slavischen Ursprungs: *obraz*), später jedoch vermutete man im *z* ein Verbalsuffix und sagte *ábrázat* (wie von *ruház* 'kleiden' *ruházat* 'Kleidung'), ja sogar *ábráz-ni* 'abbilden, darstellen' neben *ábrázol-ni*. Das Wort *üdvöz* 'gegrüsst, willkommen' war immer ein Adjektivum; infolge des auslautenden *z* jedoch (das zugleich eines der verbreitetsten denominalen Verbalsuffixe ist) hält es schon ein Schriftsteller des XVI. Jahrhunderts für gleichbedeutend mit dem Verbum *üdvözöl* 'grüssen, begrüssen' und schreibt: „*Királt üdvezik*" 'sie begrüssen den König'. Auch bei neueren Schriftstellern lesen wir ähnliche Formen: *üdvözlek* 'ich grüsse dich' (statt *üdvözöllek*), *üdvözve legyenek* 'sie seien gegrüsst' (statt *üdvözölve legyenek*).

Wenn das Sprachgefühl auf diese Weise in der Endung des Wortes ein Suffix vermutet, so hat dies oft eine andere interessante Erscheinung zur Folge: die sogen. Rückbildungen oder retrograden Ableitungen (Abstraktionsbildungen). Wie neben anderen durch das betreffende Suffix gebildeten Wörtern zugleich das Grundwort gebräuchlich ist, so bringen auch diese scheinbaren Ableitungen den Sprechenden in Versuchung, aus dem ganzen Worte zurückzuschliessen, den vor dem scheinbaren Suffix stehenden Teil des Wortes als Grundwort des Ganzen zu betrachten und ihm eine entsprechende Bedeutung zuzuschreiben. In dem erwähnten *gyámol* z. B. hielten die Sprachneuerer, als *gyámol* schon für ein Zeitwort angesehen wurde, den Teil *gyám* für das Grundwort und begannen *gyám* 'Vormund' als Hauptwort zu gebrauchen, geradeso wie neben den Zeitwörtern *istápol* 'unterstützen', *orvosol* 'heilen' die Hauptwörter *istáp* 'Stütze' (= deutsch *Stab*), *orvos* 'Arzt' gebräuchlich sind. So bildete man aus dem oben erwähnten Verbum *ábráz* das Hauptwort *ábra* 'Figur', aus *üdvöz* und *üdvösség* 'Heil, Seligkeit' : *üdv*. *Üdvösség* wurde nämlich als ähnliche Ableitung angesehen, wie z. B. *eszesség* 'Klugheit' von *ész* 'Verstand', während es nichts ist als die regelrecht abgeänderte Aussprache des Wortes *üdvöz-ség*, sowie statt *község* 'Gemeinde', *igazság* 'Wahrheit', *egészség* 'Gesundheit' : *kösség*, *igasság*, *egésség* gesagt wird. Faludi bildete (im XVIII. Jahrhundert) aus *csendesség* 'Ruhe' : *csend*, obwohl dieses Hauptwort früher *csendeszség* und das Adjektivum *csendesz* 'ruhig' gelautet hatte; demnach war auch die Form *csendes* eine Rückbildung aus *csendesség*.

Die Spracherneuerung gebrauchte und missbrauchte auch oft, wie wir gesehen haben, diese Art der Wortbildung; jedoch auch in der gewöhnlichen Entwicklung der Sprache finden sich zahlreiche Rückbildungen, natürlich nur in Fällen, wo die Sprechenden in der Endung eines Wortes irgend ein ganz gewöhnliches und lebendiges Suffix fühlen. Besonders bei den Zeitwörtern auf *l* finden wir Rückbildungen. Da es neben *csodál* 'bewundern', *tréfál* 'scherzen' die Grundwörter *csoda* 'Wunder', *tréfa* 'Scherz' gibt, schuf die Volkssprache aus dem lateinischen Lehnwort *licitál* 'lizitieren, versteigern' die Form *licita* 'Lizitation, Auktion' usw. Auf ähnliche Weise wurde aus dem frequentativen Zeitworte *ir-kál* 'schreiben', *irkál-firkál* 'kritzeln', in dem das ganze *-kál* ein einheitliches Frequentativsuffix war, *irka-firka* 'Kritzelei'; aus *csuszkál* 'schleifen' (< *csúsz* 'rutschen'): *csuszka* 'Schleifbahn', *csóvál* 'schütteln, schwingen': *csóva* 'Wedel, Feuerbrand', *sétál* 'spazieren': *séta* 'Spaziergang', *kínál* 'anbieten': *kína* 'Anbieten, Nötigen', *piszkál* 'schüren, stöbern': *piszka-fa* 'Feuerstörer, Ofengabel' usw. Im Auslaute *z* einiger Verba vermutete das Sprachgefühl, ebenso wie im erwähnten *ábráz*, das Verbalsuffix *-z* und schloss daraus auf ein substantivisches Grundwort. *Csatarász* 'lärmen' ist ein Frequentativum zum Verbum *csattog* 'knallen, krachen' (wie *kacag* 'laut lachen' : *kacarász*, *nyihog* 'kichern' : *nyihardsz*); das Volk jedoch sah es als ähnliche denominale Bildung an, wie *lármá-z* 'lärmen', und erschloss daraus das Hauptwort *csatara*. So entstanden die Wörter *birok* 'Ringkampf' und *emlék* 'Andenken' aus den Zeitwörtern *birkoz-ik* 'ringen, sich messen', *emlékez-ik* 'sich erinnern', die eigentlich reflexive Formen der Verba *bír* 'bezwingen, besitzen', *említ* 'erwähnen' sind (*bír-koz-ik*, *emlét-kez-ik). — In Nennwörtern hat gewöhnlich der auslautende Konsonant *s* das Sprachgefühl irregeleitet, da dieses leicht das Adjektivformans *-s* darin erblicken konnte. So machte der Volksmund aus *interes* 'Interesse, Zinsen' : *inter*, aus *univerzitás* 'Universität' : *univerzita* usw.

**Deverbale Zeitwörter**[1]. Die Bildungssuffixe wollen wir nach ihrer Bedeutung gruppieren. Was uns zuerst auffällt, ist, dass die Verbalbildungen von den Nominalbildungen gewöhnlich streng geschieden sind: die Bildung der Zeitwörter geschieht mittelst anderer Suffixe, als die der Nennwörter. Die Verbalbildungen zerfallen wieder in zwei wesentlich verschiedene Gruppen: in deverbale Zeitwörter und denominale Zeitwörter, z. B. vom Zeitwort *üt* 'schlagen': *ütöget* 'öfters schlagen', vom Hauptwort *bot* 'Stock' : *botoz* 'prügeln'. In der ersten Gruppe wird nur der Begriff der im einfachen Verbum bezeichneten Handlung nach irgend einer Richtung hin modifiziert; bei den denominalen Zeitwörtern hingegen schliesst sich die Vorstellung der Handlung, der Veränderung an einen Gegenstand oder an eine Person an: diese Zeitwörter bezeichnen immer eine Handlung, die sich auf den betreffenden Gegenstand oder die betreffende Person bezieht.

Modifizierung der Handlung (deverbale Zeitwörter). Ein und dieselbe Handlung kann A) der Quantität, B) der Art und Weise und C) dem Verhältnisse zum Subjekt nach verschieden sein.

A) In bezug auf die Quantität lassen sich Unterschiede feststellen, je nachdem das Verbum eine dauernde Handlung ausdrückt (z. B. *csörög* 'klirren, rasseln'), oder nur ein Moment der Handlung, und zwar entweder das Moment des Eintretens (z. B. *csördül* 'erklirren') oder das Moment der Beendung der Handlung (z. B. *csörren* 'klirren') bezeichnet.

Die dauernde Handlung, zu deren Bezeichnung die frequentativen Zeitwörter dienen, ist entweder eine ununterbrochen dauernde, wie sie z. B. die Zeitwörter *hallgat* 'zuhören, schweigen', *hatol* 'vordringen', *von-z* 'anziehen', bezeichnen, oder eine sich wiederholende, zerstückelte, wie sie durch iterative, deminutive Zeitwörter ausgedrückt wird: *hallogat* 'öfters hören', *mondogat* 'wiederholt sagen', *vonszol* 'schleppen'.

Einfache frequentative Suffixe hat das Ungarische acht,

1) Die hier folgenden vier Paragraphen sind grösstenteils Auszüge aus meiner ausführlichen Grammatik. Bei ihrer Abfassung hat mich mein junger Freund David Raphael Fuchs durch seine Mithilfe zu Dank verpflichtet.

die sämtlich finnisch-ugrischen Ursprungs sind, nämlich *-l*, *-d*, *-z*, *-sz*, *-s*, *-j* (kommt nur in zusammengesetzten Suffixen vor; das *á*, *é* in frequentativen Suffixen ist nach Budenz aus Verschmelzung eines Stammvokals mit *-j* entstanden), *-g* und *-r*. Wir wollen nun die häufiger gebrauchten einfachen und zusammengesetzten Suffixe kurz überblicken.

Unter den mit dem Suffix *-l*, (*-ol*, *-ël*, *-öl*) gebildeten frequentativen Zeitwörtern sind die zweisilbigen überwiegend: *döföl* 'stossen', *hatol* 'vordringen', *sújtol* 'schlagen' usw. Hierher gehören reflexive Zeitwörter, wie *mozgol-ódik* 'sich regen, unruhig sein'. Diese waren früher ohne das Frequentativsuffix gebräuchlicher: *mozgódik* (*mozgolódik* erst seit dem XVII. Jahrhundert), *forgódik* (*forgolódik* erst seit dem XVI. Jahrhundert, 'sich hin und herwenden'), *morgódik*, *zúgódik* (seit dem XVI. Jahrhundert *morgolódik*, *zúgolódik* 'brummen'). Es ist also hier das Frequentativsuffix nachträglich infigiert worden.

Das Suffix *-al*, *-el* ist wahrscheinlich aus Verkürzung des weiter unten besprochenen Suffixes *-ál*, *él* entstanden. Zweisilbige Beispiele: *lesel* 'lauern', *nézel* 'schauen', *jövel* (Imperativ: 'komm' statt **jövelj*[1]), *képzel* 'sich vorstellen, sich einbilden'; ferner von denominalen Zeitwörtern, die durch *-l* gebildet sind, also durch das Suffix *-al*, *-el* weitergebildet die Endung *-lal*, *-lel* aufweisen: *szólal* 'sprechen', *ízlel* 'kosten', *kémlel* 'spähen, forschen', *színlel* 'heucheln'. Dreisilbige: *akasztal* 'aufhängen', *aggasztal* 'ängstigen', *engesztel* 'versöhnen, besänftigen', *magasztal* 'preisen', *tapasztal* 'erfahren', *híresztel* '(ein Gerücht) verbreiten'.

In dem langen Vokal des Suffixes *-ál*, *-él* steckt nach Budenz das finnisch-ugrische Frequentativsuffix *j*, z. B. *metél* 'zerschneiden' = **mete-j-l*. Die Frequentativa auf *-ál*, *-él* sind mit wenigen Ausnahmen zweisilbig: *dobál* 'werfen', *ugrál* 'herumspringen'; in Mundarten: *nézél* 'schauen', *járál* 'gehen' usw. Das denominale Suffix *-l* vereinigt sich mit dem Suffix *-ál*, *-él* zur Endung *-lál*, *-lél*, z. B. *gyomlál* 'jäten', *számlál* 'zählen', *szemlél* 'betrachten'.

Die Suffixe *-lál*, *-lél* und *-lal*, *-lel* sind als einheitliche

1) Die Endung *-el* ist vielleicht unter dem Einflusse der früher

Frequentativsuffixe nicht sehr häufig: *csaplál* 'mit einer Axt behauen', *érlel* 'wiederholt berühren', *foglal* 'in Besitz nehmen', *kérlel* 'besänftigen' [1]).

Die Suffixe *-dál*, *-dél* (*harapdál* 'beissen, nagen') und *-dal*, *-del* sind aus der Vereinigung der Frequentativsuffixe *-d* und *-ál*, *-él*, bezw. *-al*, *-el* enstanden; *-dal*, *-del* wird ohne Ausnahme nur an einsilbige Grundwörter (grösstenteils auf *-r*) angefügt: *fúrdal* 'bohren', *szurdal* 'stechen', *tördel* 'brechen', *járdal* 'gehen', *vagdal* 'zerhacken', *szabdal* 'zerstückeln', *tépdel* 'reissen'.

Das erste Element der selteneren Suffixe *-csol*, *-csël*, *-csöl*, und *-csál*, *-csél*, nämlich das *cs* ist eine Abart des einfachen Frequentativsuffixes *-s*. Dieses *cs* kommt nämlich in den alten Partizipien *hágcsó* 'Leiter', *lépcső* 'Stiege', *emelcső* 'Hebel' vor. Das Wort *hágcsó* findet sich in der älteren Literatur in der Form *hágsó* (*hákső*, *háskó*; letzteres noch heute jenseits der Donau gebräuchlich), wahrscheinlich von einem frequentativen Verbum **hágos* (von *hág* 'treten'; vgl. *tapos* 'auf etwas treten', *futos* 'laufen'). Dass dasselbe *cs* auch in den in Rede stehenden Suffixen enthalten ist, beweisen die alten frequentativen Verba *lépcsel*, *lépcsél*, *lépecskél* 'schreiten, trippeln', die mit dem Subst. *lépcső* verwandt sind. Einige Beispiele: *szürcsöl* 'schlürfen', *rikácsol* 'kreischen', *köhécsel* 'hüsteln', *döngécsel* 'summen', *szopacsol* 'saugen'; *faragcsál* 'schnitzeln', *lépcsél* 'schreiten', *rágcsál* 'nagen, kauen'. Statt *rágcsál* finden wir schon im XVII. Jahrhundert die Form *rágicsál*, im XVIII. *faragicsál* (in der Volkssprache *farikcsál*, auch *faricskál*); in neuerer Zeit sind entstanden: *döngicsél* 'summen', *zengicsél* 'singen', *gőgicsél* 'lallen' usw. Alle diese Zeitwörter haben das *i* wahrscheinlich nach Analogie der Frequentativa wie *sántikál* 'hinken' und *taszigál* 'stossen', *hajigál* 'werfen' angenommen (in letzteren hat das *i* einen etymologischen Wert: *sántít-kál*, *hajít-gál* usw.).

Die Suffixe *-gál*, *-gél* (älter auch *-gal*, *-gel*) kommen grössten-

sehr häufig gebrauchten Imperativformen *menj-el*, *eredj-el* 'geh weg' an die Stelle von *-elj* getreten.

1) Über das Kausativsuffix *-lal*, *-lel* s. weiter unten.

teils in dreisilbigen Frequentativen vor, nur seltener in zweisilbigen, wie *nézgél* 'schauen', *huzgál* 'ziehen', *rongál* 'verderben' statt **ront-gál*; *vizsgál* 'prüfen'. Manchmal erscheint bei einsilbigen Zeitwörtern ein Bindevokal vor dem Suffix, so dass die Ableitung dreisilbig ist: *adogál* 'geben', *ülögél* 'sitzen', *menegél* 'gehen', *írogál* 'schreiben', *nézegél* 'schauen'. Dreisilbige Ableitungen von zweisilbigen Grundwörtern: *keresgél* 'suchen', *kapargál* 'scharren'; *hajigál* 'werfen', *taszigál* 'stossen' st. **hajítgál*, **taszítgál*. Die Suffixe *-dogál*, *-dëgél*, *-dögél* (früher und mundartlich auch *-dogal*, *-dëgel*, *-dögel*) kommen gewöhnlich in dreisilbigen Frequentativen vor: *álldogál* 'stehen', *üldögél* 'sitzen', *mendegél* 'gehen', *folydogál* 'fliessen', *ëddëgél* 'essen', *iddogál* 'trinken'.

Das erste Element der Suffixe *-kol*, *-köl* und *-kál*, *-kél* ist (nach Budenz) das Momentansuffix *-k*, dessen Bedeutung jedoch längst verblasst ist: *nyomkol* 'drücken', *tuszkol* 'stossen' (vom Verbum *tosz*, *tasz-ít*), *leskël* 'lauern', *tudakol* 'fragen, sich erkundigen' (von *tud* 'wissen'), *tüszköl* 'niesen' (vgl. *tüszszög*). Lautnachahmende Frequentativa auf *-ákol*, *-ékol*, *-ékël*, in denen der Ursprung des *á*, *é* nicht klar ist: *szipákol* 'schnupfen', *pöfékel* 'rauchen', *toporzékol* 'wütend stampfen', *turbékol* 'girren'. — Das Suffix *-kál*, *-kél* ist viel gebräuchlicher und lebendiger: *járkál* 'herumgehen', *irkál* 'schreiben', *bujkál* 'sich verkriechen, sich verborgen halten', *mászkál* 'herumkriechen', *evezkél* 'rudern' (und statt **evedzkél*, **eveckél* : *evickél* 'im Wasser zappeln'). Aus *sántít* 'hinken', *szundít* 'schlummern' wurde zu *sántikál*, *szundikál*. Nach solchen Vorbildern mögen auch andere Zeitwörter auf *-ikál* entstanden sein, mit verkleinernder Bedeutung (unter Einfluss verkleinernder Hauptwörter auf *-ika*): *uszikál* 'ein wenig schwimmen', *futikál* 'herumlaufen', *fonikál* 'spinnen', *danikál* 'singen'.

Das einfache Frequentativsuffix *-d* ist in den zwei Zeitwörtern *lököd* 'stossen', *bököd* 'stechen, stossen' am gebräuchlichsten; ferner: *döföd* 'stechen', *nyomod* 'drücken', *tapod* 'treten, zertreten'; ebenso das alte Verbum *lepëd* 'bedecken' (daher *lepëdő* 'Leintuch', eigtl. 'das Bedeckende, die Decke'). Einzelne alte Bildungen haben den Bindevokal verloren: *told* 'anfügen, anstückeln', *kend* 'abwischen, schminken'. — Auch mehrere Verba auf *-ik* gehören hierher. Im Suffixe *-od(-ik)*, *-ëd(-ik)* sehen wir oft ein reflexives Bedeutungselement (das Suffix ist möglicherweise eine Verkürzung des gebräuchlichen Reflexivsuffixes *-ód-ik, -öd-ik*); Beispiele: *csavarodik* 'sich drehen', *keverëdik* 'sich mengen', und mit noch stärkerer Verkürzung: *mosdik* 'sich waschen'.

Das Suffix *-ad, -ed* ist enthalten in folgenden: *éled* 'aufleben', *gyúlad* 'sich entzünden', *fogad* 'empfangen' usw.

Das Suffix *-kod, -këd, -köd* nehmen nur wenige einsilbige Zeitwörter an (grösstenteils mit auslautendem *p*): *csapkod* 'öfters schlagen', *lépked* 'einherschreiten', *lopkod* 'stehlen', *röpköd* 'fliegen', *nyomkod* 'drücken', *tömköd* 'stopfen'.

Das Suffix *-dok, -dëk, -dök* ist heute schon veraltet: *faldok* 'fressen', *fúldok* 'ersticken', *öldök* 'töten, metzeln'. Diesen Zeitwörtern wird heute noch das Frequentativsuffix *-l* angefügt, so dass ein zweisilbiges Suffix *-dokol* usw. erscheint: *faldokol, fúldokol, öldököl*; ferner *nyeldekel* 'schlucken', *haldokol* und *haldoklik* 'im Sterben liegen', *tündöklik* 'glänzen'.

Das einfache *-z* bildet zwei- und dreisilbige Frequentativa, wie *kötöz* 'knüpfen', *oldoz* 'lösen', *akadoz* 'stocken', *fáradoz* 'sich bemühen', *alkudoz-ik* 'unterhandeln, feilschen'.

Das Suffix *-doz, -dëz, -döz* entstand wahrscheinlich dadurch, dass einzelne durch das Suffix *-d* gebildete Frequentativa auch noch das Suffix *-z* annahmen; z. B. *szök-ik* 'springen, hüpfen': *szököd-ik* (NySz.): *szöködöz-ik* (ebd.); *játsz-ik* 'spielen': *játszod-ik* : *játszodoz-ik* (NySz.). Dieses *-doz, -döz* wurde dann als einheitliches Suffix angesehen und als solches an einzelne Zeitwörter angefügt. Heute wird es teils ohne Bindevokal (z. B. *lő-döz* 'oft schiessen', *fog-doz* 'fangen'), teils aber mit offenem Bindevokal gebraucht (*-adoz, -edëz*, z. B. *hulladoz* 'abfallen', *hüledez* 'verblüfft sein'; diese gewöhnlich intransitiv und heutzutage häufig mit *-ik* in der 3. Sg.: *hulladozik* usw.). Früher kam es auch mit geschlossenem Bindevokal vor, z. B. *szöködözik* 'hüpfen', *görgödöz* 'rollen', *szúnoydoz* 'schlummern'. Dass das Suffix heute in der Form *-adoz, -edëz* gebräuchlich ist, muss offenbar dem Einfluss der von Zeitwörtern auf *-ad -ed* durch *-z* gebildeten Frequentativa zugeschrieben werden, wie *fáradoz* (und *fáradozik*), 'sich bemühen', *ébredëz* (und *ébredëzik*) 'nach und nach erwachen'.

Im langen Vokal des Suffixes *-ász*, *-ész* steckt das finnisch-ugrische Frequentativsuffix *-j*. Dies wird durch den Umstand bewiesen, dass es auch nach einigen tieflautigen Grundwörtern den Vokal *é* hat (wie in *tanojt* : *tanét* 'unterrichten', *ganaj* : *gané* 'Mist, Dünger') : *kotrész* und *kotorász* 'herumwühlen, herumsuchen', *kórész* und *kórász* 'herumstreifen', *turész* 'wühlen' (Dialektwörter). Hierher gehören zwei- und dreisilbige Frequentativa: *nyalász* 'lecken', *nyomász* 'drücken' (mundartl.); **hunyász-*, **nyerész-* in den reflexiven Weiterbildungen *hunyász kodik* 'sich ducken', *nyerészkedik* 'gewinnen'; *kaparász* 'herumscharren', *legelész* 'weiden', *nyargalász* 'herumrennen, galoppieren', *heverész* 'liegen'.

Das einfache Frequentativsuffix *-s* kommt nur in wenigen Zeitwörtern vor; der Bindevokal ist bloss in *olvas* 'lesen', *keres* 'suchen', *viaskodik* 'ringen' und einigen anderen ein offener, sonst aber *o*, *ë*, *ö*. Die Beispiele sind in der Regel zweisilbig: *futos* 'laufen', *folyos* 'fliessen' (*folyosó* 'Gang'), *rakosgat* 'räumen, ordnen', *ugros* 'springen', *szökös* 'springen', *tapos* 'stampfen, treten', *rëpës* 'flattern, fliegen'.

Das Suffix *-dos*, *-dës*, *-dös* wird immer an einsilbige Grundwörter ohne Bindevokal angefügt. Die Grundwörter endigen gewöhnlich auf *p*, *k*, *g*, *r*, *l*, sind meistens transitiv und bedeuten ein Schlagen, Schneiden, Stechen, Nagen: *csapdos* 'hauen, schlagen', *csipdes* 'zwicken', *tépdes* 'reissen', *kapdos* 'haschen, greifen', *lopdos* 'stehlen', *köpdös* 'spucken', *rëpdës*, *röpdös* 'fliegen'; *lökdös* 'stossen', *vagdos* 'schneiden', *rágdos* 'nagen', *rugdos* 'stossen', *dugdos* 'verstecken'; *öldös* 'töten', *verdes* 'schlagen', *mardos* 'beissen'.

Das einfache Suffix *-g* kommt in zwei- und dreisilbigen Frequentativen heute fast ausnahmslos mit geschlossenem Bindevokal vor. Ausnahmen bilden *kacag* 'lachen', *farag* 'schnitzen', *ballag* 'schlendern, langsam gehen'. In der älteren Literatur jedoch kommt *-ag* sehr häufig vor; möglich, dass alle diese Zeitwörter einst so gelautet haben (z. B. *harsag*, heute *harsog* 'schmettern, tönen', *csattag* h. *csattog* 'knallen', *villag*, heute *villog* 'blitzen, blinken'. Einsilbige: *lóg* 'hängen' (vgl. *lódít* 'in Bewegung setzen, werfen', *lóbál* 'schwingen'), ferner lautnachahmende, wie *bőg* 'brüllen' (vgl. *bődül* inchoat.), *búg* 'brummen', *zúg* 'brausen, tosen' (vgl. *zúdúl* inchoat.); *zeng* 'klingen, tönen', *cseng* und *peng* 'klingen', *kong* 'schallen, hohl klingen', *lëng* 'schweben, wehen', *ing, inog* 'wanken' (vgl. inchoat. *zendül, csendül* usw.). Zweisilbige sind in grosser Anzahl vertreten. Neben ihnen kommen gewöhnlich von demselben Grundworte gebildete momentane Verba auf *-an, -en* vor, häufig Inchoativa auf *-dul, -dül* und Kausativa auf *-dít* (besonders bei Grundwörtern auf *-r, -z, -j*); manchmal kommen alle drei nebeneinander vor. Beispiele: *csattog* 'knallen, krachen' (mom. *csattan*), *forog* 'sich drehen' (inchoat. *fordul*), *rezeg* 'zittern' (mom. *rezzen*, inchoat. *rezdül*), *zörög* 'klirren, pochen' (mom. *zörren*, inchoat. *zördül*). Andere Beispiele: *korog* 'knurren', *zuhog* 'fallen, rauschen', *csörög* 'rasseln', *röhög* 'laut lachen', *köhög* 'husten', *zokog* 'schluchzen', *potyog* 'fallen', *lebeg* 'schweben', *csillog* 'glänzen'. Dreisilbige sind seltener; die von Grundwörtern auf *r* werden durch das Suffix *-g* zugleich in Intransitiva verwandelt: *csavar* 'drehen': *csavarog* 'umherstreifen, herumstreichen', *kavar* 'rühren, umrühren': *kavarog* 'qualmen, sich ballen', *csikar* oder *csikor* 'zwicken, kneipen': *csikorog* 'knarren, knirschen'. (Wahrscheinlich sind sie aus den reflexiv-inchoativen Verben *csavarodik* 'sich drehen', *keveredik* 'sich mengen' usw. nach dem Muster von einander entsprechenden Zeitwörtern, wie *pityeredik* 'zu weinen anfangen': *pityereg* 'weinen' entstanden).

Das Suffix *-ng* wechselt manchmal ohne jeden Unterschied in der Bedeutung mit dem einfachen *-g*, z. B. *bolyong, bolyog* 'herumirren'; *dölöng, döllög* (NySz.) 'hin und her wanken'; *tátong, tátog* 'klaffen'; *zajong, zajog* 'lärmen' usw. Dies beweist jedoch noch nicht, dass die beiden Suffixe ursprünglich identisch sind, denn ein solcher Wechsel der Suffixe kann sich auch später entwickeln[1]). Dies *-ng* ist wahrscheinlich ein ähnliches zusammengesetztes Suffix, wie *-rg* oder *-lg* (*dü-*

1) Vgl. *mozorog* und *mozog* 'sich bewegen', *toporog* und *topog* 'stampfen, stark auftreten' usw. oder die finnischen Adjektivsuffixe

*börg-* 'dröhnen', *feszelg-* 'sich unruhig hin und her bewegen'). In einzelnen Fällen kann *-ng* durch Kreuzung von Bildungen auf *-n* und *-g* entstanden sein, z. B. *lappang* 'versteckt, verborgen sein' = *lappan* × *lappag*, *pillang* 'flimmern, schimmern' = *pillan* × *pillag*. — Der Bindevokal dieses Suffixes ist gewöhnlich *o, ë, ö*: *szállong* 'hin und herfliegen', *tolong* 'sich drängen', *hajlong* 'sich bücken', *forrong* 'gären', *szorong* 'sich drängen', *kereng* (und *kering*) 'sich drehen, kreisen' usw.

Das häufigste, typische Frequentativsuffix ist *-gat, -get*. Die Zeitwörter auf *-gat*, *-get* waren ursprünglich kausative Formen von Frequentativen auf *-g*; z. B. *cseng* 'klingen, tönen': *csenget* 'läuten', *mozog* 'sich bewegen': *mozgat* 'bewegen', *zörög* 'klirren, rasseln': *zörget* 'klopfen, poltern', *pattog* 'knallen': *pattogat* 'knallen machen'. Diese kausativen Formen waren jedoch so häufig, dass man *-gat*, *-get* allmählich als einheitliches Suffix empfand und es auch ohne Grundwort auf *-g* anwendete: *hallgat* 'zuhören, schweigen', *mondogat* 'wiederholt sagen', *osztogat* 'austeilen'. Die Nachwirkung der frühern kausativen Funktion des Suffixes zeigt sich noch darin, dass es auch heute gewöhnlich transitive Zeitwörter bildet, und nur seltener an intransitive Zeitwörter angefügt wird, wie *meneget* 'gehen', *éleget* 'leben', *készülget* 'sich vorbereiten'. Die Frequentativa auf *-gat* sind grösstenteils dreisilbig, teils von einsilbigen Grundwörtern mit Bindevokal abgeleitet, teils von zweisilbigen ohne Bindevokal, z. B. *ráz* 'schütteln': *rázogat*, aber *példáz* 'anspielen': *példáz-gat*. Beispiele: *hivogat* 'rufen', *kéreget* 'betteln', *huzogat* 'ziehen', *ütöget* 'schlagen', *öntöget* 'giessen'; *takargat* 'verdecken', *felelget* 'antworten', *tanítgat* 'unterrichten'. Bei Zeitwörtern auf *-nt* und *-szt* fällt vor dem Suffix *-gat*, *-get* das *t* weg: *tekinget* (und *tekintget*) 'schauen', *kurjant* 'aufschreien': *kurjongat* (statt **kurjantgat*), *halaszt* 'aufschieben': *halaszgat* (und *halasztgat*). Eine weitere Verkürzung entsteht dadurch, dass auch das *n* und *sz* aus dieser Konsonantengruppe ausfällt (vorhergehendes *a e* wird zu *o ë*), z. B. *kurjant*: *kurjogat*, *halaszt*: *halogat*, *választ* 'wählen':

*-inen*, *-ise*, von denen das erstere nur im Nominativ und das letztere nur in den anderen Fällen gebräuchlich ist.

*vdlogat* 'auswählen', *ereszt* 'loslassen': *erëget* 'nach und nach loslassen'. Auch die Zeitwörter *aggat* 'anhängen', *szaggat* 'reissen' usw. sind durch die Formen **akogat*, **szakogat* aus den Bildungen **akasztgat*, **szakaszgat* entstanden. Die Frequentativa der Zeitwörter auf *-ít* haben oft *-ogat* statt *-ítgat*, z. B. *borít* 'bedecken': *borogat* 'Umschläge machen', *tisztít* 'reinigen': *tisztogat*, *simít* 'glätten': *simogat* 'streicheln'; *említ* 'erwähnen': *emleget*, *fenyít* 'züchtigen': *fenyeget* 'drohen'; *öblít* 'spülen': *öblöget*. Diese Verkürzung ist von der alten Form des Suffixes *-ít*: *-ojt*, *-ëjt*, *-öjt* ausgegangen, also **tanojtgat* und **tisztojtgat* haben sich zu *tanogat*, *tisztogat* verkürzt. Auch die Zeitwörter auf *-at*, *-et* haben manchmal Frequentativa auf *-ogat*, *-ëget* (statt *-atgat*, *-etget*), z. B. *mutat* 'zeigen': *mutogat*, *hitet* 'glauben machen, täuschen': *hitëget*.

Das einfache Frequentativsuffix *-r* kommt gewöhnlich mit anderen Suffixen zusammen vor, z. B. *húny* 'das Auge schliessen': *hunyorít*, *hunyorog*, *hunyorgat* 'blinzeln'; so in den Frequentativsuffixen *-droz*, *érëz* und *-károz*, *kérëz*: *futdroz*, *futkároz* 'laufen', *nevetkérez* 'lachen', *sütkérez-* 'sich sonnen. Am häufigsten kommt es jedoch im Suffix *-orog*, *-ërëg*, *-örög* vor. Heute stehen den durch dieses Suffix gebildeten Zeitwörtern gewöhnlich kürzere Frequentativa auf *-(o)g* gegenüber; die ersteren drücken die Verkleinerung und Zersplitterung der Handlung aus. Beispiele: *bicëg* 'wackeln, hinken', *bicërëg*; *bizsëg*, *bizsërëg* 'prickeln', *mozog*, *mozorog* 'sich bewegen' usw. Ohne entsprechende kürzere Form auf *-(o)g*: *hdborog* 'wogen', *csikorog* 'knarren, knirschen', *hentereg* 'sich wälzen', *szendërëg* 'schlummern' usw.

Das Moment des Eintretens der Handlung bezeichnen die sogenannten inchoativen Zeitwörter. Die gewöhnlichsten Suffixe sind hier *-od-ik* (*-am-od-ik*) und *-dul*, *-dül*. Oft jedoch sind sie der Form nach frequentative Zeitwörter, da die Sprache das Inangriffnehmen, das Beginnen mit der Vorstellung des wiederholten Versuches verknüpft: *haldokol* 'im Sterben, in den letzten Zügen liegen', *éled* 'aufleben', *szólal* 'das Wort ergreifen, anfangen zu reden' weisen dieselben Suffixe auf, wie *öldököl* 'töten, metzeln', *halad* 'fortschreiten', *marasztal* 'zurückhalten, zum Bleiben nötigen'. In der finnisch-ugrischen Grundsprache hat es kaum ein besonderes inchoatives Suffix gegeben und in den verwandten Sprachen pflegen in dieser Bedeutung ebenfalls, wie auch im Ungarischen, frequentative und reflexive Suffixe zu figurieren.

Das Suffix *od ik* (*-am-odik*) ist eigentlich aus dem reflexiven *-ód-ik*, *őd-ik* verkürzt. Die Formen *csavarodik* 'sich drehen', *keverëdik* 'sich mengen' usw. (von *csavar* 'drehen', *kever* 'mengen') sind zugleich reflexiv und wahrscheinlich Verkürzungen von *csavaródik*, *keverődik* usw. Nach dem Muster dieser Formen konnte das Zeitwort *heverëdik* 'sich niederlegen' entstehen, das schon kein Reflexivum, sondern ein Inchoativum zu *hever* 'liegen' ist. Der Analogie dieser Zeitwörter folgend, konnten neben den frequentativen Verben *hentërëg* 'sich wälzen, herumliegen', *hempërëg* 'sich wälzen, rollen', *hömpölyög* id. die Inchoativa *hentërëdik*, *hempërëdik*, *hömpölyödik* entstehen, und Inchoativa dieser Art gibt es neben Frequentativen auf *-g* in ziemlicher Anzahl; z. B. *szendërëg* 'schlummern' *szendërëdik* 'einschlummern'; *pityërëg* 'weinen', *pityërëdik* 'anfangen zu weinen'; *mosolyog* 'lächeln', *mosolyodik* 'anfangen zu lächeln' usw. Manchmal nehmen auch Verba, deren Bedeutung ohnehin dem Inchoativum nahe steht, dieses Suffix an. So besonders die alten Verba auf *-am-ik*, *-ap-ik*, z. B. *futam-ik* 'aufugio': *futamod-ik*; *folyam-ik* 'fugio, confugio': *folyamod-ik* id.; *ficamik* 'sich verrenken': *ficamodik*; *állap-ik* 'stehen bleiben': *állapod-ik*; ebenso auch *vetemëdik* 'sich werfen, auf etwas verfallen', *csillapodik* 'sich beschwichtigen, sich legen', *telepedik* 'sich niederlassen', *gyarapodik* 'sich vermehren'.

Das Suffix *-dúl*, *-dül* ist aus dem frequentativen *-d* und dem reflexiven *-úl*, *-ül* zusammengesetzt. Das Zeitwort *fáj-d-úl* und *fáj-úl* 'anfangen zu schmerzen' ist sowohl mit als auch ohne *d* gebräuchlich. Die durch *-dúl*, *-dül* gebildeten Inchoativa sind meistens zweisilbig und haben Frequentativa auf *-g* zur Seite: *ló-g* 'hängen': *ló-dúl* 'sich in Bewegung setzen, sich packen'; *bő-g* 'brüllen': *bő-dül* 'anfangen zu brüllen'; *zeng*, *cseng*, *peng* 'klingen, tönen': *zendül*, *csendül*, *pendül* 'erklingen, ertönen'; *forog* 'sich drehen': *fordúl* 'sich umdrehen': *morog* 'brummen': *mordúl*; *mozog* 'sich bewegen': *mozdúl*.

Das Moment der Vollendung der Handlung bezeichnen die eigentlichen momentanen Zeitwörter (verba momentanea). Während das Beginnen der Handlung auch mit Wiederholungen vor sich gehen kann, bezeichnen die momentanen Zeitwörter immer nur ein einziges Moment, und zwar wird durch sie die rasche Vollendung betont. Einfache momentane Suffixe lassen sich in den finnisch-ugrischen Sprachen sieben nachweisen: *-m*, *-n*, *-p*, *-k*, *-l* (*-ll*), *-t*, *-ks*, die mit Ausnahme des letzten alle auch im Ungarischen vorkommen. Mit noch heute lebendiger Funktion sind aber hier bloss die folgenden gebräuchlich: *-an -en*, *-ant -ent*, *-int*, *-it*.

Das Momentansuffix *-m* ist in den Suffixen *-ám* und *-am -em* enthalten. Das Suffix *-ám* kommt bloss in der älteren Sprache vor: *villámik* (heute *villámlik*) 'blitzen', *csillámik* (heute *csillámlik*) 'schimmern'; mundartlich *falámol* 'gierig fressen'. Sie endigen in der 3. Person in der Regel auf *-ik*, sind jedoch heute meistens nur in Weiterbildungen gebräuchlich: *futamik* 'fugio, aufugio, procurro', in der älteren Literatur häufig, heute *futamodik*; *folyamik* 'fugio, confugio', heute *folyamodik*; *csuszamik* 'ausgleiten', daher *csuszamodik*; *iramik* 'rennen', heute *iramodik*; ferner mit frequentativem oder momentanem *-l*: *villámlik* 'blitzen', *csillámlik* 'schimmern'; *szólamlik* 'anfangen zu reden', *csuszamlik* 'ausgleiten', *félemlik* 'erschrecken' usw.

Das Momentansuffix *-n* finden wir in den Suffixen *-an -en*, *-ant -ent*, *-int*. Beim Suffix *-an*, *-en* finden sich mehrere Beispiele des Lautwechsels *o*: *a*, so dass sich feststellen lässt, dass dieses *-an* wenigstens in einem grossen Teile der Fälle früher *-on* gelautet hat. Z. B. *fogonik*, *foganik* 'empfangen werden' (NySz.); *csaponik*, *csappan* 'abnehmen, fallen', *csökönik*, *csökkönik*, *csökkenik* id.; *gyaponik*, heute mda. *gyappanik* 'sich entzünden'. Eine etymologisch begründete Konsonantenverdoppelung finden wir in den Beispielen, denen entsprechende Frequentativa ebenfalls mit doppelten Konsonanten zur Seite stehen; es sind grösstenteils Lautnachahmungen: *csattan* 'knallen', *csattog* 'öfter knallen, krachen'; *pattan, pattog* id.; *puffan, puffog* 'puffen, knallen'; *durran, durrog* 'knallen, krachen'; *pukkan, pukkad* 'bersten, platzen'; *csillan csillog* 'schimmern, flimmern'; *villan, villog* 'blinken, blitzen'. Nach Analogie dieser Verba haben fast alle übrigen den Konsonanten verdoppelt. Die Zeitwörter *csaponik, gyaponik* haben nach dem Zeugnis der Sprachdenkmäler das *p* erst nachträglich verdoppelt und ähnliches konnte besonders leicht bei den onomatopoetischen Verben geschehen. Z. B. *koppan* 'klappen', *kopog* 'klopfen'; *roppan* 'knacken, krachen', *ropog* 'krachen'; *dobban, dobog* 'pochen, klopfen; *pottyan, potyog* 'fallen'; *szisszen, sziszeg* 'zischen'; *zörren, zörög* 'klirren, rasseln'. So folgten der Analogie dieser Zeitwörter auch die anderen, die in der Regel eine plötzliche Bewegung ausdrücken: *röppen, röpül* 'fliegen'; *lobban* 'auflodern', *lobog* 'lodern, flackern'; *mozzan* 'sich rühren', *mozog* 'sich bewegen'. Zum Schlusse wollen wir noch bemerken, dass bei dem grössten Teil der momentanen Zeitwörter auf *-an, -en* das Grundwort selbst nicht mehr gebräuchlich ist und sich selbst aus den Sprachdenkmälern nicht nachweisen lässt.

Suffix *-ant, -ent,* z. B. *hörpent* 'schlürfen', *köhent* 'husten', *kurjant* 'aufschreien, schreien'. Neben *-ant, -ent* findet sich auch *-an, -en,* z. B. *pillan-ik* (NySz.), *pillant* 'blicken', *illan, illantani* 'entweichen, entschlüpfen', *horkan, horkant* 'schnauben'. Von noch heute gebräuchlichen Grundwörtern gibt es nur sehr wenige: *csip* 'zwicken, picken', *csippent* 'abzwicken'; *szip* 'saugen', *szippant* 'schnupfen'. Der erste Bestandteil des Suffixes ist das momentane *-an, -en.* Szilasi bringt das ganze Suffix mit der anderen Endung *-ant, -ent* in Verbindung, wo *-t* das Kausativsuffix *-t* ist, z. B. *csattan* 'knallen', *csattant* 'knallen lassen'; *durran* 'krachen', *durrant* 'krachen lassen'. Es ist wahrscheinlich, dass dieses *-ant, -ent,* das eigentlich ein kausatives Momentansuffix war, in vielen Fällen zu einem bloss transitiven Momentansuffix, schliesslich zu einem reinen Momentansuffix *-ant -ent* verblasste.

Das Suffix *-int* ist eines der gebräuchlichsten Momentansuffixe, z. B. *lopint* 'stehlen', *nyomint* 'leniter premit', *bólint* 'nicken', *emelint* 'heben'. Die ursprünglichere Form des Suffixes war *-ént*, z. B. *érént*, heute *érint* 'berühren', *teként*, heute *tekint* 'blicken', *legyént*, heute *legyint* 'streifen, leicht berühren'. Vermittelnde Formen waren *tekint*, *érint*, die sich in der älteren Literatur nachweisen lassen. Jedoch auch infolge von Analogiewirkungen sind Verba auf *-int* entstanden. So entstand *kacsint* 'blinzeln' aus der älteren Form *kacsont* unter dem Einflusse des synonymen *tekint*; *bosszont* 'ärgern' wurde in einigen Gegenden zu *bosszint*, *boszint*; ebenso haben sich bei mehreren kausativen momentanen Verben wie *pattan-t*, *csattan-t* Nebenformen wie *pattint*, *csattint* entwickelt. Es gibt jedoch eine ganze Klasse der momentanen Zeitwörter, die diese Lautform bloss infolge einer neueren Formenmischung angenommen haben, nämlich die Zeitwörter auf *-ít*, wie *emelít* 'heben', *csavarít* 'drehen'. Die zwei Momentansuffixe *-ít* und *-int*, *-int* waren einander so ähnlich, dass eines leicht an die Stelle des anderen treten konnte (*taszít*, *toszít* und *toszént* 'stossen', ferner *hárít* und *hárint* waren schon lange nebeneinander gebräuchlich). So lässt sich die interessante Erscheinung erklären, dass die Endung *-int* in dreisilbigen Verben grösstenteils erst im XIX. Jahrhundert erscheint, während die betreffenden Verba früher mit dem Suffix *-ít* gebräuchlich waren. Z. B. *sodorít*, *sodorint* 'drehen', *csavarít*, *csavarint* id.; *kanyarít*, *kanyarint* 'schweifen'.

Das Momentansuffix *-p* sehen wir im Suffix *-ap*, *-ep*, z. B. in den veralteten Zeitwörtern *hagyap* 'spucken' (von *hagy* 'lassen', ursprünglich 'werfen') und *állap-ik* 'stehen bleiben' (vgl. *állapot* 'Zustand', *állapít* 'feststellen'). Mit inchoativem *-od-ik* (s. oben) weitergebildet: *állapodik* 'stehen bleiben', *ülepëdik* 'sich setzen', *telepëdik* 'sich niederlassen', *csillapodik* 'sich legen, sich lindern'.

Das Momentansuffix *-k* finden wir in den Zeitwörtern *ríkat* 'weinen machen, zum Weinen bringen' und *rikkan* 'aufschreien', *sikat* 'schreien machen' und *sikolt* 'aufschreien'. Dieses *-k* ist der erste Bestandteil der zusammengesetzten Frequentativsuffixe *-kol* (*-dokol*), *-kál*, *-kod*, *-koz*, *-kos*.

Das Suffix *-l* (*-ll*) sehen wir in *-all*, *-ell*, z. B. *szökell* 'aufspringen' (früher *szököllik*), *lövell* 'schiessen', *fuvall* 'wehen'.

Das Momentansuffix *-t* haben wir schon in den zusammengesetzten Suffixen *-ant, -ent, -int* gesehen. Hierher gehört vielleicht auch das Momentansuffix *-ít.* An seiner Stelle finden wir in den Sprachdenkmälern noch die Endung *-ojt, -ëjt, -öjt* : *hagyo't* d. h. *hagyojt* 'werfen', *zolayt* (lies *szólajt*), *zoleyt* (*szóléjt*), 'anreden' *takaroyt* 'aufräumen', *kewerőyt* 'mischen' usw. — Ausserdem kommen noch Formen wie *szólét* vor, die als Übergang zu den heutigen Formen auf *-ít* dienen konnten. Beispiele: *vonít* 'heulen', *tódít* 'zusetzen, vergrössern' (von *told* id.), *merít* 'schöpfen', *rikít, sikít* 'aufschreien', *kaparít* 'erwischen, weghaschen', *emelít* 'heben'.

Über den mit frequentativer, momentaner und inchoativer Bedeutung parallel laufenden allgemeineren Unterschied hinsichtlich Aktionsart und Tempus s. den folgenden Abschnitt.

B. Was die Art und Weise der Aussage betrifft, müssen wir prüfen, inwiefern in der Sprache die Modalitäten der logischen Urteilsformen zum Ausdruck gelangen, nämlich die Wirklichkeit, die Möglichkeit und die Notwendigkeit. Die erste und die dritte drücken wir durch Adverbien oder andere Umschreibungen aus (*valóban ír* 'er schreibt wirklich', *okvetetlen ír* 'er schreibt unbedingt', *kell írnia* 'er muss schreiben'). Für die Möglichkeit jedoch, die in anderen Sprachen ebenfalls nur umschrieben wird, hat das Ungarische eine besondere Verbalform aus der alten Umschreibung durch das Verbum *hat* entwickelt: *írhat* 'er kann schreiben', (wörtl. 'er schreibt + er kann'), *járhat* 'er kann gehen', *jöhet* 'er kann kommen' (Stamm: *jöv-*), *mëhet* 'er kann gehen' (Stamm: *mën-*) usw. Das Suffix *-hat* ist das einzige Verbalsuffix, dessen Entwickelung aus einem besonderen Worte nachweisbar ist. Es steht fest, dass dieses Suffix nichts anderes ist, als das Verbum *hat* 'wirken'; finden wir doch dieses Verbum in den Denkmälern in der Bedeutung des lateinischen *potest* angewendet: *Hat auag tart hatalmat*: habet potestatem Ném. Gl. 352. *Ky nelkewl hembery* (statt *embery*) *teredelmesseg semyt nem hat*: 'sine quo humana poenitentia nihil potest' EhrK. 5. (= *kynekwl emberi gyarlosag nem tehet valamit* VirgK. 83). An einer Stelle der Münchner Handschrift ist *hat* ebenso mit dem Infinitiv konstruiert wie das lateinische *potest*: *Nem hac* [*hatsz*] *eǵ fúrtőt feierre tenned* 'non potes unum capillum album facere'. Dies ist um so auffallender, als *-hat* in der Leichenrede schon als Suffix gebraucht ist: *num igg ember mulchotia* [*múlhatja*] *ez vermut* 'kein Mensch kann dieser Grube entgehen' und in den Königsberger Fragmenten auch in hochlautiger Form vorkommt: neben *maradhassun* (*maradhasson*) 'dass es bleiben könne' auch *sciulhessen* (*szülhessen*) 'dass sie gebären könne', *lelhetneynk* (*lelhetnénk*) 'wir könnten finden', *leyessen* (*lehessen*) 'dass es sein könne'. Es ist jedoch möglich, dass sich Fügungen wie *hatsz tenned* 'du kannst tun' (heute *tehetsz*) in einzelnen Dialekten auch weiter erhalten haben.

Parallel mit diesen drei Urteilsformen laufen die sogen. Verbalmodi, und zwar entspricht I. der Wirklichkeit die „aussagende Art“, der Indikativ; II. der Möglichkeit der Modus potentialis, concessivus; so im Finnischen: *hävitys lienee ollut varsin kova* 'die Zerstörung mag sehr arg gewesen sein'; *tietänethän* 'du wirst wohl wissen'; ung. mit dem Möglichkeitsverbum: *lehetett, tudhatod*; III. der Notwendigkeit entspricht der Wunsch, der Befehl, der Imperativ, beziehungsweise die mehr oder minder strengen oder milden Formen der Aufforderung. — Zu den Verbalmodi rechnen wir auch die Unterscheidung dessen, ob wir der Behauptung die betreffende Giltigkeit unbedingt beilegen, oder diese an eine Bedingung knüpfen. Auf diese Weise entstehen drei neue Modi: IV. Modus der bedingten Äusserung, Modus conditionalis (die Benennung passt allerdings auch auf die folgenden); z. B. *volna* (finn. *olisi*) 'er wäre', *ha mennénk* (finn. *jos kävisimme*) 'wenn wir gingen'; V. Modus der bedingten Möglichkeit: *le-het-ne* 'es könnte sein', *mehetnénk* 'wir könnten gehen'; VI. Modus des bedingten Wunsches, Optativ: *bár eljönne!* 'wenn sie nur käme!' *mennénk egy kissé félre!* 'gehen wir doch ein wenig bei Seite!' Im Ungarischen ist der Modus des bedingten Wunsches gleich dem Modus der bedingten Aussage (vgl. den folgenden Abschnitt).

C. Das Verhältnis zum Subjekt kann ein zweifaches sein. Die gewöhnlichere Ausdrucksweise ist die, dass wir uns die Handlung als vom Subjekt ausgehend vorstellen; das Subjekt ist in diesem Falle eine handelnde Person. Wir können uns aber die Handlung auch so vorstellen, dass sie nicht vom Subjekt ausgeht, sondern auf dieses gerichtet ist; in diesem Falle nun ist das Subjekt eine leidende Person oder Sache. Bei beiden, beim aktiven ebenso, wie beim passiven Verbum, sind wieder zwei Fälle möglich, je nachdem die Handlung unmittelbar, nur durch das Subjekt, oder mittelbar durch Zusammenwirkung zweier Subjekte vor sich geht.

Stellen wir uns die Handlung als eine unmittelbare vor, so gebrauchen wir das gewöhnliche aktive Zeitwort; wenn sie aber mittelbar, durch zwei Personen verrichtet, vor sich geht, wird im Ungarischen das kausative Verbum angewendet, z. B. *dolgoztat* 'er lässt arbeiten' (A bewirkt, dass B arbeite). Kausative Verba können sowohl von intransitiven als auch von transitiven gebildet werden; z. B. *jár* 'gehen': *fiamat iskolába járatom* 'ich lasse meinen Sohn in die Schule gehen', *kisér* 'begleiten': *a cseléddel haza kisértetem* 'ich lasse ihn durch das Dienstmädchen nach Hause begleiten'. Das gemeinsame Kausativsuffix der finnisch-ugrischen Sprachen ist *-t*, das im Ungarischen in verschiedenen Formen: als *-t*, *-at -et*, *-tat -tet*, *-aszt -eszt*, *-it* auftritt.

Durch blosses *-t* bilden wir heute keine Kausativa mehr; dieses Suffix kommt nur in alten Bildungen vor, in deren grösserem Teil die kausative Bedeutung schon verblasst ist, wie in *kelt* 'wecken', *veszt* 'verlieren'. Beispiele: *kél, kel* 'aufstehen, entstehen' : *kelt* 'wecken, erregen' und *költ* '(Geld) ausgeben; brüten; dichten'; *vész, vesz* 'verloren gehen': *veszt* 'verlieren'; *tel-ik* 'sich füllen' : *tölt* 'füllen'; *terem* 'entstehen, wachsen': *teremt* 'erschaffen'; *pattan* 'knallen' : *pattant* 'knallen machen'; *csökken* 'fallen, nachlassen': *csökkent* 'verringern, vermindern'. In manchen Fällen ist die kausative Form aus einem Stamm gebildet, der einfacher ist, als die nichtkausative Form, und zwar ist letztere in der Regel durch das Suffix *-l* oder (im Präsens) durch *-sz* erweitert.

a) *haj-l-ik* 'sich biegen' : *haj-t* 'biegen', *rej-l-ik* 'stecken, versteckt sein' : *rej-t* 'verstecken', *osz-l-ik* 'sich teilen, zerfallen': *osz-t* 'teilen', *bom-l-ik* 'zerfallen': *bon-t* 'zerlegen, zerstören', *rom-l-ik* 'verderben, zugrunde gehen' : *ron-t* 'verderben, zerstören'. *om-l-ik* 'zusammenstürzen' : *on-t* (früher *bomt*, *romt*, *omt*); *dül* 'stürzen' : *düt* und *düjt* 'umstürzen' trans. (das heutige *dönt* vielleicht unter dem Einflusse von *önt* 'giessen' entstanden), *sül* 'braten' (intr.) : *süt* 'braten' (trans.), *gyül* 'sich versammeln' : *gyüjt* 'sammeln', *nyúl(-ik)* 'sich ziehen, dehnen' : *nyujt* 'ziehen, dehnen'.

b) *es-ik* 'fallen' : *ejt* 'fallen lassen'. *fes-l-ik* 'sich auftrennen, schälen' : *fejt* 'auftrennen, schälen'.

c) *al-sz-ik* 'schlafen, erlöschen' : *ol-t* 'löschen'; *alku-sz-ik* (früher auch *alko-sz-ik*) 'sich fügen, sich einigen' : *alko-t* (früher auch *alku-t* 'zusammenfügen, schaffen'; *eskü-szik*, (*eskö-szik*, *eskë-szik*) 'schwören' : (*eskü-t-ni*, *eskö-t-ni*), *esketni* 'schwören lassen, beeiden, trauen'.

Das Suffix *-at*, *-et* wird in der Regel nach einsilbigen Grundwörtern gebraucht[1]. Beispiele: *veret* 'schlagen lassen, prägen lassen', *varrat* 'nähen lassen', *ölet* 'töten lassen', *hullat* 'fallen lassen', *hozat* 'bringen lassen', *adat* 'geben lassen', *dobat* 'werfen lassen', *hordat* 'tragen lassen', *mondat* 'sagen lassen', *öntet* 'giessen lassen', *tartat* 'halten lassen'. Hierher gehören auch die zweisilbigen Verba auf *t*, in denen vor dem *t* ein Konsonant steht: *választ-at* 'wählen lassen', *felejt-et* 'vergessen lassen, vergessen machen'. Früher bildeten auch die mehrsilbigen Frequentativa auf *-g* auf diese Weise die kausativen Formen, von denen sich viele bis heute erhalten haben: *forog* 'sich drehen' : *forgat* 'drehen', *zörget* 'klopfen, pochen', *mozgat* 'bewegen'; *pattog* 'knallen, krachen': *pattogat* 'krachen machen', *csattogat* id.; *nyomorog* 'im Elend leben'; *nyomorgat* 'plagen, quälen'. Heute ist in solchen Fällen im allgemeinen das Kausativsuffix *-tat*, *-tet* gebräuchlich: *pattogtat* 'krachen machen' (auch *pattogat*), *csurogtat* 'fliessen lassen' (auch *csurgat*), jedoch nur *csillogtat*, *villogtat* 'schimmern, glänzen lassen', *kopogtat* 'klopfen', *ropogtat* 'krachen machen, knacken' usw.

Das Suffix *-tat*, *-tet* ist aus der Vereinigung der beiden früheren Suffixformen entstanden: *-t-at*, *-t-et*. Wissen wir doch, dass in einzelnen Fällen die neuere Form *-tat*, *-tet* an Stelle des früheren *-t* und *-at*, *-et* getreten ist: *gyónt*, heute

---

1) Ausgenommen sind die Verba wie *tesz* 'tun' (*te-tet* 'machen lassen', *i-tat* 'tränken', *al-tat* 'einschläfern') und die Verba auf *t*, in denen dem *t* ein Vokal vorangeht (*vet-tet* 'werfen lassen, säen lassen', *fut-tat* 'laufen lassen', *füt-tet* 'heizen lassen').

*gyóntat*; *it-*, heute *itat* 'tränken'; *suhogat*, heute *suhogtat* usw. Die einsilbigen Verba *gyónt*, *it* und mehrere andere nahmen nochmals das Kausativsuffix in der Form *-at*, *-et* an, weil dies die gewöhnlichere Endung solcher Zeitwörter war, und weil die meisten Kausativa wenigstens zweisilbig waren[1]). Aus den so entstandenen Zeitwörtern *gyóntat* 'beichten lassen', *áztat* 'benetzen', *tétet* 'machen lassen', *étet* 'füttern', *itat* 'tränken' usw. konnte sich dann das Suffix *-tat*, *-tet* ablösen und fruchtbar werden. Beispiele: *kerestet* 'suchen lassen', *ruháztat* 'kleiden lassen', *vezettet* 'führen lassen', *igazíttat* 'richten lassen', *nyittat* 'öffnen lassen', *füttet* 'heizen lassen', *fektet* 'niederlegen', *bujtat* 'verbergen, verstecken', *ültet* 'setzen, pflanzen', *biztat* 'anspornen, aufmuntern'.

Kausativa auf *-ajt*, *-ejt* gibt es heute nur wenige: *hullajt* 'fallen lassen', *veszejt* 'verlieren' *szakajt* 'reissen' und einige andere. Zur Zeit der Handschriften war die Endung *-ojt*, *-ëjt*, *-öjt* an Kausativen sehr häufig. Alle Verba, deren Suffix heute *-ít* ist, endigten so: *tanojt* 'unterrichten', *fordojt* 'wenden, drehen', *merëjt* 'schöpfen' usw. Den Vokal dieser Endung *-ojt*, *-ëjt*, haben die Frequentativa *tiszto-gat* 'reinigen, *terë-get* 'ausbreiten' aus **tisztojt-gat*, **terëjt-get* usw. Aus *-ojt* wurde in vielen Sprachdenkmälern *-ëjt*: *tanëjt*, *fordëjt* usw. Schliesslich wurde der Diphthong *ëj* zu einfachem *é* und *í*: *tanét*, *fordét*, *tanít*, *fordít*. — Kausativa auf *-ít* stehen gewöhnlich Nichtkausativen auf *-úl*, *-ül* gegenüber: *tanúl* 'lernen': *tanít* 'lehren', *szédül* 'schwindeln': *szédít* 'schwindeln machen', *szépül* 'schön werden': *szépít* 'verschönern', *készül* 'verfertigt werden, sich vorbereiten': *készít* 'verfertigen, bereiten', *for-dúl* 'sich drehen': *for-dít* 'drehen, wenden', *moz-dúl* 'sich bewegen': *moz-dít* 'bewegen'. Seltener entspricht *-ít* auch anderen Suffixen, z. B. *szegenyëdik* 'verarmen': *szegényít* 'arm machen', *pirosodik* 'rot werden': *pirosít* 'rot machen', *futamodik* 'laufen, fliehen': *futamít* 'in die Flucht jagen', *félemedik* 'in Furcht oder Schrecken geraten': *félemít* 'in Schrecken setzen', *telepedik* 'sich nieder-

1) Vgl. ähnliche tautologische Formen, besonders in einzelnen Dialekten: *ötet* 'ihn' (statt *öt*), *aztat* 'jenes, das' (statt *azt*), *jobbabb* 'besser', *szebbebb* 'schöner', *többebb* 'mehr' (statt *jobb*, *szebb*, *több*).

lassen': *telepít* 'ansiedeln', *gyarapodik* 'zunehmen, sich vermehren': *gyarapít* 'vermehren', *szakad* 'reissen' (intr.): *szakít* 'reissen, pflücken', *hasad* 'sich spalten': *hasít* 'spalten, zerspalten'. Selten steht es auch suffixlosen Grundwörtern gegenüber: *száll* 'fliegen, steigen': *szállít* 'expedieren', *áll* 'stehen': *állít* 'stellen', *vész* 'verloren gehen': *veszít* 'verlieren. Die ursprüngliche Form des Suffixes, das auf finnisch-ugrischen Ursprung zurückgeht, ist in den Gyulafehérvárer Glossen erhalten; dort hat das Wort *tanít* die Form *tanoχt* („*tonohtuananac*", lies *tanoχtvànyának*, heute *tanítványának* 'seinem Schüler'). Aus diesem *-oχt* wurden dann *-ojt*, *-ëjt*, *-ét*, *-ít*. — Kausativa auf *-aszt-*, *-eszt* stehen grösstenteils intransitiven Zeitwörtern auf *-ad ed* gegenüber: *marad* 'bleiben': *maraszt* 'nötigen zu bleiben', *fárad* 'sich bemühen': *fáraszt* 'bemühen', *olvad* 'schmelzen, zerschmelzen': *olvaszt* 'schmelzen, flüssig machen', *szakad* 'reissen' (intr.): *szakaszt* 'reissen, pflücken', *ébred* 'erwachen': *ébreszt* 'wecken, aufwecken', *ijed* 'erschrecken' (intr.), *ijeszt* 'erschrecken' (trans.), *terjed* 'sich ausbreiten': *terjeszt* 'verbreiten'. Neben nichtkausativen Zeitwörtern ohne die Endung *-ad*, *-ed* kommt das Suffix *-aszt*, *-eszt* in der älteren Literatur selten vor und wurde erst in neuerer Zeit (seit der zweiten Hälfte des XVIII. Jahrhunderts) häufiger gebraucht: *fogy* 'abnehmen': *fogyaszt* 'verbrauchen, vermindern', *múl-ik* 'vergehen': *mulaszt* 'versäumen', *vál-ik* 'sich absondern, scheiden': *választ* 'absondern, wählen', *ömlik* 'sich ergiessen': *ömleszt* 'giessen', *fejlik* 'sich entwickeln': *fejleszt* 'entwickeln' usw. Der Gebrauch des Suffixes in diesen Kausativen ist teils (wie wir S. 277 gesehen) den analogischen Einwirkungen synonymer Zeitwörter zuzuschreiben, teils so zu erklären, dass neben einzelnen Kausativen auf *-aszt* nichtkausative Formen nicht bloss auf *-ad*, sondern auch ohne dieses Formans vorkamen, so dass *-aszt* scheinbar unmittelbar an das Grundwort als einheitliches Kausativformans angefügt war, z. B. *él* 'leben', *éled* 'aufleben', *éleszt* 'beleben'; *forr* 'sieden, kochen', *forrad* 'angelötet werden, sich verbinden', *forraszt* 'löten, anlöten'; *gyúl* 'sich entzünden', *gyúlad* id., *gyúlaszt* 'entzünden' usw.

Ein anderes kausatives Formans ist das auch im Wogulischen in dieser Bedeutung gebräuchliche *-l*. Beispiele: ***vásol*** 'abwetzen, stumpf machen', mda. ***sürgöl*** 'drängen, urgieren', *szorgol* id. In der Form *-al*, *-el* kommt das Suffix häufiger vor; z. B. *aszal* 'dörren', *növel* 'vermehren, vergrössern' und *nevel* 'erziehen, auferziehen' (von *nő* 'wachsen'), *forral* 'sieden, aufkochen' (trans.), *termel* 'erzeugen, produzieren' (XIX. Jahrhundert). Eine ähnliche Suffixverdoppelung wie beim Kausativsuffix *-t* (*-tat*) findet sich in der Form *-lal*, *-lel*, z. B. *hízlal* 'mästen', *fagylal* 'gefrieren machen' (*fagylalt* 'Gefrorenes'), *váslal* 'abwetzen, stumpf machen', *késlel* 'aufhalten, verzögern'.

Wenn wir das L e i d e n als unmittelbar, nur im Subjekt vor sich gehend betrachten, — entweder weil die Handlung auch in diesem e n t s t e h t, oder weil der Handelnde unbekannt ist, — so wenden wir r e f l e x i v e Zeitwörter an: *emelkedik* 'sich erheben', *bocsátkozik* 'sich (hinunter-)lassen'. Wenn wir uns aber das Leiden als mittelbar, mit zwei Subjekten vorstellen, von denen das eine der Leidende und das andere der Handelnde ist, dann wird das gewöhnliche p a s s i v e Verbum angewendet: *emeltetik* 'wird gehoben', *bocsáttatik* 'wird gelassen'.

Die r e f l e x i v e n Zeitwörter drücken also die Rückwirkung der Handlung auf den Handelnden selbst aus. Oft drückt die reflexive Form nur das I n t r a n s i t i v e der Handlung aus: *fenyegetőzik* 'drohen', *gondolkodik* 'nachdenken', *imádkozik* 'beten' (von *fenyeget* 'bedrohen', *gondol* 'denken, bedenken', *imád* 'anbeten). Manchmal wird durch die reflexive Form die Gegenseitigkeit der Handlung bezeichnet: *verekedik* 'sich (herum)schlagen', *csókolódzik* 'sich küssen, einander küssen', *ölelkezni* 'sich umarmen'. Im Finnisch-ugrischen gibt es zwei einfache reflexive Suffixe *-v* und *-sk*, von denen sich das erste auch im Ungarischen nachweisen lässt. Es ist aber nur in wenigen Zeitwörtern unverändert erhalten, und auch in diesen ist die reflexive Bedeutung längst verblasst: *hirhëv-* (Prät. *hirhëvék*) 'bekannt werden, ruchbar werden', *aluv-* oder *alv-* (Prät. *aluvék* 'er schlief', *aluvó* 'schlafend', *alvás* 'Schlaf') 'schlafen', *feküv-* oder *fekv-* 'liegen', *alkuv-* 'übereinkommen, unterhandeln, feilschen' usw. Das *v* hat sich nur vor Vokalen erhalten, ist jedoch vor Konsonanten geschwunden, teils mit Ersatzdehnung des folgenden Konsonanten, z. B. *alutt* 'geschlafen', *fekünni* 'liegen' (statt **aluvt*, **feküvni*, heute *aludt*, *feküdni* geschrieben), teils im geschlossenen vorhergehenden Vokal *u*, *ü* nachklingend: *haragu-sz-ik* 'zürnen', *alu-sz-ik* 'schlafen', *fekü-sz-ik* 'liegen', teils auch ohne jede Spur: *harag-sz-ik*, *fek-sz-ik* usw. Dieses *-v* wird als latent auch in den reflexiven Verben *hallik* 'auditur', *törik* 'frangitur' usw. angenommen (statt **hall-v-ik*, **tör-v-ik*) von *hall* 'audit', *tör* 'frangit', die sich von den entsprechenden transitiven Verben nur durch ihre (reflexive) Personalendung *-ik* unterscheiden (vgl. wog. *χōli* 'audit': *χōlwə* 'auditur'). Andere Beispiele: *szegik* 'brechen' (intr.), *zúzik* 'sich quetschen, gequetscht werden'; ebenso *vérzik* 'bluten', *virágzik* 'blühen' (vgl. *vérëz* 'bluten machen, mit Blut bespritzen', *virágoz* 'mit Blumen schmücken') usw. — In den gewöhnlichen reflexiven Suffixen ist das *v* ebenfalls geschwunden; auf sein früheres Vorhandensein lässt aber die Länge des Vokals in *-ód(ik)*, *-óz(ik)*, *-kóz(ik)* schliessen.

Das gebräuchlichste Reflexivsuffix ist heute *-ód(ik)*, *-őd(ik)*, dessen *d* das Frequentativsuffix *-d* ist, und dessen reflexives Element im *ó*, *ő* steckt, also sind die Formen *hányódik* 'herumgetrieben werden', *vetőd-ik* id., *ütődik* 'anstossen' aus *hányo-v-d-ik*, **vetë-v-d-ik*, **ütö-v-d-ik* entstanden. Beispiele: *húzódik* 'sich ziehen', *gyötrődik* 'sich quälen, sich peinigen', *dörgölődik* 'sich reiben'; mit passiver Bedeutung: *eladódik* 'verkauft werden', *kitudódik* 'bekannt werden'; zum Ausdruck der intransitiven Bedeutung: *rágódik* 'nagen, nachsinnen', *csúfolódik* 'spötteln', *átkozódik* 'fluchen', *készülődik* 'Anstalten treffen, Vorbereitungen machen'; zum Ausdruck der Gegenseitigkeit: *csókolódnak* 'sie küssen einander', *tegeződnek* 'sie duzen einander'. — Mit ganz geschlossenem Vokal: *ocsódik* und *ocsúdik* 'zu sich kommen', *vajódik*, *vajúdik* 'kreissen, Geburtswehen haben', endlich mit kurzem *u*: *alkudik* 'unterhandeln', *haragudik* 'zürnen', *hazudik* 'lügen' (vgl. *hazug* 'lügenhaft'). — Eine Verkürzung des Suffixes *-ód(ik)*, *-őd(ik)* ist auch das Suffix *-od(ik)*, *-ëd(ik)*, *-öd(ik)*, z. B. *csavarodik* 'sich drehen', *keverëdik* 'sich mischen', *takarodik* 'sich packen', *hömpölyödik* 'sich wälzen'. — Das Reflexivsuffix *-óz(ik)*, *-öz(ik)* ist aus ähnlichen Elementen entstanden, nur finden wir hier an Stelle des frequentativen *-d* das Frequentativsuffix *-z*: *nyujtózik* 'sich recken', *rejtőzik* 'sich verstecken', *hallgatózik* 'horchen', *mentegetőzik* 'sich entschuldigen'. Mit kurzem Vokal: *változik* 'sich ändern', *rejtëzik* 'sich verstecken', *öltözik* 'sich kleiden', *költözik* 'ziehen', *tartozik* 'gehören'. — Sehr häufig ist heute auch das Suffix *-ódz(ik)*, *-ődz(ik)*, das aus Kombination der Reflexivsuffixe *-óz(ik)* und *-ód(ik)* entstanden ist: *fogódzik* 'sich anhalten', *csókolódzik* 'einander küssen', *fenyegetődzik* 'drohen'. — Das Reflexivsuffix *-kod(ik)*, *-këd(ik)*, *-köd(ik)* enthält das momentane *-k*. Beispiele (fast ausnahmslos viersilbig): *mosakodik* 'sich waschen', *óvakodik* 'sich hüten', *vonakodik* 'sich weigern', *fésülködik* 'sich kämmen'; *gondolkodik* 'nachdenken', *hálálkodik* 'danken'; *veszekedik* 'zanken', *egyezkedik* 'unterhandeln, einen Vergleich eingehen'. Die auslautenden Konsonantengruppen erleiden ähnliche Veränderungen, wie vor dem Frequentativsuffix *-gat*, *-get*: *támaszt* 'stützen' : *támaszkodik* 'sich stützen', *ragaszkodik* 'sich anhängen, festhalten, anhänglich sein' (von *ragaszt* 'kleben'); *bosszankodik* 'sich ärgern' (von *bosszant* 'ärgern'); *tanakodik* 'sich beratschlagen' (von *tanojt*). In einigen Beispielen mit langem Vokal: *hánykódik* 'sich herumwerfen, unruhig sein', *rázkódik* 'sich schütteln, erschüttert werden', *bánkódik* 'sich grämen, bekümmert sein, trauern', *leskődik* 'lauern'. — Das Suffix *-koz(ik)*, *-këz(ik)*, *-köz(ik)* hat ganz dieselbe Bedeutung, wie das vorhergehende, oft werden sie auch ohne Unterschied gebraucht, z. B. *gondolkodik* und *gondolkozik* 'nachdenken'. In der Wahl ist häufig die Dissimilation massgebend. Nach Grundwörtern auf *z* und *sz(t)* wird die Form *-kozik* gemieden; vgl. *rázkódik* 'sich schütteln', *őrízkedik* 'sich hüten', *osztozkodik* 'untereinander teilen', *támaszkodik* 'sich stützen'. Wenn hingegen das Grundwort auf *d*, *t* endigt, besonders wenn dem auslautenden *t* ein Konsonant vorangeht, wird wiederum die Form *-kodik* nicht angewendet, vgl. *adakozik* 'schenken', *védekezik* 'sich verteidigen', *bontakozik* 'sich entfalten', *értekezik* 'sich besprechen', *ütközik* 'zusammenstossen', *mutatkozik* 'sich zeigen'. Andere

Beispiele: *foglalkozik* 'sich beschäftigen', *törülközik* 'sich abwischen', *igérkezik* 'sich versprechen'; *várakozik* 'warten', *csodálkozik* 'sich wundern, staunen', *imádkozik* 'beten', *emlékezik* (**emlétkezik*) 'sich erinnern'; *találkozik* 'begegnen, einander treffen', *ölelkezik* 'einander umarmen'. Manchmal wird das *z* durch *sz* ersetzt, wobei der Vokal gewöhnlich ausfällt, z. B. *marakoszik, marakszik* 'einander beissen, zanken', *törekeszik, törekszik* 'sich bestreben', *menekszik* 'entfliehen'. — Mit langem Vokal: *-kóz(ik), -köz(ik)*: *zárkózik* 'sich einschliessen', *mérközik* 'sich messen', *birkózik* 'ringen', *vetközik* 'sich ausziehen, entkleiden'. — Das einzige Reflexivsuffix, das nicht zugleich auch die reflexive Personalendung *-ik* annimmt, ist *-úl, -ül* (zusammengesetzt aus refl. *-v* und frequ. *-l*). Beispiele: *nyomúl* 'dringen, eindringen', *tódúl* 'sich drängen' (von *told*), *vonúl* 'ziehen', *merül* 'versinken', *járúl* 'hinzutreten'. Oft stehen reflexive Verba auf *-úl ül* Kausativen auf *-ít* gegenüber: *tanít* 'lehren': *tanúl* 'lernen', *röpít* 'fliegen lassen, schleudern': *röpül* 'fliegen', *szédít* 'schwindeln machen': *szédül* 'schwindeln', *szorít* 'drücken, bedrängen': *szorúl* 'gedrückt werden'.

Das Formans der passiven Verba ist *-at-ik, -et-ik, -tat-ik, -tet-ik,* mit demselben Unterschiede in der Anwendung, wie das kausative *-at* und *-tat*. Beispiele: *hozatik* 'wird gebracht', *vitetik* 'wird getragen', *tétetik* 'wird getan'. Dies ist eigentlich die reflexive Form des Kausativsuffixes (urspr. **-at-v-, *-et-v-, *-tat-v-, *-tet-v-?*); *emeltetik* 'wird gehoben', *veretik* 'wird geschlagen', *bocsáttatik* 'wird eingelassen' bedeuteten also ursprünglich 'lässt sich heben, lässt sich schlagen, lässt sich einlassen'. Statt dieser reflexiven Bildung wird heute auch das Reflexivsuffix *-ódik, -ődik* angewendet: *iródik* 'wird geschrieben', *megverődik* 'wird geschlagen' (jenseits der Donau die Umschreibung mit dem Gerundium, ähnlich dem Deutschen: *írva lesz* 'wird geschrieben', *meg lett verve* 'wurde geschlagen'). Vgl. das ebenfalls durch das Reflexivum ausgedrückte Passivum in mehreren indogermanischen Sprachen, z. B. *der Wein trinkt sich, les livres se vendent bien* usw.

**Denominale Zeitwörter.** Die Grundwörter bedeuten einen Gegenstand, an den die durch das Verbum bezeichnete Handlung gebunden ist[1]). Es kann das Verbum a) im allgemeinen ausdrücken, dass das Subjekt mit dem betreffenden Gegenstand etwas verrichtet, mit ihm umgeht (in der Regel von Substantiven abgeleitet): *vasal* '(mit Eisen) beschlagen; plätten', *botoz* '(mit einem Stock) schlagen', *halász* 'fischen', *szolgál* 'dienen', *őrködik* 'wachen'; und b) dass das Subjekt sich oder einen andern in den betreffenden Gegenstand verwandelt: *vénül* 'alt werden', *vénít* 'alt machen', *nagyobbodik* 'grösser werden', *nagyobbít* 'grösser machen' (in der Regel von Adjektiven abgeleitet).

Von einfachen denominalen Verbalsuffixen, die finnisch-ugrischen Ursprungs sind, lassen sich im Ungarischen vier nachweisen: *-l*, *-z*, *-j*, *-h*, von denen die beiden letzteren nur in zusammengesetzten Suffixen gebräuchlich sind. — Das Formans *-l* versieht verschiedene Funktionen: *fürészel* 'sägen' ('mit der Säge arbeiten'), *hegedül* 'auf der Violine spielen', *dobol* 'trommeln'; *vasal* 'beschlagen' ('mit Eisen versehen'), *talpal* 'sohlen'; *munkál* 'arbeiten' ('eine Arbeit verrichten'), *énekel* 'singen', *szól* 'reden' ('ein Wort hervorbringen'); *szolgál* 'dienen' ('als Diener fungieren'), *orvosol* 'heilen' ('als Arzt wirken'); *ural* 'Herr nennen, als Herrn anerkennen, untertan sein', *szégyenel* 'sich schämen' ('als Schande betrachten'), *csodál* 'bewundern' ('als Wunder betrachten'), *rosszal* 'missbilligen' ('für schlecht halten'), *igazol* 'rechtfertigen' ('wahr machen'). — Mit der Endung *-ik* versehen können diese Zeitwörter als Reflexiva gelten: *porol* 'stauben, Staub machen', *porlik* 'sich zu Staub machen, Staub werden'; *hajnallik* 'dämmern, Morgen werden', *világlik* 'leuchten'; *fehérlik* 'weiss scheinen, candescere'. — Das Suffix *-ll* (*-all*, *-ell*) bedeutet 'für etwas halten, betrachten': *sokall* 'für zu viel halten', *kevesell* 'für wenig halten'. Diese Form des Suffixes ist durch analogische Einwirkungen aus

1) Als Gegenstand wird hier nicht bloss das Hauptwort, sondern auch das Beiwort genommen, denn *szépül* bedeutet so viel als 'in einen schönen Gegenstand verwandelt werden', *vénít* 'zu einem alten Manne machen'.

dem einfachen Suffix *-l* entstanden. Aus *szégyenl-* wurde *szégyëll* 'sich schämen', und unter dem Einflusse dieser Form sagte man auch *restell* neben *restel* ('träge sein, scheuen, verdriessen'), nach dem Muster von *csekélyleni, csekélleni* 'für wenig halten' verwandeln sich *kevesel* und *sokal* in *kevesell* und *sokall.* — *-ll-ik* wird gewöhnlich bei den Namen von Farben gebraucht, in der Bedeutung 'erscheint als . . . .': *feketéllik* 'schwarz erscheinen', *sárgállik* 'gelb erscheinen', *tarkállik* 'bunt erscheinen'.

Das denominale *-z* hat eine ganz ähnliche Bedeutung wie das Suffix *-l*, jedoch mit dem Unterschiede, dass *-z* am häufigsten 'mit etwas versehen' bedeutet, während *-l* die Bedeutung 'mit einem Werkzeug umgehen, damit eine Arbeit verrichten' hat. Beispiele: *nevez* 'nennen', *szennyez* 'beschmutzen', *ruház* 'kleiden', *övez* 'umgürten', *sóz* 'salzen'; *ollóz* 'mit einer Schere schneiden', *kártyáz* 'Karten spielen'; *levelez* 'korrespondieren' ('Briefe schreiben'), *lármáz* 'lärmen' ('Lärm machen'); *uraz* 'als Herrn ansprechen, Herrn nennen', *szamaraz* 'einen Esel nennen'; *tisztáz* 'reinigen' ('rein machen'), *apróz* 'verkleinern' ('klein machen'); *kocsmázni* 'das Wirtshaus besuchen', *templomozni* 'häufig in die Kirche gehen'. — Mit der Endung *-ik* stehen diese denominalen Zeitwörter in demselben Verhältnisse zu den vorhergehenden, wie das oben erwähnte *porlik* zu *porol* 'oder wie *törik* 'brechen', *hallik* 'es wird gehört, es verlautet' zu *tör* 'brechen' (trans.) und *hall* 'hören'. Beispiele: *virágzik* 'blühen' ('sich mit Blüten versehen') (*virágoz* 'mit Blumen versehen, schmücken'), *vérzik* 'bluten', *könnyezik* 'tränen, weinen'; *fiazik* 'Junge werfen, Junge bekommen', *csikózik* 'Fohlen werfen'. — Die letzteren kommen häufig mit *-dz* (statt *-z*) vor: *fiadzik, csikódzik,* ebenso *csirádzik* (*csirázik*) 'keimen, Keime treiben', *bimbódzik* (*bimbózik*) 'knospen, Knospen treiben', *kígyódzik* 'sich schlängeln'. Diese Form ist durch Analogie der reflexiven Verba auf *-ódzik, -ődzik* zu erklären (*fogódzik* 'sich anhalten'), was auch schon deshalb wahrscheinlich ist, da die Form *-dz* in der älteren Literatur noch unbekannt ist.

Das denominale Verbalformans *-j* kommt in Weiterbildungen vor, deren grösster Teil sich nur in Sprachdenkmälern und Mundarten findet: *hírjeszt, hírjesztel* (heute *híresztel*) 'verkündigen, ein Gerücht aussprengen', *árjad* (heute *árad*) 'anschwellen'; *terjed* 'sich verbreiten', *terjeszt* 'ausbreiten, verbreiten'; *kórjadoz* (veralt.) 'kränkeln'.

Auch das Formans *-h* kommt nur in Verbindung mit anderen Verbalsuffixen vor. Mit frequentativem *z*: *helyhez* (heute *helyez*) 'legen, stellen', *megvérhez* (heute *megvérez*) 'blutig machen', *kárhozik* (früher *kárhoszik*) 'verdammt werden'. Mit dem reflexiven Suffix *-ód(ik)*, *-őd(ik)* und seinen Varianten: *bűnhődik, bűnhödik* 'sündigen, büssen' (*bűn* 'Sünde'), *újhodik* 'sich erneuern', *sebhëdik, sebhödik, sebhüdik* 'verwundet werden', *vénhëdik, vénhëszik, vénhüszik, vénhöszik* 'alt werden', *hírhëdik, hírhëszik*, 'berühmt werden'. Der eigentliche Stamm dieser Verba endigt auf *-v*, z. B. *meghírhëvék* 'wurde berühmt', *bűnhövék* 'sündigte'. Die letzteren Verba haben in der älteren Sprache kausative Ableitungen auf *-hot, -hët, -höt* (vgl. *alkoszik, nyugoszik* : *alkot, nyugot*): *kárhot* 'schädigen', *bűnhöt, bűnhët* 'strafen' (heute ersetzt durch *kárhoztat* und *büntet*).

Ausser den erwähnten gibt es noch mehrere andere zusammengesetzte denominale Suffixe: *-ász, -úl, -od(ik), -ít, -kod(ik)*. Das Suffix *-ász, -ész* bedeutet im allgemeinen 'mit etwas umgehen, etwas fangen, sammeln' usw.: *vadász* 'jagen', *halász* 'fischen', *madarász* 'Vögel fangen', *eprész* 'Erdbeeren sammeln'. — Das Suffix *-úl, -űl* bedeutet 'etwas werden, eine Eigenschaft annehmen' : *vakúl* 'erblinden, blind werden', *szépűl* 'schön werden', *vénűl* 'altern, alt werden', *siketűl* 'taub werden', *részesűl* 'teilhaftig werden'. — Eine ganz ähnliche Bedeutung hat das Suffix *-od(ik), -ëd(ik), -öd(ik)*, das mit dem gleichlautenden Reflexivsuffix identisch ist; einsilbige Adjektiva und solche auf *d* bekommen gewöhnlich das Suffix *-úl, -űl* (*vakúl, szépűl, szabadúl* 'frei werden', *rövidűl* 'kürzer werden' nur mit *-úl, -űl*). Beispiele: *vastagodik* 'dicker werden', *keményedik* 'hart werden', *öregbedik* 'älter werden', *kisebbedik* 'kleiner werden', *erősödik* 'stark werden'[1]) — Die denominalen Verba auf *-úl*

1) In einigen Verben kommt auch das Suffix *-ad, -ed* vor: *avad* 'alt werden' (von *ó* 'alt'), *vigad* 'lustig sein, sich unterhalten'; *lyukad* 'ein Loch bekommen', *árad* 'anschwellen'.

und *-od(ik)* haben entsprechende transitive Formen auf *-ít*, die 'in etwas verwandeln' bedeuten, also Kausativa der ersteren sind (vgl. die schon erwähnten ähnlichen Entsprechungen *mozdúl* 'sich bewegen' : *mozdít* 'bewegen', *tanúl* 'lernen' : *tanít* 'lehren') : *vakít* 'blenden', *szépít* 'verschönern', *vénít* 'alt machen', *siketít* 'taub machen', *részesít* 'teilhaftig werden lassen', *vastagít* 'dick machen', *keményít* 'stärken, hart machen', *öregbít* 'älter machen', *kisebbít* 'kleiner machen', *erősít* 'stärken'. — Das denominale *-kod(ik)*, *-këd(ik)*, *-köd(ik)* bedeutet 'sich als etwas benehmen, als etwas fungieren': *őrködik* 'wachen', *irigykedik* 'neidisch sein', *kedveskedik* 'gefällig sein', *szemtelenkedik* 'frech sein', *rendetlenkedik* 'unordentlich sein, Unordnung machen'. Nach Muster der Bildungen wie *akaratoskodik* 'eigensinnig sein', *okoskodik* 'raisonnieren' usw. mit Einschaltung von überflüssigem *-s*: *kiváncsiskodik* 'neugierig sein', *kérdezősködik* 'nachfragen'; *katonáskodik* 'als Soldat dienen', *bírá-s-kodik* 'richten, urteilen' (*bíró* 'Richter' : Plural *bírá-k*), *tanuskodik* 'zeugen, Zeugenschaft ablegen'. Mit anderer Bedeutung: *panaszkodik* 'sich beklagen', *erőködik* 'sich anstrengen'; mit *-koz(ik)* statt *-kod(ik)* : *szégyenkezik* 'sich schämen', *fegyverkezik* 'sich bewaffnen, sich rüsten', *hadakozik* 'kämpfen', *sorakozik* 'sich reihen'. Das denominale *-kod(ik)* ist mit dem reflexiven Suffix *-kod(ik)* identisch. In einzelnen Beispielen steht vor dem Suffix *-kod(ik)* noch denominales *-l*: *panaszkodik* lautete früher *panaszolkodik*, **panaszl-kodik* (vgl. **káromľ-kodik* : *káromkodik* 'fluchen'); *vitézkedik* 'sich als Held benehmen, tapfer kämpfen' ist wahrscheinlich aus **vitézl-kedik* entstanden (vgl. *vitézel* veralt. 'militat', *vitézlő* 'tapfer'), *irigykedik* aus **irigyl-kedik* (vgl. *irélkedik* im Wiener Kodex); so wurde aus *eről-ködik* 'sich anstrengen': *erőködik*, aus *gazdál-kodik* 'wirtschaften' in volkstümlicher Aussprache *gazdá-kodik* usw. Denominale Bildungen durch *-l-kod(ik)* gibt es noch mehrere: *uralkodik* 'herrschen', *társalkodik* 'Umgang pflegen', *bővelkedik* 'Überfluss haben', *szűköl-ködik* 'Not leiden, vermissen', *büszkélkedik* 'stolzieren, stolz tun' usw.

**Denominale Nennwörter.** Die Nominalbildungen zerfallen ebenfalls in zwei Klassen, je nachdem das neue Nennwort von einem Nennwort oder einem Zeitwort abgeleitet ist. Diese Zweiteilung beruht auch hier auf einem semasiologischen Unterschiede: in dem einen Fall wird nämlich ein schon vorhandener Sachbegriff modifiziert, während im anderen Fall bei der Bildung des Sachbegriffes von einer Handlung ausgegangen wird, indem die Sprache den Gegenstand als einen mit der betreffenden Handlung zusammenhängenden darstellt.

Sämtliche Modifizierungen des Sachbegriffes zu einem neuen Sachbegriff können von vier Gesichtspunkten aus betrachtet werden: von dem der Zahl, des Masses, der Zusammengehörigkeit und der Abstraktion.

Was die Zahl (den Numerus) betrifft, müssen wir zwei Fälle unterscheiden. Das neue Wort kann erstens die Mehrzahl gleicher Gegenstände bezeichnen. Zweitens kann das Wort mehrere Gegenstände in eine Einheit zusammengefasst bezeichnen; dies sind die Kollektiva. — Zur Bezeichnung der Mehrzahl dienen zwei Formantien, die beide finnisch-ugrischen Ursprungs sind: *-k* und *-i*. Beispiele der Pluralendung *-k*: *házak* 'Häuser', *kezek* 'Hände', *lovak* 'Pferde', *kövek* 'Steine' (derselbe Pluralstamm gilt auch vor allen Kasusendungen: *házakat* Akk. 'domos', vgl. *házat* 'domum', *kezekben* 'in manibus' : *kézben* 'in manu' usw.). Zur Bezeichnung der Angehörigen (Familie, Gruppe) wird dieses *-k* an das mit dem Formans *-é* versehene Hauptwort angefügt: *a Jánosék* 'Johanns (Leute, Familie)', *a bátydmék* 'Bruders (die Familie, Leute meines Bruders)'. Der Plural dient als neue Stammform, die die verschiedenen Kasusendungen (*házakat* Akk., *házaknak* 'Häus-er-n' usw.), und von den Bildungssilben das Formans *-é* annehmen kann: *házaké* 'der Häuser', *embereké* 'der Leute', *ez a bátydméké* 'dies gehört der Familie meines Bruders'. — Das Pluralsuffix *-i* bezeichnet 1. die Mehrzahl der durch *-é* gebildeten Nomina, z. B. *az emberé* 'des Menschen': *az emberéi*; *ezek a házak a barátoméi* 'diese Häuser sind die meines Freundes, gehören meinem Freunde'; *kiéi ezek a könyvek?* 'cuius sunt hi libri?', *enyé-m* 'meus': *enyé-i-m*, *tié-d* 'tuus' : *tié-i-d*, *övé* 'eius' : *övé-i*, *mié-nk* 'noster' : *mié-i-nk*, *tié-tek* 'vester': *tié-i-tek*, *övé-k* 'eorum' : *övé-i-k*. Ursprünglich bildeten bloss die eben angeführten Fürwörter die Mehrzahl auf diese Art, in anderen Wörtern tritt die Bildung erst später auf; im ältern Schrifttum wird diese Pluralform von Hauptwörtern noch vermieden, und in der Volkssprache ist dies noch heute der Fall. Dasselbe Suffix bezeichnet 2. die Mehrzahl der mit Possessivendungen versehenen Hauptwörter: *vonás-i-m* 'meine Züge', *vonás-i-d* 'deine Züge', *vonás-i* 'seine Züge', *vonás-i-nk* 'unsere Züge', *vonás-i-tok* 'euere Züge', *vonás-i-*[*jo*]*k* 'ihre Züge' [1]). Hier erscheint jedoch das Suffix gewöhnlich in der Form *-ai, -ei, -jai, -jei* : *szavaid* 'deine Worte', *körmei* 'seine Nägel', *napjai* 'seine Tage', *kertjei* 'seine Gärten'. Die ursprünglichere Form war *-i* (finn.-ugr. **-j*, **-i̯*): *szavid* 'deine Worte', *hadi* 'seine Heere', *húgim* 'meine Schwestern', *tagi* 'seine Glieder', *körmi* 'seine Nägel' (aus der älteren Literatur). Unter dem Einflusse der entsprechenden Form der Einzahl (*húga* 'seine Schwester', *körme* 'sein Nagel') wurde aus *húgi, körmi* : *húgai, körmei* usw. Die Formen mit *-jai, -jei*, die in den ältesten Handschriften äusserst selten vorkommen, sind Analogiebildungen: wie die Mehrzahl von *húga húgai* 'seine Schwestern', von *körme körme-i* 'seine Nägel' lautete, so wurde aus *karja* 'sein Arm' : *karjai* 'seine Arme', *kertje* 'sein Garten' : *kertjei* 'seine Gärten'. Der Unterschied im heutigen Gebrauche der Formen *-ai, -ei* und *-jai, -jei* stimmt mit dem Unterschiede zwischen den Singularformen *-a, -e* und *-ja, -je* überein (s. hierüber den Abschnitt über die Konjugation) [2]).

Als Kollektivum wird häufig der einfache Sachname gebraucht; wenn wir z. B. sagen *az ember halandó* 'der Mensch ist sterblich', so verstehen wir hierunter das ganze menschliche

1) Die Possessivpronomina gehören eigentlich in dieselbe Kategorie: *enyé-m* verhält sich zu *enyé-i-m* wie *eké-m* 'mein Pflug' zu *eké-i-m* 'meine Pflüge', *övé* zu *övé-i* wie *lova* 'sein Pferd' zu *lova-i* 'seine Pferde' usw.

2) Die Form *-i* entspricht gewöhnlich der Form *-ja, -je* (und nicht *-a, -e*) der Einzahl; in der Regel wird diese Form des Pluralsuffixes nur nach den vokalisch auslautenden unveränderlichen Nominalstämmen und nach denen auf *-a, -e* gebraucht: *ápoló-ja* 'sein Wärter' : *ápoló-i* 'seine Wärter', *kapuja* 'sein Tor' : *kapui* 'seine Tore', *gyűrűje* 'sein Ring' : *gyűrűi* 'seine Ringe', *baltája* 'seine Axt' : *baltái* 'seine Äxte', *ekéje* 'sein Pflug' : *ekéi* 'seine Pflüge'.

Geschlecht. Doch auch die Wortbildung besitzt zwei Mittel, um Kollektiva zu bezeichnen: a) da zur Mehrheit auch die Einheit hinzugehört, können die Kollektivbegriffe durch das die Zusammengehörigkeit bezeichnende (weiter unten zu behandelnde) Suffix *-s* bezeichnet werden: *nádas* 'Röhricht' (wörtl. das mit Rohr versehene), *fenyves* 'Fichtenwald', *csemetés* 'Baumschule, Pflanzschule'; *ménes* 'das Gestüte', (*mén* 'Hengst'); b) da die Gegenstände infolge der Übereinstimmung der Eigenschaften zusammengehören, wird der Kollektivbegriff durch Abstrakta ersetzt, die eigentlich eine Eigenschaft bedeuten: *katonaság* 'Militär', *ifjúság* 'Jugend (*iuventas* und *iuventus*)', *erdőség* 'Waldung', *hegység* 'Gebirge', *helység* 'Ortschaft', *nedvesség* 'Nässe, Feuchtigkeit'.

Was die Bezeichnung des Masses betrifft, hat die Sprache dreierlei Begriffskategorien entwickelt: a) Diminutiva, b) Augmentativa und c) Quantitätsadjektiva.

Die Diminutiva bezeichnen das kleinere oder überhaupt kleine Mass des Gegenstandes oder der Eigenschaft: *házacska* 'Häuschen', *madárka* 'Vöglein', *édeskés* 'süsslich', *nagyobbacska* 'etwas grösser, ein wenig grösser'. Manchmal wird das Diminutivum in geringschätzender Bedeutung angewendet: *emberke* 'Männchen, Männlein', *barátocskám* 'Freundchen'. Häufiger ist jedoch die kosende Bedeutung (offenbar eine Assoziation mit der Lieblichkeit des kleinen Kindes): *fiacskám* 'Söhnchen, mein lieber Junge', *lednyka* 'kleines Mädchen', *madárka* 'Vöglein', *kutyuska* 'Hündchen'. Hierher gehören die Kosenamen, unter denen es viele fremden, besonders slavischen Ursprungs gibt, und deren Suffixe sich zum Teil eingebürgert haben und auch in Appellativa eingedrungen sind. Es gibt im Ungarischen fünf einfache Verkleinerungssuffixe finnisch-ugrischen Ursprungs: *-s* und *-cs*, *-k*, *-d*, *-ny* und finn.-ugr. **-j*.

Das beliebteste Diminutivsuffix *-cska*, *-cske* ist aus den einfacheren *-cs* und *-ka*, *-ke* zusammengesetzt. Beispiele: Hauptwörter: *fácska* 'Bäumchen', *szócska* 'Wörtchen', *lábacska* 'Füsschen', *kezecske* 'Händchen', *ruhácska* 'Kleidchen'. Beiwörter: *ócska* 'alt' (von *ó* 'alt'), *rosszacska* 'ein wenig schlecht', *jobbacska* 'meliusculus', *nagyobbacska* 'maiusculus'. Adverbia,

Zahlwörter, Fürwörter: *szépecskén* 'schön', *kevesecskén* 'wenige', *kettecskén* 'zu zweit' (von *kettö, két* 'zwei'), *valamicske* 'etwas'; *magácska* 'Sie'[1]. — Das Suffix *-ka, -ke* ist besonders nach den Konsonanten *r, l, n, ny* und den Vokalen *ó, ő* gebräuchlich: *madárka* 'Vöglein', *asztalka* 'Fischlein', *városka* 'Städtchen', *Jánoska* 'Hänschen', *szopóka* 'Mundstück, Pfeifenspitze', *mondóka* 'kleine Anrede'; *kövérke* 'ein wenig dick', *kicsike, kicsinyke* 'ganz klein', *picike, picinyke* 'sehr klein, winzig'. Budenz sieht im *-k* der Suffixe *-cska* und *-ka* das finn.-ugr. Diminutivsuffix *-k*; da jedoch diese Suffixe in der älteren Literatur viel seltener sind und sich im Slavischen ein ganz ähnlich lautendes Diminutivsuffix (*-ka, -ko*) vorfindet, das auch in vielen Kosenamen vorkommt, müssen wir Budenz' Annahme als zweifelhaft betrachten. — Das Suffix *-ika* ist aus *-i* und *-ka* zusammengesetzt[2]. Beispiele: *őzike* 'kleines Reh', *láda* 'Kiste' : *ládika, pálca* 'Stab' : *pálcika, apa* 'Vater' : *apika*. — Das Suffix *-cs* kommt nur in einigen allgemein gebräuchlichen Wörtern vor: *kenő-cs* 'Salbe', *kövecs* 'Kies, Kiessand', *likacs* 'kleines Loch, Pore', *uracs* 'Herrchen, Junker'. Alle diese Wörter sind erst aus späteren Quellen belegt. Adjektiva jedoch, wie *kövecses* 'kiesig', *likacsos* 'porös' kommen schon früher vor; neben diesen finden wir aber auch Formen, wie *lyukasos* (= *lyukas* 'löcherig'), *fogasos* (= *fogas* 'gezähnt, zackig'), in denen also das *-s* wiederholt ist[3]. Es ist nicht unwahrscheinlich, dass die Formen mit *cs* aus denen mit *s* entstanden sind (möglicherweise ist *lyukasos* unter dem Einflusse der Diminutivform *lyukacska* zu *lyukacsos* geworden). — Das Suffix *-csa, -cse*, das in der älteren Literatur viel häufiger war, kommt heute nur in wenigen Wörtern vor: *tócsa* 'Pfütze' (von *tó* 'Teich'), *Marcsa, Julcsa, Borcsa* (Koseformen

1) Vgl. im Ostpreussischen: „*Ja, ja mein Duche*[*n*]"; *sehrchens, nei*[*n*]*che*. S. Zeitschr. f. Völkerps. XVIII, 103.

2) Zur Verbreitung dieses Suffixes hat ebenfalls das gleichlautende slavische Suffix beigetragen, das die Endung von vielen entlehnten slavischen Diminutiven war, wie *pántlika* 'Bändchen' (österr. *Bandl*), *csomorika* 'Wasserschierling', *paprika* 'Paprika' usw.

3) Über dieses Suffix *-s* s. weiter unten.

von *Mária, Júlia, Borbála*), *furcsa* 'seltsam, sonderbar' (vgl. *fura* id.); früher *oroszlánycsa* 'kleiner Löwe', *királycsa* 'kleiner König' usw. In Kosenamen kommt auch die Nebenform *-csi* vor: *Palcsi* 'Paul', *Tercsi* 'Therese', *Lajcsi* 'Ludwig', *Jancsi* 'Hans'; diese Form ist offenbar unter dem Einflusse des Suffixes *-i* entstanden. — Die Suffixe *-ca, -ce* und *-ica* sind slavischen Ursprungs[1]; *-ca, -ce* kommt meist nur in Kosenamen vor: *Gyurica* 'Georg', *Palica* 'Paul', *Katica* 'Käthchen' (vgl. auch *Juci* aus *Judit, Laci* aus *László* 'Ladislaus'); *-ica* etwas häufiger: *farkica* 'Schwänzchen', *tubica* 'Täubchen'. Gleichfalls slavischen Ursprungs sind die besonders in Kosenamen vorkommenden Diminutivsuffixe *-is* und *us, üs*: *Andris* 'Andreas', *Julis* 'Julie', *Maris* 'Marie', die auch mit der Endung *-iska* vorkommen: *Andriska, Juliska, Mariska* (vgl. slowak. *Andriška, Juliška, Mariška*); *Annus* 'Ännchen', *Bélus* (von *Béla*), *Évus* 'Eva', *Ferus* 'Franz', auch mit der Endung *-uska*: *Annuska, Évuska, Feruska*; *anyus* und *anyuska, mamuska* 'Mütterchen, Mama', *apuska* 'Väterchen', *kutyus* und *kutyuska* 'Hündchen', *csibüske* 'Hühnchen'. — Das Suffix *-d* kommt zumeist in Adjektiven vor: *gyengéd* 'zart', *szelíded* 'sanftmütig', *jobbad* 'etwas besser', auch in Hauptwörtern: *apród* 'Page' (früher 'klein, Kind, Page, Diener'), *szád* 'Öffnung, Spundloch' (von *száj*, früher *száj* 'Mund'). Bis zum XIII. Jahrhundert war dieses Suffix viel lebendiger. Es kommt nämlich in zahlreichen Personen- und Ortsnamen vor; z. B. *Nemusd* (l. *nemösd, nemesd* von *nemes* 'edel'), *Nogud* (l. *nagyod* 'ein wenig gross'), *Kysemburd* (l. *kis embörd* 'kleines Männchen'); *Kövesd* (von *köves* 'steinig'), *Nádasd* (von *nádas* 'rohrig, schilfig; Röhricht'), *Aranyod* (von *arany* 'Gold'), *Erdőd* (von *erdő* 'Wald'). — Im zusammengesetzten Suffix *-dad, -ded* ist das *-d* wiederholt: *apródad* 'winzig', *kicsinyded* id., *kisded* 'winzig; infans', *kerekded* 'rundlich', *távoldad* 'ein wenig fern'. — Das *-i* der Kosenamen ist fremden Ursprungs; *Náni, Tóni, Náci, Lizi, Kati* usw. haben ganz entsprechende Formen im Deutschen: *Nanni, Toni*,

1) Auch in der deutschen Schweiz, in der Nidwaldener Mundart gibt es Kosenamen auf *-tzi*, s. Literaturblatt für germ. u. rom. Phil. 1905. 324.

*Nazi, Lisi, Katti* usw. In den slavischen Kosenamen *Málika, Zsuzsika* usw. wurde im Ungarischen das *-ka*, da es ein verbreitetes Diminutivsuffix war, weggelassen, so dass Formen auf *-i* blieben, die in den Kosenamen deutschen Ursprungs ohnehin schon gebräuchlich waren; aus *Gyurik, Ferik, Janik, Lacik, Lajčik* usw. wurde im Ungarischen erst *Gyurika, Ferike, Janika, Lacika, Lajcsika* und nach Weglassung des *-ka*: *Gyuri* 'Georg', *Feri* 'Franz', *Jani* 'Hans', *Laci* 'Ladislaus', *Lajcsi* 'Ludwig'. Nach dem Muster dieser entstanden auch andere Diminutivformen: *Sanyi* (von *Sándor* 'Alexander'), *Andi* und *Bandi* (von *András* 'Andreas'), *Klári* (von *Klára* 'Klara'), *néni* 'Tante', *bácsi* 'Onkel'. — Das finnisch-ugrische Diminutivsuffix *-j* steckt in den Wörtern *atya* 'Vater', *anya* 'Mutter', *bátya* 'Bruder', *néne* 'Schwester'. Vgl. *atyám* 'mein Vater', *atyád* 'dein Vater', jedoch *aty-ja* 'sein Vater', *anyám, anyád* : *anyja* usw. (da in der 3. Person die schmeichelnde Verkleinerung überflüssig war). — Es gibt auch ein zusammengesetztes Diminutivsuffix *-di*: *aldi* 'der Hintere' (*al* 'das Untere'), *üresdi* 'hohlköpfig'; in Namen von Spielen: *katonásdi* 'Soldatenspiel', *bujósdi* 'Versteckspiel'; in Ortsnamen: *Ökördi, Almádi* (von *ökör* 'Ochs', *alma* 'Apfel'). — Das Suffix *-ó, -ő* in Kosenamen ist slavischen Ursprungs: *Janó* 'Hans', *Matyó* 'Matthias', *Kató* 'Käthchen'. Von diesen wurde es auf Verwandtschaftsnamen übertragen: *anyó* 'Mütterchen', *apó* 'Väterchen'. — Dasselbe gilt vom Suffix *-kó, -kő*: *Ferkó* (auch *Ferkő*) 'Franz', *Lackó* 'Ladislaus', *Palkó* 'Paul', *Gyurkó* 'Georg'; *szánkó* 'Schlitten', *haskó* 'Bäuchlein'. So wie es neben *-ka* auch *-ika* gibt, findet sich auch neben *-kó* die Suffixform *-ikó*: *házikó* 'Häuschen', *botikó* 'kleiner Stock' (mundartl.); *pálca* 'Stab' : *pálcikó, láda* 'Kiste' : *ládikó*.

Die Augmentativa sind oft ironisch angewendete Diminutiva, namentlich die durch *-ók, -ők* gebildeten: *Erzsók* 'Elisabeth', *Istók* 'Stephan'; *anyók* 'Mutter', *apók* 'Vater' (mundartlich); *szemők* 'grossäugig', *pofók* 'bausbäckig, dickbäckig'. Hierher gehört aber auch die Steigerung, die Bildung des Komparativs und Superlativs. Das Suffix des Komparativs ist das auf finnisch-ugrischen Ursprung zurückgehende *-bb*:

*nagyobb* 'grösser', *kisebb* 'kleiner'; nach dem Konsonanten *-s* hie und da auch ohne Vokal, mit kurzem *-b*: *idősb* (und *idősebb*) 'älter', *magasb* (und *magasabb*) 'höher'; früher auch nach anderen Konsonanten: *gonoszb* (*gonoszabb*) 'bös, boshaft', *közelb* 'näher', *fejérb* 'weisser' usw. Noch mehr verkürzt sind die Formen *szebb* (von *szép* 'schön', statt des früheren *szébb*, *szépb*), *jobb* 'besser', statt des früheren *jóbb* (von *jó* 'gut', *több* 'mehr' (nach Budenz aus **tölb*, **telb*, eigentlich Komparativ von *tele* 'voll'). In den Handschriften findet sich in der Bedeutung des Superlativs oft nur der Komparativ; gewöhnlich steht aber neben dem Komparativ das Adverbium *mendtől*, *mendnél*, *mindnél* (aus denen die heutigen Formen *mentől*, *mennél*, *minél*), d. h. *mind-től*, *mind-nél*, wörtl. 'von allen, bei allen' (wie im Lat. der Abl.) = 'als alle', also *mentől jobb* 'besser als alle(s)'. Die heute gebräuchliche Form des Superlativs, nämlich der Komparativ mit der Vorsilbe *leg-* (*legjobb* 'optimus', *legnagyobb* 'maximus', vgl. slavisch, z. B. slov. *boljši* 'melior' : *naj-boljši* 'optimus' usw.) wird erst im XVI. Jahrhundert gebräuchlicher. Das Wörtchen *leg* kommt in der älteren Literatur gewöhnlich nur als emphatische Partikel vor: *legottan* 'sofort, auf der Stelle', *legazonnal* 'sogleich'; auch heute: *legelől* 'ganz vorn, zuvörderst', *legutól* 'zuletzt', *legvégre* id., *legelső* 'erste' usw. (Auch slov. *naj-pred*, *naj-prvo* und *naj-naprvo* 'zuvörderst'. Vgl. S. 75.)

Die massvergleichenden Quantitätsadjektiva haben zwei Suffixe: *-nyi* und *-kora*. Beispiele: *öklönyi* 'so gross wie eine Faust', *mogyorónyi* 'so gross wie eine Haselnuss', *embernyi* 'erwachsen, so gross wie ein Mensch', *karom-nyi* 'so gross wie mein Arm' (*karom* 'mein Arm' : *kar* 'Arm'), *tengernyi* 'so viel wie das Meer' usw. Früher lautete dieses Suffix *-nyé* und endigte vor Kasusendungen oft auf *-j*, z. B. *annyéjat* 'so viel' (Akk.). All dies deutet darauf hin, dass darin das Hauptwort *nydj* 'Herde' steckt, dessen Vokal unter dem Einflusse des folgenden *j* zu *é* wurde. *Mindannyian* (**mind-az-nydj-an*) 'sie alle' unterscheidet sich also bloss durch das demonstrative *az* von dem synonymen *mind-nydj-an* 'alle' (eigtl. 'die ganze Masse oder Menge). Vgl. noch *mind-nydj-unk* (Akk. *mind-*

*nydjunkat* usw.) 'wir alle', wörtl. 'unsere ganze Herde'. — Das Suffix *-kora* wird fast ausnahmslos nur an Pronomina angefügt: *akkora, ekkora* 'so gross', *mekkora* 'wie gross'; jedoch auch *jókora* 'ziemlich gross, beträchtlich' (*jó* 'gut'); mundartlich wird es aber auch ganz wie das eben erwähnte *-nyi* angewendet: *araszkora* (= *arasznyi*) 'eine Spanne lang', *diókora* (= *diónyi*) 'nussgross', *öklömkora* (= *öklömnyi, ökölnyi*) 'so gross wie meine Faust'.

Bei den die Zusammengehörigkeit bezeichnenden Nennwörtern müssen drei Gruppen unterschieden werden. In der ersten Gruppe wird der Gegenstand nach jenem Gegenstand benannt, zu welchem er gehört, z. B. *tokaji* 'Tokaier', *vízi* 'Wasser-, zum Wasser gehörig'. In der zweiten Gruppe wird der Gegenstand nach jenem Gegenstand benannt, der zu ihm gehört, mit dem er versehen ist, z. B. *kocsis* 'Kutscher' von *kocsi* 'Kutsche, Wagen', *vizes* 'wässerig' von *víz* 'Wasser'. In der dritten Gruppe bezeichnet das neue Nennwort denselben Gegenstand, wie das Grundwort, nur lässt es den Gegenstand als zu einer Person gehörig, als Besitz erscheinen, z. B. *erdőm* 'mein Wald' von *erdő* 'Wald', *karja* 'sein Arm' von *kar* 'Arm'.

Das Suffix *-i* bezeichnet eine Zugehörigkeit im Raume oder im Gedanken und im letzteren Falle oft ein Possessivverhältnis, z. B. *királyi pálca* 'königliches Szepter, Szepter des Königs', *vezéri hatalom* 'Macht des Feldherrn'; *testi szemeim* 'meine leiblichen Augen', *égi* 'himmlisch', *földi* 'irdisch', *déli* 'südlich' und 'Mittags-', *tavaszi* 'Frühlings-', *mai* 'heutig', *mostani* 'jetzig', *régi* 'alt, früher' (*rég* 'längst'). Erst im neuern Schrifttum (manchmal aber auch in der Volkssprache) sind Ausdrücke entstanden, wie *földalatti* 'unterirdisch' (*föld alatt* 'unter der Erde'), *végnélküli* 'endlos' (*vég nélkül* 'ohne Ende'), *rendkívüli* 'aussergewöhnlich' (*rend-kívül* Adv., eigentlich 'ausserhalb der Ordnung'). Die ursprünglichere, ältere Form des Suffixes war **-í, *-é*. Noch heute findet sich *é* statt *i* im Suffix *-féle* '-artig' (Akk. *-félé-t* usw.), in der älteren Literatur *-félé-ek* usw., jedoch auch, wie noch mundartlich, *-féli*; *efféle* 'derartig', *kétféle* 'zweierlei', *mindenféle* 'allerlei'. Das Suffix *-i* ist, wie die älteren Formen beweisen, mit dem Possessivsuffix

-*é* identisch (das seinerseits auch als -*i* vorkommt): *királyé* 'des Königs (Besitz)', *mi-é-nk* 'unser (Besitz)', *ez a ruha az atyámé* 'haec vestis est patris mei'[1]). Im selbständigen, substantivischen Gebrauch haben diese Bildungen den langen Vokal (-*é*) behalten; im attributiven Verhältnisse, da sie mit einem anderen Nomen in einem Sprechtakt gesprochen wurden, hat sich das *é* zu *i* verkürzt. Über die Pluralform -*ék* (*biróék* 'die Familie, die Leute des Richters', *Farkasék* 'die Familie Farkas') s. oben S. 311. — Mit -*i* gebildet ist auch das Suffix -*beli* (von *bél* 'Inneres'): *városbeli* 'städtisch, Städter', *házbeli* 'ins Haus gehörig'; *írásbeli* 'schriftlich', *szóbeli* 'mündlich'. — Zu dieser Gruppe gehört auch das Suffix -*só*, -*ső*, das eine Lage im Raume bezeichnet, und das Formans der Ordnungszahlen -*d*. Das erstere wird gewöhnlich an Adverbia auf -*úl*, -*ül* angefügt: *hátulsó* 'rückwärtig', *utólsó* 'letzte', *túlsó* 'jenseitig', *innenső* 'diesseitig'; scheinbar auch an andere Grundwörter: *első* 'erste, eigtl. vordere', *alsó* 'untere', *felső* 'obere', *belső* 'innere' usw. (früher *elölső*, wahrscheinlich auch **alulsó*, **felülső*, mundartlich noch heute *belülső*). Die Endung -*só ső* ist aus dem Partizip *eső* 'fallend' entstanden, vgl. *közbülső állomás* 'mittlere Station' und *közbül-eső állomás* 'dazwischen fallende, liegende Station', *innenső part* 'diesseitiges Ufer' und *innen eső part* 'auf dieser Seite befindliches Ufer'. — Die Ordnungszahlwörter zwischen *első* 'erste' und *utolsó* 'letzte' werden durch -*d-ik* gebildet: *második* 'zweite', *harmadik* 'dritte', *negyedik* 'vierte', *ötödik* 'fünfte' usw. Früher waren diese Zahlwörter im attributiven Verhältnis ohne -*ik* gebräuchlich, und noch heute heisst es: *harmad-rész* 'tertia pars, Drittel, der dritte Teil', *negyed-rész* 'quarta pars', *harmad-nap* 'den dritten Tag', *másod-magammal* '(ich) selbander', *harmad-magával* '(er) selbdritt', *harmad-szor* 'drittens, zum drittenmal'. Das -*ik* ist ursprünglich die Endung der dritten Person der Mehrzahl: *negyed-ik* bedeutet eigentlich 'der vierte von ihnen, quartus eorum'.

Hier können wir endlich noch das Suffix -*né* erwähnen,

1) Vgl. *a királyi kert* 'der königliche (des Königs) Garten' und *ez a kert a királyé* 'dieser Garten ist (der) des Königs, gehört dem König'.

das mit dem Hauptworte *nő* 'Frau' identisch ist. Dass es als Suffix zu betrachten ist, zeigen die Endungen, deren Vokalismus sich immer dem des Grundwortes — und nicht, wie bei Zusammensetzungen, dem des letzten Gliedes — anpasst: *mosóné-nak* 'der Wäscherin' (Dat.), *királynétól* 'von der Königin' (jedoch *királynőtől* von *királynő* 'regierende Königin'). Das Suffix *-né* bezeichnet gewöhnlich die Gattin: *Kossuth Lajosné* 'Frau Kossuth Lajos', *bíróné* 'die Frau des Richters'. Manchmal bezeichnet es im allgemeinen eine Frau, deren Beschäftigung im Grundwort ausgedrückt ist: *szakácsné* 'Köchin', *mosóné* 'Wäscherin', *varróné* 'Schneiderin', *barátné* 'Freundin'; in der heutigen Schriftsprache werden letztere von den früheren grösstenteils durch Zusammensetzungen mit *nő* unterschieden: *barátnő* 'Freundin', *színésznő* 'Schauspielerin', *királynő* 'Königin' (die selbst regiert; *királyné* 'Frau des Königs, Königin').

Zur Bezeichnung der zur zweiten Gruppe gehörigen Nennwörter ('mit etwas versehen') dienen *-s* und *-ú, -ű*. Das erstere ist urspünglich ein Verkleinerungsformans (in den verwandten Sprachen durch *-kś, -ś, -ks* usw. vertreten, in beiden Bedeutungen). Beispiele: *sós* 'salzig', *lovas* 'beritten, Reiter', *tollas* 'befiedert', *illatos* 'duftig', *bűnös* 'schuldig', *hatalmas* 'mächtig'. Diese Bildung umfasst auch Hauptwörter, die eine Beschäftigung bezeichnen: *kocsi-s* 'Kutscher', *béres* 'Lohnknecht' (von *bér* 'Lohn'), *napszámos* 'Taglöhner', *asztalos* 'Tischler', *lakatos* 'Schlosser', *üveges* 'Glaser', *órás* 'Uhrmacher'. Ebenso einzelne Tiernamen, wie *farkas* 'Wolf' (von *fark* 'Schweif'), *szarvas* 'Hirsch' (von *szarv* 'Horn, Geweih'), einzelne Sachnamen, wie *fogas* 'Kleiderrechen' (eigtl. 'gezähnt'), *leves* 'Brühe, Suppe' (eigtl. 'saftig') usw.; und Waldnamen wie *fenyves* 'Fichtenwald', *tölgyes* 'Eichenwald'. Nach Adjektiven hat *-s* heute grösstenteils einen verkleinernden Sinn, besonders in Farbennamen: *feketés* 'schwärzlich', *zöldes* 'grünlich', *sárgás* 'gelblich', *kékes* 'bläulich'. Früher jedoch waren diese Bildungen eher in augmentativer Bedeutung gebräuchlich. — Das Formans *-ú, -ű* hat eine ähnliche Funktion wie *-s* und unterscheidet sich bloss dadurch, dass es immer an Substantiva angefügt wird, die mit einer Beifügung versehen sind: *kékszemű* 'blauäugig', *barnahajú* 'braunhaarig', *nagylelkü* 'grossmütig, grossherzig', *négylábú* 'vierfüssig', *ötlevelü* 'fünfblätterig', *kőszivü* 'steinherzig', *hószinü* 'schneefarben'. Nach vokalisch auslautendem Grundwort hat sich ein *-j* entwickelt: *nagyerejü* 'von grosser Kraft', *szépformájú* 'schöngestaltet, von schöner Gestalt'. In der älteren Sprache und manchmal noch heute in den Mundarten findet sich oft die Lautform *-ó, -ő,* und oft erscheint in den älteren Denkmälern vor den Bindevokalen ein *v*: *minemőuec* (heute *minemüek*) 'quales', *tisztességes életővec* (heute *tisztességes életüek*) 'von anständiger Lebensart' (Plural). Ursprünglich war dieses *-v* das eigentliche Formans, das sonderbarer Weise, wie auch die verwandten Sprachen beweisen, mit dem deverbalen Suffix *-ó, -ő* (*iró* 'schreibend', *kérő* 'bittend') gleichlautend und höchst wahrscheinlich identisch war. — Gerade die entgegengesetzte Funktion versieht das privative Suffix *-talan, -telen* (*-tlan, -tlen, -atlan, -etlen*). Von Hauptwörtern: *végtelen* 'endlos', *fejetlen* 'kopflos', *fegyvertelen* 'unbewaffnet, waffenlos', *erőtlen* 'kraftlos', *szótlan* 'wortlos', *lelketlen* 'seelenlos, herzlos'; seltener von Adjektiven: *boldogtalan* 'unglücklich', *tisztátalan* 'unrein', *bizonytalan* 'ungewiss', *elégtelen* 'ungenügend'. Die Formen *-talan* und *-atlan* gehen offenbar auf eine gemeinsame Form *-atalan* zurück, aus der beide durch Verkürzung entstanden sind[1]). Das Suffix ist eigentlich *-tál têl* (wog. *-tal täl*) und *-an -en* die Modalendung; *hirtelen* 'rasch, jäh' ist auch als Adverbium gebräuchlich: 'repente', *minduntalan* 'fortwährend', *szüntelen* 'ununterbrochen'. Vgl. auch das längst isolierte *mezít-láb*, mundartlich *mesztélláb* 'barfuss' aus **mezitêl-láb* (s. S. 253).

Über die besitzanzeigenden Formen s. den Abschnitt über die Deklination.

Die Bildung der Abstrakta, die eine Eigenschaft bedeuten, hat sich im Ungarischen, wie schon S. 276 erwähnt

1) Heute können die Formen des Suffixes in einem Worte in der Regel nicht wechseln, z. B. *páratlan* 'ungerade; unvergleichlich', *fejetlen* 'kopflos', aber *kétségtelen* 'unzweifelhaft'. Manchmal haben die zwei Formen verschiedene Bedeutungen: *gondtalan* 'sorglos, sorgenfrei' und *gondatlan* 'unachtsam' (von *gond* 'Sorge'), *szemtelen* 'frech', *szemetlen* 'augenlos' (von *szem* 'Auge').

worden, auf eine interessante Weise entwickelt. Ihr Suffix ist *-ság, -ség*: *jóság* 'Güte', *szépség* 'Schönheit', *szamárság* 'Eselei', *éhség* 'Hunger', *szomjuság* 'Durst', *egészség* 'Gesundheit', *távolság* 'Entfernung'. Auch von Zeitwörtern gibt es dergleichen Ableitungen, mit der abstrakten Bedeutung der Handlung: *vétség* 'Sünde', *vereség* 'Niederlage' (*ver* 'schlagen'), *fáradság* 'Mühe'. Dass dasselbe Suffix auch Kollektiva bildet, haben wir schon erwähnt (S. 313). Auffallender Weise findet sich in zwei Wörtern die Lautform *-szág* : *jószág* 'Gut' in der älteren Sprache auch 'Tugend', also so viel wie *jóság* 'Güte') und *ország* 'Land' (von *úr* 'Herr'; es wird auch als iranisches Lehnwort erklärt). Die ursprünglichere Form ist die hochlautige: *-ség*; das Suffix bedeutete ursprünglich 'Tag, Zeit'.

**Deverbale Nennwörter.** Diese können in zwei Gruppen geteilt werden, je nachdem sie einen konkreten Begriff oder aber abstrakt die Handlung selbst bezeichnen.

Das handelnde Subjekt bezeichnen in erster Reihe die drei Partizipien: das Partizip der dauernden Handlung: *hervadó* 'welkend', das der vollendeten Handlung: *hervadt* 'verwelkt' und das der eintretenden Handlung: *hervadandó* 'was welken wird'; ferner mit der Nebenbedeutung der Gewohnheit die Adjektivsuffixe *-ó-s, -ő-s, -ékony, -ékeny, -atag, -eteg* (*félő-s* 'furchtsam', *tör-ékeny* 'zerbrechlich', *ing-atag* 'schwankend, unbeständig').

Das Formans *-ó, -ő* bezeichnet also gewöhnlich die handelnde Person oder Sache: *lármázó gyermekek* 'lärmende Kinder', *élő ember* 'lebender Mensch', auch substantivisch: *író* 'Schriftsteller', *festő* 'Maler'. (Über den Gebrauch dieses Partizips s. S. 247.) Das Formans lautete ursprünglich *-ov -ëv* (im XIII. Jahrhundert noch diphthongisch *-ou*, s. S. 103, 105), in welcher Form *o, ë* der auslautende Vokal des Grundwortes ist und als eigentliches Formans das *-v* erscheint, das auf finnisch-ugrisches *-b* zurückgeht. Das ursprüngliche *-v* hat sich in dem mit *merő* gleichwertigen *merev* 'starr, steif' erhalten, das in der älteren Literatur nur in Weiterbildungen (*merevedik* 'erstarren', *mereven* früher = *merev*) vorkommt; ferner in der von *él* 'leben' abgeleiteten Form *eleven* 'lebendig'. — Statt *-ó -ő* findet sich mundartlich auch *-ú -ű* und *-u -ü*, besonders in Namen von Werkzeugen: *sëprű, söprü* 'Besen' (von *sëpër, söpör* 'kehren'), *fúrú* 'Bohrer', *vésű* 'Meissel'. Hierher gehören auch die Werkzeugnamen auf *-tyú, -tyű*, in denen das *ty* eigentlich nur eine veränderte Form des zum Grundworte gehörenden *t* ist, denn die durch dieses Suffix gebildeten Werkzeugnamen sind fast ohne Ausnahme von Zeitwörtern auf *t* abgeleitet: von Verben auf *-nt*: *fogantyú* 'Handhabe, Griff', *billentyű* 'Taste, Klappe', *röppentyű* 'Rakete'; von Verben auf *-at, -et* (fast allgemein mit *tty* gesprochen): *csëngettyű, csöngettyű* 'Glocke', *pergettyű* 'Kreisel'[1]). — Das Formans des Partizips der vollendeten Handlung lautet nach Vokalen *-tt* und nach Konsonanten *-t*: *adott* 'gegeben', *festett* 'gemalt', *szökött* 'entflohen', *hitt* 'gerufen', *vert* 'geschlagen'. (Über den Gebrauch dieses Mittelworts S. 248.) Der Ursprung dieses *-tt* ist dunkel; bloss im Mordwinischen finden wir etwas Ähnliches: *śudo-vt* 'verflucht' aus *śudoms* 'fluchen' (ung. *szidott* : *szid*), *maksovt* 'gegeben' : *maksoms* 'geben'. Es ist aber auch möglich, dass das ung. *tt* dem *t*-Formans abstrakter Hauptwörter verwandt ist (s. weiter unten). — Das Suffix des Partizips der eintretenden Handlung ist *-andó, -endő* : *halandó* 'moriturus', *jövendő* 'zukünftig, was kommen wird', eigentlich *haland-ó, jövend-ő* (von *haland* 'er wird sterben', *jövend* 'er wird kommen'), d. h. Partizipia der Verbalform der eintretenden Handlung. (Vgl. S. 248.) — Das Suffix *-ós, -ős* ist aus dem Partizipsuffix *-ó, -ő* und dem denominalen Adjektivsuffix *-s* zusammengesetzt. Es bezeichnet eine dauernde Eigenschaft, eine gewohnte Handlung: *harapós* 'bissig'; *félős* 'furchtsam'; *viselős* 'schwanger' (von *visel* 'tragen',

1) In der älteren Literatur und in Mundarten findet sich statt *-tyú* die auffallende Form *-té*, und zwar auch in tieflautigen Wörtern, wie *fogantê* 'Griff'. Ferner findet sich statt *-ó, -ő* in der älteren Literatur auch *-á, -é*, (*walacnok*, l. *valáknak*, d. h. *valóknak* 'der seienden, ὄντων' in den Gyulafehérvárer Glossen, s. S. 111), und noch heutzutage isolierte Formen wie *szüléim* 'meine Eltern' (=*szülőim*), *birák* 'die Richter' (=*birók*). Für diese Bildungen gibt es bisher keine sichere Erklärung. Über *-tyú* und *-té* s. Horger, M. Nyelvőr Bd. 33.

vgl. *trächtig*), *fázós* 'erfroren, frierend', *tudós* 'gelehrt' (*tud* 'wissen'), *hazudós* 'lügenhaft'; *ismerős* 'bekannt', *sürgős* 'dringend', *sietős* 'eilig', *kapós* 'stark gesucht' (*kap* 'haschen'). — Eine ähnliche Bedeutung hat das Suffix *-ékony*, *-ékëny* : *fázékony* 'erfroren, frierend', *törékeny* 'zerbrechlich', *fogékony* 'empfänglich', *feledékeny* 'vergesslich'. Im *é* steckt das finnisch-ugrische deverbale Suffix *-j*, *-kony* hingegen hatte ursprünglich eine diminutive Bedeutung (vgl. *csal-é-kony* und *csal-ó-ka* 'täuschend, trügerisch') und ist aus den diminutiven Suffixen *-k* und *-ny* zusammengesetzt. — Das Suffix *-ánk*, *-énk* bildet ausschliesslich zweisilbige Adjektiva: *félénk* 'furchtsam', *nyulánk* 'schlank, schmächtig' (vgl. *nyúlós* 'zähe' und *nyúlékony* 'dehnbar'), *élénk* 'lebhaft', *nyalánk* 'naschhaft, genäschig'. Dieses Suffix enthält dieselben Bestandteile, wie *-ékony*, nur ist die Reihenfolge der Diminutivsuffixe eine umgekehrte. — Das Suffix *-atag*, *-eteg* hat in der heutigen Sprache meistens eine ähnliche Bedeutung: *ingatag* 'schwankend, unbeständig', *lengeteg* 'schwank, schwebend' usw. Einzelne hierher gehörigen Bildungen werden jedoch substantivisch gebraucht: *fuvatag* 'Sturm, Schneewehen' (*fú*, *fuv-* 'blasen, wehen'), *fërgeteg* 'Ungewitter, Sturm', *sivatag* 'Wüste'; in der älteren Sprache war der substantivische Gebrauch noch viel gewöhnlicher. In einigen Wörtern gehört der erste Teil des Suffixes noch zum Grundwort: *hallgatag* 'schweigsam' (von *hallgat* 'schweigen'), *reszketeg* 'tremor' (von *reszket* 'zittern'), *viszketeg* 'das Jucken, der Kitzel' (von *viszket* 'jucken'); viele sind von Verben auf *-ad*, *-ed* gebildet: *hervatag* 'leicht welkend, verwelklich' (von *hervad* 'welken'), *csüggeteg* 'entmutigt, zaghaft' (von *csügged* 'verzagen'), *téveteg* 'irrend' (von *téved* 'irren'), *rothatag* 'leicht faulend, verweslich' (von *rothad* 'faulen, verwesen'), und diese finden sich in der älteren Literatur noch mit *-adag*, in welcher Endung das Bildungssuffix offenbar nur *-ag* ist, geradeso wie in *hallgatag*, *viszketeg*, z. B. *hirvadag* 'pallor; pallidus' (von *hërvad*, *hirvad*), *rothadag* 'putredo'. Das eigentliche Suffix ist also nur *-ag* und die neueren Bildungen, in denen das ganze *-atag*, *-eteg* als einheitliches Suffix fungiert, sind nur nach Analogie der älteren Bildungen, wie *hallgatag*, *rothadag* entstanden. Statt der Form

*-ag, -eg* finden sich in der älteren Sprache auch die Formen *-ak, -ek* (*lengetek, fergetek*) und in den Denkmälern und auch mundartlich *-ég, -ék*: *lengetég, avatég, avaték* 'veraltet' (heute *avatag*). Das Suffix war also ursprünglich *-ék,* wie in den Hauptwörtern *maradék* 'Rest', *szakadék* 'Riss'. Das *é* verkürzte sich mit der Zeit, so wie in *rejték* : *rejtëk* 'Versteck', *szándék* : *szándok* 'Absicht', und das auslautende *k* wurde zu *g*, wie in *ütleg* 'Schlag' *bádog* 'Blech', *üszög* 'Kornbrand' usw. *Fuvatag* (mundartlich auch *fujdték*) lautete also ursprünglich **fuvaték*, wie *hagy-aték* 'Nachlass, Hinterlassenschaft', *fogy-aték* 'Schwinden, Abnahme'. — Das handelnde Subjekt bezeichnen auch die deverbalen Abjektiva auf *-a, -e, -i* und (das nicht-handelnde) die privativen auf *-atlan, -etlen*. Das Suffix *-a, -e* bildet Adjektiva mit ähnlicher Bedeutung, wie die soeben behandelten: *lenge* 'schwankend, schwebend', *csörge* 'rieselnd, rauschend'; (von veralteten Grundwörtern): *kerge* 'drehkrank', *fürge* 'flink', *nyifa* 'durch die Nase redend'; einzelne werden substantivisch gebraucht: *szüle* 'parens', *hulla* 'Abfall' (mundartlich), *pilla* 'Augenlid', *pille* 'Schmetterling'. Einige bedeuten eine abstrakte Handlung oder deren Resultat: *huza-vona* 'Hader, Zank', *monda-monda,* heute *mende-monda* 'Gerede'. Dieses *-a e* mag eine kürzere Nebenform des Partizipformans *-ó ő* sein. Nach Budenz' Annahme steckt das finnisch-ugrische Formans *-j* darin, ebenso wie im hier folgenden *-i*. Die deverbalen Adjektiva auf *-i* haben eine diminutive, meist auch ironische Nebenbedeutung. In der älteren Literatur kommen sie selten vor, in der Volkssprache sind sie jedoch sehr beliebt. Beispiele: *játszi* 'scherzhaft, spielend', *maradi* 'konservativ', *zsugori* 'geizig'; in Zusammensetzungen: *lóti-futi* 'hin- und herschiessend, -laufend', *rdtarti* 'hochmütig', *szdjtdti* 'gaffend'. — Die von Zeitwörtern abgeleiteten privativen Adjektiva haben teils eine aktive, teils eine passive Bedeutung: *független* 'unabhängig', *tudatlan* 'unwissend'; *vdratlan* 'unerwartet', *kimondhatatlan* 'unaussprechlich'. Die aktiven sind grösstenteils die Gegensätze der Verbalnomina auf *-ó, -ő* (*független* — *függő*), die passiven stehen denen auf *-tt, -t* gegenüber (*vdratlan* — *vdrt*); die von Möglichkeitsverben abgeleiteten (auf *-hatatlan*)

sind die Gegensätze der Verbalnomina auf *-ható* : *lehetetlen* 'unmöglich (was nicht sein kann)' : *lehető* 'möglich', *láthatatlan* 'unsichtbar' : *látható* 'sichtbar'. Dieses deverbale Suffix *-atlan* ist mit dem denominalen *-atlan* (*páratlan* 'ungerade; unvergleichlich', *lelketlen* 'seelenlos, herzlos') identisch. Da die Gegensätze der deverbalen Ableitungen, wie *tökéletlen* 'unvollkommen', *ismeretlen* 'unbekannt', *könyörületlen* 'unbarmherzig' usw.: *tökélet-es, ismeret-es, könyörület-es* lauten, also Ableitungen von Hauptwörtern auf *-at, -et* (wie *akarat* 'Wille', *élet* 'Leben') sind, folgerte Budenz, dass auch die ersteren ursprünglich *tökélet-telen, változat-talan* usw. gelautet hätten und erst mit der Zeit zu *tökéletlen* usw. zusammengeschrumpft wären (vgl. *erötlen* 'kraftlos' aus *erőtelen* usw.). Doch wird auch in einigen verwandten Sprachen das Karitivformans unterschiedslos an Nominal- und Verbalstämme angehängt.

Die abstrakten Nennwörter, die eine Handlung bezeichnen, haben in der Regel Suffixe, die in gewissen Fällen auch noch die konkrete Bedeutung bewahrt haben und entweder das handelnde Subjekt oder das Werkzeug oder endlich das Objekt, beziehungsweise das Ergebnis der Handlung bezeichnen. Die abstrakten Wörter *tud-o-mány* 'Wissen, Wissenschaft', *cselek-vény* 'Handlung' sind ähnlich gebildet, wie die konkreten: *ad-o-mány* 'Gabe', *tanít-vány* 'Schüler, Jünger', *szöv-e-vény* 'Gewebe', *jöv-e-vény* 'Ankömmling', *szök-e-vény* 'Flüchtling'. Die abstrakten Nennwörter *haladék* 'Frist', *szándék* 'Absicht' haben dieselbe Form, wie die konkreten: *söpredék* 'Kehricht', *boríték* 'Umschlag', *maradék* 'Rest, Überbleibsel' usw. *Halál* 'Tod', *aszály* 'Dürre' sind Ableitungen, wie die Werkzeugnamen *kötél* 'Strick', *fonál* 'Faden'; und dass auch *aszály* 'Dürre' und *apály* 'Ebbe' einst eine konkrete Bedeutung hatten, beweisen die Sprachdenkmäler, in denen Ausdrücke vorkommen, wie: *aszály föld* 'terra arens', *apály a Száva vize* 'das Wasser der Save ist niedrig'. *Menet* 'Gang, Fahrt' und *sírás* 'Weinen' sind abstrakt, aber *írás* 'Schreiben, Schrift' und *tojás* 'Eierlegen, Ei' können ausser der Handlung noch das Resultat derselben bezeichnen; *irat* 'Schrift, Schriftstück' und *szövet* 'Gewebe, Stoff' bezeichnen immer das greifbare Resultat. Ebenso verhalten sich die Wörter *vitel*

'Tragen, Führen', *vétel* 'Kauf' zu *ital* 'Trank, Getränk', *étel* 'Speise' und die Wörter *sietség* 'Eile', *vereség* 'Niederlage, clades' zu *nyereség* 'Gewinn, Gewinst', *eleség* 'Speise, Lebensmittel'.

Nun wollen wir die Suffixe der deverbalen Hauptwörter der Reihe nach betrachten. Vor allem müssen wir jedoch bemerken, dass es ausnahmsweise einige Hauptwörter gibt, die mit je einem Zeitwort identisch sind, ohne aus diesen durch ein Suffix weitergebildet zu sein. Das sind jedoch Ausnahmen, da in den finnisch-ugrischen Sprachen das Nennwort in der Regel durch ein Formans von der verbalen Bezeichnung desselben Begriffes unterschieden wird. Sie stammen vielleicht noch aus einer älteren Zeit, in der Nomen und Verbum in der Form noch nicht unterschieden waren. Mit Personalendungen versehene Verbalformen werden im Ungarischen nicht selten als Nennwörter gebraucht: *abban a hiszemben* 'in dem Glauben' (*hiszem* 'ich glaube es'), *a félsz* 'die Furcht' (*félsz* 'du fürchtest dich') usw. (s. S. 244). Einige Zeitwörter nehmen jedoch in ihrer Stammform eine nominale Bedeutung an, und zwar entweder in einzelnen Redensarten, mit Kasusendungen versehen, wie *csalba hagyni*, wörtl. 'in Betrug lassen, betrügen' (*csal* 'betrügen'), *bukra van* 'zum Fallen neigen' (*buk-ik* 'fallen'; beides mundartlich), oder aber ganz wie ein gewöhnliches Hauptwort gebraucht: *fagy* 'frieren; Frost', *zavar* 'stören, verwirren; Verwirrung', *les* 'lauern, nachstellen; Lauer, Hinterhalt'. Ganz allgemein ist der substantivische Gebrauch der denominalen Zeitwörter auf *-ász, ész*: *halász(ni)* 'fischen' und *halász* 'Fischer', *vadász(ni)* 'jagen' und *vadász* 'Jäger', *csempész(ni)* 'schmuggeln' und *csempész* 'Schmuggler'. Es lässt sich nicht nachweisen, dass die Hauptwörter ursprünglich ein unterscheidendes Formans hatten, es ist jedoch nicht ausgeschlossen; so war das Formans der Hauptwörter auf *-asz, -esz* (*válasz* 'Antwort', *eresz* 'Traufe') eigentlich *-t* (*választ, ereszt* oder *ereszet*). Das Verbum *választ* 'wählen' und das alte Hauptwort *választ* urspr. 'Wahl' haben nur zufällig gleiche Formen; beide stammen vom Verbum **válasz(ni)*: das Zeitwort ist durch das kausative *-t*, das Hauptwort durch das Nominalsuffix *-t* gebildet (**válaszat*, wie *vadászat* 'Jagd').

Das gewöhnlichste Suffix deverbaler Hauptwörter ist *-ás*, *-és*; fast aus jedem Zeitwort kann durch diese Endung ein Hauptwort gebildet werden, das in der Regel eine abstrakte Handlung bezeichnet: *járás* 'Gehen', *ülés* 'Sitzen', *aratás* 'Ernte', *hallgatás* 'Schweigen', *éneklés* 'Singen', *születés* 'Geburt'. Oft hat es jedoch eine konkrete Bedeutung und bezeichnet in diesem Falle gewöhnlich das Resultat der Handlung: von transitiven Zeitwörtern: *írás* 'Schrift, Schriftstück', *vágás* 'Schnitt', von intransitiven Zeitwörtern: *repedés* 'Sprung, Riss', *termés* 'Frucht, Ernte' usw. Einige bezeichnen das Mittel oder Werkzeug: *élés* 'Lebensmittel', *mártás* 'Tunke', *töltés* 'Patrone' (eigtl. 'Ladung, Füllung'); den Ort der Handlung: *ülés* 'Sitz', *lakás* 'Wohnung', *nyilás* 'Öffnung'. Statt *-és* wird mundartlich *-is* gesagt, was darauf hinweist, dass das *é* aus einem Diphthong auf *i̯* entstanden ist. Das Suffix besteht also aus dem finnisch-ugrischen deverbalen Nominalsuffix *-j* und dem Nominalsuffix *-s* (*erő-s* 'stark', *kékes* 'bläulich'). — Dasselbe *-ás*, *-és* ist auch im zusammengesetzten Suffix *-más*, *-més* enthalten: *látomás* 'Anblick; Vision', *hallomás* 'Hörensagen', *tudomás* 'Kenntnis, Kunde', *vallomás* 'Geständnis', *állomás* 'Station, Standort'. Das *-m* im Suffix ist das momentane *-m*, das noch zum Verbalstamm gehört, denn das Grundwort vor *-ás*, *-és* war unbedingt ein Verbum (*látomás*, *hallomás* aus **látom-ás*, **hallom-ás*).

Das Suffix *-at*, *-et* bezeichnet ebenfalls oft eine abstrakte Handlung; während jedoch *-ás*, *-és* eine fortschreitende Handlung bezeichnet, stellen die Hauptwörter auf *-at*, *-et* die Handlung als ein einheitliches Ganzes dar: *halászás* 'Fischen', *szolgálás* 'Dienen', hingegen *halászat* 'Fischerei', *szolgálat* 'Dienst'[1]). In der älteren Sprache war das Suffix *-at*, *-et* in der Bedeutung einer abstrakten Handlung viel gewöhnlicher als heute. Beispiele: *élet* 'Leben', *mozdulat* 'Bewegung', *tisztelet* 'Achtung', *becsület* 'Ehre', *vadászat* 'Jagd'. Sehr oft bezeichnet es das Resultat oder Objekt: *falat* 'Bissen', *fogat* 'Gespann'.

1) Deshalb werden auch von frequentativen Zeitwörtern keine Hauptwörter auf *-at*, *-et* gebildet: *dobálás* 'Werfen', *futkosás* 'Hin- und Herlaufen' und nicht *dobálat*, *futkosat*, dagegen von momentanen Zeitwörtern: *mozzanat* 'Moment', *tekintet* 'Blick' usw.

*vonat* 'Zug', *füzet* 'Heft', *mondat* 'Satz', *nemzet* 'Nation', *dolgozat* 'Arbeit, Aufgabe', *intézet* 'Institut', *ítélet* 'Urteil', *határozat* 'Beschluss'; von intransitiven Zeitwörtern: *mënet* 'Fahrt', *tünet* 'Erscheinung, Phänomen', *daganat* 'Geschwulst', *feszület* 'Kruzifix'. Manchmal auch das Werkzeug: *huzat* 'Überzug', *öltözet* 'Anzug', *ruházat* 'Kleidung', *fegyverzet* 'Rüstung', *markolat* 'Griff, Heft': den Ort der Handlung: *följárat* 'Aufgang', *kijárat* 'Ausgang', *bejárat* 'Eingang', *terület* 'Gebiet', *kerület* 'Umfang; Bezirk' [1]). In den ältesten Sprachdenkmälern findet sich nach dem Suffix *-at*, *-et* noch ein *v*: *kinzotviatwl*, *intetvinec*, *ildetuitvl* in der Leichenrede, *ielenetuiben*, *nemzetui* in den Gyulafehérvárer Glossen, *kezdetuitul* in den Königsberger Fragmenten (noch heute *hitvës* 'Gatte, Gattin' neben *hitës-társ* id. von *hit* 'Glaube; Eid, Schwur'). Dieses *v* (das auch im Suffix *-ó*, *-ő* enthalten ist) war das eigentliche Suffix der Hauptwörter auf *-at*, *-et*, in denen *-at*, *-et* nach Budenz ein Verbalsuffix ist, und zwar ein momentanes (wie in *vezet* 'führen', *szeret* 'lieben'). — Das Suffix *-t* bezeichnet die Handlung ebenfalls als ein volles Ganzes: *hit* 'Glaube' (*hivés* 'das Glauben'), *lét* 'Sein, Dasein', oft auch das Resultat oder das Objekt der Handlung: *tét* (z. B. *jótét* 'Wohltat') und *tëtt* 'Tat', *ét* 'Speise', *it* 'Trank' (z. B. *se éte, se ita* 'er hat keine Speise, keinen Trank'); das Suffix ist dem Suffix *-at*, *-et* verwandt, und die zwei Formen verhalten sich zueinander, wie die Kausativsuffixe *-t* und *-at*, *-et*. Vgl. *életëm* und *éltëm* 'mein Leben', *menet* 'Gang' und *mentében* 'während er ging' (wörtlich 'in seinem Gange'). Die kürzere Form des Suffixes, an deren Stelle jedoch gewöhnlich nicht die längere Form gesetzt werden kann, findet sich fast ausschliesslich nur vor vokalischen Endungen und Bildungssilben, z. B. *virradtig* 'bis Tagesanbruch' (hingegen *virradat* 'Tagesanbruch'), *hosszúéltű* 'langlebig, von langem Leben' und *éltës* 'bejahrt, betagt' (hingegen *élet* 'Leben'), die durch *-t* gebildeten Hauptwörter sind also grösstenteils sogenannte Defektiva. Auf das Suffix

1) Statt *-at* begegnet die Form *-ot* in *nyugot* (und *nyugat*) 'Westen' (vielleicht vom Stamme *nyugov-* durch *-t* gebildet), *állapot* 'Zustand' (vgl. *állapodik* 'stehen bleiben').

*-t* folgen am häufigsten Personalendungen, und solche Formen werden dann in gerundialen Fügungen gebraucht (s. die Satzlehre). Es gibt jedoch auch Formen ohne Personalendungen. Hierher gehören die mit der Kasusendung *-ig* versehenen: *holtig* 'bis zum Tode', *fogytig* 'bis zu Ende'; ferner das Gerundium auf *-ton*, *-tën*, *-tön*: *nyugton* 'ruhig', *bizton* 'gewiss, sicherlich', *folyton* 'fortwährend'.

Das Suffix *-alom*, *-elëm*, bezeichnet in der Regel ebenfalls eine abstrakte Handlung: *félelem* 'Furcht', *kérelem* 'Bitte', *szánalom* 'Mitleid', *türelem* 'Geduld', *hatalom* 'Macht', *értelem* 'Verstand' (urspr. 'Verstehen'). Mit konkreter Bedeutung: *jutalom* 'Lohn', *tartalom* 'Inhalt'; *élelem* 'Lebensmittel'. Von veralteten Grundwörtern: *irgalom* 'Erbarmen, Barmherzigkeit', *sérelem* 'Beleidigung', *szerelem* 'Liebe', *kegyelem* 'Gnade'. Das Suffix hat in den älteren Kodizes immer die Form *-alm*, *-elm* (*szerelm*, *hatalm*, auch vor Kasusendungen); in einigen Kodizes kommt statt *-alm* die verkürzte Form *-am* vor (*siramban*, *siramról*). Die Endung *-m* ist das finnisch-ugrische deverbale Nominalsuffix *-m*, das z. B. auch in den Wörtern *álom* 'Schlaf', *öröm* 'Freude' enthalten ist [1]); *-al* hingegen ist ein Verbalsuffix. Vgl. z. B. neben *tilalom* 'Verbot' das alte *tilal* 'verbieten', neben *kérelem* 'Bitte' *kérel* 'bitten' und noch andere. Die von diesen durch *-m* gebildeten Nennwörter knüpfte das Sprachgefühl an die einfachen Verba *kér*, *til-* (*tilos* 'verboten', *tilt* 'verbieten'), so dass dann die ganze Endung *-alom*, *-elem* als Suffix erschien, das auch an andere Zeitwörter angefügt werden konnte. — Das Suffix *-dalom*, *-delëm* versieht dieselbe Funktion, wie *-alom*, *-elem*, weshalb die beiden Suffixe auch oft miteinander wechseln: *bizodalom* und *bizalom* 'Vertrauen', *győzedelem* und *győzelem* 'Sieg', *nyugodalom* und *nyugalom* 'Ruhe', *veszedelem* 'Gefahr', *késedelem* 'Versäumnis'. Konkrete Bedeutung haben z. B. *birodalom* 'Reich', *irodalom* 'Literatur'. Dieses Suffix ist aus dem kürzeren *-alom* entstanden, wie dieses aus *-m*; es trat anfänglich in Wörtern auf, in denen das *-d* noch als besonderes Verbalsuffix fungierte (z. B. *ri* 'weinen', *riad* 'aufschreien, erschrecken' : *riadalom* 'Schreck, Panik' [2]).

1) S. hier S. 24 und Szinnyei, M. Nyelvhasonlitás [3] S. 88.

2) Manchmal wird dieses Suffix auch an Nennwörter angefügt.

Das Suffix *-aj, -ej* bildet immer lautnachahmende Hauptwörter (wie finn. *-ina*): *kacaj* 'Gelächter', *moraj* 'Gemurmel', *robaj* 'Getöse', *zörej* 'Geräusch, Geklirre', *dörej* 'Dröhnen, Donnern'. Daneben finden sich in der Regel Frequentativa auf *-g*: *kacag* 'laut lachen', *morog* 'murren, murmeln', *robog* 'rasseln, dröhnen', *zörög* 'klirren', *dörög* 'dröhnen, donnern'. In der Literatursprache war von diesen Bildungen früher nur *kacaj* allgemein gebräuchlich, die übrigen sind es erst seit dem XIX. Jahrhundert. Am häufigsten findet sich dieses Suffix, dessen Ursprung dunkel ist, im westlichen Dialektgebiet.

Das Suffix *-ék*, das auch an tieflautige Verba in derselben Form angefügt wird, hat selten eine abstrakte Bedeutung (*haladék* 'Verzug, Verspätung', *fenyíték* 'Zucht'); gewöhnlich bildet es Hauptwörter von konkreter Bedeutung, und zwar bezeichnen sie in der Regel das Resultat der Handlung: von transitiven Zeitwörtern: *ereszték* 'Zwickel, Fuge', *ragaszték* 'Anhängsel', *választék* 'Scheidewand; Auswahl', *rekeszték* 'abgesperrter Raum', *keverék* 'Mischung', *pótolék* (heute *pótlék*) 'Ergänzung, Ersatz'; von intransitiven: *játék* 'Spiel' (vom Grundworte des Zeitwortes *ját-sz-ik* 'spielen'), *hajlék* 'Obdach', *termék* 'Erzeugnis', *származék* 'Ableitung', *maradék* 'Rest', *hasadék* 'Spalte, Riss'. Manchmal bezeichnet *-ék* das Mittel oder Werkzeug der Handlung: *festék* 'Farbe', *boríték* 'Briefumschlag', *támaszték* 'Anhalt, Stütze', *biztosíték* 'Kaution', *készülék* 'Vorrichtung, Apparat'; *rejték* 'Versteck'. Das erste Element des Suffixes ist wahrscheinlich das finnisch-ugrische deverbale Suffix *-j*[1]).

---

Die ältesten Belege sind *fejedelem* 'Fürst' und das alte *hiedelem* 'Erfrischung' (vom Grundworte der Wörter *hives* 'kühl' und *hideg* 'kalt'); — *sokadalom* 'Messe, Jahrmarkt' und das neuere *urodalom* 'Herrschaft, Gut' sind unter dem Einflusse der synonymen Wörter *lakadalom* und *birodalom* entstanden.

1) In der älteren Sprache und mundartlich finden sich einige Wörter, in denen das Suffix die Form *-ák* hat: *fulák* (und *fulánk*) 'Stachel' (vom alten Verbum *fúl*, heute *fúr* 'bohren'), *szulák* 'Stachel' (von *szúr* 'stechen' unter dem Einflusse von *fulák*), *szunyák* 'schläfrig, faul'. In einigen Wörtern kommt die kürzere Form *-ok*, *ĕk* vor: *hajlok* (= *hajlék*), *rejtĕk* (früher *rejték*), *vétĕk* 'Sünde'. Die Wörter *hajlék*, *rejték* wurden vor Kasusendungen auch mit kurzem Vokal

— Das Suffix *-dék* kommt nur in einigen sehr alten Wörtern vor: *szándék* 'Absicht', *nyomdék* 'Fussstapfe, Spur', *ajándék* 'Geschenk' (vielleicht aus **ajánl-dék*), die eine Nebenform *szándok, nyomdok, ajándok* haben (vgl. die Fussnote). Mit vorhergehendem Vokal (*-adék, -edék*) ist das Suffix schon viel häufiger; es bezeichnet, ebenso wie das einfache *-ék* das Resultat der Handlung: (von transitiven Zeitwörtern:) *töredék* 'Bruchstück', *sëpredék, söpredék* 'Kehricht, Mist', *nemzedék* 'Generation', *csapadék* 'Niederschlag', *fonadék* 'Geflecht, Flechtwerk', *szövedék* 'Gewebe'; (von intransitiven Zeitwörtern:) *hulladék* 'Abfall', *váladék* 'Absonderung, Sekret'; *menedék* 'Zufluchtsort' (von *men-ik* 'sich retten'), *mënedék* 'Abhang' (von *mën-ni* 'gehen'). Die Suffixe *-dék* und *-adék* sind aus dem einfacheren *-ék* auf dieselbe Weise entstanden, wie z. B. *-dalom* aus *-alom*; *-d, -ad, -ed* sind ursprünglich Frequentativsuffixe. Mit der Zeit knüpfte das Sprachgefühl die von diesen Frequentativen durch *-ék* gebildeten Nennwörter an die einfachen Grundwörter, infolgedessen dann neue Hauptwörter durch das einheitliche Suffix *-dék, -adék* gebildet werden konnten[1]). — Das Suffix *-alék, elék* (ohne den anlautenden Vokal bloss *moslék* 'Spülicht') bezeichnet ebenfalls das Resultat der Handlung und hat grösstenteils zugleich eine kollektive Bedeutung: (von transitiven Zeitwörtern:) *főzelék* 'Gemüse', *osztalék* 'Dividende', *tartalék* 'Reserve', *adalék* 'Beitrag'; (von intransitiven Zeitwörtern:) *függelék* 'Anhang', *jutalék* 'Anteil'. Das erste Element des Suffixes war ursprünglich ein Frequentativsuffix; eben daraus erklärt sich die kollektive Bedeutung (wie auch mehrere Wörter auf *-adék, -edék* aus demselben Grunde eine ähnliche Bedeutung haben: *söpredék* 'Kehricht, Mist', *hulladék* 'Abfall'). Der anlautende offene Vokal des Suffixes

gesprochen: **hajlĕkot, rejtĕkĕt* (Akk.); aus **hajlĕkot* wurde dann durch Anpassung des Vokals an den Stammvokal *hajlokot*, und schliesslich drang der kurze Vokal auch in die Stammform: *hajlok, rejtĕk* (ebenso *fazék* 'Topf' : *fazĕkat* : *fazokat* und dann auch *fazok*).

1) Die Wörter auf *-adék, -edék* sind ausnahmslos dreisilbig, und um dies zu erreichen, verlieren zweisilbige Zeitwörter manchmal die letzte Silbe: *faradék* 'Abschnitzel' (von *farag* 'schnitzen'), *locsadék* 'Gepansch' (von *locsog* 'plätschern').

*-alék*, *-elék* ist so beständig, dass in einigen Ableitungen durch *-ék* von Zeitwörtern, die auf *l* endigen, die vor dem *l* stehenden Vokale *o*, *ö*, *á* folgerichtig zu *a*, *e* verwandelt werden; so entsteht also nach Analogie der Bildungen wie *toldalék*, *töltelék* manchmal auch aus der Endung *ol-ék*, *öl-ék*, *ál-ék* : *-alék*, *-elék*. Z. B. *morzsalék* 'Krume, Brosamlein' statt **morzsol-ék*; *törmelék* 'Schutt, Gerölle' statt *törmöl-ék*, das ebenfalls vorkommt; *zagyvalék* 'Mischmasch' statt **zagyvál-ék*. — Das Suffix *-ték* kommt heute nur in zwei Hauptwörtern vor: *érték* 'Wert', *mérték* 'Mass'. Es kommt aber auch in der Form *-aték*, *-eték* vor und bezeichnet, wie *-adék* und *-alék*, das Resultat der Handlung: *hagyaték* 'Hinterlassenschaft, Nachlass', *fogyaték* 'Abnahme, Mangel'. Es hat auch wie das einfachere *-ék* (in *hajlok*, *rejtëk*) eine Form mit kurzem Vokal, *-tëk*, *-tok* : *étëk* 'Speise', *birtok* 'Besitz'. In *mérték*, *érték*, *étëk*, *birtok* ist das *-t* wahrscheinlich ein Momentansuffix, in *fogyaték* ist *-at* eigentlich kausativ (*fogyat* 'aufbrauchen, verzehren', heute *fogyaszt*, s. S. 277).

Das Suffix *-mány*, *-mény* wird fast ausschliesslich an transitive Zeitwörter angehängt und bezeichnet in der Regel das durch die betreffende Handlung hervorgebrachte oder das Objekt der Handlung: *tudomány* 'Wissenschaft', *adomány* 'Gabe', *hozomány* ('das Mitgebrachte') 'Mitgift', *gyüjtemény* 'Sammlung', *sütemény* 'Backwerk, Gebäck', *vélemény* 'Meinung', *szerzemény* 'Erwerb', *teremtmény* 'Geschöpf', *intézmény* 'Institution', *alkotmány* 'Bau; Verfassung', *találmány* 'Erfindung', *tanulmány* 'Studium'. Von intransitiven Zeitwörtern: *tünemény* 'Erscheinung', *fejlemény* 'Entwicklung, Weiterung', *eredmény* 'Erfolg, Resultat', *következmény* 'Folge' usw. Das Suffix besteht nach Budenz aus dem noch zum Grundworte gehörenden Momentansuffix *-m*, dem im langen Vokal verborgenen finnisch-ugrischen deverbalen Suffix *-j* und dem diminutiven *-ny*. — Das Suffix *-vány*, *-vény*, das eine ähnliche Zusammensetzung zeigt, bezeichnet ebenfalls das Resultat der Handlung: (von transitiven Zeitwörtern:) *ásvány* 'Mineral', *látvány* 'Anblick', *öntvény* (*ötvény*) 'Metallmischung' (eigentl. 'Guss'), *rejtvény* 'Rätsel', *emelvény* 'Erhöhung, Tribüne', *kiáltvány* 'Proklamation, Aufruf', *nyomtatvány* 'Drucksache', *inditvány* 'Antrag', *ültetvény* 'Pflanzung, Anlage'; (von intransitiven Zeitwörtern:) *járvány* 'Epidemie, Seuche', *ingovány* 'Sumpf, Moor', *kelevény* 'Beule', *növevény, növény* 'Pflanze', *maradvány* 'Rückstand, Rest'; von veralteten Grundwörtern: *ösvény* 'Pfad', *köszvény* 'Gicht', *televény* 'Humus' (vgl. *telepedik* 'sich niederlassen'), *szivárvány* 'Regenbogen' (früher auch 'Heber' und 'Schwamm', vgl. *szivárog* 'sickern'). Personen werden bezeichnet durch: *tanítvány* 'Schüler, Jünger' (schon in den Gyulafehérvárer Glossen), *jövevény* 'Ankömmling, Fremdling' (schon im Wiener Kodex), *szökevény* 'Flüchtling'; vgl. noch das Adjektiv *halovány* 'bleich, blass' von *hal* 'sterben'.

Die Suffixe *-ál, -él* und *-al, -el* finden sich in wenigen Ableitungen: *halál* 'Tod', *valál, vëlál, vëllál* (veraltet) 'Gemeinde, Ortschaft' (urspr. 'Besitz' vom Verbum *val-* 'sein'); *fonál*: Akk. *fonalat* 'Faden', *kötél*: Akk. *kötelet* 'Strick'. *födél*: Akk. *födelet* 'Dach, Deckel', *kanál*: Akk. *kanalat* 'Löffel'. In einzelnen Mundarten kommen die Formen *fonal, kötel, födel* auch als Nominative vor (*fonal* auch in der Schriftsprache und nach diesem Muster *vonal* 'Linie': *von* 'ziehen'). Die ursprünglichere Form ist die mit dem langen Vokal; der Ursprung dieses *á, é* ist dunkel, *-l* findet sich als deverbales Nominalsuffix auch im Wogulischen. — Das Suffix *-adal, -edel* kommt ebenfalls nur in wenigen Wörtern vor: *eledel* 'Nahrung' (von *él* 'leben'; vgl. *eleség, élelem, élet, élés* 'Lebensmittel'), *viadal* 'Kampf', *diadal* 'Triumph, Sieg', *riadal* 'Panik'. Das erste Element des Suffixes ist das noch zum Grundworte gehörende Frequentativsuffix *-d* (*-ad, -ed*). — Das Suffix *-tal, -tel* (*-atal, -etel*) ist etwas häufiger: *étel* 'Speise', *ital* 'Trank', *tétel* 'Tat, Satz, Einsatz', *vétel* 'Kauf', *létel* 'Sein, Dasein', *vitel* 'Fragen, Führen', *hitel* 'Glauben, Kredit', *jövetel* 'Ankunft', *hivatal* 'Amt'. Das erste Element des Suffixes ist das Momentansuffix *-t*, und *étel* stammt eigentlich von demselben Verbum **ét* 'essen', von dem auch das Wort *étëk* 'Speise' abgeleitet ist, *tétel* von demselben **tét-*, das auch im Worte *tétemény* 'Tat' enthalten ist. — Die durch *-ály, -ély* gebildeten Hauptwörter haben teils eine abstrakte, teils eine konkrete Bedeutung: *aszály* 'Dürre', *veszély*

'Gefahr', *osztály* 'Klasse', *akadály* 'Hindernis', *szabály* 'Regel', *engedély* 'Erlaubnis'; von nicht mehr lebenden Grundwörtern: *apály* 'Ebbe', *dagály* 'Flut', *segély* 'Unterstützung, Hilfe'. Es ist dies jedenfalls bloss eine lautliche Variante der Bildung mit *-ál*, *-él*. — Einzelne Wörter auf *-ár*, *-ér* sind augenscheinlich von Zeitwörtern abgeleitet: *buvár* 'Taucher', *vezér* 'Führer' (vgl. *vezet* 'führen'), *csapodár* 'flatterhaft', *kopár* 'kahl, unfruchtbar' (vgl. *kop-ik* 'sich abnützen, abgewetzt werden'). Dieses *-ár ér* wird einerseits als Abart von *-ál él* aufgefasst, anderseits werden die Wörter als retrograde Bildungen von Frequentativen wie *buvárol* erklärt (Nyelvőr 31, 177, K. Szily).

Die Hauptwörter auf *-asz*, *-esz* — die teils eine abstrakte, teils eine konkrete Bedeutung haben — stehen fast immer Zeitwörtern auf *-aszt*, *-eszt* gegenüber: *választ* 'wählen' : *válasz* 'Antwort' (urspr. 'Wahl'), *szakaszt* 'reissen, pflücken' : *szakasz* 'Abschnitt, Abteilung', *rekeszt* 'sperren, schliessen, hemmen' : *rekesz* 'Verschlag, Schranke', *ereszt* 'lassen' : *eresz* 'Traufe', *támaszt* 'unterstützen' : *támasz* 'Stütze'. Über den Ursprung dieses Suffixes (*ereszet*, *áraszat* 'Flut, Überschwemmung' von **eresz-ni*, **árasz-ni* durch *-at*, *-et* abgeleitet) s. S. 277, 328. — Das Suffix *tyu*, *tyü* haben wir schon S. 323 behandelt. Ebenso haben wir gesehen, dass das Suffix *-ság*, *-ség* auch an Zeitwörter angefügt werden kann (*veszteség* 'Verlust', *fáradság* 'Mühe').

Die Handlung wird auch durch verschiedene Verbalnomina bezeichnet: durch den Infinitiv auf *-ni*, und durch die Gerundien auf *-va -ve*, *-ván -vén*, *-vást -vést*, *-att(a) -ett(e)*. Der Infinitiv endigt auf *-ni*: *várni* 'warten', *nézni* 'schauen'. Er ist auch im Ungarischen ursprünglich eine Kasusform (Lativ) eines Nomen actionis, und kann auch mit den possessiven Personalendungen versehen werden, z. B. *várnom kell* 'ich muss warten', *várnod*, *várnia*, *várnunk*, *várnotok*, *várniok*. In mehreren Sprachdenkmälern und Mundarten hat das Suffix die Form *-nyi*. In einigen Mundarten kommt es in tieflautigen Zeitwörtern in der Form *-nya* vor; in der slavonischen Mundart ist auch die hochlautige Form *-nie* gebräuchlich. Alle diese Formen lassen sich aus der Verallgemeinerung der dritten Person (*várnia, néznie kell* 'er muss warten, schauen') erklären. Die ursprüngliche Form des Suffixes ist *-*né* (im Lányi-Kod. auch nach tieflautigen Zeitwörtern -*nyé* : *mondanyé* 'sagen', *tudnyé* 'wissen'; das *ny* in -*nyé* ist aus der Einwirkung des erwähnten -*nya* zu erklären). Das erste Element ist das finnisch-ugrische deverbale Nominalsuffix -*n*, das zweite das Lativsuffix -*é*, -*i* (wie *fölé, neki*). Es kann aber auch dieses -*ni* mit der Lativendung -*ni* identisch sein (s. den folgenden Abschnitt).

Die Suffixe -*va*, -*ve* und -*ván*, -*vén* wurden in der älteren Sprache unterschiedslos angewendet; -*va*, -*ve* ist in der älteren Literatur viel seltener, als -*ván*, -*vén*. Schon in einzelnen Handschriften findet sich statt -*va ve* die in mehreren Mundarten noch heute gebräuchliche vollständigere Form -*val*, -*vel*[1]). Die Form -*ván*, -*vén* ist nach Budenz aus *-*valon*, *-*velen* entstanden, in welcher Form das -*n* die Kasusendung -*n* ist, während das durch -*val*, -*vel* gebildete Grundwort ein die Handlung bezeichnendes Hauptwort darstellt[2]). Auch nach -*va*, -*ve* muss ursprünglich eine Kasusendung vorhanden gewesen sein; -*val*, -*vel* ist also wahrscheinlich aus noch ursprünglicherem *-*valt*, *-*velt* entstanden. — Eine seltenere Nebenform der Suffixe -*va*, -*ve* und -*ván*, -*vén* ist -*vást*, -*vést*, das grösstenteils in Adverbien der Art und Weise gebräuchlich ist: *folyvást* 'continuo, incessanter', *bízvást* 'confidenter', *futvást* 'laufend', *lépvést* 'schreitend, schrittweise'. Dies sind Kombinationen der Formen auf -*ván* (*futván* 'laufend') mit denen auf -*ás*-*t* (mit derselben Kasusendung -*t*, wie in *közt* 'zwischen', *örömest* 'gerne'); vgl. *lépést* 'im Schritte, Schritt für Schritt' (*lépvést* = *lépvén* × *lépést*), *nyargaldst* 'im Galopp' (*nyargalvást* = *nyargalván* × *nyargaldst*). Auch die in der älteren Literatur so häufigen

1) Oft wird (nach Analogie der Endung des Instrumentals und Komitativs -*val* -*vel* 'mit') das *v* assimiliert: *addal* (= *adva* 'gebend'), *köttel* (= *kötve* 'bindend'); oft schwindet auch das auslautende *l* mit Ersatzdehnung: *irvâ* 'schreibend', *advâ* 'gebend', *irrâ, addâ, üttê* (= *ütve* 'schlagend').

2) Budenz vergleicht wogulische Bildungen mit -*mil* *məl*, wie *vār-məl* 'Tat, Geschäft', *säj-məl* 'Geflecht' usw.

Adverbien *egyenest* 'gerade', *örömest* 'gerne, freudig', *keménységest* 'durissime' usw. trugen mit zur Entwicklung dieser Formen bei. — In den Handschriften findet sich noch ein Verbalnomen auf *-att(a)*, *-ett(e)*, das in ähnlicher Bedeutung wie das auf *-ván*, *-vén* gebraucht wurde: *járatta* 'als er ging, gehend', *ide fordólattam* 'als ich mich hierher wandte', *keresztfán figgetted* 'als du am Kreuze hingst', *elfutattok* 'als sie fortliefen'. Manchmal fehlt der Vokal vor dem *t*: *viselted* 'te gerentem, als du trugst', *szomjaztad* 'te sitientem, als du durstetest'. Dieses *-t* und *-at et* ist jedenfalls mit den Substantivformantien *-t* und *-at et* identisch, die Doppelung *-tt* ist entweder aus der ursprünglichern Lautform *-tv* zu erklären, oder enthält neben dem Wortbildungssuffix noch den Lokativexponenten *-t*.

## Bibliographie.

Simonyi Zs.: *Tüzetes magyar nyelvtan*, s. S. 13.

Zolnai Gyula: *Mondattani búvárlatok* (Syntaktische Forschungen). Nyelvtudományi Közlemények 1893. — Wertvolle Beobachtungen über die Entstehung des Wortes aus dem Satze, über Loslösung von Wortgruppen aus dem Satze und ihrer Zusammenfassung zu Worteinheiten und über den Gebrauch ganzer Sätze als Worteinheiten.

Simonyi Zs.: *A szavak összetétele a magyarban* (Die Zusammensetzung der Wörter im Ungarischen, Magyar Nyelvőr 1875). — *Nap-levő és társai. Isten-adta.* (Die Typen *nap-levő, isten-adta* und ähnliche Zusammensetzungen, Magyar Nyelvőr 1907.)

Budenz József: *Szótaglalások és valami a magyar szóképzés iskolai tárgyalásához* (Wortanalysen und etwas über die Behandlung der ung. Wortbildung in der Schule). Nyelvt. Közl. VI und M. Nyelvőr 1872. Über die Unterscheidung von lebenden und veralteten Wortbildungsarten.

Budenz J.: *Az ugor nyelvek összehasonlító alaktana*, s. S. 55.

Simonyi Zsigmond: *Az analógia hatásairól, főleg a szóképzésben* (Über die Wirkungen der Analogie, besonders in der Wortbildung). Akademische Abhandlung 1881. — *„Elvonás (elemző szóalkotás)“* Abstraktionsbildungen (analytische Wortschöpfung, Rückbildungen). Nyelvészeti Füzetek Nr. 11. 1904. — *Kombináló szóalkotás* (Wortschöpfung durch Kombination, Kontaminationsbildungen). Akademische Abhandlung 1890. Nachträge dazu M. Nyelvőr 1891. 1899. — *Szókombinálás és szóképzés* (Einfluss der Wortkombination auf die Wortbildung). Nyelvtudományi Közlemények 1894.

Budenz József: *Denominativ igék az ugor nyelvekben* (Denominative Zeitwörter in den finnisch-ugrischen Sprachen). Nyelvtudományi Közlemények, Bd. XVI. — Eine scharfsinnige Untersuchung über die ungarischen Formantien *-l* und *-z* und über die einschlägigen Bildungen der verwandten Sprachen.

Szilasi Móric: *Kombinált müveltető és mozzanatos igeképzök* (kombinierte kausative und momentane Suffixe). Nyelvtudományi Közlemények 1894. — Eingehende uud ergebnisreiche sprachgeschichtliche Studien, unter anderm auch die geschichtliche Erklärung des fruchtbaren Formans *-gat get.*

Szinnyei József: *A szenvedö igék képzése* (Bildung der passiven Zeitwörter). M. Nyelvör 1892. — Erklärung der passiven aus der kausativen Form.

Zahlreiche Aufsätze über Wortbildung in den sechsunddreissig Jahrgängen des Magyar Nyelvör 1872—1907.

Vierter Abschnitt.

# KONJUGATION UND DEKLINATION.

**Die Wortstämme. — Analogiewirkungen.** — Die Wortformen der finnisch-ugrischen Sprachen stellen durchaus nicht immer ein Mosaik dar (wie sich Max Müller ausgedrückt hat), ihre Bestandteile sind in den meisten Fällen nicht einfach „aneinandergeleimt" (agglutiniert, wie die allgemein gebrauchte Bezeichnung lautet). Nach Setäläs Annahme hat es in der finnisch-ugrischen Grundsprache einen regelmässigen grammatischen Wechsel von starken und schwachen Stufen gegeben; davon sind noch in den lebenden Mundarten, auch im Ungarischen, bedeutende Reste erhalten. Namentlich gibt es eine ganze Reihe von Nominalstämmen, die in der letzten Stammsilbe einen regelmässigen Wechsel von langen und kurzen Vokalen zeigen. Die starke Stufe kennzeichnet den Nominativ und die neueren Kasusformen, die schwache dagegen den Akkusativ, die Mehrzahl und fast alle uralten Ableitungsformen (die Formen mit possessiven Personalendungen, die Eigenschaftswörter auf *-s*, *-ú ű*, *-tlan*, die Zeitwörter auf *-z*, *-l* usw.). Z. B. *kéz* 'Hand', *kézben* 'in (der) Hand', *kéztől* 'von (der) Hand . .', dagegen Akk. *kezet*, Mehrzahl *kezek*, mit Personalendungen: *kezem*, *kezed*, *keze* . ., dann *kezes* und *kezű* '-händig', *kezetlen* 'ohne Hand', *kezel* 'behandeln'. — Hieher gehören einsilbige Wörter wie *nyár* 'Sommer', *fél* 'Hälfte', *hét* 'sieben, Woche', *víz* 'Wasser', *tűz* 'Feuer', *út* 'Weg' usw., und zweisilbige wie *madár* 'Vogel', *egér* 'Maus', *tehén* 'Kuh', *kanál* 'Löffel', *közép* 'Mitte', *elég* 'genügend', *fazék* 'Topf' usw. (nahe an die hundert). — Ausserdem haben einige Zeitwörter in der Volkssprache, besonders in einzelnen Mundarten die starke Form in der 3. Person des Ind. bewahrt, z. B. *ád* oder *ad* (*adok*, *adnak* . .) 'geben', *hágy* oder *hagy* 'lassen', *kél* oder *kel* 'aufstehen' und mundartlich *vér* ~ *verek* 'schlagen', *széd* ~ *szedek* 'pflücken' u. dgl. — In einzelnen Beispielen haben sich noch andere Spuren von uraltem Vokal- und auch Konsonantenwechsel erhalten: *ház* 'Haus', *haza* für **haz-á* 'nach Hause', und *honn* für **hoz-n* 'zu Hause'; *az* 'das', *oda* für **od-á* 'dahin'; *ez* 'dies', *ide* für **id-é* 'hieher'; *bűz* 'Gestank', *büdös* 'stinkend', und einige andere.

Von den lautgeschichtlichen Wandlungen der Wortstämme ist vor allem jenes Lautgesetz zu erwähnen, laut welchem der kurze Auslautvokal in den suffixlosen Formen ursprünglich finnisch-ugrischer Wörter geschwunden ist. Beispiele: ung. *hal* 'Fisch' : finn. *kala*, lapp. *kuöllē*, *guölli*, *kü'll* (mord. *kal*, tscher. *kol*, wog. *χul* usw., vgl. samojed. *hālea*, *kola* usw.); — *négy* 'vier' : wog. *ńilä*, mord. *ńil'ä*, finn. *neljä* (wotj. *ńil'*, tscher. *nil* . .); — *ád*, *ad* 'er gibt' : finn. *anta-* (syrj. wotj. *ud-* usw.); *hal* 'er stirbt' : est. *kōle-*, mordw. *kulì-* (tscherem. *kol-*, syrj. *kul-*, wog. *χol-*) usw. — Der Stammauslaut der Nennwörter war (möglicherweise als Murmellaut oder unvollkommen gebildeter Vokal [1]), wenigstens in einzelnen Mundarten, bis zum XIII. Jahrhundert bewahrt, wie die Formen im Anonymus und in den Urkunden des Árpáden-Zeitalters beweisen. Anonymus schreibt noch *Zobolsu* für das heutige *Szabolcs*, *Zuardu* für das heutige *Szoárd*, *Tosu* für *Tass*, *almu*, später *alm* (lies *álm*), heute *álom* 'Traum', *zerelmu* später *szerelm*, heute *szerelem* 'Liebe', *Sapi* für *Sáp*, *Sari* für *Sár*. In den Urkunden: *hodu vtu*, heute *had-út* 'Heerstrasse' 1055. *ruuoz licu*, heute *ravasz-lik* 'Fuchsloch' 1055 usw.

Während der Wegfall des kurzen Stammauslautes sich auf die grosse Mehrheit der Wortstämme erstreckte, wurden durch andere Lautveränderungen bloss einzelne Klassen der Wortstämme betroffen.

Es gab vor Zeiten Stämme auf *á*, *é*, welche dann in der suffixlosen Form ihren Auslaut verkürzten, z. B. *fá* > *fa* 'Baum', *kezé* > *kezë*, *keze* 'seine Hand' (vgl. Akk. *fá-t*, *kezé-t*). Es ist schwierig, das Alter dieser Kürzungen festzustellen, je-

1) Vgl. Szinnyei, NyK. 34, 1.

doch ist es höchst wahrscheinlich, dass die langen Vokale noch im XIV. Jahrhundert bestanden, da nur aus den vorauszusetzenden Formen jener Zeit *fá belöl, kezé belöl* die heutigen *fából, kezéből* zu erklären sind; sonst würde man heutzutage *faból* und *kezeből* (mit kurzem Stammvokal) sprechen.

Manche Lehnwörter lauteten zur Zeit, da im Auslaut der finnisch-ugrischen Wörter der Vokal noch erhalten war, auf Konsonanten aus. Im XII. Jahrhundert sagte man: *ökör* 'Ochs', *árok* 'Graben' und bildete daraus den Plural: **ökörök, *árokok*. Im XII. und XIII. Jahrhundert jedoch trat jener Lautwandel ein, laut welchem in dreisilbigen Wörtern die mittlere Silbe, wenn sie kurz und offen war, meistens den Vokal verlor, so dass aus *szologa* (slav. *sluga*) *szolga*, aus *szereda* (slav. *srêda*) *szerda* wurde. Zur selben Zeit kamen also auch die Pluralformen wie **ököriök, *árokok* um ihren zweiten Vokal und lauteten fortan *ökrök, árkok* u. dgl. Ebenso verwandelte sich bei den Zeitwörtern das Paradigma '*söpör* : **söpörök*' zu '*söpör* : *söprök*' ('kehren'). So entstanden also im XII. Jahrhundert die Paradigmen mit Vokalverlust.

Es gab eine grosse Anzahl von Wörtern, die nach dem Verluste des kurzen Stammauslautes auf Konsonantengruppen ausgingen, z. B. *álmu* : *álm* 'Traum'; *sarku* : *sark* 'Ferse'; *martu* : *mart* 'Ufer'. Einzelne dieser Stämme erlitten weiterhin keine Veränderung, z. B. *mart, part* 'Ufer', *kürt* 'Horn'. Andere Konsonantengruppen jedoch wurden seit dem XV. Jahrhundert durch einen Hilfsvokal erleichtert, also: *álm* > *álom, sark* > *sarok*. Auch Verba wie z. B. *érdëml* > *érdëmël* 'verdienen'. Mithin wurde diese Klasse der Stämme der vorerwähnten Kategorie vollkommen gleichartig: *álom* : *álmok* = *árok* : *árkok*; *érdëmël* : *érdëmlëk* = *söpör* : *söprök*.

Aus den slovenischen Wörtern *jasle* 'Krippe', *vedro* 'Eimer' entstand im Ungarischen mit Vokalanpassung **jászlo, *vëdrë*, im Akk. *jászlot, vëdret*. Sie glichen also vollkommen dem damaligen Paradigma *álmo* : *álmot*, und obwohl sie nicht dem Beispiele der Form *álm* folgen und zu einem für die ungarische Zunge unaussprechbaren **jászl, *vëdr* werden konnten: nahmen sie doch, nachdem das Paradigma '*álm* : *álmot*' zu '*álom* : *ál-*

*mot*' geworden war, die Lautform '*jászol* : *jászlot*', '*vëdër* : *vëdrët*' an (die Form **jászlo* ist mittlerweile nach anderer Analogie auch zu *jászló* geworden).

Schliesslich ist noch ein wichtiger Lautwandel zu erwähnen. Ungefähr im XIII. Jahrhundert geschah es, dass sich das auslautende *v* vokalisierte und sich nach und nach mit dem vorhergehenden Vokal vereinigte. Daher spricht man an Stelle des ursprünglichen **akov*, *posztav*, **lov*, *löv*, heutzutage: *akó* 'Eimer', *posztó* 'Tuch(stoff)', *ló* 'Pferd', *lő* 'schiessen'. Diese Stämme haben meist den Vokal zum Auslaut, wenn sie ohne Suffix, oder mit neueren konsonantisch anlautenden Suffixen gebraucht werden, z. B. *ló-nak* 'einem Pferde', *lő-nek* 'sie schiessen', während vor den älteren Suffixen der *v*-Laut erhalten bleibt: *lovak* 'Pferde', *lövés* 'Schuss'.

Sehr augenfällig sind die Wirkungen der Analogie in der Formung ungarischer Wortstämme. Wenn z. B. das Substantiv *tő* vor dem Suffix *-ig* seine alte Lautform *tövig* bewahrt hat, so rührt dies daher, dass diese Form häufig in Wendungen vorkommt, wie *tövig lemetszeni* 'bis zur Wurzel abschneiden', *tövig lerontani* 'ganz niederreissen'. Dagegen sind von den Wörtern *kő*, *tó* die alten Formen **kövig*, **tavig*, da sie viel seltener waren, veraltet und heute durch die Formen *kőig*, *tóig* ersetzt, nach Analogie des Nominativs und der übrigen Ortskasus. Ein anderes Beispiel: der Nom. *árok* 'Graben', ist ausschliesslich gebräuchlich, während neben dem regelmässigen *sarok* 'Ferse', auch *sark* gebraucht wird, und zwar ohne Zweifel nach Analogie der häufigen Possessivformen *sarkam*, *sarkad*, *sarka*; der Nom. *fark* 'Schweif' ist viel gebräuchlicher als der Nom. *farok*, weil dieses Wort fast ausschliesslich in der Possessivform der dritten Person *farka* verwendet wird, und diesem Gebrauche muss sich auch das seltene *fark* (*ökörfark* 'Ochsenschwanz' u. dgl.) anbequemen.

Von den meisten Zeitwörtern kommt am häufigsten die dritte Person der Einzahl Ind. praes. vor, darum ist die ausgleichende Wirkung dieser Form auch an anderen Formen häufig zu bemerken. So sind z. B. die Stämme *vonsz-*, *metsz-*, *tetsz-*[1]),

1) 'Ziehen, schneiden, gefallen'.

die sich in ältern Sprachdenkmälern auf den Ind. praes. beschränken (3. Pers. *vonsz-on*, heute *von* und *vonz*, *metsz-en*, heute *metsz*, *tetsz-ik*) später in die übrigen Formen eingedrungen: *vonszott* (*vonzott*), *metszett*, *tetszett*, während das alte regelmässige Perf. *vont*, *metütt*, *tetütt* gelautet hatte. Ebenso wurden die alten Perfektformen wie *söprött*, *érdëmlëtt* durch die neuern *söpör-t*, *érdëmël-t* verdrängt, weil es im Präs. *söpör*, *érdëmël* heisst[1]). Hingegen sind die alten Perfektformen *ugrott*, *romlott* erhalten, weil hier auch im Präsens die beiden Konsonanten ungesondert waren: *ugr-ik*, *roml-ik*[2]).

Auch nach anderen Richtungen ist der Systemzwang von der 3. Person ausgegangen. *Jöni*, *jönek*, *jösz*[3]) sind ähnliche Formen wie *lőni*, *lőnek*, *lősz*[4]); heutzutage spricht man jedoch die ersteren meist mit kurzem Vokal: *jönni*, *jönnek*, *jössz*, also nach Analogie der 3. Person *jön*. Die Zeitwörter *villámlani* 'blitzen', *lélekzeni* 'atmen', *rejleni* 'sich bergen' werden meist bloss in den zwei Formen angewendet: *villámlik*, *villámlott*, *lélekzik*, *lélekzett*, *rejlik*, *rejlett*. Darum hat man sich hier an die Konsonantengruppen *ml*, *kz*, *jl* so sehr gewöhnt, dass man sie auch dann ohne Hilfsvokal spricht, wenn das Suffix mit einem Konsonanten anlautet, also *villáml-jék*, *lélekz-hetem*, *rejlhetik*. Die „regelmässigen" Formen *villámoljék*, *lélekezhetem*, *rejelhetik* sind so ungebräuchlich, dass man, wenn man sich der ersteren schwerfälligen Formen nicht bedienen will, die Suffixe dieser Wörter lieber durch andere ersetzt oder ergänzt, z. B. *villámozzék*, *villámozva*, *rejtözhetik*, *lélekzelhet*, *lélekzelve* usw.

Die Stammform der Nomina richtet sich im allgemeinen ebenfalls nach der suffixlosen Form. Da die Adjektiva meist als unveränderliche Attribute vorkommen, so ist bei ihnen die suffixlose Form fast ausschliesslich massgebend. Daher lautet der Akkusativ von *komor*, *bodor*[5]), wenn er ausnahmsweise benötigt wird, nach der Nominativform *komor-t*, *bodor-t*, während z. B. die Substantiva *gyomor*, *gödör*[6]) die regelmässige alte

1) 'Kehren, verdienen'. — 2) 'Springen, verderben'.
3) 'Kommen, sie kommen, du kommst'.
4) 'Schiessen, sie schiessen, du schiessest'.
5) 'Düster, kraus'. — 6) 'Magen, Grube'.

Akkusativform *gyomrot, gödröt* bewahrt haben. So wie man auch heute noch *kő, kövön* 'Stein' spricht, hat es früher geheissen *hő, hevën* 'warm'; doch spricht man heute *hön szeretni* 'heiss lieben' nach Analogie von *hő szeretet* 'heisse Liebe'. Aber auch bei Substantiven lässt sich oft die Wirkung des Nominativs beobachten; da diese Wirkung durch jene häufigen Formen verstärkt wird, in denen der Wortstamm durch die neueren Kasusendungen *-ben, -től, -hoz, -ra, -ért* u. dgl. erweitert wird. In diesen Fällen hat sich nämlich der Stamm unter denselben lautlichen Bedingungen entwickelt wie im Nominativ; zur selben Zeit als man anstatt *álmu* und *hármu álm* und *hárm* und später *álom, három* zu sprechen anfing, ersetzte man auch das ältere *álmu-ben, hármu-szër* durch *álm-ben, hárm-szër* und endlich *álom-ban, három-szor*. Da diese Formen grossenteils Lokalformen sind, teilte sich ihre Wirkung vor allem jenen Formen mit, die durch die Lokalendungen *-n* und *-ig* gebildet waren. Daher haben diese letzteren zumeist die Stammform des Nom. übernommen, also *só-n, tó n, falu-ig, árok-ig, gödör-ig* (nicht wie es ursprünglich heissen musste **savon, *tavig, *falvig, *árkig, *gödrig*); ferner *tél-ën, nyár-on, nyár-ig* (also nicht mehr **telen, *nyaron, *nyarig*). Die andere, ursprünglichere Stammform hat sich regelmässig im Akkusativ, im Plural, vor dem Adjektivsuffix *-s*, vor den Verbalbildungssuffixen *-l, -z* und *-úl* und auch vor den Besitzendungen erhalten, also z. B. *tava-k, árko-t, gödrö-s, tele-l, nyara-l, szava-z, madara-m*, nicht aber *tók, madárom* usw. Hie und da erleiden jedoch auch diese Formen eine Ausgleichung vom Nominativ her. Man spricht z. B. *szó-t* für *szavat, hamu-t* für **hamvat, falu-t, falu-z* für **falvat, *falvaz, ész-t* für **eszet, sugároz* für *sugaraz* u. dgl.

Manche Hauptwörter kommen ihrer Bedeutung gemäss in der Regel bloss mit Possessivsuffixen vor, meistens natürlich mit dem Suffixe 3. Sing. Hieher gehören namentlich die Namen der Körperteile, z. B. *arca, feje, szája, szárnya, farka* [1]), ferner die Verwandtschaftsnamen: *apám* 'mein Vater', *veje* 'sein Schwiegersohn' usw., endlich Hauptwörter wie *alja* 'das Untere' *föle* 'der obere Teil', *híja* 'der Mangel' u. dgl. Darum wirken

1) 'Sein Gesicht, Kopf, Mund, Flügel, Schweif'.

die Besitzformen solcher Wörter auf die seltener gebrauchten sonstigen Formen ein. Sowie zu den Possessivformen *hívem* 'mein Getreuer', *mívem* 'mein Werk', *kövem* 'mein Stein' die suffixlosen Nominative *hű*, *mű*, *kő* gehören: ebenso standen früher neben *szívem* 'mein Herz', *övem* 'mein Gürtel' die regelrechten Nominative *sző* 'Herz', *ő* 'Gürtel', während es heute *szív* und *öv* heisst. Sowie zu *fenyves* 'Fichtenwald', *hamvas* 'aschgrau' früher das Grundwort *fenyő* 'Fichte', *hamú* 'Asche' lautete: ebenso sprach man neben *nyelves*, *nyelvem*, *szarvas*, *szarvam* im Nom. *nyelű*, *szarú*, während es heutzutage *nyelv* 'Zunge', *szarv* 'Horn' heisst. Es ist nun klar, dass die neueren Nominative *szív*, *öv*, *nyelv*, *szarv*, hauptsächlich unter der Einwirkung der Possessivformen entstanden sind. Ein ähnliches Beispiel ist der Nom. *fej* 'Kopf', der ehemals durchgängig *fő* lautete; die neuere Form *fej* ist aus *fejem*, *fejed*, *feje* entstanden.

Von den Possessivformen kommt wieder die dritte Person am häufigsten in der Umgangssprache vor; darum begegnen wir oft der Erscheinung, dass das Formensystem der Körperteilnamen und ähnlicher Hauptwörter besonders stark von der Form der dritten Person beeinflusst wird. Diese Einwirkung ist in zweierlei Richtungen zu bemerken: von den Suffixen der dritten Person *-ja*, *-je*, und *-a*, *-e*, dringt entweder das *-j*, oder das *-a*, *-e* in andere Formen der betreffenden Substantive ein:

a) Ein bemerkenswertes Beispiel für das Eindringen des *j*-Lautes ist der Namen des Mundes: *száj*. In älteren Sprachdenkmälern findet sich fast ausnahmslos: *szám*, *szád*, *szája*, *szánk*, *szátok*, *szájok*; ferner *szával*, *szának*, *szából*, *szán*, *szát* und im Nominativ *szá*. Die Formen *szájam*, *száj* usw. sind nachträglich entstanden durch Einwirkung von *szája* 'sein Mund', *szájok* 'ihr Mund' (und *szájú* '-mündig'), denn die letzteren konnten vom Sprachgefühl nicht bloss in *szá-ja*, *szá-jok* (*szá-j-ú*) zerlegt werden, sondern auch in *száj-a*, *száj-ok* (*száj-ú*). Dieselbe Erklärung lässt sich auch auf *háj* 'Fett' anwenden, dessen regelrechter Stamm, wie die verwandten Sprachen beweisen, bloss *há-* sein sollte. *Szám*, *szád*, *szája*, *hája* war ein ähnliches Paradigma, wie z. B. *fám*, *fád*, *fája*; und wären die ersteren nicht zufällig Namen von Körperteilen, die meist im

Besitzverhältnis vorkommen, so würden sie heute im Nominativ unbedingt *sza* und *ha* lauten, wie das dritte Substantiv *fa* lautet. Zum Beweise genügt es, noch auf die finnischen Formen hinzuweisen, wo die erwähnten drei Wörter tatsächlich einen und denselben Vokal haben: *suu, kuu, puu* (vgl. noch *má-s* finn. *muu*). Der Name der Brust, *mell*, lautet in der Volkssprache heute fast allgemein *melly, mejj* (*mejjem, mejjed*) offenbar nach Analogie der 3. Pers. *mell-je*, die wie *mellye* und *mejje* ausgesprochen wird; dagegen haben die von demselben Stamm abgeleiteten, jedoch vom Hauptwort *mell* längst isolierten Postpositionen *mellett, mellé* 'neben' das reine dentale *ll* bewahrt. Ähnlich hat sich aus dem Substantiv *al* 'unterer Teil' unter Einwirkung der 3. Person *alja* die Form *alj* und *aljas* 'niedrig, niederträchtig' entwickelt, während die Postpositionen *alatt, alá* 'unter' das reine *l* bewahren.

b) Der Vokal ist aus der 3. Person in die Form *felebarát* 'der Nächste, Mitmensch' eingedrungen, da das Wort am häufigsten in der Form *felebarátja* angewendet wird (oder vielmehr: *felebarát* statt **fél-barát* ist eine Rückbildung aus *felebarátja*). Das heutige *zúza* 'Magen' lautet in den Sprachdenkmälern noch *zúz* und das heutige *zúzájok, zúzád* hat sein *á* der 3. Person entlehnt. Ebenso ist es zu erklären, dass das alte *tompor* 'Hüfte', *tomporom* 'meine Hüfte', heute *tompora, tomporám* lautet. In der Plattenseegegend sagt man anstatt *máj* 'Leber' : *mája* (was eigtl. 'seine Leber' heisst), daher dann auch *májám, májád, májája* statt *májam, májad, mája*.

Alle die bisherigen Fälle gehören ins Gebiet der innern oder stofflichen Ausgleichung; ebenso oft oder noch öfter kommen auch Fälle der äussern oder formalen Ausgleichung vor. Lehnwörter und Neubildungen folgen häufig dem Beispiel ähnlich lautender älterer Wörter. So werden z. B. die Formen von *cirkalom* 'Zirkel' (lat. *circulum*) nach Analogie von *hatalom, bántalom* u. dgl. gebildet: *cirkalmat, cirkalmaz*, wie *hatalmat, bántalmaz*. Lehnwörter wie *pohár, mozsár* [1]) werden in der ältern Sprache, noch im XVII. Jahrhundert, im Akkusativ und

1) 'Becher, Mörser'.

im Plural mit unverändertem Stamme gebraucht: *pohárt*, *mozsárt*, *poharok*, *mozsárok*, und richten sich erst in neuerer Zeit nach den Hauptwörtern wie *madár*, *egér*[1]), also *poharat*, *mozsarat*, *poharak*, *mozsarak*.

Es gibt auch Fälle, wo sich zwei verschiedene Stammformen in der Bedeutung differenzieren. So z. B. gilt in der heutigen Sprache *fej* 'Kopf' als Hauptwort und *fő* 'hauptsächlich, Haupt-' als Beiwort, weil es in letzterer Bedeutung isoliert und nicht der Analogie der Possessivformen ausgesetzt war (vgl. oben). Ebenso *szarv* 'Horn' als Körperteil und *szaru* 'Horn' als Stoff; *hamu* 'Asche' und *hamv* 'Asche eines Verstorbenen' u. a. dergl.

Umgekehrt gibt es auch einzelne Fälle, in denen sich Wörter verschiedener Stammbildung zu einem Paradigma vereinigen. So z. B. *apá-m*, *apá-d*, *ap-ja* 'mein Vater' etc., *néném*, *néned*, *nénje* 'meine Schwester' (ebenso *anyám* 'meine Mutter', *bátyám* 'mein älterer —' und *öcsém*, *öcséd*, *öccse* 'mein jüngerer Bruder') usw., in denen das *-á*, *-é* der 1. und 2. Person wahrscheinlich ein Diminutivformans ist.

**Personalendungen der Zeitwörter.** Im Ungarischen haben wir mehrere Reihen von Personalendungen. Vor allem begegnen wir der überaus charakteristischen Unterscheidung der subjektiven und der objektiven Konjugation. Die letztere bezieht sich in der Regel auf ein bestimmtes Objekt 3. Person: (*írok* 'ich schreibe') *írom* 'ich schreibe es oder ihn', (*írsz* 'du schreibst') *írod* 'du schreibst es'. Eine einzige Form bezieht sich auf Objekte 2. Person: *írlak* 'ich schreibe dich', *kérlek* 'ich bitte dich'. — Ausserdem gibt es eine reflexive Abwandlung für reflexive und passive Zeitwörter, die sich aber bloss in der Einzahl von der subjektiven unterscheidet. — Die Personalendungen der vollendeten Handlung sind in der subjektiven und passiven Reihe einander gleich. — Bevor wir an die Zergliederung der Endungen gehen, wollen wir eine Übersicht der wichtigeren Abwandlungsreihen geben:

1) 'Vogel, Maus'.

### Dauernde Handlung[1]).

| | Subj. | | Obj. | | Pass. | |
|---|---|---|---|---|---|---|
| 1. | *írok* | *kérëk* | *írom* | *kérëm* | *iratom* | *kéretëm* |
| 2. | *írsz* | *kérsz* | *írod* | *kérëd* | *íratol* | *kéretël* |
| 3. | *ír* | *kér* | *írja* | *kéri* | *íratik* | *kéretik* |
| 1. | *írunk* | *kérünk* | *írjuk* | *kérjük* | *íratunk* | *kéretünk* |
| 2. | *írtok* | *kértëk* | *írjátok* | *kéritek* | *írattok* | *kérettëk* |
| 3. | *írnak* | *kérnek* | *írják* | *kérik* | *íratnak* | *kéretnek* |

### Vollendete Handlung[2]).

| | | | | | | |
|---|---|---|---|---|---|---|
| 1. | *írtam* | *kértem* | *írtam* | *kértem* | *írattam* | *kérettem* |
| 2. | *írtál* | *kértél* | *írtad* | *kérted* | *írattál* | *kérettél* |
| 3. | *írt* | *kért* | *írta* | *kérte* | *íratott* | *kéretett* |
| 1. | *írtunk* | *kértünk* | *írtuk* | *kértük* | *írattunk* | *kérettünk* |
| 2. | *írtatok* | *kértetëk* | *írtátok* | *kértétëk* | *írattatok* | *kérettetëk* |
| 3. | *írtak* | *kértek* | *írták* | *kérték* | *írattak* | *kérettek* |

### Erzählende Form[3]).

| | | | | | | |
|---|---|---|---|---|---|---|
| 1. | *írék* | *kérék* | *írám* | *kérém* | *íratám* | *kéretém* |
| 2. | *írál* | *kérél* | *írád* | *kéréd* | *íratál* | *kéretél* |
| 3. | *íra* | *kére* | *írá* | *kéré* | *íraték* | *kéreték* |
| 1. | *íránk* | *kérénk* | *írók* | *kérők* | *íratánk* | *kereténk* |
| 2. | *írátok* | *kérétëk* | *írátok* | *kérétëk* | *íratátok* | *kéretétëk* |
| 3. | *írának* | *kérének* | *írák* | *kérék* | *íratának* | *kéretének* |

### Konditional[4]).

| | | | | | | |
|---|---|---|---|---|---|---|
| 1. | *írnék* | *kérnék* | *írnám* | *kérném* | *íratnám* | *kéretném* |
| 2. | *írnál* | *kérnél* | *írnád* | *kérnéd* | *íratnál* | *kéretnél* |
| 3. | *írna* | *kérne* | *írná* | *kérné* | *íratnék* | *kéretnék* |

1) *Irok* 'ich schreibe', *írom* 'ich schreibe es', *íratom* 'ich werde geschrieben'; *kérëk* 'ich bitte', *kérëm* 'ich bitte ihn oder es', *kéretëm* 'ich werde gebeten'.

2) *Irtam* 'ich habe geschrieben' (*kértem* 'ich habe gebeten') *írtam* 'ich habe es geschrieben', *írattam* 'ich bin geschrieben worden'.

3) *Irék* 'ich schrieb', *írám* 'ich schrieb es', *íratám* 'ich wurde geschrieben'.

4) *Irnék* 'ich schriebe', *írnám* 'ich schriebe es', *íratnám* 'ich würde geschrieben'.

| | Subj. | | Obj. | | Pass. | |
|---|---|---|---|---|---|---|
| 1. | *írnánk* | *kérnénk* | *írnók* | *kérnők* | *íratnánk* | *kéretnénk* |
| 2. | *írnátok* | *kérnétěk* | *írnátok* | *kérnétěk* | *íratnátok* | *kéretnétěk* |
| 3. | *írnának* | *kérnének* | *írnák* | *kérnék* | *íratnának* | *kéretnének* |

Imperativ[1]).

| | | | | | | |
|---|---|---|---|---|---|---|
| 1. | *írjak* | *kérjek* | *írjam* | *kérjem* | *írassam* | *kéressem* |
| 2. | *írj* | *kérj* | *írjad, írd* | *kérjed, kérd* | *írassál* | *kéressél* |
| 3. | *írjon* | *kérjěn* | *írja* | *kérje* | *írassék* | *kéressék* |
| 1. | *írjunk* | *kérjünk* | *írjuk* | *kérjük* | *írassunk* | *kéressünk* |
| 2. | *írjatok* | *kérjetěk* | *írjátok* | *kérjétěk* | *írassatok* | *kéressetěk* |
| 3. | *írjanak* | *kérjenek* | *írják* | *kérjék* | *írassanak* | *kéressenek* |

Wenn wir die hier angeführten Formen untereinander vergleichen, fällt es uns auf, dass die Endungen der einzelnen Personen in den objektiven und passiven Formen viel gleichmässiger sind, als in den subjektiven. Während z. B. die 2. Person der Einzahl in der objektiven immer auf *-d*, in der passiven immer auf *-l* endet, haben wir in derselben Person der subjektiven Form zwei verschiedene Endungen: *-sz* und *-l*, und ausserdem den Imperativ ohne Personalendung. Gleichmässig sind jedoch die Endungen der erzählenden Form und des Konditionals, und wieder die Endungen der dauernden Handlung und die der eintretenden in der veralteten Form mit dem Formans *-and end*: *irandok* 'ich werde schreiben', *irandasz, irand*; *kérendek, kérendesz, kérend.* — Zu den einzelnen Personen ist zu bemerken:

Von den beiden Endungen der ersten Person, *-k* und *-m*, ist unbedingt *-m* die ursprünglichere Personalendung, da die verwandten Sprachen alle *-m* oder das daraus entwickelte *-n* haben[2]). Hingegen finden wir kaum etwas, was sich dem ung. *-k* vergleichen lässt: bloss im Syrjänischen und Wotjakischen

1) *Irjak* 'ich soll schreiben', *írjam* 'ich soll es schreiben', *írassam* (für **íratjam*) 'ich soll geschrieben werden'.

2) Auch das Fürwort der 1. Person hat in den finnisch-ugrischen Sprachen ein anlautendes *m*: ostj. *meŋ*, tscherem. *meń*, *miń*, *möń*, finn. *minä* usw., bloss wogulisch *äm*, *am* und ung. *én*, was aber wahrscheinlich eine Zusammensetzung mit einer proklitischen Interjektion ist ('hier-ich', oder 'sieh-ich', **é-men*). Das erste

lautet die 1. Person des negativen Zeitwortes *o-g*, *u-g* (finn. *e-n*), und im Ostjakischen gibt es eine emphatische Form der 1. Person mit einem enklitischen *-kə* : *manlem-kə* 'fürwahr ich gehe', *ollem-kə* 'ja ich bin'[1]). Ung. *irok*, *mëgyëk*, *vagyok* mag also aus einem enklitisch verstärkten **irom-k mëgyëm-k vagyom-k* hervorgegangen sein (*mk* > *k* ist eine Lautentwicklung wie **dung* > *dug*, **tumd* > *tud*, **emb* > *eb* usw., s. S. 29).

Die zweite Person hat in der subjektiven Konjugation zweierlei Endungen: *-l* und *-sz*, das erstere ist vorherrschend. Eigentlich wäre *-t* zu erwarten, denn 1. haben viele verwandte Sprachen *-t*, so das Finnische, Mordwinische, Tscheremissische (das Wotjakische hat *-d*, Syrj., Wog., Ostj. *-n*) und 2. hat die zweite Person der Mehrzahl in sämtlichen Sprachzweigen als charakteristischen Laut ein *-t-* oder *-d-* (bloss Wog. *-n-*) und ebenso im Ung. *-t-*; 3. lautet das Fürwort der zweiten Person in der Einzahl *te* 'du', in der Mehrzahl *ti* 'ihr'. Wie sich das ung. *-l* zu diesen Formen verhält, ist noch sehr dunkel, wir haben keine befriedigende Erklärung dafür. — Die Endung *-sz* kommt bloss in der dauernden und der eintretenden Handlung vor: *írsz*, *írandasz*. Dieses *-sz* kann den oben erwähnten Endungen lautlich nicht entsprechen, muss also von ihnen unabhängig entstanden sein. Nach Budenz' nicht ganz befriedigender Annahme hätte *írsz* ursprünglich **irszol* gelautet, mit dem *l*-Suffix; *-sz* wäre das Formans der dauernden Handlung gewesen, wie es in einer Reihe von Zeitwörtern tatsächlich vorkommt (*i-sz-om* 'ich trinke', *i-sz-ol* 'du trinkst', s. unten). *Irsz* wäre also das erhaltene Bruchstück eines Paradigma **írszok írszol írsz(on?)*, wie etwa lat. *scribimini* aus der Reihe: **scribimini sumus*, **scribimini estis*, **scribimini sunt* (= dem griechischen Mittelwort γραφόμενοι).

Die dritte Person hat in der Regel gar kein Zeichen für das Subjekt (in *írja* usw. bezeichnet die Endung die Person des Objekts). Die passive Form hat *-ik*, ein Suffix unbekannter Herkunft, ohne Entsprechung in den verwandten Sprachen (*kéret-*

Fürwort der Mehrzahl lautet ung. und wog. noch heute mit *m* an: ung. *mi*, *mink*.

1) Josef Pápays mündliche Mitteilung.

*nék* < *kéretnéik*, *kéressék* < *kéresseik*). Der subj. Imp. hat immer *-on ën ön*: *írjon kérjën törjön*; in den verwandten Sprachen findet sich diese Endung ebenfalls bloss im Imperativ: finn. *kirjoitta-ko(h)on* 'er schreibe', *elä-kö-(h)ön* = ung. *éljen* 'er lebe!' Die 3. Person von *vagyok* 'ich bin' heisst *vagyon* 'er ist', in neuerer Zeit zu *van* verkürzt; dieses *vagyon* mag mit dem Verbalnomen *vagyon* 'die Habe, der Besitz' (eigtl. 'das Seiende') identisch sein. Teils von diesem häufig gebrauchten *vagyon*, teils vom Imperativ *lëgyën* 'er werde' aus mag sich diese Endung auf *lëszën* 'er wird' und auf die übrigen Zeitwörter, deren dauernde Handlung durch das Formans *-sz* bezeichnet wird, ausgebreitet haben, *tëszën*, *vëszën*, *viszën*, *hiszën* (Stamm *lëv-*, *tëv-* usw., 'tun, nehmen, tragen, glauben'; und noch *megyen* 'er geht'); sodann auf die — nun schon fast vollständig veralteten — erzählenden Formen dieser selben Zeitwörter: *lőn*, *tőn*, *vőn*, *vűn*, *hűn* (**lëvén*, **tëvén* usw.). In südwestlichen Mundarten geht man noch weiter und sagt für *hí* 'er ruft', *rí* 'er weint', *fő* 'es kocht': *hín*, *rín*, *vön* usw.

Die erste Person der Mehrzahl hat die Endung *-nk* (*írá-nk*, *kérné-nk*) und mit dem verdunkelten Stammauslaut *-unk ünk* (*írunk*, *kérjünk*). Dieses *-nk* lautete noch zu Beginn des XIII. Jahrhunderts *-mok*, *mök*, in der Leichenrede *vimaggomuc*, d. h. *vimádjamok*, heute *imádjunk* 'beten wir', und *vogmuc* = *vagymok*, heute *vagyunk* 'wir sind'. In *-mok mök* ist ganz deutlich die Pluralform der Endung *-m* zu erkennen (es liesse sich mit der Széklerform des Personalfürwortes *mük* 'wir' vergleichen = gem. *mi*, *mink*). Die verwandten Sprachen weisen genau entsprechende Formen auf: lapp. *mek*, mordw. *-nek*, finn. *-mme* usw. — Die objektive Personalendung *-juk jük* muss ursprünglich **-jomok jömök* gelautet haben und mag etwa durch die Mittelstufe **-jovok jövök* durchgegangen sein ($m > v$, s. S. 29).

Die zweite Person der Mehrzahl hat dem *-mok* der 1. Person parallel *-tok tëk tök*, ist ursprünglich die Pluralform des *d-*, **t*-Suffixes der Einzahl (dem volkssprachlichen Fürwort *tik* vergleichbar, gem. *ti*). Ganz entsprechend in verwandten Sprachen: lapp. *-dek*, mordw. *-d'e*, finn. *-tte* usw.

Die Endung der dritten Person der Mehrzahl ist *-nak nek*. Das Verhältnis des Anlautes zu dem *-n* der Einzahl (*írjon, lëszën, lőn*) ist unklar, möglich, dass es ganz verschiedenen Ursprungs ist, dass z. B. ein demonstratives Fürwort darin steckt, vgl. finn. *ne* 'jene, illi' (bloss Mehrzahl) usw. (Budenz' Annahme). Allein in der 3. Person der Mehrzahl der verwandten Sprachen findet sich kein *n*; folglich ist es wahrscheinlicher, dass das ung. *-n* aus der Einzahl in die Mehrzahl übertragen wurde, zunächst im Imperativ *írjonak kérjënek törjönek* (so im Palozer Dialekt und in einigen Sprachdenkmälern), heute *írjanak* usw. aus dem vorauszusetzenden **írjak kérjek* usw. Die in der älteren Sprache neben *írtak kértek* häufig vorkommenden *írtanak kértenek* sind jedenfalls Analogiebildungen nach *írnak kérnek* (ganz wie im Finnischen die 3. Person der Mehrzahl Prät. *menivät* für *menit* nach Präs. *menevät*; *menevät* ist die Mehrzahl des 1. Mittelworts, wie *írtak* die des 2.). — In den betreffenden objektiven Personalendungen ist keine Spur des *n*-Lautes zu finden.

Die einzige objektive Form, die sich auf Objekte zweiter Person bezieht, hat die 1. Person der Einzahl zum Subjekt: *kérlek* 'ich bitte dich (oder euch)', *kértelek, kérélek, kérnélek, kérjelek*. Dieses *-lak lek* lässt sich ganz deutlich in zwei Bestandteile zerlegen: *-k* bezeichnet das Subjekt, wie in *kérëk*, und *-l* die 2. Person als Objekt, wie in *iratol, irnál* usw. die 2. Person als Subjekt.

Die übrigen objektiven Formen beziehen sich alle auf Objekte dritter Person: *írom* 'ich schreibe es, oder ihn oder sie', *írod* 'du schreibst es oder sie' usw. In vier Personenformen erscheint das Zeichen der 3. Objektsperson in der Form *-já-, -ja-, -j-*, nämlich *írja, írjuk, ír-já-tok* ('schreibt-es-ihr'), *írják*; so schon in der Leichenrede: *turch(uc)at mige zocoztia*, lies: *torkát mëgé-szakaszt-ja* 'er zerreisst (sie) — ihre Kehle'. — In den hochlautigen Formen ist das entsprechende *-je* zu *i* zusammengezogen, bloss in der 1. Person der Mehrzahl hat sich das *j* erhalten: *kéri, kérjük, kér-i-tëk, kérik*. — In den übrigen Zeitformen ist das *j* sowohl in den tief-, als auch in den hochlautigen Formen verschwunden, so dass die objektiven

Formen zum Teil mit den subjektiven zusammenfallen. So sehen wir z. B. kein *j* in den Formen: ***kérné, kérnők*** (in den meisten Dialekten sogar durch das subj. ***kérnénk*** verdrängt), ***kérnétek*** (auch subj. ***kérnétek***), ***kérnék*** usw., wo doch Formen wie ***kérnéje***, ****kérnéjük***, ****kérnéjétek***, ***kérnéjék*** zu erwarten wären. Diese volleren Formen waren tatsächlich noch in den früheren Jahrhunderten (XV.—XVII.) des ungarischen Schrifttums häufig im Gebrauch (***kérnéje, kérnőjök, kérnéjék***), zum Teil sind sie heute noch im Göcsejer Dialekt erhalten (***kérnéje*** = ***kérné***, ***kérnéjék*** oder ***kérnejik*** = ***kérnék***). — In der ersten und zweiten Person der Einzahl verbirgt sich vor dem *-m* und *-d* wahrscheinlich dasselbe objektive *j*-Suffix. Das *-m* selbst ist dieselbe Endung, die wir in der subjektiven Form haben. An Stelle des *-d* wäre aber eigentlich ein *-t* zu erwarten: möglich, dass es die Einwirkung der entsprechenden Besitzendung erlitten hat, wie in einigen verwandten Sprachen (vgl. ***házad*** 'dein Haus'; Szinnyei, NyK. 35, 447).

Von den verwandten Sprachen besitzt das Wogulische, Ostjakische und Mordwinische die objektiven Formen, und zwar in viel reicherer Fülle, als das Ungarische, teils mit dem Dual ergänzt, teils mit Formen, die sich auf Objekte erster und zweiter Person beziehen. Das ung. *j* scheint mit dem Suffix *-l-* der wog. und ostj. Formen gleichen Ursprungs zu sein; das lautgeschichtliche Verhältnis ist jedoch unaufgeklärt, da die Lautentsprechung *l* ~ *j* sonst nicht vorkommt. Als Probe stellen wir bloss die Formen der dauernden Handlung zusammen (das erste *-l-* im Ostjakischen ist das gewöhnliche Suffix der dauernden Handlung; die Beispiele aus allen drei Sprachen bedeuten: ich schneide, du schneidest usw.):

| | Subjektiv | | | Objektiv | | |
|---|---|---|---|---|---|---|
| | ung. | wog. | ostj. | ung. | wog. | ostj. |
| E. 1. | *vágok* | *jeχtēm* | *eutlem* | *vágom* | *jeχtilem* | *eutlilem* |
| 2. | *vágsz* | *jeχtēn* | *eutlen* | *vágod* | *jeχtilen* | *eutlilen* |
| 3. | *vág* | *jeχti* | *eutl* | *vágja* | *jeχtitä* | *eutlile* |
| M. 1. | *vágunk* | *jeχtou* | *eutlu* | *vágjuk* | *jeχtilov* | *eutlilu* |
| 2. | *vágtok* | *jeχtine* | *eutleta* | *vágjátok* | *jeχtilän* | *eutlilan* |
| 3. | *vágnak* | *jeχtet* | *eutlet* | *vágják* | *jeχtiänl* | *eutlilal* |

**Die reflexive Abwandlung.** Die Abwandlung der passiven Zeitwörter ist auch — mit wenigen Ausnahmen — den reflexiven Zeitwörtern gemeinsam, vgl. *old* 'er löst' : *old-ód-ik* 'er löst sich', *ruház* 'er kleidet' : *ruház-kod-ik* 'er kleidet sich', *bocsát* 'er lässt (herab)' usw.: *bocsát-koz-ik* 'er lässt sich (herab)', *rejt* 'er versteckt': *rejt-öz-ik* 'er versteckt sich', *lóbál* 'er schwingt': *lóbál-ódz-ik* 'er schwingt sich'. (Die einzige Ausnahme bildet das Reflexivum auf *-úl ül*, z. B. *von* 'er zieht' : *von-úl* 'er zieht sich', *fesz-it* 'spannen' : *fesz-ül* 'sich spannen, gespannt werden'.) — Die passiven Personalendungen haben also ursprünglich reflexive Beziehungen ausgedrückt, wie etwa griech. -μαι σαι ται oder lat. *-r ris tur*.

Es gibt einzelne, jedoch nicht sehr zahlreiche Zeitwörter, bei denen die reflexive Beziehung bloss durch diese Personalendungen ausgedrückt werden, z. B. *old-ik* 'es löst sich', *szeg-ik* und *tör-ik* 'frangitur' (*szeg* und *tör* 'frangit'), *hall-ik* 'es wird gehört', *virágz-ik* 'es blüht', eigtl. 'es beblumt sich, es versieht sich mit Blumen' (*virágoz, fölvirágoz* 'er schmückt mit Blumen'). Es ist möglich, ja sogar wahrscheinlich, dass in den älteren dieser Beispiele einst das finnisch-ugrische Reflexivformans *-v-* vorhanden war (s. Budenz: Ugor Alaktan). — Im Grunde genommen gehört auch die regelmässige Passivbildung hieher, da das Formans *-at et* eigentlich mit dem Kausativformans identisch ist und *kéret ik* 'er wird gebeten' ursprünglich die Bedeutung hat: 'er lässt sich bitten' : *kéret* 'er lässt bitten'. (Ebenso verhält sich die Passivbildung zum Aktivum im Finnischen: *annettaa* 'er lässt geben', *annetaan* 'er wird gegeben'; im Lappischen: *kuodete-* facere ut relinquatur, *kuodetove-* relinquitur, *-ove* ist Reflexivformans, ebenso gibt es im Finnischen Passiva mit *-tu*, wo *-u* reflexiv ist; endlich im Mongolischen: *-γa ge* kausativ, *-gda gde* passiv, hier *-da* = passiv *-ta*.)

Nun aber hat sich die reflexive Abwandlung (mit den Personalendungen *-m l ik*) schon in sehr alter Zeit, jedenfalls vor dem XIII. Jahrhundert, auch auf aktive Zeitwörter ausgebreitet, und zwar zu dem Zwecke, um den intransitiven Gebrauch vom transitiven zu unterscheiden. Die intransitive Bedeutung wird auch sonst sehr oft durch Reflexivformen, und zwar durch

Stammbildungssuffixe ausgedrückt, z. B. *imád* 'er betet an', *imád-koz-ik* 'er betet', *csodál* 'er bewundert' : *csodál-koz-ik* 'er wundert sich', *gondol* 'er denkt' : *gondol-koz-ik* und *gondol-kod-ik* 'er denkt nach', *hálál* 'er dankt' (mit Akk.) : *hálál-kod-ik* 'er bedankt sich, er sagt Dank', *csúfol, gúnyol* tr.: *csúfol-ód-ik, gúnyol-ód-ik* intr. 'er spottet', *titkol* 'verheimlichen' : *titkol-ódz-ik* 'geheim tun' (und unzählige andere Fälle, die ich im Magyar Nyelvőr 1878 behandelt habe). Wie man nun hier die intransitive Bedeutung durch das reflexive Formans bezeichnete (richtige verba deponentia), tat man es in anderen Fällen mit den reflexiven Personalendungen. Man sagte z. B. *fölül-múlok valakit* 'ich übertreffe jemand' (wörtl. 'übergehen'), *fölül-múlsz vkit* 'du übertriffst jemand', *fölül-múl vkit* 'er übertrifft jemand', hingegen *ki-múlom* 'ich verscheide (vergehe)', *ki-múlol* 'du verscheidest', *ki-múlik* 'er verscheidet'. *Nem bánok semmit* 'ich kümmere mich um nichts (ich besorge nichts)', *nem bánsz semmit, nem bán semmit,* dagegen *jól bánom vele* 'ich gehe gut um mit ihm (ich sorge für ihn)', *jól bánol vele, jól bánik vele.* Ebenso sagte man: Ki engemet *eszen* (heute *esz*), él ő is én érettem: qui manducat me, et ipse vivet propter me (Evang. Joh. 6, 58. Übers. von Pesti, XVI. Jhdt.). Aber: Valaki ez kenyérbe[n] *eszik*, örökké él: si quis manducaverit ex hoc pane, vivet in aeternum (ebenda 6, 52). Oder: *Kit* az vadkan nagy robanással *megfutama* (Pontianus, XVI. Jhdt.): 'den der Eber mit grossem Ungestüm anfiel, eigtl. anlief'; intr. aber immer *megfutamék* 'er lief, er floh'. *Megszok vmit* trans. 'sich an etwas gewöhnen'; *megszokik vhol* 'sich irgendwo eingewöhnen' usw. — Dieser intransitiv-reflexive Gebrauch muss sich, wenigstens bei einzelnen Zeitwörtern, schon zu Beginn des XIII. Jahrhunderts festgesetzt haben, da wir ihn in der Leichenrede vorfinden: *evec oz tiluvt gimilstwl* (*evék*) 'er ass von der verbotenen Frucht'; *meret num eneyc* (*ennéik*, heute *ennék*) 'warum er nicht essen sollte'.

Dieser Gebrauch beschränkte sich auf eine nicht sehr bedeutende Anzahl von Zeitwörtern, und im Grunde genommen war die formelle Unterscheidung recht überflüssig, da sich ja der Unterschied des intransitiven und transitiven Sinnes aus dem

Satzgefüge meist von selbst ergibt. Daher war es sehr leicht möglich, dass der Gebrauch Schwankungen erlitt, und tatsächlich finden sich solche schon seit dem XV. Jahrhundert. Es wurde z. B. bei gewissen Zeitwörtern, die besonders häufig in intransitiv-reflexiver Form verwendet wurden, diese Form auch in transitive Verbindungen übertragen (natürlich bloss bei unbestimmtem Objekt). Im Evangelium des Münchener Kodex lautet z. B. der angeführte Satz: Ki *eszik* engemet, és ő él én érettem. Ebenso wird ja hie und da auch der Sinn des intransitiv-reflexiven Formans verdunkelt; z. B. *Dicséretet s háldt adakozni* (EhrK.): 'Lob und Dank spenden', für *adni*: *adakozni*, sonst intr., 'freigebig sein'. *Arca elszántságot öltözék magára* (Vörösmarty): 'sein Antlitz nahm [den Ausdruck der] Entschlossenheit an', für *ölte magára*; *ölt* 'anziehen', *öltözik* 'sich ankleiden'. Ähnlich kommen die lateinischen und griechischen Deponentia auch zu transitivem Gebrauch.

Umgekehrt kam es mitunter vor, dass auch in intransitiver Ausdrucksweise die gewöhnlichen aktiven Endungen gebraucht wurden. Das Verbum *zabál* 'fressen', lautete z. B. ohne Objekt in älterer Zeit gewöhnlich *zabállik* (vgl. *eszik* 'essen'), es findet sich aber ausnahmsweise im XVII. Jahrhundert: *Ital miatt meg ne zabáljon* (statt *zabáljék*): ne potu ingurgitetur; und umgekehrt: *Sokat ne zabáljál* (statt *zabálj*): 'friss nicht zu viel!' Gewöhnlich beobachtete man den Unterschied zwischen *fedd vkit* 'er schilt jemand' und *feddik vkire* 'er schilt auf jemand'. Und doch kommt es vor, dass beides unterschiedlos verwendet wird: „Hogy az apád ne *fegyen reád* [*feddjen reád*] . .; mint cz senkire nem *feddik*, úgy az én apám is énreám ne *feddhessen*" (XVI. Jhdt., Bornemisza).

Dazu kamen noch verschiedene andere Analogiewirkungen. *Aluszon* 'er schläft', *fekszen* 'er liegt' gingen gegen Ende des XV. Jahrhunderts in die Analogie des reflexiven *nyugoszik* (*nyugszik*, *nyugodik* 'ruhen') über, und nun sagte man auch *aluszik*, *fekszik*, Formen, die bald allein herrschend wurden. — Es gab viele reflexive Verba mit dem Stammauslaut *z*: *rejtözik* 'sich verstecken', *váltózik* und *változik* 'sich verändern', *bimbózik* 'knospen', *virágzik* 'blühen', *hallgatózik* 'horchen' u. ä.

Daher nahmen auch die intransitiven Verba auf *z* häufig die reflexiven Personalendungen an, und schon im XV., XVI. Jahrhundert fing man an zu sagen: *örvendez* und *örvendezik* 'er freut sich', *figyelmez* und *figyelmezik* 'er merkt auf' usw. — Es gab zweierlei momentane Zeitwörter mit dem Formans *-n*: einige vom Typus *csapon-ik* 'verschlagen werden, plötzlich abgelenkt werden', *csökön-ik* 'zurückfallen, zurückbleiben', und andere vom Typus *csattan* 'knallen', *zökken* 'holpern, erschüttert werden'. Beide Typen lauteten einander so ähnlich, dass sie bald kontaminiert wurden zu den Formen: *csappan-ik* und *csappan, csökken-ik* und *csökken, csattan-ik, zökken-ik* usw.

So vermehrten sich die Zeitwörter mit schwankender Abwandlung, und die Folge davon war, dass sich nach und nach, im XVI. und XVII. Jahrhundert, die beiden Abwandlungen überhaupt vermengten. Bis zur zweiten Hälfte des XVII. Jahrhunderts finden sich meist bloss einzelne Beispiele dafür, dass Zeitwörter mit *-ik* in der 3. Person (die ung. sogen. *ikes igék*) in der 2. Person *-sz* anstatt *-l* annehmen oder im Konditional *-na* statt *-nék* u. dergl.; z. B. *fiaz-sz* (DöbrK., 1508) 'du gebärst', für *fiazol*, vom reflexiven *fiaz-ik*; „valahol *lakándasz*, ott *lakom*" (Károlyi: Bibel, 1590 'wo du wohnen wirst, wohne ich') für *lakándol*; *forgódna* für *forgódnék* (XVI. Jhdt.); *hanyatljon, cselekedjen* für *hanyatljék, cselekedjék*; *fölugra* für *fölugrék*; *eshet* für *eshetik* u. ä.

Später aber, in der zweiten Hälfte und zu Ende des XVII. Jahrhunderts trat in der reflexiven Abwandlung eine vollständige Verwirrung ein. Der beliebte Dichter Gyöngyösi verwendet im Imperativ und Konditional meist die aktiven Formen: *nevelkedjen, kellessen, futamodna, történne* usw. Schliesslich fallen auch im Präs. Ind. alle Schranken; im XVIII. Jahrhundert spricht man schon: *lakok, laksz, lakik* für *lakom, lakol, lakik* 'wohnen'. Zu Gyöngyösis Zeiten scheint bereits der Gebrauch des alten Passivums auf *-at-ik -et-ik* in der Umgangssprache stark zurückzutreten. Hiemit entfiel die einzige grosse Klasse von Zeitwörtern, in der die reflexiven Personalendungen zum Zwecke der Verständlichkeit und Eindeutigkeit unumgänglich notwendig waren: die Form *iratok, iratsz, irat* hatte nämlich kausativen Sinn ('ich lasse schreiben' usw.), *iratom*, *iratol*, *iratik* aber passiven ('ich werde geschrieben' usw.). Dies beschleunigte das Zusammenfallen der beiden Beugungsformen: die reflexiven Verba behielten bloss in der 3. Person des Indikativs ihr *-ik*, in allen übrigen Formen nahmen sie die aktiven Personalendungen an. In der 1. Person war hiemit zugleich der Vorteil verbunden, dass *eszem*, *iszom*, *egyem*, *innám* usw. fortan bloss objektiv gebraucht wurden (wie *teszem*, *írom*, *tegyem*, *írnám*), während in subjektivem Sinn die neue *k*-Form verwendet werden konnte: *eszek*, *iszok*, *egyek*, *innék* (analog den Formen *teszek*, *írok*, *tegyek*, *írnék*).

In diesem durchgreifenden sprachgeschichtlichen Wandel gewahren wir einige äusserst interessante Einzelheiten. Es gab eine grosse Menge von *ik*-Zeitwörtern mit den Stammauslauten *z* und *sz*: *dolgozik*, *tartozik*, *változik*, *rejtezik*, *takarózik*, *vakarózik*, *kérődzik* . . ., dann *eszik*, *iszik*, *alszik*, *fekszik*, *nyugszik*, *haragszik*, *öregszik*, *cselekszik*, *törekszik* . . . (mit *s* das häufig vorkommende *esik*, dann *késik*, *vásik*). Diese sträubten sich in der 2. Person gegen die ungewohnte neue Lautform *eszesz*, *iszasz*, *alszasz*, *dolgozasz*, *tartozasz*, *kérődzesz*, *esesz*, und bewahrten mit einer Art konservativer Dissimilation die alte Form *eszel*, *iszol*, *dolgozol*, *esel* usw. Ja sie beeinflussten sogar die übrigen sibilantischen Stämme, so dass diese Dissimilation eine allgemeine wurde: *teszel*, *veszel*, *viszel*, *hozol*, *húzol*, *ásol*, *olvasol*, und die alten Formen *tészsz*, *vészsz*, *viszsz*, *hozsz*, *olvassz* aus der Umgangssprache fast ganz verdrängt wurden. Hier hat also die reflexive Form der aktiven einen Teil ihres Gebietes abgerungen. — Dasselbe Fussfassen der reflexiven Form sehen wir in einer andern Analogiewirkung, deren Ausgangspunkt aber kein lautliches, sondern ein bedeutungsgeschichtliches Verhältnis ist. Die Formen *ehetném*, *ihatnám*, *alhatnám*, eigentlich Konditionale der Möglichkeitsverba *ehetik* usw. (also 'ich könnte essen, trinken, schlafen') nahmen mit der Zeit die Optativbedeutung an: 'ich möchte essen, trinken, schlafen'. Nach dieser Analogie nahmen dann auch Zeitwörter ohne *-ik* dieselbe Form an, um dieselbe Bedeutung auszudrücken: *mulathatnám* (statt *mulathatnék*, von *mulat*) 'ich möchte mich unterhalten', *tán-*

*colhatnám* 'ich möchte tanzen' usw. Ebenso z. B. in der 3. Person *ehetnék* 'er möchte essen', und dann auch *táncolhatnék* 'er möchte tanzen'. (Hingegen lautet nun der gewöhnliche Kond. 1. Person sowohl bei den Verben auf *-ik*, wie auch bei denen ohne *-ik*: *ehetnék*, *ihatnék* 'ich könnte essen, trinken' und die 3. Person *ehetne*, *ihatna* 'er könnte essen, trinken'.) — Ein ähnlicher Bedeutungsunterschied hat sich in manchen Dialekten in der 2. Person des Imperativs entwickelt zwischen den beiden Formen *írj*, *dolgozz* und *írjál*, *dolgozzál*. Den kürzern Formen assoziierte sich naturgemäss der Befehl, während nun die längern Formen eine Bitte ausdrückten, z. B. *takarodj*! 'packe dich!' dagegen „*oh mondjál valamit!*" (Dugonics) 'ach sage mir etwas!' Im XVII. Jahrhundert waren in beiden Bedeutungen einerseits bloss die kurzen Formen *írj*, *mondj*, anderseits bloss die langen, *dolgozzál*, *takarodjál*, gebräuchlich.

Die hier dargestellte Entwicklung erstreckte sich so ziemlich gleichmässig auf alle Dialekte, bloss in den östlichsten und westlichsten hat sich die *ik*-Form mit wenigen Veränderungen erhalten; im Osten waren es die Székler-Dialekte, die sie treu bewahrt hatten. Nun aber kam im Jahre 1794 ein Székler, namens Anton Böjthy, und zog in seiner Grammatik mit bitterm Hohn und patriotischer Entrüstung los gegen die ungarländischen Schriftsteller[1]), die die beiden Beugungsformen durcheinanderwarfen und sich nicht mehr nach dem Gebrauch der alten guten Schriftsteller richteten. Zur selben Zeit widmete sich der berühmte Sprachforscher Révai dem eifrigen Studium der alten Denkmäler und gewahrte mit Staunen, wie folgerichtig in ihnen die beiden Beugungsformen unterschieden werden. Er war auch sonst in dem Glauben befangen, dass die alte Sprache, die „*veneranda antiquitas*", besser und vollkommener war, als die verdorbene und verfallene Sprache der Neuzeit. In der Frage der *ik*-Konjugation wurde er vollends von Böjthis Feuereifer angesteckt und kämpfte für die vollständige Wiederbelebung und strenge Beachtung des alten Sprachgebrauchs. Umsonst bemühte sich Herders Schüler, der aufgeklärte und geist-

1) Siebenbürgen, die Heimat der Székler, war zu jener Zeit ein von Ungarn abgesondertes Grossfürstentum.

reiche Franz Verseghy, dem Recht der geschichtlichen Entwicklung und der lebendigen Sprache Anerkennung zu verschaffen. Kazinczy und die übrigen Sprachneuerer, die eben an der Arbeit waren, eine von der Umgangssprache gänzlich verschiedene höhere Schriftsprache zu schaffen, fanden Gefallen an Révais grammatischer Reform, die sich ebenfalls als eine durchgreifende Neuerung und Verfeinerung darstellte, und hiemit war Révais Sieg in Schule und Schrifttum entschieden. Und nun wird von den Schulmeistern seit hundert Jahren die veraltete Norm gelehrt und in der Schriftsprache fast allgemein verwendet, im Gegensatz zur Volkssprache, die seit zwei Jahrhunderten ganz andere Wege eingeschlagen hat. —

**Modus und Tempus.** Bisher war immer bloss davon die Rede, was das wichtigste Element der Abwandlung ist: von den Personalendungen. Wir müssen nun noch die Modus- und Tempusbildung behandeln.

Der Imperativ wird durch das Suffix *j* gebildet: *vár-j* 'warte', *hí j* 'rufe' usw. In den verwandten Sprachen entspricht ihm ein *k* oder *g*. Im Ostjakischen lautet die 3. Person des Duals: *meni ge-nat* = ung. *men-je-nek* 'sie mögen gehen'; im Lappischen *lä·h, lä-γe* = ung. *légy* 'sei (du)'; im Mordwinischen *kuli̯-k* = ung. *hall-j* 'höre'; im savoischen Dialekt des Finnischen *lyö-k* 'schlage' = ung. *lő-j* 'schiesse', *anna-k* (statt **anda-k*) = ung. *adj* 'gib' (in der finnischen Schriftsprache *lyö, anna*).

Im Ungarischen verwandelte sich dieses *j* bei jenen *v*-Stämmen, die in der dauernden Handlung des Indikativs ein *-sz* haben, in *gy*; z. B. *hisz* 'er glaubt', Stamm *hiv-*, Imp. *higgy* statt **hivj* 'glaube'; *alusz ik* 'er schläft', Stamm *aluv-*, Imp. *aluggyunk* statt **aluv-j-unk* 'schlafen wir'; *tészen, tesz* 'er tut', Stamm *tëv-*, Imp. *tégy, tëgyetëk* 'tue, tuet'.

Bei den auf *sz, z, s* auslautenden Stämmen wird das *j* durch die Ersatzdehnung des Konsonanten vertreten: *vadássz* 'jage', *húzzatok* 'ziehet', *ásson* 'er möge graben'; in unseren Kodizes finden sich noch teilweise die ursprünglicheren Formen: *vadászj, húzjatok* usw. Diese sind hie und da auch noch in Széklerdialekten erhalten, allerdings mit Metathese: *hújza* 'er möge es ziehen', *akajsza* 'er möge es aufhängen' usw. — Nach denselben Kodizes haben die Verba mit der Endung *szt, st* früher den Imperativ mit Ausfall des *t* gebildet: *ereszj* statt **ereszťj, fësj* statt **fëstj*; aus diesen Formen entstanden die heutigen *eressz* 'lasse', *fëss* 'male'.

Die Verba mit auslautendem *t* zerfielen noch in der Zeit unserer Kodizes in drei Gruppen: in der ersten wurde der Imperativ durch *s*, in der zweiten durch *cs*, in der dritten durch *h* charakterisiert. Die ersten zwei blieben unverändert, da man statt **ütj, *vetj* auch heute die Formen *üss* 'schlage', *vess* 'wirf' und *bonts* (sprich: *boncs*) 'löse', *tölts* 'fülle' statt **bontj, *töltj* gebraucht. Nach der dritten Bildungsart gingen im XV. Jahrhundert die Zeitwörter mit dem Stammauslaut *jt* z. B. *ehën, nyohad* statt **ejtjën* 'er möge fallen lassen', **nyojtjad* 'dehne es'; von Zeitwörtern, wie *szabadujt, szabadojt, szabadëjt* (heute *szabadit*) 'befreien', die Formen *szabaduh, szabadoh, szabadëh* 'befreie', *szabaduhon, szabadohon, szabadëhon* 'er befreie'. Um diese Formen zu verstehen, müssen wir wissen, dass die Lautverbindung *jt* früher *χt* lautete. Zur Zeit der Leichenrede lautete der Imp. dieser Verba noch folgendermassen: **szabadoχχ, *szabadoχχon, *szabadoχχa* (geschrieben „*zoboducha*"). Dieses *χ* verwandelte sich später in ein *h*, und dieses wurde nachher in unseren nördlichen Mundarten, welche diese Form sogar bis in die Gegenwart bewahrten, wieder zu *j*: *szabadíj, szabadíjon, tanijátok* 'lehret ihn' usw. In den übrigen Mundarten wurde der Imperativ der Zeitwörter auf *-ojt ëjt* längst an die Verba auf *-nt, -rt* usw. (*bonts, tarts*) angeglichen. Im XVI. Jahrhundert finden sich schon in manchen Kodizes abwechselnd Formen, wie *tanohon, tanihon* und *tanojtson, tanitson.*

Die Bildungssilbe des Konditionals ist *-ná, -né*; diese wird bloss in der 3. Person der Einzahl zu *-na, -ne* verkürzt. In den meisten der verwandten Sprachen finden sich genau entsprechende Formen:

| | | |
|---|---|---|
| ung. *halnék* | *halnál* | *halna* |
| wog. *kålnēm* | *kålnēn* | *kålni* |
| 'ich würde, | du würdest, | er würde sterben' |

| | | |
|---|---|---|
| tscher. *kolnem* | *kolnet* | *kolneže* |
| finn. (Dialekt) *kuolenen* | *kuolenet* | *kuolenee* |
| 'ich würde, | du würdest, | er würde sterben' |
| ung. *halnánk* | *halnátok* | *halnának* |
| wog. *kålniw* | *kålnin* | *kålnēt* |
| tscher. *kolnenä* | *kolneðä* | *kolnešt* |
| finn. (Dialekt) *kuolenemme* | *kuolenette* | *kuolenevat* |
| 'wir würden, | ihr würdet, | sie würden sterben'. |

Die Tatsache, dass im Ungarischen die erste Person der tieflautigen Zeitwörter ebenfalls auf *-nék* (nicht *-nák*) endet, weist darauf hin, dass in der Bildungssilbe ursprünglich ein *j* (*i̯*) enthalten war, denn die Wirkung eines solchen Lautes pflegt in tieflautigen Wörtern ein *é* hervorzubringen (s. S. 201).

Die Form der dauernden Handlung in der Gegenwart hat in den meisten Sprachen keinen besonderen Exponenten; wie im Lateinischen *scribit* neben *scrip-si-t*, ebenso steht im Ungarischen *ír* neben *ír-t*. Einige Sprachen bedienen sich jedoch zur Bezeichnung der dauernden Handlung eines besonderen Formans. Im Ostjakischen z. B. wird sie durch ein *-l* bezeichnet: *jasta-l* 'er spricht' (*jasta-s* 'er hat gesprochen'), *verlem* 'ich mache' (*versem* 'ich habe gemacht'). Im Wotjakischen wird die dauernde Handlung in manchen Fällen durch *-śk* charakterisiert: *veraśko* 'ich spreche' (*verai* 'ich sprach'), *kuri̯śkodi̯* 'ihr verlanget' (*kuri̯di̯* 'ihr verlangtet'). Diesem wotjakischen Formans ähnlich, jedoch zweifelhaften Ursprungs ist jenes *sz*, welches auch bei einer Gruppe ungarischer Zeitwörter die dauernde Handlung bezeichnet: *lesz* 'er wird', *teszen* 'er tut', *aluszik* 'er schläft', *nyugoszik* 'er ruht' (vgl. *lett* 'er ist geworden', *tett* 'er hat getan', *alutt* 'er hat geschlafen', *nyugodott* 'er hat geruht'). Einige solcher Verba haben in der neueren Sprache das *sz* in den Zeit- und Modusformen verallgemeinert. Von *metsz* 'er schneidet', *tetsz-ik* 'videtur' und 'placet' lautete das Perfekt ehemals *metütt*, *tetütt*; den Imperativ bilden sie noch heutzutage aus dem reinen Stamm auf *-t*, ohne ein *sz*: *mess* 'schneide', *tessék* 'es gefalle, beliebe' (wie *üss*, *vess* aus *üt*, *vet*). Vgl. noch *metél* 'zerschneiden' (Frequ.), *tető* 'Dach' ('der sichtbare Teil') und von *játszik* 'er spielt' : *játék* 'Spiel'. Das Perfekt lautet jedoch heutzutage *metszett*, *tetszett*, *játszott*, der Konditional *metszene*, *tetszene*, *játszana*, und von *játsz-ik* auch der Imperativ *játsszék*. — Zwei andere Zeitwörter unterscheiden die dauernde Handlung durch den Laut *gy*: *vagyok* 'ich bin', *megyek* 'ich gehe' (statt **valgyok*, **mengyek*), vgl. *voltam* 'ich bin gewesen', *mentem* 'ich bin gegangen'.

Die vollendete Handlung wird nach Vokalen durch *-tt*, nach Konsonanten durch einfaches *-t* bezeichnet: *tartott* 'er hat gehalten', *tartottam* 'ich habe gehalten', *tanult* 'er hat gelernt', *tanultam* 'ich habe gelernt'. Manche Verba bewahren in der 3. Person der Einzahl den Stammvokal und haben ein langes *-tt*, in den übrigen Personen aber nach Ausfall des Stammvokals ein kurzes *-t-*, z. B.: *ásott* 'er hat gegraben', *látott* 'er hat gesehen', aber *ástam* 'ich habe gegraben', *láttam* 'ich habe gesehen'. Ursprünglich lautete dieses Formans durchgängig *-tt*; im XV. Jahrhundert sagte man noch sehr oft: *tanólott* 'er hat gelernt', *fordólott* 'er hat sich umgekehrt', *látottam* 'ich habe gesehen', *látottál* 'du hast gesehen' usw. Dieses *-tt* findet sich nirgends in den verwandten Sprachen. Jedenfalls ist es identisch mit dem Mittelwort der vollendeten Handlung auf *-tt* und *-t*; das Perfekt wird also ganz ähnlich wie im Deutschen ausgedrückt: *ö járt* 'er (ist) gegangen' ('er ist ein gegangener'), *ök jártak* 'sie (sind) gegangen(e)'.

Das erzählende Präteritum hat in den meisten verwandten Sprachen eine genau entsprechende Form (bloss dem Wogulischen und Ostjakischen geht es ab):

| | | | | | | |
|---|---|---|---|---|---|---|
| ung. | *halék* | *halál* | *hala*, | *halánk* | *halátok* | *halának* |
| finn. | *kuolin* | *kuolit* | *kuoli*, | *kuolimme* | *kuolitte* | *kuolivat* |
| mordw. | *kulịń* | *kulịt'* | *kuloś*, | *kulịnek* | *kulịd'ek* | *kulośt* |
| | 'ich starb' | 'du starbst' | 'er starb' | 'wir starben' | 'ihr starbet' | 'sie starben' |

Schon die ungarische Form *halék* — wie zuvor *halnék* — weist darauf hin, dass die Bildungssilbe ursprünglich ein *j* oder *į* haben musste; es findet sich auch noch im Präteritum lappischer Zeitwörter: *lei-ji-m* (ung. *levék*) 'ich wurde', *le-je-n* (ung. *lev-é-nek*) 'sie wurden', *kaunete-je-n* 'sie trafen sich' usw.

Die Form *futand*, welche in der Umgangssprache schon ganz veraltet ist, bezeichnet eigentlich die eintretende Handlung. Ihre Bildung ist wahrscheinlich identisch mit der Frequentativendung von Zeitwörtern wie *csikland* 'kitzeln', *örvend* 'sich freuen'. Es gibt auch ein Mittelwort der eintretenden Handlung: *futandó* 'fugiturus', *leendő* 'futurus'.

Ausser den einfachen Zeitformen haben wir auch zusammengesetzte, von denen wir die folgenden erwähnen wollen: (*ír* 'scribit') *ír vala* 'scribebat'; (*írt* 'scripsit') *írt vala* 'scripserat', *írt volna* 'scripsisset', *írt legyen* 'scripserit'; *írni fog* 'scripturus est, scribet', *írni fogna* 'scripturus esset, er würde schreiben'. — Ähnliche Formen werden auch in den verwandten Sprachen gebildet. Beispiele: ung. *fogok türni* 'ich werde dulden' : syrj. *ponda terpitnį*; ung. *mondani fogom* 'ich werde es sagen' : wotj. *veranį kutśko*. Die syrjänischen und wotjakischen Ausdrücke bedeuten wörtlich 'ich fange an zu dulden, es zu sagen'; das ung. *fog* hat ebenfalls die Bedeutung ('greifen, angreifen') 'anfangen'; *hozzá-fog valamihez* ('zu etwas greifen') 'etwas in Angriff nehmen'. Ehemals bediente man sich auch des Hilfszeitwortes *kezd* 'beginnen', um die eintretende Handlung auszudrücken, z. B.: *„Ha én meg nem tudom néktek fizetni, az istenök kezdik néktek megadni“* (Ilosvai) 'wenn ich es euch nicht bezahlen kann, werden es euch die Götter vergelten'.

Die Form *ír vala* 'scribebat' ist im Wotjakischen mit ähnlicher Bedeutung zu finden; z. B. *liktįlä* (ung. *jön*) 'er kommt': *liktįlä val* (ung. *jön vala*) 'er kam'; *mįno*, ung. *mennek* 'sie gehen' : *mįno val*, ung. *mënnek vala* 'sie gingen'. — Ebenso findet sich dort das Gegenstück zur Form *írt vala* 'er hatte geschrieben', mit dem Unterschied, dass das Hauptzeitwort nicht abgewandelt wird; z. B. ung. *mondtam vala* 'ich hatte gesprochen' : wotj. *veram val* wörtlich 'ich war gesprochen, locutus sum', denn *veram* heisst '(ein) gesprochen(er), locutus'. Möglich, dass diese Formen in älterer Zeit auch im Ungarischen so gebildet wurden; in den Sprachdenkmälern lesen wir nicht selten Übergangsformen, in denen sowohl das Hauptverbum, wie auch das Hilfszeitwort konjugiert wird, z. B.: *tartom valék* 'ich hielt es', *fizetem valék* 'ich bezahlte es', *jártam volnék* 'ich wäre gegangen', *kértem volnék* 'ich hätte verlangt', *birtam legyek* 'ich habe gehabt, habuerim', *lettem legyek* 'ich sei gewesen', *meghagytad légy* 'du habest es befohlen', *kezdettek legyenek* 'sie mögen angefangen haben'.

Interessant ist der Gebrauch der Verbalformen zum Ausdruck der Aktionsarten und Zeitstufen. Das Ungarische hat ein uraltes, mit den verwandten Sprachen gemeinsames erzählendes Präteritum und ein im Sonderleben der Sprache entstandenes Perfekt. Der Gebrauch der beiden Formen wird in den älteren Sprachdenkmälern noch streng unterschieden, so dass in den Bibelübersetzungen das zweideutige lateinische *scripsit* als Ausdruck der Vergangenheit mit *íra*, als Ausdruck der vollendeten Handlung aber mit *írt* übersetzt wird. In der neuern Sprache hat — wie auch in andern Sprachen häufig — das Perfekt auch die Funktion der Erzählung übernommen: die heutige Gemeinsprache drückt beides durch die Form *írt, látott* usw. aus. Auch die zusammengesetzten Formen der Vergangenheit, nämlich *ír vala* 'scribebat' für die dauernde und *írt vala* 'scripserat' für die vollendete Handlung, sind nunmehr ausser Gebrauch und werden ebenfalls durch die einfache Perfektform *írt* vertreten. Auch das schriftsprachliche *írni fog* 'er wird schreiben' ist in der Umgangssprache bloss einzelnen Mundarten eigen, in den übrigen wird es meist durch das einfache *ír* ersetzt, wobei oft das Umstandswort *majd* 'mox' hinzugefügt wird. Die mangelnden Unterscheidungen werden nötigenfalls durch verschiedene Umstandswörter, durch perfektive Präverbia und auch durch gewisse Arten der Wortstellung ausgedrückt. — Die alten Verbalformen sind bloss in den Széklerdialekten erhalten, jedoch zum Teil mit veränderter Bedeutung: *íra* wird meist zum Ausdruck des eben Geschehenen verwendet, *írni fog* und das hiezu gebildete Perfekt *írni fogott* drückt die Wahrscheinlichkeit der Handlung aus, ganz wie im Deutschen 'er wird (vermutlich) schreiben', 'er wird geschrieben haben'.

**Die Deklination. Ortsbestimmende Endungen.** Die Formen der Deklination sind zum grossen Teile nicht so alt, wie die der Konjugation, weshalb ihre Bestandteile in vielen Beziehungen noch durchsichtiger und leichter zu erklären sind. Hier wird es also das zweckmässigste sein, in erster

Reihe jene Endungen zu betrachten, deren Zusammensetzung ganz klar ist, und dann jene, deren Elemente nicht so deutlich sind; endlich werden wir die kleine Gruppe jener älteren, einfacheren Kasusendungen behandeln, welche dem Ungarischen schon in der Zeit, die der Epoche der Sprachdenkmäler vorangegangen, eigen waren, um dann zum Schlusse die gemeinsamen Züge ins Auge zu fassen, welche die Deklination des Ungarischen mit der der verwandten Sprachen verbinden.

Die gebräuchlichsten Ortsendungen bilden hinsichtlich der Bedeutung je dreifache Gruppen, nämlich: *-ben* 'in' auf die Frage wo? *-ből* 'aus', *-be* 'in' auf die Frage wohin?; *-n* 'auf' *-ről* 'von . . . herunter' *-ra* 'auf . . . hinauf'; *-nál* 'bei' *-től* 'von' *-hoz* 'zu'. In jeder der angeführten Gruppen antwortet je eine Endung auf die Fragen: wo? woher? wohin?

Die Etymologie der Endungen *-ben ből be* ist ganz klar; sie sind mit den Adverbien *benn* 'innen, darinnen', *belől* 'von innen' (heute *belül* 'inwendig', *belülről* 'von innen'), *be* 'hinein' identisch und sind Ableitungen vom Hauptworte *bél* 'das Innere, Eingeweide' mit den die drei Richtungen bezeichnenden einfacheren Kasusendungen. *Benn* lautete ursprünglich **beln*, **belën* (mit dem Lokativsuffix); *belől* (mit dem Ablativsuffix); *be*, urspr. *belé* (mit dem Lativsuffix); ebenso gibt es z. B. vom Hauptworte *föl* (*valaminek föle* 'das Obere, die Oberfläche einer Sache', *tejföl* 'Obers, Sahne') die drei Adverbien: *fönn* 'oben', *fölől* 'von oben' (heute *fölül* 'oberhalb'), *fölé* 'über, hinauf', oder von *ház* 'Haus' die uralten Kasusformen: *honn* 'zu Hause', *hazul* 'von Hause', *haza* 'nach Hause'. — Die Endung *-ből* findet sich noch in vielen handschriftlichen Sprachdenkmälern in ihrer vollständigen, zweisilbigen Form: *timnucebelevl*, d. h. *tëmnöcébelől* 'aus seinem Kerker' (in der Leichenrede), *helybelől* 'aus dem Orte', und umgelautet: *társimbalól* 'von meinen Genossen', *álmatokbalól* 'aus eurem Schlafe' (im Ehrenfeld-Kodex) usw. Die volle und noch nicht umgelautete Form von *-be* kommt in der Leichenrede vor: *vilagbele*, lies: *világbelé* 'in die Welt', *uruzagbele*, lies: *oroszágbelé* 'in das Land', *nugulmabeli*, lies: *nyugolmábelé* 'in seine Ruhe'. Ebenda findet sich bloss die hochlautige Form der Endung *-ben*: *paradisumben*, lies:

*paradicsomben* 'im Paradiese', *iovben* liess: *jauben* 'im Guten', *milostben* lies: *milasztben* 'in Gnade'. Im Göcsejer Dialekt wird *-be* auch heute nicht immer dem Vokale des Stammwortes angepasst: *táncbe* 'in den Tanz', *szájdbe* 'in seinen Mund'. — Seit dem Anfange des XVI. Jahrhunderts hat das kürzere *-ba be* die Form *-ban ben* allmählich verdrängt und heute wird in der lebenden Sprache in beiden Bedeutungen *-ba be* gebraucht; die Form *-ban ben* lebt nur mehr in der Schriftsprache und im getragenen Redestil.

Die Kasusendung *-n* wird an vokalisch auslautende Wörter direkt, an konsonantisch auslautende Wörter mit Hilfe eines Bindevokals *o ë ö* angefügt: *kocsi-n* 'auf dem Wagen' *tető-n* 'auf dem Dache' *fá-n* 'auf dem Baume', *ház-o-n* 'auf dem Hause' *víz-ë-n* 'auf dem Wasser' *tűz-ö-n* 'auf dem Feuer'. Das Suffix *-n* ist Vertreter des finnisch-ugrischen Lokativs; vgl. *tövön* 'am Stamme, an der Wurzel, in der Nähe' = wotisch *tüvennä*; *honn* 'zu Hause' = livisch *kuonn*, westfinn. *koto-na*; *télën* 'im Winter' = mordw. *t'el'ńe*, finn. *talve-na*, syrj. *tęlin*.

Das an Adjektiva angefügte Suffix *-an en* — das nach den meisten vokalischen Stämmen in der Form von einfachem *-n* erscheint (*árván* 'waise, verlassen', *forrón* 'heiss') — hat nach konsonantischen Stämmen in der heutigen Gemeinsprache im allgemeinen den offenen Laut *a e* und unterscheidet sich auch dadurch vom Ortssuffix *-on ën ön*, dass es — von letzterem differenziert — zur Bildung von Adverbien der Art und Weise dient. Dass jedoch dieser Unterschied ursprünglich nicht bestanden hat, beweisen die älteren Sprachdenkmäler; in diesen kommt nämlich der geschlossene Vokal auch beim Suffix der Adverbien sehr häufig vor: *gyorson* 'schnell', *szorgalmatoson* 'fleissig, emsig', *szükön* 'enge' usw. Und diese indifferenten Formen haben sich zum Teil auch noch in den heutigen Mundarten erhalten.

Die Suffixe *-ról -ra* stehen mit dem *n* in keinerlei etymologischem Zusammenhange; ihr Ursprung ist mit dem des Adverbiums *rajt* identisch, das dem Suffixe *-n* gleichbedeutend ist (*rajt-a* 'darauf' = z. B. *a házon* 'auf dem Hause') und ursprünglich **rajatt* hiess (in einigen Sprachdenkmälern findet sich noch *rejattam* 'auf mir', *reatta, riatta* 'auf ihm'; heute bei den Széklern und Csángós *rëjta, réta, rétta, ritta* 'auf ihm, darauf'). — Das Suffix *-ról* ist, wie die Formen *riól-a, rivól-a* der Csíker- und der Csángó-Mundart beweisen, aus **rajól* entstanden. — Das Suffix *-ra* kommt in den Sprachdenkmälern und in manchen Gegenden bei den Széklern noch mit langem Vokal vor (*-rá ré*); wenn wir ausserdem noch das selbständige Adverbium *rá rëá* und die alten Formen *riá rëjá* in Betracht ziehen, muss die ursprüngliche Form dieses Suffixes als **rajá* erschlossen werden [1]). — *Raj-t* (**rajatt*), **raj-ól, *raj-á* sind gerade solche korrelative Formen, wie z. B. die Postpositionen *köz-t, köz-öl, köz-é* oder *alatt, alól, alá* usw. Ihr Grundwort ist demnach *raj-*, und da die Form *rajt* der Postposition *fölött* synonym ist, muss das Wort *raj-* selbst eine ähnliche Bedeutung gehabt haben wie das Grundwort *föl-*, also 'das Obere, die Oberfläche einer Sache'.

Die Glieder der folgenden Gruppe, nämlich *-nál* 'bei', *-től* 'von', *-hoz* 'zu' werden nur durch die Bedeutung untereinander verbunden, denn etymologisch lässt sich zwischen ihnen gar keine Gemeinschaft nachweisen.

Die Sprachdenkmäler kennen auch schon die hochlautige Form der Endung *-nál*; nur sehr selten passt sich der Vokal dem hochlautigen Grundworte nicht an, wie z. B. *Ferencnál* (XVI. Jhdt.). Um so auffallender ist es, dass einzelne Mundarten den Vokal dieses Suffixes noch heute nicht immer dem Grundworte anpassen. Besonders in der Göcsejer Mundart bleibt die Form *-nál* unverändert: *ennál* 'bei diesem', *erdünál* 'bei dem Walde', *embernál* 'bei dem Menschen', *kendernál* 'bei dem Hanf'. Die Etymologie des Suffixes *-nál* ist noch nicht festgestellt (nach Budenz = *mál, mell* 'Brust', mordw. *mala* 'bei, neben' usw.; vgl. auch wog. *nalmi-pāl* und *nal-poₒl* 'Ufergegend', wörtl. 'Neben-seite' usw.).

Das Suffix *-től, -tül* erklärt sich aus dem Hauptworte *tő, tü* 'Stamm, Baumstamm'; *-től, -tül* statt **töv-öl, *tüv-öl*, so wie *-ből* statt *bel-öl, ról* statt **raj-ól*. Das ursprüng-

1) Reá als Postposition kommt schon in der Urkunde von 1055 vor. S. Seite 104—5.

liche **tüvöl* bedeutet so viel als *tövétől el* 'von dem Stamme, aus der unmittelbaren Nähe weg'. Zu dieser Übertragung (unmittelbarer Nähe) führt Budenz das Wort *tőszomszéd* 'nächster Nachbar' (vgl. *a hegy tövében* 'am Fusse des Berges, neben dem Berge') und das finnische *tykö-paikka* in der Bedeutung 'nächste Umgebung, nächste Nachbarschaft' an. Dieses finnische Wort *tykö* und dessen ursprünglichere Nebenform *tyve-* bedeuten 'Stamm, Baumstamm' und dient auch einigen Postpositionen mit ganz ähnlicher Bedeutung als Grundlage. Z. B. *tykö-nä*, mundartlich *tüve-n* 'bei, apud'; finn. *tyköä*, dial. *tüveä, tüvöt*, von = ung. *-töl* usw.

Die mit Personalsuffixen versehenen Formen der Kasusendung *-hoz hëz höz* werden in den älteren Kodizes gewöhnlich noch in folgender Weise geschrieben: *hozjám* 'zu mir', *hozjád* 'zu dir', *hozjája* 'zu ihm'. Aus diesen Formen ist das heutige *hozzám, hozzád* usw. auf ähnliche Weise entstanden, wie z. B. im Imperativ das heutige *űzze* 'er treibe es', *végezze* 'er vollbringe es' aus den Formen derselben Kodizes *űzje, végezje.* — Bemerkenswert ist, dass die Form *hozjám*, welche gleich in den ersten Drucken fast spurlos verschwindet, sich in Siebenbürgen auf einem kleinen Gebiete bis auf den heutigen Tag erhalten hat, und zwar in der Form *hojzám, hojza, hojzánk.* In diesen letzteren ist eine Metathese eingetreten, dieselbe Metathese, welche die betreffenden Mundarten auch im Imperativ aufweisen: *válajszanak* 'dass sie wählen', *szakajsza* 'er pflücke es' usw. statt *válaszjanak, szakaszja* (= *válasszanak, szakassza*). Auf die Form *hojzám* lassen sich verschiedene Formen der Székler Mundart zurückführen: *hëjzám, hëzzám* und das verbreitetste: *hëzzám.* — Die Göcsejer Mundart kennt auch heute noch bloss die tieflautige Form *ho(z)* dieses Suffixes: *ezho* 'zu diesem', *azho* 'zu jenem', *firho megy* 'zum Manne gehen, heiraten', *kertho* 'zum Garten', *löcshó* 'zur Wagenleiste'. Die abgekürzten mundartlichen Formen: *-hó hő, ho he hö*, ferner *-hol höl* und in Szeged *-hon hön* sind teils durch Lautwandel, teils durch Einwirken der Analogie entstanden. — Zum ung. *-hoz* gehört das lautlich und auch der Bedeutung nach vollkommen entsprechende ostjakische Verhältniswort *χoźa*, z. B.

*pos χoźa tajta* 'zum Ziele richten, zielen', *muŋ χoźa aśnal ul* 'er ist nahe zu uns'; *lu χoźa* 'zu ihm'; *Iran χoźa* 'zu Iwan' (*χoźa=hozjá*). Im auslautenden *á* ist das Lativsuffix enthalten; als Grundwort erscheint demnach *hozj-, χoź*. Dass dieses 'Seite, Nähe' bedeutet, geht aus der Form *χoziŋ* hervor: *χoziŋ elta* 'von der Seite', *χoziŋna* (Lokativ) 'bei, neben'.

Das Suffix *-nek* ist in zwei Formen gebräuchlich: *-nek* und *-nak*. Dass erstere Form ursprünglicher ist, wissen wir schon aus der Leichenrede: *foianec* 'seinem Geschlechte', *halalnec* 'dem Tode', *puculnec* 'der Hölle', wenn es das selbständige *nekem* nicht beweisen würde. Die Göcsejer Mundart passt den Vokal dieser Endung nicht immer dem Vokalismus des Stammwortes an: *uomának* 'dem Apfel', *szuománek* 'dem Stroh', *nyavalának* 'der Krankheit'. — Wenn wir die selbständig gebrauchten Formen dieser Endung betrachten, bemerken wir neben *nekëm* 'mir', *nekëd* 'dir', *nekünk* 'uns', *nektëk* 'euch' in der dritten Person die heute gewöhnlichen Formen *neki* 'ihm', *nekik* 'ihnen'. Die letzteren sind Abkürzungen von *neki-je, neki-jök*, wie unsere Sprachdenkmäler und noch heute verschiedene Mundarten beweisen. — Die vollständigere und ursprünglichere Form des Suffixes *-nek* lautet also *neki, néki*, eigtl. *nêki* und weist offenbar das Lativsuffix auf, gerade so wie *messzi, messzé-re* 'weit, in die Ferne', *felé* 'gegen', *közé* 'zwischen (auf die Frage wohin)' usw. Die Formen *nekëm, nekëd* sind wahrscheinlich unmittelbar aus **nekém, nekéd* verkürzt; ihr Grundwort ist *-nek* und *-é* das Lativsuffix, wie in *bel-é, hozj-á*. Schon Révai vergleicht das ungarische Verhältniswort mit dem lappischen *neiga, njeik*, richtiger *ńeiga, ńeik* 'erga, recta ad'. Das lappische Verhältniswort ist bloss in seiner ursprünglichen lokalen Bedeutung gebräuchlich.

Das Suffix *-ig* lautete — nach dem Zeugnis der Sprachdenkmäler — früher *-ég*; diese Form *-ég* hört man hie und da noch heute in der Volkssprache: *meddég* 'bis wohin', *addég* 'bis dorthin', *eddég* 'bis hierher', *többég* 'ferner, mehr' usw. Wenn wir die Zeitadverbien *többé* 'mehr, länger', *kissé* 'ein wenig, kurze Zeit', mit den Formen *többég* (*többig*), *kisség*, oder die Gradbestimmungen *kevéssé* 'wenig', *hagyitásné* 'auf

Wurfweite', mit den Formen *kevesnég, hagyitásnég, hanyatég* (Székler Ausdrücke) vergleichen, kommen wir auf den Gedanken, dass das *g* des Suffixes *-ég* vielleicht nur ein emphatisches Element und das *-é* nichts anderes, als das schon bekannte Lativsuffix *-á -é* ist. Dasselbe Element treffen wir auch in anderen Adverbien an, z. B. *innég* 'von hier', *onnég* 'von dort' usw. Hält die hier gegebene Erklärung stich, so ist *-ig* ursprünglich eine Lativendung und drückt bloss die Richtung aus, ebenso wie auch das lateinische *ad*, das deutsche *zu* in dieser Bedeutung angewendet wird. Dass die emphatische Erweiterung hier am Platze ist, beweist die weitere enkl. Partikel *-len* (*végiglen* 'bis zu Ende' usw.) und noch mehr die Erweiterung *mind* und *egészen* : *mind a vízig* 'ganz bis zum Wasser', *egész az égig* 'ganz bis zum Himmel' (vgl. lat. *usque ad*, deutsch *bis zu*).

Das Lokativsuffix *-tt* hat nach Konsonanten die Form *-t*, z. B. *Győrött* in 'Győr', *idött* 'zur Zeit', jedoch *oldalt* 'seitwärts', *mikort* 'als (zur Zeit, als'), ähnlich, wie das *tt*-Suffix im Perfekt: *állott* = *állt* 'er ist gestanden'. Auch das Lokativsuffix *-tt* hat in einigen Wörtern beide Formen, je nachdem das betreffende Wort den Bindevokal behält oder ihn verliert; also *Kolozsvárott* : *Kolozsvárt* 'zu Kolozsvár', *között* : *közt* 'zwischen', *helyett* 'anstatt' : *helyt* 'an der Stelle', *érett-(em)* : *ért-(em)* 'für mich, (meinet-)wegen', *körülött-* : *körült-* 'rings um', *bennett-* (Ehrenfeld-K.) : *bent* 'drinnen' usw. — Das Lokativsuffix *-tt* war in der älteren Sprache viel mehr verbreitet als heute; in den Sprachdenkmälern finden wir oft Ortsnamen, wie: *Vácott, Solymost, Sopront,* und Gattungsnamen, wie: *a vásárt* 'in foro', *oldalfélt* 'zur Seite' usw. Schon aus diesem Umstande können wir folgern, dass das *-tt* ein sehr altes Suffix ist, und können hoffen, es auch in den verwandten Sprachen anzutreffen. Und in der Tat, gleich in dem dem Ungarischen am nächsten verwandten Wogulischen finden wir ein Lokativsuffix *-t* in verbreiteter Anwendung: *aul-t* 'im Himmel', *ma-t* 'auf der Erde', *pal-t* 'zur Seite'. Und dieses Suffix kommt dort in ähnlichen Postpositionen vor, wie im Ungarischen: *χal-t* 'zwischen', *jat-t* 'mitten in', *armtel-t* 'auf, darauf'. Auch im Ostjakischen erscheint dieses Suffix in einigen Postpositionen;

z. B. *og* 'Haupt' : *oχ-t* 'oben, auf', *il-* 'das untere' : *il-t* 'unter'. In beiden Sprachen finden sich dem ungarischen *itt* 'hier', *ott* 'dort' entsprechende Formen: *itt*: wog. *tit*, ostj. *tet*, *tette*, — *ott*: wog. *tot*, *tottä*, ostj. *tot*, *totta*. — Im Wogulischen und Ostjakischen kommt der Stamm des demonstrativen Pronomens selbst durch *-t* weitergebildet vor: wog. *tit-* 'dieser', ostj. *sit*, *tot* 'jener', und dieser Umstand erklärt nicht nur das geminierte *t* des wog. *tottä*, ostj. *tottä* usw., sondern auch die ungarischen Formen *itt*, *ott*. Dass in den Postpositionen *alatt* 'unter', *fölött* 'über' usw. auch geminiertes *t* gebraucht wird, ist vielleicht der Einwirkung des so häufig vorkommenden *itt ott* zuzuschreiben; ursprünglich mag das Lokativsuffix ein einfaches *-t* gewesen sein. (Es ist wahrscheinlich, dass dieses *-t* als Überbleibsel eines Substantivs mit der Bedeutung 'Ort' zu betrachten ist, etwa ostj. *taga* 'Ort', *met tagana* 'wo, an welchem Orte'.)

Endlich haben wir noch eine merkwürdige Gruppe von Ortssuffixen, welche nur in den nördlichen und östlichen Mundarten gehört werden: *-nott nól ni* 'bei, von, zu'. Die Form *-ni* wird nach einem Lautgesetze der Palózer Mundart zu *-nyi*, z. B. *bírónyi megyek* oder *bíróéknyi megyek* 'ich gehe zum Richter (zur Familie des Richters, zu Richters)', jedoch *Hegedüsnöl* oder *Hegedüsnül jövök* 'ich komme von der Familie Hegedüs. Bei den Széklern hingegen heisst es statt *-nott* : *-nitt*, offenbar mit Einmischung des am häufigsten gebrauchten *-ni* : *voltam a bírónitt* 'ich war bei (der Familie des) Richters'. Diese Suffixe werden gewöhnlich nur an Personennamen angefügt. — Am auffallendsten ist hier der Umstand, dass diese Suffixe weder in der heutigen, noch in der älteren Literatur vorkommen; zur Zeit, als sich die Literatursprache entwickelte, lebten diese Suffixe nur in den betreffenden Mundarten, und auch dort nur in dem erwähnten engen Gebrauch. In der Gemeinsprache hingegen sind sie von den Suffixen *-ndl töl hoz* längst verdrängt worden. Weitere Aufklärung können wir also nur in den verwandten Sprachen suchen und gerade in der am nächsten verwandten Sprache, dem Wogulischen, finden wir auffallend ähnliche Formen: das regelmässige Suffix des Ablativs lautet in dieser Sprache *-nəl* = ung. *-nól nöl* und das des

Lativs *-nə* = ung. *-ni.* Dem ung. *-nott* entspricht im Tawdadialekte des Wogulischen *-nat nət*; z. B. *nīnət* 'mit der Frau beisammen'.

Die bisher erwähnten Suffixe haben bis zum heutigen Tage ihre räumliche Bedeutung bewahrt; die nun zu behandelnden haben ihre ursprüngliche Bedeutung gänzlich oder fast gänzlich verloren; von einem grossen Teile derselben lässt sich jedoch noch nachweisen, dass sie einst ebenfalls Ortsbestimmungen bezeichnet haben.

Betrachten wir zuerst das Translativsuffix *-vá -vé* : *lóvá, kövé, csúffá, széppé.* In der ältesten Literatur finden wir dieses Suffix gewöhnlich, und in der Volkssprache sehr oft ohne *v*; z. B. *semmié tenni* 'zu nichte machen', *méltóá lenni* 'würdig werden', *innepéjé* 'zu seinem Feiertage', *fiájá* 'zu seinem Sohne' (*ünnepévé, fiává*). Hieraus können wir schliessen, dass die Form mit *v* sich erst nachträglich entwickelt hat, auf lautgeschichtlichem, zum Teil analogischem Wege (z. B. **lov-á, *köv-é* > *ló-vá, kő-vé*). Anderseits können wir aus Wendungen, wie *világgá* 'in die Welt, in die Fremde', *Győrré* 'nach Győr' folgern, dass die erste Bedeutung dieses Suffixes eine lokale war. Die heutige übertragene Bedeutung lässt sich leicht aus der lokalen erklären; vgl. *vizzé válni*: 'zu Wasser werden', *in aquam converti* usw. So kommen wir zu dem Schlusse, dass diese Endung ursprünglich mit dem Lativsuffix der Ortsbestimmungen wie *alá* 'hinunter', *belé* 'hinein', *fölé* 'hinauf' identisch ist. (Szinnyei: M. Nyelvhasonlitás und FUF.)

Das Suffix *-úl ül* lautete in den älteren Sprachdenkmälern oft noch *-ól öl*: *segedelmöl* 'als Hilfe, Helfer', *sántdól* 'als Lahmer, lahm', *áldozatól* 'als Opfer', *raból* 'als Gefangener'. Später kam immer mehr die Form *-úl ül* in Gebrauch, mit Ausnahme der auf die Frage w o h e r antwortenden Suffixe und Postpositionen, in denen die heutige Literatursprache die Endung *-ól öl* für regelmässig ansieht: *-ból böl* 'aus', *-ról röl* 'von ... herunter', *-tól töl* 'von', *alól* 'von unten hervor', *felől* 'von' usw. Die ursprünglichere Form *-ól öl* hat nicht ohne Grund bis heute die Funktion des Ablativs bewahrt; denn diese Bedeutung müssen wir als erste Funktion dieses Suffixes betrachten, besonders wenn wir die Formen *-böl, -ról, alól, mellöl* ('von der Seite . . ., von') mit den, auf die Frage wo und wohin antwortenden entsprechenden Formen vergleichen (*benn, belé*; *rajt, rëá*; *alatt, alá*; *mellett, mellé* usw.). Dieses *-ól öl* ist also das ältere, einfachere Ablativsuffix, welches dann von verschiedenen Grundwörtern die auf die Frage woher antwortenden verschiedenen Postpositionen bildete. Wenn wir die Ablativsuffixe der finnisch-ugrischen Sprachen betrachten, kommen wir zum Schlusse, dass im Ungarischen einfaches *-l* zu erwarten ist: dem Suffixe *-ta tä*, bezw. *-da dä* des Finnischen entspräche lautgesetzlich ung. *-l*; im Wogulischen finden wir auch tatsächlich blosses *-l* (auch mit einem andern Elemente verbunden, z. B. im Ablativsuffix *-nəl* 'von'). Doch der lange Vokal im ung. *-ól öl, -úl ül* lässt sich sehr schwer erklären. Da dem wogulischen *-nəl* im Ungarischen statt des zu erwartenden **-nol nël nöl* : *-nól nöl* und *-núl nül* entspricht, so scheint es, als ob diese letzteren Formen nicht etwa mit Hilfe eines eingefügten neuen Elementes gebildet, sondern auf rein lautlichem Wege entstanden wären (vgl. auch das alte *innel, onnal*, heute *innen* 'von hier', *onnan* 'von dort' mit kurzem Vokal). Hieraus würde sich ergeben, dass die Ablativformen *hazól* 'von Hause', *közöl* und *közél* 'von, unter, ex' ebenfalls durch Dehnung aus **hazol, *közël* usw. entstanden sind, in welch letzteren Formen der kurze Vokal ursprünglich der Endvokal des Stammes war (Szinnyei, NyK. 35, 450). In dieser Erklärung kann aber einerseits die Dehnung dieses Bindevokals schwerlich begründet werden, andererseits stehn ihr folgende tieflautige Formen mit *é* und *i* im Wege: *arcél* und *arcil* (häufig in alten Denkmälern) neben *arcul* 'im Gesichte', *tarsel* d. h. *társél* für *társul* (Ehrenfeld-Kodex), *magyarél* (in der heutigen Nyitraer Mundart, die sich auch sonst als Dialekt des EhrK. erweist), *onnanhazil* statt *onnan-hazul* 'von Hause' und *hátil* statt *hátul* (Slavonien). Diese Formen weisen darauf hin, dass im langen Vokal doch noch ein besonderes Element stecken muss.

**Sonstige adverbiale Kasusendungen.** Suff. *-ént, -int* ist ganz veraltet und steckt heute nur in der Postposition *szerint* 'gemäss, nach' und in einigen Adverbien. Solange das Suffix *-ént* lebendig war, wurde der Vokal desselben fast immer als *é* gesprochen, obwohl es im XVII. Jahrhundert hie und da schon mit *i* lautet: *szája izint* 'nach seinem Geschmacke'; heute jedoch ist in den gebräuchlichen Formen die Aussprache *-int* die allgemeine: *szerint* 'gemäss, nach', *részint* 'teils', *alkalmasint* 'füglich, wahrscheinlich' usw. — Dieses Suffix ist von Zolnai erklärt worden: nach seiner Erklärung stammt *-int* von demselben Stamme wie das Adverbium der Ormánságer Mundart (und dessen Verwandte): *intes-t* 'in der Richtung', *intes* 'sich in derselben Richtung oder Höhe befindend'. Nachträglich hat sich auch das Grundwort dieser Formen in der Zalaer Volkssprache vorgefunden (s. Nyelvőr 31, 577, Kertész) : *intibe* 'in die Richtung . . ., mit ihm in einer Richtung'.

Die Nebenformen des Suffixes *-ként* weisen nur geringe Abweichungen auf. Den gewöhnlichen Lautwechsel *é* : *i* zeigt die Form *-kint* : *kelletekint* 'nach Erfordernis', *máskint* 'anders' usw. In der Literatursprache ist dieses Suffix mit Personalendungen, ohne Hauptwort, nicht gebräuchlich, in der Volkssprache jedoch finden sich hie und da auch solche Formen: *én kéntem, te kénted, ő kénte, mi kéntünk* usw. 'nach mir (nach meinem Willen), nach dir, nach ihm, nach uns' usw. (in Göcsej und im Somogyer Komitat), in der Literatursprache: *én szerintem* usw. — Statt *önként* 'freiwillig' hiess es früher *önkéjén* und später *önnön kényén, magunk kényén* 'nach unserem freien Willen', *magok kényén* 'nach ihrem freien Willen, sua sponte') usw. *Kéj* und *kény* haben dieselbe Bedeutung, nämlich 'Willkür', und letztere Form ist wahrscheinlich aus der ersteren auf lautlichem Wege entstanden. Das heutige *önként* kann folgende Bestandteile enthalten: **ön-kéj-ént* oder **ön-kény-ént* oder **ön-kénye-ént* 'nach eigener Willkür'. In den Sprachdenkmälern finden wir eine ähnliche Form: *maga kéjént* 'nach eigener Willkür, freiwillig', aber auch die Form *önkényén*. Ursprünglich bedeutete *önként* soviel als 'auf seinem eigenem Wege', 'nach seiner eigenen Weise', denn die Grundbedeutung des Wortes *kéj, kény* ist 'Weg, via': mordw. *ki* 'Weg', finn. *keino* 'semita, via, modus', lapp. *käja* 'vestigium' (s. Budenz' Wörterbuch). Das Suffix *-ként* bedeutete also ursprünglich 'auf dem Wege', d. h. 'auf eine Weise'; das Suffix ist vom Substantivum *kéj, kény* mit dem Suffixe *-ént* abgeleitet, also *ként* 'den Weg entlang'.

Das Suffix *-nként* (*naponként* 'täglich', *csapatonként* 'haufenweise') muss nicht nur deshalb vom Suffixe *-ként* abgesondert werden, weil es als selbständige Endung gebraucht wird, sondern vielmehr deshalb, weil es ursprünglich nichts mit dem Suffix *-ként* gemein hatte. Dieses *-nként* erscheint in zahlreichen Sprachdenkmälern in der Form *-nkéd*, wo *-kéd* nicht aus *-ként* zusammengezogen sein kann (das einfache *-ként* und die Endung *-ént* wurden nicht zu *-kéd* und *-éd* zusammengezogen). In unserer Erklärung müssen wir also von der Form *-nkéd* ausgehen, denn es lässt sich mit Sicherheit feststellen, dass dieses Suffix erst zur Zeit der handschriftlichen Sprachdenkmäler, gegen das Ende des XV. Jahrhunderts die Form *-nként* angenommen hat. So viel ist gleich auf den ersten Blick wahrscheinlich, dass *-nkéd* aus zwei Teilen besteht, wie z. B. die Formen *azon-túl* 'von da ab, ausserdem', *ezen-fölül* 'überdies' usw. Wenn wir nun in Betracht ziehen, dass unser Suffix sehr oft in Zeitbestimmungen (*naponkéd* 'täglich', *esztendőnkéd* 'jährlich') vorkommt, andernteils wieder bedenken, dass die ältere ungarische Sprache tatsächlich ein Substantivum *kéd* in der Bedeutung 'Zeit' in dem Adverbium *ekkédig* 'bis nun, bis zu dieser Zeit' kennt: wird unsere Annahme, dass das Suffix *-nkéd* mit diesem Worte *kéd* zusammenhängt, nicht sehr kühn erscheinen. *Napon-kéd* wäre also so viel als *napnak idején* 'zur Tageszeit, bei Tage' (das erste Glied war vielleicht ein Genitiv mit dem Suffixe *-n*, während *azon-túl, ezen-fölül* die Lokativendung *-n* enthält). Demnach war *naponkéd* ursprünglich nur eine gewöhnliche Zeitbestimmung auf die Frage 'wann' und nahm erst später die heutige Schattierung der Bedeutung an. Derselbe Fall wiederholt sich heute in der Literatursprache in dem Ausdruck *naponta*, der eigentlich nur 'bei Tage, tags' bedeutet, oft jedoch auch in der Bedeutung 'täglich' gebraucht wird [1]). Unsere Annahme ist umso sicherer, als gerade die älteren

1) *Napjában* 'im Tage, täglich'. *háromszor egy esztendőben*

Schrifsteller sehr häufig die weitläufigere Ausdrucksweise: *minden naponként, minden esztendőnként* 'jeden Tag, jedes Jahr' anwenden, während jene Beifügung ganz überflüssig wurde, als sich die neuere Bedeutung der mit diesem Suffixe versehenen Formen festsetzte. Nach unserer Erklärung war das Suffix *-nkéd* ursprünglich nur in Zeitbestimmungen am Platze, was umso glaubhafter ist, als das Suffix in den handschriftlichen Sprachdenkmälern ausser Zeitbestimmungen selten anders, es sei denn in den zwei Wendungen: *házankéd* 'von Haus zu Haus' und *fejenkéd* 'per Kopf' vorkommt. Auf diese und andere Ausdrücke, besonders auf Zahlwörter, wie *egyenként* 'einzelweise', mag *-kéd* erst dann übergangen sein, als die Bedeutung der Zeit schon verblasst war. Später machte sich dieser Kategorienwechsel auch darin geltend, dass *-kéd* dem modalen Suffix *-ként* ganz ähnlich wurde. Da es statt *egyenként* 'einzeln, einzelweise', *hármanként* 'zu dreien, je drei', auch Ausdrücke gibt, wie *egyen-egyen, hárman-hárman*: können wir annehmen, dass diese sinnverwandten Formen, in welchen ohnehin schon ein *n*-Suffix vorkam, bei den Zahlwörtern die Anwendung des ganzen Suffixes *-nként* erleichterten.

Beim Suffixe *-kép* wechseln zwei Formen miteinander: *-képpen* und *-kép*. Die letztere Form ist neuern Ursprungs und kann als Abkürzung der erstern betrachtet werden. In der ältern Literatur kommt dieses Suffix kaum vor; erst seit dem XVIII. Jahrhundert erscheint es häufiger: *másképp* 'anders', *mikép* 'wie' usw. Dieses Suffix stammt offenbar vom Substantivum *kép* 'Bild'. Das Wort *kép* hatte einst auch die Bedeutung 'Form, Art, Weise', und an diese knüpft sich die Bedeutung des Suffixes *-kép* am leichtesten: *másképpen* 'in einer anderen Form, auf eine andere Art'. So schreibt Gabriel Pesti: „*Meg nem mondhatom képét, mint szeretnek engem*" 'ich kann dir nicht die Art beschreiben, wie man mich liebt' (heute: *meg nem mondhatom, miképpen szeretnek*). Das türkische Wort selbst, von dem das ungarische Wort *kép* entlehnt

'dreimal im Jahre', engl. *daily*, deutsch *täglich, jährlich* — auch diese Formen bedeuten eigentlich nicht 'jeden einzelnen Tag, jedes einzelne Jahr' usw.

ist, bedeutet im Jakutischen (*kiäb*) 'Form', im Altaischen (*käp*) und Mongolischen (*keb*) 'Vorbild, Form', und wird im Osmanli ebenso gebraucht, wie das ungarische Suffix: *gibi* = '*képpen*'. Nur ist es ungewiss, was für ein Suffix das Hauptwort *kép* angenommen hat, um zu *-képpen* zu werden[1]).

Die ältesten Beispiele des Suffixes *-vel* finden wir in der Leichenrede: *halalaal* 'mit seinem Tode, *kegilmehel* 'mit seiner Gnade'. Der Schwund des *v* ist mundartliche Eigentümlichkeit; heute lässt nur ein Dialekt, der Göcsejer, das *v* nach vokalisch auslautenden Stämmen weg: *fiá-e* 'mit seinem Sohne', *hordó-e* 'mit dem Fasse' usw.; den Hiat jedoch füllt dieser Dialekt nicht mit *h*, sondern mit *j* aus: *ekéjê* oder *ekéje* statt *ekével* 'mit dem Pflug'. Die Göcsejer Mundart ist hier altertümlicher als selbst die ältesten Sprachdenkmäler, da es den Vokal auch nach tieflautigen Stämmen unverändert lässt: *kapájê* 'mit der Haue', *kaszájê* 'mit der Sense', *kapáje*, *kaszáje* usw. Es gibt jedoch Sprachdenkmäler und Mundarten, welche nicht nur nach Vokalen, sondern auch nach Konsonanten den *v*-Laut beibehalten. Beispiele: *napuala* 'bei Tag' (= *nappal*, EhrK.), *napwaal* (Érsekújvárer K. 316). Ein Teil der östlichen Székler, ausserdem die Palózen sagen noch heute: *mézvel* 'mit Honig', *mákval* 'mit Mohn', *kenyérvel* 'mit Brot', *borval* 'mit Wein'.

Über den Ursprung des Verhältniswortes *vel-*, *vêle-* gibt es verschiedene Erklärungen. Vom tschemissischen Hauptworte *wel* 'Seite, Gegend' ist die tscher. Postposition *welne*, *welen* in der Bedeutung 'bei, neben' abgeleitet[2]) und eine ähnliche räumliche Bedeutung könnte dem ung. *-vel* zu Grunde gelegt werden. Diese Erklärung stösst jedoch auf mehrere Hindernisse[3]). — Nach einer andern Erklärung ist das ung. *vel-* = wog. *vayil* 'mit Kraft, mit Hilfe' (die Lautentsprechung ist dieselbe, wie in *tel-e* = wog. *tayil*); also *vel* bedeutet 1. mit Kraft, durch

1) S. Szinnyeis und Szarvas' Erklärung M. Nyelvőr 1891—92.

2) Im tscher. Wörterbuche von Budenz: in Szilasis Wörterbuch steht *wal*, hier wird der Postposition die Bedeutung 'auf' beigelegt.

3) S. Szinnyei, Ung. Sprachvergleichung³ 134. Die zweite Erklärung rührt von Szinnyei her, Nyelvt. Közlemények 30, 130.

jemandes Kraft, 2. mit Hilfe einer Sache, 3. mit etwas beisammen. Das dem wog. *vaγi* 'Kraft' entsprechende lappische *väkka, viehk* usw. bedeutet ebenfalls Hilfe, woraus *väγast* 'mit Hilfe einer Sache', und *vähhkên* sogar 'mit etwas beisammen' bedeutet. — Das im ung. *-vel* steckende *l* ist im Wogulischen die regelmässige Modal- und Instrumentalendung und ist ursprünglich nichts anderes als das Suffix des Ablativs (s. oben das Suffix *-úl ül* S. 373).

Das Suffix *-stul stül* 'mit ... zusammen' ist eines der massivsten Endungen; die älteren Grammatiken nannten es Suffix des Kumulativus. Sein Vokal richtet sich in den Sprachdenkmälern und den Mundarten gewöhnlich nach dem Vokal der Suffixe *-tól től*; z. B. *mendenestől* mit allem zusammen, *táborostúl* mit dem ganzen Lager, *virágostól* mit allen Blumen; in den Mundarten diesseits des Königsteigs (Királyhágó) hat das Suffix im allgemeinen die Form *-stul stül, -stú stű*. Unstreitig liegt dem Suffixe das Formans *-s* der Adjektiva zugrunde, denn dieses bedeutet nicht nur Besitz, sondern im allgemeinen auch Zusammengehörigkeit, Beisammensein: *vizes* 'wässerig', *köves* 'steinig', *felhős* 'bewölkt' usw., und *fiastul* z. B. bedeutet so viel als *fiasan* 'mit dem Sohne', auch *seregestül* ist sinnverwandt mit *seregesen* 'mit dem ganzen Heere'. Dass *-s* tatsächlich das Bildungssuffix ist und das ganze Suffix *-stul* nicht als einheitliches Kasussuffix zu betrachten ist, beweisen die folgenden Varianten, die wir aus der älteren Literatur anführen:

„*Nem keserűség-e* ***aprós magaddal*** *téli időben házadból kibúdosnod?*" Ist es nicht bitter, dass du zu Winterszeit mit deinem Kinde aus deinem Hause fliehen musst? (Melotai: Psalm 90. *aprós magaddal* = *apróstul* 'mit dem Kleinen, dem Kinde'; denn *aprós* hiess, 'wer kleine Kinder hat'; die Form der Wendung lehnt sich an Ausdrücke wie *harmad magammal* 'selbdritt' an.) „*Az sárga lovat* ***fekestul hamostul, zekeres niergessel*** [offenbar ein Schreibfehler statt *zekeres niergestel* oder *nyergestől*] *hagyom Tamásnak szolgálatjában* [= *szolgálata fejében, szolgálatáért*]." 'Das gelbe Pferd vermache ich samt der Halfter, dem Pferdegeschirr, dem Wagen und Sattel

Thomas für seine Dienste'. (Régi magyar nyelvemlékek 2 b., 302). „*Az útban előtalálták Bulcsot és sok nemeseket, mind feleséges és gyermekestől.*" 'Am Wege trafen sie Bulcs und viele Edle samt ihren Frauen und Kindern'. (Heltai: Chronik 56.)

Dies sind ebensolche zusammengesetzte Ausdrücke, wie z. B. die folgenden: *feleséggel és gyermekkel együtt* 'mit Frau und Kind beisammen', und in der ältern Sprache: *feleségnél és gyermeknél kül* 'ohne Frau und Kind' (heute *nélkül*). Sowie in letzteren die Wörter *együtt* 'beisammen' und *kül* 'ausser', so erscheint in ersteren *-től* als ganz abgesondertes Adverbium, welches bei zwei vorangehenden Hauptwörtern nur einmal gesetzt werden musste. — Dieses Zeugnis der Sprachgeschichte bekräftigt nun auf die glänzendste Weise jene Erklärung, zu welcher Budenz durch die entsprechende Konstruktion des dem Ungarischen am nächsten verwandten Wogulischen geführt wurde. Der wesentliche Teil seiner Ausführungen lautet folgendermassen (s. Ny. Közl. 18, 158):

„Die *Kälteś-majt* benannte wogulische Sage erzählt im 7. Abschnitt, dass der eine Fuss eines auf Schneeschuhen gehenden Mannes sich samt dem Schneeschuhe (ung. *hótalpastúl*) oder mit dem wog. Ausdruck *joseŋ-tajl* (*josä* 'Schneeschuh') loslöste; ebenso fiel auch die eine Hand samt dem Bogen (*ijastúl*) *jǫutiŋ-tajl* (*jǫut* 'Bogen') ab. Die Vorderglieder *joseŋ*, *jǫutiŋ* sind regelmässig gebildete Nomina possessoris, wie im Ungarischen die mit dem Suffix *-s* gebildeten: *joseŋ*, ung. *hótalpas* 'mit Schneeschuhen versehen', *jǫutiŋ*, ung. *ijas* 'mit Bogen ausgerüstet'; das wogul. *tajl* [*tayil*] hingegen, welches seiner lautlichen Form nach dem Hintergliede des ung. *-s-túl* oder *-s-től* nicht ganz unähnlich ist, bedeutet für sich so viel als 'plenus' und wird in der Bedeutung 'ein Ganzes, das Ganze' z. B. in Wendungen angewendet, wie: *äk vaj-tajl* 'ein Paar Stiefel', 'ein Stiefel-Ganzes'; *äk sun-tajl* 'ein ganzer Schlitten voll, ganze Schlittenladung'; *äk sun-tajl sali* 'ein Schlittengespann Rentiere, so viel zu einem Schlitten gehören'; *uos-tajl* 'die ganze Stadt'. Demnach bedeutet *joseŋ-tajl* eigentlich 'mit dem Schneeschuh versehenes = durch den Schneeschuh gebildetes Ganzes' und steht ohne jegliche Kasusendung als Bestimmung an der angeführten Stelle des Textes, kann also auf folgende Weise übersetzt werden: 'der Fuss löste sich als mit Schneeschuh versehenes Ganzes los', d. h. nicht nur der Fuss allein, sondern das aus Fuss + Schneeschuh bestehende Ganze = *hótalpas-túl*. Dieses wog. *tajl*, welches zur Bezeichnung des komitativen Verhältnisses dient, ist auch im ung. *tel-e*, *tel-i* 'voll, plenus' enthalten und mit einem tiefer gefärbten Vokal im Verbum *töl-t-* 'füllen' ebenso wie im Komparativstamm *több* 'mehr, plus' statt **töl-b*. Das wog. *tajl* und finn. *täyte-* 'plenus' weisen darauf hin, dass der Vokal des ung. *tel-*, *töl-* einst lang war **tēl*, *tōl-*. Wenn wir nun die dem wog. *tajl* entsprechende ungarische Form in ihrer ursprünglicheren Gestalt an das durch *-s* gebildete Nomen possessoris anfügen, entsteht die Form *-s-tēl* oder *-s-töl*, deren Vokal, als das Wort an tieflautige Nomina angefügt wurde, sich dem Vokal des Grundwortes anpassen musste, um dann in der erhaltenen Form *-stól*, *-stöl* (*-stúl*, *-stül*) zu erscheinen. Von den obenerwähnten Erklärungen behalten wir also so viel, dass das Vorderglied von *-s-tól* das Nom. possessoris-Suffix *-s* ist (welches seiner Funktion nach = wog. *-ŋ* in *-ŋ-tajl*); das Hinterglied *-tól*, *-től* aber betrachten wir als einheitliches Wort, welches mit dem wogulischen *tajl* auch dem Ursprung nach identisch ist."

Das Suffix *-lan len* wird schon zur Zeit der Kodizes am häufigsten an Hauptwörter mit dem Kasussuffix *-ig* angefügt: *éjféliglen* 'bis Mitternacht', *ideiglen* 'bis zur Zeit, einstweilen', *éviglen* 'bis zum Jahre' usw. Das ungarische *-ig-lan*, *ig-len* scheint ein ganz ähnlicher Ausdruck zu sein, wie das deutsche *bis zu*, das lat. *usque ad*, das finn. *-hen asti* oder *-nne asti*. Im zweiten Elemente können wir also eine Lativendung vermuten. Von jenen Wortformen, in welchen das *-lan -len* an suffixlose Nomina angefügt wird, kommen im XV. und XVI. Jahrhundert nur zwei vor: *virradólan* 'bis Tagesanbruch', und *egészlen* 'ganz, gänzlich'. Diese Formen können ebenfalls als Lative betrachtet werden; erstere bedeutet soviel als *virradóra* 'zum Tagesanbruch', letztere soviel als *végig* 'bis zu Ende', gleichsam *egészig, egészre* 'gänzlich'. Die Formen *virradólan, egészlen* konnten später leicht für Bestimmungen der Art und Weise gehalten werden, einesteils, weil dies auch ihre Bedeutung erlaubte (*virradva* 'tagend, mit Tagesanbruch', *egészen* 'ganz'), andernteils, weil sie in der Aussprache sowohl den Umstandswörtern der Art und Weise, wie: *virradóan, egészen,* als auch den Formen *futólag* 'flüchtig', *végesleg* 'gänzlich' ähnlich lauteten. So können wir es auch erklären, dass später das an Wortstämme angefügte Suffix *-lan -len* überhaupt als Suffix von Umstandswörtern der Art und Weise erscheint. Die ältesten Beispiele dieser Art können erst aus dem Anfang des XVII. Jahrhunderts angeführt werden: *képmutatólan* 'heuchlerisch' und *erőlen.* (Die zweifache Anwendung des Suffixes *-lan len* ist der der Postposition *felé* 'gegen' ganz ähnlich, denn auch diese kommt sowohl nach Nomina mit Kasussuffixen als auch nach solchen ohne Kasussuffixe vor, z. B. *hátra felé* 'rückwärts' und *hát felé* 'gegen den Rücken'.) — Das Suffix *-lan len* mag etymologisch mit dem wogul. *-l'e, -l'* zusammengehören, das dort ebenfalls an Lativadverbien angefügt wird; z. B. *ēlä* 'vor': *ēlä-l'* 'vorwärts'; *jüw* und *juwl'e* 'rückwärts'. Wahrscheinlich gehört auch das tscheremissische enklitische *-la* hierher, das ebenfalls in dieser Funktion vorkommt; z. B. *küškö* 'auf': *küšköla* 'aufwärts', *jotpek* 'nordwärts': *jotpekla* 'gegen Norden'.

Das Suffix *-lag leg* ist sowohl der Form als auch der Bedeutung nach dem Suffixe *-lan len* sehr ähnlich. Im Gebrauche jedoch unterscheiden sie sich voneinander darin, dass während das Suffix *-lan len* gewöhnlich anderen Lativsuffixen nachfolgt, die Endung *-lag leg* gewöhnlich unmittelbar an den Stamm angefügt wird: *közösleg* 'gemeinsam', *végesleg* 'endlich' (EhrK.) usw. In einigen Mundarten kommt die Form *képlag* und *képlak* (in der Bedeutung: *képmutatólag* 'scheinbar, heuchlerisch') vor, in welcher der Vokal des Suffixes trotz des hochlautigen Vokals des Stammes tieflautig ist. Hieraus folgerte man, dass dieses Suffix eigentlich die Verkürzung des Substantivums *alak* 'Form, Gestalt, Puppe' sei.

Im selbständigen Gebrauche des Kausalsuffixes *-ért* 'für,

wegen' kennt die Literatursprache noch heute die vollständigere Form *érëtt* : *érëttem* 'für mich, meinetwegen', *érëtted* 'für dich, deinetwegen' usw. Ursprünglich war diese Form auch als Suffix zweisilbig: *Meret num eneyc* 'warum er nicht essen möge' (Leichenrede), lies: *mérëtt* = *mért*, *miért* 'warum, weshalb'. „*Azeret*" *örüljön a keresztyén* 'deshalb freue sich der Christ' (DebrK. 132) = *azért* 'deshalb'. *Még ilyen nagy* „*bynekeret*" *sem féljünk istentöl* 'auch wegen so grosser Sünden fürchten wir uns nicht vor Gott' (VirgK. 49); lies *bínekérëtt*. Doch kennt die Leichenrede auch schon die kürzere Form: *lelik ert* 'für die Seele'. In neuerer Zeit hat die volkstümliche Aussprache dieses Suffix immermehr abgekürzt. In den meisten Mundarten nimmt es die Form *-ér* oder *-ir* an, in vielen Gegenden schrumpft es sogar zu einfachem *é* zusammen: *azé vótam ott* 'ich war deshalb dort' usw. — Das Suffix *-ért* drückt heute meistens den Zweck und die Ursache aus; beide Funktionen haben sich teils unmittelbar, teils durch die Bedeutung des Interesses aus der Grundbedeutung der 'Vertretung' und des 'Tausches' entwickelt. Zur Bezeichnung des Tausches wird dieses Suffix noch heute allgemein gebraucht; die Bedeutung 'anstatt' hat es zwar selten, doch in den Sprachdenkmälern kommt es oft auch in dieser Bedeutung vor, z. B. *Hallván, hogy Archelaus uralkodik az ö atyjáért Herodesért* 'als er hörte, dass Archelaus statt seines Vaters Herodes regiere' (Pázm. Präd. 169). Also bedeutet *-ér-t*, *-ér-ë-tt* so viel als *hely-ë-tt* 'statt, anstatt, an Stelle', und wir können annehmen, dass das Grundwort *ér-* 'Ort, Stelle' bedeutet hat. Nun finden wir in den verwandten Sprachen ganz entsprechende Wörter, welche einesteils noch heute 'Stelle' bedeuten, anderenteils sich zu ähnlichen Verhältniswörtern, wie im Ungarischen entwickelt haben. So vereinigt vom tscheremissischen *ver*, *vär* 'Stelle, Ort' die Postposition *vereč*, *verič* die Bedeutungen 'anstatt, wegen' und 'wegen, zu dem Zwecke'. Demnach mag auch das ungarische Suffix ursprünglich **vérëtt* gelautet haben. (Im Ostjakischen bedeutet *vor-na* soviel als 'für, wegen'. Auch in den lappischen Dialekten heisst *varas*, *varast* 'für, wegen'.)

Das Suffix *-kor* 'zur Zeit . . . .' ist das einzige, welches

— obwohl tieflautig — in allen Mundarten unverändert auch an hochlautige Stämme angefügt wird, und so gewissermassen die Mitte hält zwischen Suffix und Postposition. (Übrigens heisst es hie und da im Bácser Komitat schon den Regeln der Vokalharmonie entsprechend: *ekkő* statt *ekkó*, *ekkor* 'da, zu dieser Zeit'.) Bei den älteren Schriftstellern kommt die Form *-koron* häufig vor: *két órakoron* 'um zwei Uhr', *akkoron* 'damals', *mikoron* 'als, zu welcher Zeit'; ausserdem finden wir jedoch noch zwei Formen: *-kort* (sowie *éjfél táj-t* 'um Mitternacht', *az idé-tt* 'zur Zeit, zu der Zeit' usw.) und *-korban*: *hat órakort* 'um sechs Uhr', *aratáskort* 'zur Erntezeit', *azkort* 'damals', *mindenkort* 'immer'; *délkorban* 'zur Mittagszeit', *akkorban* 'damals, zu jener Zeit' usw. Während diese Formen auf die Frage 'wann' antworten, antworten andere Formen, mit anderen Suffixen (*-ra*, *-ig*) auf die Fragen: auf welche Zeit? wie lange? Z. B. *Az napon két órakorra vacsorán jelen lenni ne nehezteljen* 'möge es Ihnen gefallen, an jenem Tage um (eigtl. auf) zwei Uhr zum Nachtmahl zu erscheinen'. (XVII. Jhdt.) *Valami kevés korig itt maradok* 'eine kurze Zeit lang bleibe ich hier' (XVII. Jhdt.). — Es ist ganz klar, dass dieses Suffix *-kor* mit dem Hauptworte *kor* 'Zeit' zusammenhängt. Die angeführten Belege lassen jedoch gleichzeitig vermuten, dass das Suffix mit dem Substantivstamme nicht ganz identisch ist, d. h. dass letzterer nicht ohne jedes Suffix adverbial verwendet wurde, sondern dass das Hauptwort *kor* ursprünglich nur mit den Suffixen *-n*, *-t* gebräuchlich war. Wir können annehmen, dass gerade die Form *-kort* einst die allgemeinste war, denn aus dieser wurde ganz einfach durch Erleichterung der auslautenden Konsonantengruppe die Form *-kor*; vgl. *holt* 'wo', *sëholt* 'nirgends' > *hol*, *sëhol*, **nélkült* 'ohne' > *nélkül* usw. Der lautlichen Entwicklung des Suffixes *-kor* steht jedoch die des gleich zu behandelnden Suffixes *-szër* (aus *-szërt*) und die Verkürzung des Suffixes *-ért* in vielen Gegenden zu *-ér* am nächsten. — In einigen Mundarten ist *-kor* im Nominativ als überflüssiges Hinterglied von Zusammensetzungen noch heute gebräuchlich. So in Göcsej und Háromszék: *Hány órakor van?* 'wieviel Uhr ist es?' usw. Ferner bei den Csángós: *Vecsernyekor vagyon* 'es ist Vesper'.

*Most vagyon hétkor* 'jetzt ist sieben Uhr'. *Reggelkor lén* 'es wurde Früh'.

Über den Ursprung des Suffixes *-szër* '-mal' herrscht die allgemeine Ansicht, deren Richtigkeit nicht bezweifelt werden kann, dass es vom Hauptworte *szër* herstammt: „adjecto scilicet ad nomen numerale nomine *szer*, quod ordinem et seriem significat" (Révai: Antiq. 159). Aus dem Umstande, dass die Leichenrede statt *háromszor* 'dreimal' *charmul* sagt, folgerte Révai, dass die Bildung mit *-szer* im Zeitalter der Leichenrede noch nicht üblich war. Jedenfalls muss sie jedoch wenigstens bald nach der Zeit der Leichenrede ins Leben getreten sein, denn in den ältesten Kodizes findet sich regelmässig schon die heutige kürzere Form. Wir können nicht glauben, dass, wie Révai und andere annehmen, das Hauptwort *szër* ohne jedes Kasussuffix als Verhältniswort angewendet wurde, sondern stellen uns die Entstehung dieses Suffixes geradeso vor, wie die des Suffixes *-kor*. Diese Auffassung wird von den vollständigen Formen mit den Suffixen *-t* und *-n* unterstützt, die sich in den Sprachdenkmälern noch hie und da finden, wenn auch nicht so oft wie beim Suffixe *-kor*: *elöszert* 'das erstemal', *többszört* 'mehrmals, öfters'; *utólszeren* 'zum letztenmal'; *kétszerben* 'zweimal'.

**Der Akkusativ.** Wie bekannt, hat im Ungarischen das Satzobjekt zweierlei Formen: eine suffixlose und eine mit dem Suffixe *-t*. Die suffixlose Form finden wir hauptsächlich in zwei Fällen angewendet:

1. Wenn das Objekt nicht von einem Verbum, sondern von einem Verbalnomen abhängt: a) *elmentek háztüz nézni* 'sie gingen auf die Brautschau' ('Hausfeuer besichtigen'), *széna gyüjteni* 'Heu sammeln', *víz hordani* 'Wasser tragen' usw. *Jöve egy némber víz merejteni* 'es kam eine Frau Wasser zu schöpfen'. (MünchK.) *Vöttünk az törökök ünge mosnyi szappant 4 d(enár-ért)* 'wir kauften für 4 Denare Seife, die Hemden der Türken zu waschen' (Mon. Hist.). *Ment hada-szemlélni húnok fejedelme* 'der Fürst der Hunnen ging, sein Heer zu besichtigen'. (Arany: Buda halála.) — b) *szem-lesütve* 'die Augen niederschlagend, (mit gesenktem Blicke)', *szem-behúnyva* 'die Augen

schliessend (mit geschlossenen Augen)', *száj-tátva* 'den Mund öffnend (mit offenem Munde'), *vállvetve* 'Schulter (an Schulter) lehnend' usw. *Szája megnyitván tanejtja* 'seinen Mund öffnend, lehrt er ihn' (MünchK.). *Azok elhagyván elmene*: relictis illis abiit (ebenda). — c) *Hitiszegők az pápisták* 'die Päpstlichen sind eidbrüchig'. (Pázmány.) *Kedvevâltoztató (a szerencse)* 'das Glück ist veränderlich (ändert seine Laune)'. (Faludi.) *Engem hazája vesztettnek hinak* 'man nennt mich vaterlandslos (der sein Vaterland verloren hat)' (Haller: Hármas História). *Az hadakozó, bajvívó, várak, várasok rontó magyar vitézök* 'die streitenden, kämpfenden, Burgen und Städte zerstörenden ungarischen Helden'. (Tinódi.)

2. Es ist eine bekannte Tatsache, dass die mit Personalendungen versehenen Objekte (ausgenommen die 3. Person der Einzahl) schon in den alten Sprachdenkmälern suffixlos stehen können. Z. B. *Be ne húnyjuk szemünk* 'schliessen wir unser Auge nicht'. (Bornemisza: Préd.). *Bocsásd meg bűnöm* 'verzeihe meine Sünde'. (Melius.) *Ha hasznod veheti* 'wenn er dich brauchen kann' (eigtl. 'wenn er deinen Nutzen nehmen kann'). (Károli: Bibl.). *Magam ajánlom* 'ich empfehle mich'. (Levelestár.) *Megójad magad* 'hüte dich' (Monoszlai) usw. — Die mit Personalsuffixen versehenen Objekte können jedoch immer auch das Akkusativsuffix aufnehmen, so dass Akkusativformen, wie *kezem* und *kezemet* 'meine Hand', *magad* und *magadat* 'dich selbst' in den meisten Quellen der ungarischen Sprache gleich gebräuchlich sind. Vgl. *Ó hálójokat megszerezvén* 'ihr Netz bereitend' (MünchK.).

In dem ersten Falle war möglicherweise schon von Anfang an kein Akkusativsuffix vorhanden, sowie auch im Finnischen das Objekt des Infinitivs und Gerundiums — ja sogar des Imperativs — kein Suffix bekommt; es heisst also dort: *mene tuomaan tamma kotia* 'geh die Stute (*tamma*) nach Hause führen'. Für den andern Fall jedoch besitzt Budenz' Hypothese, nach welcher das einst angefügt gewesene finnisch-ugrische Akkusativsuffix geschwunden sei, viel Wahrscheinlichkeit. Die finnisch-ugrische Grundsprache besass nämlich ein Akkusativsuffix in der Form **-m-*; dieses blieb jedoch — teils in seiner ursprünglichen Form, teils in veränderter Lautform — nur in fünf finnisch-ugrischen Sprachen, bezw. Dialekten erhalten (tscher. *-m*, Konda-Wogulisch *-me*, finn. *-n*, mordw. *-ń*, südlapp. *-b*). In den übrigen Sprachen ist das Akkusativsuffix geschwunden; so auch im Ungarischen; hier jedoch übernahm das Suffix *-t* nachträglich die Funktion desselben. Entsprechungen dieses *-t* sind in mehreren finnisch-ugrischen Sprachen bekannt, bezeichnen jedoch nur das bestimmte Objekt (das mit dem Artikel versehene ungarische Objekt), und hie und da das bestimmte Objekt und ausserdem das bestimmte Subjekt. Im Mordwinischen z. B. unterscheidet *t'* das bestimmte Objekt vom unbestimmten, ist jedoch gleichzeitig auch für andere determinierte Fälle charakteristisch; denn das Mordwinische hat sowohl die objektive Konjugation, als auch die determinierte Deklination am vollständigsten bewahrt; z. B *tolgań* 'eine Feder': *tolgańt'* 'die Feder' usw. Durch Vergleichung und Erklärung dieser und ähnlicher Erscheinungen hat Budenz (in den Ugrischen Sprachstudien) nachgewiesen, dass, was in der heutigen Sprache als Akkusativsuffix erscheint, ursprünglich ein pronominales, determinatives Element war, das dem heutigen Artikel entspricht und vom finnisch-ugrischen Pronomen *to-* herstammt. (Eine ähnliche Entwicklung scheint in der indogermanischen Grundsprache vor sich gegangen zu sein; hier hatte das pronominale Element *-s* ursprünglich den Wert des Artikels, wurde jedoch später das Zeichen der männlichen Nominative und mit Ausnahme der *ā*-Stämme auch das der weiblichen Nominative). — Das Ungarische hatte also ursprünglich zweierlei Akkusative (wie auch die anderen Fälle zweierlei Formen hatten): einen indeterminierten mit dem Suffixe *-m* und einen determinierten, welcher auf *-m-t* endigte. Der erstere verlor die Endung; daher stammt wenigstens ein Teil der heutigen suffixlosen Akkusative, etwa der mit Personalsuffixen versehenen Nomina. In der anderen Akkusativform veränderte sich bald *-mt* zu *-nt*; aus letzterer Lautgruppe schwand der Nasal wahrscheinlich zu derselben Zeit, wie in den meisten ähnlichen Fällen, zu der Zeit nämlich, als aus finn.-ugr. **anda* im Ungarischen *ad* 'geben' wurde, aus **kang* ung. *hág* 'steigen', **tumdo-*, **tundo-* > *tud* 'wissen' usw.

**Die ursprünglichen Kasusendungen.** Wenn wir die ungarischen Kasusendungen in ihrer historischen Entwicklung, ferner in ihrem Verhältnisse zu den Kasusendungen der verwandten Sprachen betrachten: bemerken wir sofort, dass der grösste Teil derselben wohl nicht uralt ist. Die Sprachdenkmäler zeigen nämlich, wie einzelne selbständige Wörter, namentlich Adverbien sich zu Postpositionen und endlich zu Kasusendungen entwickelten; wie z. B. aus den zur Zeit der Leichenrede noch unveränderlichen Formen *belöl* und *belé* später die Suffixe *-ból -böl* und *-ba -be* wurden. Die verwandten Sprachen ergänzen diese Entwicklung, indem wir in denselben in grosser Anzahl Suffixe antreffen, deren Anlage im Prinzip mit der der ungarischen Suffixe übereinstimmt. Wenn wir z. B. die ungarischen Gruppen *-ben -böl -be,* (*rajt*) *-ról -ra* mit Suffixgruppen, wie lapp. *-sne, -st, -s* (Inessiv, Elativ, Illativ), finn. *-lla, -lta, -lle* (Adessiv, Ablativ, Allativ) vergleichen: sehen wir schon aus der Übereinstimmung der Anlaute, dass sowohl hier wie auch dort ein spezielleres Grundverhältnis nach den drei allgemeinen Richtungen modifiziert ist. Bei den Postpositionen finden wir ähnliche dreigliedrige Gruppen auch in solchen verwandten Sprachen, welche keine so reiche Deklination aufweisen, wie das Ungarische und Finnische. Hieraus können wir nun sehr einfache Schlüsse ziehen: In der finnisch-ugrischen Grundsprache waren schon Gruppen von nach drei Richtungen unterschiedenen Postpositionen gebräuchlich; von diesen entwickelten sich einzelne (die häufigeren) in einigen Sprachen allmählich zu Suffixen, während sie in anderen Sprachen Postpositionen blieben; die letzteren Sprachen, z. B. das dem Ungarischen so nahe stehende Wogulische und Ostjakische, weisen also kein so reich entwickeltes Deklinationssystem auf. Es gab jedoch auch andere Möglichkeiten zur Entstehung neuer Suffixe: Verbindung zweier zusammenpassender fertiger Suffixe, (wie wir z. B. im Suffixe *-ig-len* gesehen haben), Anwendung gewisser emphatischer Elemente usw. — Wir wollen nun sehen, wie und wo die erwähnten Mittel angewendet wurden.

Die Vergleichung der verwandten Sprachen ergibt, dass es in der finnisch-ugrischen Grundsprache einen Akkusativ auf

*-m* und einen Genitiv auf *-n* gegeben hat. Letzterer ist in den östlichen Sprachzweigen (im Wogulisch-Ostjakischen, Syrjänisch-Wotjakischen) nicht erhalten, auch im Ungarischen bloss in einigen Spuren: in den Genitiven der Fürwörter *enen* 'mein', *tenen* 'dein', *önön* 'sein' oder *ennen, tennen* usw., im Kasussuffix *-nkéd* (s. oben) und in alten Zwillingsformen, wie *estenestig, éten-étszaka.* Der Genitiv wird durch das an den Namen des Besitzes angefügte Personalsuffix, anderenteils durch das Suffix *-nek* des Dativs ersetzt. — Auch der Akkusativ auf *-m* ist im Ungarischen geschwunden; den finnisch-ugrischen determinierten Akkusativ auf **-m-t* jedoch (der ursprünglich dem heutigen, mit dem Artikel versehenen Akkusativ entspricht) gebraucht das Ungarische verallgemeinert ohne Unterschied in unbestimmter und bestimmter Bedeutung, nur hat sich das ursprüngliche **-mt* zu einfachem *-t* verkürzt. — Ebenso hat sich das vorauszusetzende determinierte Genitivsuffix **-nt* zu *-t* verkürzt in: *telet-szaka* 'zur Zeit des Winters', *éj-t-szaka* 'zur Nachtzeit' usw.

Die Sprachvergleichung hat nachgewiesen, dass es in der finnisch-ugrischen Grundsprache einen Lokativ gegeben hat mit dem Suffix *-na, -no* usw. (finn., lapp., mordw., tscher., ostjak. *-na, -nä, -no, -ne* usw.) und einen Ablativ, dessen Endung etwa **-δa, -δo* gelautet hat (vgl. finn. und mordw. *-ta tä, -do de*). Das einfache finnisch-ugrische Suffix des Lativs war nach Budenz *-ga.* Ausserdem können wir noch einen gemeinsamen finnisch-ugrischen Lativ nachweisen, dessen Endung *-ni* oder *-nĕ* gewesen sein mag; Überbleibsel von diesem sind der estnische Terminativ *-ni,* der wogulische Allativ auf *-ne* usw. — Schliesslich müssen wir als noch vor Beginn des selbständigen Lebens des Ungarischen vorhanden gewesen das Lokativsuffix *-t* (*-tt*) betrachten, da es auch im Wogulischen und Ostjakischen vorhanden ist.

Von diesen alten Formen sind im Ungarischen vor allem die Lokative auf *-n* und *-tt* erhalten; ersteres Suffix im heutigen *-n* (*-nn*) und *-ben* (*-benn*), ferner in den Adverbien, wie *künn, fönn, honn.* Offenbar eine Modifikation dieses *-n* (*-na*)-Suffixes war das finnisch-ugrische *-ni,* das im Suffixe *-ni* der Székler und Palozen vorhanden ist. Die entsprechenden Formen *-nott* (oder *-nitt*) und *nól* (oder *-núl*, wog. *-nel*) sind ebenfalls Modifikationen des einfachen *-n*, und zwar Zusammensetzungen desselben mit dem Lokativsuffix *-tt* und dem Ablativsuffix *-l* (finn.-ugr. *-δa*). Jedenfalls zu dieser Gruppe gehören die so mannigfache Formen aufweisenden Ablativadverbien *innét* 'von hier' *onnét* 'von dort' *honnét* 'woher', *innen onnan honnan*.

Dem finnisch-ugrischen Ablativsuffix *-δa* entspricht im Wogulischen regelmässig *-l*, im Ungarischen jedoch finden wir statt *-l* immer *-ól -ől -él*; der lange Vokal der letzteren Formen ist bisher noch nicht genügend erklärt. Dieses *-ól ől* (oder *-ul ül*) figuriert im Ungarischen in allen auf die Frage woher antwortenden Kasusendungen und Postpositionen: *-ből -től -ról*, *-nól*, *alól közől mögül* usw., in Ortsbestimmungen, wie *hazúl(ról)* 'von Hause', *utól* 'hintenan' und in Essiv- und Modalbestimmungen wie *emlékül* 'als Andenken', *rosszúl* 'schlecht'.

Das finnisch-ugrische Lativsuffix *-ga* musste der Regel nach im Ungarischen zu *-j* werden; dieses *-j* vereinigte sich, wie in unzähligen anderen Fällen, mit dem vorangehenden Vokal — also dem stammauslautenden Vokal — zu einem Diphthong, und dann zu einem einfachen, langen Vokal. So entstand jenes *-á é i*, welches wir in der Regel im Auslaute der auf die Frage wohin antwortenden Adverbien und Verhältniswörter antreffen: *odá-bb* und *odé-bb* 'weiterhin', *alá* 'unter' (auf die Frage wohin), *fölé* 'auf', *közé* 'zwischen', *felé* 'gegen' usw., *belé* 'hinein', *hozzá* 'dazu', *reá* 'darauf', *messzi* 'weit', *neki* 'auf . . . zu'. Die Sprachdenkmäler gebrauchen dieses Suffix auch nach Ortsnamen: *Egré* 'nach Eger' (Erlau), *Pesté* 'nach Pest', und noch heute *Szögedé-be* 'nach Szeged'. (In einigen Adverbien mit gekürztem Vokal: *oda* 'hin', *ide* 'hierher', *haza* 'nach Hause', *vissza* 'zurück', *bele* 'hinein', *fele* 'gegen'.) Aus diesem *-á é* hat sich auf irgendeine Art das Suffix *-vá vé* entwickelt. — Schliesslich kann der Vokal gänzlich schwinden, namentlich am Ende der Suffixe *-hoz* 'zu' und *-nek* 'gegen' (Dativ) und in folgenden Verbalpräfixen: *mëg* (in der Leichenrede *mige*, lies: *mëgé*), *el* (vgl. in der älteren Sprache *elé-beszélni* 'erzählen' usw.), *föl* 'hinauf'; *be* (früher *bel*, urspr. *belé*) 'hinein', *ki* (früher *kivé*) 'hinaus', *lë* (früher *lëvé*) 'hinunter'.

Das bis nun Gesagte erklärt schon zum grossen Teile das Gefüge der ungarischen Suffixe, hauptsächlich insoferne, als wir hieraus die ursprünglichen einfachen Kasusendungen kennen lernten, die im Auslaute der heutigen Endungen entweder vorhanden, oder wenigstens in der Bedeutung des Suffixes zu erkennen sind (dann kommen sie gewöhnlich im selbständigen Gebrauche der Suffixe zum Vorschein, z. B. *-hoz* 'zu', aber *hozz-á* 'zu ihm', *-nek* 'gegen' (Dativ), jedoch *nek-i* 'auf ihn zu, ihm'). — Nichtsdestoweniger finden wir am Ende einzelner Suffixe Elemente, bei denen unsere bisherige Analyse nicht ausreicht. Dies sind grösstenteils paragogische Partikeln, die mehr oder minder überflüssig erscheinen, weshalb wir es für wahrscheinlich halten müssen, dass es einesteils infolge analogischer Einwirkungen entstandene Zusätze, andernteils bloss emphatische Partikeln sind.

Nach all dem, was wir bis nun gesehen haben, erhalten wir folgendes Bild von der Geschichte der ungarischen Kasussuffixe: Die Exponenten der einfachsten Verhältnisse stammen teils aus der gemeinsamen finnisch-ugrischen Zeit, teils (*-tt* und *-nott*, *-ni*, *nól*) aus jener Zeit, da das Ungarische und das Wogulisch-Ostjakische noch keine gesonderten Sprachen waren. Die übrigen Suffixe haben sich innerhalb des Ungarischen entwickelt, obwohl sie als Postpositionen schon früher bekannt gewesen sein können (vgl. *-hoz* = ostjak. *χoža*). Einige Suffixe sind als solche jünger als die Leichenrede: *-belől* 'aus' und *-belé* 'hinein, in' werden in der Leichenrede noch als Postpositionen angewendet (z. B. *világ belé* 'in die Welt', das für das damalige Sprachgefühl eine ähnliche Konstruktion war, wie *világ felé* 'gegen die Welt'); sie wurden erst später, mit Anpassung der Vokale an den Vokalismus des Stammwortes und mit Silbenverlust, zu wirklichen Kasusendungen.

Einige von den Verhältniswörtern sind auch als selbständige Adverbien gebräuchlich: *benn* '(dr)innen', *belül* 'inwendig', *be*, *belé* 'hinein', *rá* 'darauf', *hozzá* 'dazu', *neki* 'auf ihn zu', *körül* 'ringsum', *kívül* 'draussen', *ki* 'hinaus' (die zwei letzteren sind als Postpositionen veraltet), *közepett* 'inmitten'; früher wurden auch die folgenden als Adverbien gebraucht: *alatt* 'unten' (heute *alant*), *megé* 'nach hinten', *megöl* 'von hinten her'. (Als Adverbien müssen wir auch die mit Personalsuffixen versehenen Verhältniswörter betrachten, die eher nach Personen bestimmte Umstandswörter sind: *nálam* 'bei mir', *rólam* 'von mir, über mich', *től ed* 'von dir', *velünk* 'mit uns', *értetek* 'für euch', *fölöttem* 'über mir', *miattad* 'deinetwegen' usw.).

Hieraus könnte man folgern, dass die ungarischen Verhältniswörter unmittelbar von Adverbien abstammen, wie z. B. der grösste Teil der indogermanischen Präpositionen. Dass sich jedoch die Sache nicht so verhält, lässt sich hauptsächlich daraus folgern, dass die Verhältniswörter stets den Substantiven nachgesetzt werden. In Wendungen, wie *idő közben* 'inzwischen', *dél tájban* 'um Mittag' können wir das zweite Wort ganz entschieden als Postposition betrachten, dennoch sehen sie für unser Sprachgefühl beinahe so aus, als ob sie von den zusammengesetzten Wörtern *időköz* 'Zeitraum', *déltáj* 'Mittagszeit' mit dem Suffix *-ben* weitergebildet wären: *időköz-ben*, *déltáj-ban*, so, wie etwa *az idő közében* 'im Raume der Zeit', *a dél tájában* 'zur Zeit des Mittags' = (*az idő köze*) + *ben*, (*a dél tája*) + *ban*. Ebenso können wir auch annehmen, dass *hón alatt* 'unter der Achsel', *tej fölött* 'über der Milch' (*a hónalban* 'in der Achselhöhle', *a tejfölön* 'auf dem Milchobern'), Lokative von den Substantiven *hón-al*, *tej-föl* sind; dass *út felől* 'vom Wege', *út felé* 'gegen den Weg' Ablativ und Lativ des Wortes *út-fél* 'Wegseite' ist usw. Und auf dieselbe Art können wir den grössten Teil der neueren beleibteren Kasussuffixe erklären, jene nämlich, die früher Postpositionen waren. Z. B. *kézben* 'in der Hand', **kéz bel* 'Inneres der Hand' + (*n*, *a kéz belsején* 'im Innern der Hand'); *házról* 'vom Hause herunter', **ház-raj* 'Oberes des Hauses' + *ól* (*a ház tetejé-*(*r*)*ől* 'vom Hausdache, vom Oberen des Hauses'); *fültől* 'vom Ohre', **fül-tör* 'Ohrseite, Ohrgegend, parotis' + *öl* (*a fül töré-*(*b*)*öl* 'von der Ohrgegend' usw.[1]).

1) *Kétszer* 'zweimal' und *kétfelé* 'nach zwei Seiten hin, entzwei' zeigen das Zahlwort ganz deutlich als Beifügung der Substantive *szer* und *fél*: *két szerben*, *két félre* (es heisst nicht *kettőször* und nur mit anderer Bedeutung: *kettő felé* 'gegen zwei').

Dass wir das Grundwort der Postpositionen tatsächlich so auffassen müssen, dass es zu dem vorhergehenden Hauptworte in possessivem Verhältnisse steht, beweist am deutlichsten die possessive Konstruktion, die wir in den Sprachdenkmälern unzähligemal, heute freilich nur selten (bei Schriftstellern als Archaismus) finden: *Krisztusnak felöle parancsolok* 'von seiten Christi gebiete ich dir'. *Az irástudóknak közzöle* 'von den Schriftgelehrten'. *A cellának kivüle* 'ausserhalb der Zelle'. Die Konstruktion *tejnek fölötte* verhält sich zu der Form *tej fölött*, wie z. B. die Konstruktion *tejnek föle* zu *tejföl*. Die possessive Konstruktion kommt auch in anderen finnisch-ugrischen Sprachen vor, und ist z. B. im Finnischen und Mordwinischen ganz gewöhnlich, wo in solchen Fällen der Genitiv gebraucht wird: finn. *pöydä-n alla* 'unter dem Tische' usw. (vgl. im Deutschen: *unterhalb des Tisches*).

Die eben dargestellte Auffassung wird auch durch die mit Personalsuffixen versehenen Formen *bennem* 'in mir', *reád* 'auf dich', *felénk* 'gegen uns', *énbennem* 'in mir', *teredd* 'auf dich', *mifelénk* 'gegen uns', bekräftigt, denn diese bezeichnen ein ähnliches possessives Verhältnis, wie die Substantiva: *kertem* 'mein Garten', *apád* 'dein Vater', *epénk* 'unsere Galle', oder *az én kertem, a te apád, a mi epénk* usw. Ähnliche Ausdrücke finden wir in den verwandten Sprachen; z. B. finn. *al-ta-si* ung. *al-ól-ad* '(von) unter dir', *keske-nä-mme* ung. *köz-ött-ünk* 'zwischen uns' usw. *Bennem* 'in mir' bedeutet eigentlich soviel als *belemen* 'in meinem Innern', *felölem* 'von mir' s. v. a. *felemtöl* 'von meiner Seite', *mellém* 'neben mich' = *mellemhez* 'zu meiner Brust' usw.

**Die Besitzendungen**, namentlich die possessiven Personalendungen, gehören zum gemeinsamen Formenvorrat der finnisch-ugrischen Sprachen (vgl. S. 25 und 37—38).

Die 1. Person der Einzahl hat im Ungarischen und in den verwandten Sprachen das Suffix *-m* (mit verschiedenen Bindevokalen, die in den Wörtern finnisch-ugrischen Ursprungs einst zum Stamme gehörten): *ló* 'Pferd' : *lovam* 'mein Pferd', ostj. *λoṷεm*, wog. *lūm*; — *ház* 'Haus' : *házam* 'mein Haus', tscher.

*kuðem*, mordw. *kudom* usw. (Das Fürwort der 1. Person hat in den meisten finnisch-ugrischen Sprachen den Anlaut *m*-.)

Die 2. Person endet auf *-d*, in den verwandten Sprachen zum Teil ebenfalls so, teilweise finden sich andere Lautformen (ursprünglich **-nd*): *szem* 'Auge' : *szemed* 'dein Auge', wotj. und syrj. *śinmid*, finn. *silmäsi* (s. S. 25). (Das finnisch-ugrische Fürwort der 2. Person hat den Anlaut *t*-.)

Die 3. Person endet gegenwärtig teils auf *-a e*, teils auf *-ja je*, von denen die erstere Form die ältere ist. Heute spricht man neben *lova, háza, szeme* usw. *kapuja* 'sein Tor', *ideje* 'seine Zeit' (*idő* 'Zeit'), *akaratja* 'sein Wille', *útja* 'sein Weg', *kertje* 'sein Garten' usw. Es kommen aber bis zur Mitte des XVI. Jahrhunderts Formen vor, wie *kapua, idee*, und bis Mitte des XVII. Jahrhunderts Formen wie *úta, kerte* usw. Daraus folgt, dass sich zuerst zwischen Vokalen ein Übergangslaut *i̯* entwickelte, der sich später der Endung *-a e* fest anschloss und auch bei vielen konsonantischen Stämmen angewendet wurde. — Die Endung war ursprünglich lang[1]) und hat die Länge vor den meisten Kasusendungen bis heute bewahrt: *házá-t, házá-n, szëmé-t, szëmé-n* usw. In der hochlautigen Form wurde das *é* auch zu *í* (*szëmít, szëmín*) und weiter in den meisten Mundarten zu kurzem *i*, so dass in der heutigen Umgangssprache gewöhnlich *szëmit, szëmin* usw. gesprochen wird. Im Nominativ wurde **szëmé* teils zu *szëmë* verkürzt, was sich in manchen Mundarten erhalten, in den meisten aber in *szëme* (mit offenem *e*) verwandelt wurde, — teils wurde es, wie vor den Kasusendungen, zu *szëmi*. Diese Form auf *-i* tritt sehr früh auf, und die Ähnlichkeit dieser Form und der Verbalform auf *-i* (*szereti* 'er liebt ihn') mag dazu beigetragen haben, dass nach der Analogie von Verbalformen wie *mutat-ja* ('er zeigt es') auch statt *akarata* sehr früh (schon im XII. Jhdt.) die Form *akaratja* auftrat (Nyelvőr 17, 202. Szinnyei). Übrigens heisst es heute noch ausschliesslich *lova, keze, háza, dolga* usw.

---

1) *-á é*, noch früher wahrscheinlich bloss *-é*, das auf **(lov)aj* und **(lov)az* zurückgehen mag; vgl. wotj. *tire-z* 'seine Axt', mordw. *kudo-zo* 'sein Haus', ostj. (*kĕt* 'Hand') *kĕdet* 'seine Hand', wog. *lū-tə* 'sein Pferd'.

Die 1. Person der Mehrzahl endet auf *-nk*, nach Konsonanten auf *-unk ünk*. Zur Zeit der Leichenrede hiess es noch *-mk* und **-mok mëk mök*, vgl. *uromc* (lies *uramk*), später *uronk*, heute *urunk* 'unser Herr', und *isemucut* (lies *isemököt*), später *ösönket*, heute *ősünket* 'unsern Vorvater'. — Die 2. Person ist der ersten parallel und hat den Vokal bis heute erhalten: *uratok* 'euer Herr', *ősötök* 'euer Vorvater'. — Das *-k* in **-mok* und *-tok* ist ohne Zweifel das gemeinsame Zeichen der Mehrzahl, *-m-* und *-t-* aber ist das Zeichen der ersten und zweiten Person (vgl. neben *mi* 'wir' und *ti* 'ihr' die mundartlichen Formen *mik*, *mük* und *tik*, *tük*). In den verwandten Sprachen finden sich entsprechende Formen: ung. *ősünk* : lapp. *aččamăk*, finn. *isämme*; ung. *tollunk* : mordw. *tolgamok*; ung. *ősötök* : lapp. *aččadăk*, finn. *isänne* (**isäntek*) usw.

Die 3. Person der Mehrzahl lautet seit dem Zeitalter der Kodizes *-ok ök* und *-jok jök*; seit Mitte des XIX. Jahrhunderts sprechen alle mittleren Mundarten *-uk ük* und *-juk jük*. Das *j* dieser Suffixe hat sich parallel mit dem *j* der Einzahl (*-ja je*) entwickelt; im XV. Jahrhundert findet sich noch *reguldok* 'ihre Regel', *szentëk* 'ihr Heiliger', später *regulájok*, *szentjëk* und *szentjök*. Dagegen heute noch allgemein ohne *j*: *lovok*, *kezük*, *házuk*, *dolguk* und viele andere. — Viele Mundarten haben eine ursprünglichere Lautform *-ik* bewahrt: *lovik* 'ihr Pferd', *kezik* 'ihre Hand', *házik* 'ihr Haus' usw. In den meisten Mundarten muss sich dieses *-ik*, je nachdem es an hochlautige oder tieflautige Stämme antrat, in *-ik* und *-i̯k* gespalten haben; daraus wurde dann *-ok ëk ök*, möglicherweise erst im XIV. Jahrhundert, denn in der Leichenrede heisst es noch *cuzicun* d. h. *közikön* 'in ihrer Mitte' (das ebenda vorkommende *turchucat* ist auch sonst zweifelhaft und wahrscheinlich verschrieben für *turchat*, s. Nyelvőr 32, 485, Szinnyei). — Das ursprünglichere *-ik* hat sich mit verdunkelter Bedeutung auch in der Gemeinsprache erhalten, und zwar bei Zahlwörtern und gesteigerten Beiwörtern: *egyik* 'der eine', *másik* 'der andere', eigtl. 'alter eorum', *a második* 'der zweite', *a harmadik* 'der dritte, tertius eorum'; *a jobbik* 'der bessere', *a legszebbik* 'die schönste von ihnen, earum pulcherrima' usw. Im XIV. und XV. Jahrhundert sagte man noch mit dem partitiven Genitiv: *kiknek egyik* 'quorum alter, deren einer', *ez két tolvajnak egyik* 'einer dieser beiden Räuber'.

Im Ungarischen wird durch das possessive Personalsuffix eigentlich ein neuer Stamm gebildet, der dann wie jeder andere Stamm die Kasussuffixe, ja sogar hie und da weitere Stammbildungssuffixe annimmt: *uramat* 'meinen Herrn', *uramtól* 'von meinem Herrn', *kezedből* 'aus deiner Hand', *helyükre* 'auf ihren Platz', *öklöm-nyi* 'so gross wie meine Faust' (*öklnyi* 'faustgross'). In mehreren verwandten Sprachen gehen die Kasusendungen den Besitzendungen voran, z. B. finnisch (*suu-ssa* 'im Mund') *suu-ssa-ni* 'in meinem Mund', *suu-ssa-nsa* 'in seinem Mund', *suu sta-nsa* 'aus seinem Mund'. So mag es ursprünglich auch im Ungarischen gewesen sein; vgl. *bennem*, **belnem* 'in mir, in meinem Innern', *belőlem* 'aus mir, aus meinem Innern', *belém* 'in mich, in mein Inneres', *belénk* 'in uns', *felénk* 'gegen uns, nach unserer Seite', *felőlünk* 'von unserer Seite' usw.

Über die Mehrzahl des Besitzes (*lovaim* 'meine Pferde', *lovaid* 'deine Pferde' usw.) s. S. 312.

## Bibliographie.

Simonyi Zs. *Tüzetes magyar nyelvtan*, s. S. 13.

Szinnyei J. *Magyar nyelvhasonlítás*, s. S. 55.

Simonyi Zsigmond *A magyar szótők* (die ungarischen Wortstämme, Budapest. Akademie d. W. 1888). — Über den ursprünglichen vokalischen Stammauslaut. Über die Ursachen und Arten der Veränderungen der Wortstämme.

Szinnyei József: *A tővégi rövid magánhangzók kérdéséhez* (zur Frage der in Sprachdenkmälern erhaltenen kurzen Stammauslaute; erörtert die verschiedenen Möglichkeiten ihrer Aussprache; Nyelvtud. Közl. Bd. 33—34.).

---

Setälä E. N. *Zur Geschichte der Tempus- und Modusstammbildung in den finnisch-ugrischen Sprachen* (Helsingfors 1887). — Eingehende Untersuchungen mit wichtigen Ergebnissen. Am ausführlichsten sind die finnischen Formen behandelt.

Simonyi Zs. *Az ikes ragozás története* (Geschichte der Konjugation auf *-ik*) 1906. Nyelvészeti Füzetek Nr. 28. — Ein Auszug daraus in deutscher Sprache: *Geschichte der reflexiven Konjugation im*

*Ungarischen.* Journal de la Société Finno-ougrienne 1906. Bd. 23. (Über die Literatur dieser Streitfrage s. des Verfassers *A magyar nyelv*² S. 445.)

Szinnyei J. Hat das Ungarische ein Verbum negativum gehabt? und Simonyi Zs. Über den Ursprung der verneinenden Partikeln (Nyelvőr 1884).

Szinnyei József *Über den Ursprung der Personalsuffixe -n und -nak nek* (Finnisch-ugrische Forschungen I. und V. 1901 und 1906).

Budenz J. *Ugrische Sprachstudien* (handelt über die possessiven Personalsuffixe und die determinierte Deklination; s. S. 70).

Szinnyei J. *A birtokos személyragozásról* (Über die Possessivsuffixe) Nyelvőr 1888. — Die Abhandlung weist mit Hilfe der alten Sprachdenkmäler nach, dass das *j* der Personalsuffixe *-ja je, -jok jök, -jaim jeim* usw. sich ursprünglich nach vokalisch auslautenden Stämmen entwickelt und erst nachträglich auf viele konsonantische Stämme verbreitet hat.

Fünfter Abschnitt.

## DER SATZBAU.

**Die Arten des einfachen Satzes** — Aussagesatz, Wunschsatz, Frage, Ausrufungssatz, Verneinung — unterscheiden sich äusserlich teils durch Wortfolge und Betonung, teils durch den Modus des Zeitwortes, und nur einzelne Arten werden durch gewisse besondere Partikeln gekennzeichnet (die Verneinung und zum Teil der bedingte Wunschsatz).

Der Aussagesatz ist entweder ohne Nachdruck der Ausdruck der affektlosen Erzählung und Erörterung, oder aber nachdrückliche Ausdrucksweise des Affektes. Im letztern Fall wird entweder der ganze Inhalt des Satzes mit Nachdruck ausgesagt, oder bloss ein Teil der Aussage nachdrücklich hervorgehoben, und zwar zu dem Zwecke, diesen Teil mit anderen seinesgleichen zusammenzufassen oder durch ihn die übrigen auszuschliessen. (Näheres weiter unten in dem Absatz über die Wortfolge.) — Ferner enthält der Aussagesatz entweder den Ausdruck einer Tatsache, oder es ist eine bedingte Aussage, der Ausdruck eines irrealen Zustandes: im ersten Fall steht der Indikativ, im zweiten der Konditional: *fut* 'er läuft', *futna* 'er liefe'. — Die Möglichkeit einer Handlung wird durch den Indikativ oder Konditional des mit dem Formans *-hat het* weitergebildeten Zeitwortes ausgedrückt: *futhat* 'er kann laufen', *futhatna* 'er könnte laufen'. *Futhat* drückt auch die Wahrscheinlichkeit aus: es ist möglich, dass er läuft. — Die bedingte Aussage schliesst oft ohne irgend welchen Unterschied in der Satzform zugleich den Wunsch des Subjekts in sich: *Futna széllyel a leányhad* (Arany) die Mädchenschar möchte fliehen (es ist aber unmöglich). Es kann aber auch das ausdrücklichere *szeret* 'lieben, gern tun' angewendet werden: *szeretne futni* 'sie möchte fliehen oder laufen' (im Indikativ *szeret futni* 'er läuft gern, il aime à courir'). Es gibt bei gewissen Zeitwörtern — besonders solchen, die ein körperliches Bedürfnis ausdrücken (*eszik* 'er isst', *iszik* 'er trinkt', *alszik* 'er schläft', und einige obszöne Ausdrücke) — eine eigentümliche Ausdrucksweise, um den Wunsch der handelnden Person anzudeuten; es ist dies der Konditional des Möglichkeitszeitworts: *ihatnám* 'ich möchte trinken' (eigtl. 'ich könnte trinken'), *alhatnál?* 'bist du schläfrig?' (dormituris). *Nem játszhatnék, midőn haragszik a magyar* (Arany) 'wenn der Ungar zürnt, hat er keine Lust zum Spiel'. *Mulathatnám, táncolhatnám, az ebédet ide hagynám* (Gyulai) 'ich habe Lust zu Unterhaltung und Tanz, ich möchte das Gastmahl verlassen'.

Der Wunsch des Sprechenden ist ebenfalls ein bedingter oder ein unbedingter: im ersten Fall steht der Imperativ, im zweiten der Konditional: *Jöjjön az anyja!* 'es komme die Mutter!' *Bár jönne az anyja!* 'wenn nur seine Mutter käme!' Der strenge Befehl wird in der Umgangssprache, wie im Deutschen, auch wohl im Indikativ ausgedrückt, um die Gewissheit des Vollzugs anzudeuten: *Itt maradsz csendesen!* 'du bleibst ruhig da!' *Most tüstént haza jössz!* 'jetzt kommst du sofort nach Hause!' — Die Wortfolge des Imperativsatzes ist in der Regel die analytische (s. weiter unten): *jöjjön be!* 'kommen Sie herein!' (Ind. *bejön*); *állj meg!* 'steh still!' (Ind. *megáll*); *a fát is hordd be!* 'trag auch das Holz hinein!' (Ind. *a fát is behordod*). Dennoch wird in der nachdrücklichern und besonders in der strengen, drohenden Aufforderung die synthetische Wortfolge angewendet: *megállj!* 'halt!' *Kérlek, gyere el holnap, de elgyere ám!* 'ich bitte dich, komm morgen zu mir, aber komm bestimmt!' — Im Ungarischen ist auch die 1. Person Sg. des Imperativs gar nicht selten [1]), in den meisten Fällen allerdings als Ausdruck der Einwilligung oder als Bitte um eines andern Einwilligung (='lass mich . . .' [2]); z. B.

1) Über diesen Gebrauch in anderen Sprachen vgl. Potts Einleitung zu Humboldts Verschiedenheit d. m. Sprachbaus, S. LXXIII.

2) Die Bitte um Einwilligung wird gewöhnlich durch *hadd*

*Akármi legyek, ha nem igaz!* wörtl. 'ich mag was immer werden, wenn's nicht wahr ist!' (Beteuerungsformel.) *Ne beszéljek, rózsám, veled, csak lássalak, az is könnyebb* (Volkslied) 'es sei dass ich nicht spreche mit dir, mein Schatz, lass mich dich bloss sehen, da ist mir schon leichter'. Jedoch auch als wirklicher Willensausdruck, wenn die Erfüllung von einer andern Person abhängt, obwohl die erste Person die handelnde ist; z. B. *Halljak felőled!* (Arany) 'ich will von dir hören, lass mich von dir hören!' *Udvaromnál többé ne lássalak!* (Arany, Toldi) 'ich soll dich nicht mehr sehn an meinem Hofe!'

Im bedingten Wunschsatz wird der Konditional gewöhnlich von einer entsprechenden Interjektion begleitet: *bár* 'doch, wenn doch', *csak, bárcsak* 'wenn nur', in der Schriftsprache wohl auch *vajha.* Z. B. *Oh, bár födözné még sötét a hajnal csillag-üstökét!* (Arany) 'ach, deckte doch Finsternis der Morgenröte Sternenhaar!' *Elvennélek én, csak adnának!* (Pet.) 'ich nähme dich, wenn man dich nur gäbe!' *Röpülsz, égi vándor, föld s víz felett: vajha szállni tudnék én is veled!* (Kölcsey) 'du fliegst, Wandrer des Himmels, über Land und Wasser: ach, könnt ich nur fliegen mit dir!'

Von den Fragesätzen werden die Entscheidungsfragen durch die steigende Betonung ausgezeichnet, und zwar steigt der Ton bis zur vorletzten Silbe des Satzes, um dann in der letzten Silbe zu fallen. In der Wortfolge gibt es gar keinen Unterschied zwischen Fragen und Aussagesätzen: *Elmentek a gyermekek?* 'sind die Kinder fort?' (*elmentek a gyermekek* 'die Kinder sind fort'). *Itt hagynál minket?* 'möchtest du uns verlassen?' (Der Nachdruck, der exspiratorische Akzent liegt in beiden Sätzen auf der ersten Silbe.) Selbst der steigende Ton fällt fort, wenn eins der folgenden Fragewörter angewendet wird: *e* (oder *-é*), *úgy-e, nemde*; wahrscheinlich weil *-e* eigentlich eine abhängige Frage bezeichnet, die beiden anderen aber

(=*hagyd, hagyjad,* wörtl. 'lass es, gib's zu!) mit der 1. oder 3. Person des Imperativs ausgedrückt; z. B. *hadd lássalak!* 'lass dich sehen!' *hadd beszéljek vele!* 'lass mich reden mit ihm!' *hadd jöjjön be!* 'lass ihn herein(kommen)!' — In der Volkssprache auch mit dem Indikativ der 1. Person: *hadd látlak! hadd beszélek vele!*

eigentlich abgekürzte Hauptsätze sind, wie das deutsche *nicht wahr* oder das französische *n'est-ce pas*, neben denen die eigentliche Frage als Nebensatz erscheint, der sogar durch das Bindewort *hogy* als solcher gekennzeichnet werden kann. Beispiele: *Vak vagy-e te, szent igazság?* (Kölcsey) 'bist du blind, oh du heilige Gerechtigkeit?' (Das Wörtchen *-e* schliesst sich immer dem Zeitwort an, oder steht nach der Stelle, die vom Zeitwort eingenommen werden sollte.) *Úgy-e eljössz* oder *úgy-e hogy eljössz?* 'nicht wahr du kommst' (wörtl. 'ist es wohl so, dass du kommst)?' *Vértagadó testvér! nemde úgy van? érted?* (Arany) 'blutverleugnender Bruder! nicht wahr so ist es? verstehst du?' Dagegen bleibt der steigende Akzent nach dem Fragewort *vajjon* oder *vaj* (das übrigens auch in Ergänzungsfragen vorkommt), z. B. *vajjon elhitted azt a rágalmat?* 'hast du der Verleumdung Glauben geschenkt?' — Die bejahende und die verneinende Antwort lautet *igen* und *nem*. Doch wird in der Volkssprache anstatt *igen* 'ja' gewöhnlich der Teil der Frage wiederholt, der den Nachdruck hat, und zwar entweder wörtlich oder durch das entsprechende hinweisende Fürwort, z. B. *Hoztál?* 'hast du welches gebracht?' *hoztam!* 'ja!' (Das einfache Zeitwort wird in der entsprechenden Person wiederholt.) *Meghoztad?* 'hast du's gebracht?' *meg!* 'ja!' (Das Präverbium vertritt in der Antwort die Stelle des zusammengesetzten Zeitwortes.) *Könyvet vettél?* 'hast du ein Buch gekauft?' *azt!* (wörtl. 'das', Akk.) *Hármat hozott?* 'hat er drei gebracht?' *annyit!* (wörtl. 'soviel'). *Az iskolába mész?* 'gehst du in die Schule?' *oda!* (wörtl. 'dahin').

Die Ergänzungsfragen[1]) beginnen in der Regel mit dem fragenden Fürwort, der Ton wird gewöhnlich nicht erhöht, so dass z. B. die Frage *ki jön?* 'wer kommt?' ganz so lautet, wie der homonyme Aussagesatz *kijön* 'er kommt heraus'. Andere Beispiele: *Mit ér atyjok vitézsége?* (Gyulai) 'was nützt ihnen ihres Vaters Heldenmut?' *Régi dicsőségünk, hol késel az éji homályban?* (Vörösmarty) 'alter Ruhm, wo weilst du im nächtlichen Dunkel?' *Mért vijjog a saskeselyű?* (Arany) 'warum

1) Von Wundt sehr unzweckmässig Tatsachenfragen genannt; so könnten noch eher die Entscheidungsfragen heissen.

kreischt der Geier?' — Interessant ist der häufige volkstümliche Gebrauch der mehrzieligen Ergänzungsfrage (wie in mehreren anderen Sprachen, im Deutschen jedoch ganz ungewöhnlich [1]): *Kinek mit vétettem?* wörtl. 'wem was hab ich zu Leide getan?' = 'wem hab ich was zu Leide getan und was hab ich ihm zu Leide getan?' *Merre mi panasz van?* (Arany) 'wo gibt es was zu klagen?'

Ausrufungssätze unterscheiden sich — wenn wir von den Wunschsätzen absehen, in denen der Modus charakteristisch ist — in der lebenden Sprache gewöhnlich bloss durch den pathetischen Akzent, wie in der Schrift bloss durch das Ausrufungszeichen. Oft wird die rhetorische Frage angewendet: *Mit nem adtam volna érte!* 'was hätt ich nicht drum gegeben!' (bemerkenswert ist die Verneinung.) *Érted mennyi dicsők estenek áldozatul!* (Kisfaludy K.) 'wieviel ruhmreiche (Männer) sind für dich zum Opfer gefallen!' *Hogy kinyílt a szíve, hogy megoldott nyelve!* (Arany) 'wie ihm das Herz aufging, wie sich ihm die Zunge löste!' — Endlich werden in naiver Rede häufig die demonstrativen Fürwörter, die dem Deutschen *so* entsprechen, angewendet: *úgy* 'so', *olyan* 'talis, tam', *annyi* 'soviel', *annyira* 'so sehr', *akkora* 'so gross'. *Úgy kilökte!* 'er hat ihn unsanft hinausgeschmissen' (dagegen als gewöhnlicher Aussagesatz mit der Wortfolge: *úgy lökte ki* . . 'er hat ihn auf die Weise hinausgestossen'). *Annyiszor mondtam neki!* 'ich hab ihm's so oft gesagt!'

Die Verneinung geschieht — im Gegensatz zu anderen finnisch-ugrischen und türkischen Sprachen [2]) — nach indogermanischer Art durch unveränderliche Partikeln, und zwar, wie im Griechischen und Lateinischen mit dem Unterschiede zwischen

1) Vgl. — auch über das Ungarische — Hugo Schuchardt: Der mehrzielige Relativ- und Fragesatz.

2) Im Finnisch-ugrischen wird die Verneinung durch ein besonderes Zeitwort, im Türkischen durch ein besonderes Stammbildungssuffix (*-ma me*) ausgedrückt. Z. B. finn. *en mene, et mene, ei mene* 'ich gehe nicht, du gehst nicht, er geht nicht', wörtlich: 'ich nichte geh-, du nichtest geh-, er nichtet geh-'. Über ungarische und finnisch-ugrische Verneinungswörter s. des Verf. Abhandlung Nyelvőr Bd. 13 und ebd. Szinnyei; ferner Misteli, Charakt. 358 u. 21.

blosser Verneinung und Verbot: *nem* 'non, οὐ' und *ne* 'ne, μή', z. B. *nem megyek* 'ich gehe nicht', *ne menj!* 'geh nicht!' Ebenso unterscheiden sich *sem* und *se* 'neque, neve'; in der heutigen Umgangssprache wird jedoch *se* unterschiedslos sowohl im Wunsch, als auch in Aussagesätzen gebraucht: *ilyent se láttam még* 'so was hab ich (auch) noch nicht gesehn'. — Der Nachdruck des verneinenden und verbietenden Satzes kann ebenso durch verschiedene Wortfolge gesteigert werden, wie der des Befehlsatzes: *meg nem áll* und *meg ne állj* ist ebenso eine Steigerung von *nem áll meg* und *ne állj meg*, wie das synthetische *megállj* vom analytischen *állj meg! Meg nem áll* heisst 'er will durchaus nicht stillstehen' oder 'es wird keinesfalls stillstehen'; *meg ne állj!* 'hüte dich stillzustehen!' In negativen Nebensätzen, besonders in Bedingungs- und Relativsätzen, ist dies die gewöhnliche Wortfolge, ohne jeden Nachdruck: *Ha meg nem haltak, most is élnek* (Schlusssatz in Volksmärchen) 'wenn sie nicht gestorben sind, leben sie noch heute'. *Amit ma el nem végezhetünk, jövő hétre marad* 'was wir heute nicht fertig bringen, bleibt für die nächste Woche'. In älterer Zeit war diese negative Wortfolge auch in nachdrucklosen Hauptsätzen gewöhnlich (s. Verf. *A magyar szórend*, S. 48). — Nach negativen Fürwörtern wird vor dem Zeitworte immer noch die verneinende Partikel (*sem* oder *se*) gesetzt (gleichwie in sämtlichen slavischen Sprachen!): *senki sem látta* 'niemand hat's gesehen', *sehol se találom* 'nirgends finde ich's'. Die drei Wörter haben heute ständige Kontaktstellung, vor zwei Jahrhunderten aber sagte man noch ganz gewöhnlich: *senki is azt nem látta* (*is nem* > *sem*) oder *senki azt nem látta*. Die doppelte Verneinung ist auch in den zusammengesetzten Sätzen Regel, die mit dem doppelten *sem — sem* oder *se — se* beginnen: *Se nem izensz, se nem írsz hát levelet?* (Volkslied) 'weder sendest du mir eine Botschaft, noch schreibst du mir einen Brief?'

**Subjekt und Prädikat** zeigen im Vergleich zu indogermanischen Sprachen wenig Bemerkenswertes. Ist das Prädikat ein Nennwort, so fehlt in der Gegenwart dauernder Handlung die sogen. Kopula: *az ég kék* 'der Himmel [ist] blau'; *a gyerek* *nyolc esztendős* 'das Kind ist acht Jahr alt'. Sie ist vielmehr latent und wird ausgedrückt, wenn die Richtigkeit der ganzen Aussage nachdrücklich betont werden soll: *ez a gyerek van már nyolc esztendős* 'das Kind ist schon acht Jahr alt'. Die Vergangenheit, die vollendete Handlung, der Imperativ und Konditional, sowie auch die 1. und 2. Person erfordern immer die Kopula: *az ég kék vala, kék volt* 'der Himmel war blau, ist blau gewesen'; *fáradt vagyok* 'müde bin ich'. (Das Finnische gebraucht auch die 3. Person mit der Kopula: *taivas on sininen* 'der Himmel ist blau'; *lapsi on kahdeksan vuoden vanha* 'das Kind ist acht Jahr alt'). (In einzelnen Mundarten kommt die Kopula auch sonst in der 3. Person vor: *János most hol van bojtár?* 'wo ist jetzt der Johann (als) Schäfergehilfe?' *Minálunk van cseléd* 'bei uns ist er Diener').

Der Kopula ähnlich konstruiert man auch die Zeitwörter: *lesz* a) 'er wird', b) 'er wird sein', und *marad* 'er bleibt'; z. B. *katona lett* 'er wurde Soldat', *elég lesz* 'es wird genug sein, genügen', *katona marad* 'er bleibt Soldat'. (*Lesz* 'er wird' und *marad* werden auch mit Richtungssuffixen verbunden: *hamuvá lesz* 'es wird zu Asche', *utolsónak maradt* 'er blieb zum letzten, zu-letzt'.)

Das allgemeine und das unbestimmte Subjekt wird — ausser dem unbestimmten Fürwort (*zörget valaki* 'es klopft wer') — meistens auf dreierlei Art ausgedrückt: 1. durch die 3. Person der Mehrzahl des Prädikats: *zörgetnek*; 2. durch das Subjekt *az ember* 'der Mensch', dessen Bedeutung hier abgeschwächt ist, wenn auch nicht so stark, wie die des ähnlichen Deutschen *man* (*Mann*) oder des franz. *on, l'on* (*homme, l'homme*), z. B. *nem tudja az ember, mit szóljon hozzá* 'man weiss nicht, was man dazu sagen soll'; 3. durch eine eigentümliche Infinitivkonstruktion, höchst wahrscheinlich slavischen Ursprungs: *nem látni semmit* 'man sieht nichts, es ist nichts zu sehen', wörtl. 'nicht sehen nichts' (Akk.); *láthatni* 'man kann sehen'.

Sonstige subjektlose und eingliedrige Satzformen sind: 1. Impersonalia, z. B. *villámlik* 'es blitzt', *esik* oder subjektisch *esik az eső* 'es regnet (der Regen)', *dörög* oder *mennydörög* 'es donnert', oder *dörög az ég* 'es donnert der Himmel'. *Menny-*

*dörög* heisst wörtlich ebenfalls 'der Himmel donnert', hat also ursprünglich ein Subjekt gehabt, das aber jetzt verdunkelt ist (so dass ein neues Subjekt hinzutreten kann: *Zeus mennydörög*). Ausser diesen meteorologischen Ausdrücken entstehen auch sonstige eingliedrige Sätze durch Ellipsen: *hányat ütött (az óra)?* 'wieviel hat's geschlagen?' *hány óra (van)?* 'wieviel Uhr (ist's)?' — 2. Vokative und Interjektionen.

Infolge von Bedeutungsverschiebungen treten verschiedene adverbiale Satzteile an die Stelle des Subjektnominativs, so besonders regelmässig die Zahlwörter mit dem Modalsuffixe *-an en*: *sokan jöttek* 'viele kamen' (st. *sok jött*), *sok százan elestek* 'viele Hunderte fielen' (st. *sok száz elesett*), eigentlich 'zahlreich kamen sie, zu hunderten fielen sie'.

**Objekt und Prädikat.** Das Objekt (Akkusativobjekt) ist die nächste Bestimmung des Zeitworts und bezeichnet gewöhnlich, wie in den indogermanischen Sprachen, den Gegenstand, der in engster Beziehung zur Handlung steht. Es unterscheidet sich von anderen Umstandsbestimmungen bloss dadurch, dass es eine engere Beziehung ausdrückt, so z. B. heisst *a fára vágok* 'ich haue aufs Holz', *fát vágok* 'ich hacke Holz'; *a házra néztem* 'ich schaute aufs Haus', *a házat néztem* 'ich beschaute, betrachtete das Haus'. Es gibt ebenso wie in anderen Sprachen ein Richtungsobjekt oder affiziertes Objekt (*gyertyát gyujt* 'er zündet eine Kerze an') und ein Ergebnisobjekt oder effiziertes Objekt (*tüzet gyujt* 'er zündet Feuer an'[1]). In die letztere Klasse gehört auch das innere Objekt: *szép éneket énekel* 'er singt ein schönes Lied', *édes álmot aluszik* 'er schläft einen

1) Auch Bestimmungen des räumlichen oder zeitlichen Masses werden oft durch das Akkusativobjekt ausgedrückt, z. B. *Ha ötven mérföldet kell is menni érte* (Arany, Toldi) 'selbst wenn er fünfzig Meilen darum gehen müsste'. *Száz napot égsz ezért purgatóriumban* (Orczy, XVIII. Jhdt.) 'hundert Tage wirst du dafür im Fegefeuer brennen'. (Misteli irrt also Intern. Z. 3, 66—67, wenn er meint, im Ung. gebe es keinen zeitlichen Akk.) — Interessant ist noch die akkusativische Frage nach der Ursache: *mit álltok itt?* = 'was steht ihr da? quid istuc statis?' (nach Analogie von Ausdrücken, wie 'was suchst du da? was schreibst du da?')

süssen Schlaf'; und dann sehr oft elliptisch: *édeset aluszik* 'er schläft süss', *nagyot kiált* 'er schreit laut, er schreit einen grossen [Schrei]', *sokat veszödtem* 'ich habe mich viel geplagt'. — Die Grenze der transitiven und intransitiven Zeitwörter ist viel beweglicher als im Deutschen'[1]). Die transitiven können meist auch ohne Objekt gebraucht werden: *eszik* 'er isst', *irok* 'ich schreibe'; zum Teil elliptisch, wie: *befog* 'er spannt (die Pferde) an' statt *befogja a lovat*, *kisöpör* 'sie kehrt aus', nämlich das Zimmer[2]). Sodann kann aber sozusagen jedes intransitive Zeitwort auch mit einem Objekt verbunden werden: *jár* 'er geht', *táncot jár* 'er führt einen Tanz auf', *járja a kocsmát* 'er besucht das Wirtshaus fleissig'; *ül* 'er sitzt', *jól üli a lovat* 'er sitzt stramm auf dem Ross', wörtlich 'er be-sitzt es'; *nyög* 'er stöhnt, ächzt': *Nyögte Mátyás bús hadát Bécsnek büszke vára* (Kölcsey), wörtl. 'Wiens stolze Burg ächzte Matthias' erboste Scharen'. Besonders häufig werden mit Präverbien versehene (in den meisten Fällen perfektive) Zeitwörter mit dem Akkusativ konstruiert, ganz wie im Deutschen, Lateinischen, Slavischen: *áll* 'stehen', *megáll* 'bestehen'; *jár* 'gehen', *bejár* 'begehen', *átjár* 'durchgehen, transcurrit'; *nő* 'wachsen', *benő* 'bewachsen, überwuchern'; *fut* 'laufen', *végigfut* 'durchlaufen'; *gazdálkodni* 'haushalten', *meggazdálkodni* 'ersparen'. Hieher gehören prägnante Ausdrücke mit Richtungsadverbien, wie: *kialuszom mámoromat* (Petőfi) 'ich schlafe meinen Rausch aus'; *leimádkozom rád Isten áldását* 'ich erbete Gottes Segen herunter auf dich'. Ferner reflexive Ausdrücke wie *kialussza magát* 'er schläft sich aus', *elordítja magát* 'er fängt zu heulen an' (*ordít* 'heulen'), *elneveti magát* 'er bricht in ein Gelächter aus'.

Die objektive Konjugation ist dem Ungarischen

1) Übrigens ist ja diese Grenze in allen Sprachen ausserordentlich schwankend; vgl. darüber besonders Steinthal, Kl. Schriften 381.

2) Die Ellipse ist ganz augenscheinlich, wenn das Zeitwort ohne Objekt steht und doch die Form der objektiven Konjugation beibehält, z. B. *beéri egy kenyérrel* 'er kommt aus [er bestreitet es] mit einem Laib Brot', in der ältern Literatur: *beéri szükségét egy kenyérrel* oder *beéri útját*, wörtlich: 'er bestreitet seinen Bedarf oder seine Reise mit einem Laib Brot'. (Über sonstige Ellipsen des Objekts s. Nyelvőr 34, 411.)

charakteristisch (auch in drei anderen verwandten Sprachen vorhanden, den übrigen abhanden gekommen). *Látok, látsz, lát* heisst 'ich sehe, du siehst, er sieht'; *látom, látod, látja* = 'ich sehe ihn (sie, es), du siehst ihn, er sieht ihn'. Die objektive Konjugation enthält also ein bestimmtes Objekt dritter Person. Ausserdem gibt es eine vereinzelte Form, die ein Objekt zweiter Person enthält, aber bloss mit dem Subjekt der ersten Person der Einzahl: *látlak* 'ich sehe dich (oder euch)', *láttalak* 'ich habe dich gesehen', *látnálak* 'ich sähe dich' usw. (Für ein Objekt erster Person gibt es keine besondere Form, wohl aber im Mordwinischen; im Ungarischen heisst *látsz* 'du siehst' und 'du siehst mich', *lát* 'er sieht' und 'er sieht mich' usw.) — Die gewöhnliche objektive Konjugation wird aber angewendet, so oft ein individuell bestimmtes Objekt dritter Person im Satze genannt oder durch ein entsprechendes Fürwort ausgedrückt wird. Sie wird also angewendet, wenn das Objekt den bestimmten Artikel hat, wenn es eine besitzanzeigende Personalendung hat und individuell bestimmt ist (in welchem Fall es nach heutigem Sprachgebrauch auch immer den Artikel annehmen kann), wenn es ein Eigennamen ist, und schliesslich, wenn es durch folgende Fürwörter vertreten wird: *öt* 'ihn', *öket* 'sie', *önt* 'Sie', *azt* 'den, die, das, jenes', *ezt* 'diesen, dieses' (und die Zusammensetzungen dieser beiden), *melyiket* 'welchen von ihnen' (*melyik fát* 'welchen Baum' usw.), *egyiket* 'den einen, das eine', *mindeniket* 'einen jeden', *valamennyit* 'alle', *egymást* 'einander' (= *egyik a másikat*, bei den Széklern *egy a mást* 'einer den andern'), dann die reflexiven Fürwörter *magamat, magadat, magát* 'mich, dich, sich' (die den Formen *házamat, házadat, házát* ähnlich sind, vgl. S. 255). — Beispiele:

*Imádd az Istenséget!* (Kölcsey) 'Bete die Gottheit an!' *Isten látja lelkemet!* Beteuerungsformel, wörtl. 'Gott sieht meine Seele'. *Megérti Mohács veszedelmét* (Kisfaludy K.) 'sie erfährt das Unglück von Mohács'. *Mátyás király bevette Bécset* 'König Matthias eroberte Wien'. *Az, ki öt szerette még, többé már fel nem kel* (Eötvös J.), 'jene, die ihn noch geliebt hat, steht nicht mehr auf'. *Azt elfelejtetted* 'daran hast du vergessen'. *Azt gondolom, esö esik* 'ich glaube (das), es regnet'. (Vor Objektsätzen steht die objektive Konjugation auch wenn das hinweisende Fürwort nicht vorangeht, z. B. *Ki tudja, melyik pillanatban hull el az élet hervadó virága?* (Kölcsey) 'Wer weiss [es], in welchem Augenblick die welkende Blume des Lebens abfällt?' *Melyiket szeressem?* (Gyulai) 'welchen soll ich lieben?' *Egyiket föláldozom* 'den einen opfere ich'. *Szeressétek egymást!* 'liebet einander!' *Szégyeljétek magatokat!* 'schämet euch!' — Wenn jedoch *magamat, magadat* nicht reflexiv ist, sondern 'mich allein, dich allein' bedeutet, so wird es nicht als 3., sondern als 1. und 2. Person behandelt: *csak magamat találtak* 'sie fanden mich allein', *magadat láttalak* 'ich sah dich allein'. *Azt*, wenn es bedeutet 'die Sorte, davon, welchen', franz. '*en*', steht bloss mit subjektiven Verbalformen: (*Én bort veszek* 'ich kaufe Wein'.) *Én is azt veszek* 'ich kaufe ebenfalls Wein'. Ebenso das relative Fürwort: *Amit ma elvégezhetsz, ne halaszd holnapra!* 'was du heute kannst besorgen, das verschiebe nicht auf morgen!'

Ein Hauptwort mit einer Personalendung kann einen bestimmten, aber unter Umständen auch einen unbestimmten Gegenstand bezeichnen (z. B. in partitivem Sinn): *ellopták a lovamat* 'man hat mir mein Pferd gestohlen', *elloptak egy lovamat* 'man hat mir ein Pferd, eines meiner Pferde gestohlen'. In letzterem Fall sollte eigentlich der allgemeinen Regel entsprechend folgerichtig die subjektive Konjugation angewendet werden, sie wird auch tatsächlich gebraucht, besonders in volkstümlicher Rede: *Petőfinek két arcképét ismerek* 'ich kenne zwei Bildnisse von Petőfi'. *A hideglelésnek én jó orvosságát tudok* 'gegen das Fieber weiss ich ein gutes Mittel'. *Hátulját kérj!* 'verlange Hinteres (in der Fleischbank)'. Meistens wird aber auch in ähnlichen Fällen die objektive Form angewendet, weil das Objekt mit der individualisierenden Personalendung als genügend bestimmt empfunden wird: *Néhány régi könyvét találta meg a lom között* (Gyulai; *talált meg* würde hier jedenfalls befremden, trotz des partitiven Objekts), 'er fand einige seiner alten Bücher unter dem Gerümpel'.

**Orts-, Zeit- und andere Umstandsbestimmungen.** Das Ungarische hatte für die drei Hauptarten oder Richtungen der Ortsbestimmung — wo? woher? wohin? — ursprünglich vier Lokalkasus, die sich auch in den verwandten Sprachen erhalten haben: *-n* und *-tt*, Lokative auf die Frage wo, *-ól*, Ablativ auf die Frage woher, und *-á é*, Lativ für die Frage wohin. Ihr

Gebrauch wurde jedoch mit der Zeit sehr eingeschränkt durch die neueren Endungen und Postpositionen, die alle möglichen spezielleren Ortsverhältnisse ausdrücken und gewöhnlich in etymologisch zusammengehörenden dreigliedrigen Gruppen auftreten, die durch jene älteren Kasusendungen nach den drei Hauptrichtungen bestimmt werden.

Wo? *-ben* 'in', *-n* 'auf', *-nál* 'bei', *alatt* 'unter', *fölött* 'über', *elött* 'vor', *mögött* 'hinter',
Woher? *-ból* 'aus', *-ról* 'von', *-tól* 'von', *alól* 'von unter', *fölöl* '(von) über', *elöl* 'vor', *mögöl* '(von) hinter',
Wohin? *-be* 'in', *-ra* 'auf', *-hoz* 'zu', *alá* 'unter', *fölé* 'über', *elé* 'vor', *mögé* 'hinter'.

Ausserdem die Endungen *-nek* 'gegen', *-ig* 'bis', und noch eine Anzahl von drei-, zwei- und einfachen Postpositionen: *között* 'zwischen', *közöl, közé*; *mellett* 'neben', *mellöl, mellé*; *felöl* 'von .. her', *felé* 'nach .. hin'; *után* 'nach'; *körül* 'um'; endlich Fügungen wie *valami-n belül* und *kivül* 'innerhalb und ausserhalb eines Raumes', *valami-n fölül* und *alul* 'oberhalb und unterhalb eines Gegenstandes', *valami-n át* 'über etwas hinüber', *valami-n innen* und *túl* 'diesseits und jenseits eines Ortes' usw. — Die persönlich bestimmten Adverbialformen *bennem* 'in mir', *nálad* 'bei dir' usw. sind schon S. 393 erwähnt worden.

Die drei Hauptrichtungen werden gewöhnlich streng geschieden, es gibt jedoch gewisse Eigenheiten und Verschiebungen, von denen hier bloss einige erwähnt seien. Die Zeitwörter für 'bleiben, lassen' und 'Raum haben' werden in finnisch-ugrischen Sprachen und zum Teil auch noch im Ungarischen mit Lativformen konstruiert: *oda-maradt az erdöre* 'er blieb im Wald', wörtl. 'er blieb dahin in den Wald', *oda-hagyta* 'er liess sie dort, er verliess sie', *bele-fér* 'es hat Raum darin, es geht hinein' (aber auch *elfér benne*, und die beiden ersteren Zeitwörter werden heutzutage in der Regel mit Lokativformen verbunden). Man sagt *bele-halt a vizbe, a vizbe veszett* wörtl. 'er starb ins Wasser hinein, er ertrank' [1]). — Die Ablative auf *-ól öl* sind in der Form *-ul ül* teilweise zu Lokativen verschoben

1) Es ist das kein scheinbarer Richtungskasus, wie H. Winkler meint (Zur Sprachgeschichte 301), sondern ein wirklicher.

worden: *alul, fölül* 'unten, oben' (daraus dann *alulról, fölülről* 'von unten, von oben'), *belül, kívül* 'innerhalb, ausserhalb' (*belülről, kívülről* 'von innen, von aussen') usw. Die Lokativendung *-ben* ist in der Aussprache mit der Lativendung *-be* zusammengefallen (Synkretismus).

Die Zeitbestimmungen werden meistens durch räumliche Suffixe und Postpositionen ausgedrückt: *télen* oder *télben* 'im Winter', *délben* 'Mittags', *reggeltől estig* 'von Früh bis Abend', *holnapra* 'auf morgen', *husvét után* 'nach Ostern', *két hét alatt* 'in zwei Wochen' usw. Es gibt aber auch einige speziell zeitliche Verhältniswörter. Die Endung *-kor* (= *kor* 'Zeit') wird meist dann gebraucht, wenn das Grundwort keinen Zeitbegriff ausdrückt: *szüretkor* 'zur Zeit der Weinlese', *aratáskor* 'zur Erntezeit'; mitunter aber auch bei Zeitbegriffen: *hat órakor* 'um sechs Uhr', *őszkor* 'im Herbst'. Die Postposition *közben* bedeutet 'während, inmitten', *mulva* 'nach (Verlauf von)' und *óta* 'seit': *evés közben* 'während des Essens', *két hét mulva* 'nach vierzehn Tagen', *újév óta* 'seit Neujahr'.

Andere Umstandsbestimmungen beruhen zum überwiegenden Teil ebenfalls auf räumlicher Auffassung, besonders die Zustandsbestimmungen: der Zustand, in dem . ., aus dem . . und in den . . Hieher gehören auch zahlreiche feststehende Fügungen, wie: *bízik az igazságban* 'er vertraut der Gerechtigkeit'; *gondolkodik a dolgon* oder *dologról* 'er denkt über die Sache nach', *panaszkodik valakire* 'er beklagt sich auf jemand'; der Komparativ mit *-nál*: *édesebb a méznél* 'dulcior melle' (persönlich bestimmt sagt man statt *nálam erősebb* gewöhnlich pleonastisch *nálamnál, náladnál, nálánál erősebb* usw. 'fortior me, te, eo', nach Analogie von *a fiunál erősebb*) usw. Den Zustand, aus dem man befreit wird, kann man als Bestimmung des Ursprungs, denjenigen, in den man gerät, als Bestimmung des Ziels oder Erfolgs bezeichnen (in des Verfassers ungarischen Arbeiten *eredethatározó* und *véghatározó* benannt). — Besonders zu erwähnen sind die Zustandsbestimmungen mit *-val vel* 'mit' und *nélkül* 'ohne', *helyett* und *gyanánt* 'statt, für, als'; ferner konkrete Zustandsbestimmungen (Essive) von Hauptwörtern mit der Endung *-ul ül*, von Beiwörtern gewöhnlich mit

*-an en*, seltener mit *-ul ül*, z. B. *emlékül áll ott az oszlop* 'als Denkmal steht die Säule dort', *boldogan* oder *boldogul él* 'glücklich lebt er'; endlich die konkreten Zielbestimmungen mit den Endungen *-vá vé* und *-nak nek*, welche bezeichnen, wozu etwas gemacht wird, wofür jemand gehalten und wie jemand genannt wird (Faktiv und Prädikativ): *semmivé lesz* 'zunichte werden', *jóvá tesz* 'gut-machen', *királynak választani* 'zum König erwählen', *barátjának nevezi* 'er nennt ihn seinen Freund'. (Die finnisch-ugrischen und samojedischen Sprachen haben reich entwickelte Essiv- und Faktivformen.)

Die abstraktesten Umstandsbestimmungen, die der Art und Weise, der Ursache und des Zwecks werden ebenfalls oft mit räumlichen Verhältniswörtern ausgedrückt, und zwar die Art und Weise mit Lokativen, die Ursache mit Ablativen, der Zweck mit Lativen: *valóban* und *igazán* 'in Wirklichkeit, wirklich', *általában* oder *általán* 'im allgemeinen'; *gyülöletből tette* 'er tat's aus Hass', *nem látja fától az erdőt* 'er sieht den Wald vor Bäumen nicht'; *minek teszed ezt?* 'wozu tust du das?' *vadászatra megy* 'er geht auf die Jagd'. — Die Art und Weise wird meistens durch Beiwörter mit der Endung *-an en*, manchmal mit *-ul ül* und *-lag leg* ausgedrückt: *jobban* 'besser', *rosszul* 'schlecht', *futólag* 'flüchtig'. Ferner mit *-kép*, *-ként* und *szerint*: *máskép*, *másként* 'anders', *szó szerint* 'wörtlich, dem Wortlaute nach'. Die Ursache mit *-ért* und *miatt* : *bünhődik vétkéért* 'er büsst für seine Sünde', *miattad szenvedek* 'deinetwegen leide ich'. Der Zweck mit *-ért*, *végett* (zufällig dem sinnverwandten deutschen *wegen* ähnlich) und dem Infinitiv (s. diesen weiter unten): *szabadságért küzdenek* 'sie kämpfen für die Freiheit'; *nem is mentem én a végett* (Petőfi) 'ich bin auch nicht deswegen hingegangen'.

**Adverbiale Verbalnomina** (Gerundium und Infinitiv). Früher war das Ungarische viel reicher an Verbalnomina und gerundialen Fügungen, die heutzutage teilweise durch Nebensätze ersetzt sind. — Das gewöhnliche Gerundium auf *-va ve* (in alten Denkmälern und Mundarten auch *-val vel*) wird als Bestimmung des Zustandes oder der Art und Weise sowohl aktiv, als passiv angewendet. 1. Aktiv, der Zustand durch eine dauernde Handlung bestimmt: *Zúgva, süvöltve felkél a zivatar* (Vörösmarty) 'brausend, heulend erhebt sich das Gewitter'. *Reszketve várom amit szólni fogsz* (Vör.) 'zitternd erwart ich was du sprechen wirst'. *Várva várom* 'ich erwarte ihn sehnsüchtig', wörtl. 'wartend erwart ich ihn'. *Kérve kérték* 'sie baten ihn inbrünstig'. 2. Aktiv, der Zustand als Ergebnis einer vollendeten Handlung: *Mintegy álmából kelve körülnéz* (Vör.) 'gleichsam aus dem Schlaf erwacht blickt er um sich'. *Veszve van* oder *el van veszve* 'er ist verloren'. 3. Passiv, der Zustand Ergebnis einer vollendeten Handlung: *Golyótól találva földre rogyott* (Horváth M.) 'von einer Kugel getroffen sank er zu Boden'. *Írva van* oder *meg van írva* 'es steht geschrieben'. *A város már el volt pusztítva* 'die Stadt war schon zerstört' (*elpusztít* 'zerstören'). — Das Zeitwort *van* fällt oft weg nach Art der Kopula bei sonstigem nominalen Prädikat: *Veszve minden* 'alles verloren'. *A fa rakva gyümölccsel* 'der Baum beladen mit Obst'. Daher hat dieses *rakva* in der ältern Literatur oft einen regelrechten Plural: *a fák rakvák gyümölccsel* 'die Bäume sind beladen mit Obst', statt des gewöhnlichen: *rakva vannak gyümölccsel.* Nach diesem Vorbilde bildete man in der neuern Literatur desgleichen auch von anderen Zeitwörtern: *A kapcsokba rubinok és gyémántok foglalvák* 'in die Schnallen sind Rubinen und Diamanten eingefasst'. — In den Denkmälern des XV. Jahrhunderts wird dieses Gerundium, wie viele ähnliche in den finnisch-ugrischen Sprachen, noch mit Personalendungen versehen: *Tahát jövéd ajándokozjad te ajándokodat* (MünchK.) et tunc 'veniens [tu]' offeres munus tuum. *Tévelygetek nem tudvátok írást* (ebd.) erratis 'nescientes [vos]' scripturas. *Bemenvéjek lakozdnak ott* (ebd.) 'intrantes [illi]' habitabant ibi.

Eine Nebenform dieses Gerundiums ist dasjenige auf *-ván vén* — mit einem wahrscheinlich nach Analogie der gewöhnlichen Adverbialformen wie *nagyon* 'sehr', *jobban* 'besser', *lustán* 'träge' hinzugefügten *-n* — z. B. *nyilván* 'augenscheinlich' (*nyilni* 'sich öffnen'), *tudván tudta* 'er wusste es sehr wohl'. Von diesem Gerundium ist in der Umgangssprache kaum mehr, als das eben erwähnte *nyilván* erhalten. In der Schriftsprache wird es noch oft genug verwendet, jedoch bloss zur Bestimmung der Zeitfolge und der Ursache, z. B. *Ezt elöre bocsátván, megérthetjük* . . 'nachdem wir dies vorausgeschickt, können wir begreifen . .' (in der Umgangssprache auch ungarisch: *miután ezt elöre bocsátottuk*, megérthetjük . .) *Fegyvere*[1]) *sulyos nem lévén, minden fordulatot könnyen tesz* (Vör.) 'da seine Waffe nicht schwer ist, fällt ihm jede Wendung leicht' (wörtl. 'macht er jede Wendung leicht'; in der Umgangssprache *mivel fegyvere nem súlyos, minden fordulatot könnyen tesz*).

Der **Infinitiv** war ursprünglich ohne Zweifel zweckbestimmend, meistens neben Zeitwörtern der Bewegung: *vásárolni jövök* 'ich komme einkaufen', *széna-gyüjteni mentek* 'sie gingen Heu einsammeln', *iparkodott bennünket utólérni* 'er trachtete uns einzuholen'. In Sätzen wie *kenyeret akarok enni* 'ich will Brot [zu] essen', und besonders ohne Akkusativ wie *enni akarok* 'ich will [zu] essen', verschob sich der zweckbestimmende Infinitiv nach und nach zum Objekt des Satzes (so bei *kívàn* 'er wünscht', *szeretne* 'er möchte', *tud* 'er kann', *kezd* 'er fängt an' usw.) Von hier aus entwickelte sich sodann der Gebrauch des Infinitivs als Subjekt: *enni kell, lehet, szabad* 'essen ist nötig, möglich, erlaubt', d. h. 'man muss, kann, darf essen', z. B. *kenyeret* 'Brot' (als Objekt zum Infinitiv). *Dolgozni nem szégyen* 'Arbeiten ist keine Schande'. *Kár volt annyit inni* 'es war Schade so viel zu trinken'. Ein *acc. c. inf.* wird heutzutage ungefähr in denselben Fällen wie im Deutschen gebraucht (in der ältern Literatur wurde er unter Einwirkung des Lateinischen viel häufiger angewendet): *Láttalak jönni a hegyröl* 'ich sah dich kommen vom Berge'. *Éltemet sem hagyd szenvedések nélkül folynia* (Kölcsey) 'er liess auch mein Leben nicht ohne Leiden ablaufen'. — Sehr oft, besonders bei den Ausdrücken *kell, lehet, szabad, illik* ('es schickt sich'), *enged* und *hagy* 'lassen' und *ad* 'geben' nimmt der Infinitiv in der Schriftsprache nach altem Sprachgebrauch in der Regel Personalendungen an: *Ha tovább szabad mennem* (Vör.) 'wenn es mir freisteht weiter zu gehen'. *Engedd tudnom nevedet* (Kisfaludy S.) 'lass mich deinen Namen

1) Der Nominativ als Subjekt zum Gerundium, vgl. ähnliche Fügungen im Italienischen; s. Misteli, Charakteristik 448.

wissen'. *Adj ennie!* 'gib ihm zu essen!' *Érdekes látnunk* 'es ist interessant, wenn wir sehen . .', eigtl. 'es ist interessant für unser Sehen'. In der ältern Sprache war diese Fügung viel ausgebreiteter, man sagte auch: *el akar futnia* 'er will davonlaufen', *ha nem akarsz bejönöd* 'wenn du nicht hereinkommen willst'. — Endlich sei noch der subjektlos prädikative Gebrauch erwähnt: *innen már látni a házat* 'von hier aus sieht man schon das Haus'; *onnan nem láthatni* 'von dort kann man's nicht sehen' (vgl. deutsch *es ist zu sehen*, slav. *videti* usw.). S. 404.

In vorgeschichtlicher Zeit war der Gebrauch des Infinitivs jedenfalls viel weniger ausgebreitet. Wenigstens finden sich in den Sprachdenkmälern häufig Beispiele dafür, dass der Infinitiv als Objekt vermieden und durch den Akkusativ eines Verbalnomens mit dem Formans *-t*[1]) vertreten wird: *koldóltomat átallom* (MünchK.) 'ich schäme mein Betteln', 'ich schäme mich zu betteln'; heute: *átallok* oder *szégyenlek koldulni.* So in der Leichenrede: *hadlava choltat* 'er hörte sein Sterben, er hörte dass er sterben wird'; heute mit einem Nebensatz: *hallá, hogy meghal.* Mitunter aber auch in der neuern Sprache: *Nem várom az órát, de jöttét nem rettegem* (Kölcsey) 'ich erwarte die Stunde nicht, ich fürchte aber auch nicht ihr Kommen'. Heutzutage wird jedoch dieses Verbalnomen gewöhnlich bloss in Zeitbestimmungen, ausserdem bloss in einigen stehenden Ausdrücken gebraucht: *jártomban-keltemben* 'auf meiner Wanderung', *jöttünkben, mentünkben* 'während wir kamen, gingen'. *Holnap hajnal hasadtával megtámadjuk az ellenséget* (Kisf. K.) 'morgen bei Tagesanbruch, bei Anbruch der Morgenröte, greifen wir den Feind an'. *Tied vagyok, tied leszek koporsóm bezártáig* (Volkslied) 'dein bin ich, dein werd ich sein bis zum Verschliessen meines Sarges, bis mein Sarg verschlossen wird'. *Holtomig* 'bis zu meinem Tode'. *Fölugrott ültéből, fektéből* 'er sprang von seinem Sitze, von seinem Lager auf'. *Szemem láttára* 'vor meinen Augen', wörtl. 'zu meiner Augen Sehen'.

In der ältern Sprache gibt es noch ein Gerundium mit

1) Das ursprünglich höchst wahrscheinlich mit dem Partizip der vollendeten Handlung identisch ist, s. des Verf. Abhandlung M. Nyelvőr 36, 241.

einem sehr ähnlichen Formans, *-attam attad atta, -ettem etted ette* usw. (vielleicht **-atvam -etvem* vom Formans abstrakter Hauptwörter *-atv etv, -at et*), mit Personalendungen, aber gewöhnlich ohne Kasusendung, z. B. *Úr, mikor láttonk tégedet éhezetted és etettönk tégedet, szomjazattad és veneréket adtonk teneked?* 'Domine, quando te vidimus esurientem et pavimus te, sitientem et dedimus tibi potum?' (MünchK.) *Hogy látá őtet siratta és a zsidókat sirattok* (ebd.) 'ut vidit eam plorantem et Judaeos plorantes'. Einige Überreste davon, aber ohne Personalendungen, gibt es noch in der heutigen Gemeinsprache: *jövet* 'im Kommen, als ich kam', *menet* 'im Gehen, auf der Hinfahrt' usw.

**Die Beifügung** (das Attribut). Die gewöhnliche adjektivische Beifügung bleibt im Ungarischen, wie in sämtlichen finnisch-ugrischen Sprachen mit Ausnahme des Finnischen, vor allen Formen des Hauptwortes unverändert: *Szép hazámba ismerősök mennek* (Pet.) 'in meine schöne Heimat gehen Bekannte'. *Oh jertek ölembe, szép gyermekeim!* (Vör.) 'ach kommt in meinen Schoss, schöne Kinder!' Ebenso das Zahlwort: *Száz szónak is egy a vége* (Sprichwort) 'der langen Rede kurzer Sinn . .', wörtl. 'auch hundert Worte haben bloss ein Ende'. — Als Attribute stehen sehr oft adjektivisch gebrauchte Hauptwörter, sogar mit Personalendungen, z. B. a) *arany pálca* 'goldenes Szepter', *selyem haj* 'Seidenhaar', *violaszín* (oder *violaszínű*) *ruha* 'veilchenfarbenes Kleid'; *halász ember* 'ein Fischermann', *Mátyás király* 'König Matthias', *Kovács János* 'Johann Kovács' (d. h. 'Schmied'); *tenger nép* 'eine Menge Leute' (*tenger* 'Meer', *nép* 'Volk, Leute'), *egy pohár víz* 'ein Glas Wasser', *egy pipa dohány* 'eine Pfeife Tabak'; — b) *apám uram* 'mein Herr Vater' (*úr* 'Herr'), *komám asszony* 'Frau Gevatterin' (*koma* 'Gevatter, -in'), *fia veréb* 'junger Spatz' (*fia* 'sein Sohn, sein Junges'), *java búza* 'der beste Weizen' (*java* 'sein Bestes'); *fele útja* 'die Hälfte (seines) Weges' (*fél* 'halb', *fele* 'seine Hälfte'), *fele királyságomat neked adom* 'mein halbes Königreich geb ich dir'; *a mondottam kérdés* 'die Frage, die ich erwähnt', wörtl. 'die meine-gesagte Frage'; *az isten-adta gyermek* 'das arme Kind', wörtl. 'das Gottes-gegebene Kind' usw.[1]). — Eigentümlich ist der Gebrauch adjektivischer Beifügungen vor Beiwörtern und Umstandswörtern, mitunter sogar vor gewissen Fürwörtern, z. B. *olyan szép lány* 'ein so schönes Mädchen, tam pulcra puella', wörtl. 'ein solch schönes Mädchen, talis pulcra puella', *milyen jó* 'wie gut' (*milyen* 'qualis'), *világos zöld* 'hellgrün'; *szép csöndesen* 'schön still' ('pulcre' *szépen*), *nagy búsan* (oder *nagyon búsan*) 'sehr traurig'. *Csendes nyugodva alszik ott* (Eötvös J.) 'still ruhend schläft es dort'. *Hova oly vágtatva?* (Pet.) 'wohin in solchem Galopp?' (*vágtatva* 'galoppierend'). *Ámbár lovon sohsem volt éltében jó maga* (Garay) 'obwohl er selber nie in seinem Leben auf einem Pferde sass', *jó maga* wörtl. 'sein gutes Selbst, sein liebes Ich'. *Látogatni jött most negyvened magával* (Arany) 'nun kam er zu Besuch mit 39 Begleitern' (*negyvened-ik* 'der vierzigste'). *Másod magával* 'selb-ander', *harmadmagával* 'selb-dritt', wörtl. 'mit drittem Selbst, so dass er selbst der dritte ist'. — Die Apposition stimmt in ihrer Form immer mit dem vorhergehenden Hauptwort überein: *Átröpültem a levegőt, a végtelent* (Pet.) 'ich durchflog die Luft, die unendliche'. *Mátyásnak, az igazságosnak, udvarában sok tudós humanista élt* 'im Hofe Matthias' des Gerechten lebten viele gelehrte Humanisten'. *Monda Lajos, a nagy király* (Arany) 'es sprach Ludwig, der grosse König'.

Die genitivische Beifügung hat eine von der indogermanischen stark abweichende Konstruktion, die vielmehr dem hebräischen Status constructus ähnlich ist. Der Genitiv des Besitzers kann — dies ist jedenfalls die ursprünglichere Fügung — unverändert bleiben, während das besitzanzeigende Hauptwort immer die besitzanzeigende Endung der dritten Person annimmt[2]): *a tenger hulláma* 'des Meeres Welle', *a tenger hullámai* 'des Meeres Wellen', *a tengerek hullámai* 'der Meere Wellen'

1) Ähnliche partizipiale Beifügungen mit Besitzendungen gibt es im Finnischen und im Türkischen; vgl. des Verfassers Belege Nyelvőr 36, 197.

2) Nicht so im Finnischen und einigen anderen finnisch-ugr. Sprachen, wo die Konstruktion ganz der indogermanischen ähnlich ist; dagegen in anderen finnisch-ugrischen Sprachzweigen dem Ungarischen ähnlich, ebenso im Türkischen und teilweise im Mandschu.

(das letztere anstatt des genauer kongruierenden, aber veralteten *a tengerek hullámaik*; *hullámaik* 'ihre Wellen', Mehrzahl der Besitzer). *Ott essem el én a harc mezején!* (Pet.) 'dort mög ich fallen, auf dem Felde der Schlacht!' Steht ein persönliches Fürwort als Besitzer, so nimmt das Hauptwort die entsprechende Personalendung an: *az én hazám* 'mein Vaterland' (= ἡ ἐμοῦ πατρίς), *a te hazád* 'dein Vaterland' usw. (vgl. S. 393). — Man gebraucht den suffixlosen Genitiv in fester Kontaktstellung[1]) („Univerbierung", Brugmann), wo also die beiden Hauptwörter in engster Beziehung zu einander stehen (dies führt auch zu „Worteinungen", wie *liba-mája* 'Gansleber', *nevem napja* 'mein Namenstag', vgl. S. 267). Ist aber das Verhältnis ein loseres, soll eines der beiden Glieder für sich betont werden, so wird in der Regel die Dativform auf *-nek* als Genitiv verwendet, ein Gebrauch, der auffallend mit dem Slavischen übereinstimmt, aber auch in anderen Sprachen vorkommt (vgl. Miklosich: Vergl. Synt. 605—611). In diesem Falle ist weder die Kontaktstellung, noch die Voranstellung des Genitivs unerlässlich. Beispiele: *Anyjának csak az erényeit örökölte, hibáit nem* 'er erbte bloss die Tugenden seiner Mutter, nicht ihre Fehler'. *Hízelkedés mérge a barátságnak* (Sprichwort) 'Schmeicheln ist Gift für die Freundschaft'. — Die genitivische Konstruktion drückt nicht bloss den Besitz aus, sondern auch verschiedene andere adnominale Verhältnisse[2]), vor allem das des Ganzen und seiner Teile: *az asztal lába* 'des Tisches Fuss'. Hieher gehört der partitive Genitiv: *a kenyérnek fele* 'die Hälfte des Brotes'; *a libáknak ketteje* 'zwei der Gänse'; *az anyáknak legjobbika* 'die Beste der Mütter'. Sodann wird bei Verbalnomina sowohl ein subjektiver, als ein objektiver Genitiv gebraucht. Ausdrücke wie *Róma városa* 'die Stadt Rom', *a Balaton tava* 'der Plattensee' entsprechen den ähnlichen im Lateinischen, Französischen, Eng-

1) Diese lässt bloss eine adjektivische Beifügung zu: *Ki vína Isten tüzes haragjával?* (Arany) wörtl. 'wer kämpfte gegen Gottes feurigen Zorn', d. h. 'gegen Donner und Blitz?' *A hűség csendes angyala őrzi porod* (Kisf. K.) 'der stille Engel der Treue hütet deine Asche'.

2) Ausführlicheres darüber bei Misteli, Charakteristik d. h. Typen des Sprachbaus 385—386.

lischen: *urbs Romae* usw. — Endlich sei noch die fast völlig veraltete genitivische Fügung der Postpositionen erwähnt: *Jól tudom, mi lappang bokrodnak mögötte* (Arany) 'ich weiss es wohl, was sich hinter deinem Busch verbirgt, was du im Schilde führst' (gewöhnlich *bokrod mögött*). — Dem deutschen Genitiv entspricht oft das besitzanzeigende Formans *-é*; darüber s. die Bedeutungslehre („Gebrauch der Besitzendungen").

**Die Wortfolge** ist im Ungarischen nicht an gewisse Satzteile gebunden, sondern verhältnismässig freier als im Deutschen. Als oberstes Gesetz kann folgendes betrachtet werden: das Zeitwort (als formell wichtigster Satzteil) steht in demjenigen Sprechtakt, der den Hauptton hat. Z. B. *álmomban* || *téged láttalak* 'im Traum hab ich dich gesehen'; *most már* || *nyugodtan nézek* | *sorsom elé* 'ich sehe nun ruhig meinem Schicksal entgegen'. Wie in allen Sprachen gibt es auch im Ungarischen in den meisten ausführlicheren Sätzen eine Exposition, d. h. einen einleitenden, vorbereitenden Teil, der immer das psychologische Subjekt enthält, und einen ausführlichen Teil, das psychologische Prädikat, das die eigentliche Mitteilung enthält. Der erste Sprechtakt des psychologischen Prädikats ist immer der Haupttakt des ganzen Satzes, er hat den Hauptton und enthält das Zeitwort[1]. Man kann zwei Hauptarten von Sätzen unterscheiden: den affektlosen oder nachdruckslosen Satz, der ohne Nachdruck gesprochen und durch eine gleichmässigere Betonung gekennzeichnet wird, und den nachdrücklichen Satz, dessen Inhalt man in seiner Gänze oder teilweise besonders hervorheben will: hier wird der Haupttakt mit stärkerer Betonung, mit Nachdruck gesprochen.

Der nachdruckslose Satz hat den Zweck, eine auf das psychologische Subjekt bezügliche Tatsache oder Meinung einfach und ruhig mitzuteilen, ohne besondere Hervorhebung einzelner Teile und ohne dass ein besonderer Affekt mit im Spiele

1) Vgl. über diese Zweiteilung des Satzes Brassais Werke (s. die Bibliographie; die Exposition nennt er Inchoativum), G. v. Gabelentz in Steinthals Zeitschrift —, Wegener: Untersuchungen über die Grundfragen des Sprachlebens.

wäre. In der Regel dient das psychologische Subjekt als Einleitung: Az | *ember* || *halandó* (phonetisch eigentlich: a | *zembër* || *ha*landó) 'der Mensch ist sterblich'. A | *szerény embert* || *szeretik* 'den bescheidenen Menschen hat man lieb'. A | *gyermek* || *fázik* 'das Kind friert'. An der Spitze des ausführlichen Teiles kann das einfache Zeitwort stehen, viel häufiger jedoch wird eine Erweiterung des Zeitworts betont und vorangestellt, besonders häufig das Präverb. Beispiele: *Most meg* || *hó esik* 'jetzt schneit es wieder', wörtlich 'jetzt fällt wieder Schnee'. *Anyám* || *levelet írt* 'meine Mutter schrieb einen Brief'. *Én* || *haza megyek a* | *pénzemért* 'ich gehe nach Hause um mein Geld (zu holen)'. A | *vendéget* || *bevezették a* | *szobába* 'den Gast führte man in die Stube hinein'. Besteht der ausführliche Teil aus mehreren Takten, so wird das Zeitwort oft zu dem Zweck vorangestellt, um die Handlung als eine dauernde, eintretende oder beabsichtigte auszudrücken, z. B. *Szedi a nép* | *össze, ami* | *féltő,* | *drága* (Arany) 'es raffen die Leute zusammen, was teuer und kostbar ist'. *Kálmán csak* || *nézett rá,* | *hallgatva* (Jókai) 'Koloman sah ihn schweigend an'. *Megyünk* | *nyaralni* 'wir gehen in die Sommerfrische'. *Megyek* | *be* 'ich gehe hinein'. *Mennék* | *be* 'ich möchte hinein (ich kann aber nicht'; dagegen *bemegyek* 'ich gehe hinein' ist der zuversichtliche Ausdruck dessen, dass die Handlung vollzogen wird). Diese analytische Wortfolge ist gewissermassen eine symbolische Ausdrucksweise für die unvollendete Handlung.

Der nachdrückliche Satz unterscheidet sich, wenn der Nachdruck die ganze Aussage betrifft, in der Wortfolge höchstens dadurch, dass infolge des Affektes das psychologische Subjekt häufig nicht vorausgeschickt wird (so z. B. gewöhnlich auch in den Entscheidungsfragen und Wunschsätzen). Wenn aber bloss ein Teil der Aussage nachdrücklich hervorgehoben wird, sind zwei folgerichtig unterschiedene Arten der Wortfolge zu unterscheiden: die ausschliessende und die zusammenfassende. Typische Beispiele: a) *oda csak* || *én megyek be* 'da geh ich bloss hinein'; *oda* || *nem megyek be* 'da gehe ich nicht hinein'; b) *oda* || *én is bemegyek.* Die analytische Behandlung des Zeitwortes und seiner nächsten Erweiterung

(— *megyek be*) kennzeichnet die ausschliessende Wortfolge, die synthetische Behandlung (— *bemegyek*) symbolisiert die Bedeutung der zusammenfassenden Ausdrücke. Zusammenfassende Ausdrücke, in denen nämlich der ganze Kreis der betreffenden Gegenstände usw. zusammengefasst wird, sind: 1. Ausdrücke mit dem Bindewort *is* 'auch'; 2. die Ausdrücke für 'alles, jeder, immer, überall', oft auch für 'viel' und 'oft'; 3. gehören noch die steigernden Umstandswörter hieher, 'sehr, stark, schnell, sofort' usw. Beispiele: *Mind elvitték | a legények | elejét* (Volkslied) 'alle hat man weggeführt, die Blüte der Burschen'. *Énhozzám || mindig jó volt* 'gegen mich war er immer gütig'. *Hamar elment* 'schnell ging er fort'. — In der ausschliessenden Wortfolge wird ein gedachter Begriff oder Begriffskomplex sozusagen halbiert und die Aussage ausschliesslich auf die eine Hälfte bezogen oder aber durch die Verneinung die genannte Hälfte von der Aussage ausgeschlossen. Dieses ist die gewöhnliche, unmittelbare (direkte) Verneinung, doch haben wir es auch im erstern Fall mit einer mittelbaren (indirekten) Verneinung zu tun, da in der ausschliessenden Bejahung die Verneinung der andern, ungenannten Hälfte mit inbegriffen ist, z. B. *én megyek be* 'ich werde hineingehen, (nicht du)'. Somit erstreckt sich die ausschliessende Wortfolge auf zweierlei Begriffe: 1. auf ausschliessende Begriffe, durch die die andere Hälfte oder der Gegensatz des Begriffes ausgeschlossen wird (hieher gehören auch die Ergänzungsfragen mit Fragefürwörtern: *ki megy be?* 'wer geht hinein?' *mikor megy be?* 'wann geht er hinein?' *hol megy be?* 'wo geht er hinein?'); 2. auf ausgeschlossene d. h. verneinte Begriffe, z. B. *nem ő megy be* 'nicht er geht hinein'; *nem most megyek be* 'ich gehe nicht jetzt hinein'. Im zweiten Falle ist die Wortfolge die gleiche, wenn sich die Verneinung aufs Zeitwort bezieht: *nem megy be*; wenn dagegen im ersten Falle das Zeitwort ausschliessend gesetzt wird, tritt auch hier die synthetische Wortfolge ein: *csak bemegyek* 'ich gehe bloss hinein'. — Vgl. noch über die Wortfolge des Befehls, der Frage und der Verneinung S. 400—403.

**Zusammengesetzte Sätze mit gleichgestellten Gliedern.** In den Sätzen, die im allgemeinen eine Verbindung von Gedanken ausdrücken, werden folgende Bindewörter verwendet: *és* 'und', *is* 'auch', *szintén* 'ebenfalls', *sem*, *se* 'auch nicht, neque', *söt* 'sogar, vielmehr', *mind — mind* 'sowohl — als auch'. Die ersten beiden sind augenscheinlich identisch, *és* hat sich in enklitischer Stellung zu *is* verkürzt; übrigens hat es sich oft in proklitischer Stellung noch mehr abgeschwächt: zu *s*. *Sem* ist zusammengezogen aus *és* und *nem* 'non', *se* aus *és* und *ne* 'ne', und zwar wurde aus *és-nem*, *és-ne* zuerst *éssem*, **ésse* und dann *sem*, *se*; in der heutigen Umgangssprache wird das prohibitive *se* auch anstatt *sem* gebraucht, und zwar sowohl proklitisch, als enklitisch: *se lát*, *se hall* 'er sieht nicht und hört nicht'; *se te*, *se más* 'weder du, noch ein anderer'; *én se* 'ich auch nicht'. Interessant ist die Entstehung der Konjunktion *söt* 'sogar, vielmehr' aus *és még* 'und noch'; die Entwicklungsstufen, die aus den Sprachdenkmälern des XV. und XVI. Jahrhunderts belegt sind, weisen das folgende Nacheinander auf: *és-még* und *s-még*, **ésség* und *ség*, *isög* und *sög*, *isöt* oder *essöt* und *söt*. *Mind — mind* aus älterem *mind — és* 'sowohl, als auch'; da *mind* eigentlich 'alles' bedeutet, so war dieses *mind — és* ganz dem englischen (und skandinavischen) *both — and* ähnlich: *mind én és ő* 'both I and he'. Übrigens wird heute anstatt *mind én*, *mind ő* in der Umgangssprache *én is*, *ő is* gesagt, in der Schriftsprache ist das dem deutschen *sowohl — als* nachgeahmte *úgy én*, *mint ő* verbreitet.

Disjunktive Sätze werden durch *vagy* vel, *vagy — vagy* aut — aut, *akár — akár* sive — sive verbunden, das letztere augenscheinlich mit dem Zeitwort *akar* 'er will' identisch. — Folgerungen werden durch *akkor* 'dann', *tehát* und *hát* 'also' dem Vordersatz angefügt; *akkor* wird allgemein als Zeitadverb im Sinne von 'damals, dann' gebraucht, und *tehát*, *tahát* hat im XVI. Jahrhundert noch dieselbe Bedeutung (*hát* ist bloss eine Abkürzung davon). — Erklärende und begründende Hauptsätze enthalten meist die Bindewörter: *tudniillik* 'scilicet' (*tudni illik* wörtl. 'scire licet'), *azaz* (*az az*) 'id est, das heisst', *ugyanis* 'enim, nämlich' (*ugyan-is* wörtl. 'wahrlich auch').

Die grösste Abwechslung finden wir in den gegensätzlichen Fügungen. Der schwächere Grad des Gegensatzes, die Gegenüberstellung, verfügt über folgende Bindewörter: *azonban* 'indessen', *ellenben* 'hingegen', und das enklitische *pedig* : *ő pedig* .. 'er aber ..'. Dieses *pedig* ist, wie die Sprachdenkmäler dartun, eine Kontamination der ältern Form *kedig* (wahrscheinlich aus dem alten Adverb *ekkédig* 'bis dahin') mit der alten Partikel *penig* 'gut dass, dass nur ..'. — Dem deutschen 'sondern' entspricht *hanem*, dem deutschen 'aber' *de*, obwohl sie nicht so streng wie im Deutschen geschieden werden (vgl. lat. *sed*, franz. *mais* usw., die beides ausdrücken). Interessant ist die Geschichte dieser beiden Bindewörter. Im XV. Jahrhundert wurde sowohl 'aber' als 'sondern' durch *de* ausgedrückt. *Hanem* war schon vorhanden, wurde aber bloss in Unterscheidungssätzen gebraucht, in denen die beiden Elemente *ha nem* 'wenn nicht' ziemlich deutlich zu fühlen waren: *Semmire kellő továbbá, hanem hogy kivettessék* (MünchK. Ev. Matthäi 5, 13) = ad nihilum valet ultra *nisi* ut mittatur foras. *Az Istennek jóvoltába való részesülés nem egyéb, hanem Istennek megértése* (TihK. 197) 'die Beteiligung an Gottes Güte ist nichts anderes, (wenn nicht) [als] Gott verstehen'. *Micsoda egyéb a világ, hanem égő kemence?* (Illyés, XVII. Jhdt.) 'was sonst ist die Welt, als ein brennender Ofen?' Nach Analogie solcher Sätze wurde später *hanem* auch nach sonstigen Verneinungen gebraucht: *nem hűvös lakóhely, hanem égő kemence* 'kein kühler Aufenthalt, sondern ein brennender Ofen'. (Ganz ähnlich hat sich der Gebrauch der spanischen Konjunktion *sino* = *si-no* entwickelt: von 'nisi, praeter' zu 'sondern'.) Später breitete es sich noch weiter aus auf Kosten der Konjunktion *de*, so dass es in neuerer Zeit häufig auch in einschränkenden Nachsätzen verwendet wird. — Das Bindewort der unerwarteten Folge ist *mégis* 'dennoch' (*még-is* wörtl. 'auch noch, auch dann noch'), *mégsem* 'doch nicht', oder *de mégis, de mégsem*, ferner *mind-azon-által* (= ital. *per tutto ciò*) und *mind-a-mellett* 'trotz(alle)dem, bei alledem' (in der neuern Schriftsprache auch der Germanismus *dacára annak* = 'trotz-dem'), endlich *azért*, welches wie das ganz sinnverwandte deutsche *deshalb* ursprünglich bloss in negativen Sätzen steht, sich aber von hier aus analogisch auf affirmative Sätze ausgebreitet hat. — Die Bindewörter der einräumenden Hauptsätze sind: *bár, ámbár, ugyan, jóllehet* usw. 'wohl, zwar' und das proklitische *pedig* 'und doch'. *Bár* lautete früher *bátor* = Adj. *bátor* 'sicher'; *ámbár*, früher ebenfalls *ám-bátor* mit der Interjektion *ám* 'traun, fürwahr'. *Ugyan* bedeutete ursprünglich 'wahrlich', *jól-lehet* wörtl. 'wohl mag sein'; *pedig* ist mit dem früher besprochenen *pedig*, genauer vielleicht mit dem dort erwähnten *penig* identisch. — *Bár* und *akár* bilden auch die konzessiven Fürwörter: *Kívánatos itt a vendég, bárki legyen* (Jósika) 'erwünscht ist hier der Gast, wer es auch immer sei'. *Akármerre. fordul, meg nem menekszik* (Csokonai) 'wohin er sich auch wendet, er kann nicht entrinnen'.

**Nebensätze** sind in den uralaltaischen Sprachen bekanntlich viel weniger gebräuchlich, als in den indogermanischen[1]). Sie werden in zahlreichen Fällen durch Partizipien und Gerundien vertreten. Die finnisch-ugrischen sind in dieser Beziehung weiter entwickelt, als die übrigen uralaltaischen Sprachen, am weitesten fortgeschritten ist das Ungarische und das Finnische, zum Teil unter dem Einflusse indogermanischer Sprachen. Aus der finnisch-ugrischen Grundsprache stammen die relativen Fürwörter, sehr alt sind ausserdem die Konjunktionen *ha* 'wenn', *hogy* 'dass' und *hol, honnan, hová* 'wo, woher, wohin'. Jedoch sind schon in den ältesten Kodizes, jenen des XV. Jahrhunderts, fast sämtliche Konjunktionen vorhanden.

Von relativen Fürwörtern gibt es, wie wir S. 257 gesehen, drei Reihen: *ki, mi* und *aki, ami* usw., die sich aus den Fragefürwörtern, und *valaki, valami* usw., die sich aus den unbestimmten Fürwörtern entwickelt haben; die dritte Reihe ist aus dem heutigen Sprachgebrauch bis auf wenige Reste ent-

1) Darum war Franz Misteli so sehr erstaunt, als des Verfassers dreibändiges Werk über die ungarischen Konjunktionen erschien, siehe seine ausführliche Besprechung in der Zeitschrift für Völkerpsychologie und Sprachwissenschaft 1887 (ungarisch im Magyar Nyelvőr 1904).

schwunden. Der Relativsatz ist ungefähr in dem Umfang gebräuchlich, wie im Deutschen (in der Schriftsprache oft auch nach lateinischer Weise statt einiger Arten von Hauptsätzen). In der ältern Sprache jedoch finden sich häufig Partizipien, anstatt der heutzutage gebräuchlichen Relativsätze; z. B. *Ki mindeneknek ura, ki ő neve viselőket mennyországgal elégejthet* (Katharinenlegende, XVI. Jhdt.) 'der Herr über alle Menschen ist, der alle, die seinen Namen führen, mit dem Himmel lohnen kann'. *Az tenmagadnak választottad városodban* (XVI. Jhdt.) 'in der Stadt, die du dir erkoren' (*választott* 'erkoren', *választottad* 'deine erkorene'; S. 416 und Fussnote). Fügungen wie *por-lepte* 'staubbedeckt', *átok sujtotta* 'fluchbeladen', sind auch in der Gegenwart, besonders in der Schriftsprache anzutreffen. — Es gibt auch mehrzielige Relativsätze[1]): *Ki mit szeret, arra néz* 'wer was liebt, darauf schaut er hin'. — Das Hauptwort, zu dem der Relativsatz gehört, wird ihm in der Regel vorausgestellt, und zwar — im Gegensatz zum Deutschen — immer mit einem demonstrativen Fürwort, sofern der Relativsatz mit Vorbedacht und nicht bloss appositionsmässig hinzugefügt wird: *Magát becsüli meg az a nemzet, mely elhúnyt jeleseit megbecsüli* 'sich selbst ehrt die(jenige) Nation, die ihre verstorbenen Grossen ehrt'. *Mindenki annyi virágot szedett, amennyit akart* 'jeder pflückte (so viel) Blumen, so viel er wollte'. Es wird aber auch, wie im Lateinischen, das Hauptwort in den relativen Vordersatz hinübergezogen (Attraktion), mit dem relativen Fürwort als Attribut: *Amely ebet bottal kergetnek a nyúl után, nem fogja azt meg* (Sprichw.) 'quem canem . .', 'der Hund, den man mit einem Stock dem Hasen nachjagt, fängt ihn nicht' (statt *az az eb, amelyet* . .). Daraus hat sich in der Volkssprache eine eigenartige und jetzt sehr verbreitete Fügung entwickelt: das Hauptwort wird als Apposition des relativen Fürworts an das Ende des Nebensatzes gestellt, z. B. *Akik erre mentek emberek, mind látták*, wörtl. 'die hier vorübergingen Leute, sahen es alle'. *Akit most adtál vizet, van tán már egy hetes is*, wörtl. 'welches du mir jetzt gegeben hast Wasser, ist vielleicht schon eine Woche alt'.

1) Vgl. die mehrzieligen Fragesätze. S. 402.

Das am allerhäufigsten vorkommende Bindewort ist *hogy*. Ursprünglich ist es identisch mit dem fragenden Modaladverb *hogy* (in neuerer Zeit auch *hogyan*) 'wie?' Es behält diesen Sinn in Vergleichssätzen und nimmt heute in diesen, wie auch oft in Zeitsätzen, nach Art der Relativa die Form *ahogy* an: *Segítek a szűkölködőkön, ahogy tudok* 'ich helfe den Notleidenden, wie ich kann'. *Ahogy* oder *hogy jöttek hazafelé, találkoztam velük* 'wie (als) sie nach Hause kamen, begegnete ich ihnen'. Sonst entspricht *hogy* dem deutschen *dass*, franz. *que*, und ist das allgemeine Kennzeichen des substantivischen Nebensatzes:

*Mit árt, hogy nem dicsérnek?* (Faludi) 'was schadet's, dass man dich nicht lobt?' *A vezér izené az uraknak, hogy jó szívvel látná* (Mikes) 'der Wesier liess den Herren sagen, dass er sie sehr gern (mit gutem Herzen) bei sich sehen würde'. *A beteg nem gyógyul azzal, hogy egészségesnek mondják* (Faludi) 'der Kranke genest nicht dadurch, dass man ihn gesund erklärt'. *Évezredekkel azelőtt, hogy egy újabb nemzedék ismét feltalálta, már ők be voltak avatva titkaiba* (Jókai) 'Jahrtausende bevor (dass) eine neuere Generation ihn wieder erfand, waren sie schon in seine Geheimnisse eingeweiht'. *Oda jutottam, hogy fel sem veszem ezt a világot* (Arany) 'so weit bin ich gekommen, dass ich diese Welt für nichts achte'. *Mi abban a szándékban vagyunk, hogy visszamenjünk* (Mikes), wörtl. 'wir sind in der Absicht, dass wir zurückkehren'. *Mi haszna, hogy ily serénységgel elmédet terheled?* (Gyöngyösi) wörtl. 'was ist dessen Nutzen (was nützt es), dass du dein Gemüt so eifrig belastest?' — Auch Zwecksätze werden durch *hogy* eingeleitet: *Elindultam, hogy szolgálatot keressek* 'ich machte mich auf den Weg, einen Dienst zu suchen'.

In der ältern Sprache ist der Substantivsatz oft durch das mit *-t* gebildete Verbalnomen ersetzt: *Hadlava choltat* (HB.) 'er hörte sein Sterben, dass er sterben wird'. *Láttuk te vendég voltodat* (MünchK.) 'wir sahen dein Gast-sein', 'dass du unser Gast bist'. *Jobb énnéköm holtom, hogynem éltöm* (XVI. Jhdt.) 'für mich ist es besser, dass ich sterbe, als dass ich lebe'.

Die Konjunktion der abhängigen Entscheidungsfrage ist *-e* 'ob', immer dem Zeitworte enklitisch hinzugefügt: *Nem tudom, (hogy) megjött-e* 'ich weiss nicht, ob er angekommen ist'. In der ältern Sprache und in Mundarten wird dieser Nebensatz oft durch das bedingende *ha* eingeleitet (wo das *-e* ausgedrückt oder auch weggelassen wird), ganz wie in germanischen und romanischen Sprachen durch *ob, if, si*; z. B. *Nem tudom, ha leirjam-e* (Mikes) 'ich weiss nicht, ob ich es beschreiben soll'. — Ergänzungsfragen mit fragenden Fürwörtern werden in der ältern Sprache immer ohne Bindewort, in neuerer Zeit dagegen sehr oft durch das allgemein unterordnende *hogy* an den Hauptsatz angegliedert: *Kérdi, hogy hol kóboroltak* (Gyulai) 'sie fragt sie, wo sie sich herumgetrieben haben'.

Lokalsätze beginnen mit *hol, honnan, hová*, in der heutigen Umgangssprache aber immer mit *ahol, ahonnan, ahová* 'wo, woher, wohin', dann auch mit *merre* oder vielmehr *amerre* 'quā, in welcher Richtung'. Dieses lautete ursprünglich *melyre* und richtete sich später nach der Analogie des entsprechenden *erre* und *arra* 'in dieser, jener Richtung'. Die ersteren aber sind Ableitungen von demselben Pronominalstamm *ho-*, dessen Ableitung *hogy* ist.

Zeitsätze werden in der Regel durch Bindewörter vom Pronominalstamm *mi* eingeleitet: *mikor* oder *amikor* (*-kor* Zeitsuffix) und *midőn* (aus *mi-idő-n*; *idő* 'Zeit') 'wenn, als', *valahányszor* 'so oft', *mi-alatt* und *mi-közben* 'während', *mi-előtt* 'bevor', *mi-után* 'nachdem', *mihelyt* 'sobald' und *alighogy* 'kaum', *mióta* 'seitdem', *míg* 'bis' und 'solange' (**mi-ig* wörtlich 'usque quod'; in der Bedeutung 'bis' steht bei *míg*, abweichend vom Deutschen, in der Regel ein verneintes Prädikat: *várok, míg meg nem jön* 'ich warte, bis er ankommt', also eigentlich 'ich warte, solange er nicht kommt'). *Mi-helyt* 'sobald' entspricht dem demonstrativen **a-helyt* (Széklerdialekt: *ahajt*) 'auf der Stelle'; also bedeutet *mihelyt megjön, [ahelyt] beszélek vele* wörtlich 'auf welcher Stelle er kommt, [*auf der Stelle*] will ich ihn sprechen'.

*Ha* 'wenn' wird in der ältern Sprache und in einigen Mundarten auch noch in der ursprünglichen Bedeutung als Fragewort 'wann? quando?' gebraucht: *Ha holt meg apád?* 'wann ist dein Vater gestorben?' Sodann als Konjunktion in Zeitsätzen im Sinne von 'quando, als': *ha Dávid a táborba juta* . ., 'als David ins Lager kam'. Hier müsste heute *mikor* stehen, denn *ha* wird jetzt ganz dem deutschen *wenn* ähnlich gebraucht, nämlich in der Regel zum Ausdruck der Bedingung, in Zeitsätzen bloss dann, wenn von einer sich wiederholenden, oder einer erst eintretenden Handlung die Rede ist, wo also die Zeitbestimmung zugleich als Bedingung aufgefasst wird: *Ha elmentünk hozzá, mindig szívesen fogadott* 'wenn wir zu ihm kamen, empfing er uns immer freundlich'. *Ha elvégeztem dolgomat, át fogok menni* 'wenn ich meine Arbeit beendet habe, komm ich hinüber'. — Der Modus des Bedingungssatzes und des Hauptsatzes hängt ganz wie im Deutschen davon ab, ob die Bedingung als eine tatsächlich vorhandene gedacht wird, oder aber selber eine bedingte, irreale ist: *Ha élnek, már ekkorák lehetnek* 'wenn sie am Leben sind, mögen sie wohl schon so gross sein'. *Ha élnének, tán ekkorák lehetnének* (Gyulai) 'wären sie am Leben, so wären sie wohl ungefähr so gross'. — *Ha* ist auch das Bindewort k o n z e s s i v e r Nebensätze, und zwar entweder für sich allein, oder mit *is* 'auch', ferner zusammengesetzt mit *bár* 'wohl' (*habár* und *bárha*, vgl. *ob-wohl*) und mit *no* 'nun' (*noha*): *Ha barátodat titkon fedded is, de mások előtt dicsérd* (Sprichw.) 'wenn du auch deinen Freund im geheimen schiltst, (aber) lobe ihn vor anderen'. *Én megtalálom a rejtett valót, habár a föld központja rejtné* (Arany's Hamlet-Übersetzung) 'ich finde den versteckten Kern, sollte ihn auch der Erde Mittelpunkt verbergen'. *Lebzsel készakarva, noha bírna dolgot* (Arany). — *Holott* entspricht dem Sinne und der Etymologie des deutschen '*wo doch*' (*holott* war früher = *hol* 'wo'): *Itt is, ott is tátongó seb, holott begyógyitni mennyit buzgólkodott!* (Tompa) 'Überall klaffende Wunden, wo er sich doch so eifrig bestrebte sie zu heilen'.

*Mint* 'wie, als' ist das Bindewort der Vergleichungssätze. In der ältern Sprache wurde folgerichtig unterschieden zwischen gleichstufiger Vergleichung durch *mint* (*valamint, miként, hogy*) 'wie, ut' und ungleichstufiger (gewöhnlich mit Komparativen) durch negative Bindewörter: *hogynem, hogynemmint*, später *semmint, mintsem* 'als, quam' (vgl. die negativen Fügungen nach Komparativen in den romanischen, slavischen u. a. Sprachen). Z. B. *Fénylik vala, mént a villám* (Teleki-Kodex) 'es funkelte, wie der Blitz'. *Megvígaszék úgyan, hogy a másik* (MünchK.) 'restituta est sanitati sicut altera'. Aber: *Én tud-*

*nék jobban felelnem, hogynem te* (EhrK.) 'ego scirem melius respondere quam tu'. *Kevesebb hite vagyon, hogysem az ördögnek* (XVII. Jhdt.) 'er hat weniger Glauben, als der Teufel'. *Több dolgok vannak földön és egen, mintsem bölcselmetek álmodni képes* (Arany's Haml.) 'es gibt viel mehr Dinge zwischen Himmel und Erde, als eure Weisheit träumen mag'. In neuerer Zeit sind die beiden Ausdrucksweisen in dem einförmigen *mint* zusammengeflossen (wie ja auch im Deutschen Schwankungen im Gebrauch von *als* und *wie* vorkommen); jedoch werden die Synonyma von *mint*, nämlich *miként* und *mikép*, bloss in gleichstufigen Vergleichen gebraucht, ebenso *amint* und *ahogy*, diese zwei aber bloss dann, wenn auch im Nebensatz ein Zeitwort vorhanden ist. — Die verneinende Fügung wird gewöhnlich bloss in jenen komplizierteren Sätzen verwendet, in denen der deutsche Nebensatz mit *als dass* beginnt, und zwar beginnt er dann im Ungarischen mit *mintsem, semmint, hogysem, semhogy, mintsemhogy* usw. *Inkább meghalni kész, semhogy térdét meghajtaná* (Garay) 'eher zum Sterben bereit, als dass er das Knie beugte'. — Die Sätze vom Typus des deutschen '*je — desto*' beginnen mit *minél — annál, mennél — annál, mentül — annál*, früher auch *mennyivel — annyival* (wörtl. 'um wieviel mehr — um soviel mehr') usw. Die älteste Form war etwa *men[d]nél* oder *min[d]nél — annyival*; *minél nagyobb, annál jobb* ('je grösser, desto besser') wollte also eigentlich besagen 'grösser als alle, desto besser' (*mind, mend* 'alle, alles'). — Das zusammengesetzte Bindewort *mintha* bedeutet seinen Komponenten gemäss 'wie wenn, als ob'.

Kausalsätze haben oft, besonders in der Volkssprache, die Form des allgemeinen Substantivsatzes mit *hogy*, wo dann im Hauptsatze gewöhnlich das hinweisende *azért* steht (=franz. *parce-que*): *Azt csak éppen azért bánnám, hogy kedtől messzebb lennék* (Mikes) 'das täte mir bloss darum leid, weil ich von Ihnen weiter entfernt wäre'. *Haragszik, hogy meg nem haltak, hogy még élnek boszujára* (Gyulai) 'sie zürnt, weil sie nicht gestorben sind, weil sie noch leben ihr zum Trotz'. — Es gibt aber auch mehrere Bindewörter, die bloss den Kausalsätzen eigen sind: *mert* (volkstümlich auch *amiért, amért, amér, merthogy*), *mivel* (*mivelhogy*), *minthogy*. *Mert* ist aus *miért* verkürzt (= ital. *per-che*) und wird meistens in Nachsätzen verwendet, die oft auch sozusagen ihr abhängiges Wesen abstreifen und den deutschen und lateinischen Sätzen mit *denn*, *nam* und *enim* gleichwertig werden. *Minthogy* hingegen, das beinah ausschliesslich in der Schriftsprache vorkommt, steht immer im Vordersatz und bezeichnet in der Regel eine subjektive Begründung (deutsch 'da', lat. 'quum'). — Zwecksätze haben immer das Bindewort *hogy*, gewöhnlich mit dem Imperativ, mitunter aber mit dem Konditional: *Kalapot is kérnek tőle, hogy hajokról ne ismerjen rájok senki* (Gyulai) 'auch einen Hut verlangen sie von ihm, damit sie niemand an ihrem Haar erkenne'. *Bár eljönne, hogy beszélhetnék vele!* 'wenn er nur käme, dass ich ihn sprechen könnte!' Anstatt *hogy ne* 'damit nicht' steht auch wohl *nehogy*, wo *ne* einen verkümmerten Hauptsatz darstellt: *Légy ember a talpadon, nehogy leszedjenek a lábadról* (Kriza) 'stelle deinen Mann, dass man dich nicht zu Falle bringe'; gleichsam *ne úgy legyen hogy* .. 'nicht geschehe es so, dass ..'.

## Bibliographie.


Brassai Sámuel: *A magyar mondat.* (Der ungarische Satz. In den akademischen Sitzungsberichten: Magyar Akadémiai Értesítő 1860—3.) — Erörtert die Prinzipienfrage der Satzlehre. Sehr scharfsinnig und anregend, aber ohne sprachgeschichtliche Grundlage.

Simonyi Zsigmond: *Rövid magyar mondattan.* (Kurze ungarische Satzlehre. Sonderabdruck aus des Verf. Schulgrammatik.) — Es gibt bisher keine zusammenfassende wissenschaftliche Syntax.

Zolnai Gyula: *Mondattani búvárlatok.* (Syntaktische Forschungen. Sonderabdruck aus der Zeitschrift Nyelvtudományi Közlemények 1893.) — Wertvolle selbständige Untersuchungen über den syntaktischen Ursprung der Wortformen.

Über die Definition des Satzes eine lebhafte Polemik in Nyelvőr Bd. 19.—21. von Brassai und anderen.

Kertész Manó: *Analógia a mondatszerkesztésben.* (Die Analogie in der Satzfügung. Nyelvészeti Füzetek Nr. 21. Budapest 1905.) — Untersuchungen über die verschiedenen Arten syntaktischer Analogiewirkungen, mit sorgfältig gewählten sprachgeschichtlichen Beispielen.

Finály H. *Hogy is mondják ezt magyarul?* S. S. 191.

Erdélyi Lajos: *Az összevont mondat modern szemponlból.* (Der zusammengezogene Satz von modernem Gesichtspunkt. Sonderabdruck aus Nyelvt. Közl. 1897.) — Bespricht sämtliche Theorien, die sich auf den sogen. zusammengezogenen Satz beziehen.

Kalmár Elek: *A mondatrészek.* (Die Satzteile. Sonderabdr. aus Nyelvt. Közl. 1904.) — Anregende Erörterungen und Hypothesen über die Natur und die Entwicklung der einzelnen Satzteile. Zugleich eine Kritik der Behandlung der Satzglieder in zahlreichen einheimischen und auswärtigen Sprachlehren.

Über das Wesen von Subjekt und Prädikat Kicska Emil und Simonyi Zs.: Nyelvőr 1895—6, 1900, 1904 und Nyelvt. Közl. 1899 und 1901. — Über subjektlose Sätze Veress Ignác und Tóth J. A. in den Zeitschr. Egyetemes Philologiai Közlöny 1892 und Nyelvőr 1895. — Székely Ábrahám: *Az alanytalan mondatok alanyáról.* (Über das Subjekt der subjektlosen Sätze. Nyelvészeti Füzetek Nr. 12. 1904.) — Über elliptische Sätze Simonyi Zs. (Nyelvtud. Közl. 1895.)

Balogh Péter: *Az ige szereplése a mondatban.* (Die Funktion des Zeitwortes im Satze. Nyelvőr 1888.) — Ders.: *Névszói és mondatbeli kapcsolatok.* (Nominale und syntaktische Verbindungen, ebd. 1891.)

Schneider M. Vazul über passive Sätze, Nyelvőr 1893.

Varga Károly über Kongruenz bei J. Arany, Nyelvőr 1900. — Teleky István über den Akkusativ bei Arany, Nyelvészeti Füzetek Nr. 31. — Szegleti István über den Infinitiv bei Arany, ebd. Nr. 23.

Barbarics Róbert über das unbestimmte und allgemeine Subjekt, Nyelvőr 1892.

Szarvas Gábor: *A magyar igeidők* (Gebrauch der ung. Tempusformen, akademische Preisschrift 1872). Behandelt den Gebrauch der Tempora in den alten Sprachdenkmälern besonders ausführlich und methodisch. — Ausserdem gibt es zahlreiche Abhandlungen über Aktion und Tempus, unter anderen von Paul Hunfalvy in den Zeitschriften Magyar Nyelvészet II., III. und V. 1856—9 und Nyelvt. Közl. I. 1862 und in seinem Buche über Sprachwissenschaft und Sprachunterricht (*Nyelvtudomány és nyelvtanitás*), von M. Kovács (= Emil Kicska) Nyelvőr 1881—2, Simonyi im Hunfalvy-Album 1891, Kalmár Nyelvőr 1904, Gyomlay Nyelvtud. Közlemények 1907.

Simonyi Zs.: *A magyar igemódok* (Gebrauch der Modi; Nyelvőr 1877).

Kovács Márton: *Tárgyas igék tárgy nélkül.* (Transitive Zeitwörter ohne Objekt. Nyelvőr 1905.)

Über den Gebrauch der objektiven Konjugation Paul Hunfalvy in seinem Buche „*Nyelvtudomány és nyelvtanitás*“, A. Lehr

Nyelvőr 1874, J. Csengeri ebd. 1880–1, J. Balassa und S. Simonyi ebd. 1889.

Über die negativen Ausdrucksweisen J. Szinnyei und S. Simonyi Nyelvőr 1884, S. Kallós ebd. 1900–1, J. Szigeti ebd. 1902, I. Veress Nyelvt. Közl. Bd. 28.

Simonyi Zs. *A magyar határozók.* (Die Umstandsbestimmungen im Ungarischen. Akad. Preisarbeit. Zwei Bände 1888–1892.) — Der erste Band enthält eine ausführliche allgemeine Einleitung und die Behandlung der Umstandsbestimmungen mit Kasusendungen, der zweite die der Postpositionen, Gerundien und Umstandswörter. Überall ist das grösste Gewicht auf die Klarlegung der geschichtlichen Entwicklung gelegt.

Budenz József: *A meg igekötöről. Bevezetésül: az árja nyelvek néhány állítólagos hatásáról a magyar nyelvre.* (Über das Verbalpräfix *meg.* Als Einleitung: über einige angebliche Einwirkungen indogermanischer Sprachen auf das Ungarische. Nyelvtud. Közl. 1863.) — Derselbe: *A magyar el igekötöről.* (Über das Präverb *el.* Ebd. 1864.) — Wichtige und ungemein anregende geschichtliche und semasiologische Untersuchungen. In der Einleitung der ersten Abhandlung ist von der Entwicklung des bestimmten Artikels, von der Bildung des Superlativs und von dem mittelst *fog* gebildeten Futurum die Rede.

Simonyi Zs. über Suffixverlust von Umstandsbestimmungen (Nyelvőr 1880), — über Kongruenz in Zustandsbestimmungen (1884), — über den Gebrauch des Infinitivs (1890 und 1907), — über die Form *rakvák* (1904), — über selbständig gewordene Adverbien (Budenz-Album 1884).

Brassai Sámuel: *A magyar bővitett mondat.* (Der erweiterte Satz im Ungarischen. Pest 1871. Akad. Abhandlung.) — Enthält Erörterungen über den Gebrauch der verschiedenen Attribute.

Über die Wortfolge ist die erste wissenschaftliche Abhandlung die von Fogarasi: „Εὕρηκα. *A szóhelyzésről a magyar nyelvben.*" (Über die Wortfolge im Ungarischen. In der Zeitschrift Athenaeum 1838.) Stellt zuerst das Gesetz auf, dass das am stärksten betonte Wort unmittelbar vor dem Zeitwort steht. — S. Brassai hat sich in drei Werken mit der Wortfolge (hauptsächlich mit dem Unterschiede der „bekannten" und der „unbekannten" Satzhälfte, der Exposition und des „ausführlichen" Teiles) befasst: *A magyar mondat* (s. oben). *Szórend és accentus* (Wortfolge und Akzent, akad. Abhandl. 1888). *A mondat dualismusa* (der Dualismus des Satzes, akad. Abh. 1885). — Ausserdem gibt es mehrere verdienstvolle Abhandlungen von G. Joannovics (im Nyelvőr 1872, 1884, 1889 und 1903, und zwei akad. Abh. 1887) und J. Arany (im Nyelvőr 1873 und in seinem prosaischen Nachlass).

Kicska Emil: *Hangsúly és szórend.* (Akzent und Wortfolge Nyelvőr, 1890—3.) — Wichtig, weil hier zuerst der wichtige Unterschied zwischen zusammenfassender und ausschliessender Wortfolge festgestellt wird.

Molecz Béla: *A magyar szórend történeti fejlődése.* (Geschichtliche Entwicklung der ung. Wortfolge. Akad. Preisschrift, 1900.) — Beleuchtet die Entwicklung der Wortfolge auf Grund ausführlicher Belege aus den Sprachdenkmälern.

Simonyi Zs. *A magyar szórend.* (1903, Nyelvőr und Sonderabdruck in Nyelvészeti Füzetek Nr. 1.) — Zusammenfassende und systematische Behandlung der Frage.

Simonyi Zs. *A magyar kötőszók, egyúttal az összetett mondat elmélete.* (Die ung. Konjunktionen, zugleich eine Theorie des znsammengesetzten Satzes. Akad. Preisarbeit, 1881—3.) Drei Bände; der 1. behandelt die Nebenordnung, der 2. und 3. die Unterordnung der Sätze. Vgl. S. 423, Fussnote.

Budenz J. *Szintén valami az a ki-, a miről.* (Etwas über *aki* und *ami.* Nyelvtud. Közl. Bd. 5. 1876.) Über den Ursprung der relativen Fürwörter und Sätze. — Galambos Dezső: *Tanulmányok a magyar relativum mondattanáról.* (Studien über die Syntax des ung. Relativpronomens. Nyelvészeti Füzetek Nr. 43.)

# Wort- und Sachregister.

## Berichtigungen und Nachträge.

S. 10 Z. 13 von unten lies: Qvigstad und Nielsen.
S. 71 Z. 13 von oben lies: Äneis-Travestie.
S. 96. Gombocz Z. *Régi török jövevényszavaink.* (Unsere alten türkischen Lehnwörter. In Magyar Nyelv 1907. — Kritische Sichtung der bisherigen Wortvergleichungen.)
S. 262 zur Bibliographie: Póra Ferenc: A magyar rokonértelmű szók és szólások kézikönyve. (Franz Póra: Handbuch der ungarischen Synonymen und der sinnverwandten Redensarten. Budapest 1907.) — Ein Versuch, die Ausdrücke der ung. Sprache ihrer Bedeutung nach zu gruppieren.

Carl Georgi, Universitäts-Buchdruckerei in Bonn.

Aus dem Verlag von

Karl J. Trübner in Straßburg

mdccccvii.

# KURZE VERGLEICHENDE GRAMMATIK DER INDOGERMANISCHEN SPRACHEN.

Auf Grund des fünfbändigen „Grundrisses der vergleichenden Grammatik der indogermanischen Sprachen von K. Brugmann und B. Delbrück“ verfasst

VON

**KARL BRUGMANN.**

1. Lieferung: *Einleitung und Lautlehre.* Gr. 8°. VI, 280 S. 1902. Geheftet M. 7.—, in Leinwand geb. M. 8.—.

2. Lieferung: *Lehre von den Wortformen und ihrem Gebrauch.* Gr. 8°. VIII und S. 281—622 mit 4 Tabellen. 1903. Geheftet M. 7.—, in Leinwand geb. M. 8.—.

3. (Schluß-)Lieferung: *Lehre von den Satzgebilden und Sach- und Wörterverzeichnis.* Gr. 8°. XXII und S. 623—774. 1903. Geheftet M. 4.—, in Leinwand gebunden M. 5.—.

Zusammen in einen Band geheftet M. 18.—, gebunden in Leinwand M. 19.50, gebunden in Halbfranz M. 21.—.

---

„...Über das Bedürfnis eines solchen Werkes dürfte kein Zweifel bestehen; es ist freudig zu begrüssen, dass der dazu am meisten Berufene, der Begründer des Grundrisses, diese Arbeit selbst übernahm, dass er selbst das grössere Werk in ein Compendium umzuarbeiten sich entschloss. Natürlich musste der Stoff innerlich wie äusserlich gekürzt werden. Das letztere geschah durch Beschränkung auf Altindisch, Griechisch, Lateinisch, Germanisch und Slavisch, das erstere durch Einschränkung des Belegmaterials und Weglassung von weniger wichtigen Dingen, wie z. B. des Abschnittes über den idg. Sprachbau im allgemeinen; die phonetischen Bemerkungen enthalten nur die zum Verständnis einer Lautlehre nötigen Angaben.... Man staunt, dass es dem Verf. trotz aller Kürzungen gelungen ist, innerhalb des gewählten Rahmens den Stoff des Grundrisses so vollständig wiederzugeben. Präcision und Sachlichkeit des Ausdruckes, sowie eine straffe Disposition haben dies ermöglicht; der Klarheit der Darstellung entspricht die übersichtliche Anordnung des Stoffes....

So ist das neueste Buch, das B. der Wissenschaft geschenkt hat, ein wertvoller Berater für alle, die sich mit der idg. Sprachwissenschaft oder einem Zweige derselben beschäftigen. Mit Spannung sieht man dem Schluss des Werkes entgegen, weil die Bearbeitung der Flexionslehre im „Grundriss“ weiter zurückliegt als diejenige der Lautlehre; der zweite Teil wird sich daher voraussichtlich von seiner Grundlage noch mehr unterscheiden als der vorliegende Teil. Möge der verehrte Verf. bald zur glücklichen Vollendung des Ganzen gelangen.“

*A. Thumb, Literaturblatt für german. und roman. Philologie 1903, Nr. 5.*

# Die Gathas des Awesta.

## Zarathushtra's Verspredigten

übersetzt von

**Christian Bartholomae.**

---

8°. X, 133 S. 1905. Geheftet ℳ 3.—, in Leinwand gebunden ℳ 3.60.

---

**Urteile der Presse:**

„.... Wer sich mit den Grundlehren des Zoroastrismus bekannt machen will, wer die geistvolle Interpretation derselben von einem der ersten Iranisten kennen lernen will, der nehme das Buch zur Hand...."

J. Kirste in der *Wiener Zeitschr. f. d. Kunde des Morgenlandes.*

„Der Name Zarathustras ist heutzutage Leuten geläufig, die keine Ahnung vom alten Iran und seinem Religions- und Sozialreformator haben: er ist durch Nietzsches Buch modern geworden, ja nicht selten meint man, wenn man Zarathustra nennt, Nietzsche. Der wirklich historische Zarathustra, ein Priester aus dem altiranischen Spitama-Geschlecht, ist aber so ziemlich das diametrale Gegenteil von dem Zarathustra Nietzsches gewesen, der, wenn man sehr nachsichtig ist, höchstens als eine sehr freie poetische Lizenz gelten kann. Zwischen beiden liegen nicht umsonst mehr als zweieinhalb Jahrtausende. Wer sich mehr für den echten Zarathustra interessiert als für seine Karikatur, dem wird soeben eine interessante literarische Gabe geboten in einer Übertragung seiner Verspredigten durch Christian Bartholomae, den Verfasser des großen und grundlegenden Altiranischen Wörterbuches ....

Die Gathas bilden das älteste literarische Denkmal des iranischen Volkes und gehen im wesentlichen auf Zarathustra selbst zurück. Das Wort Gatha besagt eigentlich „Gesang, Lied". Ihrem Inhalt nach lassen sich die Gathas als Predigten in gebundener Form bezeichnen, als Verspredigten ....

Bartholomae kristallisiert diese Zielpunkte in seinen trefflichen knappen Inhaltsübersichten der einzelnen Gathas zu allgemeiner Verständlichkeit heraus, so daß man wohl erwarten darf, daß selbst ein der Sache ursprünglich fremdes Publikum von Seite zu Seite des kleinen wertvollen Buches mehr Interesse und Teilnahme an dieser fernen Welt- und Lebensanschauung gewinnen wird, und sei es auch nur deshalb, weil sie die Lehre des wahren, des echten Zarathustra in sich schließt. Also sprach wirklich Zarathustra!" *Beilage zur „Allgemeinen Zeitung" 1905, Nr. 84.*

Fortsetzung siehe nächste Seite.

## Grundriss der indo-arischen Philologie (Fortsetzung).

*8) Grammatik der Prakritsprachen von *R. Pischel.* Mit Indices.
Subskr.-Preis M. 17.50, Einzel-Preis M. 21.50.

9) Grammatik und Litteratur des tertiären Prakrits von Indien von *G. A. Grierson* (englisch).

*10) Litteratur und Sprache der Singhalesen von *Wilh. Geiger.* Mit Indices.
Subskr.-Preis M. 4.—, Einzel-Preis M. 5.—.

*11) Indische Paläographie (mit 17 Tafeln) von *G. Bühler.*
Subskr.-Preis M. 15.—, Einzel-Preis M. 18.50.

### Band II. Litteratur und Geschichte.

1) Vedische Litteratur (Sruti).
a. Die drei Veden von *K. Geldner.*
*b. The Atharva-Veda and the Gopatha-Brāhmana by *M. Bloomfield* (englisch). Mit Indices. Subskr.-Preis M. 5.40, Einzel-Preis M. 6.40.

2) Epische Litteratur und Klassische Litteratur (einschliesslich der Poetik und der Metrik) von *H. Jacobi.*

3) Quellen der indischen Geschichte.
a. Litterarische Werke und Inschriften von *F. Kielhorn* (engl.).
*b. Indian Coins (with 5 plates) by *E. J. Rapson* (engl.). Mit Indices.
Subskr.-Preis M. 5.20, Einzelpreis M. 6.20.

4) Geographie von *M. A. Stein.*

5) Ethnographie von *A. Baines* (engl.).

6) Staatsaltertümer
7) Privataltertümer } von *J. Jolly* und Sir *R. West* (englisch).

*8) Recht und Sitte (einschliessl. der einheimischen Litteratur) von *J. Jolly.* Mit Indices. Subskr.-Preis M. 6.80, Einzel-Preis M. 8.30.

9) Politische Geschichte bis zur muhammed. Eroberung von *J. F. Fleet* (engl.).

### Band III. Religion, weltl. Wissenschaften und Kunst.

1) *a. Vedic Mythology by *A. A. Macdonell* (engl.). Mit Indices.
Subskr.-Preis M. 8.20, Einzel-Preis M. 9.70.
b. Epische Mythologie von *M. Winternitz.*

*2) Ritual-Litteratur, Vedische Opfer und Zauber von *A. Hillebrandt.*
Subskr.-Preis M. 8.—, Einzelpreis M. 9.50.

3) Vedānta und Mīmāṁsā von *G. Thibaut.*

*4) Sāṃkhya und Yoga von *R. Garbe.* Mit Indices. Subskr.-Preis M. 2.70, Einzelpreis M. 3.20.

5) Nyāya und Vaiśeṣika von *A. Venis* (engl.).

6) Vaiṣṇavas, 'Saivas, Sauras, Sāṇapatas, Skāndas, Sāktas, } Bhaktimārga { von *R. G. Bhandarkar* (englisch).

7) Jaina von *E. Leumann.*

*8) Manual of Indian Buddhism by *H. Kern* (engl.) Mit Indices.
Subskr.-Preis M. 6.10, Einzel-Preis M. 7.60.

*9) Astronomie, Astrologie und Mathematik von *G. Thibaut.*
Subskr.-Preis M. 3.50, Einzel-Preis M. 4.—.

*10) Medizin von *J. Jolly.* Mit Indices. Subskr.-Preis M. 6.—, Einzel-Preis M. 7.—.
Auf Grund dieser Arbeit wurde Professor J. Jolly zum Ehrendoctor der medizinischen Fakultät der Universität Göttingen ernannt.

11) Bildende Kunst (mit Illustrationen) von *J. Burgess* (engl.).

12) Musik.

---

**NB. Die mit * bezeichneten Hefte sind bereits erschienen.**

In Kürze erscheint Bd. I Heft 4:

**A. A. Macdonell, Vedic Grammar.** Gr. 8⁰. ca. 20 Bogen.
Subscriptionspreis ca. M. 12.—, Einzelpreis ca. M. 16.—.

# GRUNDRISS
DER
# IRANISCHEN PHILOLOGIE

UNTER MITWIRKUNG VON
CHR. BARTHOLOMAE, C. H. ETHÉ, C. F. GELDNER, P. HORN, A. V. W. JACKSON, F. JUSTI, W. MILLER, TH. NÖLDEKE, C. SALEMANN, A. SOCIN, F. H. WEISSBACH und E. W. WEST

HERAUSGEGEBEN
von
**WILH. GEIGER und ERNST KUHN.**

I. Band, 1. Abteil., Lex. 8⁰. VIII, 332 S. 1895—1901. M. 17.—
I. » 2. » Lex. 8⁰. VI, 535 S. 1898—1901. M. 27.—
Beide Abteilungen des I. Bandes in einen Band in Halbfranz gebunden M. 48.—
Anhang zum I. Band. Lex. 8⁰. VI, 111 S. 1903. M. 6.—, in Halbfranz gebunden M. 8.50.
II. Band. Lex. 8⁰. VII, 791 S. 1896—1904. M. 40.— (auch noch in 5 Lieferungen à M. 8.— zu haben); in Halbfranz gebunden M. 44.—.

**Nöldeke, Theodor,** Das iranische Nationalepos (Separatabdruck). Lex. 8⁰. 82 S. 1896. M. 4.50.

Inhalt:

# ALTIRANISCHES WÖRTERBUCH

von

## CHRISTIAN BARTHOLOMAE.

Lex. 8⁰. XXXII, 1000 Seiten (2000 Spalten) 1904.
Geheftet M. 50.—, in Halbfranz gebunden M. 53.—.

---

### Urteile der Presse:

„... Was heute ein altiranisches Wörterbuch bieten kann, ist besser als was Justi seiner Zeit bieten konnte, und was das neue Werk Bartholomaes uns bringt, ist um so ausgezeichneter, als er nicht nur mit ungeheurem Fleiße die Resultate der bisherigen Forschung zusammengetragen und kritisch verarbeitet, sondern auch aus Eigenem viel Neues und Richtiges beigesteuert hat. Es steht auf der Höhe der Wissenschaft unserer Zeit und bildet wie den Abschluß der bisherigen so die Grundlage der künftigen Forschung; es ist für unsere Fachwissenschaft ein epochemachendes Buch, nach dessen Erscheinen es keinem Sprachforscher mehr gestattet ist, am Iranischen, wo es immer in Betracht kommt, achtlos vorüberzugehen, wie es in letzter Zeit nur zu oft geschehen ist. ..."

*Literarisches Zentralblatt 1904, Nr. 49.*

Ein monumentum aere perennius hat sich der verfasser mit diesem großartigen werk errichtet. Der um die sprachwissenschaft hochverdiente Verlag von Trübner und die Drugulinsche offizin haben ihr bestes getan, um es vor die welt in der gediegensten ausstattung treten zu lassen. Das werk ist überhaupt dazu angetan, Epoche in der wissenschaft zu machen... Jede seite des großartigen werkes bringt neue belehrung, jede seite auch anregung zu fragen und vermutungen... Das werk Bartholomaes wird für lange zeiten maßgebend sein, nicht nur — was selbstverständlich — auf iranischem, sondern auch auf arischem und sogar allgemein indogermanischem gebiet.

*Zeitschrift für die Kunde des Morgenlandes. XIX. Bd., Heft 2 (Johansson).*

---

**Zum Altiranischen Wörterbuch.** Nacharbeiten und Vorarbeiten von Christian Bartholomae. 8⁰. XIII, 287 S. 1906. (Beiheft zum XIX. Bd. der Indogermanischen Forschungen.) Einzelpreis M. 10.—

**HÜBSCHMANN, H., PERSISCHE STUDIEN.** 8°. 268 S. 1895. M. 10.—

Der erste Teil bringt eine stattliche Anzahl von Nachträgen und Verbesserungen zu Horn's Grundriß der neupersischen Etymologie; der zweite Teil eine «neupersische Lautlehre», ist außerordentlich reich an Einzelergebnissen, ohne Zweifel wird sie auf lange Zeit hinaus die feste Grundlage für die fernere wissenschaftliche Erforschung der neupersischen Sprache bilden. Der Verfasser hat (und dies ist vielleicht das Hauptverdienst unseres Buches) die Grundlage für eine geschichtliche Betrachtung der persischen Sprache und ihre Entwickelung geschaffen.

*Literarisches Centralblatt 1895, Nr. 23.*

---

**HÜBSCHMANN, H., DIE ALTARMENISCHEN ORTSNAMEN.** Mit Beiträgen zur historischen Topographie Armeniens und einer Karte. 8°. IV und S. 197—490. 1904. M. 8.—

*(Sonderabdruck aus dem XVI. Bande der Indogermanischen Forschungen.)*

---

von **PLANTA, R., GRAMMATIK DER OSKISCH-UMBRISCHEN DIALEKTE.**

I. Band: Einleitung und Lautlehre. 8°. VIII, 600 S. 1892. M. 15.—

II. Band: Formenlehre, Syntax, Sammlung der Inschriften und Glossen, Anhang, Glossar. 8°. XX, 765 S. 1897. M. 20.—

---

**SAMMLUNG INDOGERMANISCHER WÖRTERBÜCHER:**

I. **Hübschmann, H.**, Etymologie und Lautlehre der ossetischen Sprache. 8°. VIII, 151 S. 1887. M. 4.—

II. **Feist, Dr. S.**, Grundriss der gotischen Etymologie. 8°. XVI, 167 S. 1888. *(Nicht mehr einzeln zu haben.)* M. 5.—

III. **Meyer, Gustav,** Etymologisches Wörterbuch der albanesischen Sprache. 8°. XV, 526 S. 1891. M. 12.—

IV. **Horn, Paul,** Grundriss der neupersischen Etymologie. 8°. XXV, 386 S. 1893. M. 15.—

---

**SOLMSEN, FELIX, UNTERSUCHUNGEN ZUR GRIECHISCHEN LAUT- UND VERSLEHRE.** 8°. IX, 322 S. 1901. M. 8.—

---

**SOLMSEN, FELIX, STUDIEN ZUR LATEINISCHEN LAUTGESCHICHTE.** 8°. VIII, 208 S. 1894. M. 5.50

---

**SOMMER, FERDINAND, GRIECHISCHE LAUTSTUDIEN.** 8°. VIII, 172 S. 1905. M. 5.—

„. . . Alles in allem bedeutet Sommers Buch eine Förderung gewisser Probleme der griechischen Lautlehre. Die Darstellung ist so angelegt, daß sie auch der, der nicht speziell sprachwissenschaftlich geschult ist, verstehen kann. . . .“

*Literarisches Zentralblatt 1905, Nr. 11.*

---

**THUMB, ALBERT, DIE GRIECHISCHE SPRACHE IM ZEITALTER DES HELLENISMUS.** Beiträge zur Geschichte und Beurteilung der κοινή. 8°. VIII, 273 S. 1901. M. 7.—

---

**THUMB, DR. ALBERT, HANDBUCH DER NEUGRIECHISCHEN VOLKSSPRACHE.** Grammatik, Texte und Glossar. 8°. XXV, 240 S. mit einer lithogr. Schrifttafel. 1895. M. 6.—, geb. M. 7.—

---

**WIEDEMANN, OSKAR, HANDBUCH DER LITAUISCHEN SPRACHE.** Grammatik. Texte. Wörterbuch. 8°. XVI, 354 S. 1897. M. 9.—

# REALLEXIKON

DER

# INDOGERMANISCHEN ALTERTUMSKUNDE.

GRUNDZÜGE

EINER

KULTUR- UND VÖLKERGESCHICHTE ALTEUROPAS

VON

**O. SCHRADER,**

o. Professor an der Universität Jena.

Lex. 8°. XL, 1048 S. 1901. Broschirt M. 27.—, in Halbfranz geb. M. 30.—.

„Ein Gelehrter, dessen Name mit der Entwicklung der indogermanischen Altertumskunde schon aufs Engste verknüpft ist, tritt uns hier mit einem neuen bedeutenden Werke entgegen, das sich sowohl durch seine innere Gediegenheit als auch durch seine glückliche Form zahlreiche Freunde verschaffen, ja einem weiten Kreise bald zu einem unentbehrlichen Hilfsbuch werden wird . . .

Schr.s Ziel ist, die ältesten inneren und äusseren Zustände der indogermanischen Völker uns vor Augen zu führen und von da zurückschliessend auch die ihres Stammvolkes. Es geschieht dies an der Hand der geschichtlichen Nachrichten, der ausgegrabenen Altertümer und nicht zum geringsten Teil der Sprache. — Dass auch die Sprachwissenschaft wirklich berufen und befähigt ist, auf die Kultur vorgeschichtlicher Perioden Rückschlüsse zu ziehen, ist im Laufe der letzten Zeit wiederholt bestritten worden, und so sieht sich denn Schr. in der Vorrede veranlasst, auf die Fragen der Methode näher einzugehen. Wir dürfen dabei im wesentlichen seinen Standpunkt als den richtigen anerkennen. Trefflich ist unter anderem das, was über das Mass von Berechtigung gesagt wird, das Schlüssen ex silentio zukommt . . .

Dass überall gleich tief gepflügt wurde, ist ja schon mit Rücksicht auf die Ausdehnung des Arbeitsfeldes und die sehr ungleiche Beschaffenheit seines Bodens von vornherein nicht zu erwarten. Im Grossen und Ganzen haben wir aber allen Grund, Schr. zu seiner Leistung zu beglückwünschen, und besonders die Hauptprobleme der indogermanischen Altertumskunde sind von ihm so trefflich behandelt, dass sich jeder, der sie neuerdings in Angriff nimmt, mit ihm wird auseinandersetzen müssen.

Vor allem wird die übersichtliche Darstellung des bisher Erreichten, die ein Weiterarbeiten sehr erleichtert, dem ganzen Bereich der indogermanischen Altertumskunde zu Statten kommen. Dank und Anerkennung für das schöne Buch gebühren dem Verf. vollauf . . ."

*(R. Much in der Deutschen Litteraturzeitung 1902 Nr. 34.)*

„. . . Allzu lange habe ich die geduld des lesers in anspruch genommen, möchte es mir wenigstens in etwa gelungen sein, in ihm die überzeugung zu erwecken, dass jeder philologe, auch jeder anglist, der sein fach nicht mit rein ästhetisch-psychologischer litteraturbetrachtung erschöpft hält, fortan Schrader's reallexikon zu den unentbehrlichen handbüchern wird zählen müssen, die er stets nah zur hand zu haben wünscht. Wir dürfen von dem werke mit dem stolzen gefühle scheiden, dass hier wieder deutschem fleisse und deutscher wissenschaft ein monumentalwerk gelungen ist, das von der gesamten wissenschaftlichen welt als ein *Standard Work* auf unabsehbare zeit mit dankbarkeit und bewunderung für den verfasser benutzt werden wird."

*(Max Förster im Beiblatt zur Anglia 1902 Nr. VI).*

# Die Indogermanen.

## Ihre Verbreitung, ihre Urheimat und ihre Kultur.

Von

**Herman Hirt,**

Professor an der Universität Leipzig.

Erster Band.

Gr. 8°. X, 407 S. 1905. Mit 47 Abbildungen im Text.
Geheftet M 9.—; in Leinwand gebunden M 10.—.

Zweiter Band.

Gr. 8°. VII und S. 409—771. 1906. Mit 4 Karten und 9 Abbildungen im Text.
Geheftet M 9.—; in Leinwand gebunden M 10.—.

„Die letzten Jahre haben uns eine ansehnliche Zahl von Werken gebracht welche sich mit den Indogermanen und ihrer Heimat beschäftigen. Fast allen ist gemeinsam, daß sie sich bei der Erörterung dieser Frage nicht mehr bloß auf den sprachlichen Standpunkt stellen und von diesem aus die Lösung versuchen, sondern daß sie auch die Anthropologie und die prähistorische Archäologie zu Rate ziehen, um zu Ergebnissen zu gelangen. Ferner sehen wir, daß „das Trugbild des Ostens" bis auf wenige kleine Wolken gewichen ist, und daß die Heimat der Indogermanen nicht mehr auf einer eisigen, kaum kultivierbaren Hochfläche in Pamir, Belurdagh oder sonstwo in Innerasien gesucht wird, sondern daß man in der Nähe geblieben ist und die Urheimat nach Europa verlegt. . . .

In der gleichen Richtung bewegt sich auch das vorliegende zusammenfassende Werk des Leipziger Professors Hirt, und sein Gesamtergebnis stimmt überein mit dem, was wir bis jetzt als bewiesen betrachten, wenn ihm auch in vielen Einzelheiten das Verdienst gebührt, diese reinlicher herausgearbeitet und fester begründet zu haben. So weit das Werk vollendet ist [I. Band], sehen wir seinen Schwerpunkt in dem sprachlichen Teile, in welchem mit großer Klarheit und Beherrschung des Stoffes die verschiedenen indogermanischen Sprachen, ihre gegenseitige Verwandtschaft und Verbreitung behandelt werden. . . .

In der zweiten Abteilung des [I.] Bandes, welcher sich mit der Kultur der Indogermanen befaßt, erkennen wir wieder, wie der Verfasser auf der Höhe der Forschung steht, soweit die Verhältnisse mit Hilfe der Sprache sich erschließen lassen; hier schöpft er aus den Urquellen. Es ist anerkennenswert und bei dem heutigen Standpunkte der Wissenschaft auch selbstverständlich, daß bei der Beurteilung auch auf die „Wissenschaft des Spatens" zurückgegriffen und die prähistorischen Funde vom Verfasser berücksichtigt werden. . . ."

„Die Paginierung läuft in dem zweiten Teile fort von S. 409 bis 771, und von diesen 360 Seiten entfallen allein auf die Anmerkungen 220. In letzteren, die oft weit über das besondere Forschungsgebiet des Verfassers hinausgreifen, liegt ein großer Wissensschatz aufgestapelt, der zur Begründung des Haupttextes dient. Prähistorie, Archäologie, Anthropologie, Ethnographie, verschiedene naturwissenschaftliche Disziplinen werden ausführlicher oder gelegentlich herbeigezogen, und man erkennt deutlich, wie es dem Verfasser darum zu tun gewesen ist, sein schwieriges Thema nicht bloß vom sprachlichen Standpunkte aus zu erörtern. Und da liegt ein gewaltiger Fortschritt gegenüber jenen älteren Arbeiten, die, nur auf linguistischer Grundlage stehend, fein säuberlich die Indogermanen über Kaukasus und Ural nach Europa wandern und dort sich ausbreiten ließen.

Die Gesellschaft und geistige Kultur der Indogermanen sind es, die in klarer Weise in diesem zweiten Bande behandelt werden, wobei auch Streiflichter auf die übrigen Völker Europas fallen. Es ist da ein gutes Gesamtbild geliefert worden. . . ."

(*GLOBUS. Jahrg. 1906 Nr. 7* und *Jahrg. 1907 Nr. 9*).

# DEUTSCHE GRAMMATIK

## GOTISCH, ALT-, MITTEL- UND NEUHOCHDEUTSCH

VON

**W. WILMANNS**

ord. Professor der deutschen Sprache und Litteratur an der Universität Bonn.

Erste Abteilung: **Lautlehre.** Zweite verbesserte Auflage. Gr. 8⁰. XX, 425 S. 1897. M. 8.—, in Halbfranz gebunden M. 10.—.

Aus dem Vorwort zur zweiten Auflage:

„Diese zweite Auflage weicht von der ersten ziemlich stark ab, kaum ein Paragraph ist unverändert geblieben, manche ganz neu gestaltet. Bald gab die Form, bald der Inhalt den Anlass, bald eigene Erwägungen des Verfassers, bald die Arbeiten anderer. Auch der Umfang des Buches ist um einige Bogen [sechs] gewachsen, besonders dadurch, dass sehr viel mehr Beispiele für die einzelnen Lauterscheinungen angeführt sind. . . . .“

Zweite Abteilung: **Wortbildung.** Zweite Auflage. Gr. 8⁰. XVI, 671 S. 1899. M. 12.50, in Halbfranz gebunden M. 15.—.

Die zweite Auflage beider Abteilungen ist, was die Zahl der Exemplare betrifft, eine erhöhte, um auf eine lange Reihe von Jahren hinaus die Notwendigkeit eines Neudrucks oder einer neuen Bearbeitung auszuschliessen und dadurch die Käufer vor allzu schnellem Veralten zu schützen.

Dritte Abteilung: **Flexion.** Erste Hälfte: Verbum. Gr. 8⁰. X, 315 S. 1906. M. 6.—, in Halbfranz gebunden M. 8.—.

Das Werk wird in vier Abteilungen erscheinen: Lautlehre, Wortbildung, Flexion, Syntax. Eine fünfte, die Geschichte der deutschen Sprache, wird sich vielleicht anschliessen.

---

„. . . Es ist sehr erfreulich, dass wir nun ein Buch haben werden, welches wir mit gutem Gewissen demjenigen empfehlen können, der sich in das Studium der deutschen Sprachgeschichte einarbeiten will, ohne die Möglichkeit zu haben, eine gute Vorlesung über deutsche Grammatik zu hören: in Wilmanns wird er hierzu einen zuverlässigen, auf der Höhe der jetzigen Forschung stehenden Führer finden. Aber auch dem Studierenden, der schon deutsche Grammatik gehört hat, wird das Buch gute Dienste leisten zur Wiederholung und zur Ergänzung der etwa in der Vorlesung zu kurz gekommenen Partien. Jedoch auch der Fachmann darf die Grammatik von W. nicht unberücksichtigt lassen. Denn alle in Betracht kommenden Fragen sind hier mit selbständigem Urteil und unter voller Beherrschung der Literatur erörtert. . .“

*W. B., Literarisches Centralblatt 1893 Nr. 40.*

„....On ne saurait donc trop recommander la lecture assidue de ce livre, non seulement aux germanistes de profession ou aux étudiants qui aspirent à le devenir, mais encore et surtout aux professeurs d'allemand de nos lycées et collèges.“ *Revue critique 1906 Nr. 39.*

Kolibri 360 GmbH
Ferdinand-Jühlke-Straße 7
99095 Erfurt, Deutschland
produktsicherheit@kolibri360.de